Excel
在数据处理与分析中的应用

凤凰高新教育◎编著

数据分析师+Excel高手强强联手，

告诉你从“如何工作”到“如何有效率地工作”

北京大学出版社
PEKING UNIVERSITY PRESS

内容提要

Excel是Office办公软件中最重要的组件之一，通过Excel可以完成绝大多数的数据整理、统计、分析工作，挖掘出隐藏在数据背后的信息价值，帮助用户做出正确的判断和决策。

本书从实际工作应用出发，以“数据获取→数据整理与编辑→数据计算处理→数据汇总处理→数据分析处理→数据展示报告→相关行业数据处理应用”为线索，精心挑选了多个案例，详细讲解了Excel数据处理与分析的相关技能。通过对本书的学习，读者可以学到数据处理与分析的科学工作方法，快速掌握各种Excel数据处理与分析技巧。

本书既适合从事企业决策、经营管理以及数据分析工作的人员学习，也适合大中专职业院校相关专业的学生学习，同时还可以作为Excel数据处理与分析培训教材用书。

图书在版编目(CIP)数据

Excel在数据处理与分析中的应用 / 凤凰高新教育编著. — 北京：北京大学出版社，2018.2
ISBN 978-7-301-28992-1

Ⅰ. ①E… Ⅱ. ①凤… Ⅲ. ①表处理软件 Ⅳ. ①TP391.13

中国版本图书馆CIP数据核字(2017)第304457号

书　　名　Excel 在数据处理与分析中的应用
EXCEL ZAI SHUJU CHULI YU FENXI ZHONG DE YINGYONG
著作责任者　凤凰高新教育　编著
责 任 编 辑　尹　毅
标 准 书 号　ISBN 978-7-301-28992-1
出 版 发 行　北京大学出版社
地　　址　北京市海淀区成府路205 号　100871
网　　址　http://www.pup.cn　　新浪微博：@ 北京大学出版社
电 子 信 箱　pup7@ pup.cn
电　　话　邮购部 62752015　发行部 62750672　编辑部 62570390
印 刷 者　北京鑫海金澳胶印有限公司
经 销 者　新华书店
787毫米×1092毫米　16开本　22印张　508千字
2018年2月第1版　2018年8月第2次印刷
印　　数　4001–6000册
定　　价　59.00 元

PREFACE 前言

如何高效地录入与编辑数据?

如何快速地从海量数据中整理、筛选有用的数据?

如何掌握数据分析中的重要技能?

如何编写一份完整的可读性强的数据报告?

本书从实际工作需求出发，以“数据获取→数据整理与编辑→数据计算处理→数据汇总处理→数据分析处理→数据展示报告→相关行业数据处理应用”为线索，详细地给读者展现了Excel在数据处理与分析中的强大功能。

本书具有以下特色。

案例引导

本书不是一本软件学习书，而是一本以解决问题为出发点的数据处理与分析专著，着重于提高读者的技能。

实战经验

本书精心安排了55个“大神支招”，让读者快速掌握高效处理数据的技巧与经验。同时也安排了42个“温馨提示”，让读者在实际操作中不走弯路。

双目录索引

本书在内容安排及目录设计时，细心地考虑到读者学习和工作中的使用情况，为方便用户查询，设置了案例及软件知识功能索引。

双栏排版

本书在讲解中，采用N字型阅读的双栏排版方式进行编写，其图书信息容量是传统单栏图书的2倍，力争将内容讲全、讲透。

超值光盘

本书配送一张DVD多媒体教学光盘，里面包含了丰富的内容，无论是教学视频，还是赠送的其他资源，都能帮助读者学习相关的技能，让读者在职场中快速提升自己的竞争力，做到“早做完，不加班，只加薪！”

光盘中具体内容如下：

- 与书同步的素材文件和结果文件；
- 与书同步长达4小时的多媒体视频教程；
- 与书同步的PPT课件；
- 赠送“如何学好用好Excel”视频教程；
- 赠送200个Excel商务办公模板；
- 赠送高效办公电子书，包括“微信高手技巧随身查”“QQ高手技巧随身查”“手机办公10招就够”“高效人士效率倍增手册”；
- 赠送“5分钟学会番茄工作法”视频教程。

温馨提示：

（1）以上光盘内容，还可以扫描左下方二维码关注公共账号，输入代码Ht2358ExL，获取下载地址及密码。

（2）想学习更多课程，可扫描右下方二维码。

官方微信公众账号

在线视频教程学习

本书由凤凰高新教育组织编写。全书由多位MVP教师（微软全球最有价值专家）及Excel数据处理高手合作编写，他们具有丰富的实战经验，在此对他们的辛苦付出表示衷心的感谢！同时，由于计算机技术发展非常迅速，书中疏漏和不足之处在所难免，敬请广大读者及专家指正。若您在学习过程中产生疑问或有任何建议，可以通过 E-mail 或 QQ 群与我们联系。此外，您还可登录我们的服务网站或关注我们的微信公众号，获取更多信息。

投稿信箱：pup7@pup.cn

读者信箱：2751801073@qq.com

读者交流 QQ 群：218192911（办公之家）、586527675（职场办公之家群2）

网址：www.elite168.top

CONTENTS 目录

第 1 章　数据的获取及准备

第 2 章　数据的编辑与美化

第3章 数据的验证

第4章 数据的计算神器之一：公式

第5章 数据的计算神器之二：函数

第6章 数组与条件格式的应用

第7章　数据的排序、筛选与分类汇总

第8章　巧用数据分析工具

第9章　使用图表直观展示数据

大神支招

第 10 章 使用透视表灵活分析数据

大神支招

第 11 章 数据分析报告简介

第 12 章 让数据分析报告自动化

第 13 章 抽样与调查问卷数据的处理与分析

大神支招

第 14 章 生产决策数据的处理与分析

大神支招

第 15 章 经济数据的处理与分析

大神支招

第 16 章 进销存数据的处理与分析

第 17 章 财务管理决策数据的处理与分析

第 18 章 商务决策数据的处理与分析

第1章 数据的获取及准备

本章导读

要利用Excel进行数据处理与分析，从数据收集、数据处理到数据分析，整个过程都离不开数据。数据录入是Excel最基本的操作，在日常办公应用中，用户可以根据数据类型的不同，采用不同的录入方法。本章将对数据的类型、不同类型数据的录入以及如何获取数据进行介绍，掌握这些数据类型以及获取方法，可以大大地提高工作效率，节省时间。

知识要点

- ❖ 数据的分类
- ❖ 各类数据的录入
- ❖ 快捷键填充
- ❖ 自定义序列
- ❖ 序列填充
- ❖ 导入外部数据

1.1 数据的分类

案例背景

数据的类型主要包括数值、日期、文本和公式等，一般在单元格中输入数据时，Excel会自动识别输入数据的类型，不需要事先设置单元格的格式来指定数据的类型。

1.1.1 字符型数据

字符型数据是不具有计算能力的文字数据类型。字符型数据包括中文字符、英文字符、数字字符（非数值型）和键盘能输入的符号字符等。

	A	B	C
1	中文字符	英文字符	数字字符
2	姓名	Excel	151****5450
3			
4			

1.1.2 数值型数据

数值型数据是直接使用自然数或度量单位进行计量的数值数据。数值的形势很多，如小数、货币、百分数、分数等。

	A	B	C	D	E
1	整数	货币	小数	百分数	分数
2	25	¥25.00	0.25	25%	1/4
3					
4					
5					
6					

1.1.3 日期和时间型数据

在Excel中，日期和时间是一种特殊的数值类型，被称为“序列值”。序列值介于一个大于等于0，小于2958466数值区间的数值。因此，日期型数据实际上是一个包含在数值数据范畴中的数值区间。

1. 日期型数据

日期型数据中，用户可以用斜杠“/”、短杠“-”或者“年月日”来分隔日期中年、月、日部分，如果用户只输入月份和日期时，Excel会自动以系统当年年份为该年份。

具体如下表所示。

间隔为“-”	间隔为“/”	间隔为“年月日”	Excel识别结果
2016-9-9	2016/9/9	2016年9月9日	2016年9月9日
16-9-9	16/9/9	16年9月9日	2016年9月9日
87-9-9	87/9/9	87年9月9日	1987年9月9日
2016-9	2016/9	2016年9月	2016年9月1日
9-9	9/9	9月9日	当前系统年份下的9月9日

虽然以上几种输入日期的方式都可以被Excel识别，但还是需要注意以下几点。

- 输入年份时可以使用4位年份（如2016），也可以使用2位年份（如16）。在Excel 2016中，系统默认将0~29的数字识别为2000年至2029年，将30~99的数字识别为1930年至1999年。于是2位数字可识别年份的总区间是1930年至2029年。
- 当输入的日期型数据只包含年份（4位年

份）与月份时，Excel 2016会自动将这个月的1日作为它的日期值。

- 当输入的日期只包含月份和日期时，Excel 2016会自动将当前年份值作为它的年份。

温馨提示

用户输入日期的一个常见误区是将“.”作为日期分隔符，Excel会自动将其识别为普通文本或数值，例如2016.9.9和9.9，Excel会分别将其识别为文本和数值。

2. 时间型数据

时间型数据中，用户可以用“：”来分隔时间中的时、分部分。下面列出了Excel可识别的一些时间格式，如下表所示。

单元格输入	Excel识别结果
11:50	上午11:50
13:50	下午1:50
13:50:06	下午1:50:06
11:50上午	上午11:50
11:50AM	上午11:50
11:50 下午	晚上11:50

续表

单元格输入	Excel识别结果
11:50PM	晚上11:50
1:50 下午	下午1:50
1:50PM	下午1:50

对于上表中这些没有结合日期的时间，Excel 2016会自动使用1900年1月0日这样一个不存在的日期作为其日期值。

用户也可以将日期和时间结合起来输入，如下表所示。

单元格输入	Excel识别结果
2016/9/9 11:50	2016年9月9日上午11:50
16/9/9 11:50	2016年9月9日上午11:50
16/9/9 13:50	2016年9月9日下午1:50
16-9-9 11:50	2016年9月9日上午11:50

温馨提示

如果输入的时间值超过24小时，Excel会自动以天为单位进行整数进位处理。例如，在单元格中输入“27:57:34”，Excel 2016会自动识别为“1900年1月1日凌晨3:57:34”。Excel 2016中允许输入的最大时间为9999:59:59.9999。

1.2 各类数据的录入

案例背景

数据的录入是Excel办公应用中很实际的问题。针对不同类型的数据，采用不同的录入方法，不仅能减少数据录入的工作量，还能保障数据的准确性。

本例将通过Excel的设置单元格格式功能来介绍怎样录入各种数据类型，制作完成后的效果如下图所示。实例最终效果见“光盘\结果文件\第1章\员工信息明细表01.xlsx”文件。

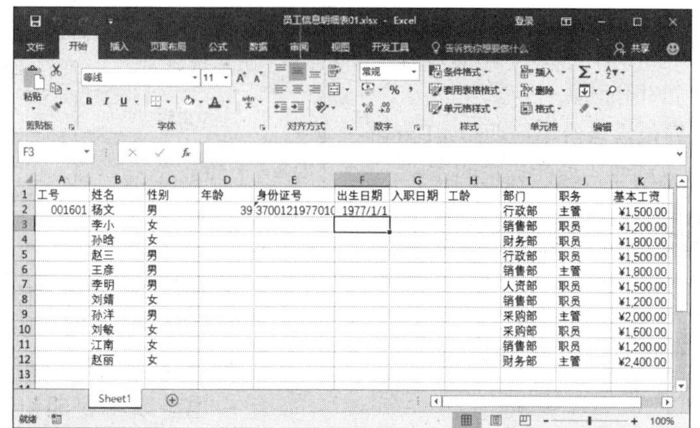

光盘文件	素材文件	无
	结果文件	光盘\结果文件\第1章\员工信息明细表01.xlsx
	教学视频	光盘\视频文件\第1章\1.2各类数据的录入.mp4

1.2.1 文本型数据的录入

在Excel中，文本型字符录入后，系统默认的对齐方式是左对齐。当输入的内容超过单元格的宽度时，用户可以通过调整单元格的宽度来显示该单元格中的全部内容。如果需要输入超过11位的数字时，如身份证号，Excel系统会自动将数据转换为科学计数法显示，此时用户需要先将单元格格式设置为文本格式，然后再输入数字。

下面以制作员工信息明细表为例，介绍文本型数据的录入方法。

第1步 新建一个空白工作簿，将其保存为“员工信息明细表 01.xlsx” 选中要输入文本的单元格 A1，然后输入“工号”，如下图所示。

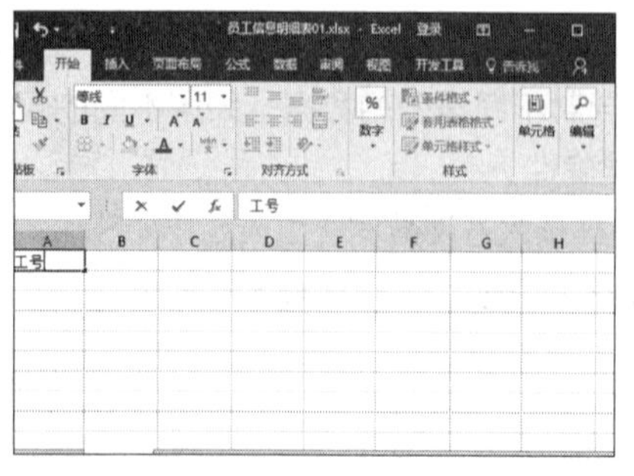

第2步 按【Enter】键，输入效果如下图所示。

第3步 使用同样的方法录入其他文字文本数据，如下图所示。

	A	B	C	D	E	F	G	H	I	J
1	工号	姓名	性别	年龄	身份证号	出生日期	入职日期	工龄	部门	职务
2		杨文	男						行政部	主管
3		李小	女						销售部	职员
4		孙晗	女						财务部	职员
5		赵三	男						行政部	职员
6		王彦	男						销售部	主管
7		李明	男						人资部	职员
8		刘婧	女						销售部	职员
9		孙洋	男						采购部	主管
10		刘敏	女						采购部	职员
11		江南	女						销售部	职员
12		赵丽	女						财务部	主管

第4步 ❶ 选中单元格区域 E2:E12；❷ 切换到【开始】选项卡；❸ 单击【字体】组右下角的【字体设置】按钮，如下图所示。

第5步 ❶弹出【设置单元格格式】对话框，切换到【数字】选项卡中；❷在【分类】列表框中选择【文本】选项；❸设置完毕，单击【确定】按钮 确定 ，如下图所示。

第6步 返回工作表中选中单元格E2，输入身份证号"370012197701011117"，如下图所示。

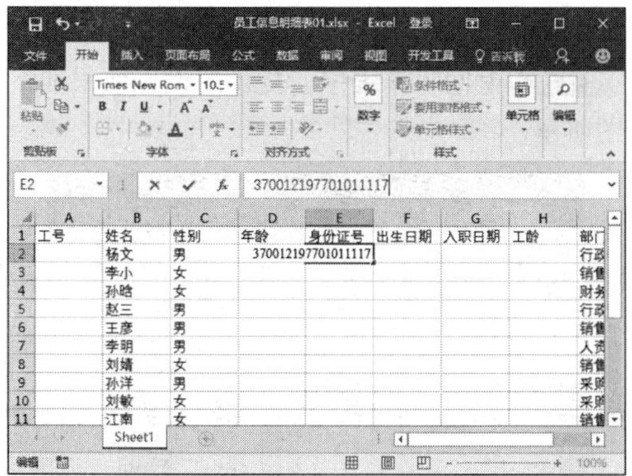

第7步 按【Enter】键，身份证号码的输入效果如下图所示。

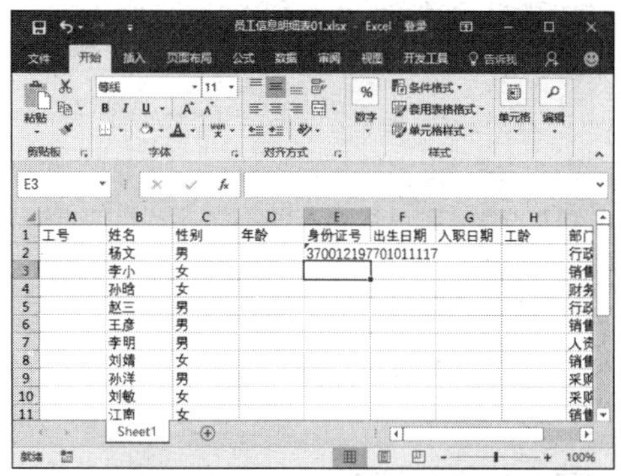

温馨提示

如果先输入身份证号，单元格会自动以科学计数形式显示，例如，输入"370012197701011117"，Excel会自动显示为"370012E+17"，此时再将该单元格设置为文本格式，设置完毕单元格数据仍然显示为"370012E+17"，只是数据类型变为文本。

1.2.2 数值型数据的录入

在Excel中处理数据时，数值型数据是用户遇到比较多的一种类型。数值的形式很多，如小数、货币、百分数等。接下来介绍几种数值型数据的录入方法。

1. 录入数字

Excel 2016默认状态下的单元格格式为常规，此时录入的数字没有特定格式。

第1步 选中单元格D2，输入数字"39"，如下图所示。

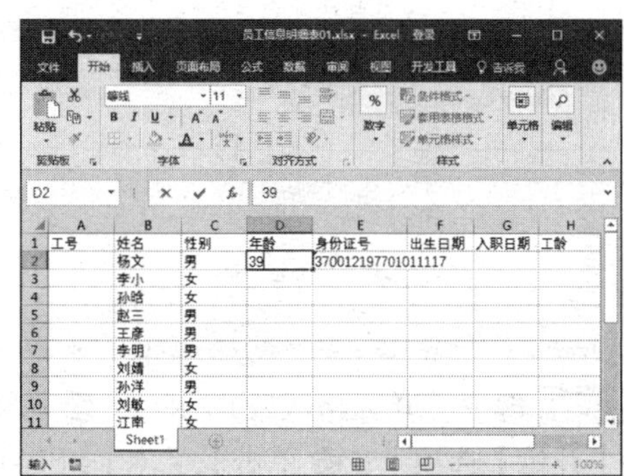

第2步 按【Enter】键，输入效果如下图所示。

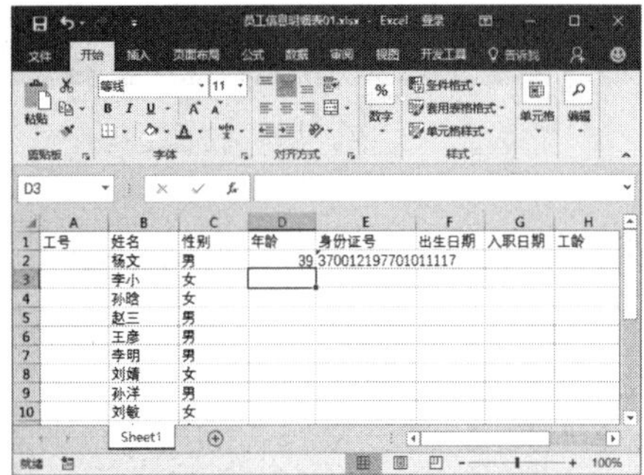

2. 录入货币型数据

货币型数据用于表示一般货币格式。如要录入货币型数据，首先要输入常规数字，然后设置其单元格格式，具体操作步骤如下。

第 1 步 选中单元格 K2，输入基本工资“1500”，如下图所示。

第 2 步 按【Enter】键完成录入，然后按照相同的方法录入其他员工的基本工资，如下图所示。

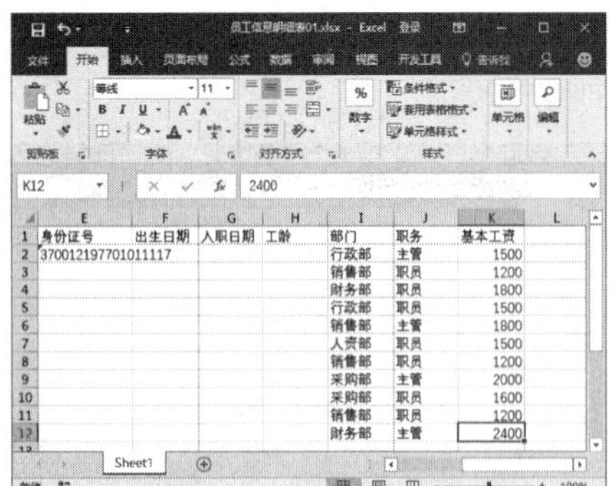

第 3 步 ❶ 选中单元格区域 K2:K12；❷ 切换到【开始】选项卡；❸ 单击【字体】组右下角的【字体设置】按钮 ，如下图所示。

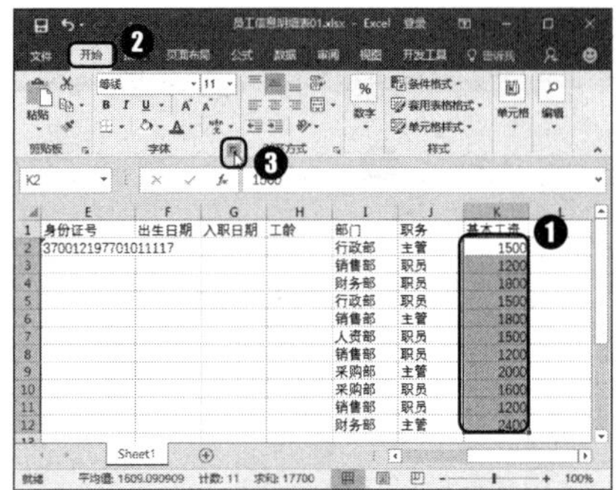

第 4 步 ❶ 弹出【设置单元格格式】对话框，切换到【数字】选项卡；❷ 在【分类】列表框中选择【货币】选项；❸ 然后在右侧的【小数位数】微调框中输入“2”，在【货币符号（国家 / 地区）】下拉列表中选择【¥】选项，在【负数】列表框中选择一种合适的负数形式；❹ 设置完毕后，单击【确定】按钮 确定 ，如下图所示。

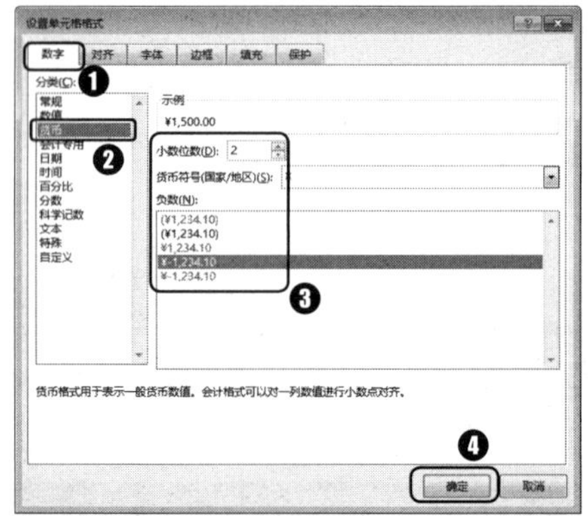

第 5 步 返回工作表中，货币的设置效果如下图所示。

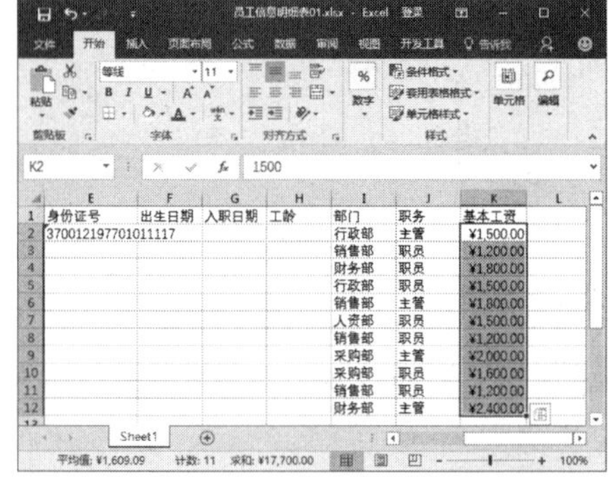

3. 录入以“0”开头的数字

用户在编辑工作表时，尤其是在编辑员工信息或者产品编码时，经常需要输入以“0”开头的数据，但是直接录入时会发现Excel将自动省略有效位数前面的0。

如果要保持输入内容不变，可以先输入一个单引号“'”，再输入数字或字符。但是这种方法是把这些数字作为文本格式输入，这样一来就不能用自动填充功能进行填充，如下图所示。

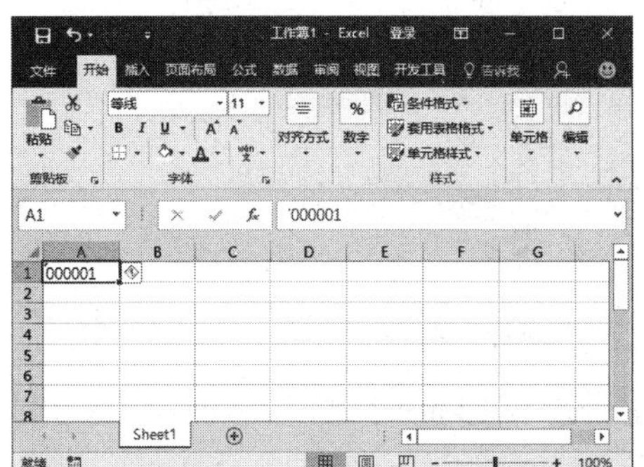

用户也可以输入常规数字，然后将其自定义为数字格式。自定义了内容的长度后，如果输入的内容长度不够设定的位数，Excel就会在前面补上相应位数的“0”。使用这个方法既可以保留输入的“0”，同时又可以使用自动填充功能快速填充数据，具体操作步骤如下。

第1步 选中单元格A2，输入“001601”，如下图所示。

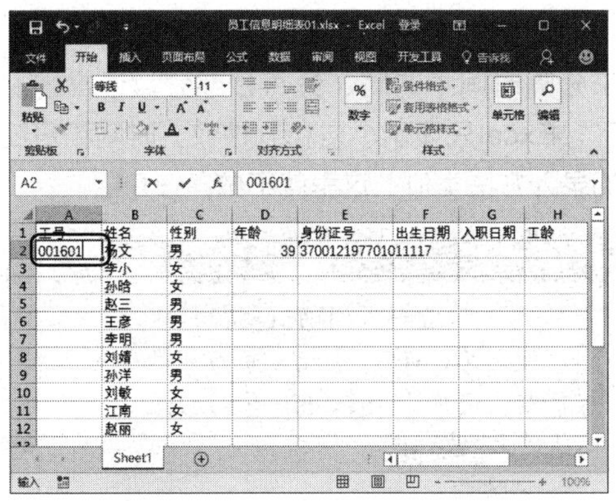

第2步 按【Enter】键，即可看到单元格A2中输入的以“0”开头的数字自动省略0，变为“1601”，如下图所示。

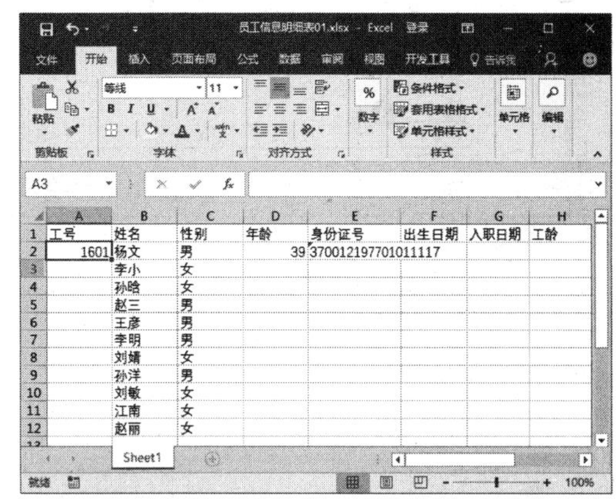

第3步 选中单元格A2，单击鼠标右键，从弹出的快捷菜单中选择【设置单元格格式】菜单项，如下图所示。

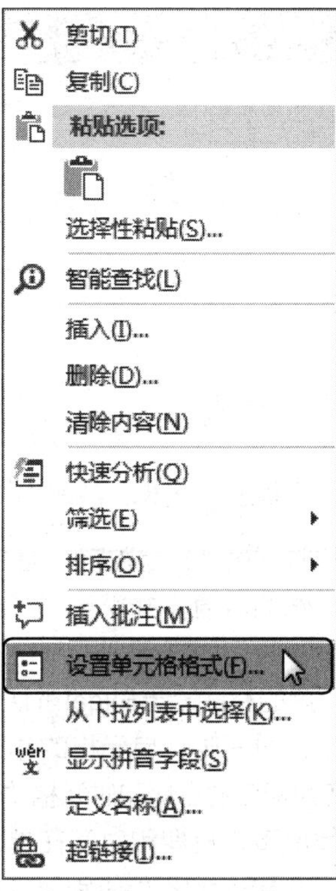

第4步 ❶弹出【设置单元格格式】对话框，切换到【数字】选项卡；❷在【分类】列表

框中选择【自定义】选项；❸然后在右侧的【类型】文本框中输入“000000”，如下图所示。

第5步 单击【确定】按钮 确定 返回工作表，即可看到单元格 A2 中数字的设置效果，如下图所示。

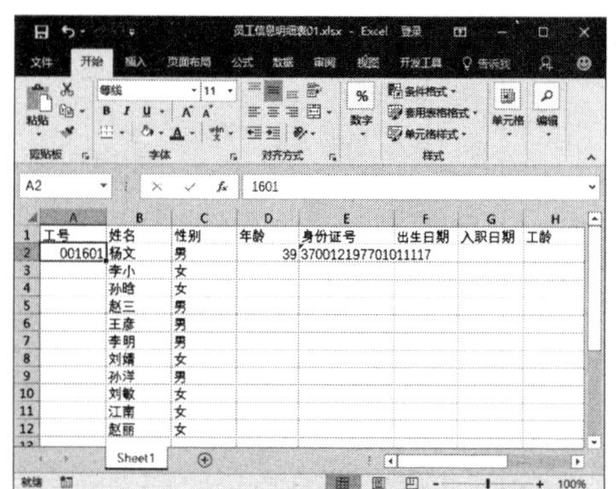

1.2.3 日期和时间型数据的录入

日期和时间虽然也是数字，但是Excel把它们当作特殊的数值，并规定了严格的录入格式。日期和时间的显示形式取决于相应的单元格被设置的格式。当Excel辨认出录入的数据是日期和时间时，单元格的格式就会由常规格式变为相应的日期和时间格式。

默认情况下，日期和时间在单元格中是右对齐的。如果Excel不能辨别录入数据的类型，则会把它作为文本数据格式处理。

Excel 2016系统默认日期之间用斜杠“/”来分隔日期中的年、月、日部分。常规的日期表示方法是以两位数来表示年份的。如果没有输入年份，Excel则会以当前的年份作为默认值。

输入日期型数据的具体操作步骤如下。

第1步 选中单元格 G2，输入“1977-01-01”，中间用“-”隔开，如下图所示。

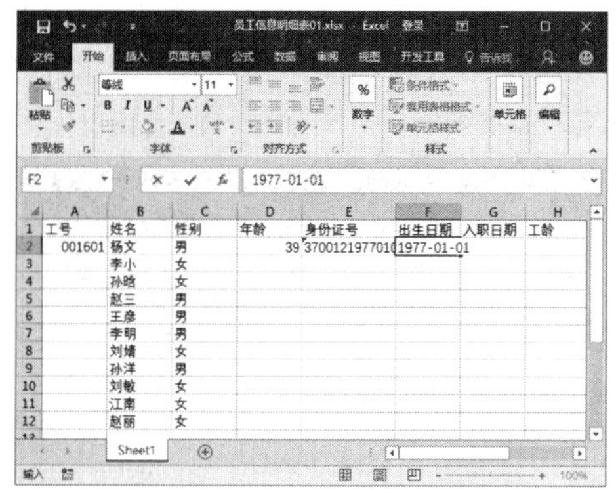

第2步 按【Enter】键，录入的日期效果如下图所示。

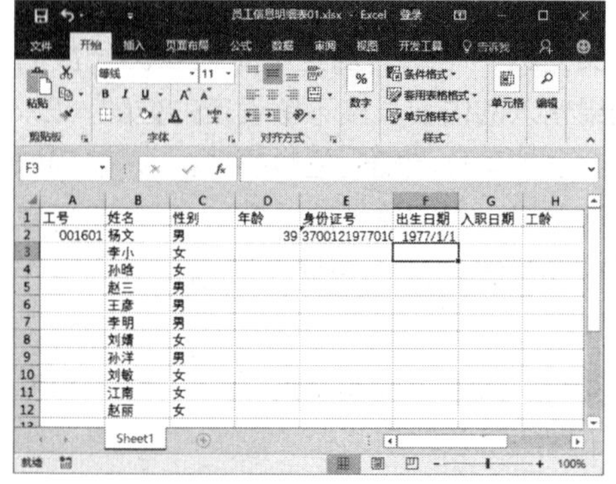

录入时间型数据时，用户可以用“：”来分隔时间中的时、分、秒部分，通常情况下，Excel只显示小时和分钟数。时间和日期的录入方法类似，这里就不做详细介绍。

教您一招

快速输入当前日期和时间

使用【Ctrl+；】组合键可以快速输入当前日期，使用【Ctrl+Shift+；】组合键，可以快速输入当前时间。

1.3 有规律数据的录入

案例背景

在日常工作中，有很多数据具有规律性。想要在很短的时间内完成录入工作，用户需要掌握Excel的一些数据录入技巧。通过这些技巧和规律，用户可以既快速又准确地录入数据，提高工作效率。

本例将通过Excel提供的自动填充功能，完成有规律数据的录入，制作完成后的效果如下图所示。实例最终效果见“光盘\结果文件\第1章\员工信息明细表02.xlsx”文件。

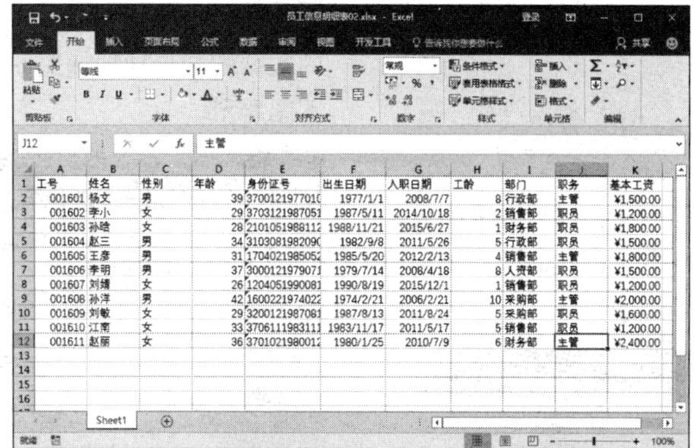

光盘文件	素材文件	光盘\素材文件\第1章\员工信息明细表02.xlsx
	结果文件	光盘\结果文件\第1章\员工信息明细表02.xlsx
	教学视频	光盘\视频文件\第1章\1.3有规律数据的录入.mp4

1.3.1 自动填充的魔力

如果录入的数据有规律性，则可利用Excel提供的填充功能简化操作，这样可以大大地提高工作的效率。

自动填充功能是Excel的一大特色功能，掌握自动填充功能是成为Excel数据处理高手必备的技能之一。

在Excel表格中录入数据时，经常会遇到一些在内容上相同或者在结构上有规律的数据，如1，2，3，…，对这些数据用户可以采用序列填充功能，进行快速编辑。

在日常工作中，填充数据序列功能会经常使用，如序号、员工编号、产品编码、出库单号等。这些数据如果逐个输入，既费时又容易出错，使用填充序列功能将轻松解决这一问题。

1. 填充数值

在Excel表中，输入一系列数字，如1，2，3，…，最简单快速的方法就是自动填充，具体操作步骤如下。

第 1 步 打开"光盘 \ 素材文件 \ 第 1 章 \ 员工信息明细表 02.xlsx"文件，选中单元格 A2，将光标移动到单元格 A2 的右下角（填充柄的位置），此时光标变为黑色实心形状✚，如下图所示。

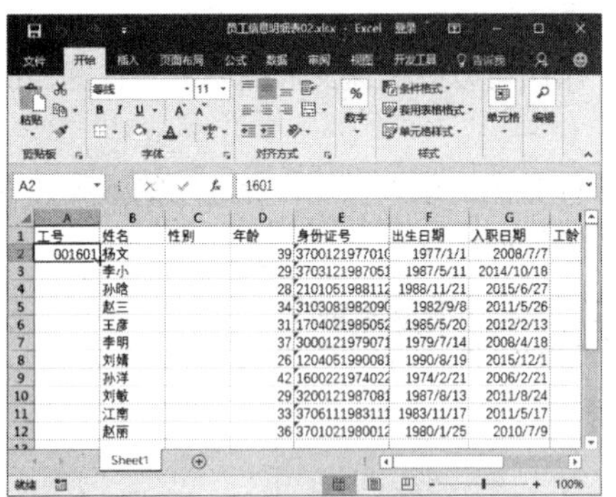

第 2 步 按住鼠标左键不放，然后向下拖曳，此时右下方会显示一个数字，代表鼠标当前位置产生的数值，如下图所示。

第 3 步 拖动到需要的位置，释放鼠标，填充效果如下图所示，同时在最后一个单元格 A12 的右下角会出现一个【自动填充选项】按钮。

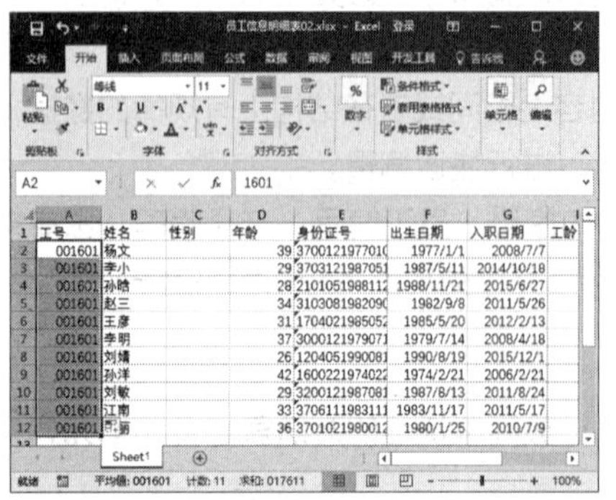

第 4 步 将鼠标指针移至【自动填充选项】按钮上，该按钮会变成形状，然后单击该按钮，从弹出的下拉列表中选择【填充序列】选项，如下图所示。

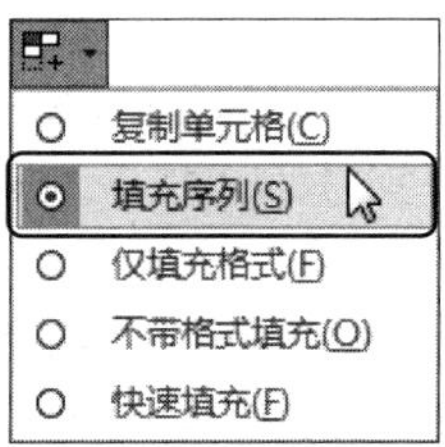

第 5 步 此时鼠标指针所经过的单元格区域中的数据就会自动地按照序列方式递增显示，如下图所示。

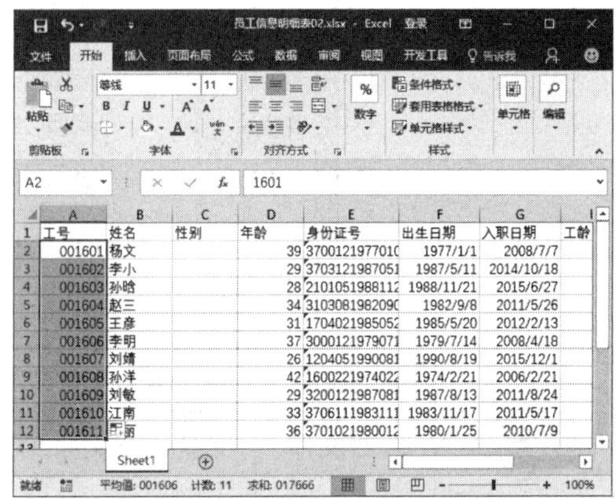

温馨提示

如果单元格值是数值型数据，默认情况下，直接拖曳是复制填充模式，要想直接序列填充可以按住【Ctrl】键的同时进行拖曳，且步长为1。

序列填充数据时，系统默认的步长值是"1"，即相邻的两个单元格之间的数字递增或者递减的值为1，用户可以根据实际需要改变默认的步长值。

更改步长值的方法为，切换到【开始】选项卡，单击【编辑】组中的【填充】按钮，从弹出的下拉列表中选择【序列】选项，弹出【序列】对话框，用户可以在【序列产生在】和【类型】组合框中选择合适的选项，在【步长值】文本框中输入合适的步长值。

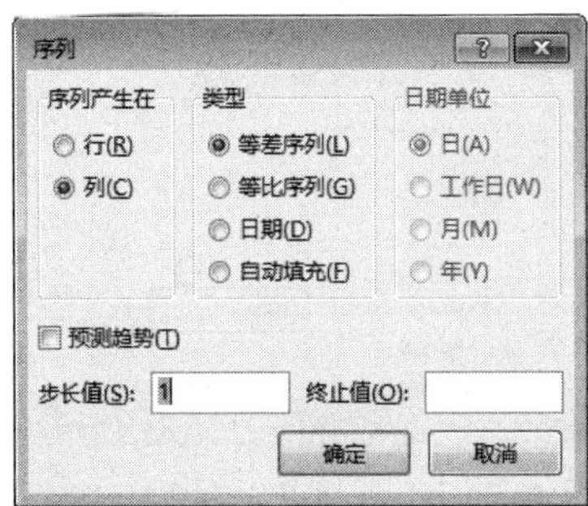

2. 填充文本

对于普通文本的自动填充，只需要输入需要填充的文本，选中单元格区域，拖曳填充柄下拉填充即可，如下图所示。

	A	B	C
1	Excel		
2	Excel		
3	Excel		
4	Excel		
5	Excel		
6	Excel		
7	Excel		
8	Excel		
9			
10			
11			

温馨提示

如果单元格值是文本型数据，但包含数值，即文本加数字，默认情况下，直接拖曳是序列填充模式，且步长为1，而按住【Ctrl】键的同时进行拖曳则为复制填充模式。

3. 填充日期

Excel的自动填充功能是非常智能的，它会随填充数据的不同而自动调整，当填充的数据为日期型数据时，填充选项会变得更加丰富。

日期型数据不仅可以逐日填充，还可以逐年、逐月和逐工作日填充。

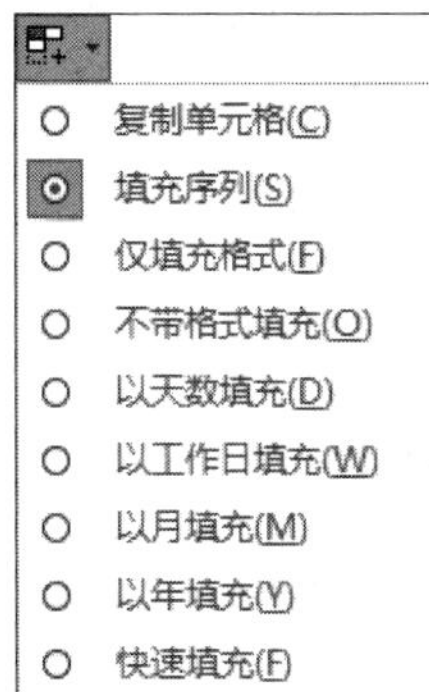

接下来以2016年1月1日为例进行介绍。直接向下拖曳，Excel表格将自动以天数填充，结果如下图所示。

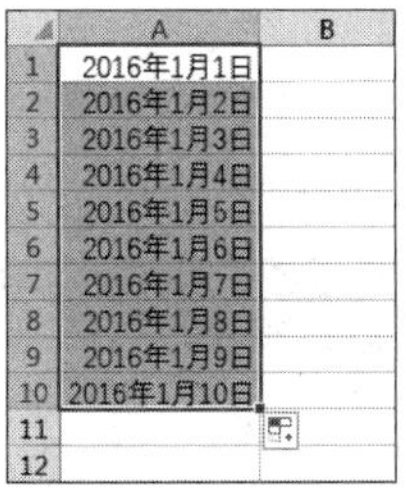

	A	B
1	2016年1月1日	
2	2016年1月2日	
3	2016年1月3日	
4	2016年1月4日	
5	2016年1月5日	
6	2016年1月6日	
7	2016年1月7日	
8	2016年1月8日	
9	2016年1月9日	
10	2016年1月10日	
11		
12		

选择“以月填充”选项，向下则以月份序列方式填充，日保持不变，填充效果如下图所示。

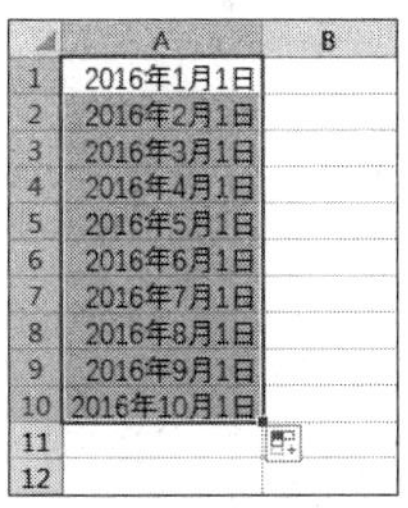

	A	B
1	2016年1月1日	
2	2016年2月1日	
3	2016年3月1日	
4	2016年4月1日	
5	2016年5月1日	
6	2016年6月1日	
7	2016年7月1日	
8	2016年8月1日	
9	2016年9月1日	
10	2016年10月1日	
11		
12		

1.3.2 自定义填充序列

Excel内置了一些常用的特殊文本序列，如月份“一月，二月，三月，…”。其使用非常简单，用户只需在起始单元格输入所需序列的某一元素，然后选中单元格区域，拖曳填充柄下拉填充即可，如下图所示。

用户还可以自定义一些数据，需要用的时候直接填充即可。例如，公司部门有“行政部、人资部、财务部、采购部、销售部、市场部、客服部”，用户可以将其添加为自定义序列，以便重复使用。添加自定义序列的方法如下。

第 1 步 在打开的空白工作表中单击【文件】按钮 文件 ，如下图所示。

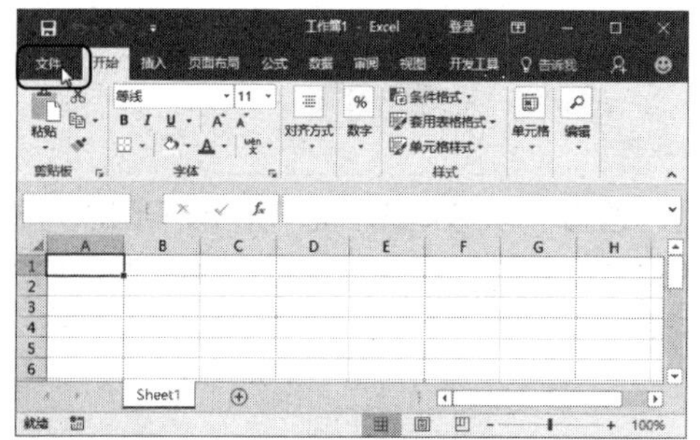

第 2 步 打开【文件】界面，选择【选项】选项，如下图所示。

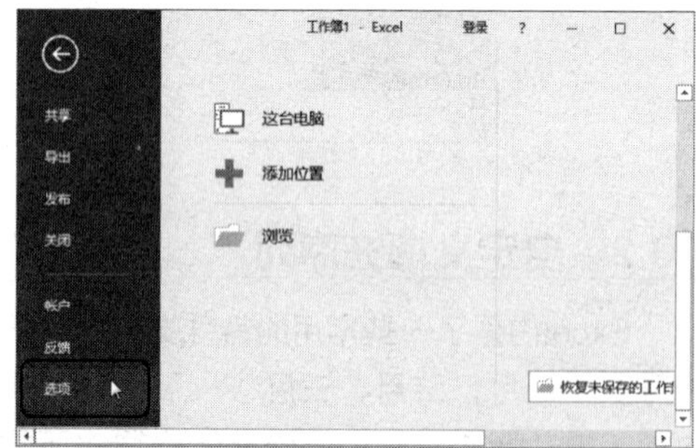

第 3 步 ❶打开【Excel 选项】对话框，切换到【高级】选项卡中；❷在【常规】组合框中单击【编辑自定义列表】按钮 编辑自定义列表(O)... ，如下图所示。

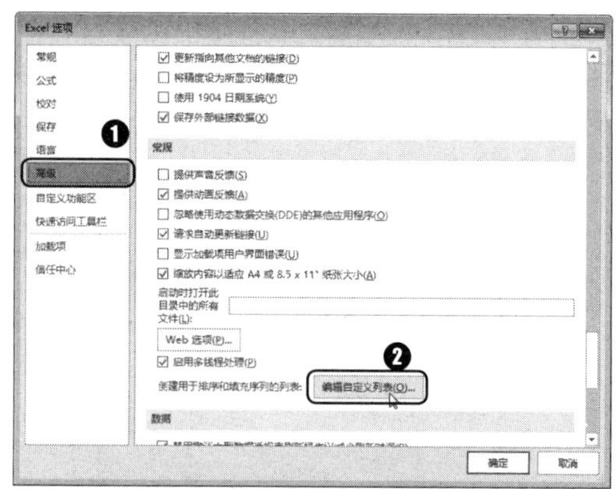

第 4 步 ❶弹出【自定义序列】对话框，在【输入序列】文本框中输入要定义的序列；❷单击【添加】按钮 添加(A) ，如下图所示。

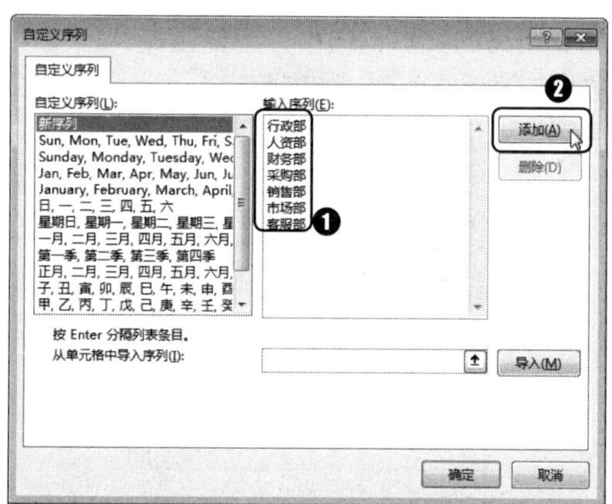

第 5 步 即可将自定义的序列添加到【自定义序列】列表框中，如下图所示。

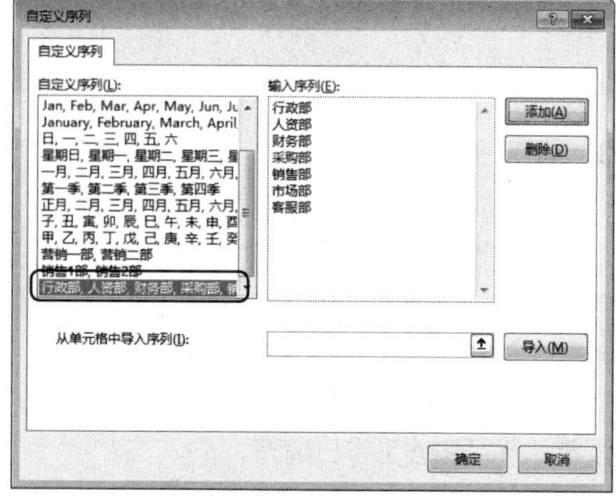

这样，用户就可以像使用所有内置序列一样来使用该自定义序列。

1.3.3 快捷键填充数据

用户也可以使用组合键在多个连续的或不连续的单元格中同时输入相同的数据信息，首先选中连续区域或不连续区域，然后按【Ctrl+Enter】组合键就可以实现数据的填充，具体操作步骤如下。

第1步 按住【Ctrl】键的同时依次选中单元格 C2、单元格区域 C5:C7 和单元格 C9，如下图所示。

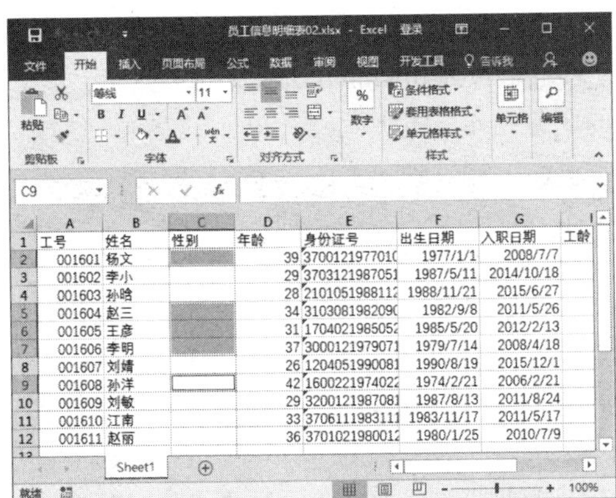

第2步 输入“男”，按【Ctrl+Enter】组合键，即可在选中的单元格中自动地填充上员工的性别“男”，如下图所示。

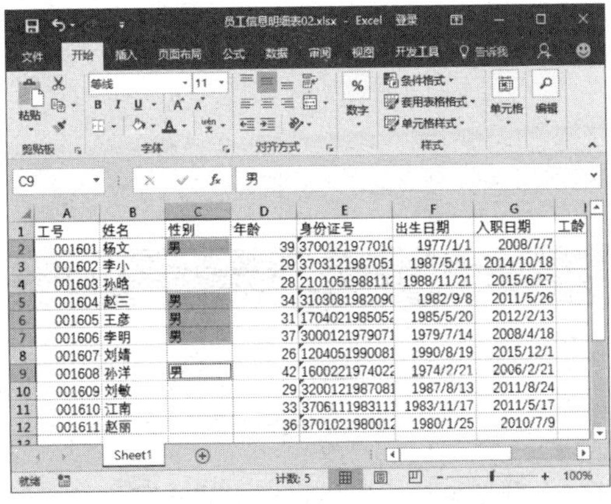

第3步 按照相同的方法在 C 列其他不连续单元格中填充性别“女”，如下图所示。

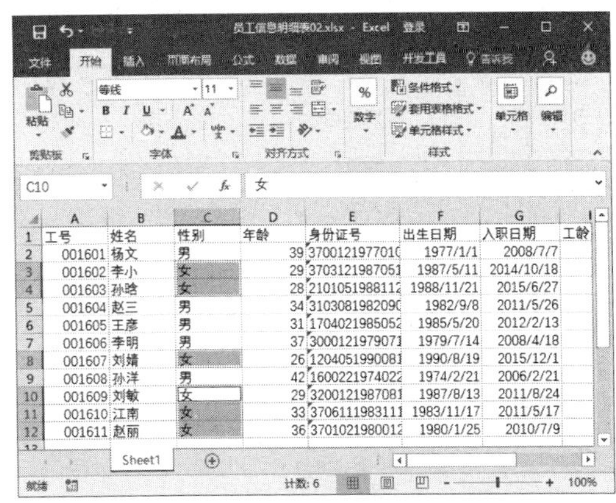

1.3.4 从下拉列表中选择填充

在一列中输入一些内容之后，如果要在此列中输入与前面相同的内容，用户可以使用从下拉列表中选择的方法来快速地输入，具体操作步骤如下。

第1步 在 J 列中的单元格 J2 和 J3 中分别输入员工的职务“主管”和“职员”，如下图所示。

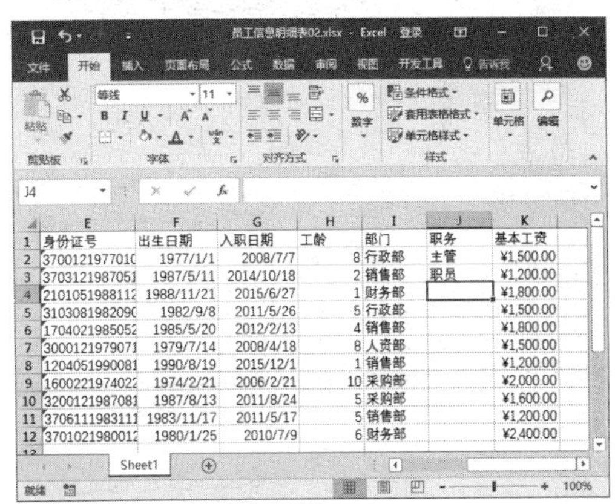

第2步 选中单元格 J4，单击鼠标右键，从弹出的快捷菜单中选择【从下拉列表中选择】菜单项，如下图所示。

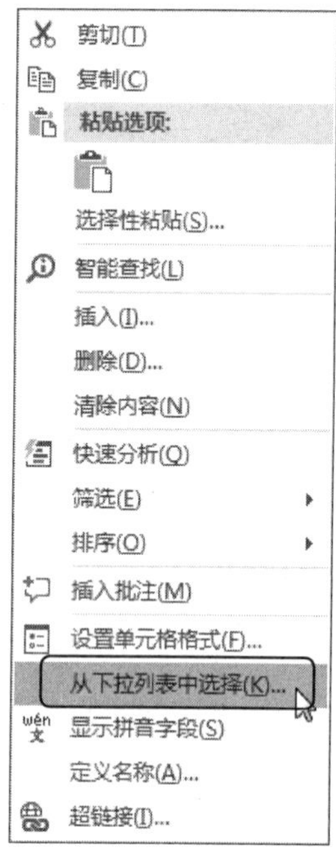

第 3 步 此时在单元格 J4 的下方出现一个下拉列表，在此列表中显示出了用户在 J 列中输入的所有数据信息。

第 4 步 从下拉列表中选择一个合适的选项，例如，选择【职员】选项，此时即可将其显示在单元格 J4 中，如下图所示。

第 5 步 按照相同的方法在 J 列中填充上员工的职务，如下图所示。

1.4 利用记录单录入数据

案例背景

当行数或者列数较多的时候，利用原始的方式输入数据会给用户带来很多的麻烦，如常会出现串行或者串列等现象。如果利用记录单输入数据则可避免类似的情况发生。

用户可以使用记录单功能添加数据内容。记录单自动记忆已经输入的内容，经整理形成的一先一后、基础和提取的关系。使用该功能不仅可以方便地添加新的记录，还可以在表单中搜索特定的记录。本例将介绍怎样利用记录单功能录入员工信息，制作完成后的效果如下图所示。实例最终效果见“光盘\结果文件\第1章\员工信息明细表03.xlsx”文件。

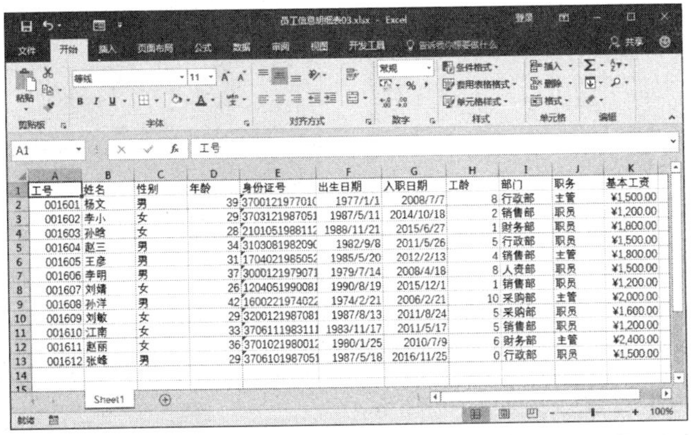

光盘文件	素材文件	光盘\素材文件\第1章\员工信息明细表03.xlsx
	结果文件	光盘\结果文件\第1章\员工信息明细表03.xlsx
	教学视频	光盘\视频文件\第1章\1.4利用记录单录入数据.mp4

1. 添加【记录单】功能

系统默认情况下是没有【记录单】功能的，用户首先需要将其添加到自定义快速访问工具栏中，具体操作步骤如下。

第1步 ❶打开“光盘\素材文件\第1章\员工信息明细表03.xlsx”文件，单击自定义快速访问工具栏中的【自定义快速访问工具栏】按钮 ；❷从弹出的下拉列表中选择【其他命令】选项，如下图所示。

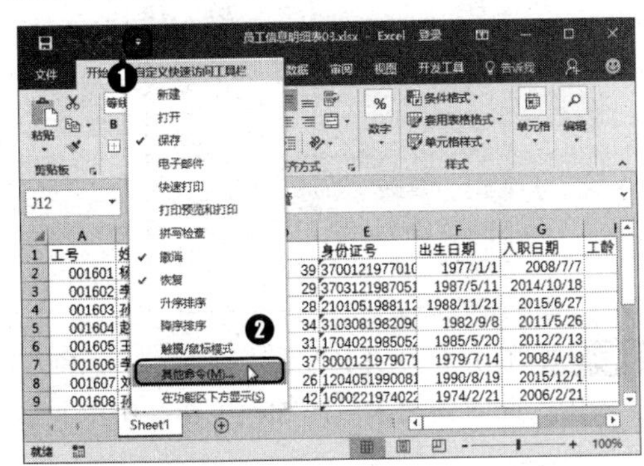

第2步 ❶弹出【Excel 选项】对话框，自动切换到【快速访问工具栏】选项卡，在【从下列位置选择命令】下拉列表中选择【不在功能区中的命令】选项；❷然后在下方的列表框中选择【记录单】选项，如下图所示。

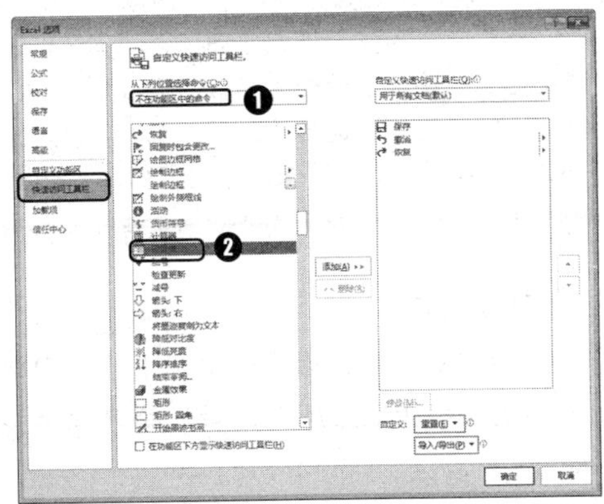

第3步 单击【添加】按钮 添加(A) >> ，即可将【记录单】命令添加在右侧的【自定义快速访问工具栏】列表框中，如下图所示。

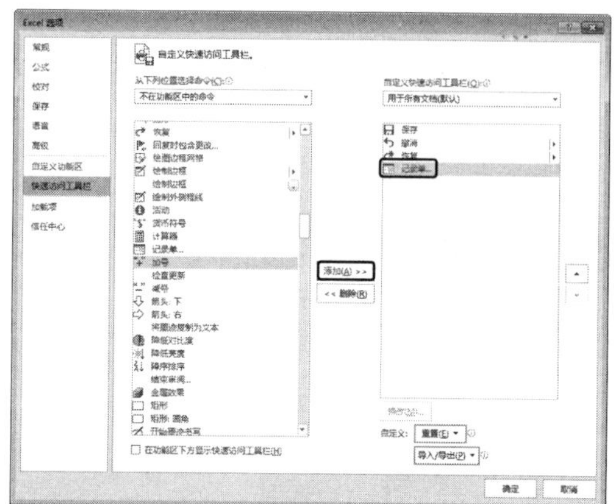

第 4 步 设置完毕，单击【确定】按钮 确定 返回工作表中，即可看到【记录单】功能已经添加到自定义快速访问工具栏中，如下图所示。

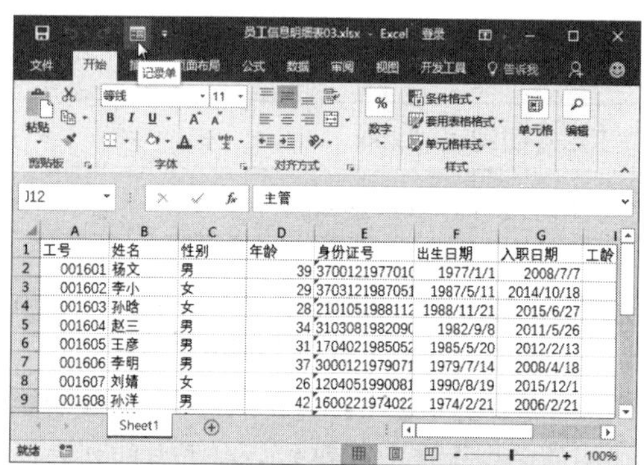

温馨提示

如果用户不经常使用【记录单】功能，可以在【记录单】按钮上单击鼠标右键，从弹出的快捷菜单中选择【从快速访问工具栏删除】选项，即可将【记录单】按钮从快速访问工具栏中移除。

2. 添加新记录

假设本实例中新招了一个员工，用户可以使用记录单功能添加新记录，具体操作步骤如下。

第 1 步 选中单元格区域 A1:K12，单击自定义快速访问工具栏中的【记录单】按钮，如下图所示。

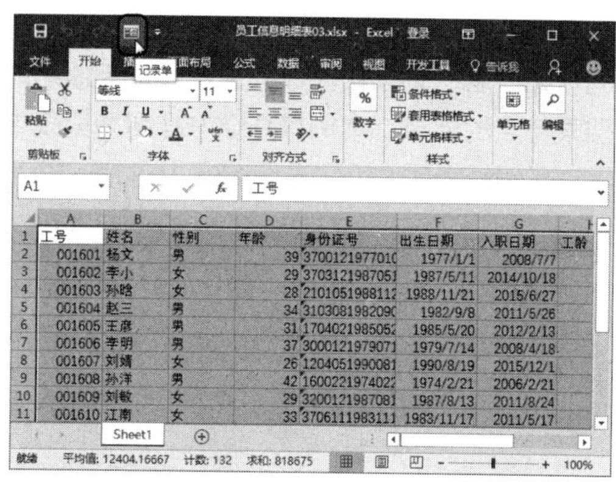

第 2 步 弹出【Sheet1】对话框，系统会自动将该工作表中的列标题作为记录单的字段名，单击【新建】按钮 新建(W)，如下图所示。

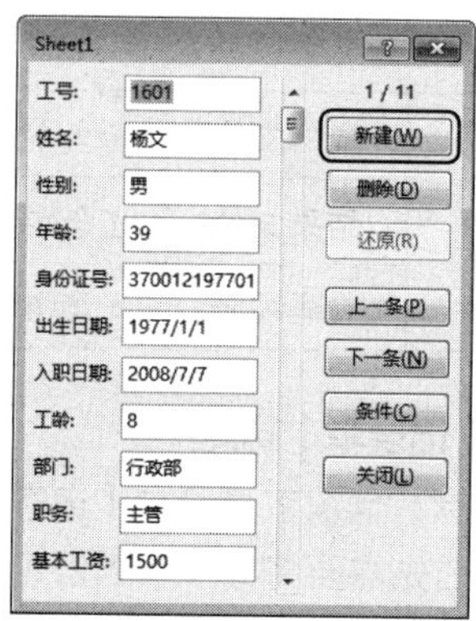

第 3 步 各字段名对应的文本框会自动变为空白，录入新员工的具体信息，如下图所示。

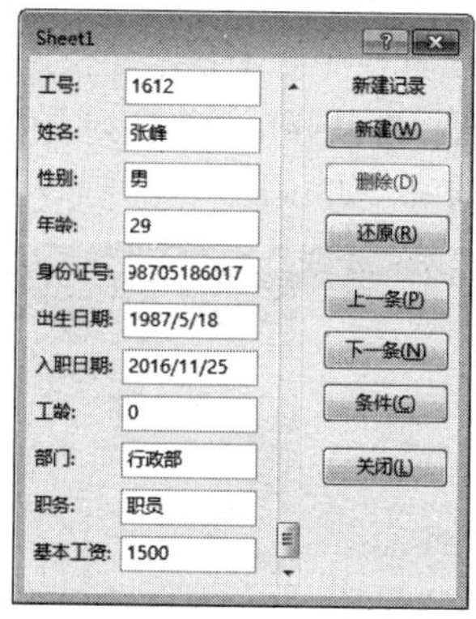

第 4 步 单击【关闭】按钮 关闭(L)，返回工作表中，此时新记录就添加在工作表中单元格

区域的最后一行了，如下图所示。

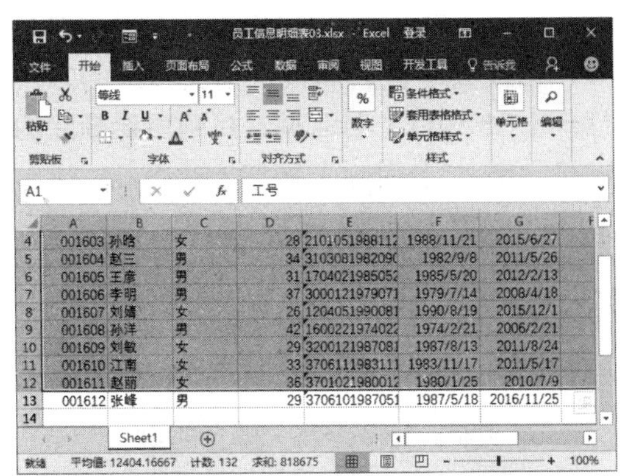

温馨提示

在记录单中输入数据记录时，可以按【Tab】键或者【Shift+Tab】组合键在各个字段之间切换，单击 上一条(P) 按钮或者 下一条(N) 按钮可以查看工作表中的上一条或者下一条数据记录。

3. 查询记录

用户还可以通过【记录单】功能对录入的数据进行查询，具体操作步骤如下。

第1步 单击自定义快速访问工具栏中的【记录单】按钮，如下图所示。

第2步 弹出【Sheet1】对话框，单击【条件】按钮 条件(C) ，如下图所示。

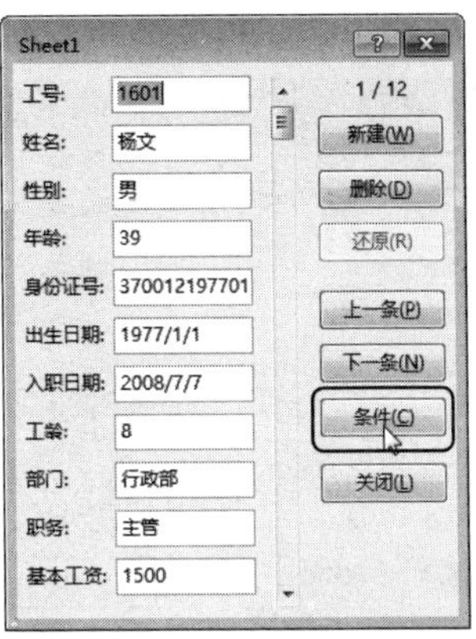

第3步 弹出【Sheet1】对话框，然后在【部门】文本框输入“财务部”，如下图所示。

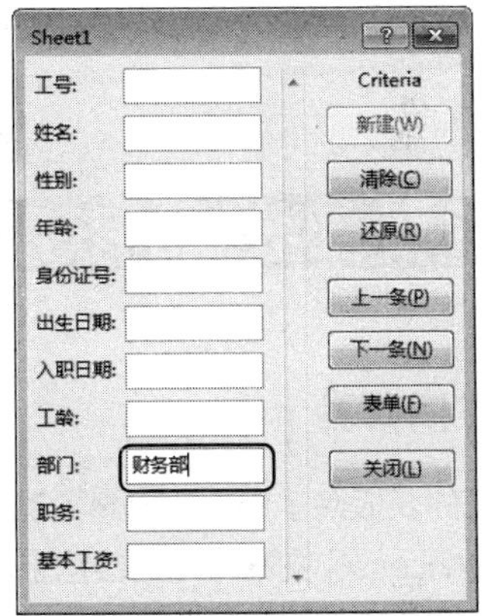

第4步 按【Enter】键，即可查询“财务部”员工信息，如下图所示。

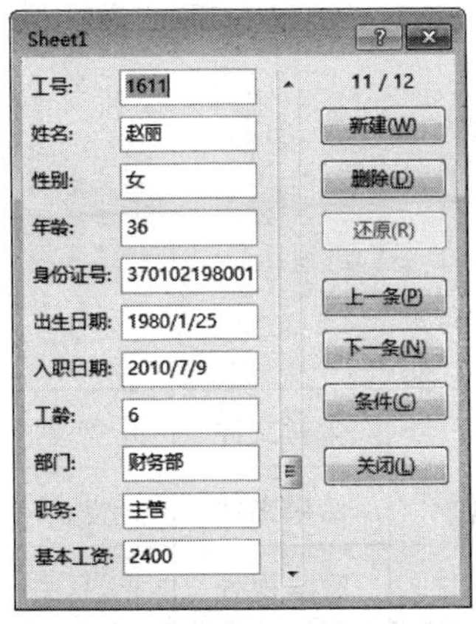

第5步 单击 上一条(P) 按钮或 下一条(N) 按钮，查看符合条件的记录，查看完毕，单击【关闭】

按钮 关闭(L) 即可，如下图所示。

4.删除记录

用户也可以使用【记录单】删除记录。操作也很简单，只需按照前面介绍的方法打开【Sheet1】对话框，找到想要删除的记录，单击【删除】按钮 删除(D) ，弹出【Microsoft Excel】提示对话框，提示用户“显示的记录将被删除”，单击【确定】按钮 确定 即可将该条记录删除，单击【取消】按钮 取消 将取消删除操作。

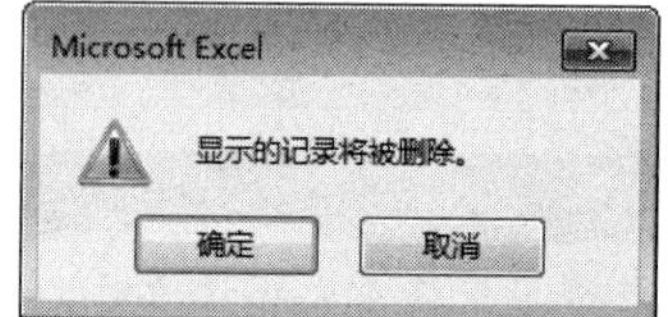

1.5 外部数据的获取

案例背景

数据的获取除了用户自己录入数据之外，还可以导入外部数据，导入的外部数据最常见的来源包括Access、文本和网站数据来源。

本例将介绍怎样从外部获取数据，制作完成后的效果如下图所示。实例最终效果见“光盘\结果文件\第1章\外部数据的获取.xlsx”文件。

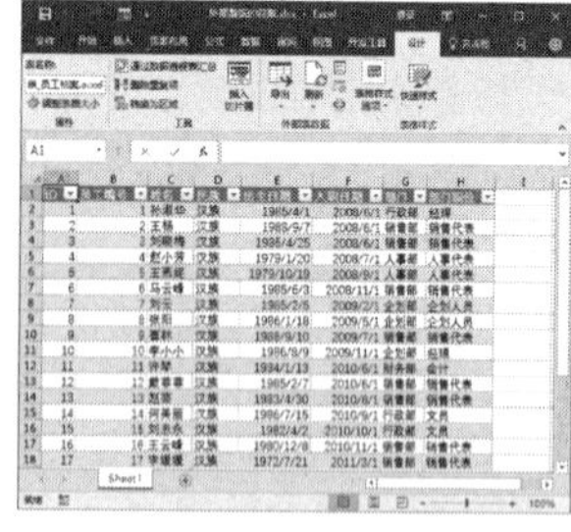
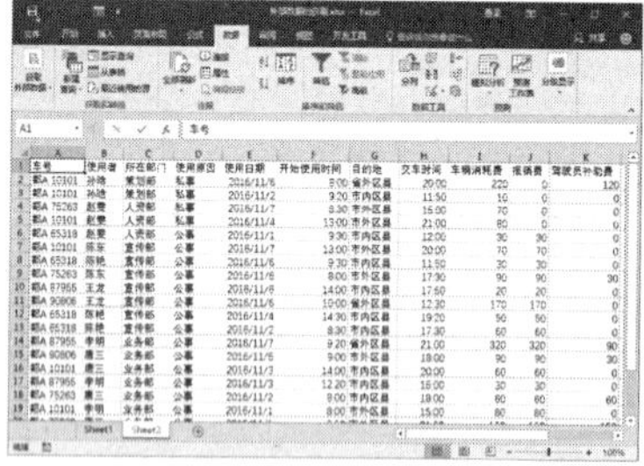
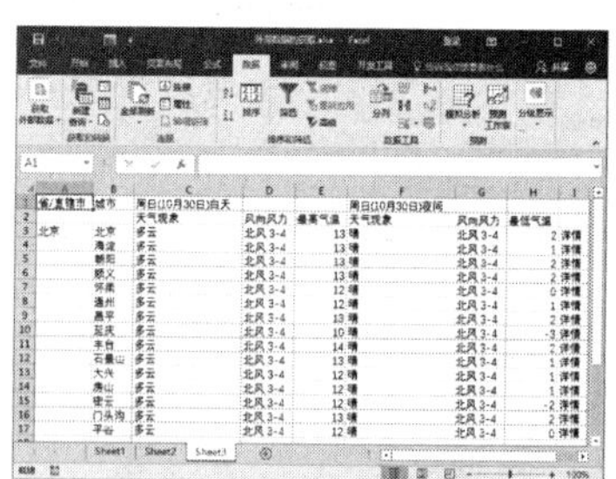

光盘文件	素材文件	光盘\素材文件\第1章\员工档案.accdb、车辆使用明细表.txt
	结果文件	光盘\结果文件\第1章\外部数据的获取.xlsx
	教学视频	光盘\视频文件\第1章\1.5 外部数据的获取.mp4

1.5.1 从Acess获取数据

Excel具有直接导入常见数据库文件的功能，可以方便地从数据库文件中获取数据。这些数据文件可以是Microsoft Access数据库、Microsoft SQL Server数据库、Microsoft OLAP多维数据集、dBase数据库等。

通过获取外部数据的功能，可以将Microsoft Access数据库文件中的数据导入Excel工作表中，具体操作步骤如下。

第 1 步 ❶新建一个空白工作表，并将其重命名为"外部数据的获取.xlsx"，切换到【数据】选项卡；❷在【获取外部数据】组中单击【自Access】按钮，如下图所示。

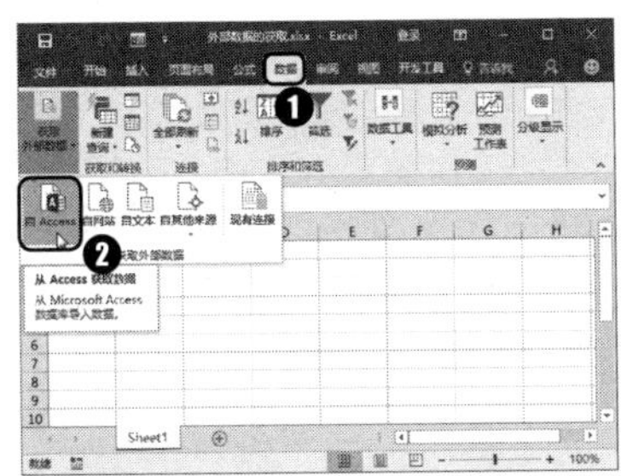

第 2 步 ❶弹出【选取数据源】对话框，找到目标文件所在的路径；❷选中文件"员工档案.accdb"；❸单击【打开】按钮 打开(O) ，如下图所示。

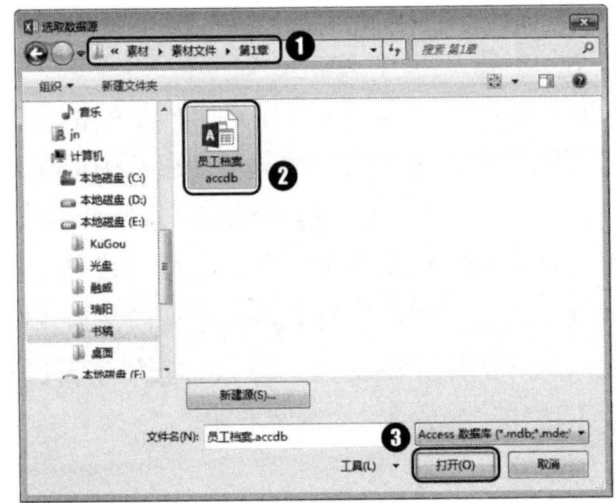

第 3 步 ❶弹出【导入数据】对话框，在【请选择该数据在工作簿中的显示方式。】组合框中选择【表】单选钮；❷在【数据的放置位置】组合框中选中【现有工作表】单选钮，并在下方的文本框中输入数据导入的起始单元格位置，如"=$A$1"；❸单击【确定】按钮 确定 ，如下图所示。

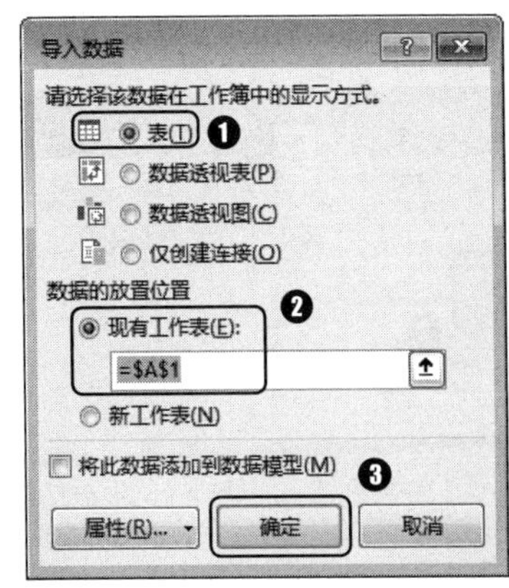

第 4 步 即可导入数据，效果如下图所示。

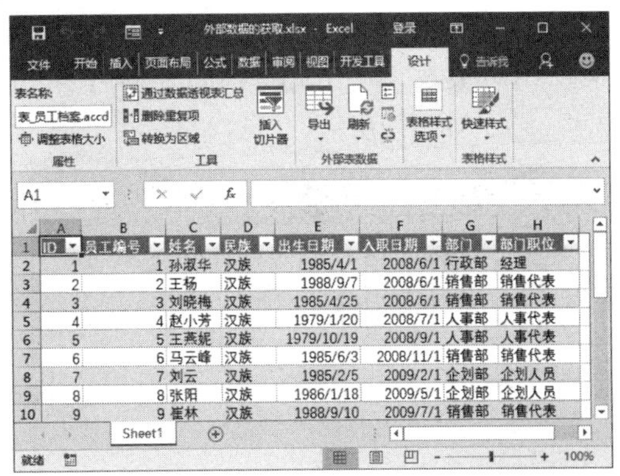

	A	B	C	D	E	F	G	H
1	ID	员工编号	姓名	民族	出生日期	入职日期	部门	部门职位
2	1	1	孙淑华	汉族	1985/4/1	2008/6/1	行政部	经理
3	2	2	王杨	汉族	1988/9/7	2008/6/1	销售部	销售代表
4	3	3	刘晓梅	汉族	1985/4/25	2008/6/1	销售部	销售代表
5	4	4	赵小芳	汉族	1979/1/20	2008/7/1	人事部	人事代表
6	5	5	王燕妮	汉族	1979/10/19	2008/9/1	人事部	人事代表
7	6	6	马云峰	汉族	1985/6/3	2008/11/1	销售部	销售代表
8	7	7	刘云	汉族	1985/2/5	2009/2/1	企划部	企划人员
9	8	8	张阳	汉族	1986/1/18	2009/5/1	企划部	企划人员
10	9	9	崔林	汉族	1988/9/10	2009/7/1	销售部	销售代表

1.5.2 从文本获取数据

在日常办公中，用户往往需要使用Excel对其他软件生成的数据进行加工，首先要进行的工作就是将这些数据导入Excel中形成数据列表。

在许多情况下，外部数据是以文本文件格式（.txt文件）保存的。在导入文本格式的数据之前，用户可以使用记事本等文本编辑器打开数据源文件查看一下，以便对数据的结构有所了解。

从文本获取数据的具体操作步骤如下。

第 1 步 ❶在工作簿“外部数据的获取 .xlsx”中新建一个空白工作表“Sheet 2”，切换到【数据】选项卡；❷在【获取外部数据】组中单击【自文本】按钮，如下图所示。

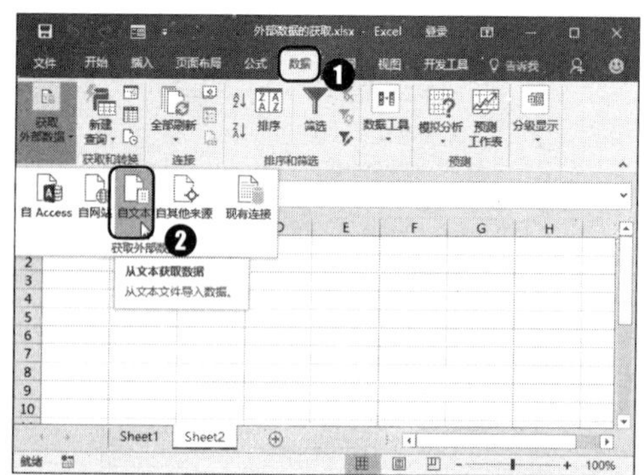

第 2 步 ❶弹出【导入文本文件】对话框，找到目标文件所在的路径；❷选中文件“车辆使用明细表 .txt”；❸单击【导入】按钮 导入(M)，如下图所示。

第 3 步 ❶弹出【文本导入向导 - 第 1 步，共 3 步】对话框，在【请选择最合适的文件类型】组合框中选中【分隔符号】；❷在【文件原始格式】下拉列表中选择合适的选项，如选择【936：简体中文（GB2312）】选项；❸设置完毕单击【下一步】按钮 下一步(N) >，如下图所示。

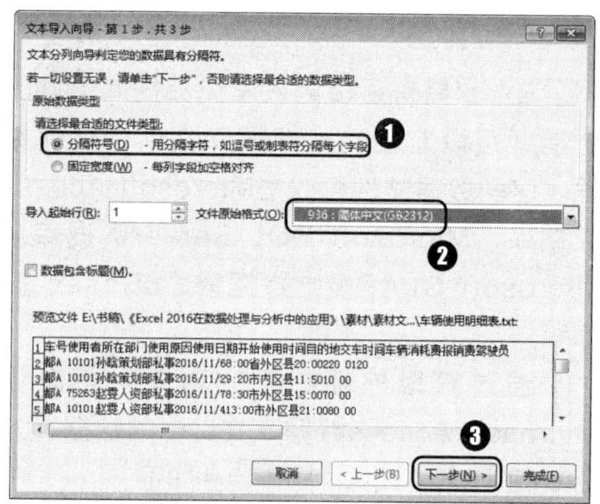

第 4 步 ❶弹出【文本导入向导 - 第 2 步，共 3 步】对话框，在【分隔符号】组合框中默认选择的是【Tab 键】复选框；❷在下方的【数据预览】列表中会显示数据分列线；❸设置完毕单击【下一步】按钮 下一步(N) >，如下图所示。

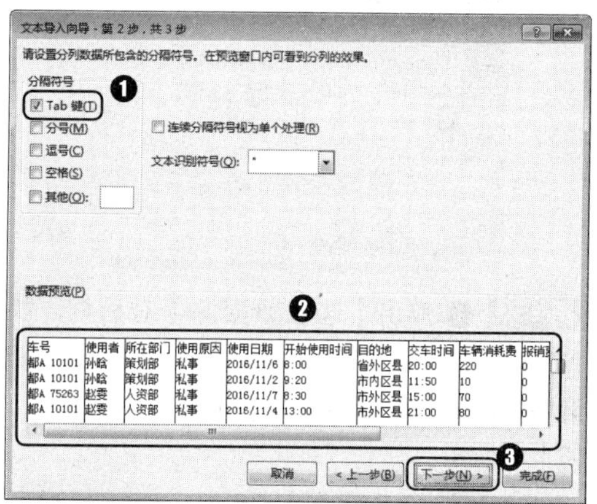

第 5 步 ❶弹出【文本导入向导 - 第 3 步，共 3 步】对话框，用户可以设置【列数据格式】的不同类型，在【数据预览】列表框中选择第 1 列，即“车号”字段；❷然后在【列数据格式】组合框中选中【文本】单选钮，即可将第 1 列数据设置为“文本”格式，其他字段保持系统默认的“常规”格式不变；❸设置完毕单击【完成】按钮 完成(F)，如下图所示。

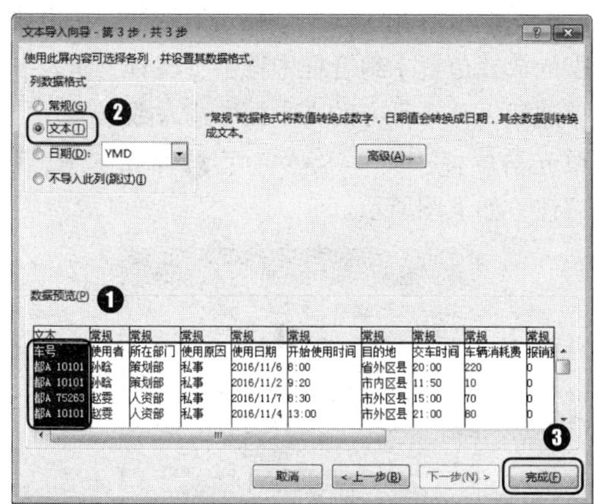

第 6 步 ❶ 弹出【导入数据】对话框，在【数据的放置位置】组合框中选中【现有工作表】单选钮，并在下方的文本框中输入数据导入的单元格位置，如“=$A$1”；❷ 单击【确定】按钮 确定 ，如下图所示。

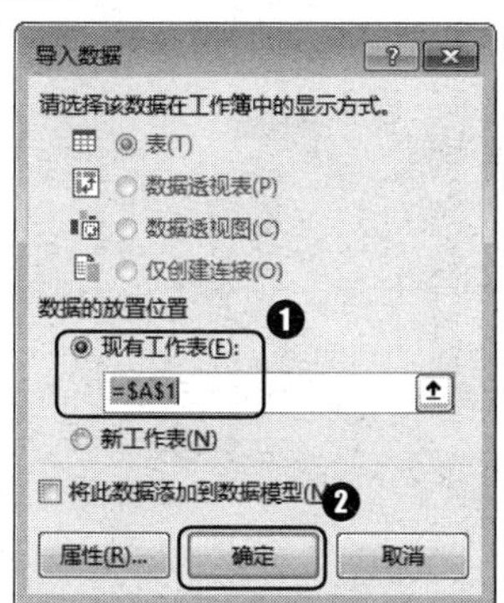

第 7 步 即可将文本文件数据导入 Excel 表中，效果如下图所示。

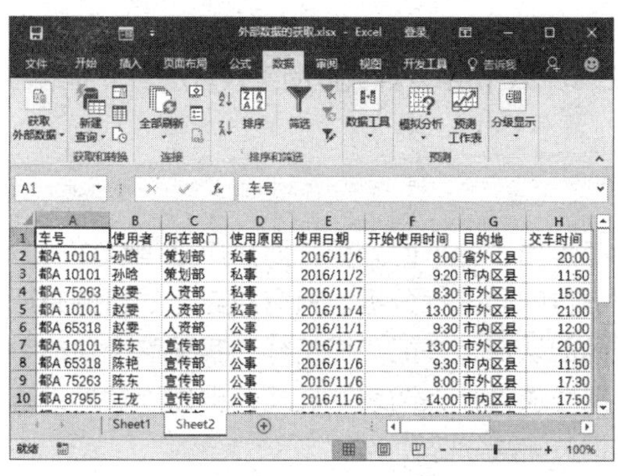

	A	B	C	D	E	F	G	H
1	车号	使用者	所在部门	使用原因	使用日期	开始使用时间	目的地	交车时间
2	都A 10101	孙晗	策划部	私事	2016/11/6	8:00	省外区县	20:00
3	都A 10101	孙晗	策划部	私事	2016/11/2	9:20	市内区县	11:50
4	都A 75263	赵雯	人资部	私事	2016/11/7	8:30	市外区县	15:00
5	都A 10101	赵雯	人资部	私事	2016/11/4	13:00	市外区县	21:00
6	都A 65318	赵雯	人资部	公事	2016/11/1	9:30	市外区县	12:00
7	都A 10101	陈东	宣传部	公事	2016/11/7	13:00	市外区县	20:00
8	都A 65318	陈艳	宣传部	公事	2016/11/6	9:30	市内区县	11:50
9	都A 75263	陈东	宣传部	公事	2016/11/6	8:00	市外区县	17:30
10	都A 87955	王龙	宣传部	公事	2016/11/6	14:00	市内区县	17:50

1.5.3 从Web获取数据

Excel不仅可以从外部数据库获取数据，还可以从Web网页中轻松获取数据。接下来以怎样将网页中的天气预报数据导入Excel工作表中为例进行介绍，具体操作步骤如下。

第 1 步 ❶ 在工作簿“外部数据的获取.xlsx”中新建一个空白工作表“Sheet 3”，切换到【数据】选项卡；❷ 在【获取外部数据】组中单击【自网站】按钮，如下图所示。

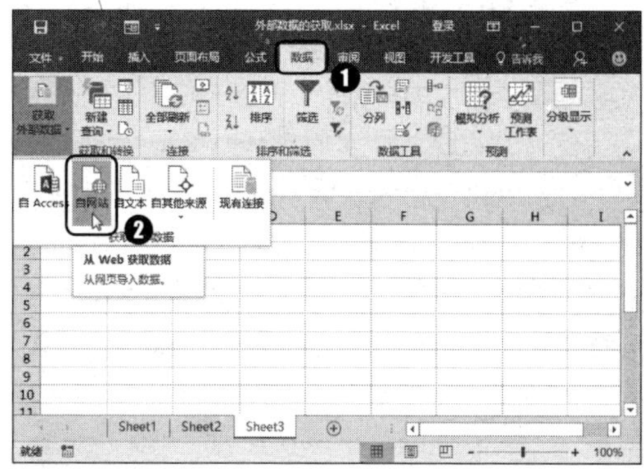

第 2 步 ❶ 弹出【新建 Web 查询】对话框，在【地址】文本框中输入网址“http://www.weather.com.cn/ textFC/hb.shtml”；❷ 单击【转到】按钮 转到(G) ，如下图所示。

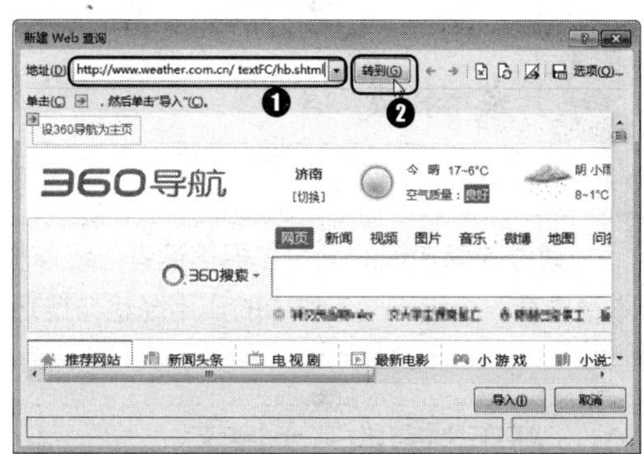

第 3 步 此时网页中分成了多个内容部分，并以每个可以作为数据表导入的数据区域的左上角显示标识复选框，将鼠标指针停在该标识上方时，会显示此部分内容所包括的内容

范围，如下图所示。

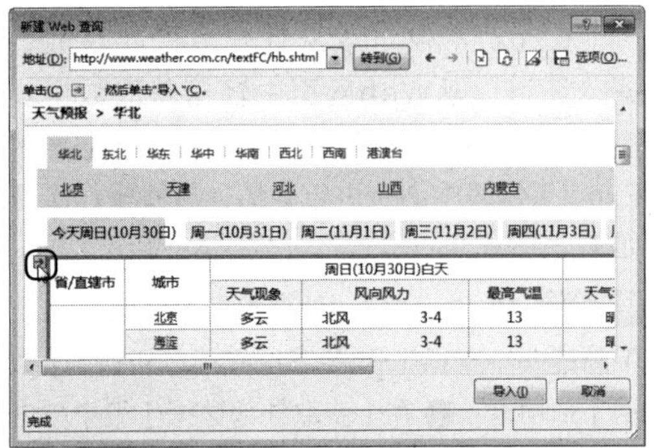

第 4 步 ❶单击标识复选框[→]，此时，复选框[→]变为[✓]状态；❷单击【导入】按钮[导入(I)]，如下图所示。

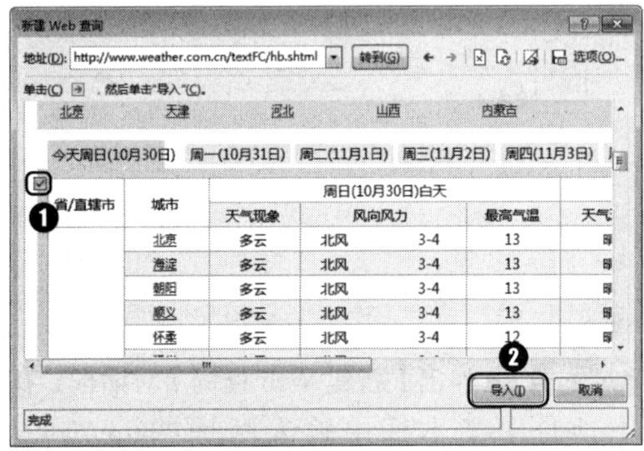

第 5 步 ❶弹出【导入数据】对话框，在【数据的放置位置】组合框中选中【现有工作表】单选钮，并在下方的文本框中输入数据导入的单元格位置，如"=$A$1"；❷单击[确定]按钮，如下图所示。

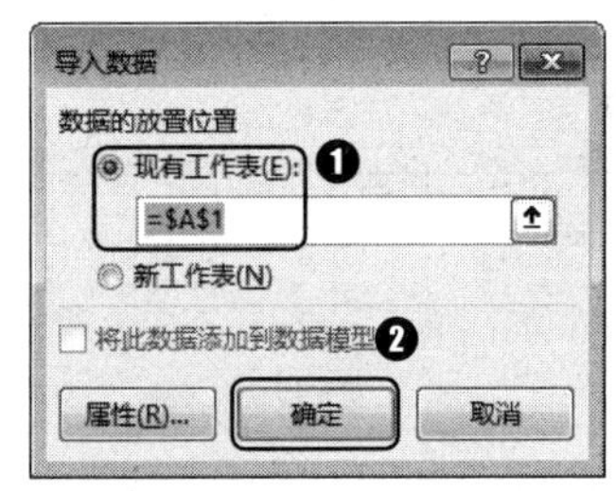

第 6 步 即可将选中的网页数据导入工作表中，如下图所示。

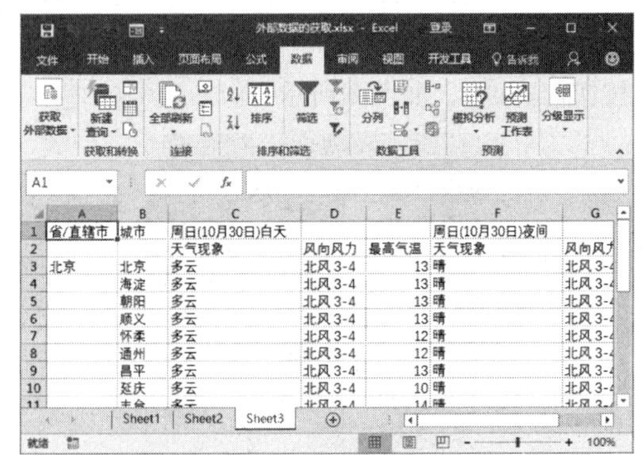

大神支招

通过前面知识的学习，相信读者已经掌握了Excel 2016中各种数据的录入方法。下面结合本章内容，介绍一些工作中的实用经验与技巧。

01 新手制表的三大误区

在实际工作中，对于数据分析，很多人会陷入一些误区，接下来介绍新手制表常见的三大误区。

误区一：分析目标不明确。数据分析不应是为了分析而分析，而是应该围绕你的分析目的而进行分析。只有对自己的目的有明确的认识，才能知道怎样去实现这个目的，需要通过什么图表来展现，自然而然地进行相关问题分析。

误区二：缺乏业务知识，分析结果脱离

实际。目前很多数据分析师都是统计学、计算机、数学专业出身，但是他们大多缺乏从事营销、管理方面的经验，对业务不了解，对数据的分析偏重于数据分析方法的使用，而分析结果脱离实际应用，对公司决策者的决策帮助很少，基本属于纸上谈兵。

误区三：一味追求高级分析方法。在进行数据分析时，很多人喜欢使用一些高级分析方法，如回归分析、因子分析等。高级的分析方法不一定是最好的，能够简单有效的解决问题才是最好的方法。俗话说得好，不论白猫还是黑猫，只要能抓住老鼠就是好猫。

02 不同数据类型的输入规则

Excel会自动对用户输入的数据类型进行判断。Excel可以识别数值、日期或时间、文本、公式及错误值等数据类型。

1. 数值

任何由数字组成的单元格输入项都被当作数值，数值里也包含一些特殊字符。在输入数值前加一个负号（—），Excel会识别为负数；在输入数值前加一个百分比符号（%），Excel会识别为百分数；在输入数值前加一个货币符号（如￥），Excel会识别为货币值。

2. 日期或时间

在Excel工作表中，使用短杠（-）、斜杠（/）和中文“年月日”间隔等格式为有效的日期格式，都能被Excel识别为日期数据。

3. 文本

文本通常是指一些非数值型的文字、符号等，Excel将不能识别为数值和公式的单元格输入值都视为文本。

4. 公式

通常情况下，在Excel中输入公式，需要以“=”开头，表示当前输入的是公式。除了“=”之外，也可以使用“+”或“-”开头，Excel会将其识别为公式。

03 如何根据网页内容更新工作表数据

视频文件：光盘\视频文件\第1章\03.mp4

在工作表中导入的网页数据有时效性，如果需要根据网页内容更新Excel工作表中的数据，用户可以通过手动刷新、设置定时刷新和打开工作簿时自动刷新3种方法，具体操作如下。

方法1 ❶ 打开“光盘\素材文件\第1章\外部数据的获取.xlsx”文件，选中导入的外部数据区域中的任意一个单元格，切换到【数据】选项卡；❷ 在【连接】组中单击【全部刷新】按钮的上半部分按钮。操作如下图所示。

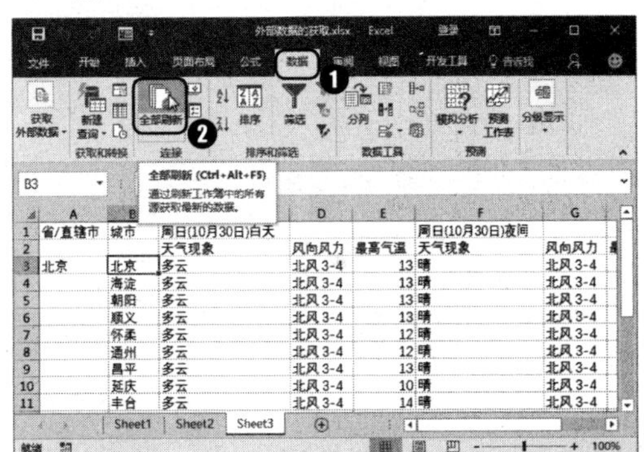

方法2 ❶ 打开“光盘\素材文件\第1章\外部数据的获取.xlsx”文件，选中导入的外部数据区域中的任意一个单元格，切换到【数据】选项卡；❷ 在【连接】组中单击【属性】按钮；❸ 弹出【外部数据区域属性】对话框，在【刷新控件】组合框中选中【刷新频率】复选框，然后在右侧的微调框中输入“5”分钟；❹ 单击【确定】按钮 确定 即可设置每5分钟自动刷新数据，如下图所示。

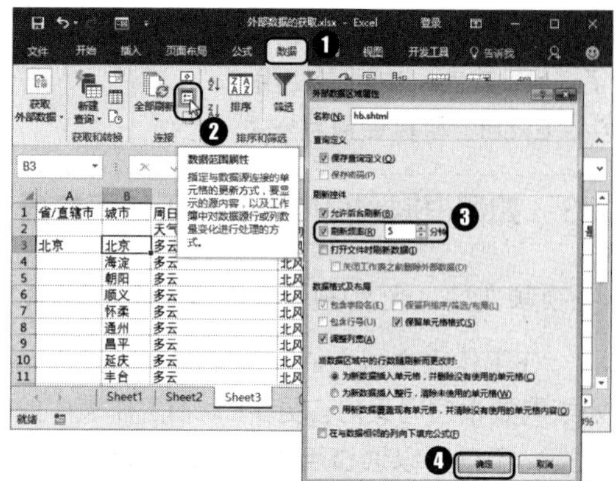

方法 3 按照方法 2 打开【外部数据区域属性】对话框，在【刷新控件】组合框中选中【打开文件时刷新数据】复选框，即可在每次打开工作簿时自动刷新数据，如下图所示。

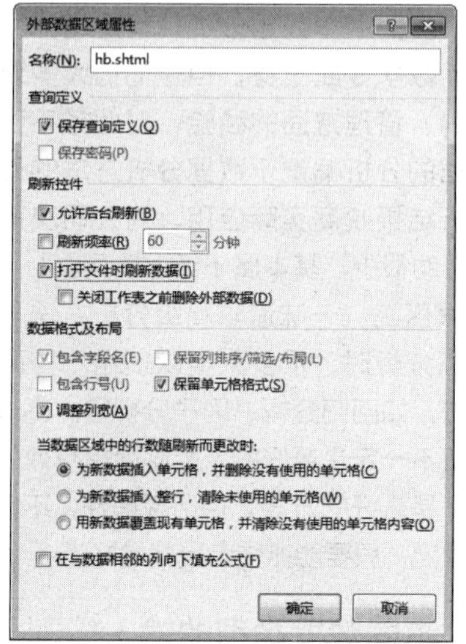

第2章
数据的编辑与美化

本章导读

数据录入之后，用户可以对数据进行简单编辑和美化操作，不仅可以使数据清晰美观，还可以对重点数据进行突出强调，使其层次分明，便于信息的查阅。

知识要点

- ❖ 复制粘贴
- ❖ 查找替换
- ❖ 设置对齐方式
- ❖ 调整行高和列宽
- ❖ 添加边框和底纹
- ❖ 应用样式和主题

2.1 数据的编辑

案例背景

数据的简单编辑操作主要包括复制和粘贴数据、查找和替换数据以及改写和删除数据等。通过这些简单基础的操作，用户可以对Excel表中的数据进行简单处理，实现数据的规范化、清晰明了，便于进行后期数据的高级处理与分析操作。

本例介绍怎样对办公用品领用明细表中的数据进行简单编辑，数据编辑效果如下图所示。实例最终效果见“光盘\结果文件\第2章\办公用品领用明细表01.xlsx”文件。

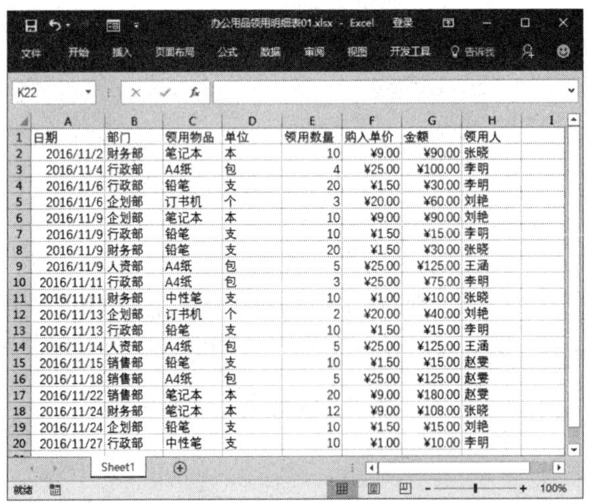

	A	B	C	D	E	F	G	H
1	日期	部门	领用物品	单位	领用数量	购入单价	金额	领用人
2	2016/11/2	财务部	笔记本	本	10	¥9.00	¥90.00	张晓
3	2016/11/4	行政部	A4纸	包	4	¥25.00	¥100.00	李明
4	2016/11/6	行政部	铅笔	支	20	¥1.50	¥30.00	李明
5	2016/11/6	企划部	订书机	个	3	¥20.00	¥60.00	刘艳
6	2016/11/9	企划部	笔记本	本	10	¥9.00	¥90.00	刘艳
7	2016/11/9	行政部	铅笔	支	10	¥1.50	¥15.00	李明
8	2016/11/9	财务部	铅笔	支	20	¥1.50	¥30.00	张晓
9	2016/11/9	人资部	A4纸	包	5	¥25.00	¥125.00	王涵
10	2016/11/11	行政部	A4纸	包	3	¥25.00	¥75.00	李明
11	2016/11/11	财务部	中性笔	支	10	¥1.00	¥10.00	张晓
12	2016/11/13	企划部	订书机	个	2	¥20.00	¥40.00	刘艳
13	2016/11/13	行政部	铅笔	支	10	¥1.50	¥15.00	李明
14	2016/11/14	人资部	A4纸	包	5	¥25.00	¥125.00	王涵
15	2016/11/15	销售部	铅笔	支	10	¥1.50	¥15.00	赵雯
16	2016/11/18	销售部	A4纸	包	5	¥25.00	¥125.00	赵雯
17	2016/11/22	销售部	笔记本	本	20	¥9.00	¥180.00	赵雯
18	2016/11/24	财务部	笔记本	本	12	¥9.00	¥108.00	张晓
19	2016/11/24	企划部	铅笔	支	10	¥1.50	¥15.00	刘艳
20	2016/11/27	行政部	中性笔	支	10	¥1.00	¥10.00	李明

光盘文件	素材文件	光盘\素材文件\第2章\办公用品领用明细表01.xlsx
	结果文件	光盘\结果文件\第2章\办公用品领用明细表01.xlsx
	教学视频	光盘\视频文件\第2章\2.1数据的编辑.mp4

2.1.1 复制和粘贴数据

用户在编辑工作表的时候，经常会遇到需要在工作表中输入一些相同数据的情况，此时可以使用系统提供的复制粘贴功能实现，以节省输入数据的时间。复制粘贴数据的方法有很多种。

下面以“2016/11/27行政部领用中性笔10支”为例，介绍怎样复制和张贴数据，具体操作如下。

第1步 ❶打开“光盘\素材文件\第 2 章\办公用品领用明细表 01.xlsx”文件，在单元格 A20 中输入“2016/11/27”；❷选中单元格 B13；❸单击【剪贴板】组中的【复制】按钮，如下图所示。

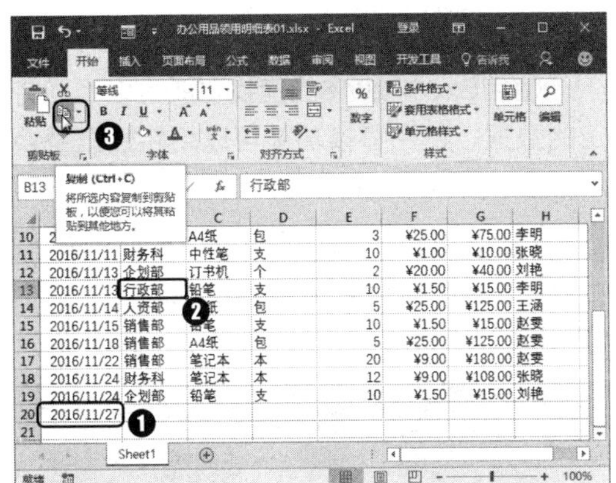

第 2 步 此时单元格 B13 的四周会出现闪烁的虚线框，表示用户要复制此单元格中的内容，如下图所示。

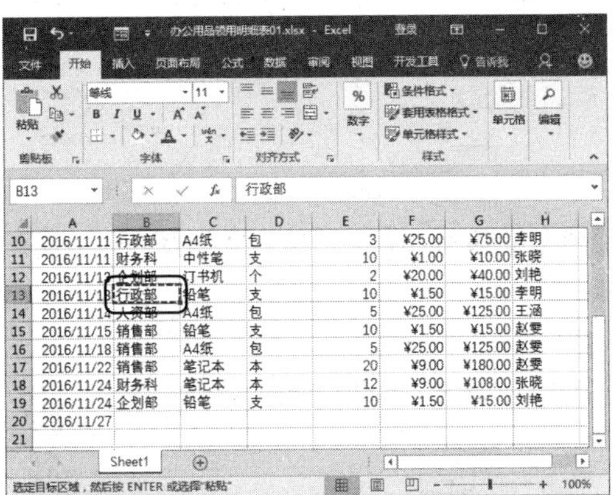

第 3 步 ❶选中单元格 B20；❷单击【剪贴板】中的【粘贴】按钮的上半部分按钮，如下图所示。

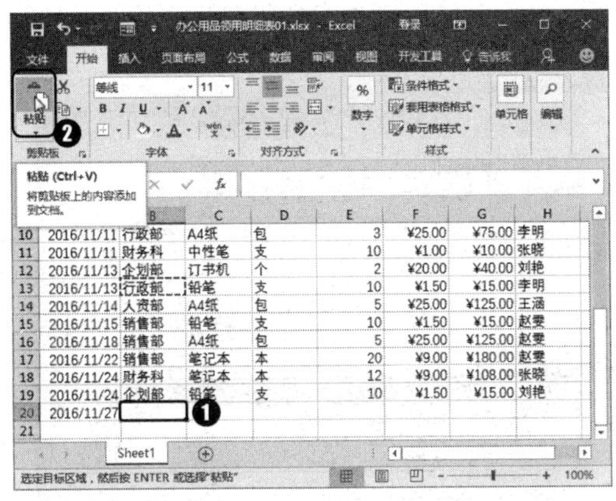

第 4 步 此时即可将单元格 B13 中的数据复制粘贴到单元格 B20 中，同时在单元格的右下角会出现一个【粘贴选项】按钮(Ctrl)，如下图所示。

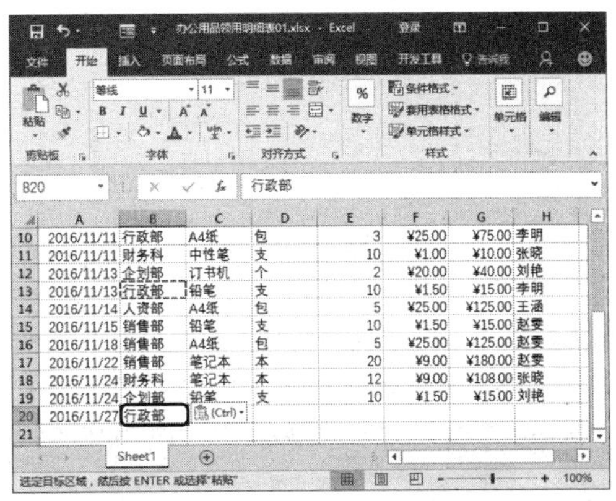

第 5 步 ❶选中单元格区域 C11:G11；❷单击鼠标右键，从弹出的快捷菜单中选择【复制】菜单项，如下图所示。

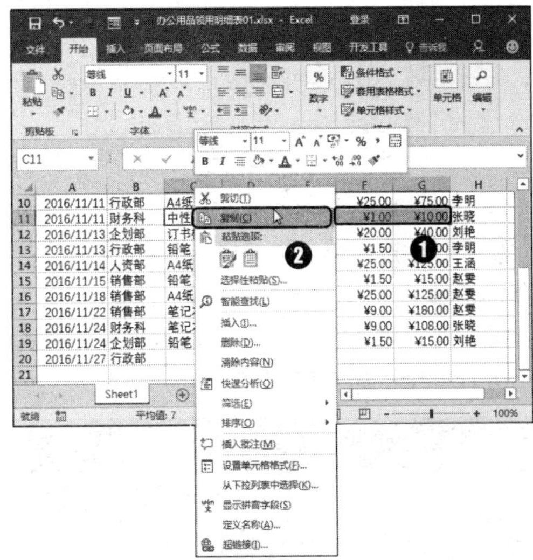

第 6 步 ❶选中单元格区域 C20:G20；❷单击鼠标右键，从弹出的快捷菜单中选择【粘贴】按钮，如下图所示。

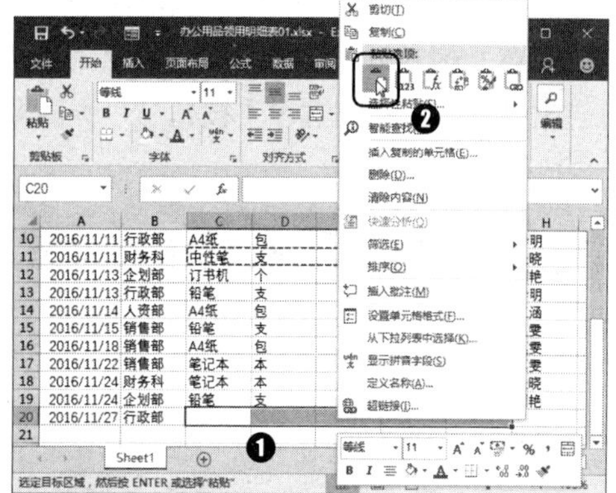

第 7 步 即可将单元格区域 C11:G11 中的数据复制到单元格区域 C20:G20 中，如下图所示。

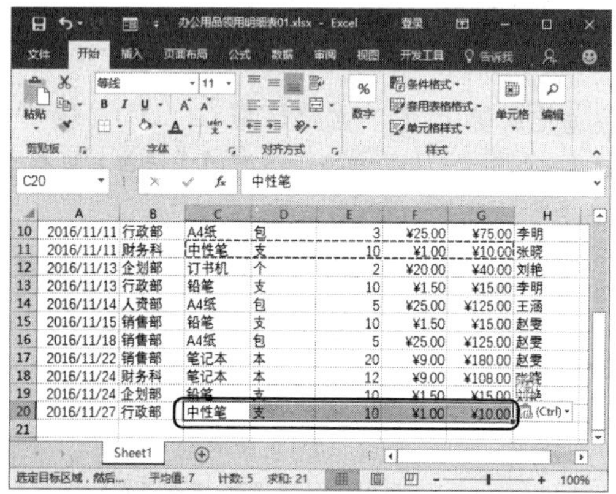

第 8 步 ❶选中单元格 H13，按【Ctrl+C】组合键；❷选中单元格 H20，按【Ctrl+V】组合键，即可将单元格 H13 中的数据复制到单元格 H20 中，如下图所示。

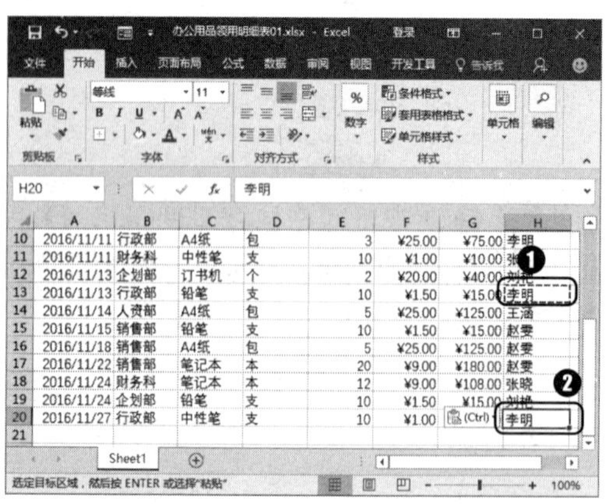

2.1.2 查找和替换数据

使用Excel 2016的查找功能可以找到特定的数据，使用替换功能可以用新数据替换原数据。

第 1 步 ❶单击【编辑】组中的【查找和选择】按钮；❷从弹出的下拉列表中选择【查找】选项，如下图所示。

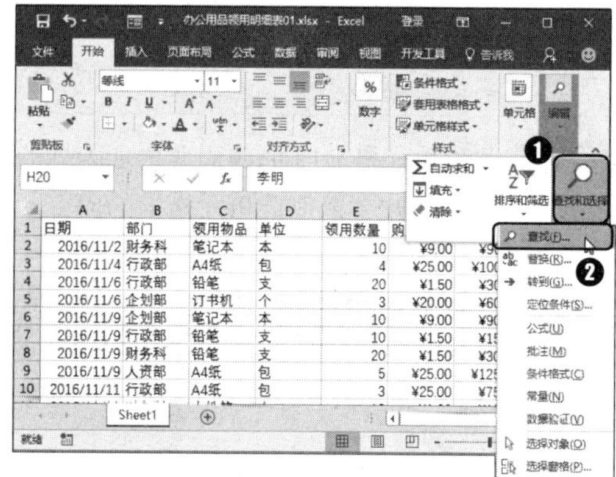

第 2 步 ❶弹出【查找和替换】对话框，在【查找内容】文本框中输入“财务科”；❷单击【查找全部】按钮 查找全部(I)，如下图所示。

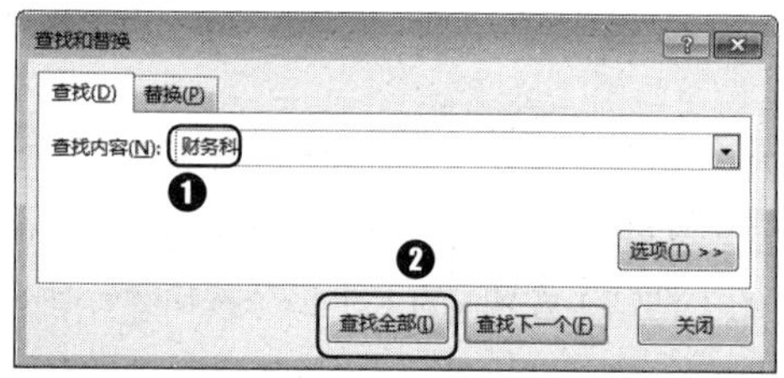

第 3 步 系统即可查找到所有符合条件的数据信息，如下图所示。

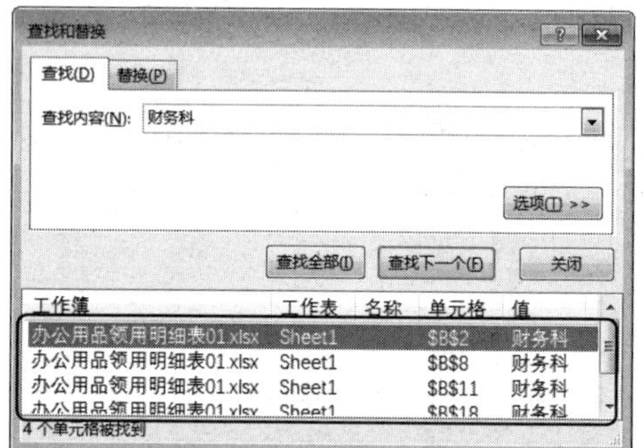

第4步 ❶切换到【替换】选项卡中；❷在【替换为】文本框中输入“财务部”；❸然后单击【全部替换】按钮 全部替换(A) ，如下图所示。

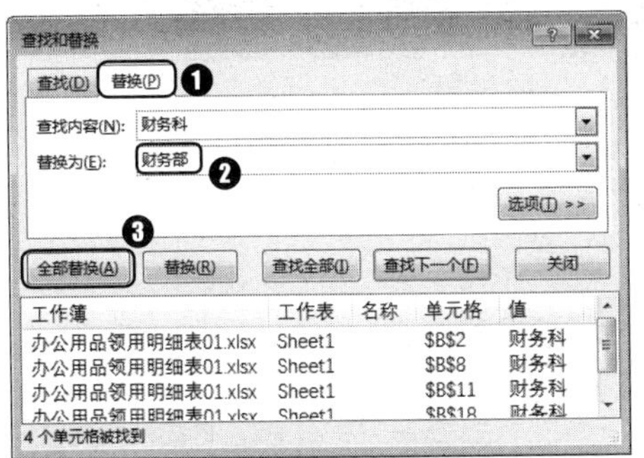

第5步 弹出【Microsoft Excel】提示对话框中，提示用户“全部完成。完成4处替换。”单击【确定】按钮 确定 ，如下图所示。

第6步 返回【查找和替换】对话框，即可看到下方信息“财务科”全部替换为“财务部”，单击【关闭】按钮 关闭 ，如下图所示。

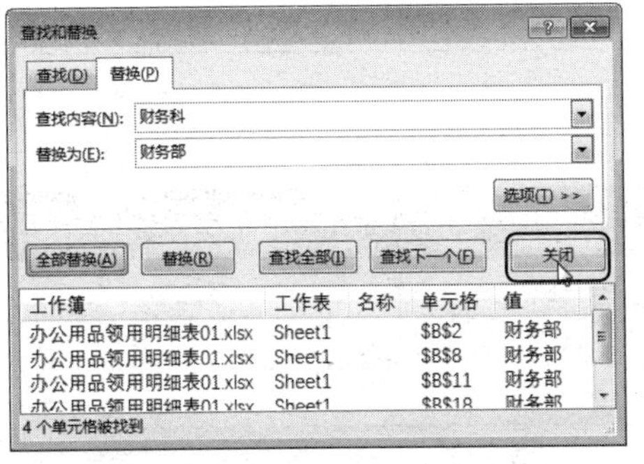

第7步 返回工作表中，即可看到表中所有的“财务科”都被替换成“财务部”，如下图所示。

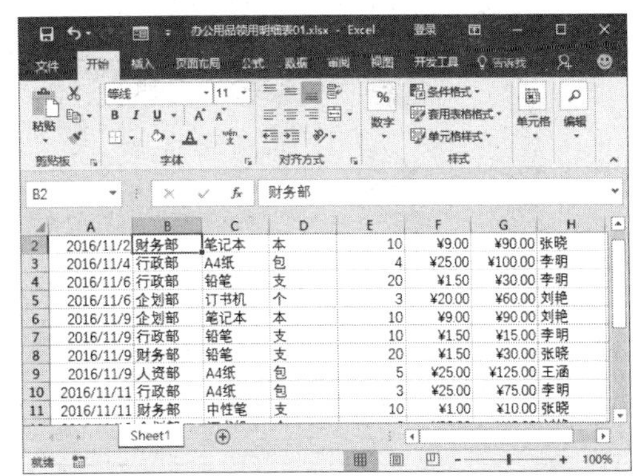

2.1.3 修改和删除数据

数据输入之后并不是一成不变的，用户可以根据需求随意地修改或者删除单元格中的数据。

修改数据的方法很简单，只需选中要修改数据的单元格，然后输入新的数据即可。

当用户不再需要单元格中的数据时，可以将其删除。删除单元格数据最简单的方法就是在选中单元格后，直接按【Delete】键，即可将单元格中的数据删除。

2.2 数据的美化

案例背景

美化工作表的操作主要包括设置单元格格式、设置工作表背景、设置样式、使用主题以及使用批注。

本例以办公用品领用明细表为例，介绍怎样对数据进行简单美化，美化后的效果如下图所示。实例最终效果见“光盘\结果文件\第2章\办公用品领用明细表02.xlsx”文件。

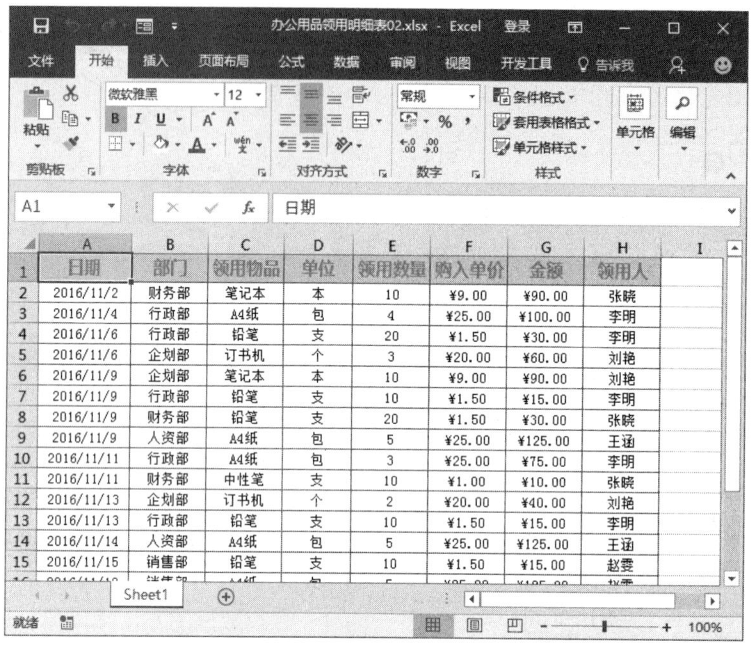

光盘文件	素材文件	光盘\素材文件\第2章\办公用品领用明细表02.xlsx
	结果文件	光盘\结果文件\第2章\办公用品领用明细表02.xlsx
	教学视频	光盘\视频文件\第2章\2.2数据的美化.mp4

2.2.1 设置字体格式

用户可以通过对数据进行字体格式设置来突出显示不同数据的特征，如日期型数据、货币型数据等，也可以设置不同的字体及字号使数据看起来更加美观醒目。

第1步 ❶打开“光盘\素材文件\第2章\办公用品领用明细表02.xlsx”文件，选中单元格区域A1:H1；❷在【字体】组中的【字体】下拉列表中选择【微软雅黑】选项，在【字号】下拉列表中选择【12】选项，选中【加粗】按钮B，在【字体颜色】下拉列表中选择【浅蓝】选项，字体设置效果如下图所示。

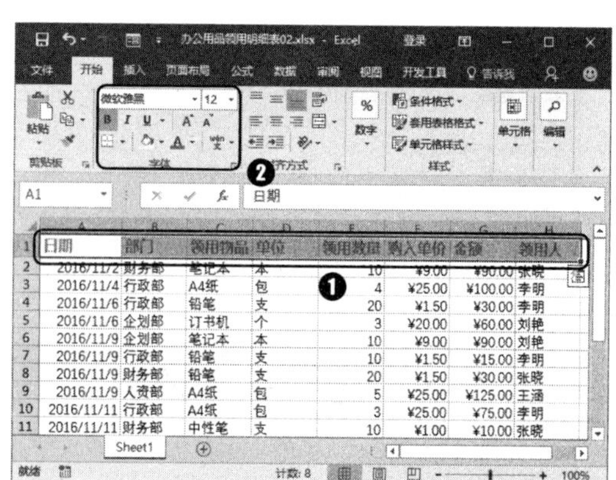

第2步 ❶选中单元格区域A2:H20；❷单击【字体】组右下角的【字体设置】按钮，如下图所示。

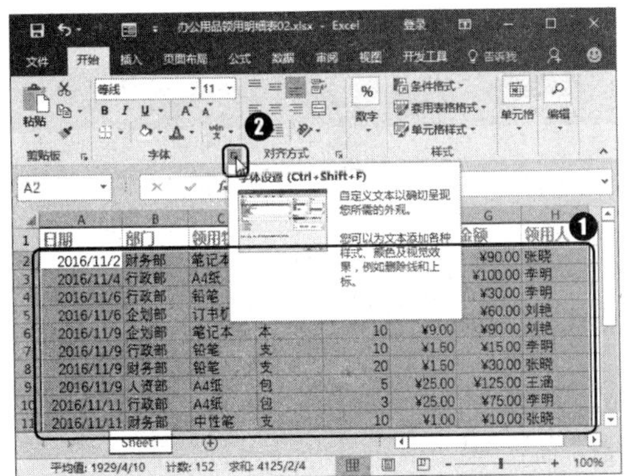

第 3 步 ❶弹出【设置单元格格式】对话框，自动切换到【字体】选项卡中，在【字体】列表框中选择【宋体】选项；❷在【字号】列表框中选择【10】选项；❸单击【确定】按钮 确定 ，如下图所示。

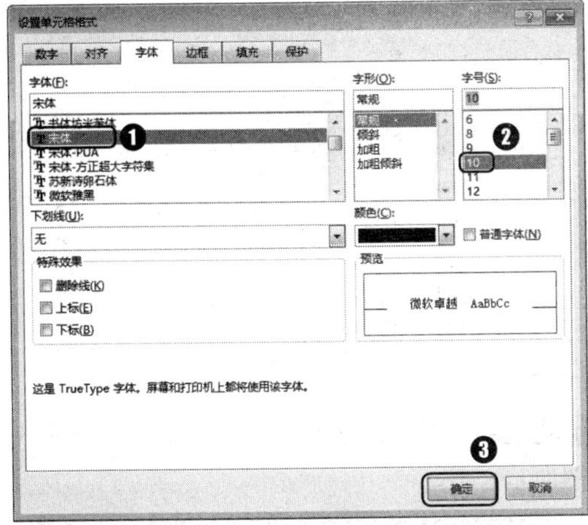

第 4 步 返回工作表中，字体设置效果如下图所示。

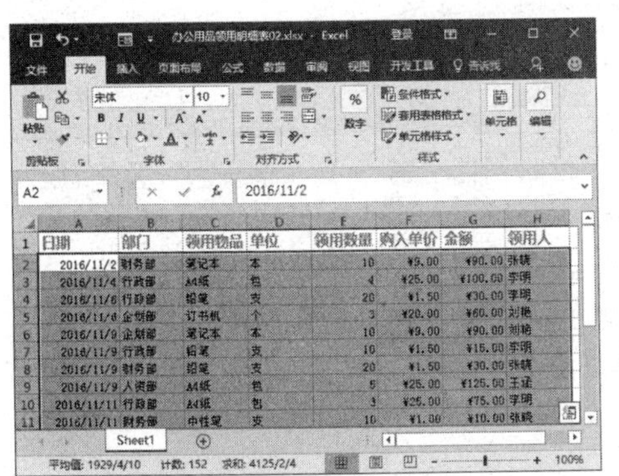

温馨提示

除了上述介绍的打开【设置单元格格式】对话框的方法之外，用户也可以通过单击鼠标右键，从弹出的快捷菜单中选择【设置单元格格式】菜单项打开，还可以按【Ctrl+1】组合键快速打开。

2.2.2 设置对齐方式

在Excel 2016中，单元格的对齐方式包括文本左对齐、居中、文本右对齐、顶端对齐、垂直居中、底端对齐等，用户可以通过【开始】选项卡或【设置单元格格式】对话框进行设置，具体操作步骤如下。

❶选中单元格区域 A1:H20；❷切换到【开始】选项卡，在【对齐方式】组中单击【垂直居中】按钮和【居中】按钮，如下图所示。

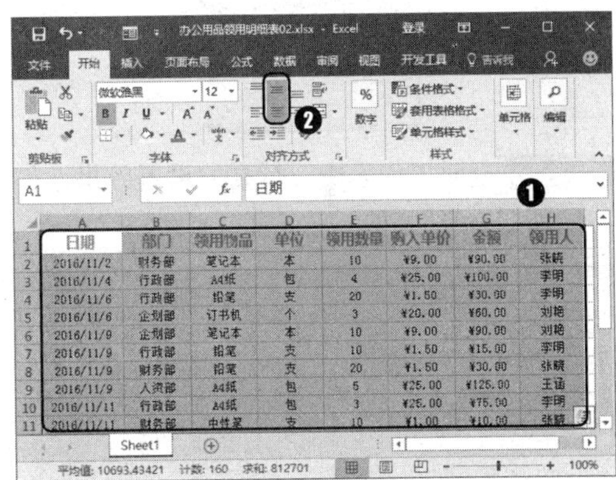

2.2.3 调整行高和列宽

为了使工作表看起来更加美观，用户可以通过【开始】选项卡或使用鼠标来调整行高和列宽。

1. 使用【开始】选项卡

使用【开始】选项卡调整行高和列宽的具体操作步骤如下。

第 1 步 ❶将鼠标移动至行标签按钮 1 上，

待鼠标指针变为➡形状时，单击行标签按钮 1 ，选中工作表中的第1行；❷切换到【开始】选项卡，在【单元格】组中单击【格式】按钮 格式▾；❸从弹出的下拉列表中选择【行高】选项，如下图所示。

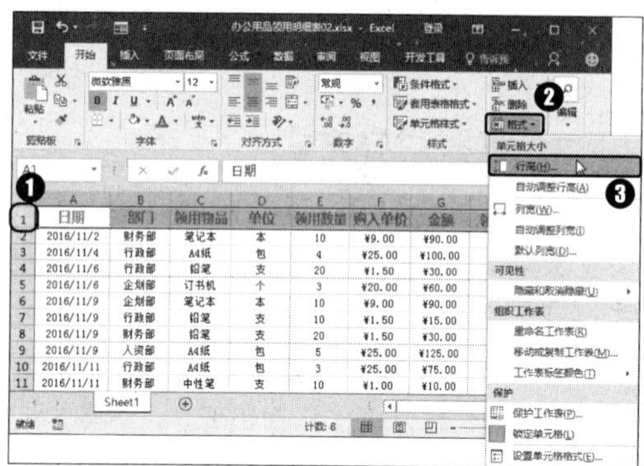

第2步 弹出【行高】对话框，在【行高】文本框中输入“20”；单击【确定】按钮 确定 ，如下图所示。

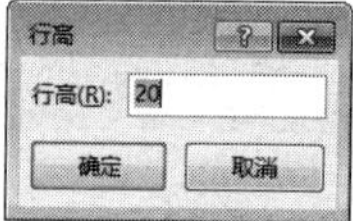

第3步 返回工作表中，行高的设置效果，如下图所示。

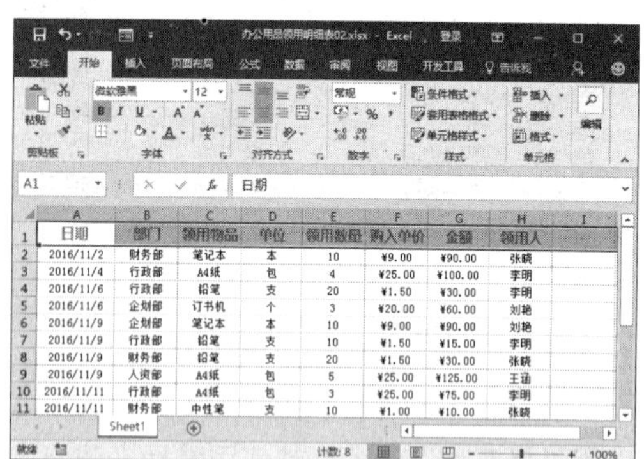

2. 使用鼠标

使用鼠标调整行高和列宽的具体步骤如下。

第1步 将鼠标指针放在要调整列宽的列标记右侧的分隔线上，此时鼠标指针变成✛形状，如下图所示。

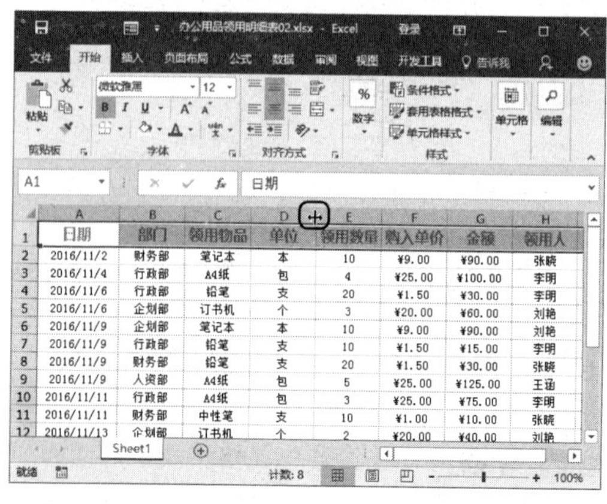

第2步 按住鼠标左键，此时可以拖动调整列宽，并在上方显示宽度值，如下图所示。

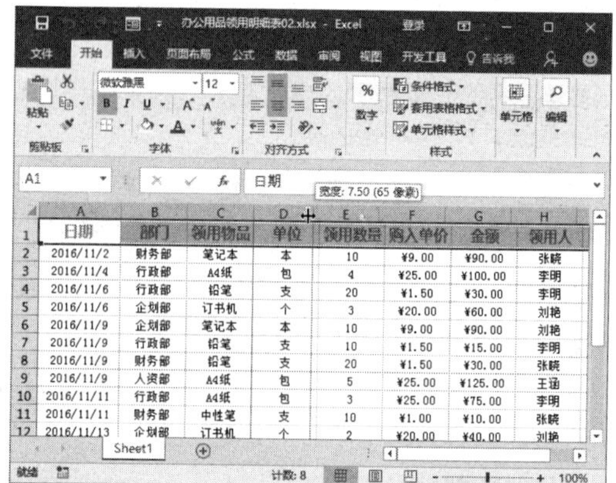

第3步 释放鼠标左键，列宽的调整效果如下图所示。

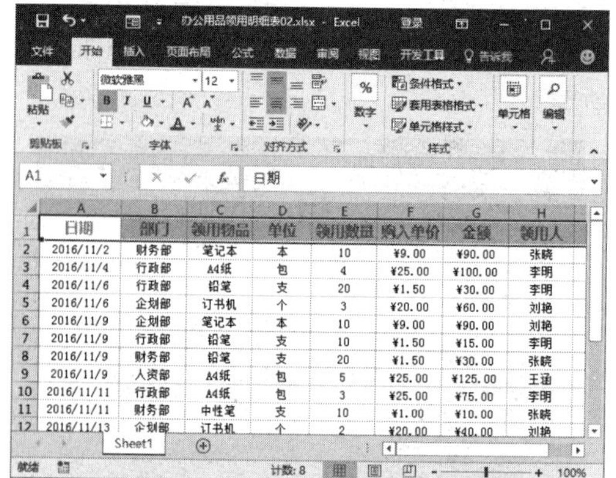

温馨提示

用户也可以使用鼠标快速调整行高和列宽，如调整列宽，将鼠标移动至要调整列宽的列标记右侧的分隔线上，此时鼠标变为✛形状，双击鼠标，即可快速调整列宽。

2.2.4 添加边框和底纹

为了使工作表看起来更加直观，可以为单元格或单元格区域添加边框和背景色。

1. 添加边框

添加边框的具体步骤如下。

第 1 步 选中单元格区域 A1:H20，单击鼠标右键，从弹出的快捷菜单中选择【设置单元格格式】菜单项，如下图所示。

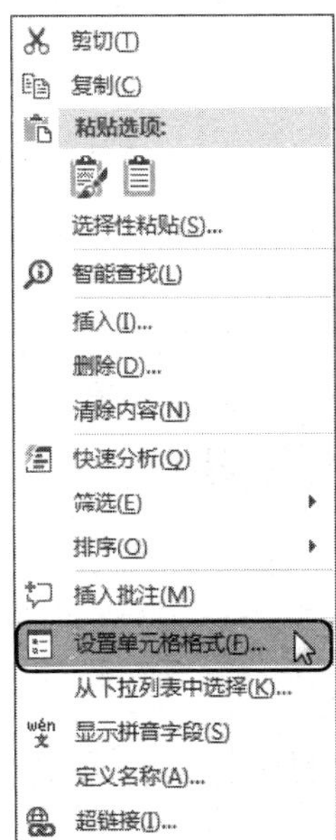

第 2 步 ❶弹出【设置单元格格式】对话框，切换到【边框】选项卡；❷在【线条】组合框中的【样式】列表框中选择一种合适的线条样式，在【颜色】下拉列表中选择【蓝色】选项，然后在右侧的【预置】组合框中单击【外边框】按钮和【内部】按钮；❸单击【确定】按钮，如下图所示。

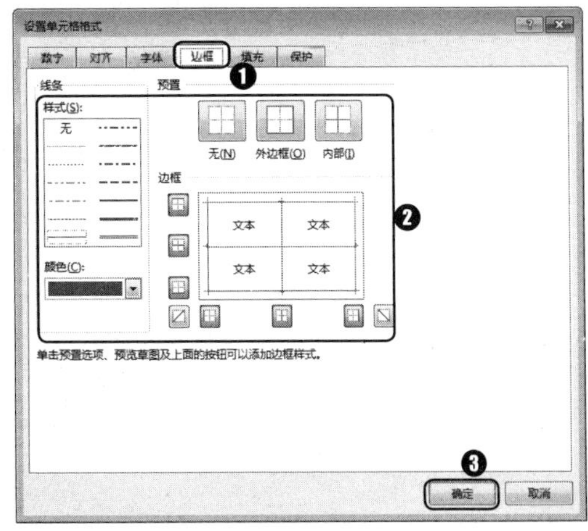

第 3 步 返回工作表中，添加边框后的效果如下图所示。

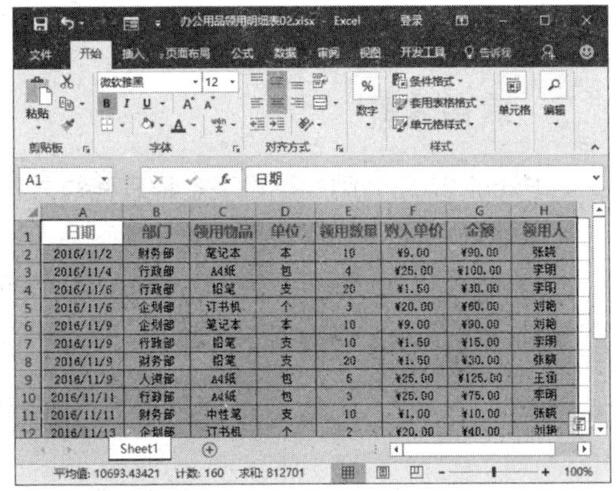

2. 添加底纹

添加背景色的具体操作步骤如下。

第 1 步 ❶选中单元格区域 A1:H1，按照前面介绍的方法打开【设置单元格格式】对话框，切换到【填充】选项卡；❷在【背景色】组合框中选择【绿色，着色 6，淡色 60%】选项；❸单击【确定】按钮，如下图所示。

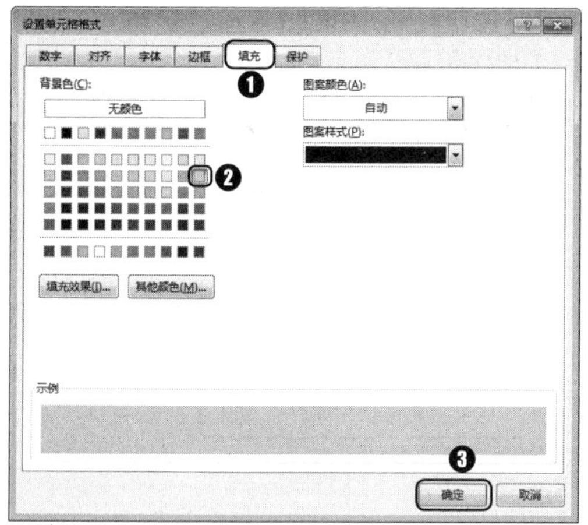

第 2 步 返回工作表中，添加背景色后的效果如下图所示。

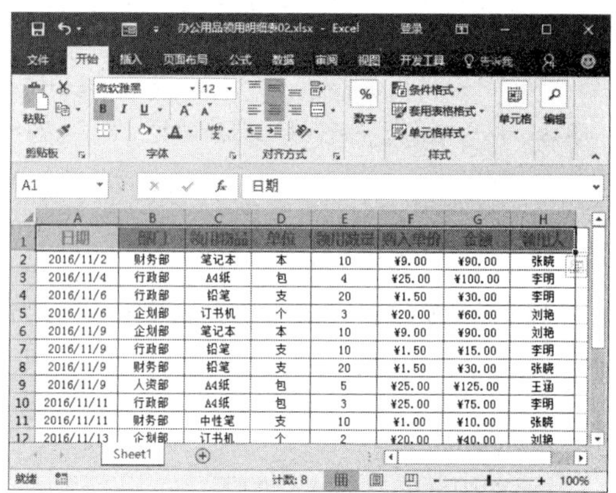

2.3 应用样式和主题

案例背景

Excel 2016为用户提供了多种表格样式和主题风格，用户可以从颜色、字体和效果等方面进行选择。

本例以办公用品领用明细表为例来介绍单元格样式、表格样式以及主题的应用，制作完成后的效果如下图所示。实例最终效果见“光盘\结果文件\第2章\办公用品领用明细表03.xlsx”文件。

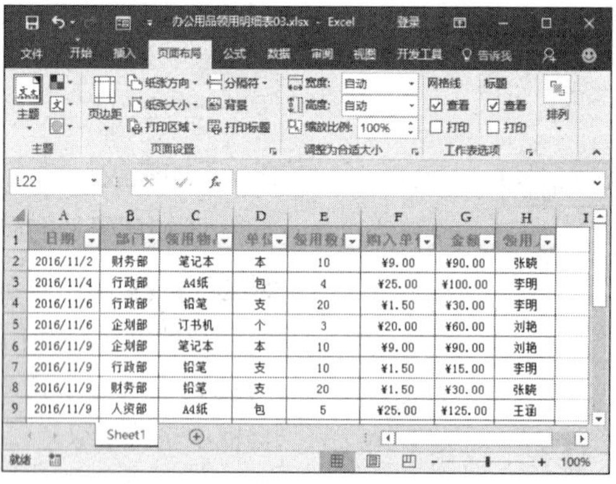

光盘文件	素材文件	光盘\素材文件\第2章\办公用品领用明细表03.xlsx
	结果文件	光盘\结果文件\第2章\办公用品领用明细表03.xlsx
	教学视频	光盘\视频文件\第2章\2.3应用样式和主题.mp4

2.3.1 应用单元格样式

在美化工作表的过程中，用户可以使用单元格样式快速设置单元格格式。

样式就是由用户定义的单元格的显示模式。Excel自带有一些内置样式，但用户也可以根据需要自己定义新的样式。

1. 套用内置样式

套用单元格样式的具体操作步骤如下。

第 1 步 打开“光盘\素材文件\第 2 章\办公用品领用明细表 03.xlsx”文件，选中单元格区域 A1:H1，切换到【开始】选项卡，单击【样式】组中的【单元格样式】按钮 单元格样式，如下图所示。

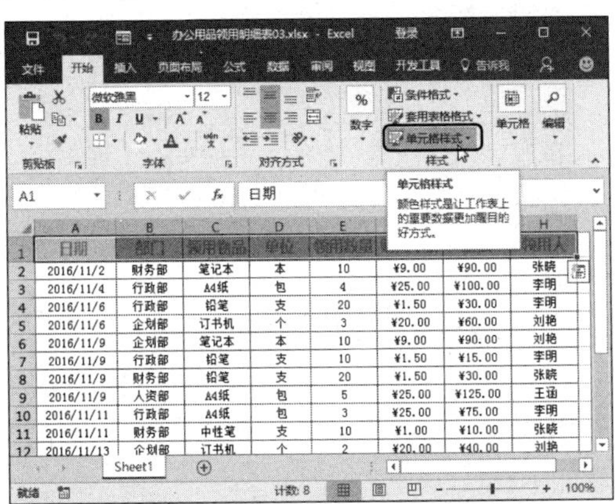

第 2 步 从弹出的下拉列表中选择一种样式，如选择【40% - 着色 6】选项，如下图所示。

第 3 步 应用样式后的效果如下图所示。

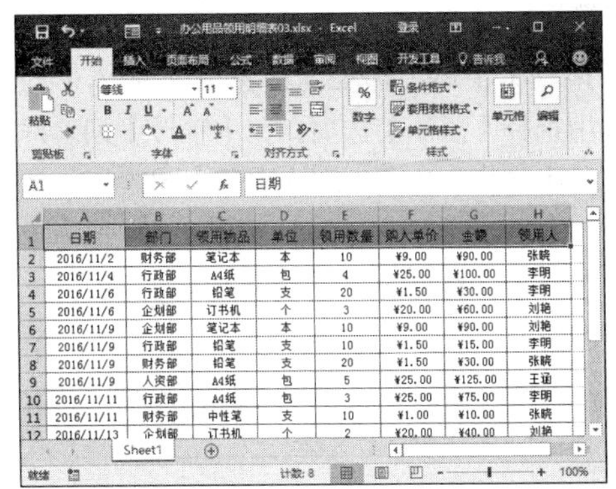

2. 自定义单元格样式

自定义单元格样式的具体操作步骤如下。

第 1 步 切换到【开始】选项卡，单击【样式】组中的【单元格样式】按钮 单元格样式，从弹出的下拉列表中选择【新建单元格样式】选项，如下图所示。

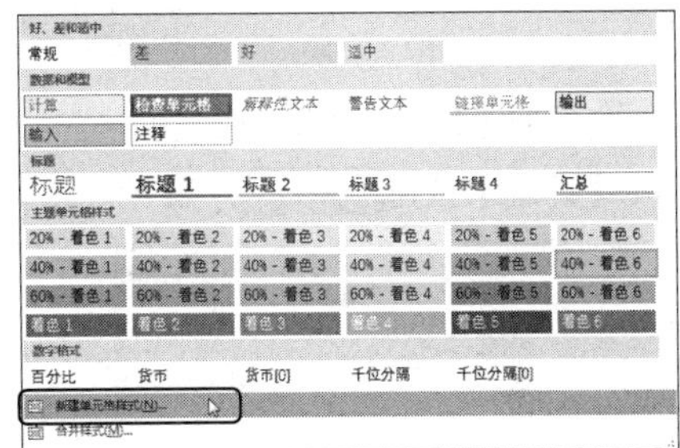

第 2 步 弹出【样式】对话框，在【样式名】文本框中自动显示“样式 1”，用户可以根据需要重新设置样式名，单击【格式】按钮 格式(O)...，如下图所示。

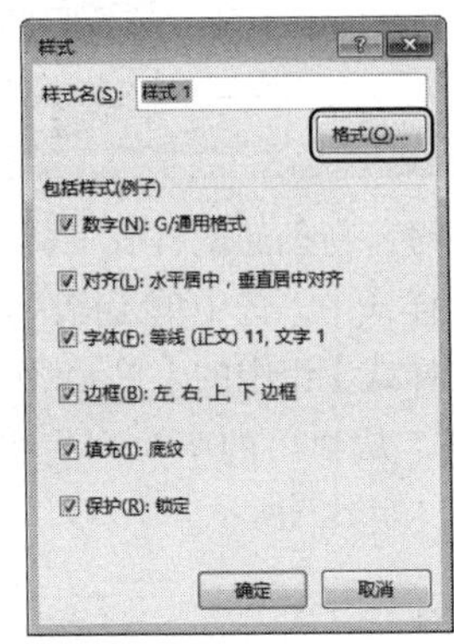

第 3 步 ❶弹出【设置单元格格式】对话框，切换到【字体】选项卡；❷在【字体】列表框中选择【黑体】选项，在【字形】列表框中选择【加粗】选项，在【字号】列表框中选择【11】选项，在【颜色】下拉列表中选择【浅蓝】选项；❸单击【确定】按钮 确定 ，如下图所示。

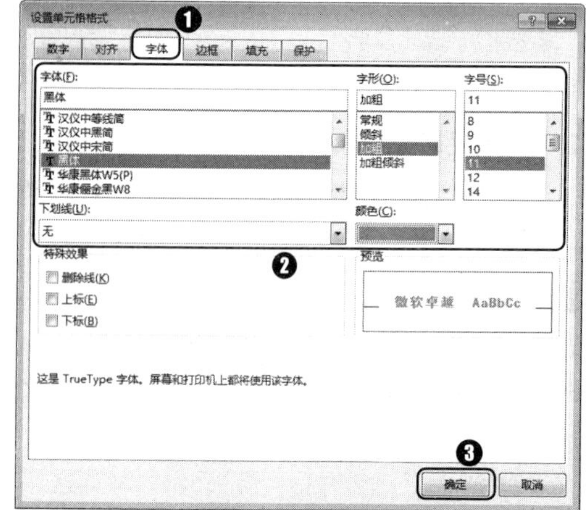

第 4 步 返回【样式】对话框，设置完毕，再次单击【确定】按钮 确定 ，如下图所示。

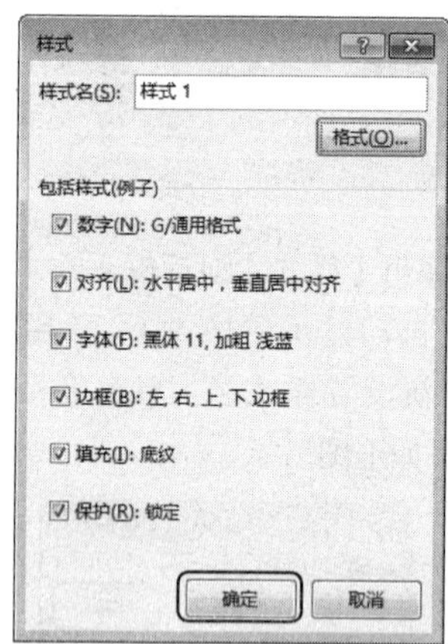

第 5 步 此时，新创建的样式“样式 1”就保存在了内置样式中，选中单元格区域 A1:H1，再次单击【样式】组中的【单元格样式】按钮 单元格样式 ，从弹出的下拉列表中选择【样式 1】选项，如下图所示。

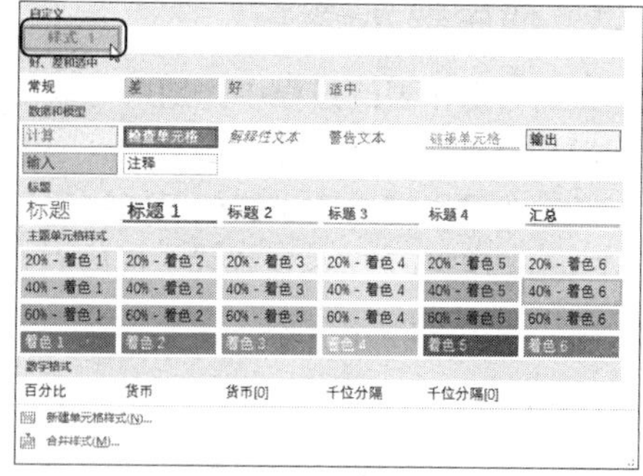

第 6 步 应用样式后的效果如下图所示。

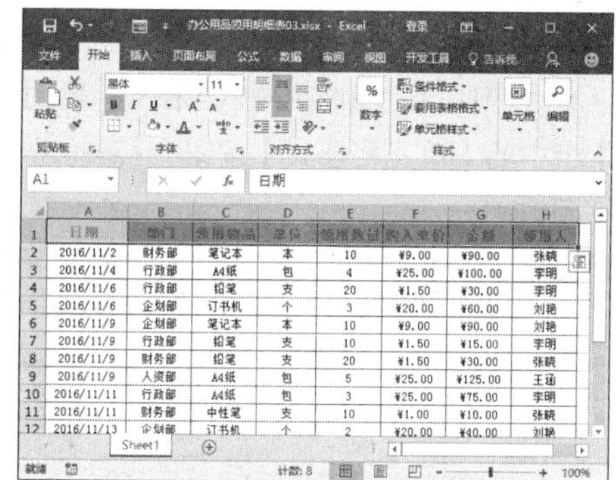

2.3.2 套用表格样式

通过套用表格样式可以快速设置一组单元格的格式，并将其转化为表，具体操作步骤如下。

第 1 步 选中单元格区域 A1:H20，单击【样式】组中的【套用表格格式】按钮 套用表格格式 ，如下图所示。

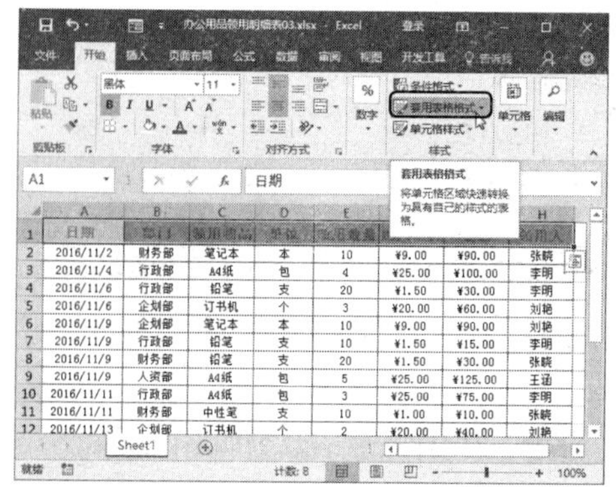

第 2 步 从弹出的下拉列表中选择【绿色，表

样式浅色 14】选项，如下图所示。

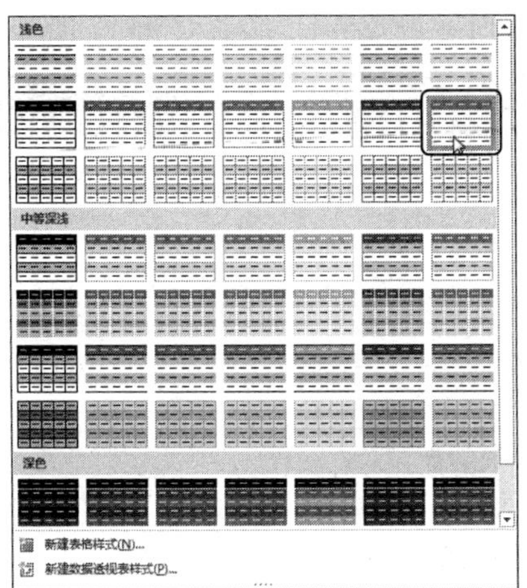

第 3 步 弹出【套用表格式】对话框，在【表数据的来源】文本框中显示公式“=$A$1:$H$20”，选中【表包含标题】复选框，单击【确定】按钮确定，如下图所示。

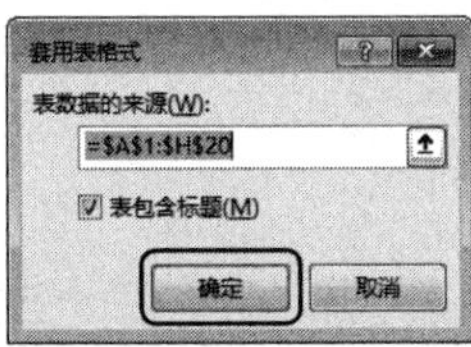

第 4 步 返回工作表中，应用样式后的效果如下图所示。

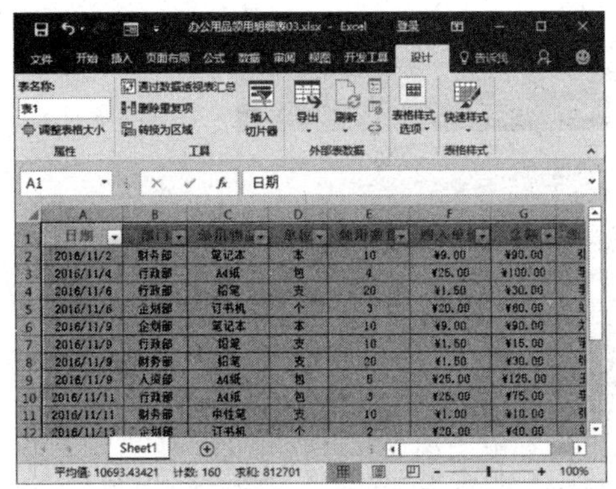

2.3.3 设置表格主题

Excel 2016为用户提供了多种风格的表格主题，用户可以直接套用主题来快速改变表格风格，也可以对主题颜色、字体和效果进行自定义。设置表格主题的具体操作步骤如下。

第 1 步 ❶切换到【页面布局】选项卡；❷单击【主题】组中的【主题】按钮；❸从弹出的下拉列表中选择【画廊】选项，如下图所示。

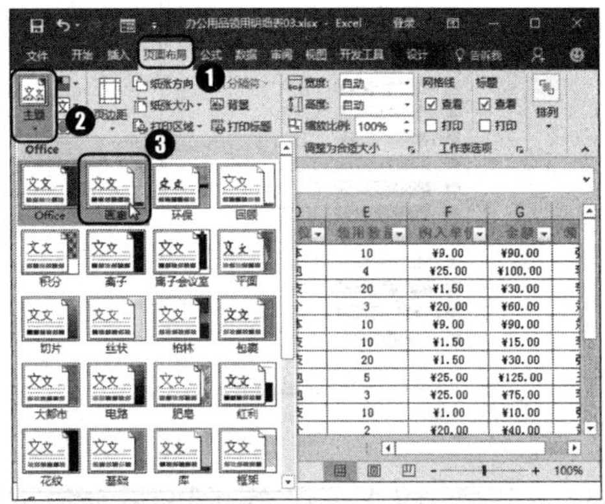

第 2 步 应用主题后的效果如下图所示。

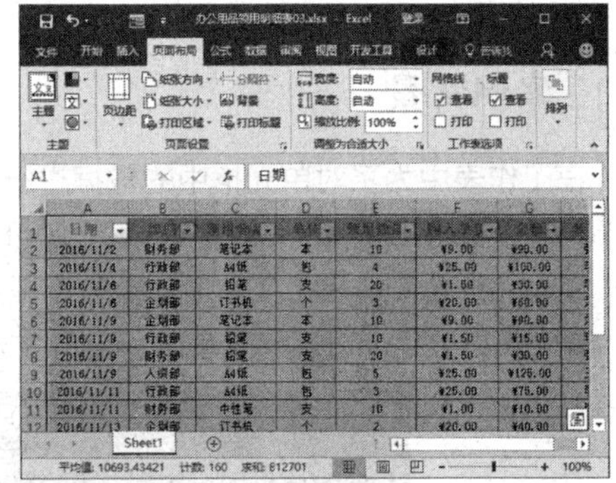

第 3 步 用户也可以自定义表格主题。单击【主题】组中的【主题颜色】按钮，如下图所示。

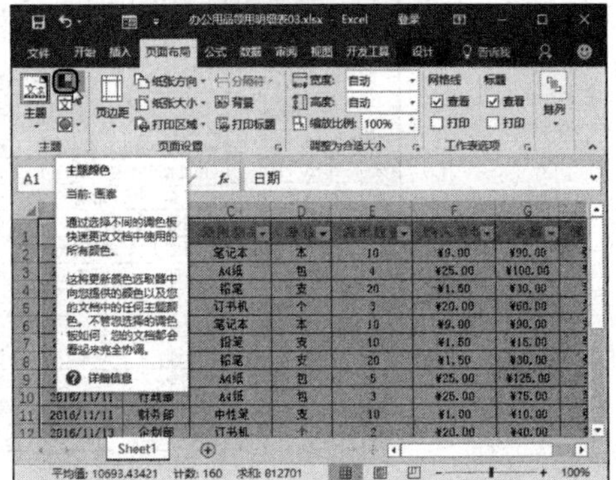

第 4 步 从弹出的下拉列表中选择【黄橙色】选项，如下图所示。

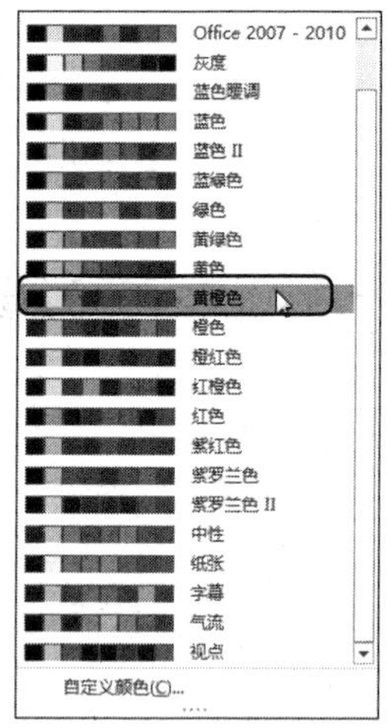

第 5 步 使用同样的方法，分别设置【主题字体】和【主题效果】，设置效果如下图所示。

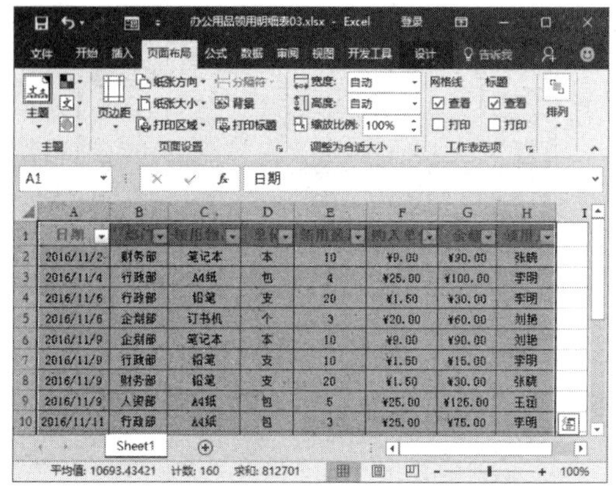

2.4 应用批注

案例背景

在工作表中为了对单元格中的数据进行说明，用户可以为其添加批注，将一些需要注意或解释的内容显示在批注中，这样可以更加轻松地了解单元格要表达的信息。

本例将批量制作员工工作证，制作完成后的效果如下图所示。实例最终效果见“光盘\结果文件\第2章\办公用品领用明细表04.xlsx”文件。

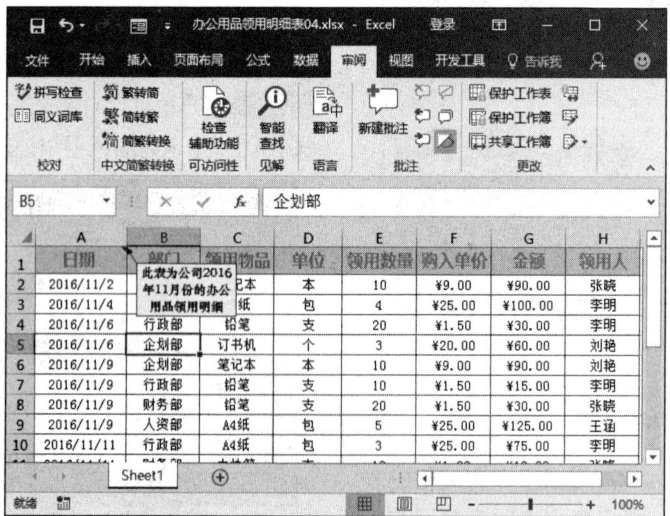

 光盘文件	素材文件	光盘\素材文件\第2章\办公用品领用明细表04.xlsx
	结果文件	光盘\结果文件\第2章\办公用品领用明细表04.xlsx
	教学视频	光盘\视频文件\第2章\2.4应用批注.mp4

2.4.1 插入批注

在工作表中插入批注的具体步骤如下。

第 1 步 ❶打开“光盘\素材文件\第 2 章\办公用品领用明细表 04.xlsx”文件，选中要插入批注的单元格 A1；❷切换到【审阅】选项卡；❸单击【批注】组中的【新建批注】按钮，如下图所示。

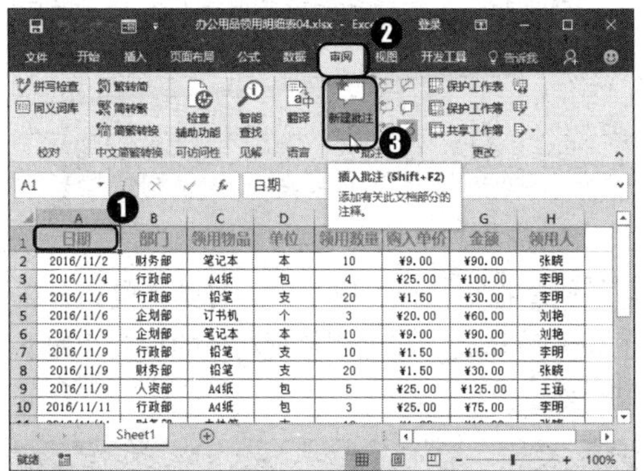

第 2 步 此时在单元格 A1 的右侧会出现一个批注编辑框，如下图所示。

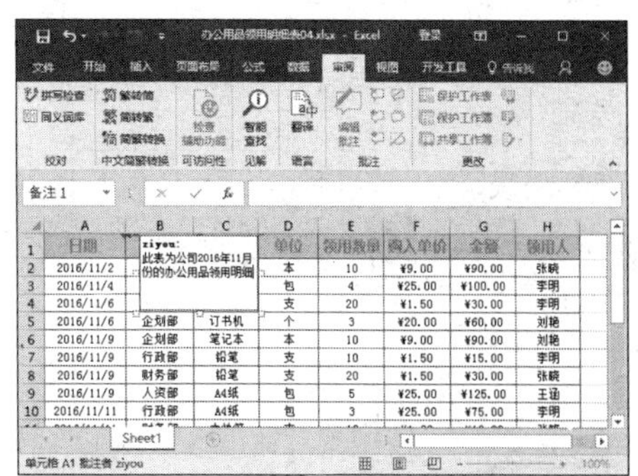

第 3 步 根据实际需要在批注编辑框中输入批注内容，如下图所示。

第 4 步 输入完毕，在工作表的其他位置单击，此时即可退出批注的编辑状态。此时批注处于隐藏状态，在单元格 A1 的右上角会出现一个红色的小三角，用于提醒用户此单元格中有批注，如下图所示。

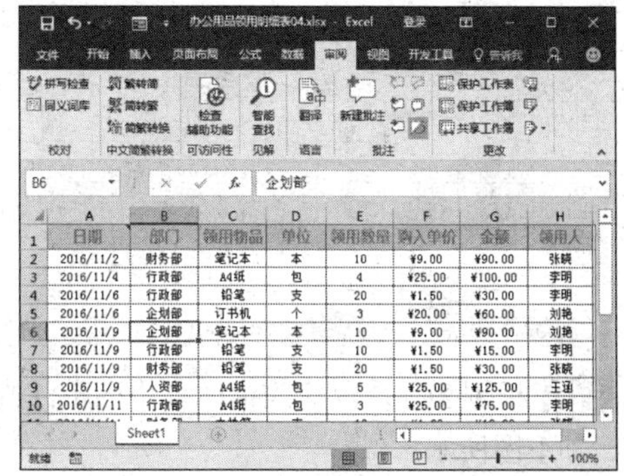

2.4.2 编辑批注

在工作表中插入批注之后，用户可以对批注的大小、位置、格式及阴影效果等进行编辑操作。

1. 修改批注内容

编辑批注的具体操作步骤如下。

第 1 步 ❶选中单元格 A1，单击鼠标右键；❷从弹出的快捷菜单中选择【编辑批注】菜单项，如下图所示。

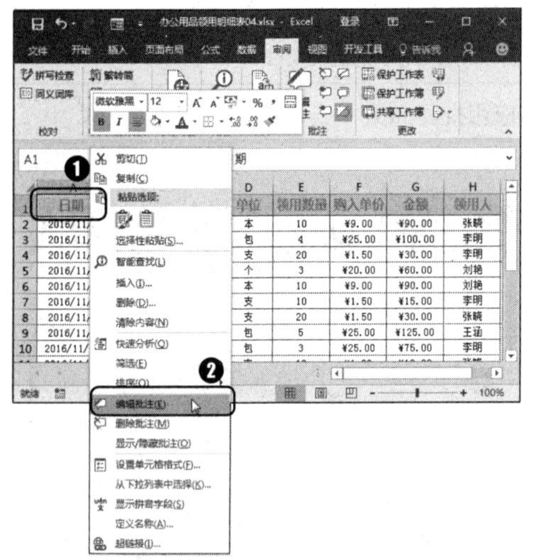

第 2 步 此时即可将批注编辑框显示出来，并处于编辑状态，如下图所示。

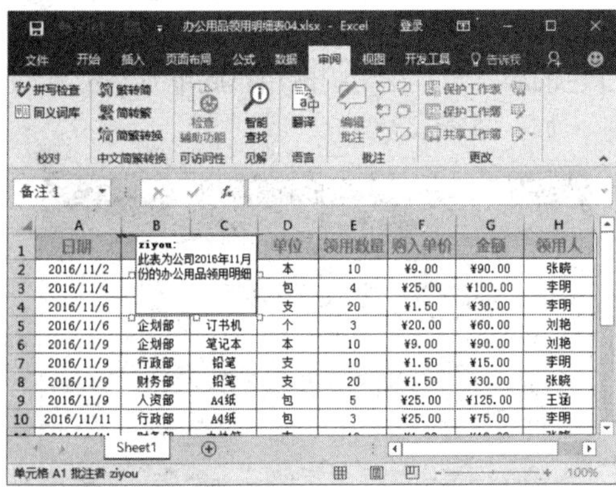

第 3 步 根据实际情况修改批注框中的批注内容，如下图所示。

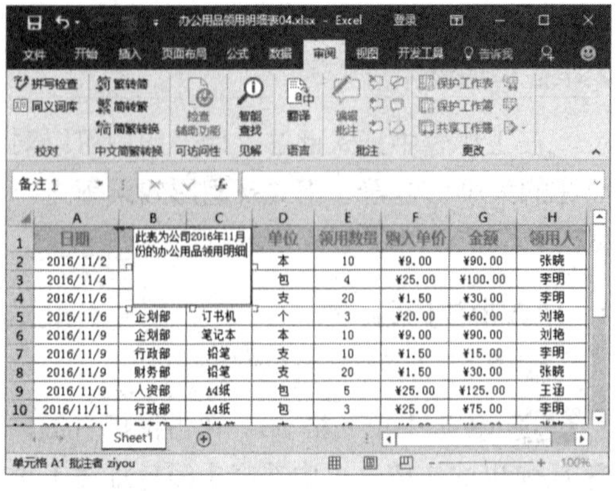

2. 调整批注的位置和大小

为了使批注编辑框中的文本更加醒目，用户还可以调整批注的位置和大小。

调整批注的位置和大小的具体操作步骤如下。

第 1 步 选中单元格 A1，将鼠标指针移动到批注的边框处，此时鼠标指针变成✥形状，如下图所示。

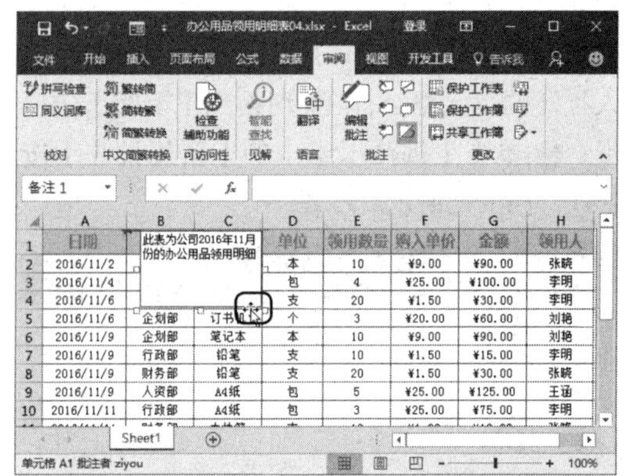

第 2 步 按住鼠标左键不放，将其拖曳到合适的位置后释放，即可调整批注框的位置，如下图所示。

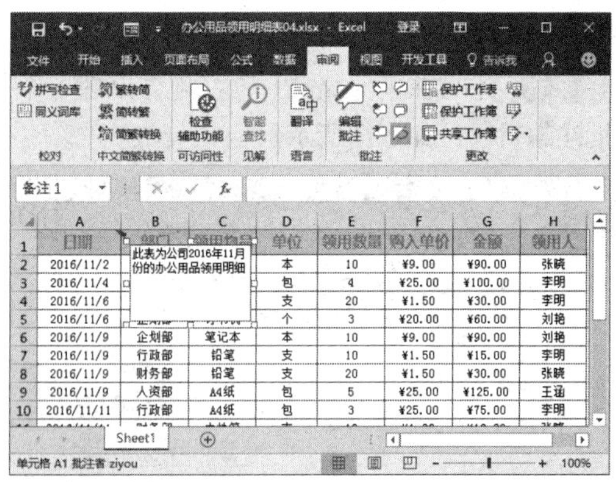

第 3 步 将鼠标指针移动到批注边框的右下角，此时鼠标指针变成⤡形状，如下图所示。

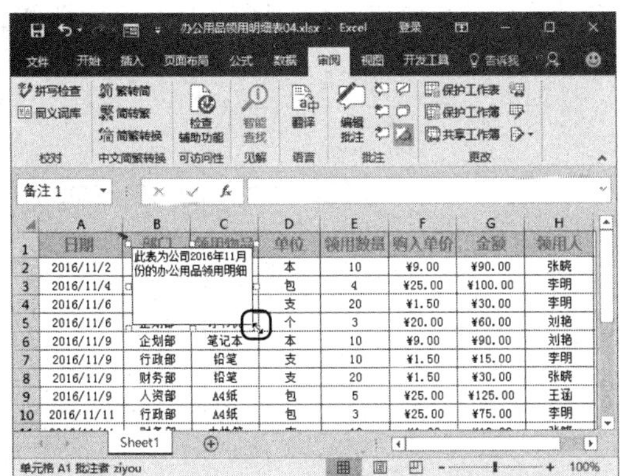

第 4 步 按住鼠标左键不放向右上角拖动，拖曳到合适的位置释放即可改变批注框的大小，如下图所示。

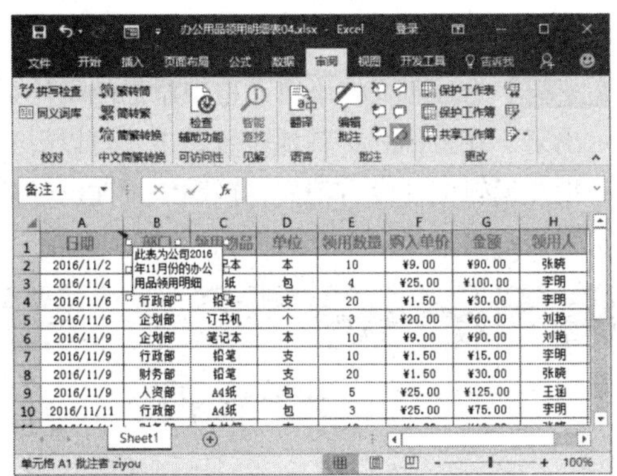

3. 设置批注格式

设置批注格式的具体操作步骤如下。

第 1 步 选中批注编辑框，单击鼠标右键，然后从弹出的快捷菜单中选择【设置批注格式】菜单项，如下图所示。

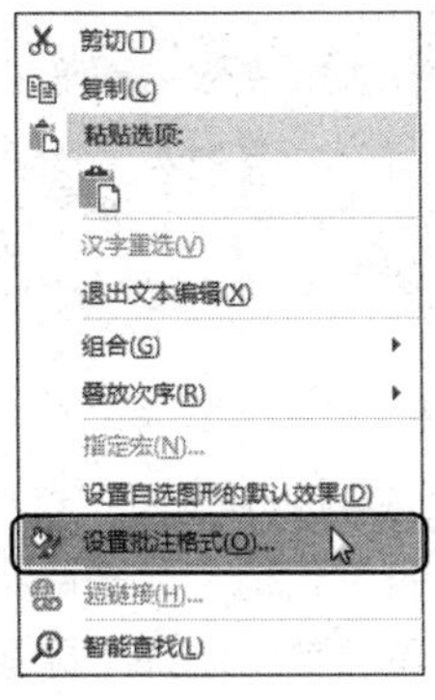

第 2 步 ❶弹出【设置批注格式】对话框，切换到【字体】选项卡；❷从【字体】列表框中选择【华文中宋】选项，从【字号】列表框中选择【9】选项，如下图所示。

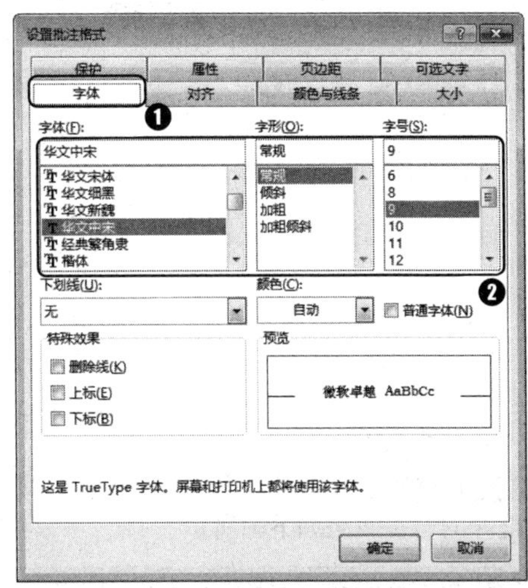

第 3 步 ❶切换到【颜色与线条】选项卡；❷从【填充】组合框中的【颜色】下拉列表中选择【浅青绿】选项，从【线条】组合框中的【颜色】下拉列表中选择【青色】选项，在【虚线】下拉列表中选择【实线】选项，在【粗细】微调框中输入“1 磅”，如下图所示。

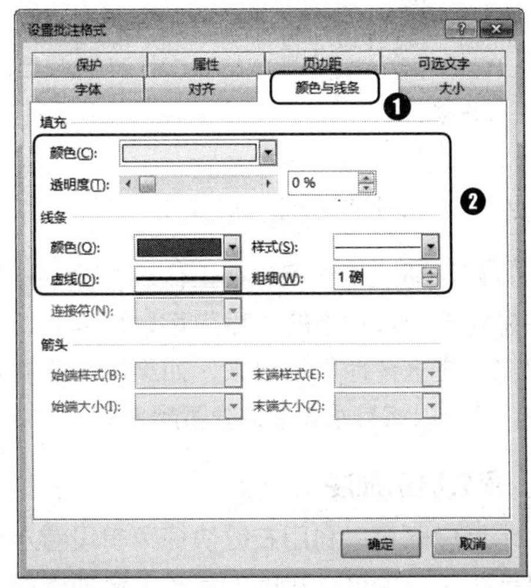

第 4 步 ❶切换到【对齐】选项卡；❷分别在【文本对齐方式】组合框中的【水平】和【垂直】

下拉列表中选择【居中】选项，如下图所示。

第 5 步 设置完毕单击【确定】按钮 确定 ，批注的设置效果如下图所示。

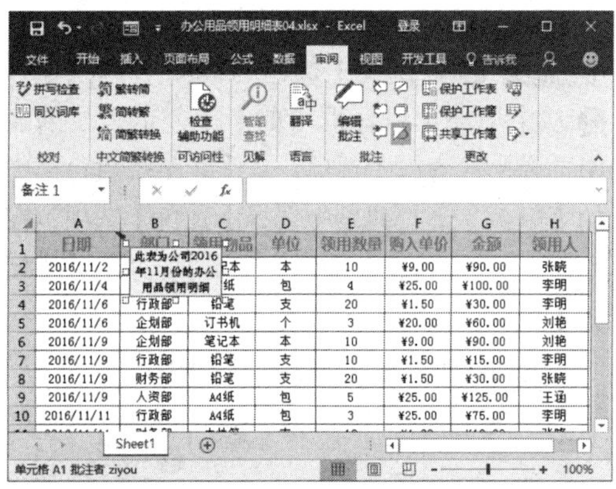

2.4.3 显示和隐藏批注

默认情况下，用户在工作表中添加的批注是处于隐藏状态的。用户可以根据实际情况将批注永久地显示出来，如果不想查看批注，还可以将其永久性地隐藏起来。

1. 永久显示批注

用户既可以利用右键快捷菜单设置永远显示批注，也可以利用【审阅】选项卡显示批注，具体的操作步骤如下。

第 1 步 选中单元格 A1，单击鼠标右键，然后从弹出的快捷菜单中选择【显示 / 隐藏批注】菜单项，如下图所示。

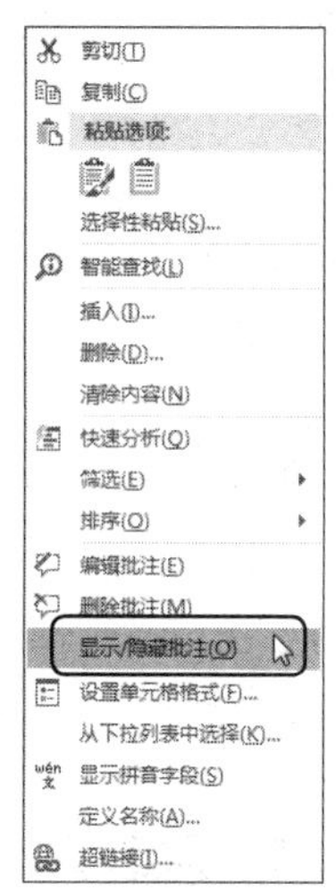

第 2 步 此时即可将该单元格中添加的批注显示出来，在工作表中其他位置单击，可以看到该批注编辑框并没有消失，说明该批注已经被永久显示出来了。

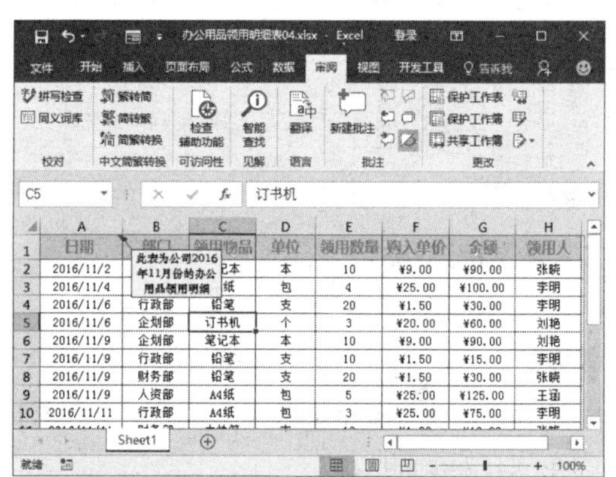

温馨提示

用户还可以切换到【审阅】选项卡，然后单击【批注】组中的【显示/隐藏批注】按钮，将该单元格中添加的批注显示出来。

2. 隐藏批注

隐藏批注的方法与显示批注类似，选中显示批注的单元格，单击鼠标右键，然后从弹出的快捷菜单中选择【隐藏批注】菜单项。即可将显示的批注隐藏起来。

> **温馨提示**
>
> 【审阅】选项卡中【批注】组中的【显示/隐藏批注】按钮是交替的，当单元格中的批注是隐藏状态时，单击此按钮批注即可显示出来，当单元格中的批注是显示状态时，单击此按钮，批注即可隐藏起来。

2.4.4 删除批注

当工作表中的批注不再使用时，可以将其删除。删除批注的方法有两种，分别是利用右键快捷菜单和【审阅】选项卡。

利用右键快捷菜单删除工作表中的批注的方法很简单。选中需要删除批注的单元格，单击鼠标右键，然后从弹出的快捷菜单中选择【删除批注】菜单项，即可将该单元格中的批注删除，如下图所示。

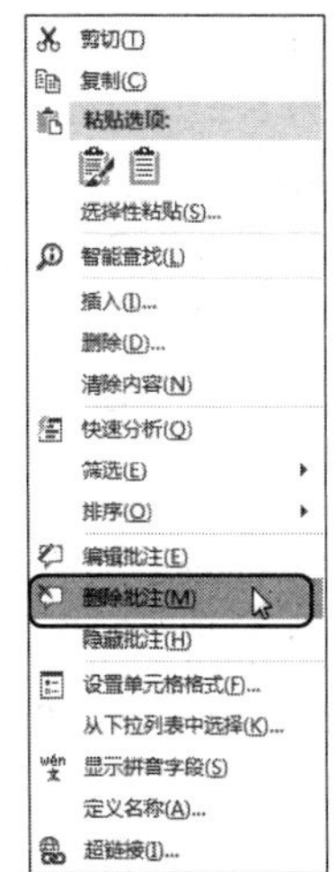

用户也可以切换到【审阅】选项卡，单击【批注】组中的【删除批注】按钮删除批注，如下图所示。

大神支招

通过前面知识的学习，相信读者已经掌握了Excel 2016中简单的编辑数据及美化数据表等相关操作。下面结合本章内容，介绍一些工作中的实用经验与技巧。

01 选择数据有妙招

在Excel中选取单元格区域，除了可以直接使用鼠标来完成之外，还可以通过使用快捷键来快速选取数据。

1. 快速定位首末单元格

无论当前活动单元格在哪里，按【Ctrl+Home】组合键即可快速定位到单元格A1中；按【Ctrl+End】组合键即可快速定位到单元格区域的右下角单元格。

> **温馨提示**
>
> 当工作表执行【冻结窗格】命令之后，按【Ctrl+Home】组合键可定位到执行【冻结窗格】命令时所选定的单元格，即非冻结区域的第一个单元格。

2. 水平/垂直选取单元格

按【Ctrl+→】或【Ctrl+←】组合键可以

在同一行中快速定位到与空格相邻的非空单元格，如果没有非空单元格则直接定位到此行中的起始或末端单元格。

按【Ctrl+↑】或【Ctrl+↓】组合键可以在同一列中快速定位到与空格相邻的数据单元格，如果没有数据则直接定位到此列中的起始或末端单元格。

3. 选中从活动单元格到单元格A1的区域

要选取从单元格A1开始到当前单元格所围成的矩形区域，按【Ctrl+Shift+Home】组合键即可。

例如，选中单元格D4，然后按【Ctrl+Shift+Home】组合键，即可快速选中单元格区域A1:D4，如下图所示。

	A	B	C	D	E	F	G	H
1	日期	部门	领用物品	单位	领用数量	购入单价	金额	领用人
2	2016/11/2	财务部	笔记本	本	10	¥9.00	¥90.00	张晓
3	2016/11/4	行政部	A4纸	包	4	¥25.00	¥100.00	李明
4	2016/11/6	行政部	铅笔	支	20	¥1.50	¥30.00	李明
5	2016/11/6	企划部	订书机	个	3	¥20.00	¥60.00	刘艳

	A	B	C	D	E	F	G	H
1	日期	部门	领用物品	单位	领用数量	购入单价	金额	领用人
2	2016/11/2	财务部	笔记本	本	10	¥9.00	¥90.00	张晓
3	2016/11/4	行政部	A4纸	包	4	¥25.00	¥100.00	李明
4	2016/11/6	行政部	铅笔	支	20	¥1.50	¥30.00	李明
5	2016/11/6	企划部	订书机	个	3	¥20.00	¥60.00	刘艳

4. 选中当前行或列的数据区域

按【Ctrl+Shift+方向键】组合键，可以选中从当前单元格到本行（或本列）中最近一个与空格相邻的非空单元格所组成的单元格区域。如果同时选中多行或多列进行此操作，最后生成的区域位置以第一行或第一列中的非空单元格位置为准。

例如，选中单元格区域B3:B4，按【Ctrl+Shift+→】组合键，选中单元格区域如下图所示。

	A	B	C	D	E	F	G	H
1	日期	部门	领用物品	单位	领用数量	购入单价	金额	领用人
2	2016/11/2	财务部	笔记本	本	10	¥9.00	¥90.00	张晓
3	2016/11/4	行政部	A4纸	包	4	¥25.00	¥100.00	李明
4	2016/11/6	行政部	铅笔	支	20	¥1.50	¥30.00	李明
5	2016/11/6	企划部	订书机	个	3	¥20.00	¥60.00	刘艳

	A	B	C	D	E	F	G	H
1	日期	部门	领用物品	单位	领用数量	购入单价	金额	领用人
2	2016/11/2	财务部	笔记本	本	10	¥9.00	¥90.00	张晓
3	2016/11/4	行政部	A4纸	包	4	¥25.00	¥100.00	李明
4	2016/11/6	行政部	铅笔	支	20	¥1.50	¥30.00	李明
5	2016/11/6	企划部	订书机	个	3	¥20.00	¥60.00	刘艳
6	2016/11/9	企划部	笔记本	本	10	¥9.00	¥90.00	刘艳

02 定位功能的妙用

在进行数据分析时，数据表中经常会有缺失值的产生，所谓缺失值是由于数据收集、保存失败或人为失误造成的数据缺失。一般情况下，缺失值是以空白单元格的形式显示在数据表中，怎样才能快速将缺失值从庞大的数据表中查找出来呢？最快捷的方法就是采用定位功能。

使用【Ctrl+G】组合键即可快速打开【定位】对话框，单击 定位条件(S)... 按钮打开【定位条件】对话框，选择【空值】选项，单击【确定】按钮 确定 即可快速选中数据表中所有的空值。

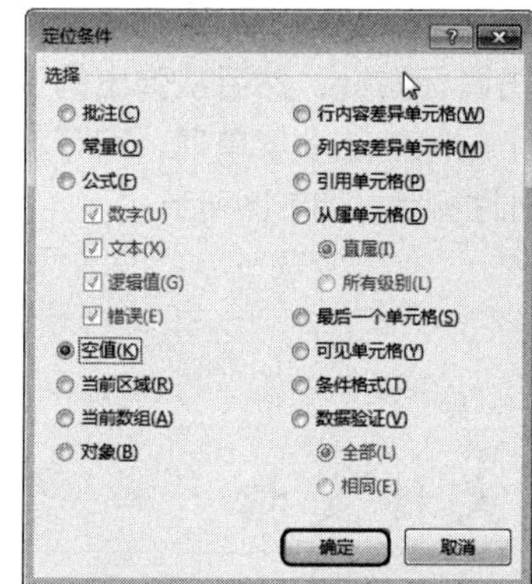

03 神奇的选择性粘贴功能

Excel 2016的【选择性粘贴】功能更加智能，提供了多种可选方式，如公式、列宽、转置等。

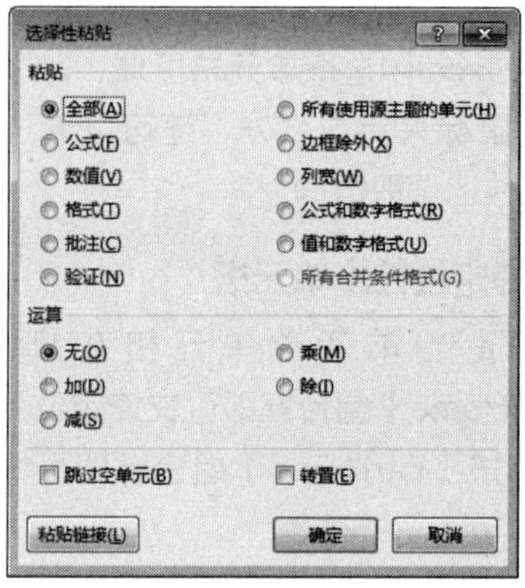

【选择性粘贴】对话框中各粘贴选项的具体含义如下表所示。

选项	含义
全部	粘贴源单元格及区域的格式和单元格数值
公式	粘贴源单元格及区域的公式和数值，但不粘贴单元格格式
数值	粘贴源单元格及区域的数值，以及公式的计算结果
格式	只粘贴源单元格和区域的所有格式
批注	只粘贴源单元格和区域的批注
验证	只粘贴源单元格和区域的数字有效性设置
所有使用源主体的单元	粘贴所有内容，并且使用源区域的主题
边框除外	粘贴源单元格和区域除了边框之外的所有内容

续表

选项	含义
列宽	仅将粘贴目标单元格区域的列宽设置为与源单元格列宽相同
公式和数字格式	只粘贴源单元格及区域的公式和数字格式
值和数字格式	粘贴源单元格及区域中所有的数值和数字格式，公式只粘贴计算结果

【选择性粘贴】功能中的运算功能在实际应用中非常有用，例如，可以把文本型数字批量转换为数值型数字，以及批量取消超链接等。

【选择性粘贴】功能中的转置功能能够快速把一个数据表从横向排列转换为纵向排列，且自动调整所有的公式，使其在转置后仍然能够继续正常计算。

第3章 数据的验证

本章导读

在Excel中录入或导入数据的过程中，难免会有错误的或不符合要求的数据出现，Excel的【数据验证】功能可以对数据的准确性和规范性进行控制。通过设置数据有效性可以降低数据录入的出错率，提高录入效率。

知识要点

- ❖ 数据验证
- ❖ 圈释无效数据
- ❖ 查数据有效性提示信息
- ❖ 更改数据有效性

3.1 数据有效性设置

案例背景

为了在输入数据时尽量少出错，可以通过使用Excel 2016的【数据验证】对话框来设置单元格中允许输入的数据类型或者有效数据的取值范围。默认情况下，输入单元格的有效数据为任意值。

本例将通过对员工信息明细表进行设置来介绍怎样设置数据有效性，制作完成后的效果如下图所示。实例最终效果见“光盘\结果文件\第3章\员工信息明细表01.xlsx”文件。

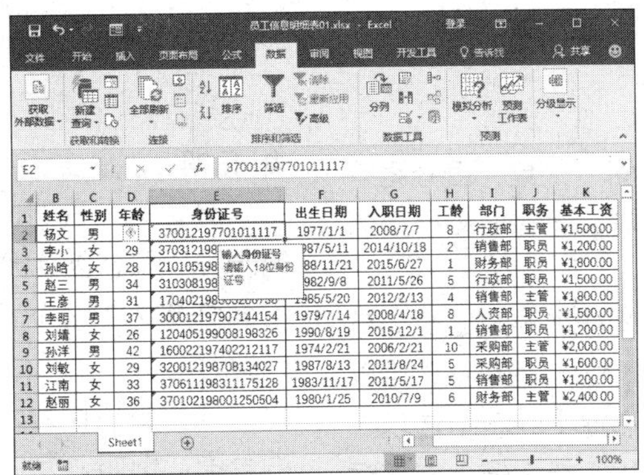

光盘文件	素材文件	光盘\素材文件\第3章\员工信息明细表01.xlsx
	结果文件	光盘\结果文件\第3章\员工信息明细表01.xlsx
	教学视频	光盘\视频文件\第3章\3.1 数据有效性设置.mp4

3.1.1 数据有效性设置条件

在数据有效性的设置对话框中，【允许】下拉列表中包含了多种有效性条件类别，如下图所示。

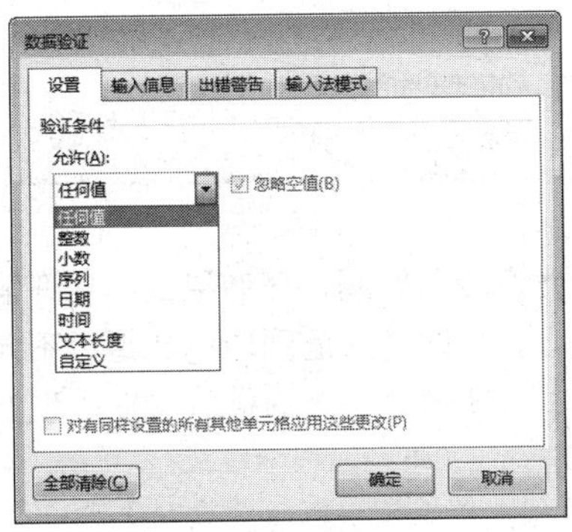

通过这些允许条件的设置，用户可以完成不同方式、不同要求的单元格数据限制。

● 任何值

允许任何数据的输入，没有任何条件限定，这是所有单元格的默认状态。

● 整数

允许输入整数和日期，不允许小数、文本、逻辑值及错误值等数据的输入。在选择使用【整数】作为允许条件之后，还需要在【数据】下拉列表中对数值允许范围进行进一步的限定，如下图所示。

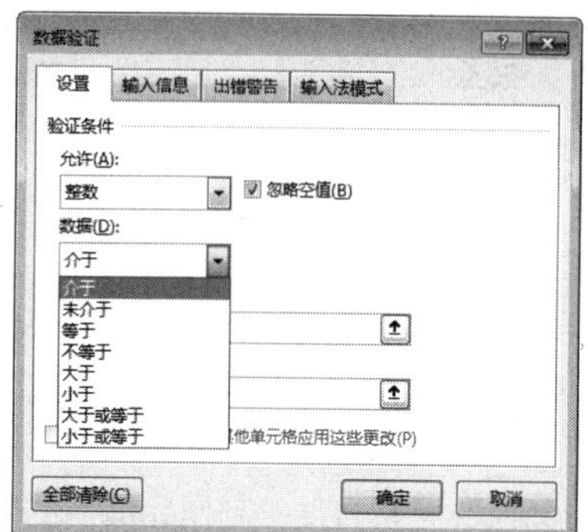

在设置具体的数值范围时，除了直接使用固定数值，还可以引用单元格当中的数值或使用公式的运算结果。

● 小数

允许输入小数、时间、分数、百分比等数据，不允许整数、文本、逻辑值和错误值等数据类型的输入。

与整数条件类似，同样需要限定数值范围。例如，限制只允许输入0~1的小数，可以在【数据】下拉列表中选择【介于】选项，然后分别在【最小值】和【最大值】文本框中输入“0”和“1”，如下图所示。

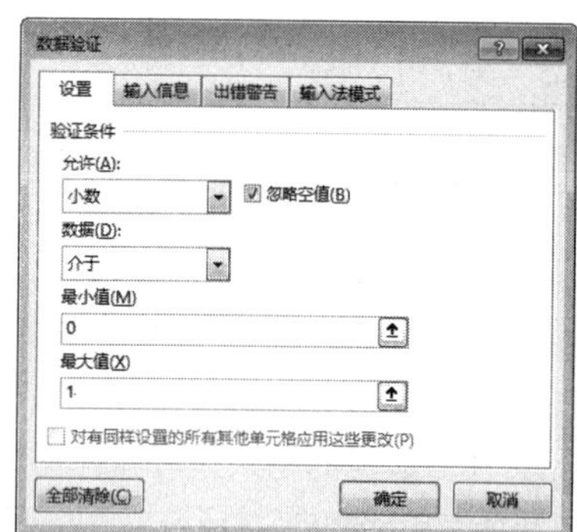

● 序列

序列是比较特殊的一类允许条件，使用序列作为允许条件，可以由用户提供多个允许输入的具体项目。设置完成后，会在选中单元格的时候出现一个下拉箭头，单击下拉箭头可以显示这些允许输入的项目，即产生所谓的“下拉菜单输入”，如下图所示。

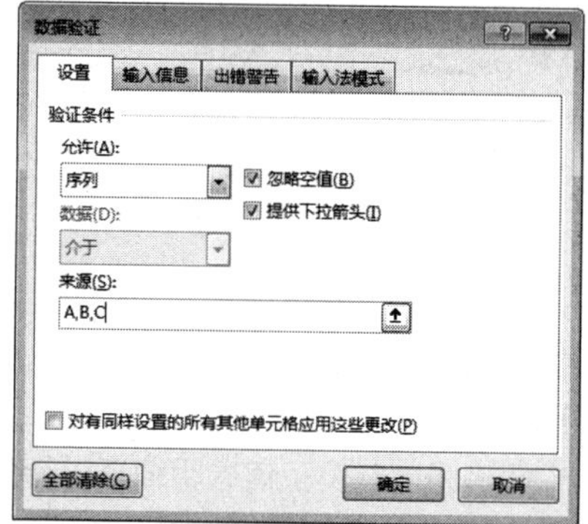

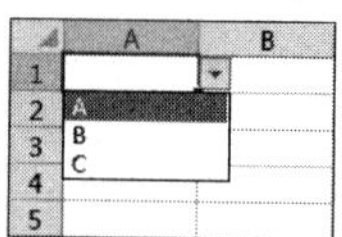

● 日期

允许输入日期，由于日期实质上是数值的一种类型，因此允许输入范围内的数值，不允许输入文本、逻辑值和错误值等数据类型。

使用日期作为允许条件同样需要设定日期范围。例如，允许使用当前系统时间之前的日期输入，用户需要在【数据】下拉列表中选择【小于】选项，在【结束日期】文本框中输入当前系统日期“=today()”，如下图所示。

● 时间

允许输入时间，在效果上与允许输入日期类似。允许输入范围内的数值，不允许输入文本、逻辑值和错误值等数据类型，如下图所示。

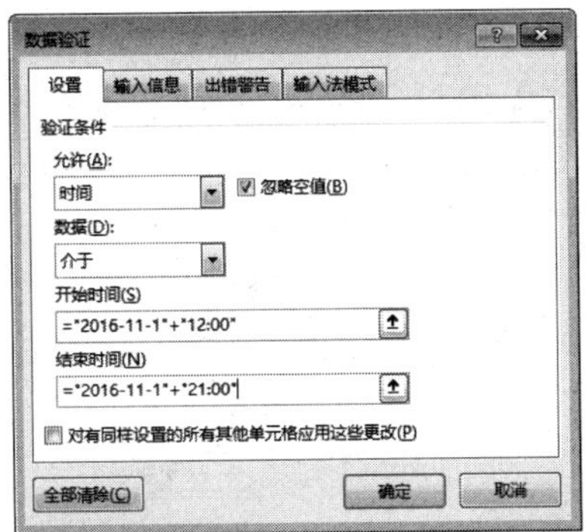

● 文本长度

以“文本长度”作为允许条件，只根据输入数据的字符长度来进行判断而不限定数据的类型，除错误值以外的其他数据类型都允许输入。

例如，单元格中只允许输入18位的身份证号码，可以限定文本长度为18。在【数据】下拉列表中选择【等于】选项，在【长度】文本框中输入“18”，如下图所示。

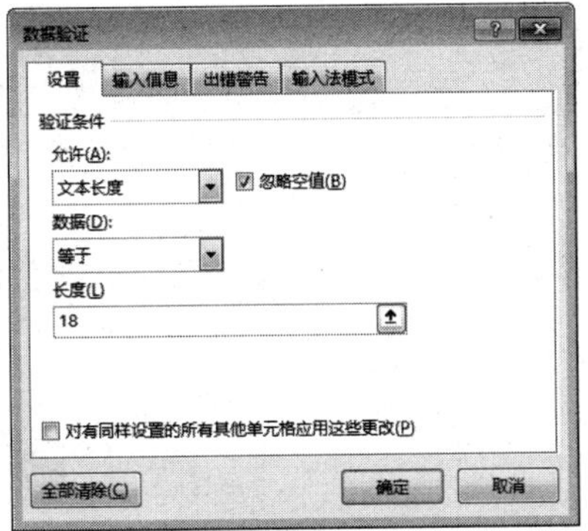

● 自定义

除了上述内置的允许条件之外，如果需要限定更复杂的允许条件，可以选择【自定义】选项，然后进行具体条件设定。

3.1.2 数据有效性

接下来通过设置员工的身份证号码以及部门为例，介绍数据有效性的设置条件，具体操作步骤如下。

第1步 ❶打开“光盘\素材文件\第3章\员工信息明细表01.xlsx”文件，选中单元格区域E2:E12，切换到【数据】选项卡；❷单击【数据工具】组中的【数据验证】按钮右侧的【下箭头】按钮；❸从弹出的下拉列表中选择【数据验证】选项，如下图所示。

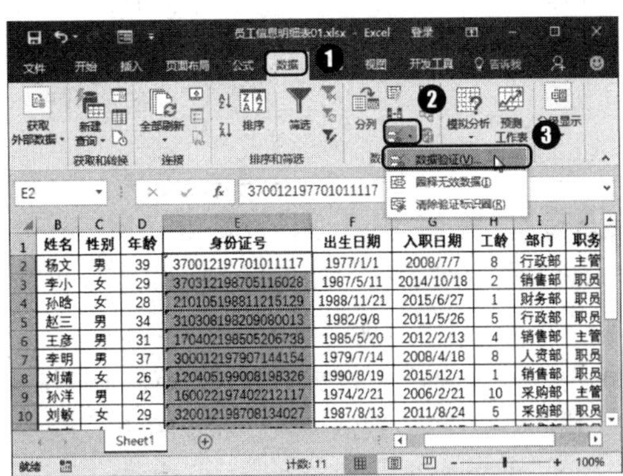

第2步 ❶弹出【数据验证】对话框，切换到【设置】选项卡；❷在【验证条件】组合框中的【允许】下拉列表中选择【文本长度】选项；❸在【数据】下拉列表中选择【等于】选项；❹在【长度】文本框中输入“18”，如下图所示。

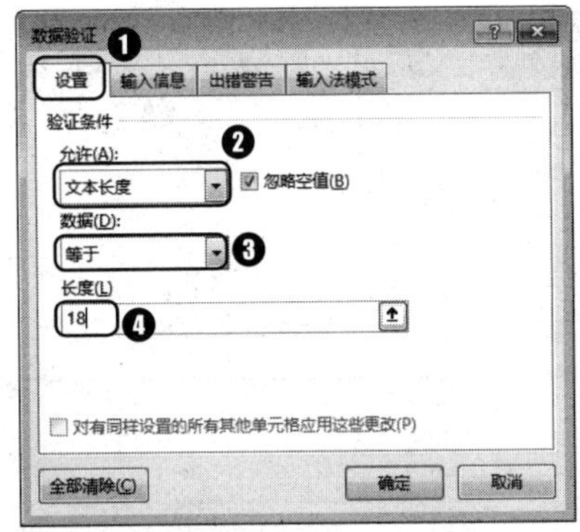

第3步 单击【确定】按钮，返回工作表中，在单元格E2中输入身份证号码，如“37001219770101”，如下图所示。

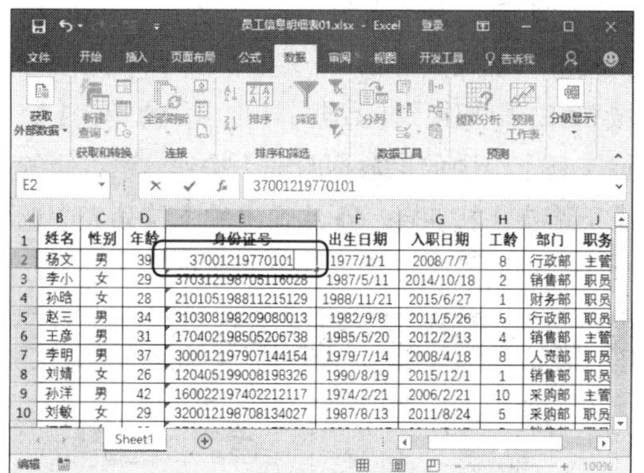

第 4 步 按【Enter】键，弹出【Microsoft Excel】提示对话框，提示用户“此值与此单元格定义的数据验证限制不匹配”，单击【重试】按钮 重试(R) 可以重新输入，单击【取消】按钮 取消 可以取消输入，如下图所示。

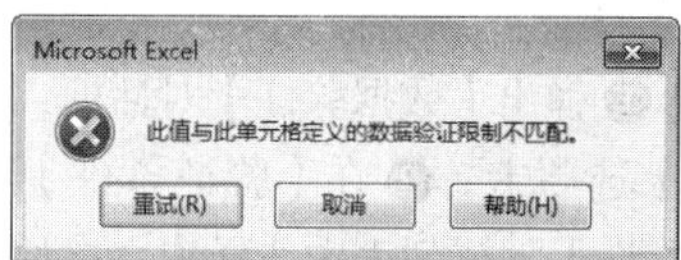

第 5 步 ❶选中单元格区域 I2:I12，切换到【数据】选项卡；❷单击【数据工具】组中的【数据验证】按钮，如下图所示。

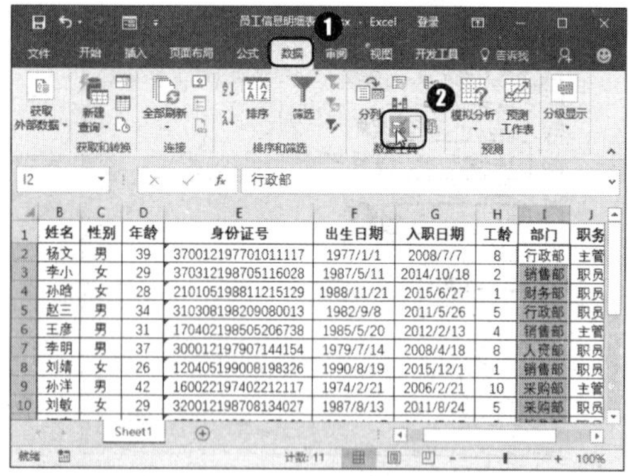

第 6 步 ❶弹出【数据验证】对话框，切换到【设置】选项卡，在【验证条件】组合框中的【允许】下拉列表中选择【序列】选项；❷在【来源】文本框中输入“行政部,销售部,财务部,人资部,采购部”；❸单击【确定】按钮 确定 ，如下图所示。

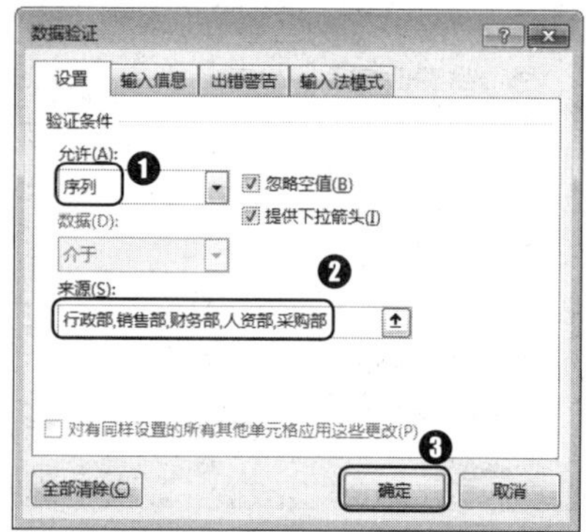

温馨提示

在【数据验证】对话框中的【来源】文本框中输入序列时，序列之间要用英文输入法状态下的逗号“,”隔开。

第 7 步 选中单元格 I2，单击单元格右侧的下拉按钮，弹出的下拉列表中显示出输入的序列，用户可以从中选择用户所属部门，例如选择【行政部】选项，如下图所示。

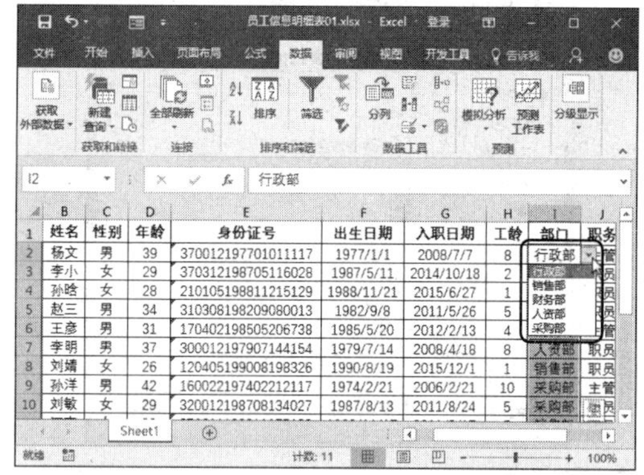

温馨提示

数据有效性规则仅对手动输入的数据能够进行有效性验证，对于单元格的直接复制粘贴或外部数据导入无法形成有效控制。

3.1.3 圈释无效数据

如果单元格在进行有效性设置之前已有数据输入，那么对这些单元格进行数据有效性设置之后，可以继续对这些单元格中的数据是否符合限制条件再次进行验证，具体操作步骤如下。

第1步 ❶选定单元格区域 E2:E12，切换到【数据】选项卡；❷单击【数据工具】组中的【数据验证】按钮右侧的【下箭头】按钮；❸从弹出的下拉列表中选择【圈释无效数据】选项，如下图所示。

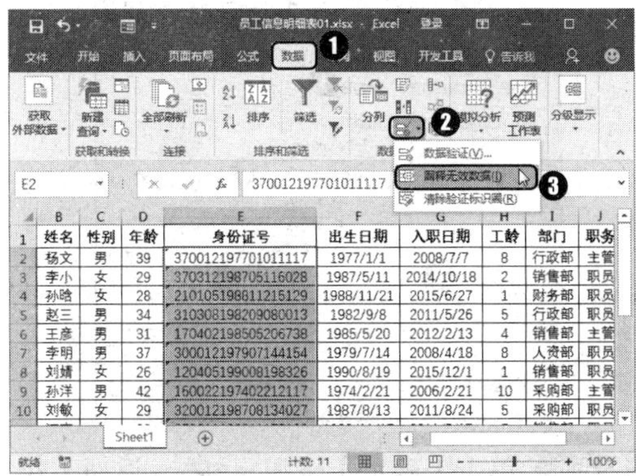

第2步 此时即可看到单元格 E12 中显示红色线圈，如下图所示。

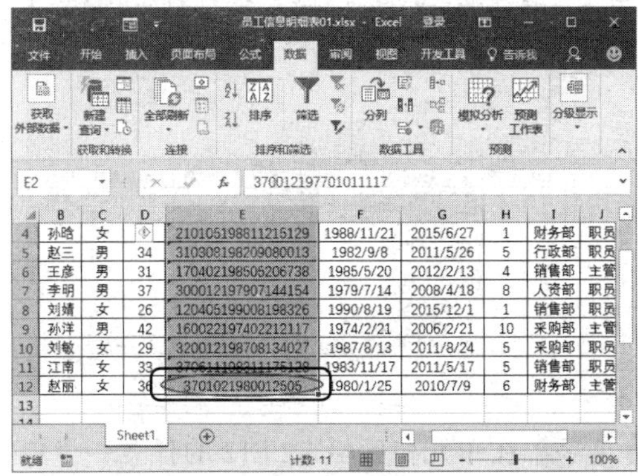

这样设置数据有效性之前就已经录入的数据和复制粘贴录入的数据，都可以通过【圈释无效数据】功能进行检验，找出其中的异常数据。

第3步 根据限定条件修改单元格 E12，如下图所示。

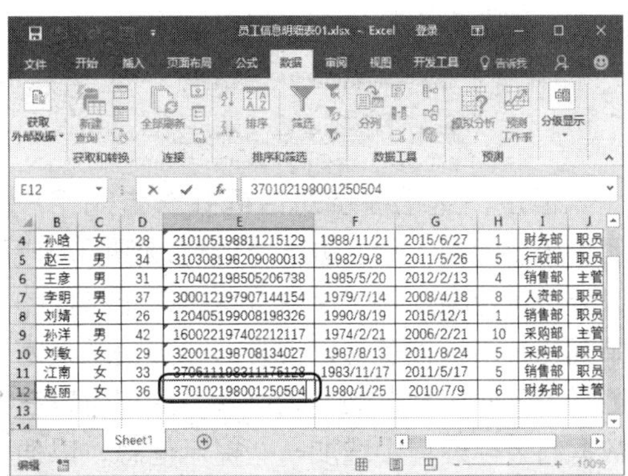

第4步 按【Enter】键，即可看到红色线圈消失，说明数据符合有效性设置，如下图所示。

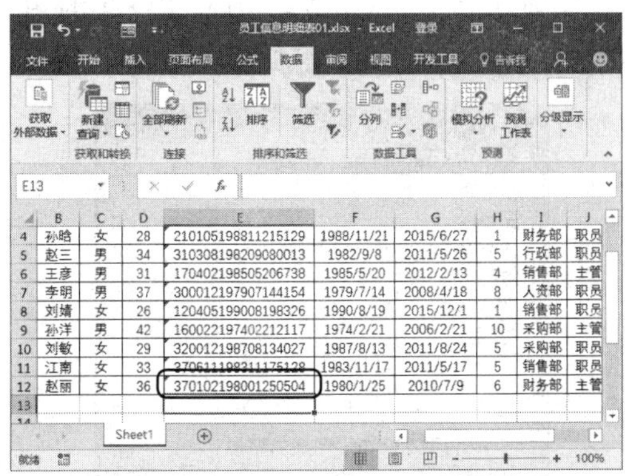

温馨提示

如果不想对数据进行修改，而需要消除红色线圈的显示，用户可以单击【数据工具】组中的【数据验证】按钮右侧的下箭头按钮，从弹出的下拉列表中选择【消除验证标识圈】选项，如下图所示。

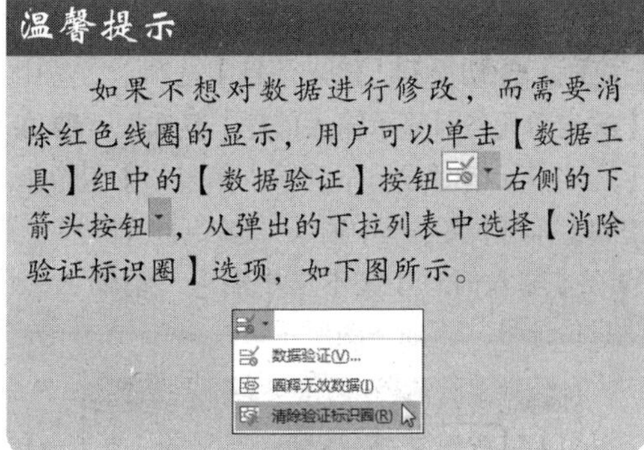

3.1.4 数据有效性的提示信息

当单元格中通过数据有效性设置了限制条件之后，用户在输入不符合条件的数据时，默认情况下会自动弹出提示对话框，警告用户输入错误，如下图所示。

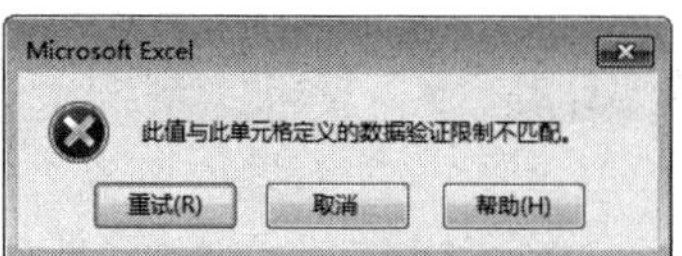

但是，这个提示对话框并未告知用户哪里出现问题，除了进行有效性设置的用户以外，其他用户对于这些设置了限定条件的单元格并不是很了解，容易造成数据录入困难。为了便于数据的准确录入，用户可以在数据有效性设置中增加一些提示信息，以便于用户理解和规范地使用，具体操作步骤如下。

第1步 选定单元格区域E2:E12，再次打开【数据验证】对话框，如下图所示。

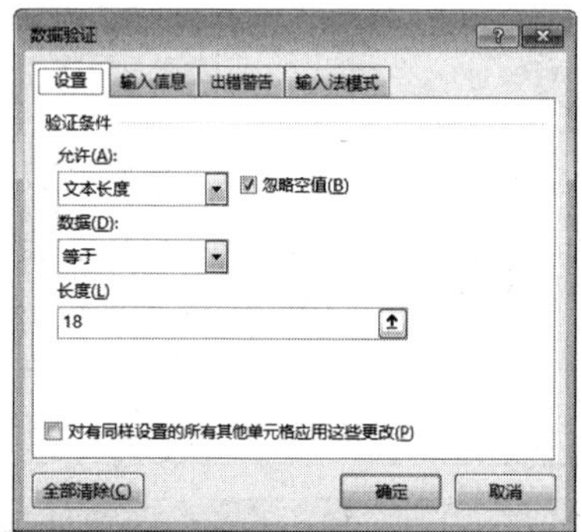

第2步 ❶切换到【输入信息】选项卡，选中【选定单元格时显示输入信息】复选框；❷在【选定单元格时显示下列输入信息：】组合框中的【标题】文本框中输入“输入身份证号”；❸在【输入信息】文本框中输入“请输入18位身份证号”，如下图所示。

第3步 ❶切换到【出错警告】选项卡，选中【输入无效数据时显示出错警告】复选框；❷在【输入无效数据时显示下列出错警告：】组合框中的【标题】文本框中输入“输入错误”；❸在【错误信息】文本框中输入“本单元格只允许输入18位数，请检查您的输入。”，如下图所示。

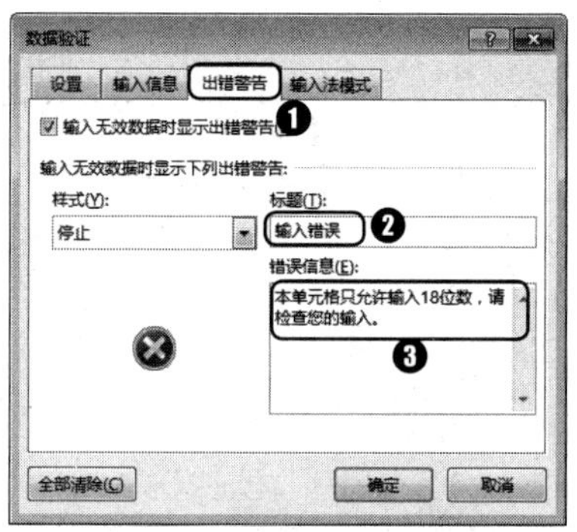

第4步 单击【确定】按钮 确定 返回工作表中，即可看到提示信息，如下图所示。

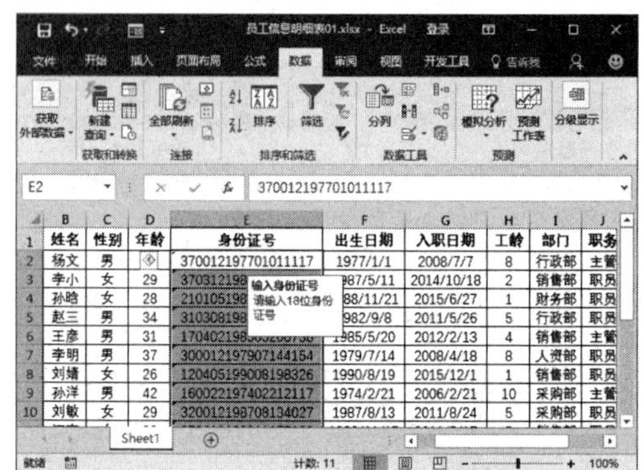

第5步 在单元格区域E2:E12的任意一个单元格中输入不符合的信息，按【Enter】键，即可弹出【输入错误】提示对话框，提示用户“本单元格只允许输入18位数，请检查您的输入。”，如下图所示。

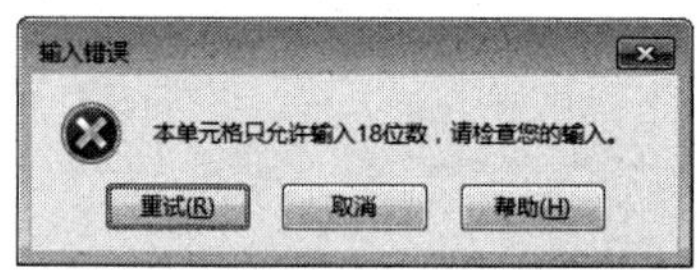

3.1.5 限制数据重复录入

为了尽量减少录入时的人为错误，防止出现相同数据多次重复出现的情况，用户可以对其进行数据有效性限定。

假设本公司所有员工无一重名，为了防止公司员工信息录入重复，用户可以对员工姓名列进行数据有效性设置。

第 1 步 ❶选定单元格区域 B2:B12，切换到【数据】选项卡；❷单击【数据工具】组中的【数据验证】按钮右侧的下拉按钮；❸从弹出的下拉列表中选择【数据验证】选项，如下图所示。

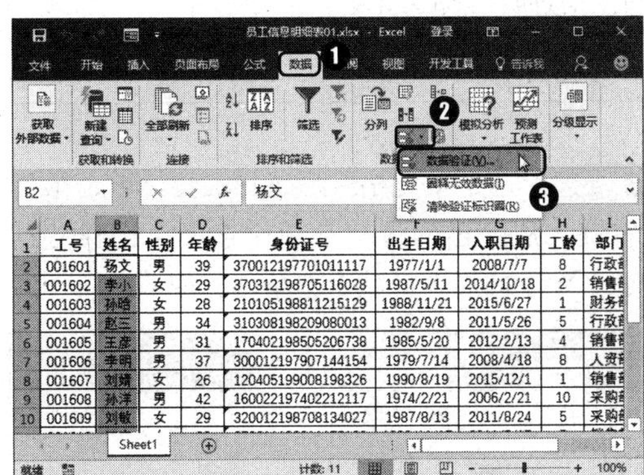

第 2 步 ❶弹出【数据验证】对话框，切换到【设置】选项卡；❷在【验证条件】组合框中的【允许】下拉列表中选择【自定义】选项；❸在【公式】文本框中输入“=COUNTIF($B$2:$B$12,B2)=1”，如下图所示。

第 3 步 单击【确定】按钮，返回工作表中，如果在单元格区域 B2:B12 中输入重复的姓名信息，Excel 会弹出【Microsoft Excel】提示对话框，如下图所示。

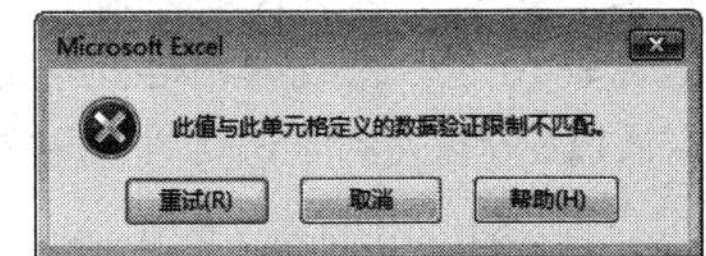

3.2 数据有效性处理

案例背景

对Excel表格中的数据进行数据有效性设置之后，用户可以对其进行一些简单处理，如复制和更改。

本例将介绍数据有效性的复制与更改等处理方法，制作完成后的效果如下图所示。实例最终效果见“光盘\结果文件\第3章\员工信息明细表02.xlsx”文件。

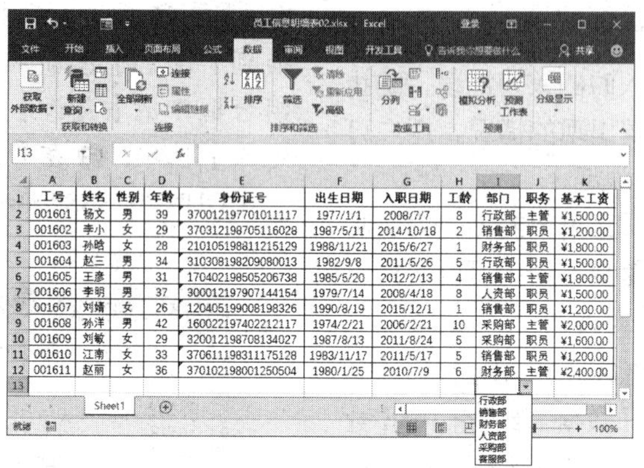

光盘文件	素材文件	光盘\素材文件\第3章\员工信息明细表02.xlsx
	结果文件	光盘\结果文件\第3章\员工信息明细表02.xlsx
	教学视频	光盘\视频文件\第3章\3.2数据有效性处理.mp4

3.2.1 数据有效性的复制

数据有效性的设置信息保存在每个单元格当中，可以随单元格一同复制和粘贴。如果希望在复制过程中仅仅传递数据有效性信息而不包含单元格中的数据和格式等内容，用户可以通过Excel表的【选择性粘贴】功能来实现。

第 1 步 打开“光盘\素材文件\第 3 章\员工信息明细表 02.xlsx”文件，选中单元格区域 A12:K12，按【Ctrl+C】组合键进行复制，如下图所示。

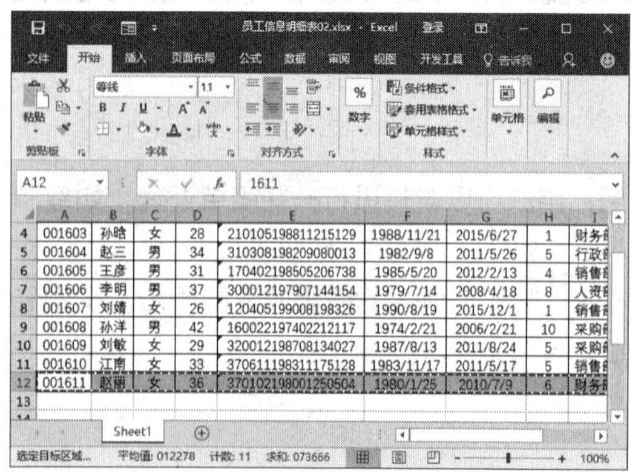

第 2 步 选定单元格区域 A13:K13，单击鼠标右键，从弹出的快捷菜单中选择【选择性粘贴】➤【选择性粘贴】菜单项，如下图所示。

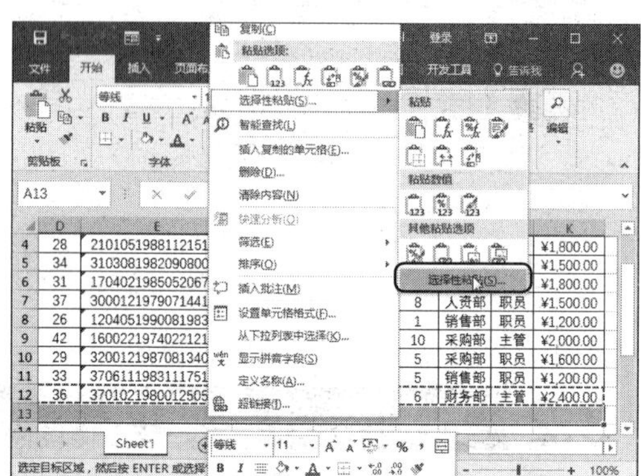

第 3 步 ❶弹出【选择性粘贴】对话框，在【粘贴】组合框中选中【验证】单选钮；❷单击【确定】按钮 确定 即可将单元格区域 A12:K12 的数据有效性设置复制到单元格区域 A13:K13，如下图所示。

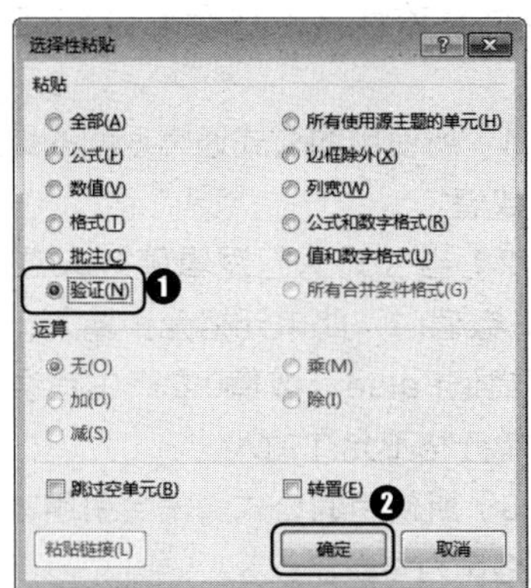

3.2.2 数据有效性的更改

当在不同的单元格中使用了相同的数据有效性设置以后，如果用户想要更改其中的条件设置，并不需要在每一个单元格中单独设置，用户可以快速批量地对其进行更改，具体操作步骤如下。

第 1 步 选中单元格 I2，按照前面介绍的方法打开【数据验证】对话框，如下图所示。

第 2 步 ❶在【来源】文本框中修改序列“行政部，销售部，财务部，人资部，采购部，客服部”；❷选中【对有同样设置的所有其他单元格应用这些更改】复选框，如下图所示。

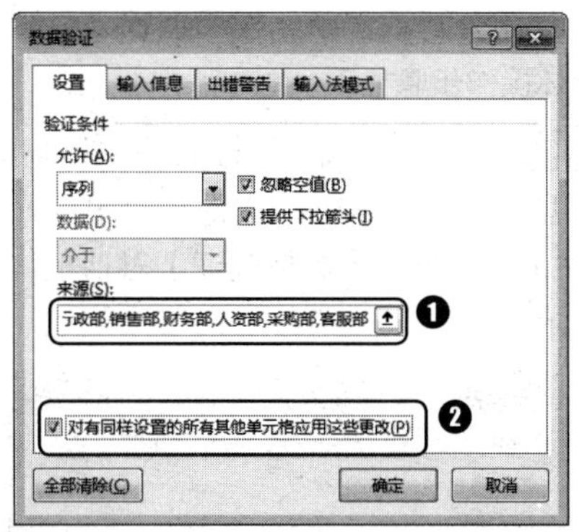

第 3 步 单击【确定】按钮 确定 ，返回工作表中，选中该列其他设置数据有效性的单元格，如单元格 I5，即可看到该单元格中的数据有效性设置也发生相同更改，如下图所示。

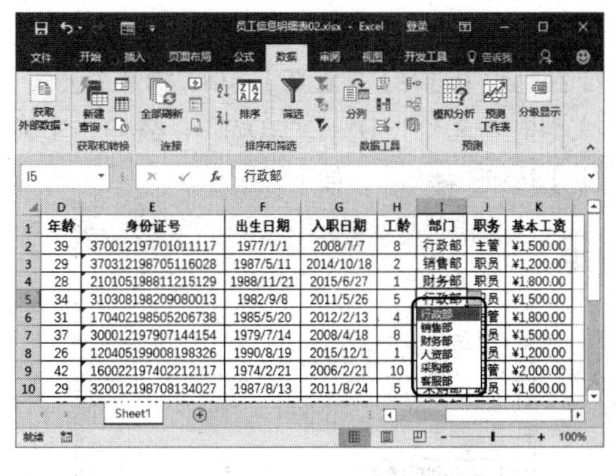

通过前面知识的学习，相信读者已经掌握了Excel 2016中关于数据有效性的相关操作。下面结合本章内容，介绍一些工作中的实用经验与技巧。

01 如何使用公式进行条件限制

视频文件：光盘\视频文件\第3章\01.mp4

● 只能输入整数

使用公式限定单元格只能输入整数数据的具体操作步骤如下。

第 1 步 打开“光盘\素材文件\第 3 章\员工信息明细表 03.xlsx”文件，选中单元格区域 D2:D12，打开【数据验证】对话框，如下图所示。

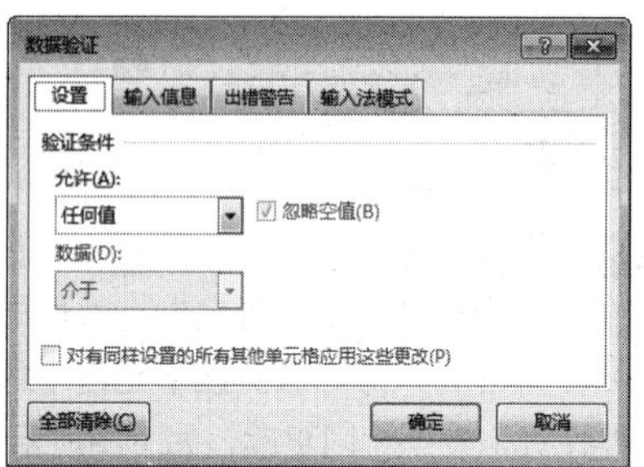

第 2 步 ❶在【验证条件】组合框中的【允许】下拉列表中选择【自定义】选项；❷在【公式】文本框中输入“=D2=INT(D2)”；❸单击【确定】按钮 确定 ，如下图所示。

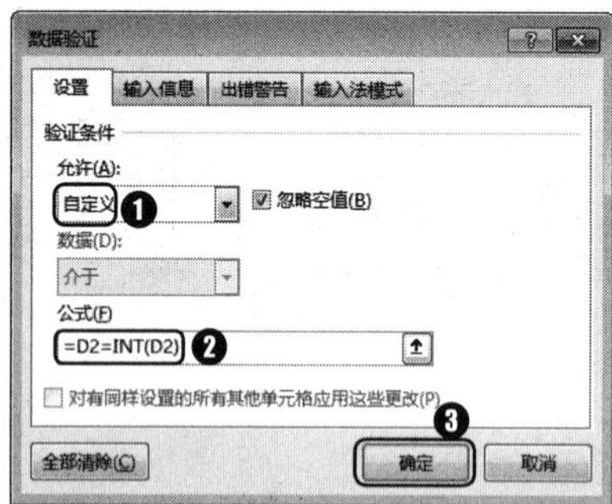

第 3 步 在单元格区域 D2:D12 的任意一个单元格中输入小数，随即弹出【Microsoft Excel】提示对话框，提示用户“此值与此单元格定义的数据验证限制不匹配”，如下图所示。

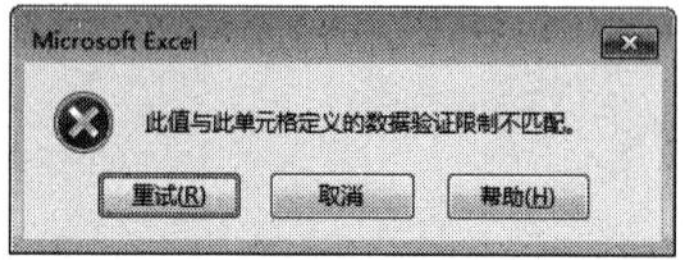

数据有效性中的自定义公式的工作原理如下。

（1）所使用的公式通常返回的结果为逻辑值或数值。

（2）当公式返回逻辑值True或返回不等于0的数值时，此单元格允许输入；当公式返回逻辑值False、数值0或产生错误值的时候，此单元格不允许输入。

（3）所使用的公式通常会引用本身所在的单元格作为参数。

（4）当同时选中多个单元格批量设置数据有效性公式时，公式中只需要以相对引用的方式来引用当前活动单元格地址即可。

● 只能输入文本

用户也可以通过数据有效性中的自定义公式来限定单元格只能输入文本数据。

选中需要设定限制的单元格区域B2:B12，打开【数据验证】对话框，在【验证条件】组合框中的【允许】下拉列表中选择【自定义】选项，在【公式】文本框中输入“=ISTEXT(B2)”，单击按钮即可设置单元格区域B2:B12只能输入文本数据，如下图所示。

● 只能输入数值

在工作表中限定输入数值的具体操作步骤为选中需要设定限制的单元格区域H2:H12，打开【数据验证】对话框，在【验证条件】组合框中的【允许】下拉列表中选择【自定义】选项，在【公式】文本框中输入“=ISNUMBER(H2)”，单击【确定】按钮确定即可设置单元格区域H2:H12只能输入数值数据，如下图所示。

02　如何限制只允许连续单元格录入

在表格录入数据时，要求在同一列中必须连续录入，上下数据单元格之间不留空白单元格，用户可以通过设置数据有效性实现这样的限制要求。

例如，用户想设置A列中连续录入数据，可以选中单元格A2（A列的首个单元格内不需要设置限制条件），在【数据验证】对话框中的【序列】下拉列表中选择【自定义】选项，在【公式】文本框中输入"=OFFSET(A2,-1,)<>" ""，单击【确定】按钮确定，在A列中除了单元格A1的其他单元格内都引用此有效性公式后，在A列输入数据时必须连续录入，否则就会自动提示错误。

03　数据有效性序列的来源

视频文件：光盘\视频文件\第3章\03.mp4

数据有效性中的序列用户可以录入，也可以直接引用已有的单元格区域。

假设某企业各个区域销售人员有两名，销售员可以负责多个销售区域，各销售区域的负责人如下图所示。

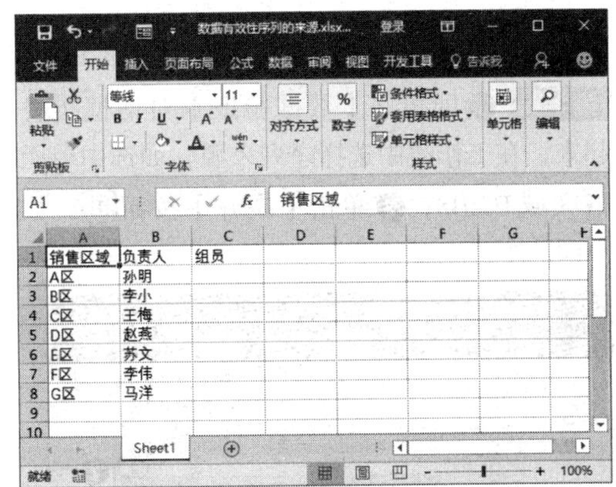

第1步 打开"光盘\素材文件\第3章\数据有效性序列的来源.xlsx"文件，选中单元格区域C2:C8，打开【数据验证】对话框，如下图所示。

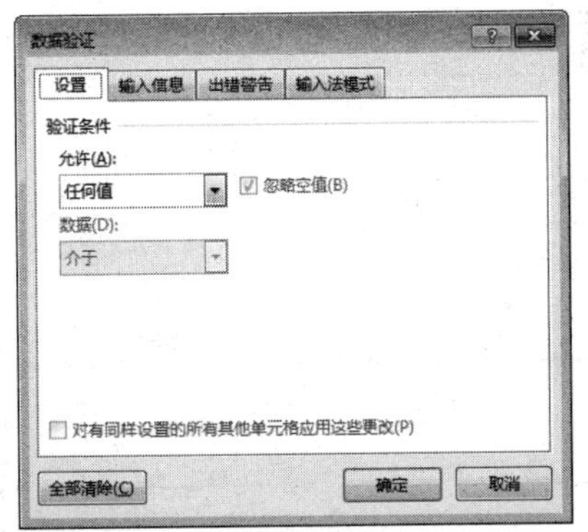

第2步 ❶在【验证条件】组合框中的【允许】下拉列表中选择【序列】选项；❷单击【公式】文本框右侧的【折叠】按钮，如下图所示。

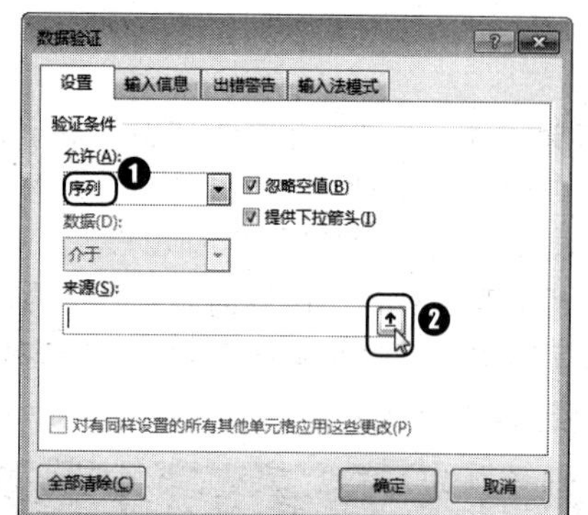

第 3 步 ❶ 即可将【数据验证】对话框折叠起来，在工作表中选择序列来源，如选中单元格区域 B2:B8；❷ 单击【展开】按钮，如下图所示。

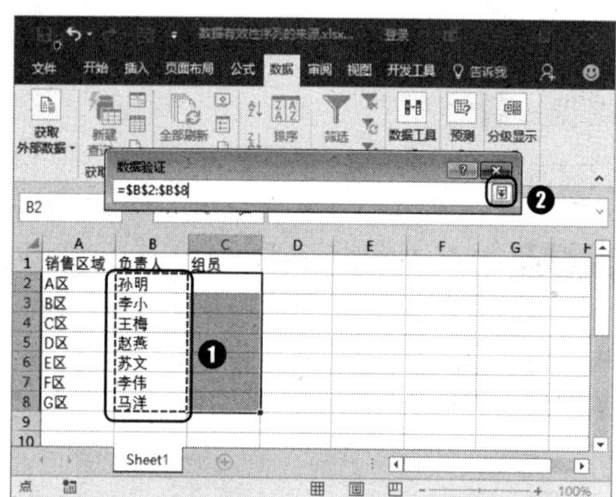

第 4 步 展开【数据验证】对话框，单击【确定】按钮 确定 ，如下图所示。

第 5 步 返回工作表中，用户即可通过下拉列表选择销售员信息，如下图所示。

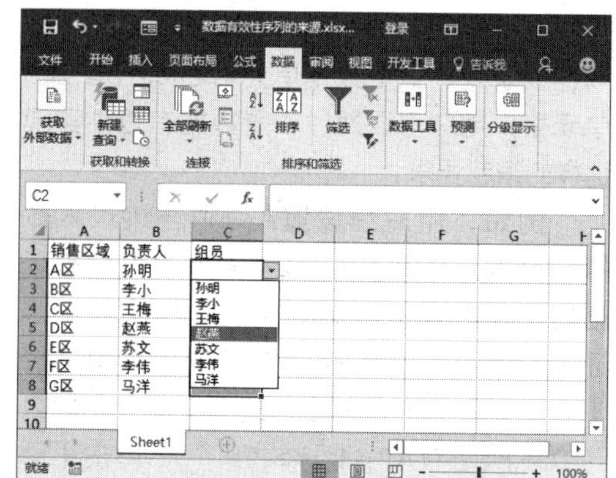

第4章 数据的计算神器之一：公式

本章导读

Excel可以进行简单的数据计算，包括加减乘除等，也可以用来实现简单的数据处理和数据统计。接下来在Excel 2016中，结合常用的办公实例，详细讲解公式的相关知识。

知识要点

- ❖ 公式计算
- ❖ 相对引用
- ❖ 绝对引用
- ❖ 定义名称

4.1 公式的基础知识

案例背景

Excel公式的功能是有目的地返回结果。了解公式的运算符类型以及运算顺序等基础知识，可以更好地利用Excel进行简单的数据计算。

本例将介绍公式的基础知识，制作完成后的效果如下图所示。实例最终效果见“光盘\结果文件\第4章\销售额统计表01.xlsx”文件。

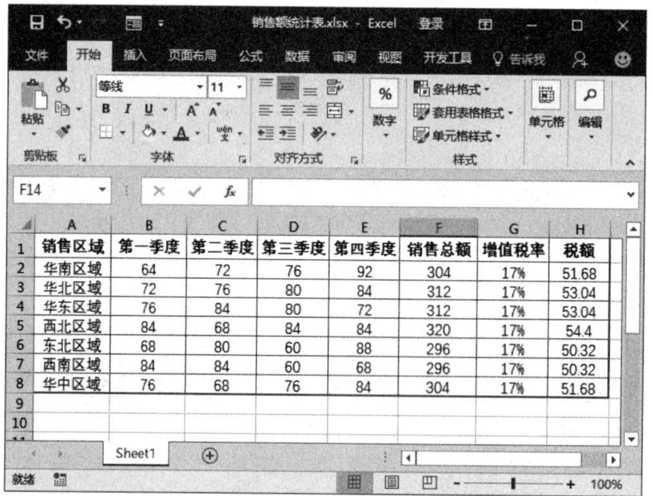

光盘文件	素材文件	光盘\素材文件\第4章\销售额统计表01.xlsx
	结果文件	光盘\结果文件\第4章\销售额统计表01.xlsx
	教学视频	光盘\视频文件\第4章\4.1公式的基础知识.mp4

4.1.1 什么是公式

公式是Excel工作表中进行数值计算和分析的等式。公式以“=”开头，由运算项和运算符组成。简单的公式有加、减、乘、除等，复杂的公式可能包含函数、引用、运算符和常量等。公式的组成要素包括等号“=”、运算符、常量、单元格引用、函数、名称等，如下表所示。

公式	说明
=5*6+3−1	包含常量运算的公式
=A1*6+B1	包含单元格引用的公式
=单价*数量	包含名称的公式
=SUM(A1:A6)	包含函数的公式

公式可以用在单元格中，直接返回计算结果来作为单元格赋值；也可以在条件格式和数据有效性等功能中使用公式，通过公式运算结果所产生的逻辑值来决定用户定义的规则是否生效。

公式通常只能从其他单元格中获取数据进行运算，而不能直接或间接地通过自身所在单元格进行计算，否则会造成循环引用错误。

温馨提示

公式无法实现单元格的删除或增减，也不能对除自身以外的其他单元格直接进行赋值。

4.1.2 掌握公式运算符类型

运算符是构成公式的基本元素之一，每个运算符分别代表一种运算。Excel包含4种类型的运算符，分别是算术运算符、比较运算符、文本运算符和引用运算符，如下表所示。

符号	说明	实例
–	算术运算符：负号	=–5
%	算术运算符：百分号	=8*5%
^	算术运算符：乘幂	=3^2
*和/	算术运算符：乘和除	=8/2
+和–	算术运算符：加和减	=3+5
=、<>、<、>、<=、>=	比较运算符：等于、不等于、小于、大于、小于等于和大于等于	=(A1=B1)，判断A1与B1相等；=(A1>=3)，判断A1大于等于3
&	文本运算符：连接文本	=""Excel"&"2016"，返回"Excel 2016"
:	区域引用运算符：冒号	=SUM(A1:A10)，引用单元格区域A1:A10
空格	交叉引用运算符:单个空格	=SUM(A1:B6 A2:D4)，引用A1:B6与A2:D4的交叉区域
,	联合引用运算符:逗号	=RANK(A1,(A1:A10,C1:C10))，第2参数引用的区域是由A1:A10和C1:C10两个不连续单元格区域组成的联合区域

4.1.3 了解公式运算顺序

与常规的数学计算类似，所有的运算符都有运算的优先级。当公式中同时运用多个运算符时，也要遵循运算符优先级进行运算。Excel运算符的优先顺序如下表所示。

优先顺序	符号	说明
1	: 空格 ,	引用运算符：冒号、单个单元格和逗号
2	–	算术运算符：负号
3	%	算术运算符：百分号
4	^	算术运算符：乘幂
5	*和/	算术运算符：乘和除
6	+和–	算术运算符：加和减
7	&	文本运算符：连接文本
8	=、<>、<、>、<=、>=	比较运算符：比较两个值

在默认情况下，Excel中的公式将依照上表中的顺序进行运算。例如，公式“=8–

2^2”，先计算2^2，然后进行减法计算，因此计算结果并不是36，而是4。

如果想要先计算8−2，用户可以人为地改变公式的预算顺序，可以使用括号提高运算优先级。数学计算式中使用小括号()、中括号[]和大括号{}以改变运算的优先级，在Excel中均使用小括号来改变运算的优先级，且括号的优先级高于上表中的所有运算符。

如果在公式中使用多个括号进行嵌套，其计算顺序是由最内层的括号逐级向外进行计算。例如，公式“=3−3^(2*(5−3))”，计算结果为−78。

温馨提示

如果需要做开方运算，例如，要计算根号3，可以用3^(1/2)来实现。

4.1.4 使用公式进行数据求和

用户可以通过加法运算符进行数据求和计算。

第 1 步 打开“光盘 \ 素材文件 \ 第 4 章 \ 销售额统计表 01.xlsx”文件，选中单元格 F2，输入公式“=B2+C2+D2+E2”，如下图所示。

第 2 步 按【Enter】键，即可显示出计算结果，如下图所示。

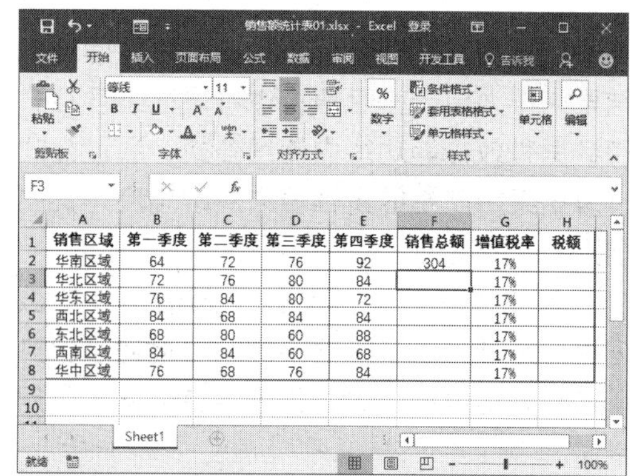

第 3 步 ❶ 选中单元格 F3，在编辑栏中输入“=B3+C3+D3+E3”；❷ 单击【输入】按钮✓，如下图所示。

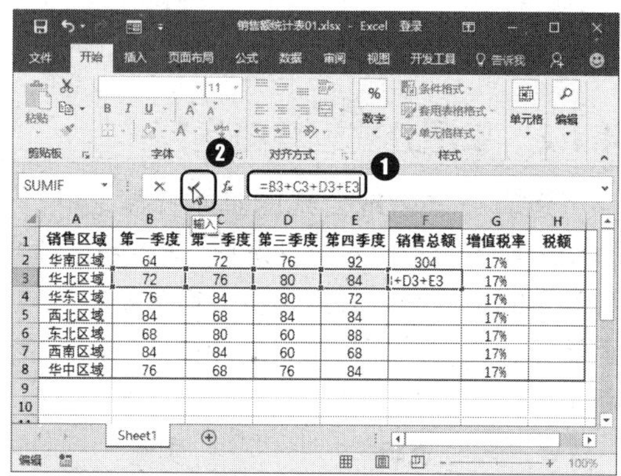

第 4 步 即可在单元格 F3 中返回计算结果，如下图所示。

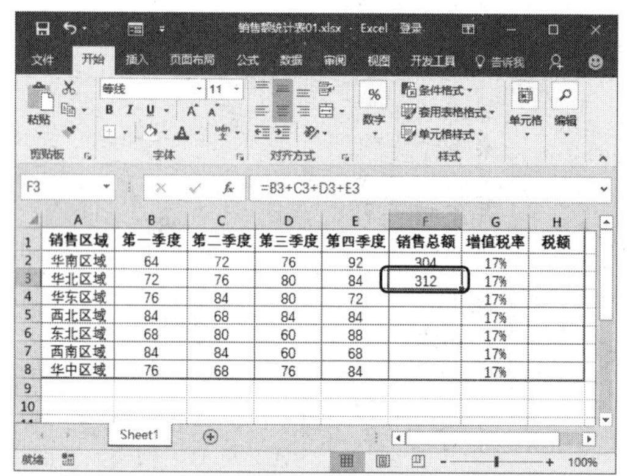

4.1.5 使用公式进行数据求积

用户也可以通过公式进行数据求积计算，具体操作步骤如下。

第1步 选中单元格H2，输入公式"=F2*G2"，如下图所示。

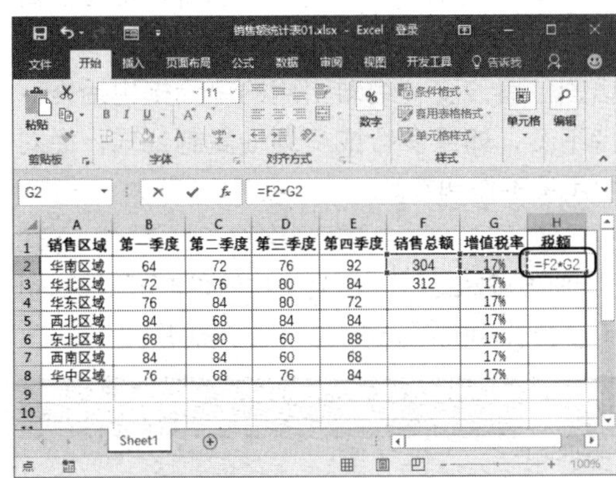

第2步 按【Enter】键，即可显示出数据求积结果，如下图所示。

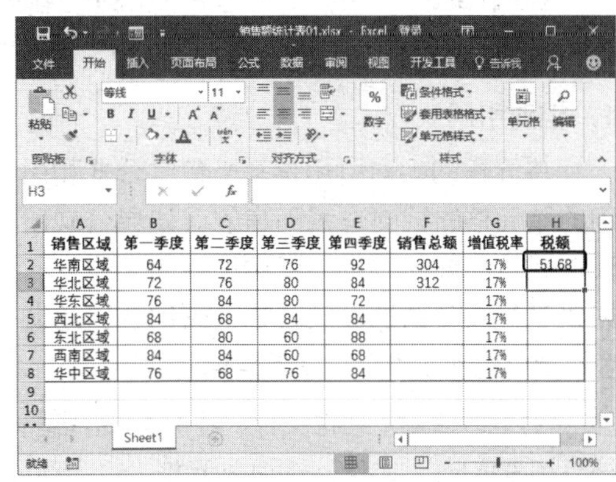

4.2 单元格引用与名称使用

案例背景

单元格引用和名称的使用在公式的应用中是非常重要的，接下来以销售额统计表为例进行详细介绍，制作完成后的效果如下图所示。实例最终效果见"光盘\结果文件\销售额统计表02.xlsx"文件。

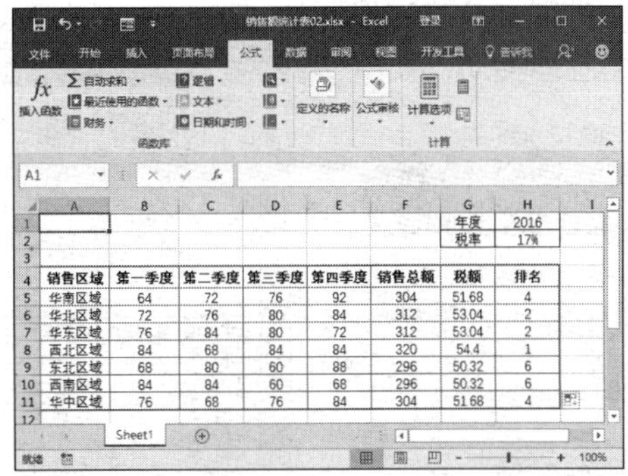

光盘文件	素材文件	光盘\素材文件\第4章\销售额统计表02.xlsx
	结果文件	光盘\结果文件\第4章\销售额统计表02.xlsx
	教学视频	光盘\视频文件\第4章\4.2单元格引用与名称使用.mp4

4.2.1 单元格引用

在Excel 2016中，公式与单元格的引用是分不开的，在公式中可以把单元格引用作为计算项，代替单元格中的实际数值。单元格引用分为相对引用、绝对引用和混合引用3种类型。

1. 相对引用

单元格的相对引用是基于包含公式和引用的单元格的相对位置而言的。如果公式所在单元格的位置改变，引用也将随之改变，如果多行或多列地复制公式，引用会自动调整。默认情况下，新公式使用相对引用。

打开“光盘\素材文件\第4章\销售额统计表02.xlsx”文件，选中单元格F5，可以看到其中公式“=B5+C5+D5+E5”，此时相对引用了公式中的单元格B5、C5、D5和E5，如下图所示。

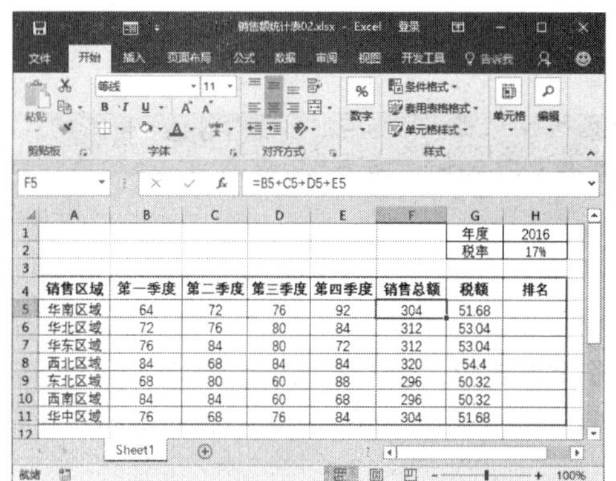

选中单元格F6，可以看到随着公式的移动，引用的单元格也随之相应地移动，如下图所示。

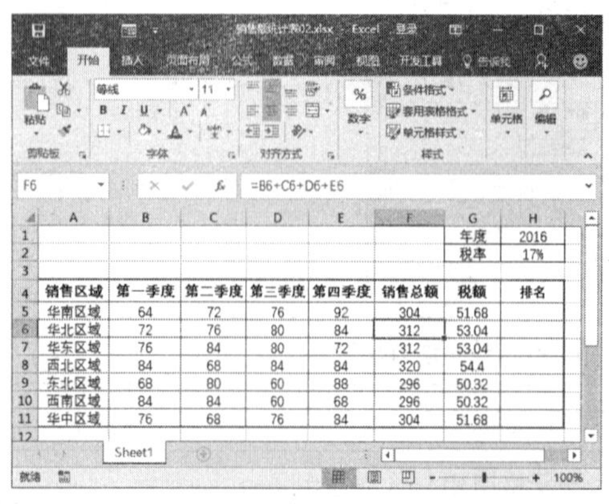

2. 绝对引用

单元格中的绝对引用则总是在指定位置引用单元格（如$B$5）。如果公式所在单元格的位置改变，绝对引用的单元格也始终保持不变，如果多行或多列地复制公式，绝对引用将不作调整。

例如，选中单元格G5，其中公式“=$F5*$H$2”，此公式中$H$2表示绝对引用了公式中的单元格H2，如下图所示。

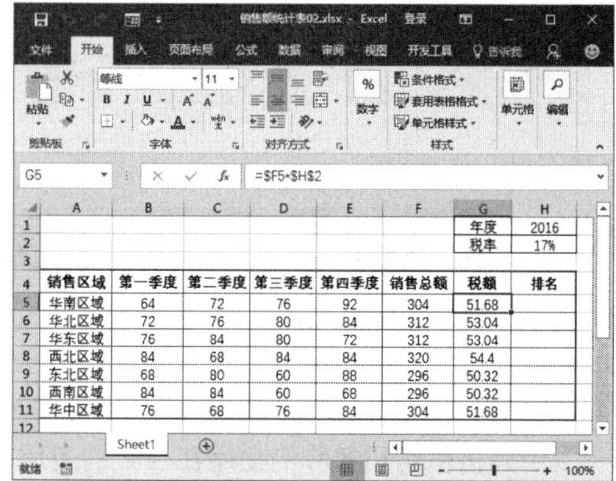

选中单元格G6，可以看到随着公式的移动，引用的单元格H2不变，如下图所示。

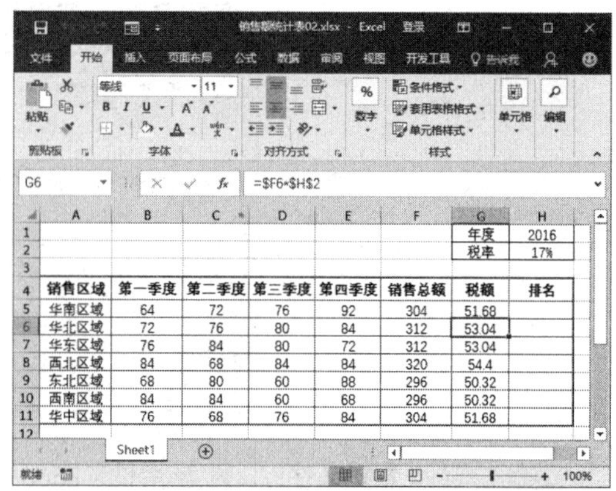

3. 混合引用

混合引用是一种介于相对引用和绝对引

用之间的引用，也就是说引用单元格的行和列中一个是相对的，一个是绝对的。

混合引用包括绝对列和相对行，或是绝对行和相对列两种形式。

例如，$A1表示对A列的绝对引用和对第1行的相对引用，而A$1是对A列的相对引用和对第1行的绝对引用。

如果公式所在单元格的位置改变，相对引用改变，而绝对引用不变；如果多行或多列地复制公式，相对引用自动调整，而绝对引用不作调整。

单元格G5中的公式“=$F5*$H$2”，此公式中的$F5则是混合引用，表示绝对引用了F列，相对引用了第5行，如下图所示。

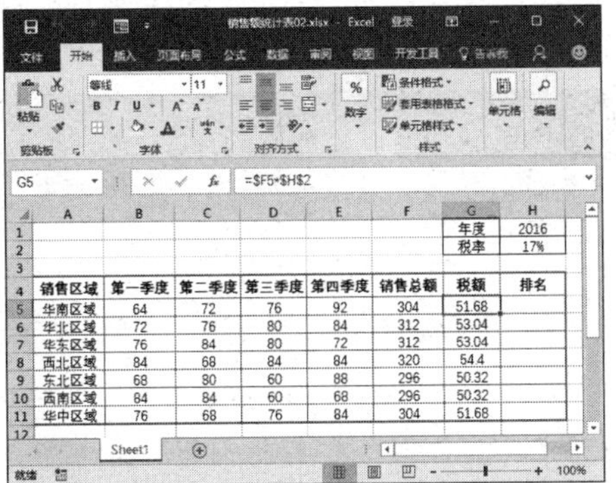

选中单元格G6，可以看到随着公式的移动，引用的F列保持不变，引用的行随单元格发生改变，如下图所示。

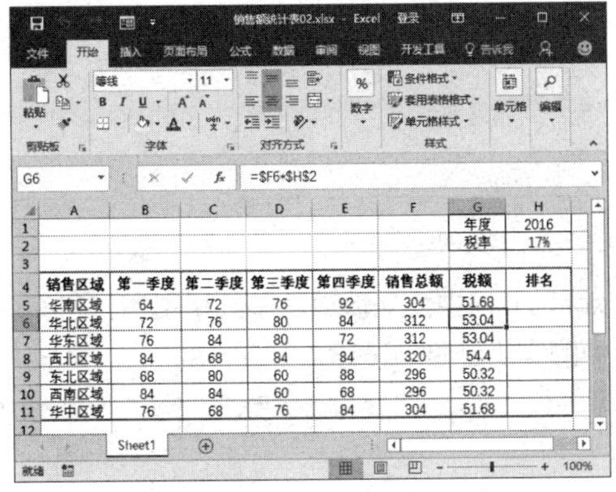

教您一招

如何添加绝对符号“$”

通常情况下可以使用【F4】功能键添加绝对符号，当按【F4】键的次数不同时，绝对的行或列也不同。按1次【F4】键表示绝对列和绝对行；按2次【F4】键表示相对列和绝对行；按3次【F4】键表示绝对列和相对行；按4次【F4】键表示相对列和相对行。

4.2.2 名称的使用

在公式中，除了可以引用单元格位置之外，还可以使用名称执行计算。通过给单元格、单元格区域、公式以及常量等定义名称，定义的名称也可以在公式中执行计算，会比引用单元格位置更加直观、更加容易理解。

1. 定义名称

定义名称的具体操作步骤如下。

第1步 ❶打开“光盘\素材文件\第4章\销售额统计表02.xlsx”文件，选中单元格区域F5:F11；❷切换到【公式】选项卡；❸在【定义的名称】组中单击【定义名称】按钮 定义名称 ，如下图所示。

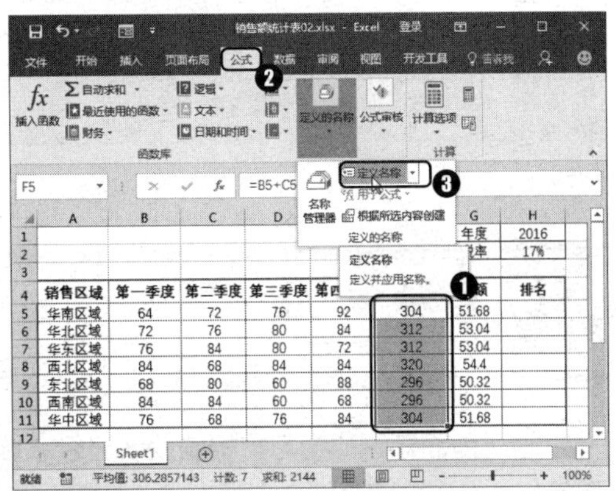

第2步 弹出【新建名称】对话框，在【名称】文本框中输入“销售总额”，如下图所示。

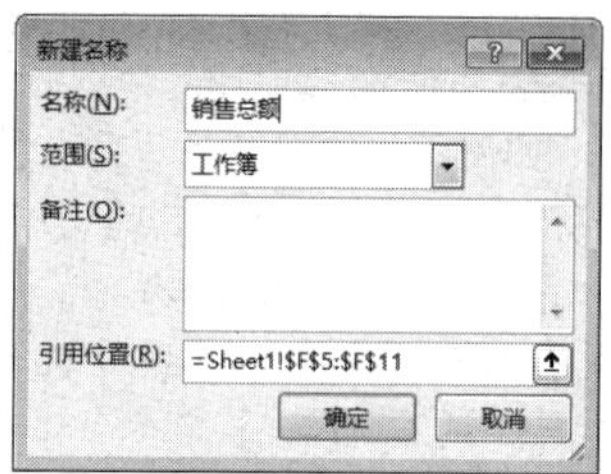

第 3 步 单击【确定】按钮 ，返回工作表，即可将单元格区域 F5:F11 定义为“销售总额”。

2. 应用名称

应用名称的具体操作步骤如下。

第 1 步 选中单元格 H5，在其中输入公式“=RANK(F5, 销售总额)”。该函数表示“返回单元格 F5 中的数值在数组‘销售总额’中的排名”，如下图所示。

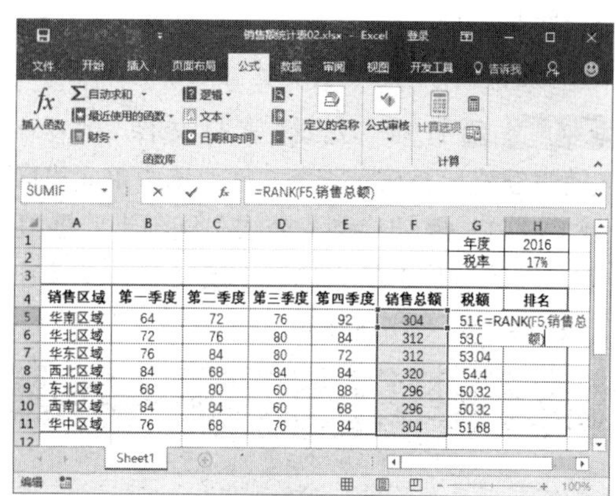

第 2 步 按【Enter】键，即可看到计算结果，如下图所示。

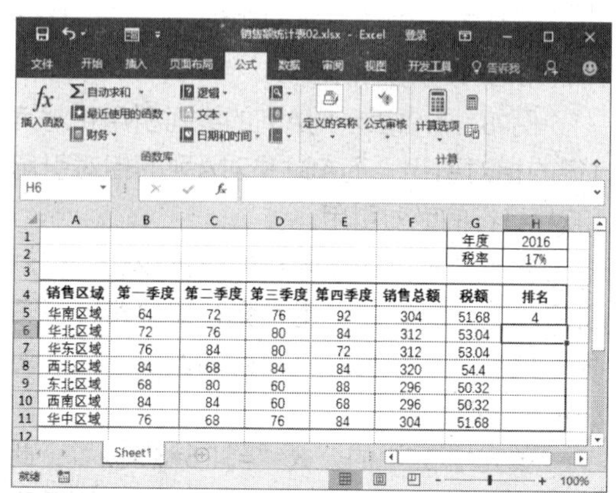

第 3 步 按照前面介绍的方法，不带格式地向下填充公式至单元格 H11。对销售总额进行排名后的效果如下图所示。

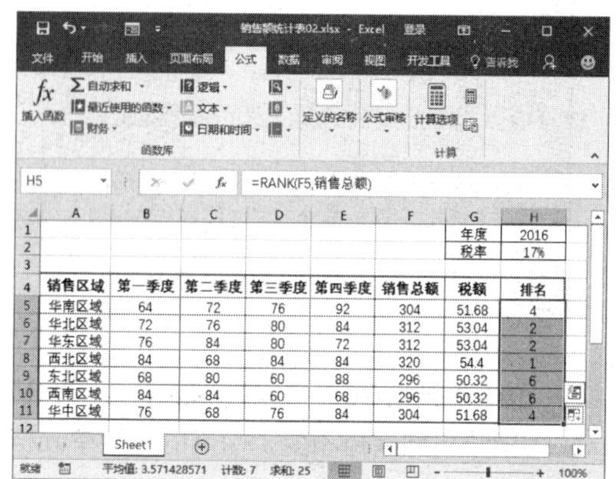

大神支招

通过前面知识的学习，相信读者已经掌握了Excel 2016中公式计算、单元格引用、名称使用等相关操作。下面结合本章内容，介绍一些工作中的实用经验与技巧。

01 透视“单元格引用”

要在公式中引用某个单元格或者某个单元格区域中的数据，就要使用Excel的单元格引用功能。引用的实质就是Excel公式中对单元格的一种呼叫方式。Excel支持的单元格引用包括两种样式，一种为“A1引用”，另一种为“R1C1引用”。

● A1引用

A1引用指的是用英文字母代表列标，用数字代表行号，由这两个行列坐标构成单元格地址的引用。

例如，“A1”指的是A列第1行的单元格，“E5”指的是E列第5行的单元格。

在A~Z二十六个字母用完以后，列标采用两位字母的方式继续按顺序编码，从第27列开始的列标依次是“AA，AB，AC，…”。

在Excel 2016中，列数最大为16 384列，因此最大列的列标字母组合是“XFD”，最大的行号是1 048 576。

● R1C1引用

R1C1引用是另外一种引用单元格地址的表达方式，它通过行号和列号及行列标识“R”和“C”一起来组成单元格地址引用。例如，要引用第3列第5行的单元格，R1C1引用的书写方式是“R5C3”。

通常情况下，A1引用方式更为常用，而R1C1引用方式则在某些场合下会让公式计算变得更简单。

用户可以在Excel表中设置从常规的A1方式切换到R1C1方式，具体操作为：❶打开【Excel选项】对话框，切换到【公式】选项卡；❷在【使用公式】组合框中，选中【R1C1引用样式】复选框；❸单击【确定】按钮 确定 ，Excel工作表中的列标签就会随之发生变化，原有的字母列标会自动转化为数字型列标，如下图所示。

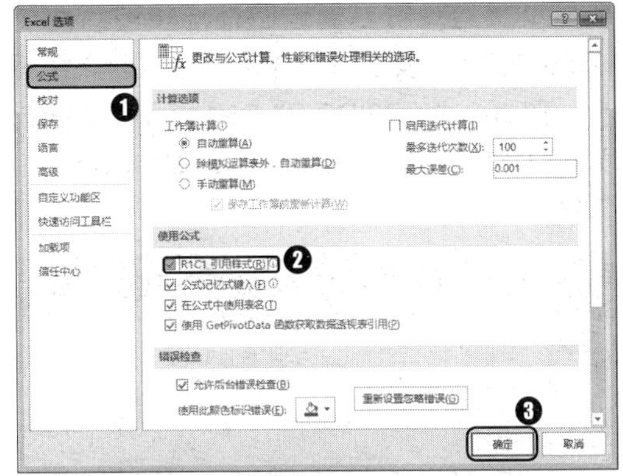

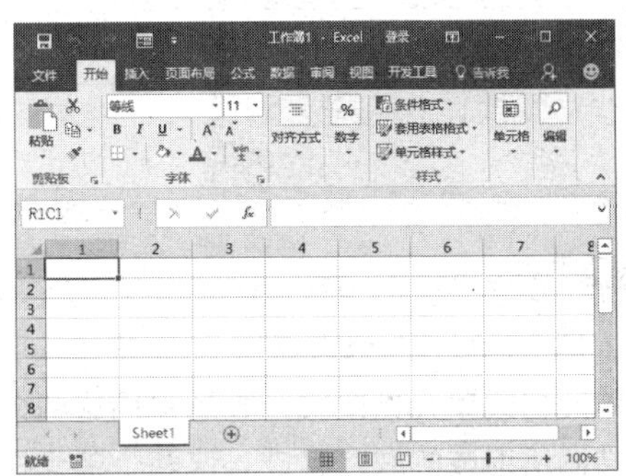

● 引用运算符

如果对多个单元格组成的单元格区域进行整体引用，就会用到引用运算符。Excel中所定义的引用运算符有3种类型，包括区域运算符（冒号）、交叉运算符（空格）和联合运算符（逗号）。

区域运算符是通过冒号（:）连接前后两个单元格地址，表示引用一个矩形区域，冒号两端的单元格分别是这个区域的左上角和右下角单元格。例如，“（B2:D5）”引用的区域如下图所示。

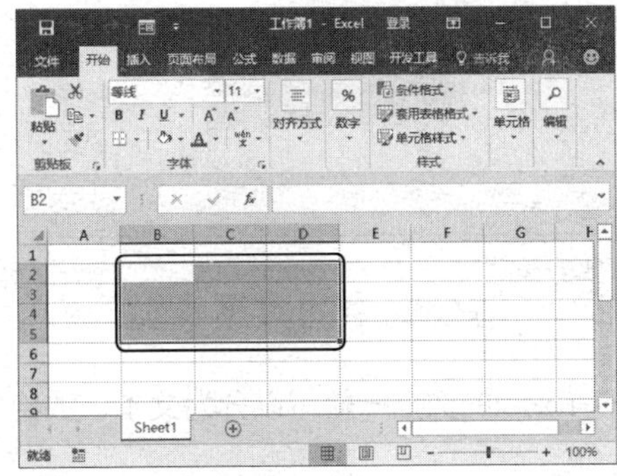

交叉运算符是通过空格连接前后两个单元格区域，表示引用这两个区域的交叠部分。例如，“（B2:D5 C4:E8）”引用的区域为B2:D5和C4:E8的交叠区域，即C4:D5，如下图所示。

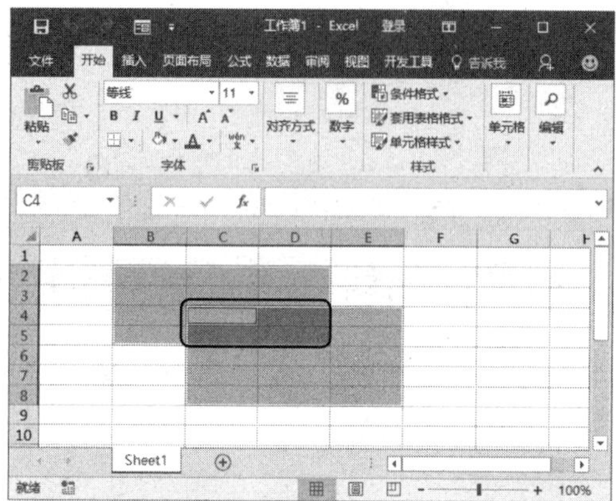

联合运算符是通过逗号（，）连接前后两个单元格或单元格区域，表示引用这两个区域共同所组成的联合区域。这两个单元格或单元格区域之间可以是连续的，也可以是相互独立的非连续区域。

例如，“（B2:D5,C4:E8）”引用的区域为B2:D5和C4:E8这两个区域共同所组成的联合区域，如下图所示。

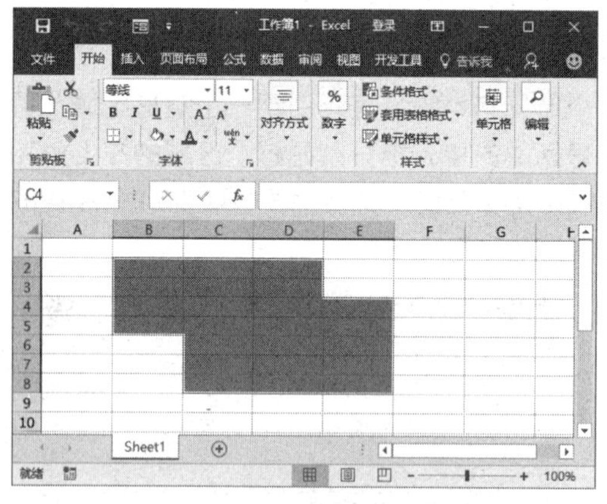

02　了解公式中的数据类型

Excel的数据一般可以分为文本、数值、日期、逻辑值、错误值等几种类型。

在公式中，用一对半角双引号（""）所包含的内容表示文本，例如，“Excel”是由5个字符组成的文本。

数值是指那些由0~9这些数字及特定符号所组成的、可以直接比较大小和参与数学运算的数据，如15.6、35%等。

温馨提示

数字与数值是两个不同的概念，数字通常以文本型数字和数值型数字两种形式存在，例如，“=CHAR(49)”得到的1为文本型数字；数值是由负数、零或正数组成的数据。

日期与时间是数值的特殊表现形式，每1天用数值1来表示，每1小时用1/24来表示，每1分钟的值为1/24/60，每1秒的值为1/24/60/60。

Excel中的逻辑值只有TRUE和FALSE两个，一般用于返回某表达式是真是假。

Excel公式由于某些计算原因无法返回正确结果，显示为错误值。

03　了解公式中的数据排序规则

Excel对数据排列顺序的规则为：…，-2，-1，0，1，2，…，A~Z，FALSE，TRUE。

排序规则为数值小于文本，文本小于逻辑值，错误值不参与排序。

例如，公式“=6<"6"”和“=6<"零"”，这两个公式均返回TRUE，仅表示数值5排在文本“零”“6”的前面，而不代表具体的数字大小意义。

温馨提示

此规则仅适用于排序，不同类型的数据比较其大小没有实际意义。如果用户的目的是比较数值大小，建议用相减并与0比较的方法，此时经过相减运算文本型数据被转换为数值型数据。

04 多种方式定义名称

视频文件：光盘\视频文件\第4章\04.mp4

名称是被特别命名的公式，对一个公式进行命名也就是创建名称的过程。要定义名称有以下方法。

● 使用【定义名称】功能

使用【定义名称】功能创建名称的方法前面4.2.2节已经进行了简单的介绍，这里就不多讲解了。

名称创建之后，用户可以通过【名称管理器】功能查看、修改及新建名称。打开【名称管理器】对话框的具体操作为：切换到【公式】选项卡，单击【定义的名称】组中的【名称管理器】按钮，如下图所示。

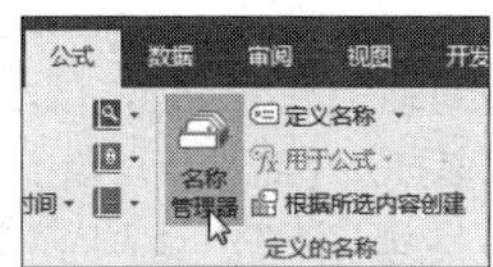

打开【名称管理器】对话框，用户可以在其中看到创建的名称，用户可以单击【编辑】按钮编辑(E)...打开【编辑名称】对话框对其进行修改，也可以单击【新建】按钮新建(N)...打开【新建名称】对话框创建新的名称，还可以单击【删除】按钮删除(D)删除名称，如下图所示。

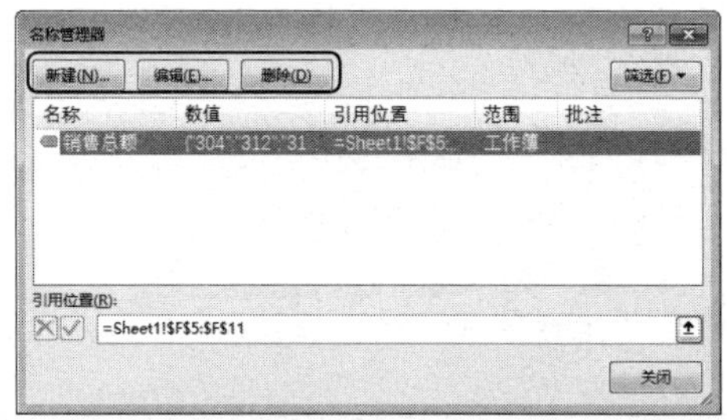

温馨提示

如果在名称公式中使用相对引用，需要特别留意定义名称时当前所选中的单元格，名称中的引用地址会与此单元格保持相对位置关系。

● 使用名称框创建

如果要将某个单元格区域创建为名称，可以通过名称框更方便快捷地实现。例如，要将单元格区域A2:D6定义为“区域1”，用户可以先选定单元格区域A2:D6，在编辑栏左侧的名称框中输入要定义的名称“区域1”，按【Enter】键即可成功创建名称“区域1”，如下图所示。

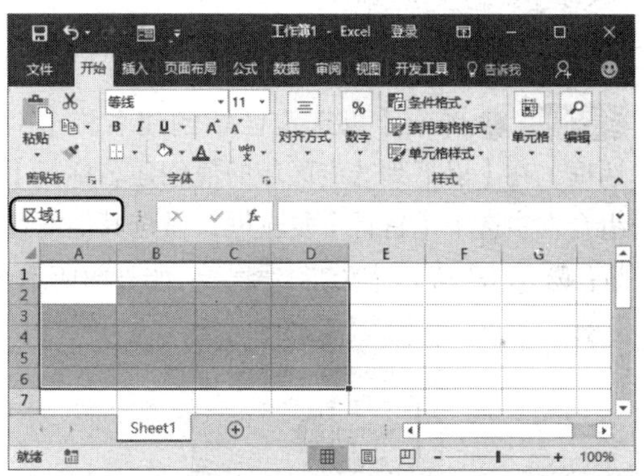

温馨提示

使用此方法创建名称比较简单快捷，但所创建名称的引用位置只能是固定的单元格区域，不能是常量或动态区域。

直接引用单元格区域的名称，在工作表视图的显示比例小于40%时，会在工作表区域中直接显示名称的名字。

● 根据所选内容批量创建

在一份数据表中，如果要将每个字段所在的区域都创建为名称，用户可以批量创建，具体操作步骤如下。

第1步 ❶打开“光盘\素材文件\第4章\多种方式定义名称.xlsx”文件，选中单元格区域A1:D12，切换到【公式】选项卡；❷在【定义的名称】组中单击【根据所选内容创建】按钮根据所选内容创建，如下图所示。

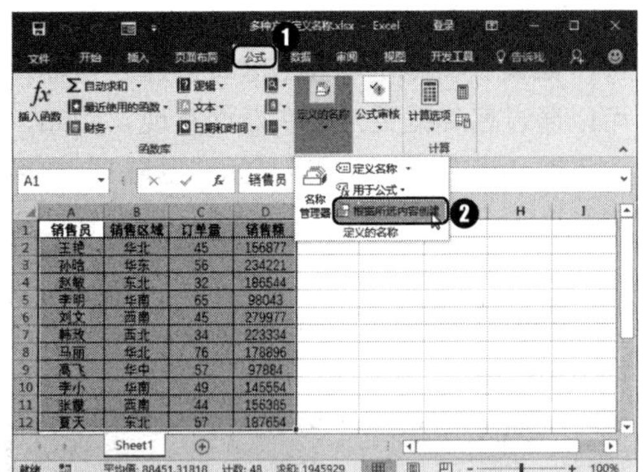

第 2 步 ❶弹出【以选定区域创建名称】对话框，在【以下列选定区域的值创建名称：】组合框中选中【首行】复选框，撤选其他复选框；❷单击【确定】按钮 确定 ，如下图所示。

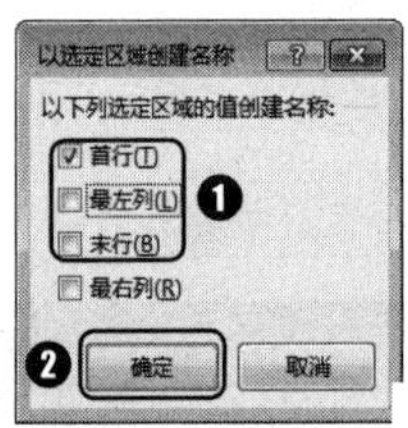

第 3 步 经过上步操作，打开【名称管理器】对话框，即可看到创建的名称，且各名称以区域中的标题行内容来命名，如下图所示。

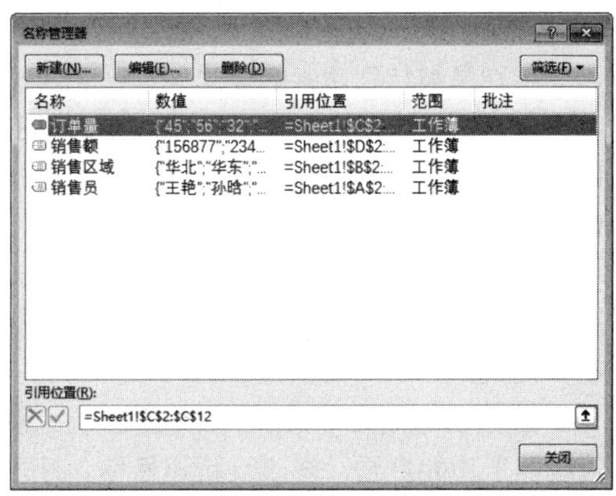

除了上述介绍创建名称的方法外，创建表格、定义打印标题行、定义打印区域、创建高级筛选等操作也会自动创建一些名称。

教您一招

如何快速打开【名称管理器】对话框

用户可以使用【Ctrl+F3】组合键快速打开【名称管理器】对话框。

第5章 数据的计算神器之二：函数

本章导读

在Excel中，函数应用比较广泛，而且其计算能力也比较强。如果想要使用Excel进行数据处理与分析，函数是必不可少的工具。很多用户觉得函数种类多且比较难学难懂，有时使用不当会很麻烦，其实不然。本章就介绍一下各种函数的功能及使用方法，让你轻松了解并掌握函数。

知识要点

- ❖ 数学与三角函数
- ❖ 输入函数
- ❖ 文本函数
- ❖ 计算平均值

5.1 关于函数

案例背景

Excel 2016提供了各种各样的函数，从简单的数据分析到复杂的系统设置，将Excel函数的强大功能运用到实际工作中，不但可以帮助工作人员轻松应对日常办公，而且能够对企业经营、管理及战略发展提供数据支撑。函数虽然很多，但是日常的数据处理所需要用到的函数不多，我们只需要了解并掌握这些常用的函数即可。

本例将介绍函数的种类以及输入方法，制作完成后的效果如下图所示。实例最终效果见“光盘\结果文件\第5章\销售额统计表.xlsx”文件。

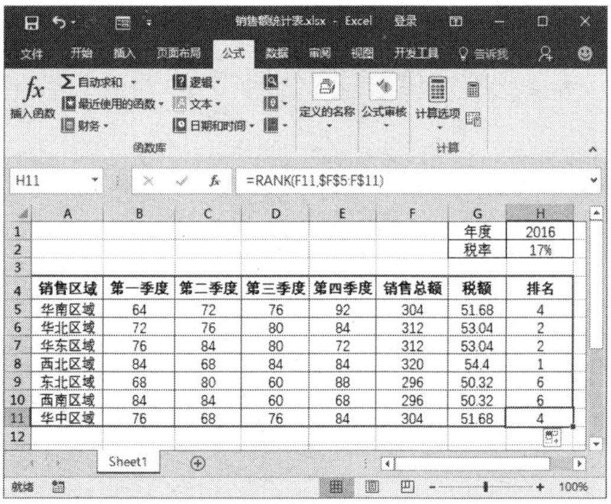
销售额统计表.xlsx - Excel
文件 开始 插入 页面布局 公式 数据 审阅 视图 开发工具
插入函数 自动求和 最近使用的函数 财务 逻辑 文本 日期和时间
定义的名称 公式审核 计算选项
函数库 计算
H11
=RANK(F11,$F$5:F$11)
年度 2016
税率 17%
销售区域 第一季度 第二季度 第三季度 第四季度 销售总额 税额 排名
华南区域 64 72 76 92 304 51.68 4
华北区域 72 76 80 84 312 53.04 2
华东区域 76 84 80 72 312 53.04 2
西北区域 84 68 84 84 320 54.4 1
东北区域 68 80 60 88 296 50.32 6
西南区域 84 84 60 68 296 50.32 6
华中区域 76 68 76 84 304 51.68 4
Sheet1
就绪 100%

光盘文件	素材文件	光盘\素材文件\第5章\销售额统计表.xlsx
	结果文件	光盘\结果文件\第5章\销售额统计表.xlsx
	教学视频	光盘\视频文件\第5章\5.1关于函数.mp4

5.1.1 函数的种类

一般情况下，函数是由函数名称和一个或多个参数组成的。函数的种类很多，按照功能主要分为以下7种。

- 数学和三角函数

  数学和三角函数主要用于数学和三角函数方面的计算，如SUM函数、MOD函数等。

- 逻辑函数

  逻辑函数主要用于在函数公式中对某些条件进行相应的逻辑判断，如IF函数。

- 查找与引用函数

  查找与引用函数用于查找工作表中某些特定的值，如CHOOSE函数、VLOOKUP函数、TRANSPOSE函数等。

● 日期和时间函数

日期和时间函数是专门用于处理日期和时间数据的函数，如DAY函数、TODAY函数、YEAR函数等。

● 财务函数

Excel 2016中提供了大量的财务函数，可以满足用户在财务金融计算方面的需求，如ACCRINT函数、DDB函数等。

● 文本函数

文本函数主要是用来处理公事中的文本字符串的，如CONCATENATE函数、FIND函数等。

● 其他函数

除了前面介绍的函数之外，还有统计函数、工程函数、多维数据集函数、信息函数、兼容性函数和数据库函数。

5.1.2 如何输入函数

要了解函数，首先要了解如何输入函数。输入函数有两种方法，包括直接输入和使用【插入函数】功能输入。

● 直接输入

在单元格中直接输入函数的方法很简单，只需先输入等号“=”，然后再输入函数即可，具体操作步骤如下。

第 1 步 打开“光盘\素材文件\第 5 章\销售额统计表.xlsx”文件，选中单元格 F5，输入函数公式“=SUM(B5:E5)”，如下图所示。

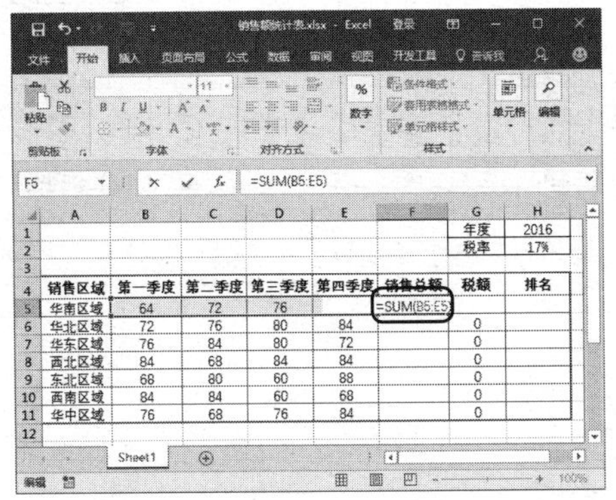

第 2 步 按【Enter】键，即可显示出计算结果，如下图所示。

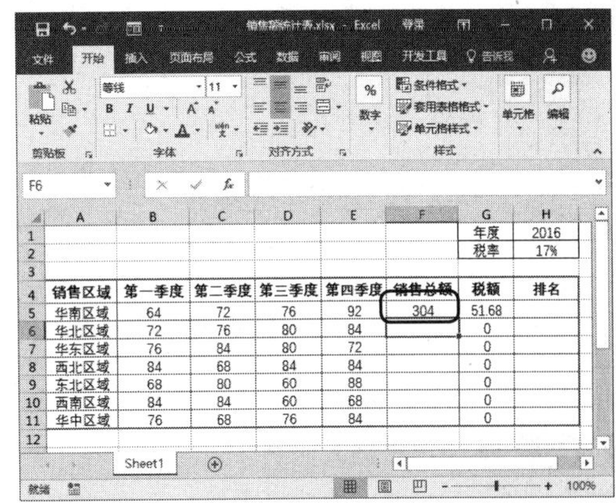

第 3 步 使用序列填充功能不带格式地向下填充公式，如下图所示。

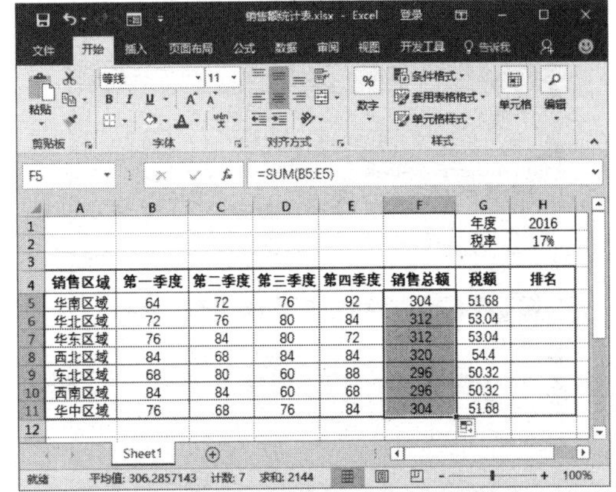

教您一招

恢复公式记忆功能

若输入函数时，Excel不会智能地列出对应的函数，用户只需打开【Excel选项】对话框，切换到【公式】选项卡，在【使用公式】组合框中选中【公式记忆式键入】复选框即可。

● 使用【插入函数】功能

第 1 步 ❶选中单元格 H5，切换到【公式】选项卡；❷单击【函数库】中的【插入函数】按钮，如下图所示。

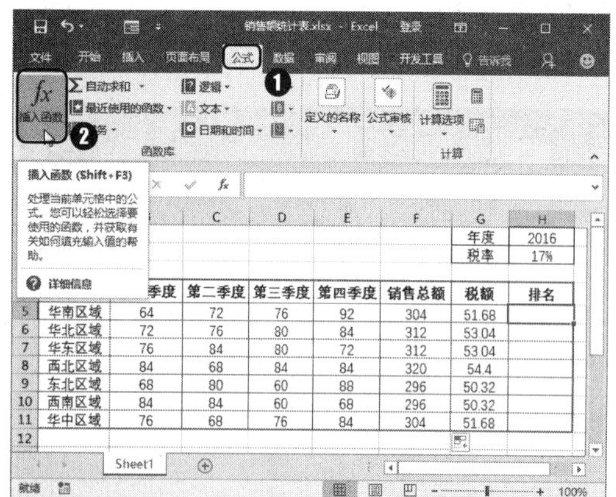

第 2 步 ❶ 弹出【插入函数】对话框，在【或选择类别】下拉列表中选择【兼容性】选项；❷然后在【选择函数】列表框中选择【RANK】选项；❸单击【确定】按钮 确定 按钮，如下图所示。

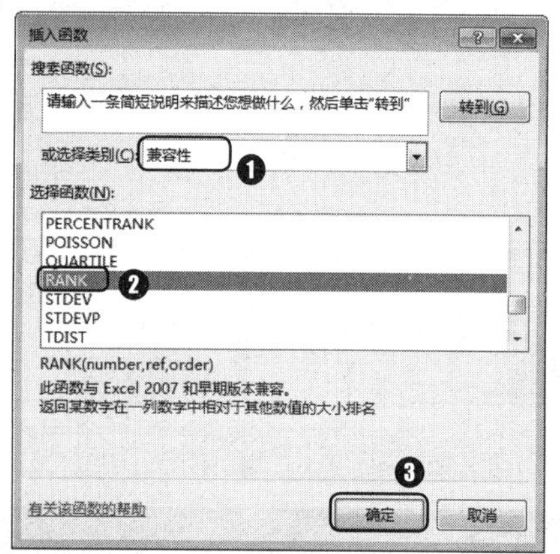

第 3 步 ❶ 弹出【函数参数】对话框，在【RANK】组合框中的【Number】文本框中输入"F5"，在【Ref】文本框中输入"$F$5:F$11"；❷单击【确定】按钮 确定 ，如下图所示。

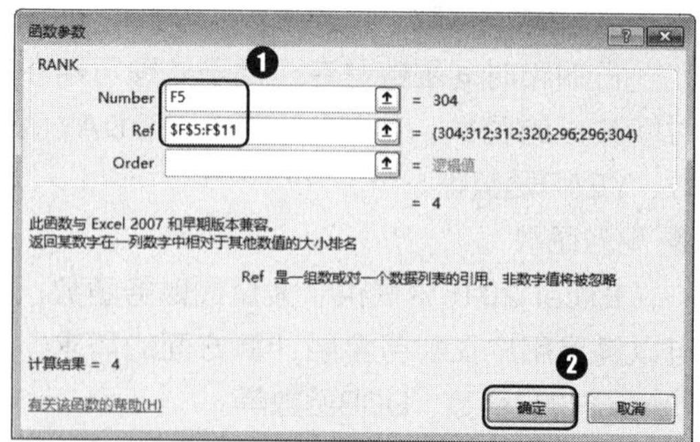

第 4 步 返回工作表中，即可看到函数计算结果，如下图所示。

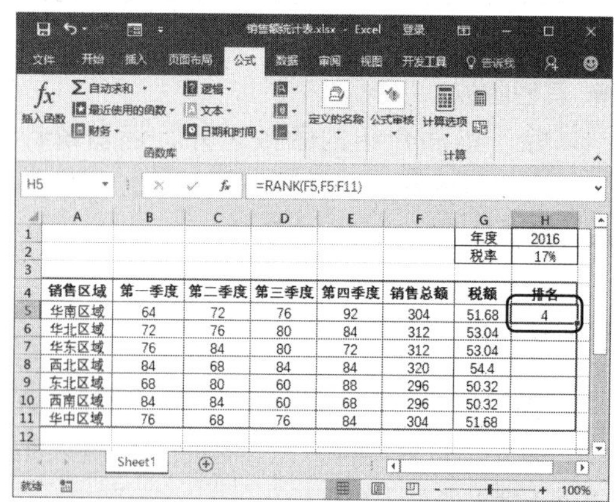

第 5 步 使用序列填充功能不带格式地向下填充公式，如下图所示。

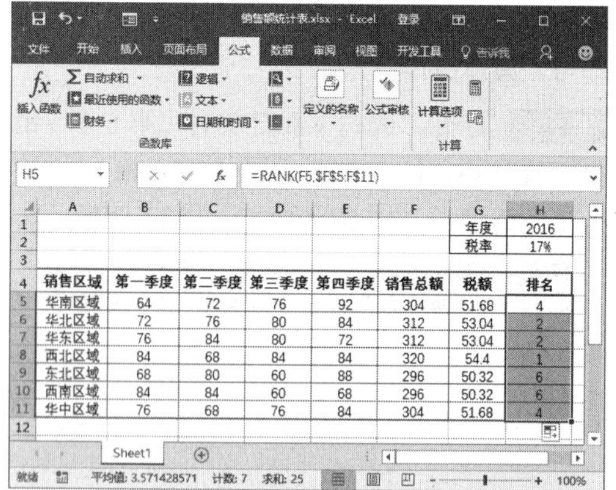

5.2 常用函数

案例背景

Excel表中比较常用的函数包括SUM函数、RANK函数、AVERAGE函数等。这些函数因为经常使用，因此在【插入函数】对话框中的【或选择类别】下拉列表中，这些函数没有按照功能分类，而是归类在【常用函数】选项中。

本例将介绍常用函数的功能及使用方法，制作完成后的效果如下图所示。实例最终效果见“光盘\结果文件\第5章\员工培训成绩统计表.xlsx”文件。

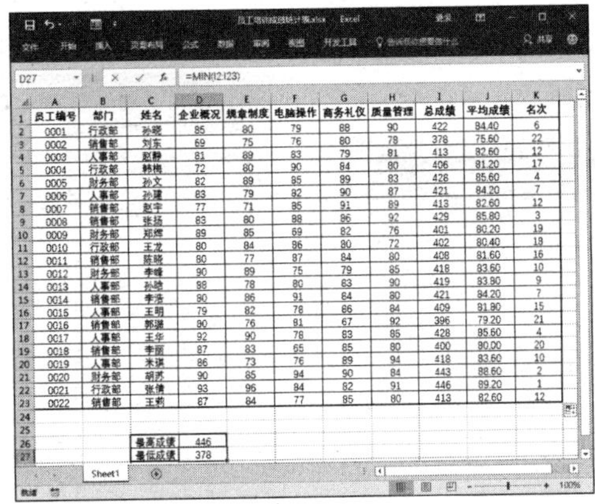

光盘文件	素材文件	光盘\素材文件\第5章\员工培训成绩统计表.xlsx
	结果文件	光盘\结果文件\第5章\员工培训成绩统计表.xlsx
	教学视频	光盘\视频文件\第5章\5.2常用函数.mp4

5.2.1 求和

SUM函数的函数功能是计算单元格区域中所有数值的和。

该函数的语法格式为：SUM(number1, number2,number3,…)。函数最多可指定30个参数，各参数用逗号隔开；当计算相邻单元格区域数值之和时，使用冒号指定单元格区域；参数如果是数值数字以外的文本，则返回错误值“#VALUE”。

打开“光盘\素材文件\第5章\员工培训成绩统计表.xlsx”文件，选中单元格I2，可以看到其中公式“=SUM(D2:H2)”，表示对单元格区域D2:H2求和，如下图所示。

5.2.2 计算平均值

AVERAGE函数的功能是返回所有参数的算术平均值。

语法：AVERAGE(number1，number2,…)

参数说明：参数number1，number2,…是要计算平均值的1~30个参数。

计算平均值的具体操作步骤如下。

第 1 步 在员工培训成绩统计表中，❶选中单元格 J2，切换到【公式】选项卡；❷在【函数库】组中单击【自动求和】按钮 Σ 自动求和 右侧的下拉按钮；❸从弹出的下拉列表中选择【平均值】选项，如下图所示。

第 2 步 此时在单元格 J2 中，系统会自动输入平均值公式“=AVERAGE(D2:I2)”，如下图所示。

第 3 步 将参数修改单元格区域为 D2:H2，如下图所示。

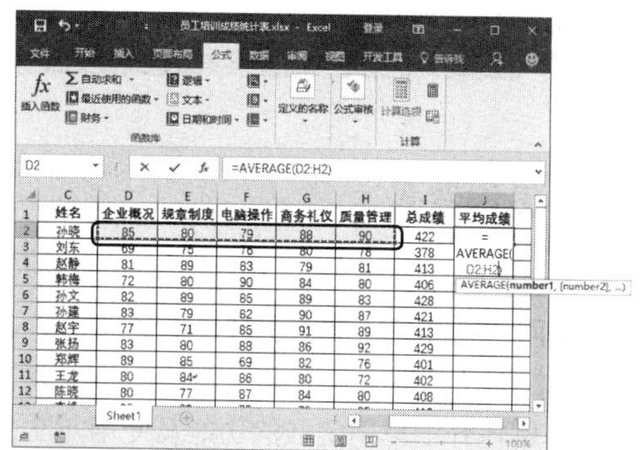

第 4 步 按【Enter】键，即可计算出员工的平均成绩，如下图所示。

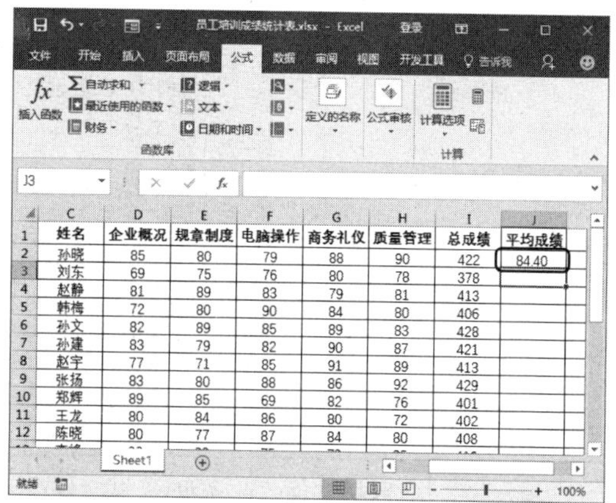

第 5 步 向下快速填充公式。所有员工培训成绩平均值计算结果如下图所示。

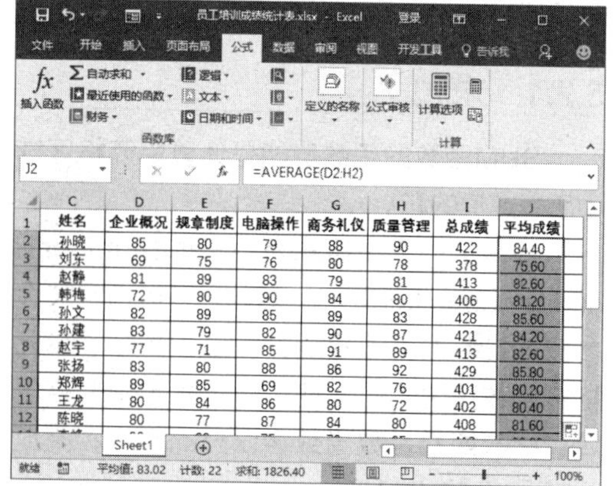

5.2.3 提取最大值

MAX函数的函数功能是返回一组数值中的最大值，忽略逻辑值和文本。

语法格式：MAX(number1,number2,…)

参数说明：number1,number2,…为要从中找出最大值的1到255个数值参数。

使用MAX函数提取员工的最高成绩的具体操作步骤如下。

选中单元格D26，输入函数“=MAX-(I2:I23)”。输入完毕后按【Enter】键，即可提取所有员工的最高成绩，如下图所示。

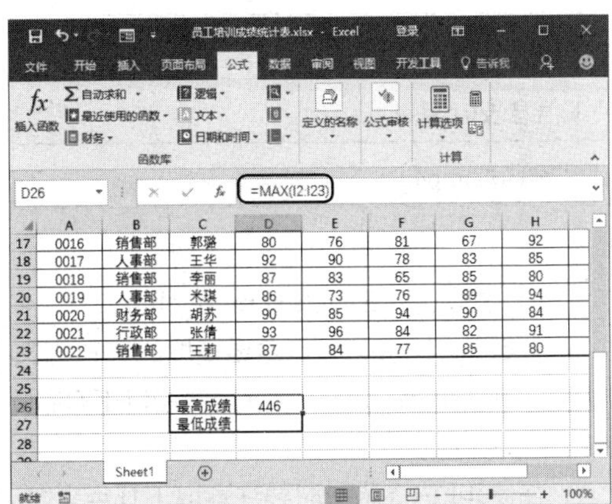

5.2.4 提取最小值

MIN函数的函数功能是返回一组数值中的最小值，忽略逻辑值和文本。

语法格式：MIN (number1,number2,…)

参数说明：number1,number2,…为要从中找出最小值的1到255个数值参数。

使用MIN函数提取员工的最低成绩的具体操作步骤如下。

首先，选中单元格D27，输入函数“=MIN(I2:I23)”。其次，输入完毕后按【Enter】键，即可提取所有员工的最低成绩，如下图所示。

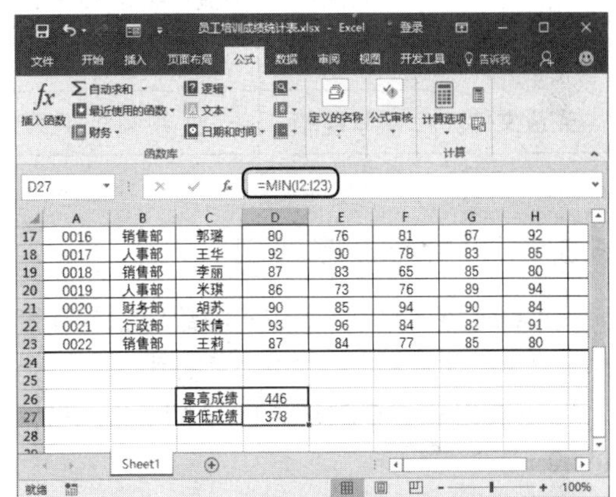

5.3 文本函数

案例背景

文本函数是指可以在公式中处理字符串的函数。常用的文本函数包括CONCATENATE函数、LEFT函数、MID函数、RIGHT函数、LEN函数、TEXT函数等。

本例通过身份证号提取员工的性别以及出生日期等信息为例，介绍常用文本函数的使用，制作完成后的效果如下图所示。实例最终效果见“光盘\结果文件\第5章\员工信息表01.xlsx”文件。

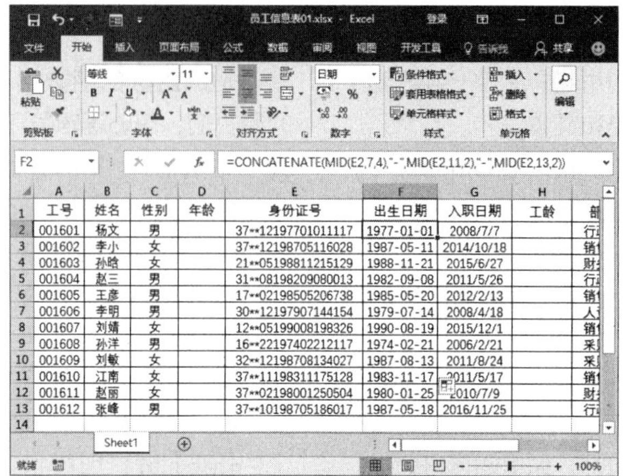

光盘文件	素材文件	光盘\素材文件\第5章\员工信息表01.xlsx
	结果文件	光盘\结果文件\第5章\员工信息表01.xlsx
	教学视频	光盘\视频文件\第5章\5.3文本函数.mp4

5.3.1 合并文本字符串

CONCATENATE函数的函数功能是将多个文本字符串合并为一个文本字符串。

语法格式：CONCATENATE(text1,text2,⋯)

参数说明：text1,text2,⋯为要连接的1到255个文本项。这些文本项可以为文本字符串、数字或对单个单元格的引用，如下图所示。

	A	B
1	Excel 2016	数据处理与分析
2		
3	函数	结果
4	=CONCATENATE("Excel"," ","2016")	Excel 2016
5	=CONCATENATE(A1,B1,C1)	Excel 2016数据处理与分析
6		
7		

5.3.2 返回指定个数字符串

1. LEFT函数

LEFT函数的函数功能是从一个文本字符串的第一个字符开始返回指定个数的字符。

语法格式：LEFT(text,num_chars)

参数说明：text为包含要提取的字符的文本字符串。num_chars为指定要由LEFT提取的字符的数量。

在使用LEFT函数时要注意以下几点。

① num_chars必须大于或等于零。

② 如果num_chars大于文本长度，则LEFT返回全部文本。

③ 如果省略num_chars，则假设其值为1。

	A	B	C
1	Excel 2016	数据处理与分析	
2			
3	函数	结果	说明
4	=LEFT(A1,5)	Excel	返回单元格A1中的前5个字符
5	=LEFT(B1)	数	默认返回单元格B1中第1个字符
6	=LEFT(B1,8)	数据处理与分析	参数大于文本长度，返回所有文本
7			

2. RIGHT函数

RIGHT函数的函数功能，是从一个文本字符串的最后一个字符开始返回指定个数的字符。

语法格式：RIGHT(text,num_chars)

参数说明：text为包含要提取的字符的文本字符串。num_chars为指定要由RIGHT提取的字符的数量。

	A	B	C
1	Excel 2016	数据处理与分析	
2			
3	函数	结果	说明
4	=RIGHT(A1,4)	2016	返回单元格A1中的后4个字符
5	=RIGHT(B1)	析	默认返回单元格B1中最后1个字符
6	=RIGHT(B1,8)	数据处理与分析	参数大于文本长度，返回所有文本
7			
8			

3. MID函数

MID函数的函数功能是从文本字符串中指定的起始位置起返回指定长度的字符。

语法格式：MID(text,start_num,num_chars)

参数说明：text为包含要提取的字符的文本字符串。start_num为文本中要提取的第一个字符的位置，文本中第一个字符的start_num为1，依次类推。num_chars为指定希望MID从文本中返回字符的个数。

在使用MID函数时要注意以下几点。

① 如果参数start_num大于文本长度，函数返回空值。

②如果参数start_num小于文本长度，但start_num加上num_chars超过了文本的长度，函数则返回直到最后的字符。

③ 如果参数start_num小于1、参数num_chars是负数，函数则返回错误值“#VALUE!”。

	A	B	C
1	Excel 2016	数据处理与分析	
2			
3	函数	结果	说明
4	=MID(A1,7,4)	2016	返回单元格A1中第7个字符起的4个字符
5	=MID(B1,3,2)	处理	返回单元格B1中第3个字符起的2个字符
6	=MID(B1,-1,2)	#VALUE!	参数start_num小于0，返回错误值
7	=MID(B1,1,-1)	#VALUE!	参数num_chars小于0，返回错误值
8			
9			

5.3.3 返回字符串长度

LEN函数的函数功能是返回文本字符串中的字符数。

语法格式：LEN(text)

参数说明：text为要查找其长度的文本。空格将作为字符进行计数。

	A	B	C
1	Excel 2016	数据处理与分析	
2			
3	函数	结果	说明
4	=LEN(A1)	10	返回单元格A1中字符串的长度
5	=LEN(" ")	1	返回空格的字符长度
6	=LEN("数据")	2	返回字符串"你好"的长度
7			
8			

5.3.4 根据身份证号提取文本信息

了解文本函数的函数功能及使用方法之后，接下来通过使用CONCATENATE函数和MID函数来提取员工身份证号码中的性别和出生日期信息，具体操作步骤如下。

第1步 打开“光盘\素材文件\第5章\员工信息表01.xlsx”文件，选中单元格C2，输入函数“=IF (MOD(MID(E2,17,1),2)=0,"女","男")”，即首先利用MID函数从身份证号码中提出第17位数字，然后利用MOD函数判断该数字能否被2整除，如果能被2整除，则返回性别“女”，否则返回性别“男”，如下图所示。

第2步 按【Enter】键，即可在单元格C2中返回性别值，如下图所示。

温馨提示

小节第1步中使用的MOD函数属于数学与三角函数。其函数功能及使用方法详见5.5.3节。

第3步 选中单元格F2，输入函数“=CONCATENATE(MID(E2,7,4),"-",MID(E2,11,2),"-",MID(E2,13,2))”，即利用MID函数从身份证号码中分别提出年、月和日，然后利用CONCATENATE函数将年、月、日和短横线“-”连接起来，如下图所示。

第4步 按【Enter】键，即可看到单元格F2中返回的日期值，如下图所示。

第5步 使用快速填充功能向下填充员工性别和出生日期，如下图所示。

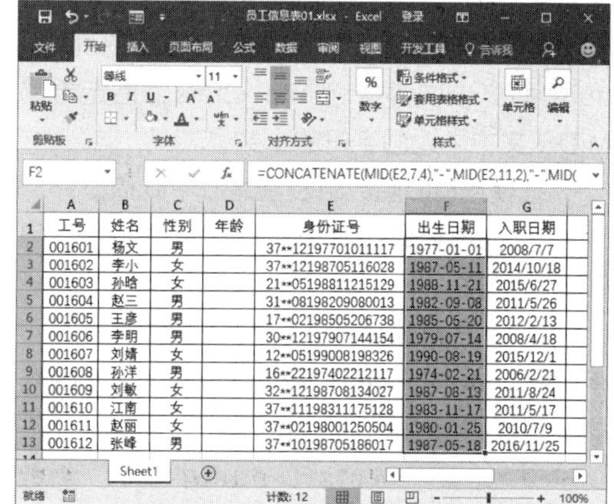

5.4 日期和时间函数

案例背景

日期与时间函数是处理日期型或日期时间型数据的函数。常见的日期和时间函数有DATE函数、TODAY函数、YEAR函数、MONTH函数、DAY函数及WEEKDAY函数等。

本例将介绍各种日期函数的函数功能以及使用方法，制作完成后的效果如下图所示。实例最终效果见“光盘\结果文件\第5章\员工信息表02.xlsx”文件。

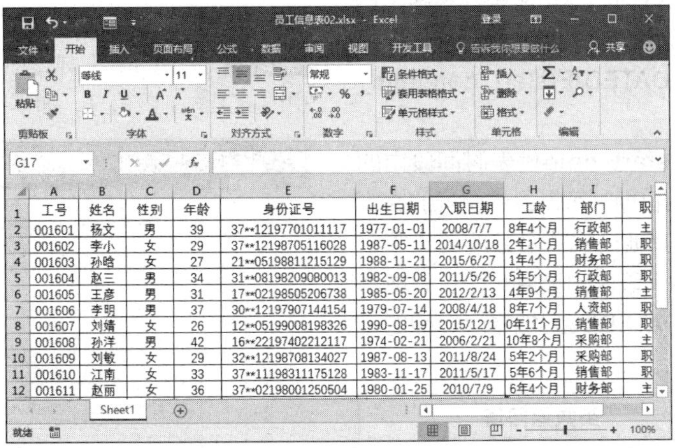

	A	B	C	D	E	F	G	H	I	J
1	工号	姓名	性别	年龄	身份证号	出生日期	入职日期	工龄	部门	职
2	001601	杨文	男	39	37**12197701011117	1977-01-01	2008/7/7	8年4个月	行政部	主
3	001602	李小	女	29	37**12198705116028	1987-05-11	2014/10/18	2年1个月	销售部	职
4	001603	孙晗	女	27	21**05198811215129	1988-11-21	2015/6/27	1年4个月	财务部	职
5	001604	赵三	男	34	31**08198209080013	1982-09-08	2011/5/26	5年5个月	行政部	职
6	001605	王彦	男	31	17**02198505206738	1985-05-20	2012/2/13	4年9个月	销售部	主
7	001606	李明	男	37	30**12197907144154	1979-07-14	2008/4/18	8年7个月	人资部	职
8	001607	刘婧	女	26	12**05199008198326	1990-08-19	2015/12/1	0年11个月	销售部	职
9	001608	孙洋	男	42	16**22197402212117	1974-02-21	2006/2/21	10年8个月	采购部	主
10	001609	刘敏	女	29	32**12198708134027	1987-08-13	2011/8/24	5年2个月	采购部	职
11	001610	江南	女	33	37**11198311175128	1983-11-17	2011/5/17	5年6个月	销售部	职
12	001611	赵丽	女	36	37**02198001250504	1980-01-25	2010/7/9	6年4个月	财务部	主

光盘文件	素材文件	光盘\素材文件\第5章\员工信息表02.xlsx
	结果文件	光盘\结果文件\第5章\员工信息表02.xlsx
	教学视频	光盘\视频文件\第5章\5.4日期和时间函数.mp4

5.4.1 巧用函数创建日期

DATE函数的函数功能是，返回表示特定日期的连续序列号。

语法：DATE（year,month,day）

参数说明：year可以包含1到4位数字，表示年份；month为一个正整数或负整数，表示一年中从1月至12月的各个月；Day为一个正整数或负整数，表示一月中从1日到31日的各天。

	A	B	C
1	2016	12	24
2			
3	函数	结果	说明
4	=DATE(2016,11,16)	2016/11/16	直接输入函数参数
5	=DATE(A1,B1,C1)	2016/12/24	利用单元格引用输入参数
6			
7			
8			

5.4.2 提取当前系统日期

TODAY函数的函数功能是返回当前系统日期。

语法：TODAY()

参数说明：此函数没有参数，其返回结果不是固定不变的，它随着日期的改变而改变。

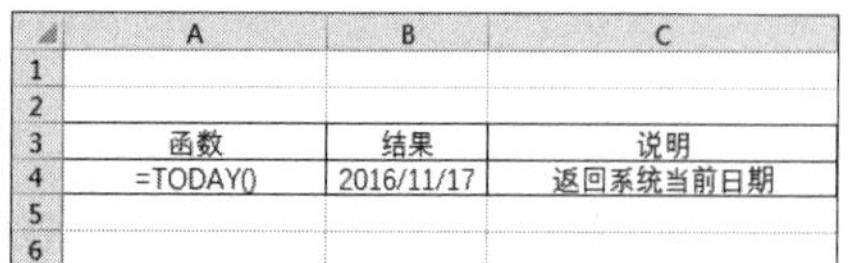

	A	B	C
1			
2			
3	函数	结果	说明
4	=TODAY()	2016/11/17	返回系统当前日期
5			
6			

5.4.3 计算员工年龄和工龄

DATEDIF函数的函数功能是计算两个已知日期之间相差的年数、月数或者天数等。

语法格式：DATEDIF(start_date,end_date,unit)

参数说明：start_date代表时间段内的第1个日期或起始日期，可以是带引号的文本串、系列号或者其他公式或函数的结果等；end_date代表时间段内的最后一个日期或结束日期；下表为DATEDIF函数的参数unit的可用代码。

unit代码	函数返回值
"y"	时间段中的整年数
"m"	时间段中的整月数
"d"	时间段中的天数
"md"	start_date与end_date日期中天数的差。忽略日期中的月和年
"ym"	start_date与end_date日期中月数的差。忽略日期中的日和年
"yd"	start_date与end_date日期中天数的差。忽略日期中的年

使用DATEDIF函数计算员工工龄的具体操作步骤如下。

第1步 打开"光盘\素材文件\第5章\员工信息表02.xlsx"文件，选中单元格H2，输入函数"= CONCATENATE(DATEDIF(G2,TODAY(),"y")," 年 ",DATEDIF(G2,TODAY(),"Ym")," 个月 ")"，如下图所示。

第2步 按【Enter】键，即可得到单元格H2中的员工的工龄信息，如下图所示。

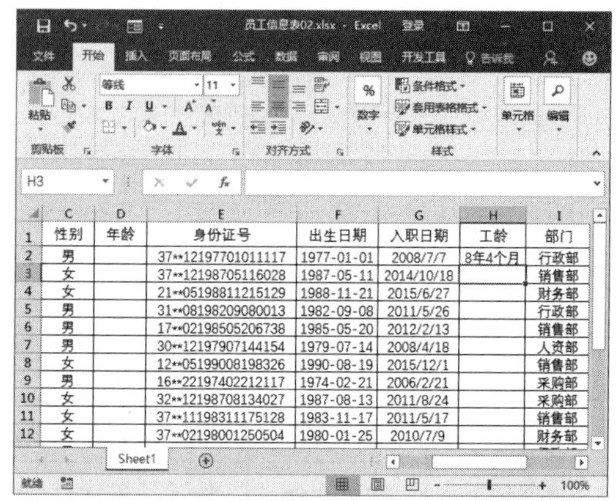

第3步 选中单元格H2，向下填充公式至单元格区域H3:H13，如下图所示。

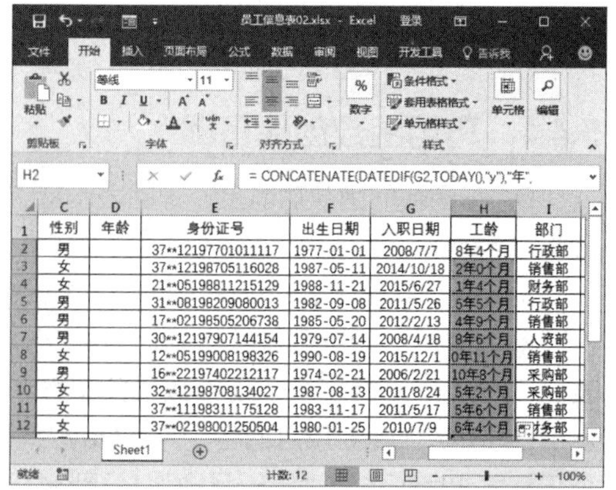

第4步 选中单元格D2，输入函数“=DATEDIF(F2,TODAY(),"y")”，如下图所示。

第5步 按【Enter】键，即可得到单元格D2中返回员工的年龄信息，如下图所示。

第6步 选中单元格D2，向下填充公式至单元格区域D3:D13，如下图所示。

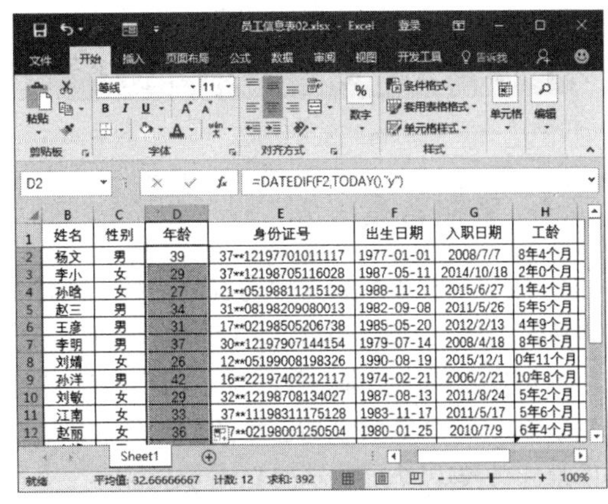

5.4.4 返回指定日期的星期值

在实际工作中，有时需要计算未来或者过去某个日期的星期值，如果去翻日历，那你就OUT了。我们只需使用WEEKDAY函数就能快速准确地计算出某日期的星期值。

WEEKDAY函数的函数功能是返回指定日期的星期值。

语法：WEEKDAY（serial_number, return_type）

参数serial_number是要返回日期数的日期；return_type为确定返回值类型。如果return_type为数字1或省略，则1至7表示星期天到星期六，如果return_type为数字2，则1至7表示星期一到星期天；如果return_type为数字3，则0至6代表星期一到星期天。

	A	B	C
1	2016/11/16		
2			
3	函数	结果	说明
4	=WEEKDAY(A1,1)	4	参数return_type为数字1，1至7表示星期天到星期六
5	=WEEKDAY(A1,2)	3	参数return_type为数字2，1至7表示星期一到星期天
6	=WEEKDAY(A1,3)	2	参数return_type为数字3，0至6代表星期一到星期天
7			
8			
9			
10			

5.5 数学与三角函数

案例背景

数学与三角函数是指通过数学和三角函数进行简单的计算，如对数字取整、计算单元格区域中的数值总和或其他复杂计算等。数学与三角函数包括数学函数、三角函数和数组函数。日常数据处理常用的是数学函数，包括SUM函数、SUMIF函数、MOD函数和INT函数等。

本例将介绍数学与三角函数的函数功能以及使用方法，制作完成后的效果如下图所示。实例最终效果见“光盘\结果文件\第5章\员工业绩奖金表.xlsx”文件。

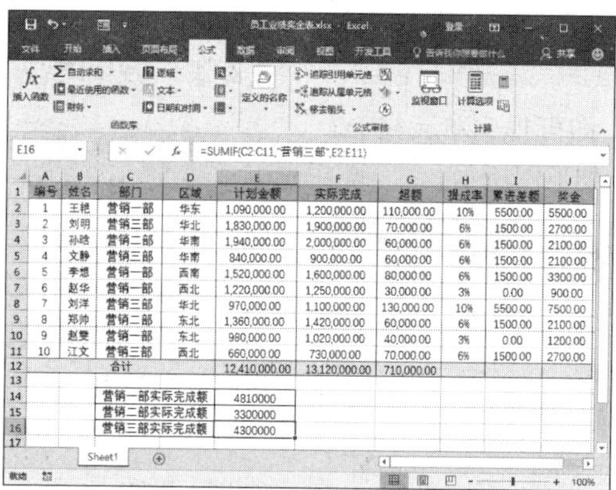

编号	姓名	部门	区域	计划金额	实际完成	超额	提成率	累进差额	奖金
1	王艳	营销一部	华东	1,090,000.00	1,200,000.00	110,000.00	10%	5500.00	5500.00
2	刘明	营销三部	华北	1,830,000.00	1,900,000.00	70,000.00	6%	1500.00	2700.00
3	孙晗	营销二部	华南	1,940,000.00	2,000,000.00	60,000.00	6%	1500.00	2100.00
4	文静	营销三部	华南	840,000.00	900,000.00	60,000.00	6%	1500.00	2100.00
5	李想	营销一部	西南	1,520,000.00	1,600,000.00	80,000.00	6%	1500.00	3300.00
6	赵华	营销一部	西北	1,220,000.00	1,250,000.00	30,000.00	3%	0.00	900.00
7	刘洋	营销三部	华北	970,000.00	1,100,000.00	130,000.00	10%	5500.00	7500.00
8	郑帅	营销二部	东北	1,360,000.00	1,420,000.00	60,000.00	6%	1500.00	2100.00
9	赵雯	营销一部	东北	980,000.00	1,020,000.00	40,000.00	3%	0.00	1200.00
10	江文	营销三部	西北	660,000.00	730,000.00	70,000.00	6%	1500.00	2700.00
合计				12,410,000.00	13,120,000.00	710,000.00			

营销一部实际完成额	4810000
营销二部实际完成额	3300000
营销三部实际完成额	4300000

光盘文件	素材文件	光盘\素材文件\第5章\员工业绩奖金表.xlsx
	结果文件	光盘\结果文件\第5章\员工业绩奖金表.xlsx
	教学视频	光盘\视频文件\第5章\5.5数学与三角函数.mp4

5.5.1 对数值进行条件求和

SUMIF函数是重要的数学与三角函数，在Excel 2016数据处理中应用广泛。

SUMIF函数的函数功能是根据指定条件对指定的若干单元格求和。使用该函数可以在选中的范围内求与检索条件一致的单元格对应的合计范围的数值。

语法：SUMIF(range,criteria,sum_range)

参数说明：range为用于条件计算的单元格区域，每个区域中的单元格都必须是数字或名称、数组或包含数字的引用，空值和文本值将被忽略；criteria为单元格求和的条件，其形式可以为数字、表达式、单元格引用、文本或函数；sum_range为要求和的实际单元格，具体操作步骤如下。

第 1 步 ❶打开“光盘\素材文件\第 5 章\员工业绩奖金表.xlsx”文件，选中单元格E14，切换到【公式】选项卡中；❷单击【函数库】组中的【数学和三角函数】按钮 ；

❸从弹出的下拉列表中选择【SUMIF】选项，如下图所示。

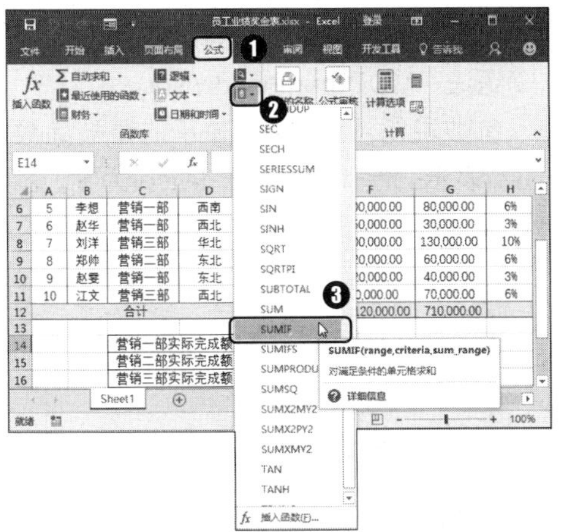

第2步 ❶弹出【函数参数】对话框，在【Range】文本框中输入“C2:C11”，在【Criteria】文本框中输入“营销一部”，在【Sum_range】文本框中输入“E2:E11”；❷单击【确定】按钮 确定 ，如下图所示。

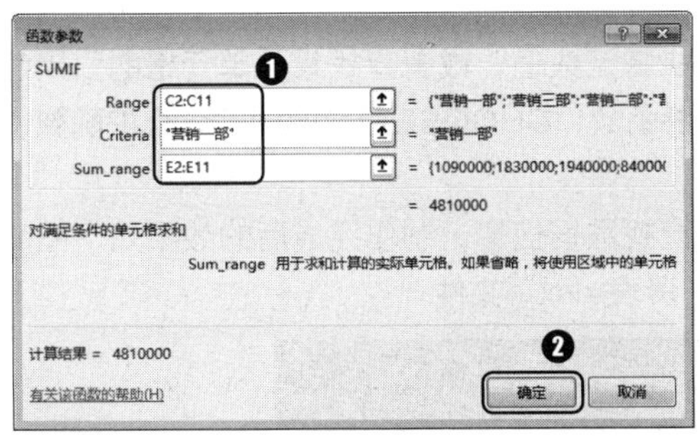

第3步 返回工作表中，即可计算出营销一部的实际完成额，如下图所示。

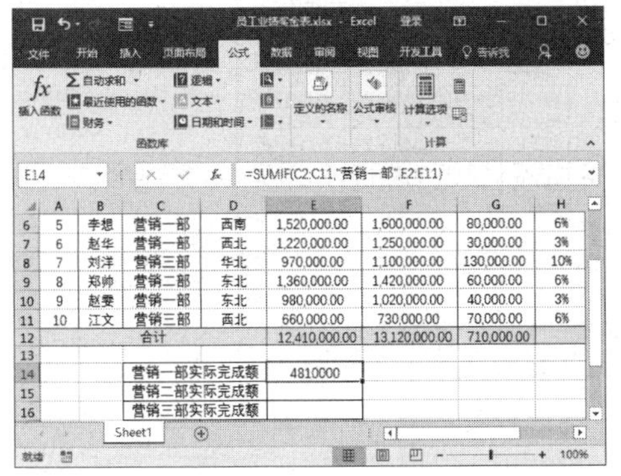

第4步 选中单元格E15，输入函数公式“=SUMIF (C2:C11,"营销二部",E2:E11)”。输入完毕按【Enter】键，即可计算出营销二部的实际完成额，如下图所示。

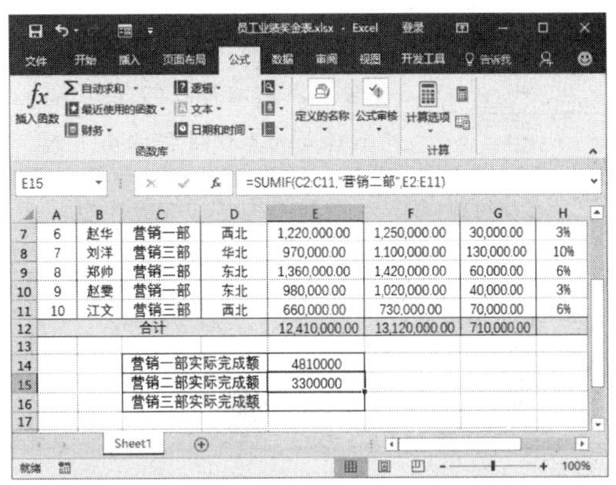

第5步 按照相同的方法在单元格E16中输入函数公式“=SUMIF(C2:C11,"营销三部",E2:E11)”，即可计算出营销三部的实际完成额，如下图所示。

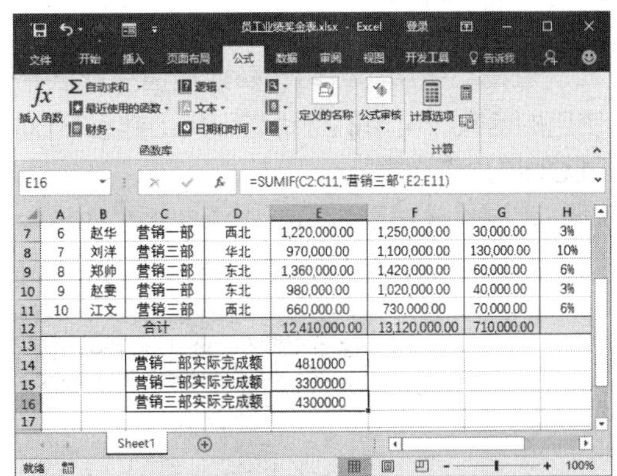

5.5.2 对数值进行四舍五入

ROUND函数的函数功能是返回某个数值按照指定位数四舍五入后的数字。

语法：ROUND(number,num_digits)

参数说明：number是指用于进行四舍五入的数字，参数不能是一个单元格区域，如果参数是数值以外的文本，则返回错误值“#VALUE!”；num_digits是指位数，按此位数进行四舍五入，位数不能省略。

num_digits与ROUND函数返回值的关系如下表所示。

num_digits	ROUND函数返回值
>0	四舍五入到指定的小数位
=0	四舍五入到最接近的整数位
<0	在小数点的左侧进行四舍五入

	A	B	C
1	函数	结果	说明
2	=ROUND(28.4468,0)	28	四舍五入到整数
3	=ROUND(28.4468,1)	28.4	四舍五入到一位小数
4	=ROUND(28.4468,2)	28.45	四舍五入到两位小数
5	=ROUND(28.4468,-1)	30	四舍五入到十位
6			
7			

5.5.3 返回两数相除的余数

MOD函数的函数功能是返回两个数相除的余数。返回结果的符号与除数相同。

语法：MOD(number,divisor)

参数说明：number表示的是被除数，divisor表示的是除数。如果divisor为零，函数MOD则返回错误值“#DIV/0!”。

	A	B	C
1	函数	结果	说明
2	=MOD(27,5)	2	27除以5的余数
3	=MOD(27,-5)	-3	27除以 - 5的余数
4	=MOD(-27,-5)	-2	- 27除以 - 5的余数
5			
6			
7			

5.6 查找与引用函数

案例背景

查找与引用函数用于在数据清单或表格中查找特定数值，或者查找某一单元格的引用时使用的函数。常用的查找与引用函数包括LOOKUP函数、CHOOSE函数、HLOOKUP函数、VLOOKUP函数等。

本例将使用查找与引用函数在工作表中快速查找数据信息，制作完成后的效果如下图所示。实例最终效果见“光盘\结果文件\第5章\员工工资表.xlsx”文件。

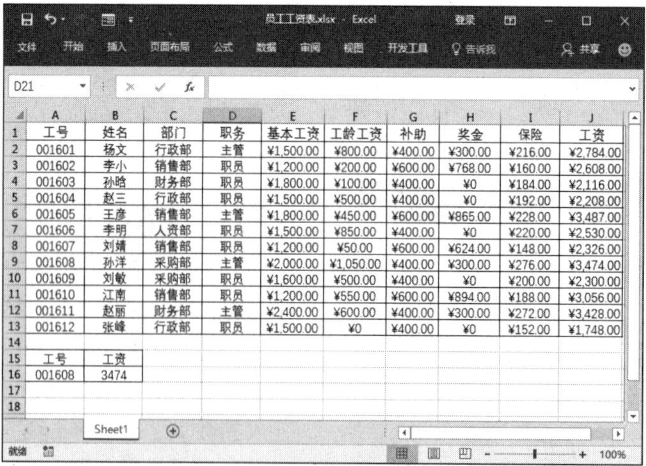

	A	B	C	D	E	F	G	H	I	J
1	工号	姓名	部门	职务	基本工资	工龄工资	补助	奖金	保险	工资
2	001601	杨文	行政部	主管	¥1,500.00	¥800.00	¥400.00	¥300.00	¥216.00	¥2,784.00
3	001602	李小	销售部	职员	¥1,200.00	¥200.00	¥600.00	¥768.00	¥160.00	¥2,608.00
4	001603	孙晗	财务部	职员	¥1,800.00	¥100.00	¥400.00	¥0	¥184.00	¥2,116.00
5	001604	赵三	行政部	职员	¥1,500.00	¥500.00	¥400.00	¥0	¥192.00	¥2,208.00
6	001605	王彦	销售部	主管	¥1,800.00	¥450.00	¥600.00	¥865.00	¥228.00	¥3,487.00
7	001606	李明	人资部	职员	¥1,500.00	¥850.00	¥400.00	¥0	¥220.00	¥2,530.00
8	001607	刘婧	销售部	职员	¥1,200.00	¥50.00	¥600.00	¥624.00	¥148.00	¥2,326.00
9	001608	孙洋	采购部	主管	¥2,000.00	¥1,050.00	¥400.00	¥300.00	¥276.00	¥3,474.00
10	001609	刘敏	采购部	职员	¥1,600.00	¥500.00	¥400.00	¥0	¥200.00	¥2,300.00
11	001610	江南	销售部	职员	¥1,200.00	¥550.00	¥600.00	¥894.00	¥188.00	¥3,056.00
12	001611	赵丽	财务部	主管	¥2,400.00	¥600.00	¥400.00	¥300.00	¥272.00	¥3,428.00
13	001612	张峰	行政部	职员	¥1,500.00	¥0	¥400.00	¥0	¥152.00	¥1,748.00
14										
15	工号	工资								
16	001608	3474								
17										
18										

光盘文件	素材文件	光盘\素材文件\第5章\员工工资表.xlsx
	结果文件	光盘\结果文件\第5章\员工工资表.xlsx
	教学视频	光盘\视频文件\第5章\5.6查找与引用函数.mp4

5.6.1 通过列查找数据

VLOOKUP函数的函数功能是进行列查找，并返回当前行中指定的列的数值。

语法：VLOOKUP(lookup_value,table_array, col_index_num,range_lookup)

lookup_value指需要在表格数组第一列中查找的数值；table_array：指指定的查找范围。使用对区域或区域名称的引用；col_index_num指table_array中待返回的匹配值的列序号；range_lookup指逻辑值，指定希望VLOOKUP查找精确的匹配值还是近似匹配值。如果参数值是FALSE或0，表示使用精确匹配的方式进行查找，如果是TRUE（或1或省略），则表示使用模糊匹配的方式进行查找。

第 1 步 打开“光盘\素材文件\第 5 章\员工工资表.xlsx”文件，选中单元格区域 A15:B16，在其中输入查找条件，如下图所示。

	A	B	C	D	E	F	G	H	I
1	工号	姓名	部门	职务	基本工资	工龄工资	补助	奖金	保险
2	001601	杨文	行政部	主管	¥1,500.00	¥800.00	¥400.00	¥300.00	¥216.0
3	001602	李小	销售部	职员	¥1,200.00	¥200.00	¥600.00	¥768.00	¥160.0
4	001603	孙晗	财务部	职员	¥1,800.00	¥100.00	¥400.00	¥0	¥184.0
5	001604	赵三	行政部	职员	¥1,500.00	¥500.00	¥400.00	¥0	¥192.0
6	001605	王彦	销售部	主管	¥1,800.00	¥450.00	¥600.00	¥865.00	¥228.0
7	001606	李明	人资部	职员	¥1,500.00	¥850.00	¥400.00	¥0	¥220.0
8	001607	刘婧	销售部	职员	¥1,200.00	¥50.00	¥600.00	¥624.00	¥148.0
9	001608	孙洋	采购部	主管	¥2,000.00	¥1,050.00	¥400.00	¥300.00	¥276.0
10	001609	刘敏	采购部	职员	¥1,600.00	¥500.00	¥400.00	¥0	¥200.0
11	001610	江南	销售部	职员	¥1,200.00	¥550.00	¥600.00	¥894.00	¥188.0
12	001611	赵丽	财务部	主管	¥2,400.00	¥600.00	¥400.00	¥300.00	¥272.0
13	001612	张峰	行政部	职员	¥1,500.00	¥0	¥400.00	¥0	¥152.0
14									
15	工号	工资							
16	001608								

第 2 步 选中单元格 B16，输入函数“=VLOOKUP(A16,$A$1:$J$13,10)”，输入完毕按【Enter】键即可查找到工号 001608 员工的工资，如下图所示。

=VLOOKUP(A16,$A$1:$J$13,10)

	A	B	C	D	E	F	G	H	I
1	工号	姓名	部门	职务	基本工资	工龄工资	补助	奖金	保险
2	001601	杨文	行政部	主管	¥1,500.00	¥800.00	¥400.00	¥300.00	¥216.0
3	001602	李小	销售部	职员	¥1,200.00	¥200.00	¥600.00	¥768.00	¥160.0
4	001603	孙晗	财务部	职员	¥1,800.00	¥100.00	¥400.00	¥0	¥184.0
5	001604	赵三	行政部	职员	¥1,500.00	¥500.00	¥400.00	¥0	¥192.0
6	001605	王彦	销售部	主管	¥1,800.00	¥450.00	¥600.00	¥865.00	¥228.0
7	001606	李明	人资部	职员	¥1,500.00	¥850.00	¥400.00	¥0	¥220.0
8	001607	刘婧	销售部	职员	¥1,200.00	¥50.00	¥600.00	¥624.00	¥148.0
9	001608	孙洋	采购部	主管	¥2,000.00	¥1,050.00	¥400.00	¥300.00	¥276.0
10	001609	刘敏	采购部	职员	¥1,600.00	¥500.00	¥400.00	¥0	¥200.0
11	001610	江南	销售部	职员	¥1,200.00	¥550.00	¥600.00	¥894.00	¥188.0
12	001611	赵丽	财务部	主管	¥2,400.00	¥600.00	¥400.00	¥300.00	¥272.0
13	001612	张峰	行政部	职员	¥1,500.00	¥0	¥400.00	¥0	¥152.0
14									
15	工号	工资							
16	001608	3474							

5.6.2 通过向量或数组查找数值

LOOKUP函数的功能是从向量或数组中查找符合条件的数值。该函数有两种语法形式：向量和数组。向量形式是指从一行或一列的区域内查找符合条件的数值。向量形式的LOOKUP函数按照在单行区域或单列区域查找的数值，返回第二个单行区域或单列区域中相同位置的数值。

数组形式是指在数组的首行或首列中查找符合条件的数值，然后返回数组的尾行或尾列中相同位置的数值。本节重点介绍向量形式的LOOKUP函数的语法。

语法：LOOKUP（lookup_value, lookup_vector, result_vector）

lookup_value：在单行或单列区域内要查找的值，可以是数字、文本、逻辑值或者包含名称的数值或引用。

lookup_vector：指定的单行或单列的查找区域。其数值必须按升序排列，文本不区分大小写。

result_vector：指定的函数返回值的单元格区域。

	A	B	C	D
1	5	56		
2	8.6	22.2		
3	9.7	7		
4				
5	函数		结果	说明
6	=LOOKUP(8.6,A1:A3,B1:B3)		22.2	在单元格区域A1:A3中查找8.6,然后返回相应位置的数值
7				
8				

5.6.3 通过首行查找数值

HLOOKUP函数的函数功能是进行查找在表格或数值数组的首行查找指定的数值，并在表格或数组中指定行的同一列中返回一个数值。当比较值位于数据表的首行，并且要查找下面给定行中的数据时，使用HLOOKUP函数，当比较值位于要查找的数据左边的一列时，使用VLOOKUP函数。

语法：HLOOKUP(lookup_value,table_array, row_index_num,range_lookup)

lookup_value：需要在数据表第一行中进行查找的数值，lookup_value可以为数值、引用或文本字符串。

table_array：需要在其中查找数据的数据表，使用对区域或区域名称的引用。table_array的第一行的数值可以为文本、数字或逻辑值。如果range_lookup为TRUE，则table_array的第一行的数值必须按升序排列：…-2，-1，0，1，2…A、B…Y，Z，FALSE，TRUE；否则，HLOOKUP函数将不能给出正确的数值。如果range_lookup为FALSE，则table_array不必进行排序。

row_index_num：table_array中待返回的匹配值的行序号。row_index_num为1时，返回table_array第一行的数值，row_index_num为2时，返回table_array第二行的数值，依次类推。

range_lookup：逻辑值，指明HLOOKUP函数查找时是精确匹配还是模糊匹配。如果range_lookup为TRUE或省略，则返回模糊匹配值。也就是说，如果找不到精确匹配值，则返回小于lookup_value的最大数值。

	A	B	C	D
1	姓名	语文	数学	英语
2	孙汉	98	93	92
3	刘文	96	95	89
4	赵武	85	98	90
5	韩飞	93	87	94
6				
7	函数		结果	说明
8	=HLOOKUP("语文",A1:D5,2,0)		98	第2位同学的语文成绩
9	=HLOOKUP(92,B2:D5,3,0)		90	第3位同学的英语成绩
10				

通过前面知识的学习，相信读者已经掌握了Excel 2016中的各种函数的功能、语法以及使用方法。下面结合本章内容，介绍一些工作中的实用经验与技巧。

01 如何使用函数进行单条件统计

视频文件：光盘\视频文件\第5章\01.mp4

对满足某一特定条件的数据记录进行统计称为包含单条件的统计，常用于此类统计的函数包括COUNTIF函数、SUMIF函数等。

COUNTIF函数的函数功能是计算区域中满足给定条件的单元格的个数。

语法：COUNTIF (range,criteria)

参数：range为需要计算其中满足条件的单元格数目的单元格区域；criteria为确定哪些单元格将被计算在内的条件，其形式可以为数字、表达式或文本。

SUMIF函数的函数功能是根据指定条件对指定的若干单元格求和。使用该函数可以在选中的范围内求与检索条件一致的单元格对应的合计范围的数值。

语法：SUMIF(range,criteria,sum_range)

参数：range指选定的用于条件判断的单元格区域；criteria指在指定的单元格区域内检索符合条件的单元格，其形式可以是数字、表达式或文本；sum_range指选定的需要求和的单元格区域。

第1步 打开“光盘\素材文件\第5章\单条件统计数据.xlsx”文件，选中单元格F1，输入函数“=COUNTIF(B2:B13," 丁文 ")”，输入完毕可以看到计算结果如下图所示。

第2步 选中单元格F2，输入函数“=COUNTIF(B2:B13," 刘 *")”，输入完毕可以看到计算结果如下图所示。

第3步 选中单元格F3，输入函数“=SUMIF(B2:B13," 王涵 ",C2:C13)”，输入完毕可以看到计算结果如下图所示。

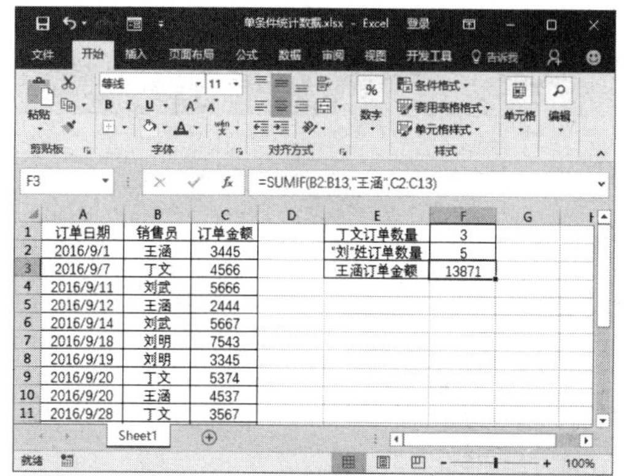

02 如何使用函数进行多条件统计

视频文件：光盘\视频文件\第5章\02.mp4

多条件统计是指在统计过程中，需要满足的条件不止一个，通过多个条件的筛选得到目标数据以后再进行运算。此类运算函数包括COUNTIFS函数、SUMIFS函数等。

具体操作步骤如下。

第1步 打开“光盘\素材文件\第5章\多条件统计数据.xlsx”文件，选中单元格F1，输入函数“=COUNTIFS(B2:B13," 丁文 ",C2:C13,">5000")”，输入完毕可以看到计算结果如下图所示。

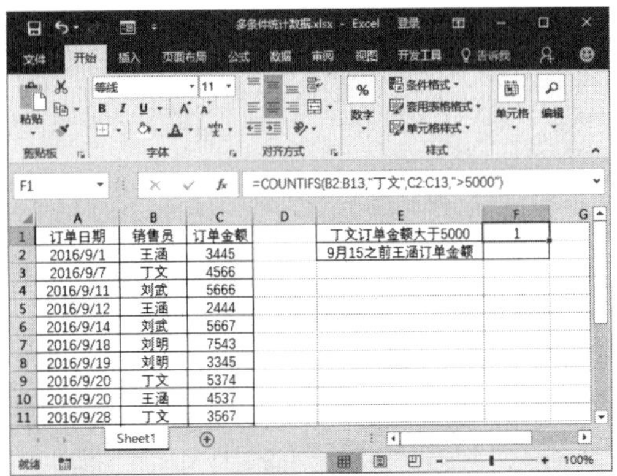

F1 =COUNTIFS(B2:B13,"丁文",C2:C13,">5000")

	A	B	C	D	E	F
1	订单日期	销售员	订单金额		丁文订单金额大于5000	1
2	2016/9/1	王涵	3445		9月15之前王涵订单金额	
3	2016/9/7	丁文	4566			
4	2016/9/11	刘武	5666			
5	2016/9/12	王涵	2444			
6	2016/9/14	刘武	5667			
7	2016/9/18	刘明	7543			
8	2016/9/19	刘明	3345			
9	2016/9/20	丁文	5374			
10	2016/9/20	王涵	4537			
11	2016/9/28	丁文	3567			

第 2 步 在单元格 F2 中输入函数“=SUMIFS(C2:C13,A2:A13,"<2016/9/15",B2:B13," 王涵 ")”，输入完毕可以看到计算结果如下图所示。

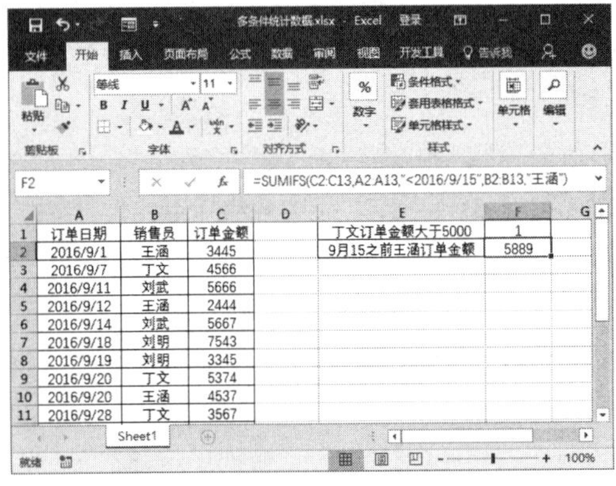

F2 =SUMIFS(C2:C13,A2:A13,"<2016/9/15",B2:B13,"王涵")

	A	B	C	D	E	F
1	订单日期	销售员	订单金额		丁文订单金额大于5000	1
2	2016/9/1	王涵	3445		9月15之前王涵订单金额	5889
3	2016/9/7	丁文	4566			
4	2016/9/11	刘武	5666			
5	2016/9/12	王涵	2444			
6	2016/9/14	刘武	5667			
7	2016/9/18	刘明	7543			
8	2016/9/19	刘明	3345			
9	2016/9/20	丁文	5374			
10	2016/9/20	王涵	4537			
11	2016/9/28	丁文	3567			

03　快速确定员工的退休日期

视频文件：光盘\视频文件\第5章\03.mp4

一般情况下，男子年满60周岁、女子年满55周岁就可以退休。根据职工的出生日期和性别就可以确定职工的退休日期，利用DATE函数可以轻松地做到这一点。

第 1 步 打开“光盘 \ 素材文件 \ 第 5 章 \ 职工退休年龄的确定 .xlsx”文件，C 列数据是员工“性别”，D 列数据是“出生日期”，如下图所示。

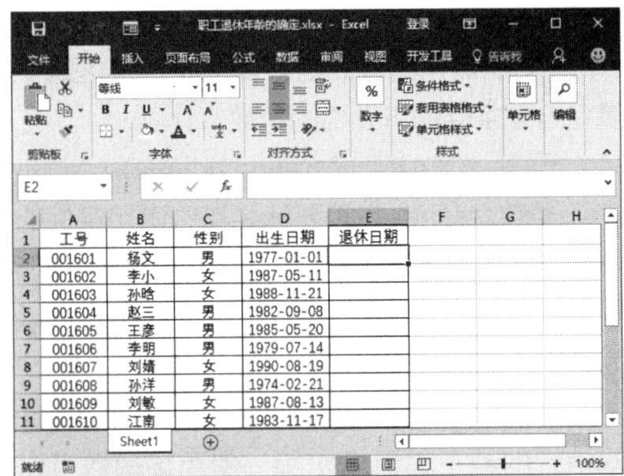

	A	B	C	D	E
1	工号	姓名	性别	出生日期	退休日期
2	001601	杨文	男	1977-01-01	
3	001602	李小	女	1987-05-11	
4	001603	孙晗	女	1988-11-21	
5	001604	赵三	男	1982-09-08	
6	001605	王彦	男	1985-05-20	
7	001606	李明	男	1979-07-14	
8	001607	刘婧	女	1990-08-19	
9	001608	孙洋	男	1974-02-21	
10	001609	刘敏	女	1987-08-13	
11	001610	江南	女	1983-11-17	

第 2 步 选中单元格 E2，并输入函数公式“=DATE (YEAR(D2)+(C2=" 男 ")*5+55,MONTH(D2), DAY (D2)+1)”，此公式表示，如果单元格 C2 的数据为男，那么 (C2=" 男 ") 的运算结果则为 TRUE，(C2=" 男 ")*5 的运算结果为 5，即 (C2=" 男 ")*5+55 返回的值是 60，然后按【Enter】键即可，如下图所示。

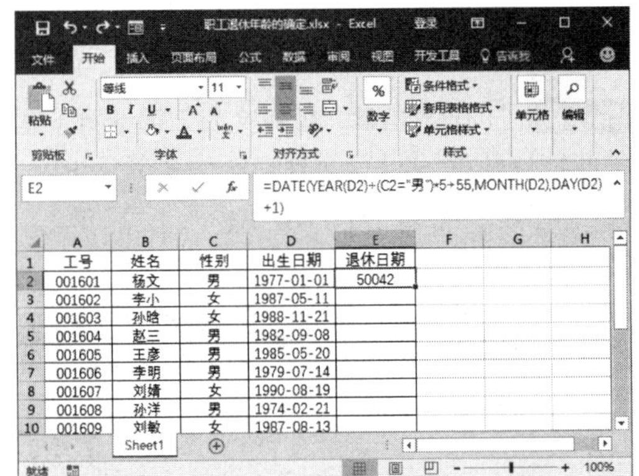

E2 =DATE(YEAR(D2)+(C2="男")*5+55,MONTH(D2),DAY(D2)+1)

	A	B	C	D	E
1	工号	姓名	性别	出生日期	退休日期
2	001601	杨文	男	1977-01-01	50042
3	001602	李小	女	1987-05-11	
4	001603	孙晗	女	1988-11-21	
5	001604	赵三	男	1982-09-08	
6	001605	王彦	男	1985-05-20	
7	001606	李明	男	1979-07-14	
8	001607	刘婧	女	1990-08-19	
9	001608	孙洋	男	1974-02-21	
10	001609	刘敏	女	1987-08-13	

第 3 步 如果 C2 单元格的数据为女，那么 (C2=" 男 ") 的运算结果为 FLASE，(C2=" 男 ")*5 的运算结果为 0，即 (C2=" 男 ")*5+55 返回的值是 55。另外，公式中 (C2=" 男 ")*5+55 这一部分也可以用 IF(C2=" 男 ",60,55) 来代替，可能更利于读者理解。例如，将公式修改为“=DATE (YEAR(D2)+IF(C2=" 男 ",60,55), MONTH(D2), DAY(D2)+1)”，如下图所示。

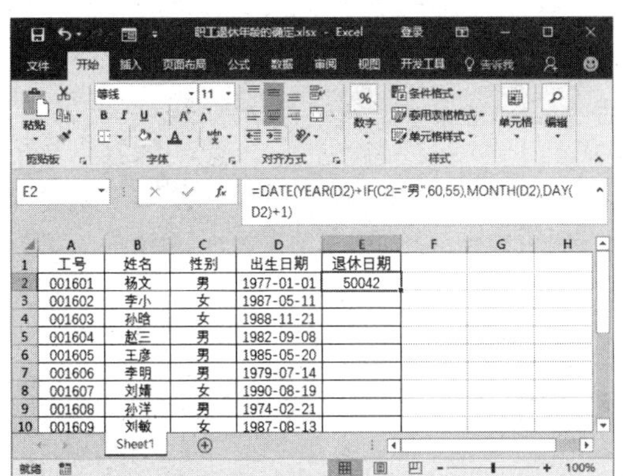

第 4 步 向下填充公式，并且设置单元格格式为常用的日期格式，效果如下图所示。

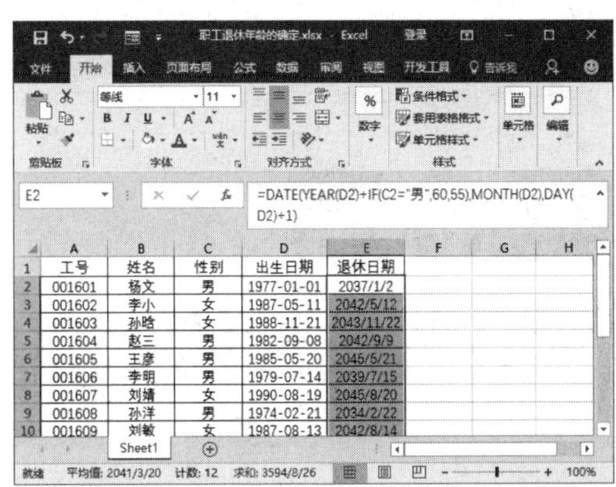

第6章 数组与条件格式的应用

本章导读

在Excel中对数据进行处理分析时会用到数组公式及条件设置。数组公式的本质是多重运算，即一组或多组数据同时进行计算，并返回一个或多个结果。设置数据的条件格式则是通过一些特征条件来寻找特定数据，并展现数据规律。

知识要点

- ❖ 数组的尺寸与维度
- ❖ 数组运算规则
- ❖ 创建条件格式
- ❖ 管理条件格式

6.1 神奇的数组

案例背景

数组公式是函数公式不可缺少的一部分，区别在于普通的公式输入完毕后按【Enter】键即可显示计算结果，而数组公式则是按【Ctrl+Shift+Enter】组合键才能结束计算。

本例将介绍数组的妙用，制作完成后的效果如下图所示。实例最终效果见“光盘\结果文件\第6章\销售利润表.xlsx”文件。

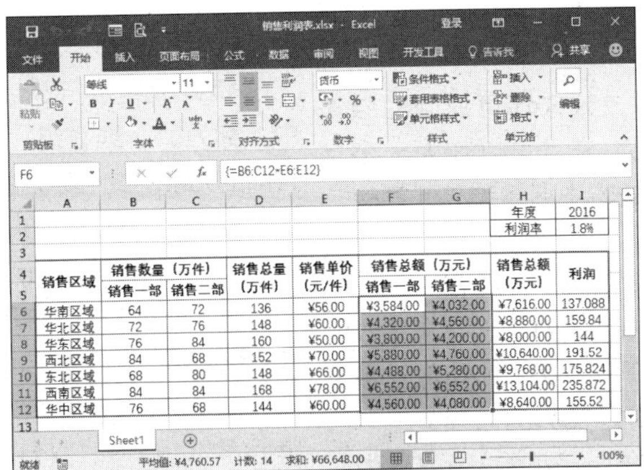

						年度	2016
						利润率	1.8%
销售区域	销售数量（万件）		销售总量（万件）	销售单价（元/件）	销售总额（万元）		销售总额（万元）	利润
	销售一部	销售二部			销售一部	销售二部		
华南区域	64	72	136	¥56.00	¥3,584.00	¥4,032.00	¥7,616.00	137.088
华北区域	72	76	148	¥60.00	¥4,320.00	¥4,560.00	¥8,880.00	159.84
华东区域	76	84	160	¥50.00	¥3,800.00	¥4,200.00	¥8,000.00	144
西北区域	84	68	152	¥70.00	¥5,880.00	¥4,760.00	¥10,640.00	191.52
东北区域	68	80	148	¥66.00	¥4,488.00	¥5,280.00	¥9,768.00	175.824
西南区域	84	84	168	¥78.00	¥6,552.00	¥6,552.00	¥13,104.00	235.872
华中区域	76	68	144	¥60.00	¥4,560.00	¥4,080.00	¥8,640.00	155.52

光盘文件	素材文件	光盘\素材文件\第6章\销售利润表.xlsx
	结果文件	光盘\结果文件\第6章\销售利润表.xlsx
	教学视频	光盘\视频文件\第6章\6.1神奇的数组.mp4

6.1.1 什么是数组

1. 数组的分类

在Excel中，数组是由一个或者多个元素按照行列排列方式组成的集合，这些元素可以是文本、数值、逻辑值、日期、错误值等。根据数组的存在形式，可以分为常量数组、区域数组和内存数组。

● 常量数组

常量数组的所有组成元素均为常量数据，其中文本必须由半角双引号（""）包括起来。常量数组表示方法为用一对大括号（{}）将构成数组的常量包括起来，各常量数据之间用分隔符隔开。可以使用的分隔符包括半角分号（;）和半角逗号（,），其中分号用于分隔按行排列的元素，逗号用于间隔按列排列的元素。

例如，下图所示显示的数据用数组表示即为“{50,"不及格";62,"及格";76,"中等";85,"良好";98,"优秀"}”。

	A	B
1	50	不及格
2	62	及格
3	76	中等
4	85	良好
5	98	优秀

● 区域数组

区域数组实际上就是公式中对单元格区域的直接引用。

例如，公式“=SUMPRODUCT(A1:A8:B1:B8)”中的A1:A8和B1:B8都是区域数组。

● 内存数组

内存数组是指通过公式计算返回的结果在内存中临时构成，并且可以作为一个整体直接嵌套到其他公式中继续参与计算的数组。

例如，数组公式“=SMALL(A1:A8,(1,2,3))”，在这个公式中，{1,2,3}是常量数组，而整个公式的计算结果为A1:A8数据中最小的3个数值组成的1行3列的内存数组。假定单元格区域A1:A8中最小的3个数据为“20,30,40”，那么这个公式所产生的内存数组就是“{20,30,40}”。

温馨提示

常量数组虽然不依赖于单元格而存在，但与内存数组不同的是：常量数组不是通过公式计算获取，而是在公式中直接输入的常量数据。

2. 数组的尺寸

数组具有行、列及尺寸的特征，常量数组中用分号或逗号分隔符来辨识行列，而区域数组的行列结构则与其引用的单元格区域保持一致。数组的尺寸同时由行列两个元素来确定，M行N列的二维数组是由M × N个元素构成。

例如，常量数组“{50,"不及格";62,"及格";76,"中等";85,"良好";98,"优秀"}”包含5行2列，一共包含5 × 2=10个元素组成。

数组中的各行或各列中的元素个数必须保持一致。例如，在单元格中输入“={1,2,3,4;1,2,3,4,5}”，将返回错误警告，这是因为该数组中前一行有4个元素，第2行有5个元素，各行尺寸没有统一，因此不能被识别为数组。

3. 数组的维度

如果数组的元素都在同一行或同一列中，称为“一维数组”，同时包含行列两个方向的元素的数组称为“二维数组”。

例如，“{1,2,3,4}”的元素都在一行，是一个“一维数组”，也称为“水平数组”；而数组“{1;2;3;4}”的元素都在一列，既称为“一维数组”，也称为“垂直数组”。

如果数组中只包含一个元素则称为单元素数组，如“{1}”“ROW(1:1)”和“COLUMN(A:A)”等。与单个数值不同，单元素数组也具有数组的“维”的特性，可以被认为是1行1列的一维水平或垂直数组。

6.1.2 了解数组运算规则

1. 同一方向一维数组之间的运算

同一方向一维数组之间的运算要求两个数组具有相同的尺寸，然后进行相同元素的一一对应运算。如果运算的两个数组尺寸不一致，则仅两个数组都有元素的部分进行计算，其他部分返回错误值。

第1步 打开“光盘\素材文件\第 6 章\销售利润表 .xlsx”文件，选中单元格 D6，输入公式“=B6:B12+C6:C12”，如下图所示。

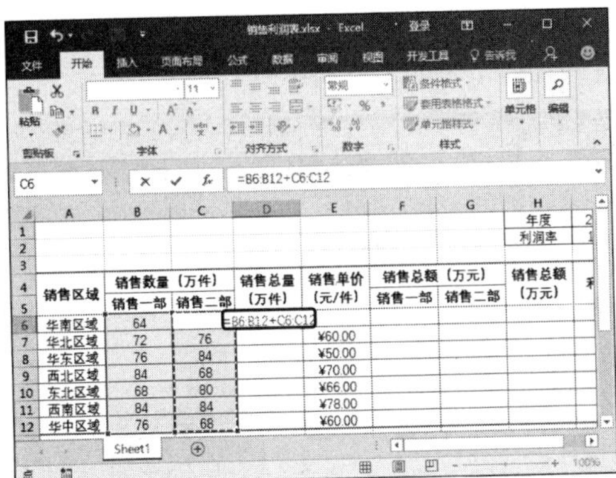

第 2 步 按【Enter】键，即可显示计算结果，然后将公式向下填充至单元格D12，如下图所示。

第 3 步 选中单元格区域 H6:H12，输入公式“=D6:D12*E6:E12”，如下图所示。

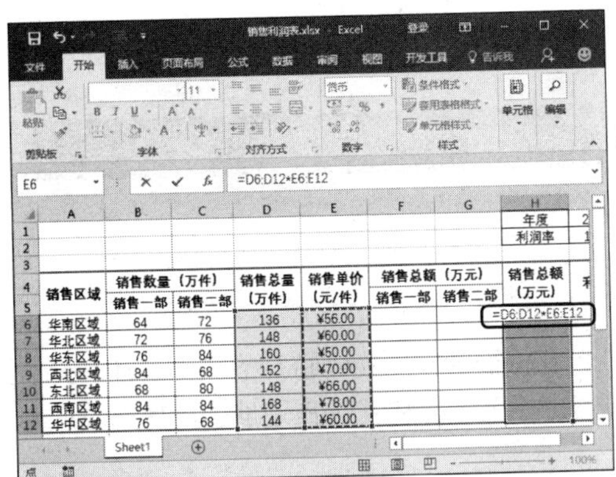

第 4 步 按【Ctrl+Shift+Enter】组合键，即可看到计算结果如下图所示。

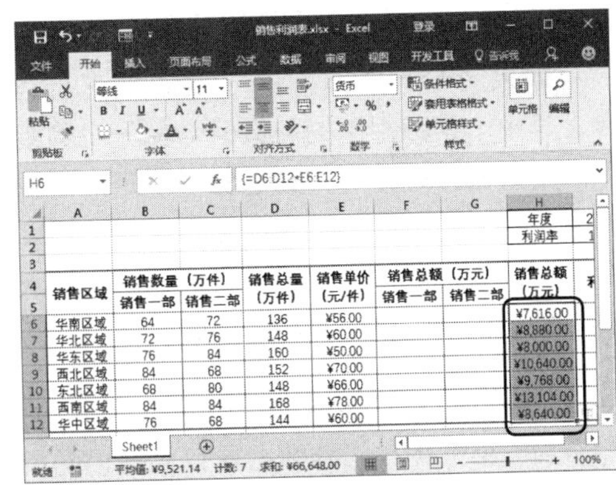

2. 单值与数组之间的运算

单值与数组的运算是该值分别与数组中的各个数值进行运算，最终返回与数组同方向同尺寸的结果数组。

第 1 步 选中单元格区域 I6:I12，输入公式“=H6:H12*I2”，如下图所示。

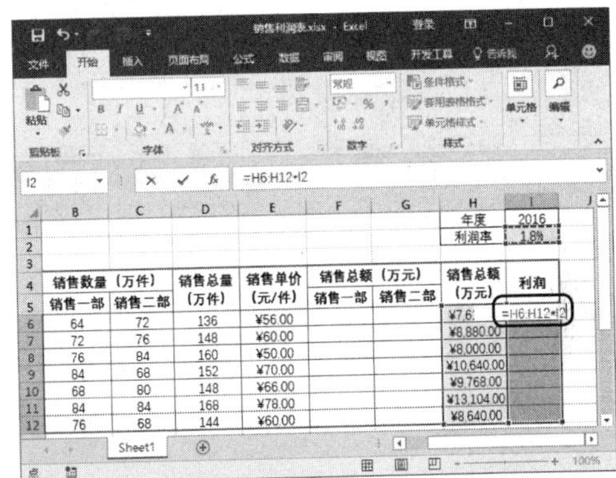

第 2 步 按【Ctrl+Shift+Enter】组合键，即可看到计算结果如下图所示。

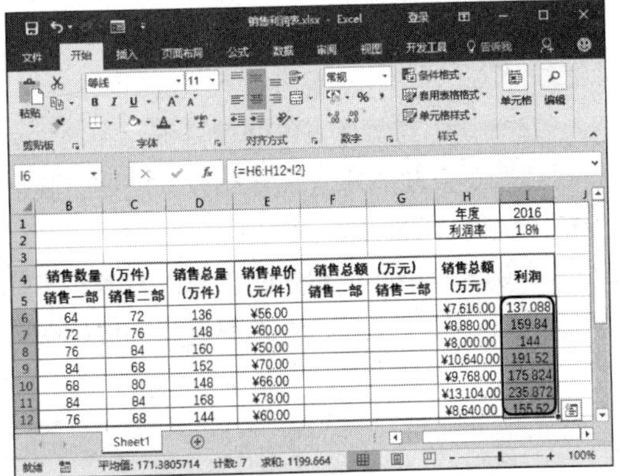

3. 不同方向一维数组之间的运算

如果两个不同方向的一维数组进行运算，其中一个数组中的各数值与另一个数组中的各数值分别计算，则返回一个矩形阵的结果。

不同方向的一维数组进行运算时，输入公式时要用到单元格的混合引用功能。

4. 一维数组二维数组之间的运算

当一维数组与二维数组具有某些相同尺寸时，则返回与二维数组一样特征的结果，具体操作步骤如下。

第 1 步 选中单元格区域 F6:G12，输入公式"=B6:C12*E6:E12"，如下图所示。

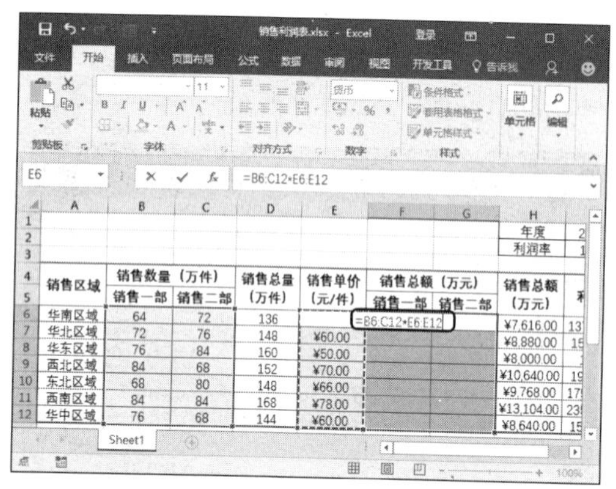

第 2 步 按【Ctrl+Shift+Enter】组合键，即可看到计算结果如下图所示。

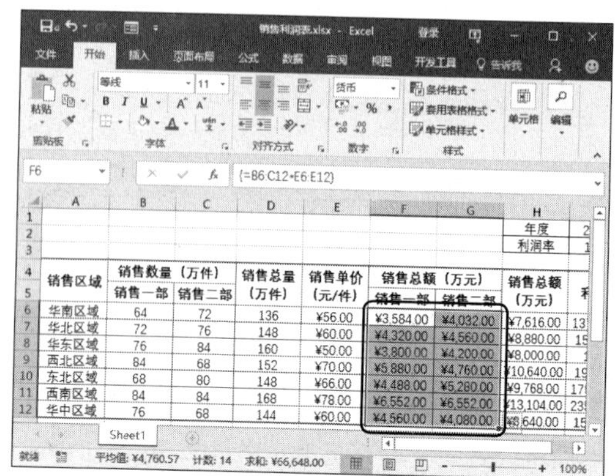

5. 二维数组之间的运算

两个二维数组运算按尺寸较小的数组的位置逐一进行相应的运算，返回结果的数组和较大尺寸的数组的特性一致。其运算规则与同方向一维数组之间的运算规则一样。这里便不过多介绍。

6.2 设置数据的条件格式

案例背景

在表格中对数据进行处理分析，有时需要通过一些特征条件来找到特定的数据，还有些时候希望用更直观的方法来展现数据规律。我们可以通过设置条件格式来直观地突出显示某些单元格，强调特殊的值。

本例将介绍条件格式的创建以及编辑等功能，制作完成后的效果如下图所示。实例最终效果见"光盘\结果文件\第6章\员工培训成绩统计表.xlsx"文件。

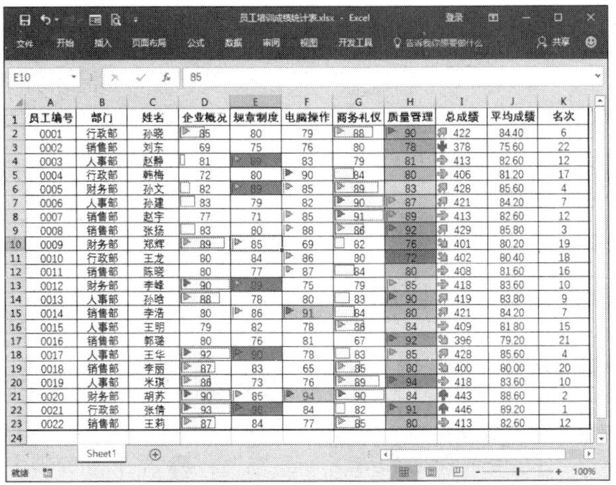

光盘文件	素材文件	光盘\素材文件\第6章\员工培训成绩统计表.xlsx
	结果文件	光盘\结果文件\第6章\员工培训成绩统计表.xlsx
	教学视频	光盘\视频文件\第6章\6.2设置数据的条件格式.mp4

6.2.1 创建条件格式

条件格式包括突出显示单元格规则、项目选取规则、数据条、色阶、图标集等。

1. 突出显示单元格规则

设置突出显示单元格规则，可以为单元格中指定的数字或文本设置条件格式以突出显示。

例如，某公司员工培训成绩中，需要突出显示电脑操作成绩在90分以上的员工，具体操作步骤如下。

第1步 ❶打开“光盘\素材文件\第6章\员工培训成绩统计表.xlsx”文件，选中单元格区域F2:F23；❷单击【开始】选项卡【样式】组的【条件格式】按钮 条件格式▾；❸从弹出的下拉列表中选择【突出显示单元格规则】➤【大于】选项，如下图所示。

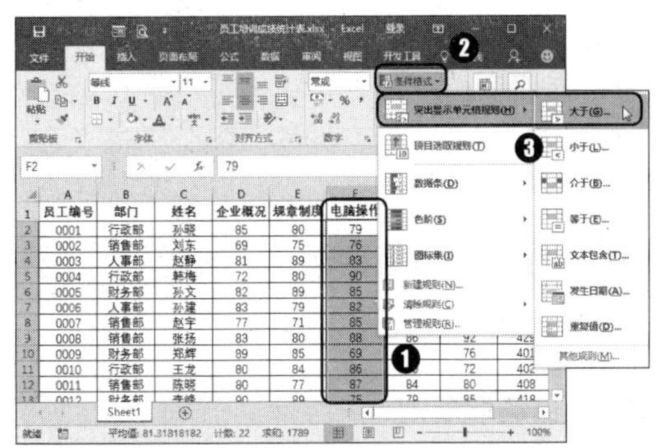

第2步 ❶弹出【大于】对话框，在【为大于以下值的单元格设置格式】文本框中输入“90”；❷在【设置为】下拉列表中选择【浅红填充色深红色文本】选项，如下图所示。

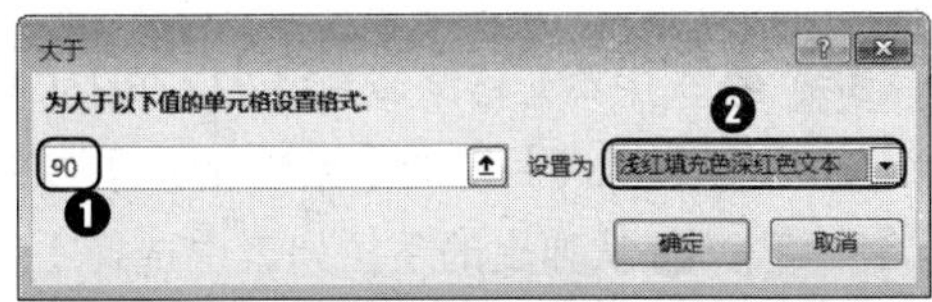

第3步 单击【确定】按钮 确定 ，返回工作表中，电脑操作分数大于90的均被填充浅红，数字是深红色显示，如下图所示。

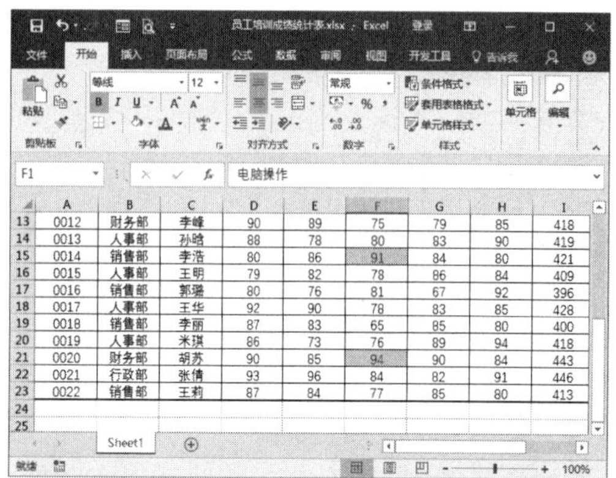

温馨提示

突出显示单元格规则包括7种规则，分别为大于、小于、介于、等于、文本包含、发生日期和重复值。用户可以根据需要选择不同的规则，如下图所示。

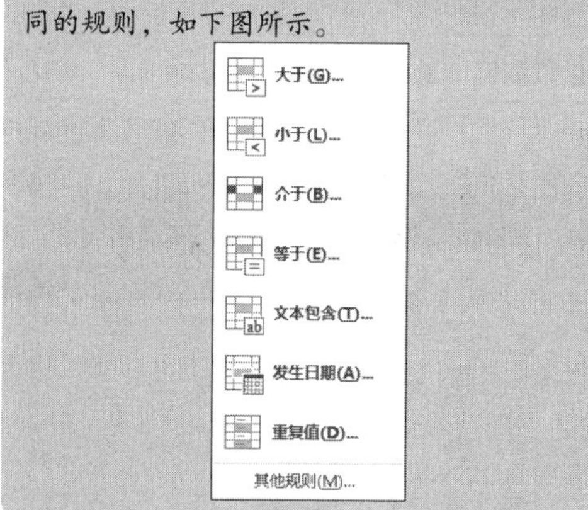

2. 项目选取规则

项目选取规则包括前10项、前10%、最后10项、最后10%、高于平均值和低于平均值6项。例如，在员工培训成绩中标记出规章制度成绩最高的3位员工，具体操作步骤如下。

第1步 ❶选中单元格区域E2:E23，单击【开始】选项卡【样式】组的【条件格式】按钮 条件格式 ；❷从弹出的下拉列表中选择【项目选取规则】➤【前10项】选项，如下图所示。

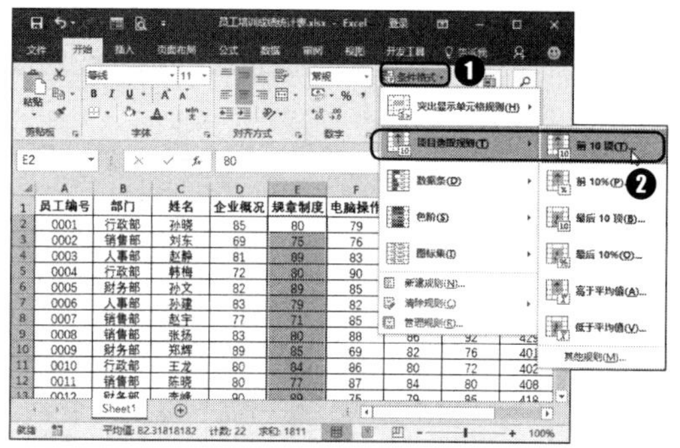

第2步 ❶弹出【前10项】对话框，在【为值最大的那些单元格设置格式】微调框中输入"3"；❷在【设置为】下拉列表中选择【绿填充色深绿色文本】选项，如下图所示。

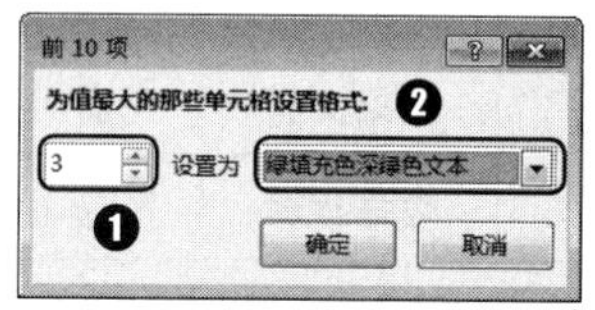

第3步 单击【确定】按钮 确定 ，返回工作表中，规章制度分数最高的3位均被填充绿色，数字是深绿色显示，如下图所示。

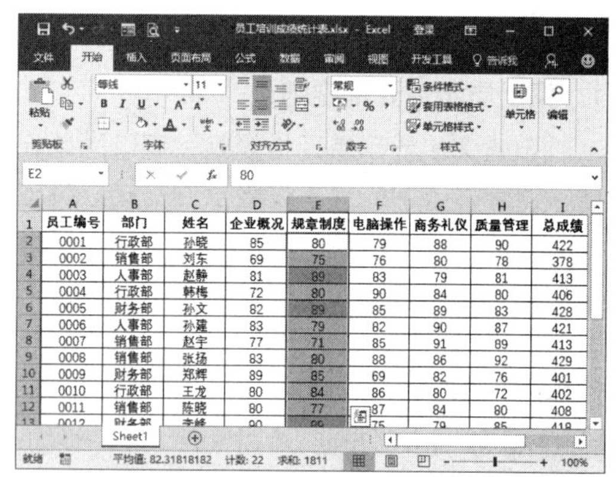

3. 根据数据添加数据条

数据条能更加直观地表现数值的大小，数值越大数据条越长，数值越小数据条越短。数据条包括渐变填充和实心填充两类，分别包含不同颜色的数据条。下面为员工的商务礼仪成绩添加数据条，具体操作步骤如下。

第1步 ❶选中单元格区域G2:G23，单击【样式】组的【条件格式】按钮 条件格式 ；❷从弹出的下拉列表中选择【数据条】➤【浅蓝色数据条】选项，如下图所示。

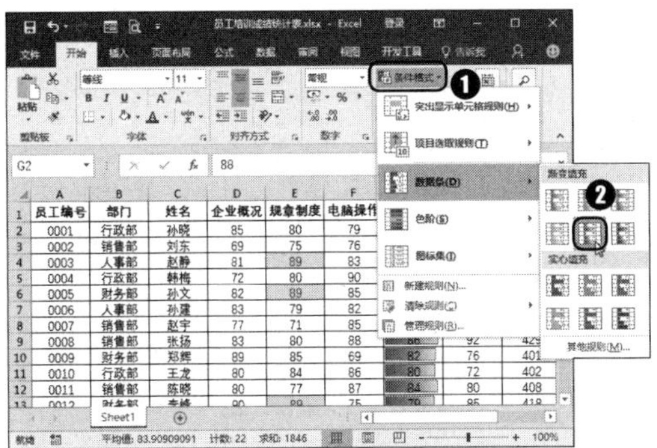

第2步 返回工作表中，为“商务礼仪”列数据添加数据条的效果如下图所示。

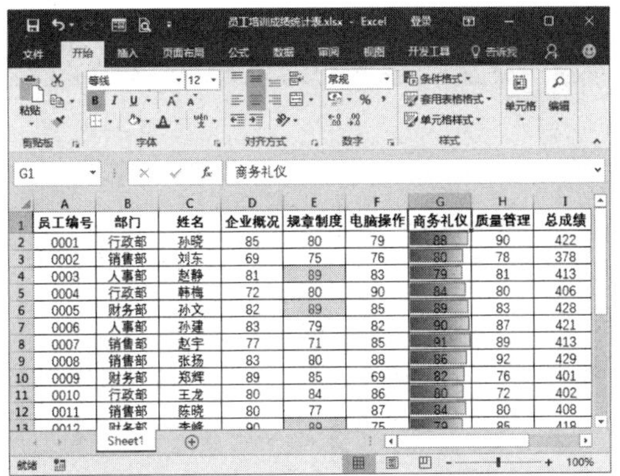

第3步 ❶选中单元格区域G2:G23，再次单击【样式】组的【条件格式】按钮 条件格式 ；❷从弹出的下拉列表中选择【数据条】➤【其他规则】选项，如下图所示。

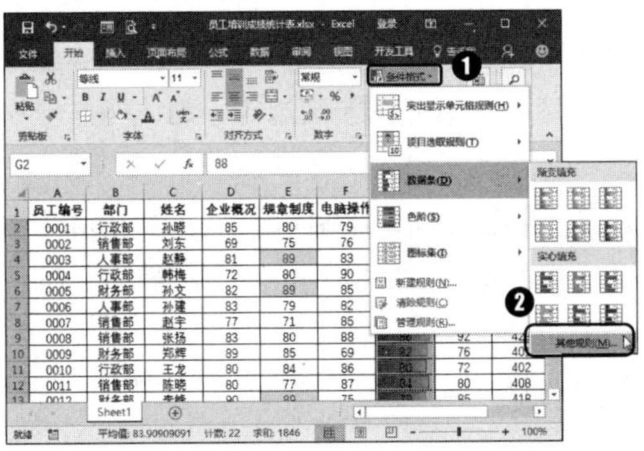

第4步 ❶弹出【新建格式规则】对话框，在【选择规则类型】列表框中选择【基于各自值设置所有单元格的格式】选项；❷在【编辑规则说明】组合框中设置条件格式的数值区域、数据条的填充颜色及边框颜色等，如下图所示。

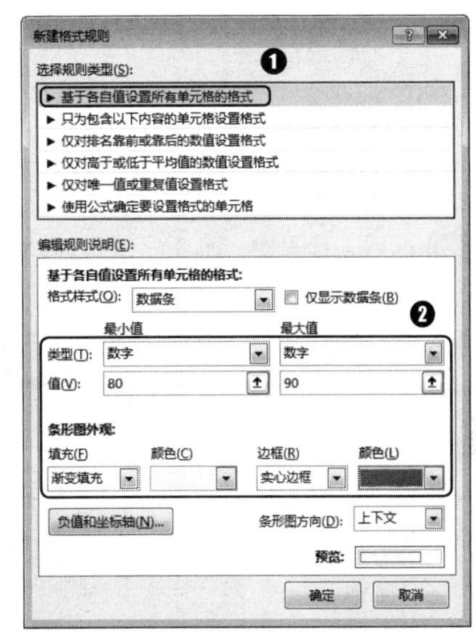

第5步 单击【确定】按钮 确定 ，返回工作表中，数据条的设置效果如下图所示。

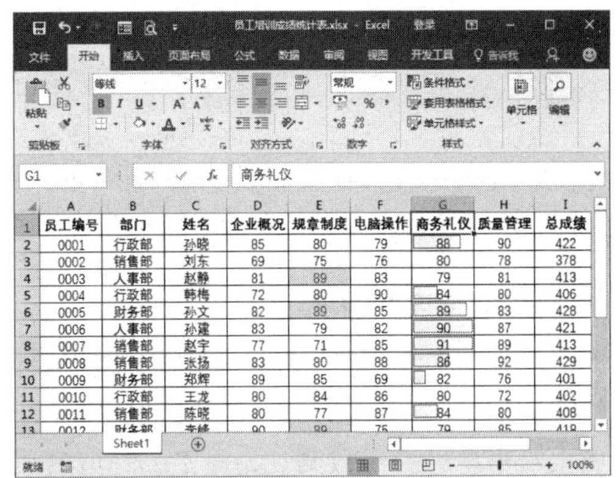

4. 根据数据添加色阶

色阶是指为单元格区域添加渐变颜色，颜色的深浅表明数值大小。为员工的质量管理成绩添加色阶的具体操作步骤如下。

第1步 选中单元格区域H2:H23，单击【样式】组的【条件格式】按钮 条件格式 ，从弹出的下拉列表中选择【色阶】➤【绿 - 黄 - 红色阶】选项，如下图所示。

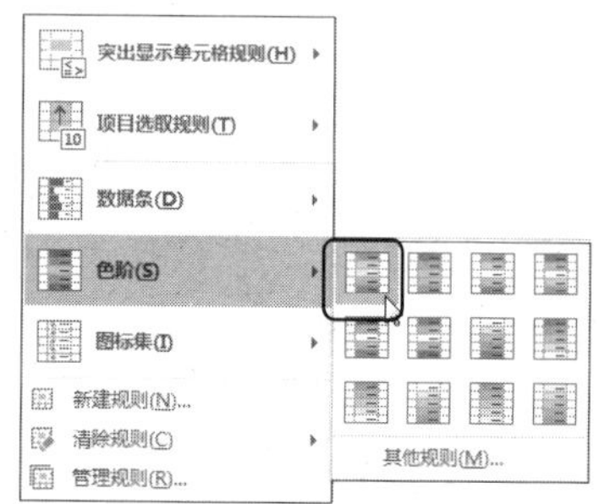

第2步 返回工作表中，即可看到“质量管理”列添加色阶的效果，如下图所示。

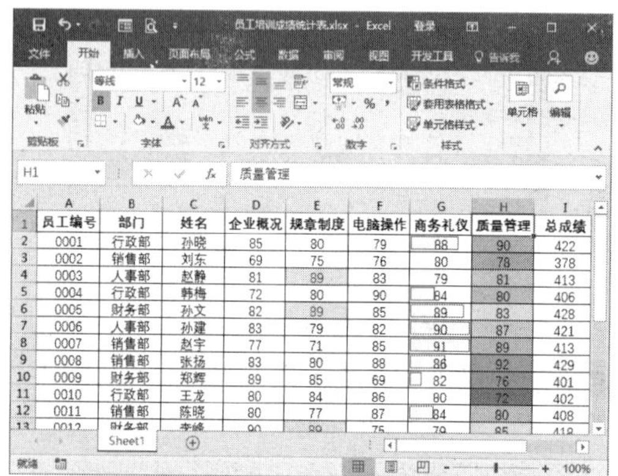

> **温馨提示**
>
> 如果进一步对色阶进行设置，可以在色阶库中选择【其他规则】选项，在弹出的【新建格式规则】对话框中设置色阶。

5. 根据数据添加图标集

图标集包含方向、形状、标记和等级4种类型，使用不同的图标来表示数值的大小，更直观形象地展示数据。为员工的总成绩添加图标集的具体操作步骤如下。

第1步 ❶选中单元格区域I2:I23，单击【样式】组的【条件格式】按钮 条件格式 ；❷从弹出的下拉列表中选择【图标集】➤【五向箭头(彩色)】选项，如下图所示。

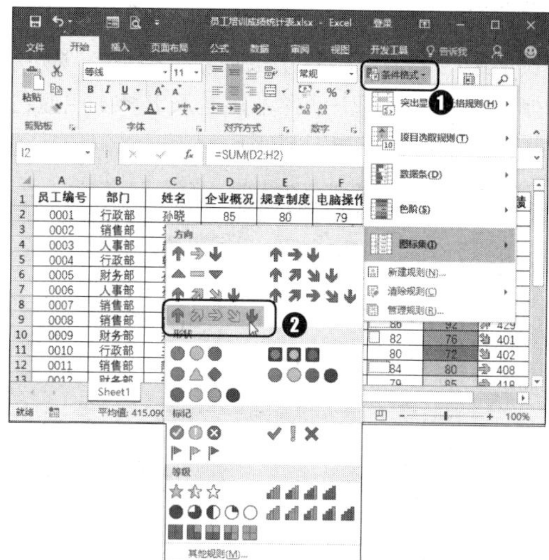

第2步 返回工作表中，员工“总成绩”列添加五向箭头图标集的设置效果如下图所示。

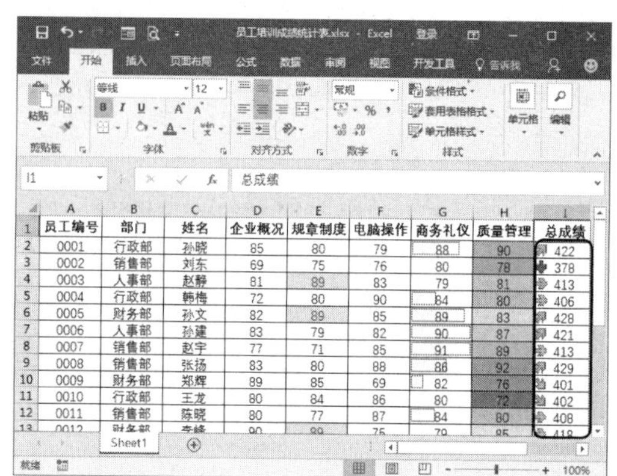

6. 新建规则

当前面介绍的条件格式不能满足用户的需要时，可以使用【新建规则】功能进行自定义条件格式。接下来以分别标记出成绩大于等于90分和小于90分大于等于85分的单元格为例，介绍怎样新建规则，具体操作步骤如下。

第1步 ❶选中单元格区域D2:H23，单击【样式】组的【条件格式】按钮 条件格式 ；❷从弹出的下拉列表中选择【新建规则】选项，如下图所示。

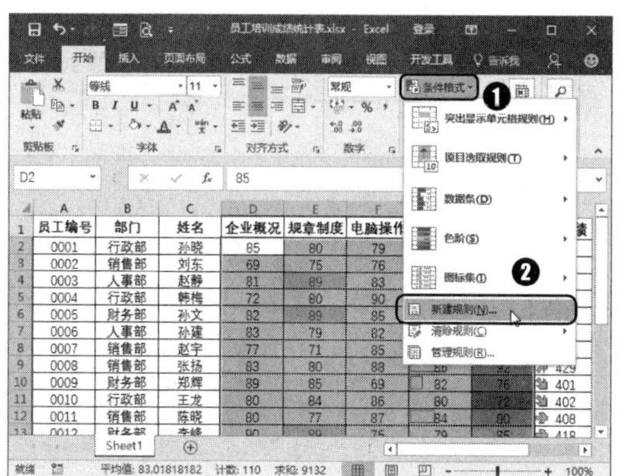

第 2 步 ❶ 弹出【新建格式规则】对话框，在【选择规则类型】列表框中选择【基于各自值设置所有单元格的格式】选项；❷ 在【编辑规则说明】组合框中的【格式样式】下拉列表中选择【图标集】选项，在【图标样式】下拉列表中选择【三色旗】选项，然后分别设置图标、值和类型等，如下图所示。

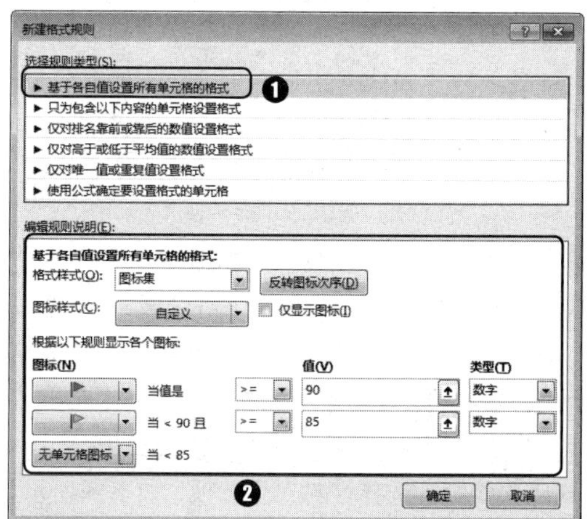

第 3 步 单击【确定】按钮 确定 ，返回工作表中，即可看到新建规则的设置效果，绿色旗帜标记的是大于等于 90 分的成绩，黄色旗帜标记的是小于 90 分而大于等于 85 分的成绩，如下图所示。

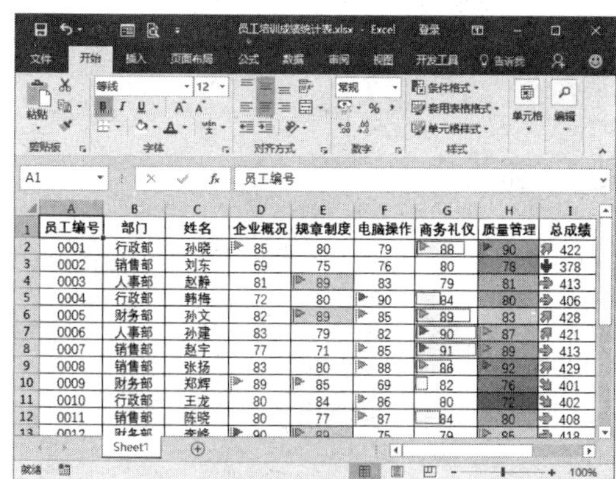

6.2.2 管理条件格式

了解了各种类型条件格式的创建之后，接下来介绍怎样管理条件格式，包括查找与复制条件格式、编辑或删除添加条件格式以及在多个条件格式中设置优先级别。

1. 查找条件格式

工作表中已经设置了条件格式，用户可以通过【查找和选择】功能来查看应用的条件格式。

第 1 步 ❶ 单击【开始】选项卡中的【编辑】组中的【查找和选择】按钮 ；❷ 从弹出的下拉列表中选择【条件格式】选项，如下图所示。

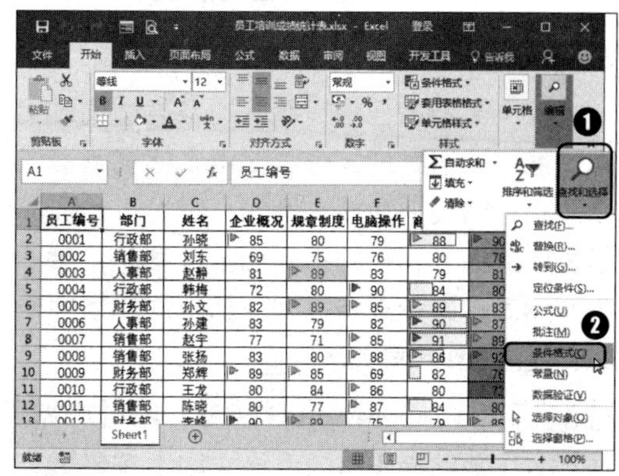

第 2 步 即可看到哪些区域应用了条件格式，如下图所示。

用户也可以单击【查找和选择】按钮，从弹出的下拉列表中选择【定位条件】选项，然后在弹出的【定位条件】对话框中选择【条件格式】单选钮，单击【确定】按钮 确定 ，如下图所示。

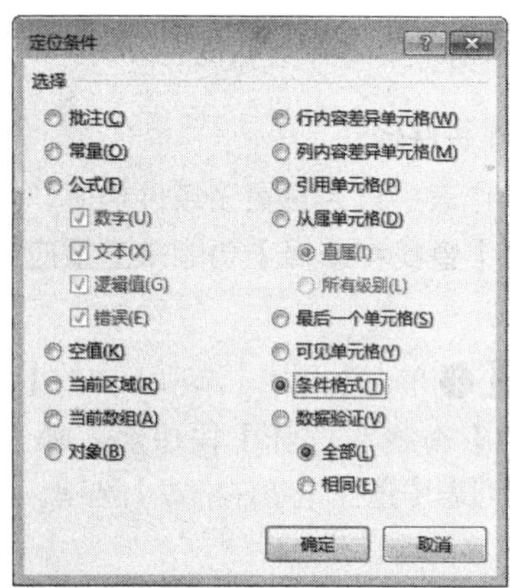

2. 复制条件格式

如果需要将已经设置好的条件格式应用到其他单元格区域，可以使用【格式刷】或【选择性粘贴】功能。例如，在员工培训成绩表中的商务礼仪列中添加了数据条，接下来介绍怎样为企业概况列添加相同的条件格式，具体操作步骤如下。

第 1 步 选中单元格区域 G2:G23，单击【开始】选项卡【剪贴板】组的【格式刷】按钮，如下图所示。

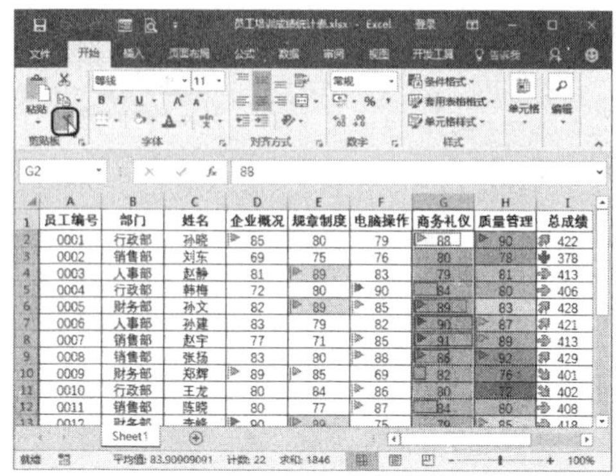

第 2 步 此时光标变为形状，选中需要复制条件格式的单元格区域 D2:D23，即可看到复制后的效果，如下图所示。

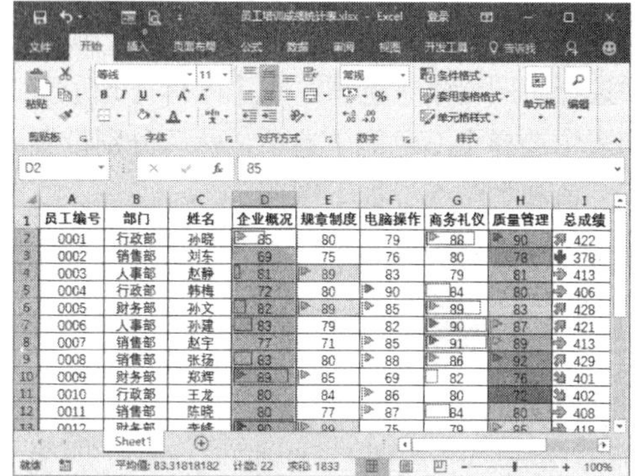

第 3 步 用户也可以使用【选择性粘贴】功能复制条件格式。❶ 选中单元格区域 G2:G23，按【Ctrl+C】组合键复制；❷ 然后选中单元格区域 D2:D23，单击【剪贴板】组中的【粘贴】按钮的下半部分按钮 粘贴 ；❸ 从弹出的下拉列表中选择【选择性粘贴】选项，如下图所示。

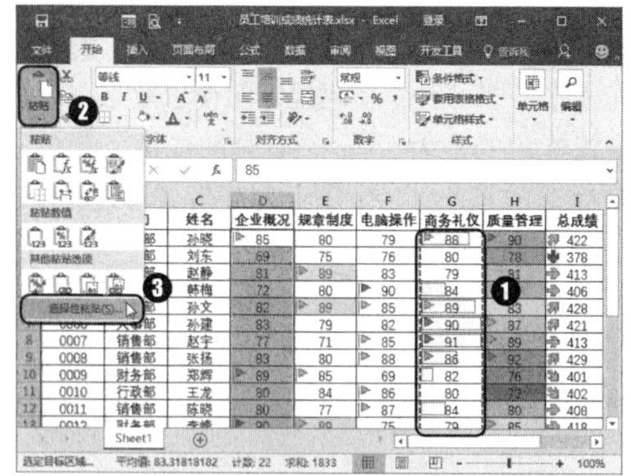

第4步 ❶弹出【选择性粘贴】对话框，在【粘贴】组合框中选择【格式】单选钮；❷单击【确定】按钮 确定 ，如下图所示。

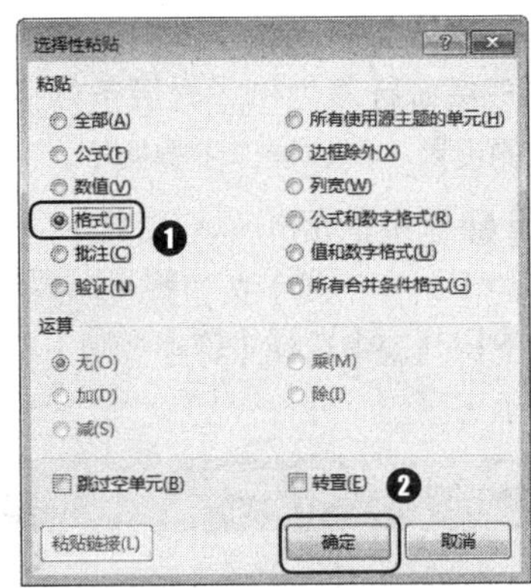

第5步 返回工作表中，即可看到复制的条件格式效果，如下图所示。

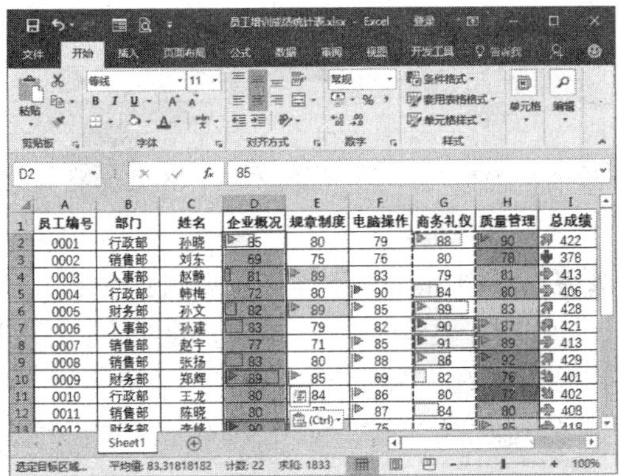

3. 编辑条件格式规则

如果用户对已设置的条件格式不是很满意，可以对其进行重新设置。下面以将员工规章制度成绩大于90分的设置为例进行讲解，具体操作步骤如下。

第1步 ❶选中单元格区域E2:E23，单击【样式】组的【条件格式】按钮 条件格式 ；❷从弹出的下拉列表中选择【管理规则】选项，如下图所示。

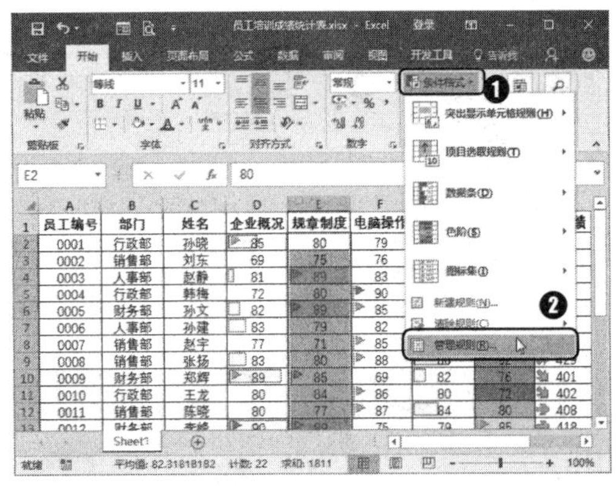

第2步 ❶弹出【条件格式规则管理器】对话框，选择要编辑的条件格式；❷单击【编辑规则】按钮 编辑规则(E)... ，如下图所示。

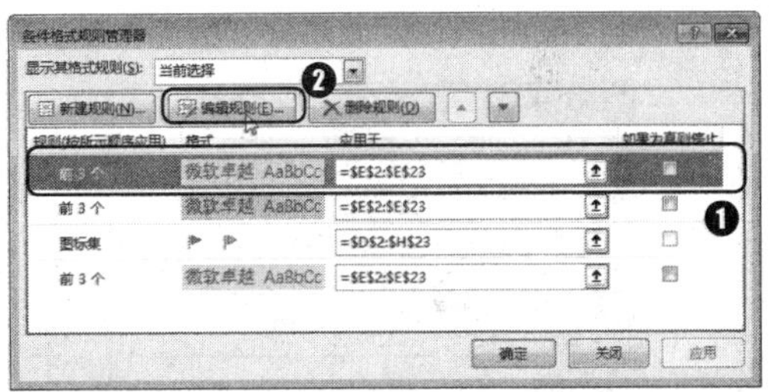

第3步 弹出【编辑格式规则】对话框，单击【格式】按钮 格式(F)... ，如下图所示。

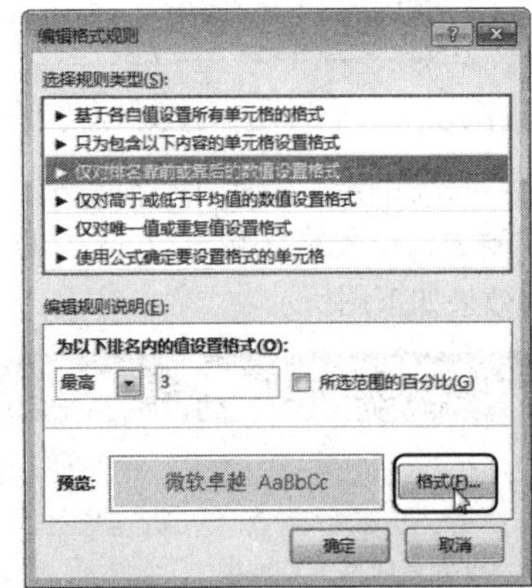

第4步 ❶弹出【设置单元格格式】对话框，切换到【填充】选项卡；❷在【背景色】组合框中选择【浅蓝】选项，如下图所示。

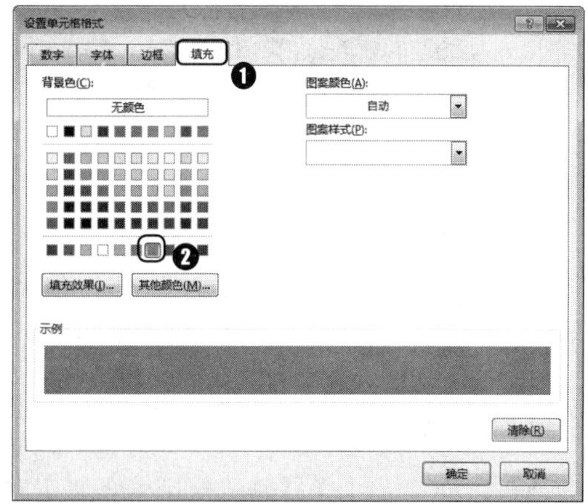

第5步 单击【确定】按钮，返回【编辑格式规则】对话框中，即可在【预览】组合框中看到条件格式修改效果，如下图所示。

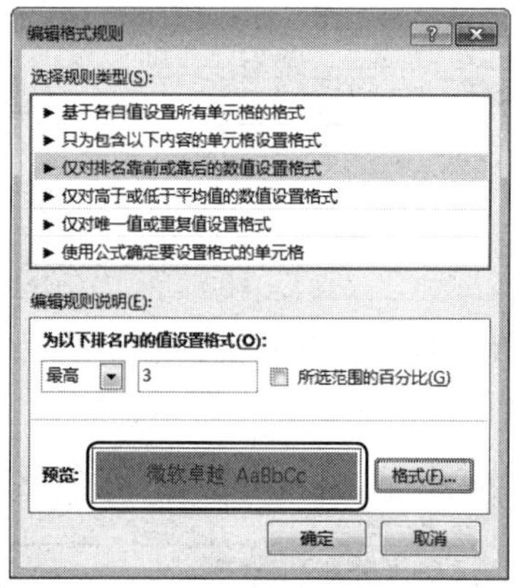

第6步 依次单击【确定】按钮，返回工作表中，单元格区域 E2:E23 中的条件格式编辑效果如下图所示。

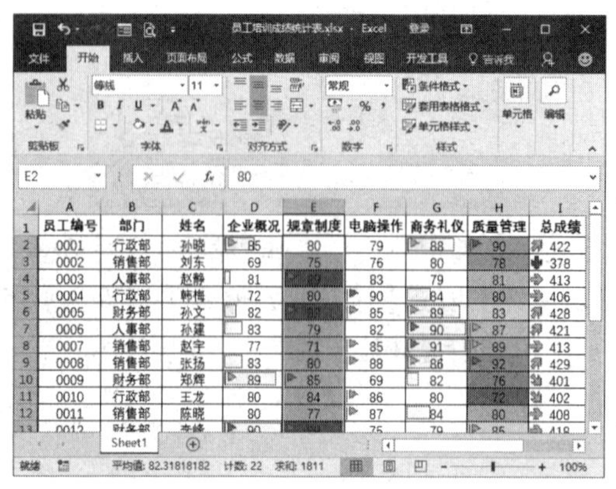

4. 设置条件格式的优先级别

在同一个单元格区域可以设置多个条件格式，在管理这些规则时，条件格式规则排列顺序不同效果有时也是不同的。下面以员工培训成绩统计表为例，介绍条件格式的优先级别的设置，具体操作步骤如下。

第1步 ❶选中单元格区域 H2:H23，单击【样式】组的【条件格式】按钮；❷从弹出的下拉列表中选择【管理规则】选项，如下图所示。

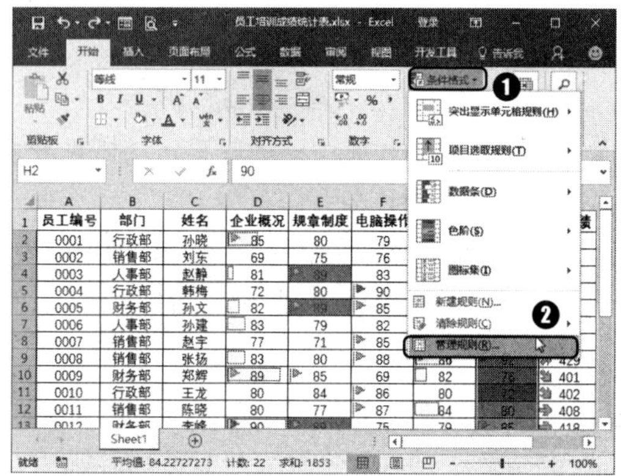

第2步 ❶弹出【条件格式规则管理器】对话框，选择要编辑的条件格式；❷单击【上移】按钮，如下图所示。

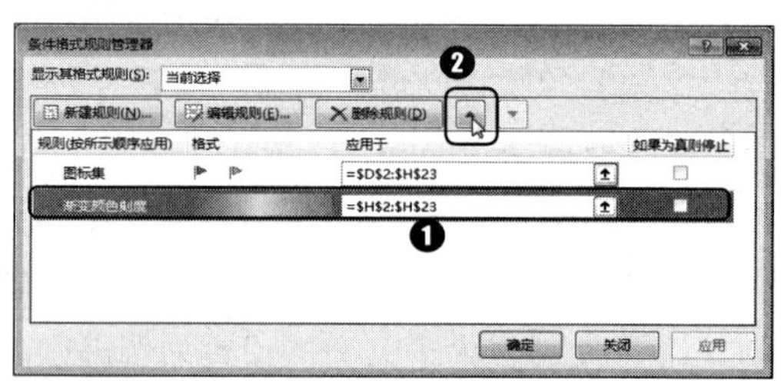

第3步 即可将选中的条件格式选项上移，如下图所示。

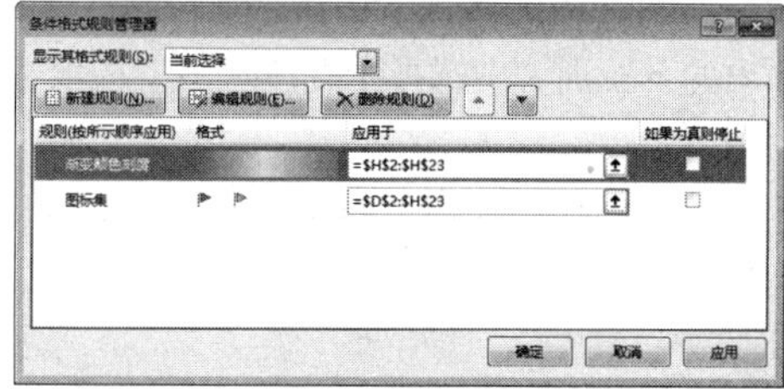

温馨提示

规则在最上面的优先级别最高，如果规则之间没有冲突，则条件格式的优先级别不会影响工作表中条件格式的设置效果。

5. 删除条件格式规则

如果要删除条件格式可以在【条件格式规则管理器】对话框中实现，也可以使用【条件格式】下拉列表中的【清除规则】选项，具体操作步骤如下。

第1步 选中单元格区域E2:E23，单击【样式】组的【条件格式】按钮 条件格式，从弹出的下拉列表中选择【管理规则】选项，如下图所示。

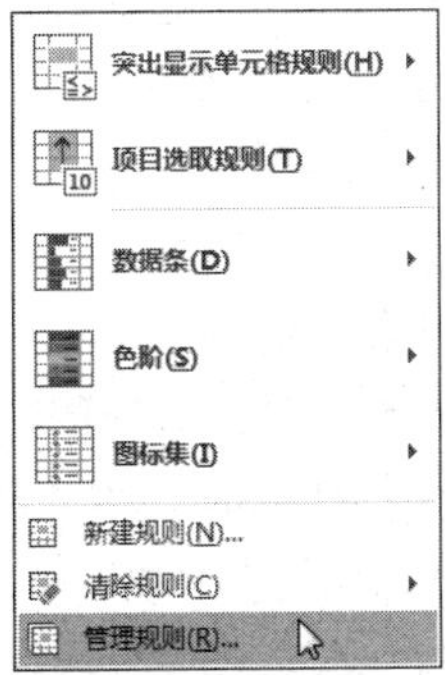

第2步 ❶弹出【条件格式规则管理器】对话框，选择要删除的条件格式；❷单击【删除规则】按钮，如下图所示。

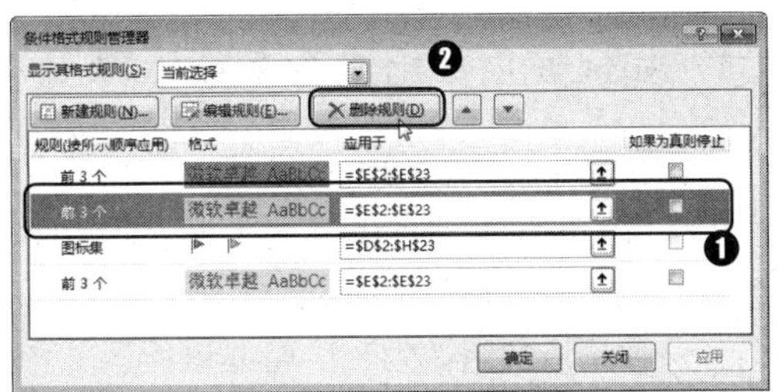

第3步 即可将选中的规则删除，然后单击【确定】按钮 确定 即可。

用户也可以单击【样式】组中的【条件格式】按钮 条件格式，从弹出的下拉列表中选择【清除规则】选项，在弹出的级联菜单中包括【清除所选单元格的规则】和【清除整个工作表的规则】两个选项，如下图所示。

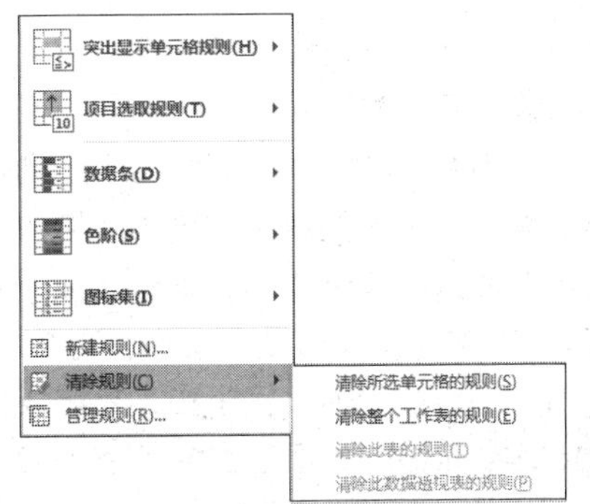

当选择【清除所选单元格的规则】选项时，只清除选中的单元格区域内的条件格式规则；当选择【清除整个工作表的规则】选项时，清除当前工作表中所有的条件格式规则。

大神支招

通过前面知识的学习，相信读者已经掌握了Excel 2016中数组公式和条件格式等相关操作。下面结合本章内容，介绍一些工作中的实用经验与技巧。

01 如何使用数组进行多项计算

在公式中使用数组进行运算时，根据公式或函数的用法及目的的不同，通常有以下两种不同的计算方式。

一种是将数组作为一个整体进行运算，运算的结果通常也只有单个数据。例如，公式“=SUM (A1:A8)”，对A1:A8这个区域数组进行运算，求取它们的和。

另一种是将数组中的每个元素同时分别运算，数组的直接运算结果或公式的最终结果通常会返回一组数据。例如，公式“{=SUM(A1:A8*（A1:A8 >0))}”，在这个公式中的A1:A8>0对区域数组A1:A8中的每一个元素进行了比较运算符的运算（判断是否大于0），得到一组逻辑值结果，然后再与A1:A8这个区域数组中的数值相乘。相乘的过程中又将两个数组中的每个元素分别对应相乘，得到一个新的数组。这个新的数组中包含原有数组中大于零的数（即正数），小于等于零的数全都替换为零。最后才由SUM函数对这个新数组的数据求和，其结果也就是A1:A8单元格区域中正数的和值，如下图所示。

A1:A8		A1:A8>0		A1:A8*(A1:A8>0)
-5		FALSE		0
5		TRUE		5
4		TRUE		4
3	×	TRUE	=	3
3		TRUE		3
-3		FALSE		0
6		TRUE		6
-4		FALSE		0

02 如何利用条件格式设计到期提醒

视频文件：光盘\视频文件\第6章\02.mp4

将日期时间函数与条件格式相结合，可以在表格中设计自动化的预警或到期提醒功能，适合运用于众多项目管理、日程管理类场合中。

例如，下表中显示了某公司各项目进度计划安排，每个项目都有启动时间、计划的截止日期和验收日期。

	A	B	C	D	E
1	项目	负责人	启动时间	截止时间	验收时间
2	项目A	刘宁	2016/4/20	2016/12/20	2017/1/11
3	项目B	张扬	2016/4/17	2016/11/23	2016/12/1
4	项目C	孙浩	2016/2/11	2016/7/14	2016/8/17
5	项目D	赵雅	2016/3/22	2017/1/14	2017/2/18
6	项目E	文文	2016/4/10	2016/12/5	2017/1/20
7	项目F	刘明	2016/2/27	2016/11/9	2016/12/10
8	项目G	王艳	2016/2/2	2016/12/12	2017/1/2
9	项目H	朱丽	2016/3/19	2017/1/5	2017/2/23
10	项目I	陈红	2016/6/25	2016/12/13	2017/1/9
11	项目J	王芳	2016/5/16	2016/10/24	2016/11/24
12	项目K	吴明	2016/1/28	2016/11/2	2016/12/27
13	项目L	李琴	2016/2/17	2016/11/17	2016/12/22
14	项目M	张立	2016/1/13	2016/11/21	2016/12/18
15	项目N	王晗	2016/3/2	2016/12/9	2017/1/23

这张表格用来定期跟踪项目的进展情况，为了使其更智能化和人性化，能够根据系统当前的日期，在每个项目截止条前一周开始自动高亮警示，到验收日期之后显示灰色，表示项目周期已结束。要实现这样的功能，具体操作步骤如下。

第1步 ❶打开“光盘\素材文件\第6章\利用条件格式设计到期提醒.xlsx”文件，选中单元格区域A2:E15，单击【样式】组的【条件格式】按钮 条件格式 ；❷从弹出的下拉列表中选择【新建规则】选项，如下图所示。

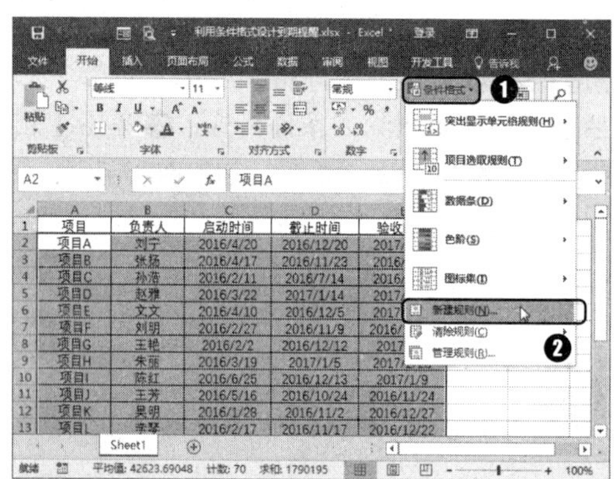

第2步 ❶弹出【新建格式规则】对话框，在【选择规则类型】组合框中选择【使用公式确定要设置格式的单元格】选项；❷在【为符合此公式的值设置格式】文本框中输入“=$D2-TODAY()<=7”；❸然后单击【格式】按钮

格式(F)...，如下图所示。

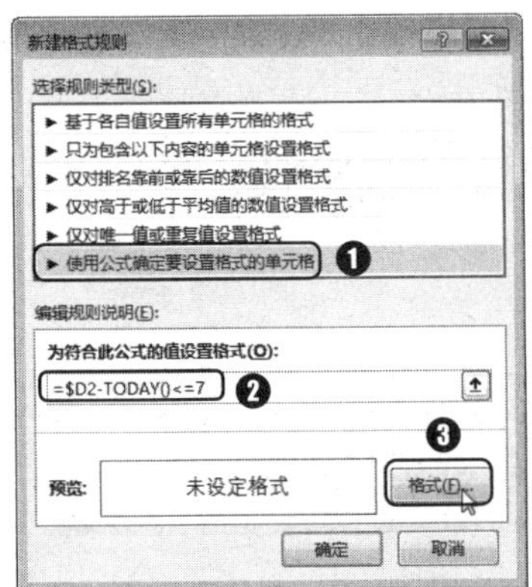

第3步 弹出【设置单元格格式】对话框，切换到【填充】选项卡，在【背景色】组合框中选择一种填充颜色，如选择【橙色】选项，如下图所示。

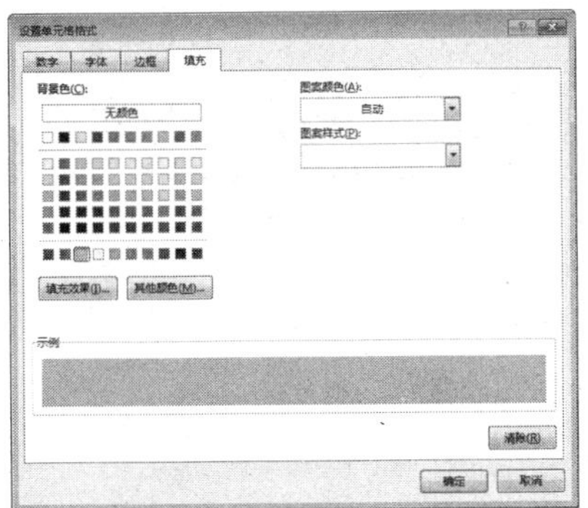

第4步 单击【确定】按钮 确定 返回【新建格式规则】对话框，即可在【预览】组合框中显示出设置效果，单击【确定】按钮 确定 返回工作表，如下图所示。

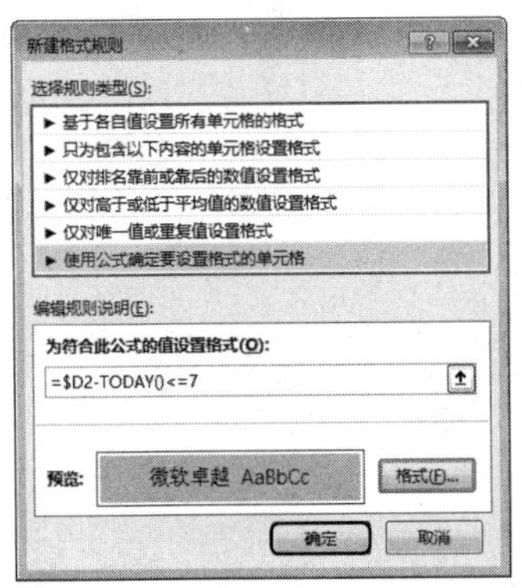

第5步 ❶再次打开【新建格式规则】对话框，在【选择规则类型】组合框中选择【使用公式确定要设置格式的单元格】选项；❷在【为符合此公式的值设置格式】文本框中输入“=TODAY()>$E2”；❸然后单击【格式】按钮 格式(F)...，如下图所示。

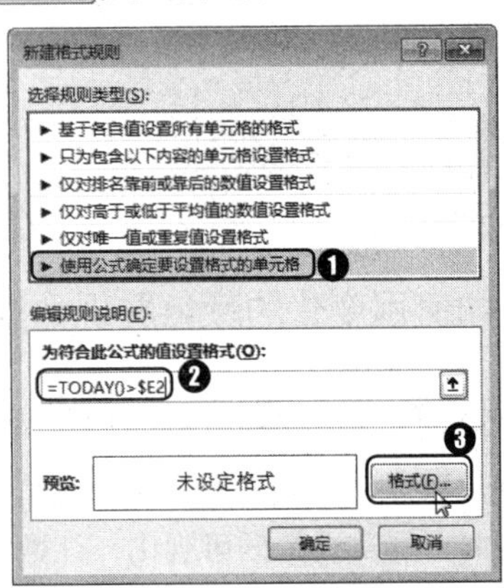

第6步 弹出【设置单元格格式】对话框，切换到【填充】选项卡，在【背景色】组合框中选择一种填充颜色，如选择【浅绿】选项，如下图所示。

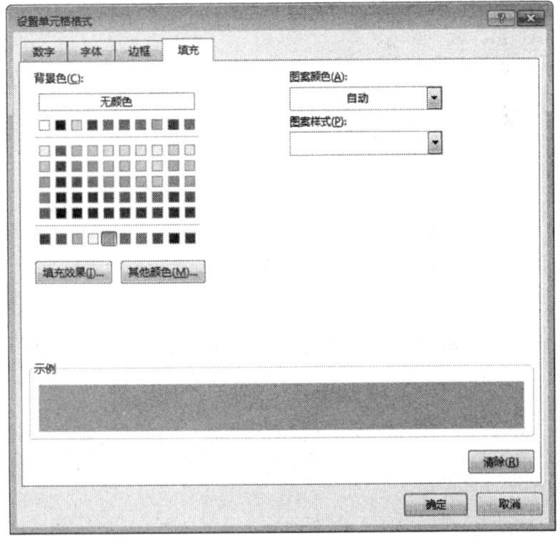

第7步 依次单击【确定】按钮 确定，返回工作表。浅绿填充表示当前日期已经超过验收日期，项目周期已结束，橙色填充表示当前日期在截止日期之前7天内，或是已经超过截止日期但尚未达到验收日期，如下图所示。

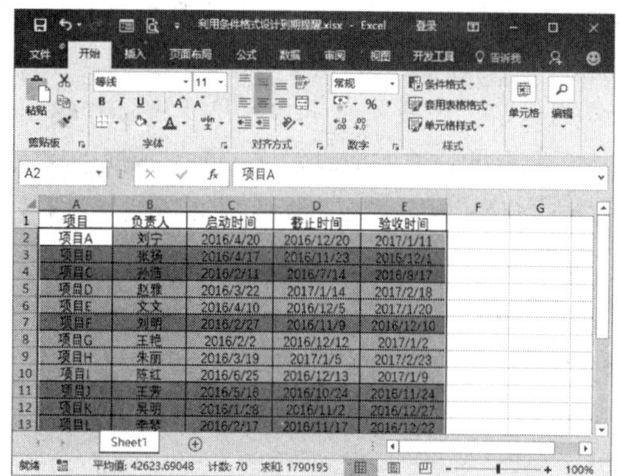

03 如何用变化的颜色展现数据分布

视频文件：光盘\视频文件\第6章\03.mp4

用户可以使用条件格式中的色阶来表达数值的大小，实现数据可视化，让数据更容易读懂。

第 1 步 ❶打开“光盘\素材文件\第 6 章\用变化的颜色展现数据分布 .xlsx”文件，选中单元格区域 B2:M9，单击【样式】组的【条件格式】按钮 条件格式 ；❷从弹出的下拉列表中选择【色阶】➤【红 - 黄 - 绿色阶】选项，如下图所示。

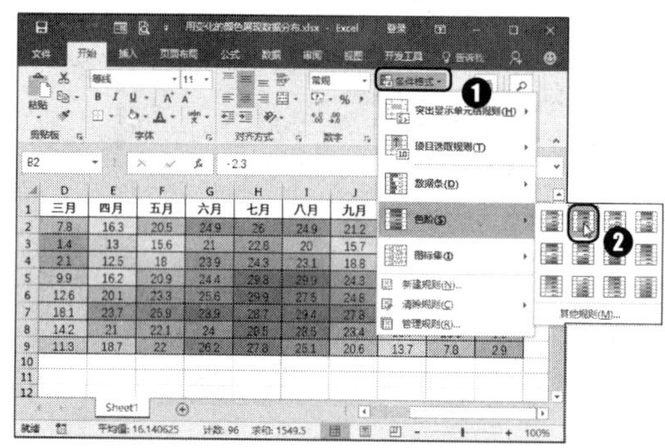

第 2 步 此时数据表格中就会显示出不同的颜色，通过这些颜色的显示，可以非常直观地展现数据分布和规律，效果如下图所示。

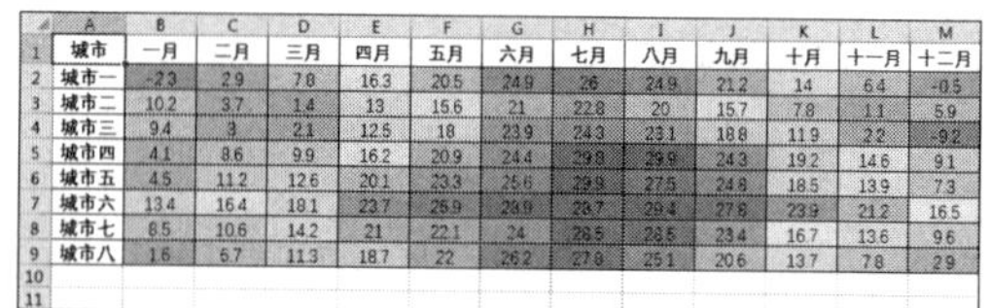

城市	一月	二月	三月	四月	五月	六月	七月	八月	九月	十月	十一月	十二月
城市一	-2.3	2.9	7.8	16.3	20.5	24.9	26	24.9	21.2	14	6.4	-0.5
城市二	10.2	3.7	1.4	13	15.6	21	22.8	20	15.7	7.8	1.1	5.9
城市三	9.4	3	2.1	12.5	18	23.9	24.3	23.1	18.8	11.9	2.2	-9.2
城市四	4.1	8.6	9.9	16.2	20.9	24.4	29.8	29.9	24.3	19.2	14.6	9.1
城市五	4.5	11.2	12.6	20.1	23.3	25.6	29.9	27.5	24.8	18.5	13.9	7.3
城市六	13.4	16.4	18.1	23.7	25.9	28.9	28.7	29.4	27.8	23.9	21.2	16.5
城市七	8.5	10.6	14.2	21	22.1	24	28.5	28.5	23.4	16.7	13.6	9.6
城市八	1.6	6.7	11.3	18.7	22	26.2	27.8	25.1	20.6	13.7	7.8	2.9

第7章 数据的排序、筛选与分类汇总

本章导读

除了函数功能之外，Excel 还具有强大的分析功能。对于工作中的大量数据，可以利用Excel 进行排序、筛选和分类汇总等数据分析。使用这些功能能够帮助用户科学地分析数据并作出最佳选择。

知识要点

- ❖ 单一关键字排序
- ❖ 自定义筛选
- ❖ 创建分类汇总
- ❖ 自定义排序
- ❖ 高级筛选
- ❖ 复制分类汇总结果

7.1 数据的排序

案例背景

为了方便查看表格中的数据，用户可以按照一定的顺序对工作表中的数据进行重新排序。数据排序主要包括单一关键字排序、多关键字排序和自定义排序3种，用户可以根据需要进行选择。

本例对某公司车辆使用情况进行排序分析，制作完成后的效果如下图所示。实例最终效果见“光盘\结果文件\第7章\车辆使用明细表01.xlsx”文件。

	A	B	C	D	E	F	G	H	I	J	K
1	车号	使用者	部门	使用原因	使用日期	开始使用时间	目的地	交车时间	车辆消耗费	报销费	驾驶员补助费
2	都A 65318	赵雯	人资部	公事	2016/11/1	9:30	市内区县	12:00	¥30	¥30	¥0
3	都A 10101	赵雯	人资部	私事	2016/11/4	13:00	市外区县	21:00	¥80	¥0	¥0
4	都A 75263	赵雯	人资部	私事	2016/11/7	8:30	市外区县	15:00	¥70	¥0	¥0
5	都A 10101	李明	业务部	公事	2016/11/1	8:00	市外区县	15:00	¥80	¥80	¥0
6	都A 75263	唐三	业务部	公事	2016/11/1	8:00	市外区县	21:00	¥130	¥130	¥150
7	都A 75263	唐三	业务部	公事	2016/11/2	8:00	市内区县	18:00	¥60	¥60	¥60
8	都A 10101	唐三	业务部	公事	2016/11/3	14:00	市内区县	20:00	¥60	¥60	¥0
9	都A 87955	李明	业务部	公事	2016/11/3	12:20	市内区县	15:00	¥30	¥30	¥0
10	都A 90806	唐三	业务部	公事	2016/11/5	9:00	市外区县	18:00	¥90	¥90	¥30
11	都A 87955	李明	业务部	公事	2016/11/7	9:20	省外区县	21:00	¥320	¥320	¥90
12	都A 65318	陈艳	宣传部	公事	2016/11/2	8:30	市内区县	17:30	¥60	¥60	¥0
13	都A 65318	陈艳	宣传部	公事	2016/11/4	14:30	市内区县	19:20	¥50	¥50	¥0
14	都A 65318	陈艳	宣传部	公事	2016/11/6	9:30	市内区县	11:50	¥30	¥30	¥0
15	都A 75263	陈东	宣传部	公事	2016/11/6	8:00	市外区县	17:30	¥90	¥90	¥30
16	都A 87955	王龙	宣传部	公事	2016/11/6	14:00	市内区县	17:50	¥20	¥20	¥0
17	都A 90806	王龙	宣传部	公事	2016/11/6	10:00	省外区县	12:30	¥170	¥170	¥0
18	都A 10101	陈东	宣传部	公事	2016/11/7	13:00	市外区县	20:00	¥70	¥70	¥0
19	都A 87955	陈小	营销部	公事	2016/11/1	10:00	市内区县	19:20	¥50	¥50	¥30
20	都A 65318	陈小	营销部	公事	2016/11/3	7:50	市外区县	21:00	¥100	¥100	¥150
21	都A 90806	陈小	营销部	公事	2016/11/7	8:00	市外区县	20:00	¥120	¥120	¥120
22	都A 10101	孙晗	策划部	私事	2016/11/2	9:20	市内区县	11:50	¥10	¥0	¥0
23	都A 10101	孙晗	策划部	私事	2016/11/6	8:00	省外区县	20:00	¥220	¥0	¥120

	A	B	C	D	E	F	G	H	I	J	K
1	车号	使用者	部门	使用原因	使用日期	开始使用时间	目的地	交车时间	车辆消耗费	报销费	驾驶员补助费
2	都A 90806	陈小	营销部	公事	2016/11/7	8:00	市外区县	20:00	¥120	¥120	¥120
3	都A 65318	陈小	营销部	公事	2016/11/3	7:50	市外区县	21:00	¥100	¥100	¥150
4	都A 87955	陈小	营销部	公事	2016/11/1	10:00	市内区县	19:20	¥50	¥50	¥30
5	都A 87955	李明	业务部	公事	2016/11/7	9:20	省外区县	21:00	¥320	¥320	¥90
6	都A 75263	唐三	业务部	公事	2016/11/1	8:00	市外区县	21:00	¥130	¥130	¥150
7	都A 90806	唐三	业务部	公事	2016/11/5	9:00	市外区县	18:00	¥90	¥90	¥30
8	都A 10101	李明	业务部	公事	2016/11/1	8:00	市外区县	15:00	¥80	¥80	¥0
9	都A 75263	唐三	业务部	公事	2016/11/2	8:00	市内区县	18:00	¥60	¥60	¥60
10	都A 10101	唐三	业务部	公事	2016/11/3	14:00	市内区县	20:00	¥60	¥60	¥0
11	都A 87955	李明	业务部	公事	2016/11/3	12:20	市内区县	15:00	¥30	¥30	¥0
12	都A 90806	王龙	宣传部	公事	2016/11/6	10:00	省外区县	12:30	¥170	¥170	¥0
13	都A 75263	陈东	宣传部	公事	2016/11/6	8:00	市外区县	17:30	¥90	¥90	¥30
14	都A 10101	陈东	宣传部	公事	2016/11/7	13:00	市外区县	20:00	¥70	¥70	¥0
15	都A 65318	陈艳	宣传部	公事	2016/11/2	8:30	市内区县	17:30	¥60	¥60	¥0
16	都A 65318	陈艳	宣传部	公事	2016/11/4	14:30	市内区县	19:20	¥50	¥50	¥0
17	都A 65318	陈艳	宣传部	公事	2016/11/6	9:30	市内区县	11:50	¥30	¥30	¥0
18	都A 87955	王龙	宣传部	公事	2016/11/6	14:00	市内区县	17:50	¥20	¥20	¥0
19	都A 10101	赵雯	人资部	私事	2016/11/4	13:00	市外区县	21:00	¥80	¥0	¥0
20	都A 75263	赵雯	人资部	私事	2016/11/7	8:30	市外区县	15:00	¥70	¥0	¥0
21	都A 65318	赵雯	人资部	公事	2016/11/1	9:30	市内区县	12:00	¥30	¥30	¥0
22	都A 10101	孙晗	策划部	私事	2016/11/6	8:00	省外区县	20:00	¥220	¥0	¥120
23	都A 10101	孙晗	策划部	私事	2016/11/2	9:20	市内区县	11:50	¥10	¥0	¥0

	A	B	C	D	E	F	G	H	I	J	K
1	车号	使用者	部门	使用原因	使用日期	开始使用时间	目的地	交车时间	车辆消耗费	报销费	驾驶员补助费
2	都A 10101	李明	业务部	公事	2016/11/1	8:00	市外区县	15:00	¥80	¥80	¥0
3	都A 75263	唐三	业务部	公事	2016/11/1	8:00	市外区县	21:00	¥130	¥130	¥150
4	都A 75263	唐三	业务部	公事	2016/11/2	8:00	市内区县	18:00	¥60	¥60	¥60
5	都A 10101	唐三	业务部	公事	2016/11/3	14:00	市内区县	20:00	¥60	¥60	¥0
6	都A 87955	李明	业务部	公事	2016/11/3	12:20	市内区县	15:00	¥30	¥30	¥0
7	都A 90806	唐三	业务部	公事	2016/11/5	9:00	市外区县	18:00	¥90	¥90	¥30
8	都A 87955	李明	业务部	公事	2016/11/7	9:20	省外区县	21:00	¥320	¥320	¥90
9	都A 87955	陈小	营销部	公事	2016/11/1	10:00	市内区县	19:20	¥50	¥50	¥30
10	都A 65318	陈小	营销部	公事	2016/11/3	7:50	市外区县	21:00	¥100	¥100	¥150
11	都A 90806	陈小	营销部	公事	2016/11/7	8:00	市外区县	20:00	¥120	¥120	¥120
12	都A 10101	孙晗	策划部	私事	2016/11/2	9:20	市内区县	11:50	¥10	¥0	¥0
13	都A 10101	孙晗	策划部	私事	2016/11/6	8:00	省外区县	20:00	¥220	¥0	¥120
14	都A 65318	陈艳	宣传部	公事	2016/11/2	8:30	市内区县	17:30	¥60	¥60	¥0
15	都A 65318	陈艳	宣传部	公事	2016/11/4	14:30	市内区县	19:20	¥50	¥50	¥0
16	都A 65318	陈艳	宣传部	公事	2016/11/6	9:30	市内区县	11:50	¥30	¥30	¥0
17	都A 75263	陈东	宣传部	公事	2016/11/6	8:00	市外区县	17:30	¥90	¥90	¥30
18	都A 87955	王龙	宣传部	公事	2016/11/6	14:00	市内区县	17:50	¥20	¥20	¥0
19	都A 90806	王龙	宣传部	公事	2016/11/6	10:00	省外区县	12:30	¥170	¥170	¥0
20	都A 10101	陈东	宣传部	公事	2016/11/7	13:00	市外区县	20:00	¥70	¥70	¥0
21	都A 65318	赵雯	人资部	公事	2016/11/1	9:30	市内区县	12:00	¥30	¥30	¥0
22	都A 10101	赵雯	人资部	私事	2016/11/4	13:00	市外区县	21:00	¥80	¥0	¥0
23	都A 75263	赵雯	人资部	私事	2016/11/7	8:30	市外区县	15:00	¥70	¥0	¥0

光盘文件	素材文件	光盘\素材文件\第7章\车辆使用明细表01.xlsx
	结果文件	光盘\结果文件\第7章\车辆使用明细表01.xlsx
	教学视频	光盘\视频文件\第7章\7.1数据的排序.mp4

7.1.1 单一关键字排序

1. 按拼音排序

单一关键字排序是指只能对某一列进行升序或降序排列，排序的因素可以是数字也可以是文本。

例如，在车辆使用明细表中按照“部门”的拼音首字母，对工作表中的数据进行升序排列，具体操作步骤如下。

第1步 ❶打开“光盘\素材文件\第7章\车辆使用明细表01.xlsx”文件，切换到工作表“单一关键字排序”中；❷将光标定位在数据区域的任意一个单元格中，切换到【数据】选项卡；❸单击【排序和筛选】组中的【排序】按钮，如下图所示。

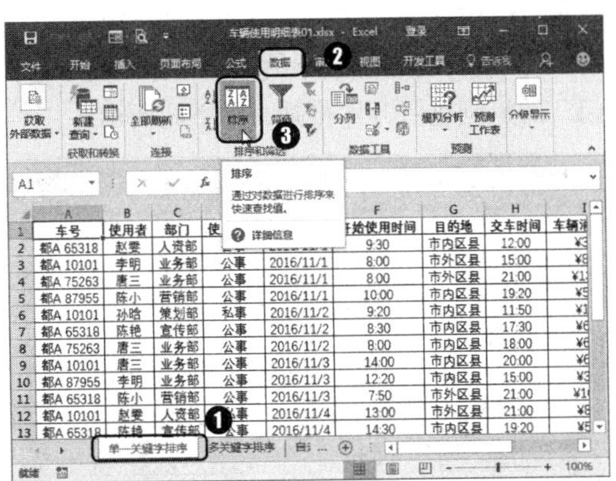

第2步 ❶弹出【排序】对话框，在【主要关键字】下拉列表中选择【部门】选项；❷在【排序依据】下拉列表中选择【数值】选项；❸在【次序】下拉列表中选择【升序】选项，如下图所示。

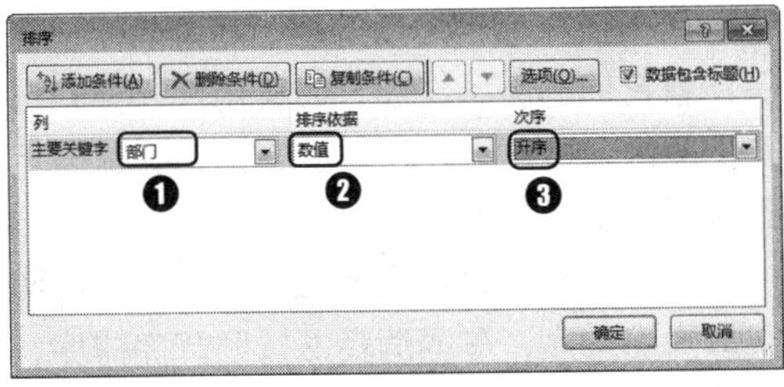

第3步 单击【确定】按钮 确定 ，返回工作表中，此时表格中的数据根据C列中“部门”的拼音首字母进行升序排列，如下图所示。

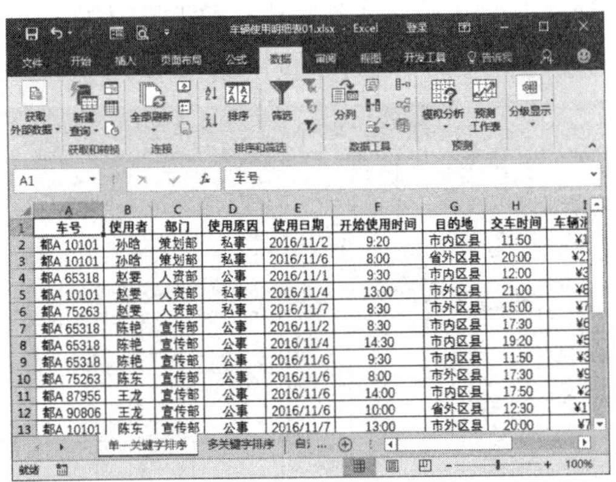

教您一招

排序方法

除了上面介绍的排序方法之外，还有两种常见的排序方法。

方法一：选中“部门”列中任意一个单元格，切换到【数据】选项卡，单击【排序和筛选】组中的【升序】按钮。

方法二：在“部门”列任意一个单元格上单击鼠标右键，从弹出的快捷菜单中选择【排序】➤【升序】菜单项。

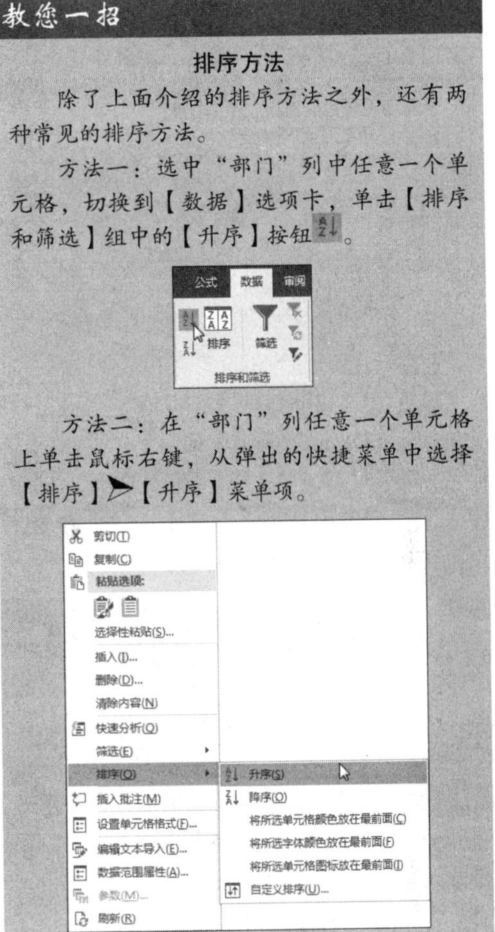

2. 按笔画排序

在Excel中，对汉字进行排序时默认是按照拼音顺序进行排序的，但有时也会按照笔画顺序进行排序。

例如,在车辆使用明细表中按照“部门”的笔画顺序，对工作表中的数据进行升序排列，具体操作步骤如下。

第1步 将光标定位在数据区域的任意一个单元格中，单击【排序和筛选】组中的【排序】按钮，如下图所示。

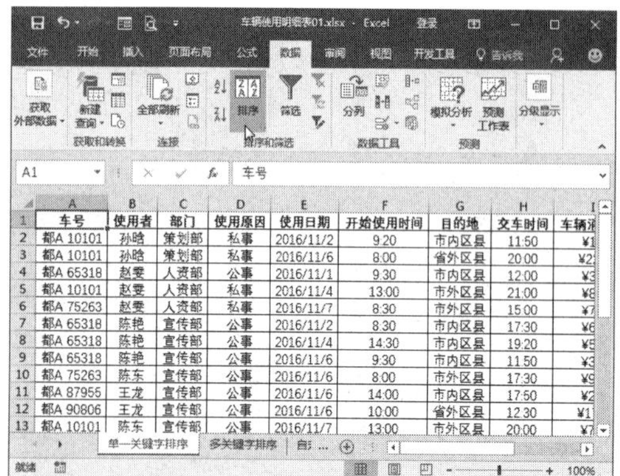

第 2 步 ❶弹出【排序】对话框，在【主要关键字】下拉列表中选择【部门】选项，在【排序依据】下拉列表中选择【数值】选项，在【次序】下拉列表中选择【升序】选项；❷然后单击【选项】按钮 选项(O)... ，如下图所示。

第 3 步 弹出【排序选项】对话框，在【方法】组合框中选中【笔画排序】单选钮，如下图所示。

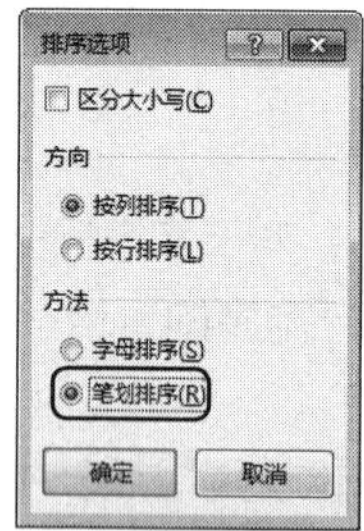

温馨提示

在Excel中，按笔画顺序规则是，按姓的笔画数进行排序，若笔画数相同则按起笔顺序排列，即横、竖、撇、捺、折；笔画数和笔形都相同的字，按字形结构排序，即先左右、再上下、最后整体结构；如果姓同字，则按姓名的第二、三个字进行排序。

第 4 步 依次单击【确定】按钮 确定 ，返回工作表中，此时表格中的数据根据C列中“部门”的笔画进行升序排列，如下图所示。

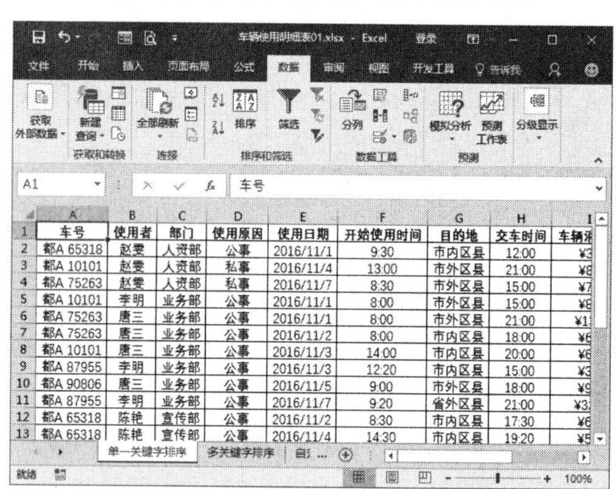

7.1.2 多关键字排序

如果在排序字段里出现相同的内容，会保持着它们的原始次序。如果用户还要对这些相同内容按照一定条件进行排序，就要用到多个关键字的复杂排序。

例如，在车辆使用明细表中，部门按照字母降序排序，车辆消耗费按照降序排序，部门为主要关键字，具体操作步骤如下。

第 1 步 ❶切换到工作表“多关键字排序”中，将光标定位在数据区域的任意一个单元格中；❷切换到【数据】选项卡；❸单击【排序和筛选】组中的【排序】按钮 ，如下图所示。

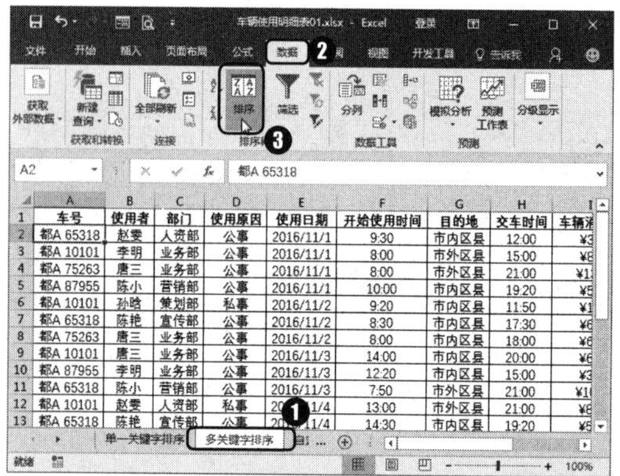

第 2 步 弹出【排序】对话框，在【主要关键

字】下拉列表中选择【部门】选项，在【排序依据】下拉列表中选择【数值】选项，在【次序】下拉列表中选择【降序】选项，如下图所示。

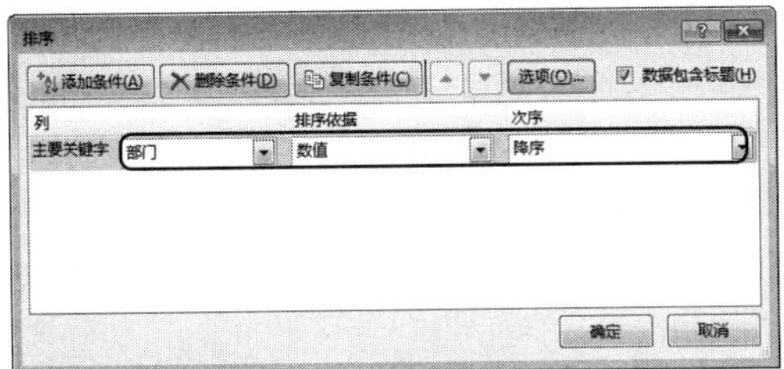

第 3 步 ❶ 单击【添加条件】按钮 添加条件(A)，此时即可添加一组新的排序条件；❷ 在【次要关键字】下拉列表中选择【车辆消耗费】选项，在【排序依据】下拉列表中选择【数值】选项，在【次序】下拉列表中选择【降序】选项，如下图所示。

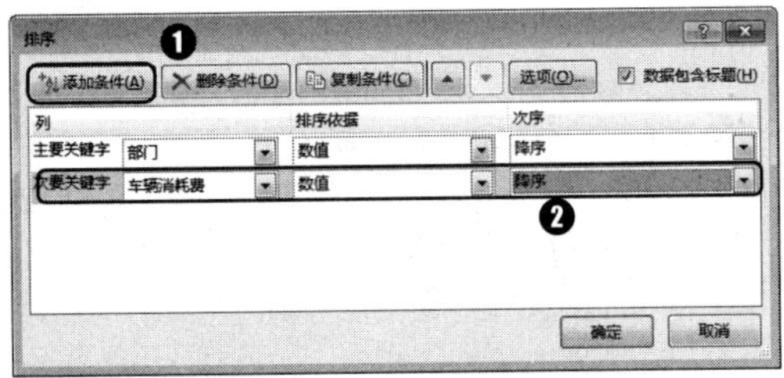

第 4 步 单击【确定】按钮 确定 ，返回工作表中，此时表格中的数据在根据“部门”的拼音首字母进行降序排列的基础上，按照“车辆消耗费”的数值进行了降序排列，排序效果如下图所示。

	A	B	C	D	E	F	G	H	I	J	K
1	车号	使用者	部门	使用原因	使用日期	开始使用时间	目的地	交车时间	车辆消耗费	报销费	驾驶员补助费
2	都A 90806	陈小	营销部	公事	2016/11/7	8:00	市外区县	20:00	¥120	¥120	¥120
3	都A 65318	陈小	营销部	公事	2016/11/3	7:50	市外区县	21:00	¥100	¥100	¥150
4	都A 87955	陈小	营销部	公事	2016/11/1	10:00	市内区县	19:20	¥50	¥50	¥30
5	都A 87955	李明	业务部	公事	2016/11/7	9:20	省外区县	21:00	¥320	¥320	¥90
6	都A 75263	唐三	业务部	公事	2016/11/1	8:00	市外区县	21:00	¥130	¥130	¥150
7	都A 90806	唐三	业务部	公事	2016/11/5	9:00	市外区县	18:00	¥90	¥90	¥30
8	都A 10101	李明	业务部	公事	2016/11/1	8:00	市外区县	15:00	¥80	¥80	¥0
9	都A 75263	唐三	业务部	公事	2016/11/2	8:00	市内区县	18:00	¥60	¥60	¥60
10	都A 10101	唐三	业务部	公事	2016/11/3	14:00	市内区县	20:00	¥60	¥60	¥0
11	都A 87955	李明	业务部	公事	2016/11/3	12:20	市内区县	15:00	¥30	¥30	¥0
12	都A 90806	王龙	宣传部	公事	2016/11/6	10:00	省外区县	12:30	¥170	¥170	¥0
13	都A 75263	陈东	宣传部	公事	2016/11/6	8:00	市外区县	17:30	¥90	¥90	¥30
14	都A 10101	陈东	宣传部	公事	2016/11/7	13:00	市外区县	20:00	¥70	¥70	¥0
15	都A 65318	陈艳	宣传部	公事	2016/11/2	8:30	市内区县	17:30	¥60	¥60	¥0
16	都A 65318	陈艳	宣传部	公事	2016/11/4	14:30	市内区县	19:20	¥50	¥50	¥0
17	都A 65318	陈艳	宣传部	公事	2016/11/6	9:30	市内区县	11:50	¥30	¥30	¥0
18	都A 87955	王龙	宣传部	公事	2016/11/6	14:00	市内区县	17:50	¥20	¥20	¥0
19	都A 10101	赵雯	人资部	私事	2016/11/4	13:00	市外区县	21:00	¥80	¥0	¥0
20	都A 75263	赵雯	人资部	私事	2016/11/7	8:30	市外区县	15:00	¥70	¥0	¥0
21	都A 65318	赵雯	人资部	公事	2016/11/1	9:30	市内区县	12:00	¥30	¥30	¥0
22	都A 10101	孙晗	策划部	私事	2016/11/6	8:00	省外区县	20:00	¥220	¥0	¥120
23	都A 10101	孙晗	策划部	私事	2016/11/2	9:20	市内区县	11:50	¥10	¥0	¥0

7.1.3 自定义排序

数据的排序方式除了按照数字大小和拼音字母顺序外，还会涉及一些特殊的顺序，如“部门名称”“职务”“学历”等，此时就用到了自定义排序。

对工作表中的数据进行自定义排序的具体操作步骤如下。

第 1 步 ❶ 切换到工作表“自定义排序”中，将光标定位在数据区域的任意一个单元格中；❷ 切换到【数据】选项卡；❸ 单击【排序和筛选】组中的【排序】按钮，如下图所示。

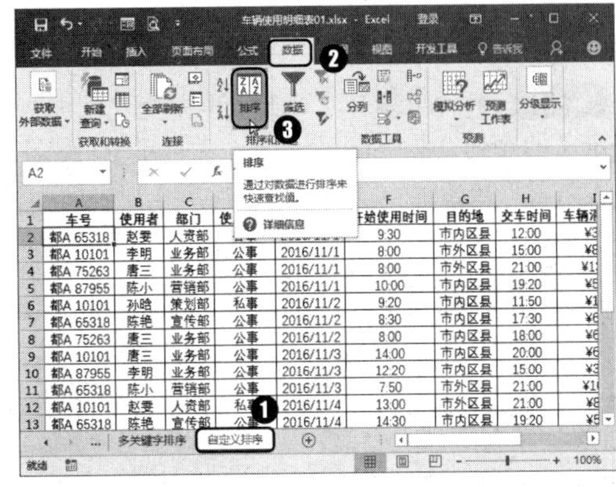

第 2 步 ❶ 弹出【排序】对话框，在排序条件中的【主要关键字】下拉列表中选择【部门】选项；❷ 在【次序】下拉列表中选择【自定义序列】选项，如下图所示。

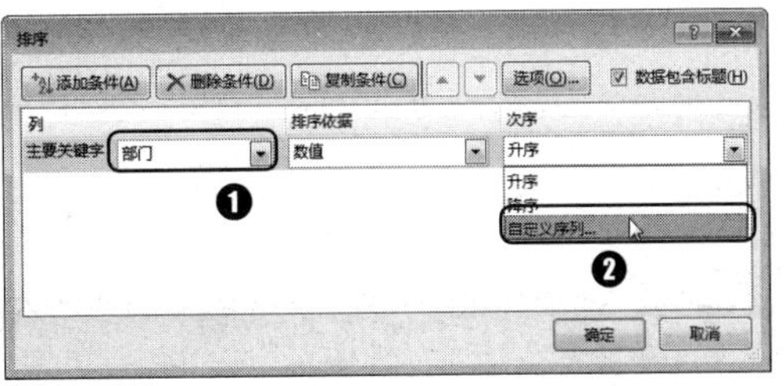

第 3 步 ❶ 弹出【自定义序列】对话框，在【自定义序列】列表框中选择【新序列】选项；❷ 在【输入序列】文本框中输入“业务部,营销部,策划部,宣传部,人资部”，中间用英文半角状态下的逗号隔开，如下图所示。

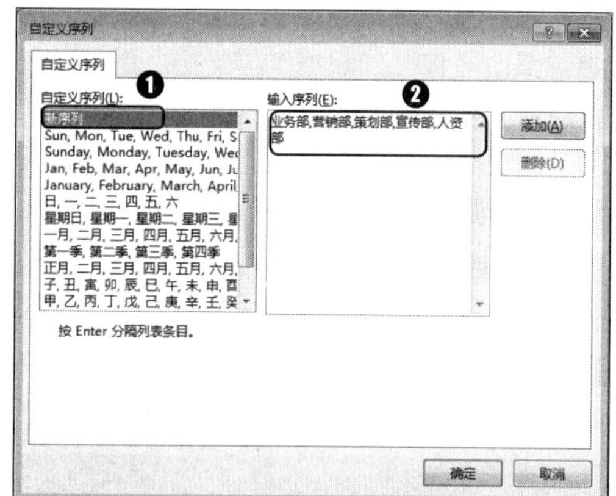

第 4 步 单击【添加】按钮 添加(A) ，此时新定义的序列"业务部，营销部，策划部，宣传部，人资部"就添加在了【自定义序列】列表框中，如下图所示。

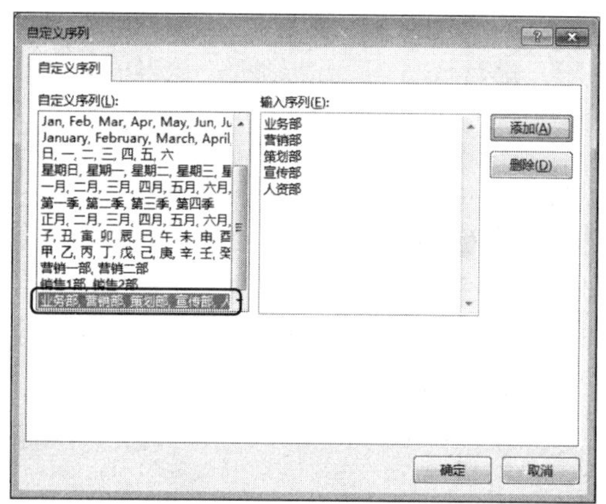

第 5 步 单击【确定】按钮 确定 ，返回【排序】对话框，此时，第一个排序条件中的【次序】下拉列表自动选择【业务部，营销部，策划部，宣传部，人资部】选项，如下图所示。

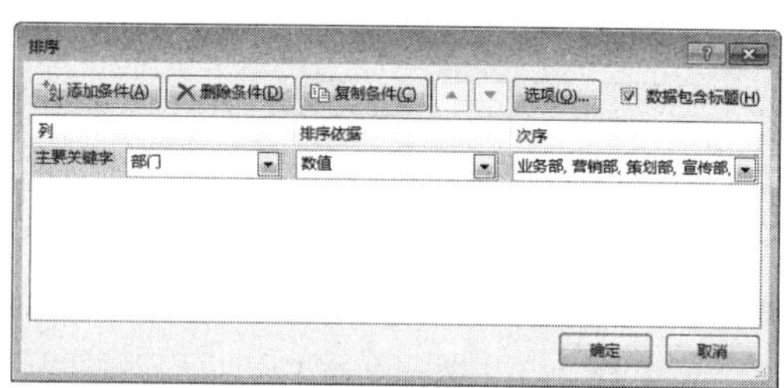

第 6 步 单击【确定】按钮 确定 ，返回工作表中，排序效果如下图所示。

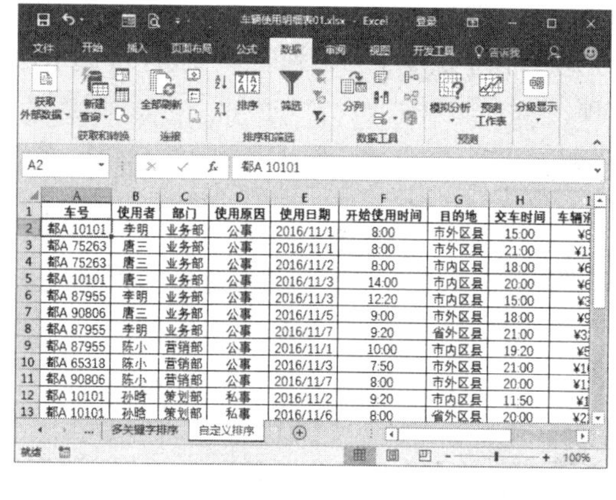

	A	B	C	D	E	F	G	H	I
1	车号	使用者	部门	使用原因	使用日期	开始使用时间	目的地	交车时间	车辆
2	都A 10101	李明	业务部	公事	2016/11/1	8:00	市外区县	15:00	¥[illegible]
3	都A 75263	唐三	业务部	公事	2016/11/1	8:00	市外区县	21:00	¥[illegible]
4	都A 75263	唐三	业务部	公事	2016/11/2	8:00	市内区县	18:00	¥[illegible]
5	都A 10101	唐三	业务部	公事	2016/11/3	14:00	市内区县	20:00	¥[illegible]
6	都A 87955	李明	业务部	公事	2016/11/3	12:20	市内区县	15:00	¥[illegible]
7	都A 90806	唐三	业务部	公事	2016/11/5	9:00	市外区县	18:00	¥[illegible]
8	都A 87955	李明	业务部	公事	2016/11/7	9:20	省外区县	21:00	¥[illegible]
9	都A 87955	陈小	营销部	公事	2016/11/1	10:00	市内区县	19:20	¥[illegible]
10	都A 65318	陈小	营销部	公事	2016/11/3	7:50	市外区县	21:00	¥[illegible]
11	都A 90806	陈小	营销部	公事	2016/11/7	8:00	市外区县	20:00	¥[illegible]
12	都A 10101	孙晗	策划部	私事	2016/11/2	9:20	市内区县	11:50	¥[illegible]
13	都A 10101	孙晗	策划部	私事	2016/11/6	8:00	省外区县	20:00	¥[illegible]

7.2 数据的筛选

案例背景

Excel 2016中提供了数据筛选的3种操作，即单条件筛选、自定义筛选和高级筛选。

本例将根据需要筛选关于"车辆使用情况"的明细数据，制作完成后的效果如下图所示。实例最终效果见"光盘\结果文件\第7章\车辆使用明细表02.xlsx"文件。

	A	B	C	D	E	F	G	H	I	J	K
1	车号	使用	部门	使用原	使用日其	开始使用时	目的地	交车时	车辆消耗	报销	驾驶员补助
4	都A 75263	唐三	业务部	公事	2016/11/1	8:00	市外区县	21:00	¥130	¥130	¥150
11	都A 65318	陈小	营销部	公事	2016/11/3	7:50	市外区县	21:00	¥100	¥100	¥150
14	都A 90806	唐三	业务部	公事	2016/11/5	9:00	市外区县	18:00	¥90	¥90	¥30
15	都A 10101	孙晗	策划部	私事	2016/11/6	8:00	省外区县	20:00	¥220	¥0	¥120
17	都A 75263	陈东	宣传部	公事	2016/11/6	8:00	市外区县	17:30	¥90	¥90	¥30
19	都A 90806	王龙	宣传部	公事	2016/11/6	10:00	省外区县	12:30	¥170	¥170	¥0
22	都A 87955	李明	业务部	公事	2016/11/7	9:20	省外区县	21:00	¥320	¥320	¥90
23	都A 90806	陈小	营销部	公事	2016/11/7	8:00	市外区县	20:00	¥120	¥120	¥120

	A	B	C	D	E	F	G	H	I	J	K
1	车号	使用	部门	使用原	使用日其	开始使用时	目的地	交车时	车辆消耗	报销	驾驶员补助
4	都A 75263	唐三	业务部	公事	2016/11/1	8:00	市外区县	21:00	¥130	¥130	¥150
15	都A 10101	孙晗	策划部	私事	2016/11/6	8:00	省外区县	20:00	¥220	¥0	¥120
19	都A 90806	王龙	宣传部	公事	2016/11/6	10:00	省外区县	12:30	¥170	¥170	¥0
23	都A 90806	陈小	营销部	公事	2016/11/7	8:00	市外区县	20:00	¥120	¥120	¥120

	A	B	C	D	E	F	G	H	I	J	K
1	车号	使用者	部门	使用原因	使用日期	开始使用时间	目的地	交车时间	车辆消耗费	报销费	驾驶员补助费
3	都A 10101	李明	业务部	公事	2016/11/1	8:00	市外区县	15:00	¥80	¥80	¥0
4	都A 75263	唐三	业务部	公事	2016/11/1	8:00	市外区县	21:00	¥130	¥130	¥150
8	都A 75263	唐三	业务部	公事	2016/11/2	8:00	市内区县	18:00	¥60	¥60	¥60
9	都A 10101	唐三	业务部	公事	2016/11/3	14:00	市内区县	20:00	¥60	¥60	¥0
10	都A 87955	李明	业务部	公事	2016/11/3	12:20	市内区县	15:00	¥30	¥30	¥0
14	都A 90806	唐三	业务部	公事	2016/11/5	9:00	市外区县	18:00	¥90	¥90	¥30
15	都A 10101	孙晗	策划部	私事	2016/11/6	8:00	省外区县	20:00	¥220	¥0	¥120
19	都A 90806	王龙	宣传部	公事	2016/11/6	10:00	省外区县	12:30	¥170	¥170	¥0
22	都A 87955	李明	业务部	公事	2016/11/7	9:20	省外区县	21:00	¥320	¥320	¥90
23	都A 90806	陈小	营销部	公事	2016/11/7	8:00	市外区县	20:00	¥120	¥120	¥120
24											
25								部门	车辆消耗费		
26								业务部			
27									>100		

光盘文件	素材文件	光盘\素材文件\第7章\车辆使用明细表02.xlsx
	结果文件	光盘\结果文件\第7章\车辆使用明细表02.xlsx
	教学视频	光盘\视频文件\第7章\7.2数据的筛选.mp4

7.2.1 单条件筛选

单条件筛选一般用于简单的条件筛选，筛选时将不满足条件的数据暂时隐藏起来，只显示符合条件的数据。

1. 指定数据的筛选

接下来筛选“部门”为“策划部”和“营销部”的车辆使用明细数据，具体操作步骤如下。

第 1 步 ❶打开“光盘\素材文件\第 7 章\车辆使用明细表 02.xlsx”文件，切换到工作表“单条件筛选”中；❷将光标定位在数据区域的任意一个单元格中，切换到【数据】选项卡；❸单击【排序和筛选】组中的【筛选】按钮，如下图所示。

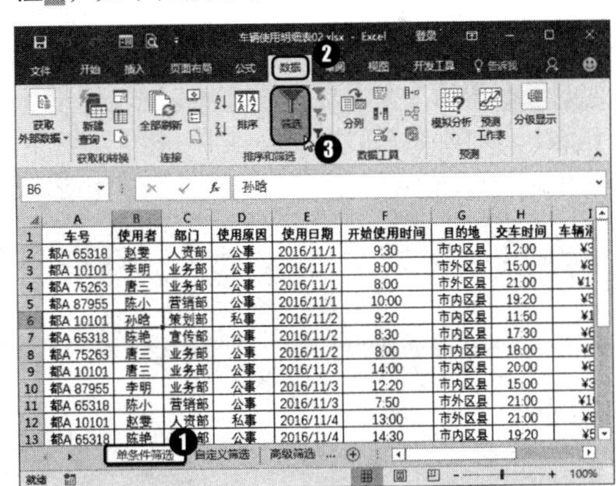

第 2 步 此时工作表进入筛选状态，各标题字段的右侧出现一个下拉按钮▾，如下图所示。

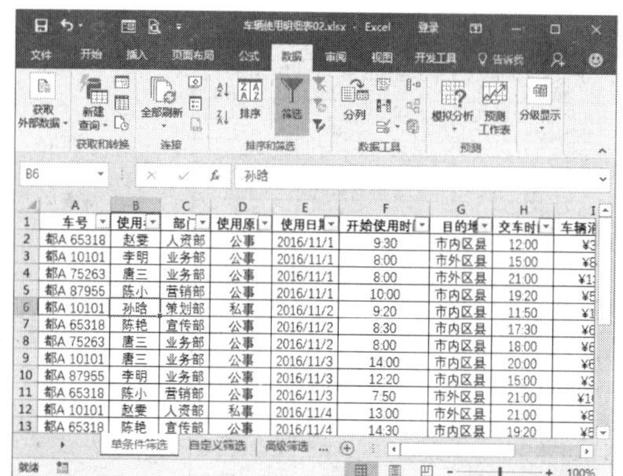

第 3 步 单击标题字段【部门】右侧的下拉按钮▼，从弹出的筛选列表中取消选中【人资部】【宣传部】和【业务部】复选框，如下图所示。

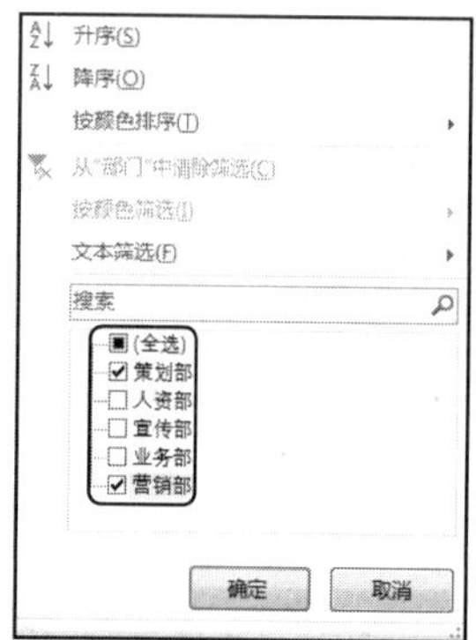

第 4 步 单击【确定】按钮 确定 ，返回工作表，此时所在部门为“策划部”和“营销部”的车辆使用明细数据的筛选结果，如下图所示。

2. 指定条件的筛选

接下来筛选“车辆消耗费”排在前8位的车辆使用明细数据，具体操作步骤如下。

第 1 步 单击【排序和筛选】组中的【筛选】按钮，撤消之前的筛选，再次单击【排序和筛选】组中的【筛选】按钮，重新进入筛选状态，如下图所示。

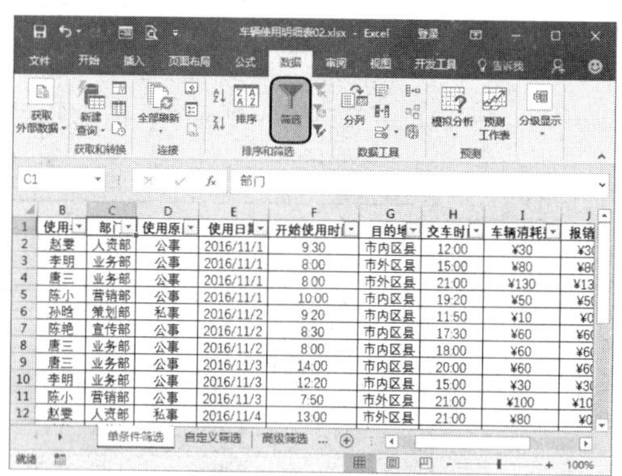

第 2 步 单击标题字段【车辆消耗费】右侧的下拉按钮▼，如下图所示。

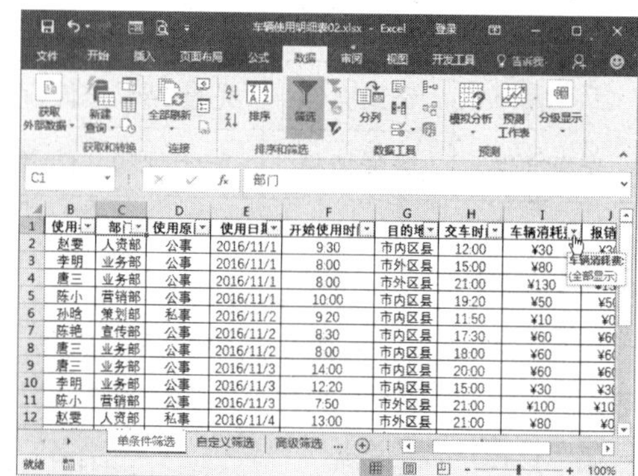

第 3 步 从弹出的下拉列表中选择【数字筛选】➤【前 10 项】选项，如下图所示。

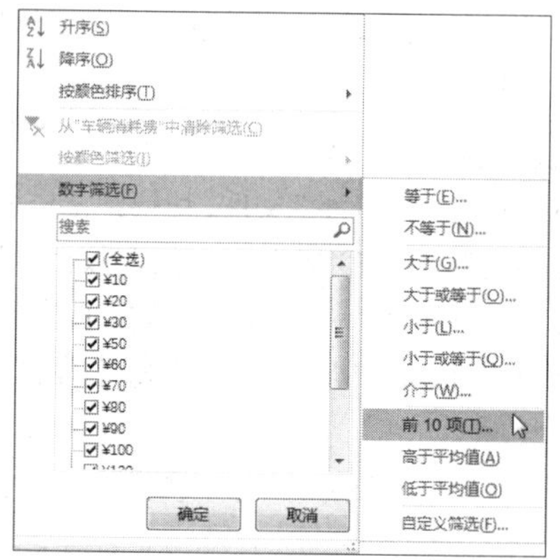

第 4 步 弹出【自动筛选前 10 个】对话框，

然后将显示条件设置为“最大 8 项”，如下图所示。

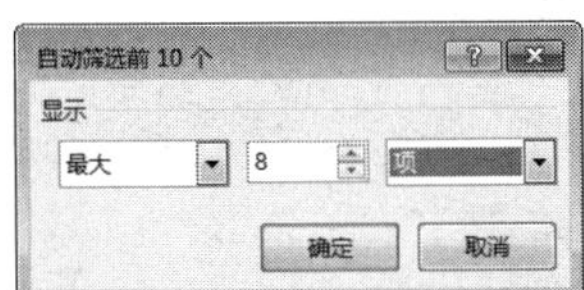

第 5 步 单击【确定】按钮，返回工作表，“车辆消耗费”排在前 8 位的车辆使用明细数据的筛选结果，如下图所示。

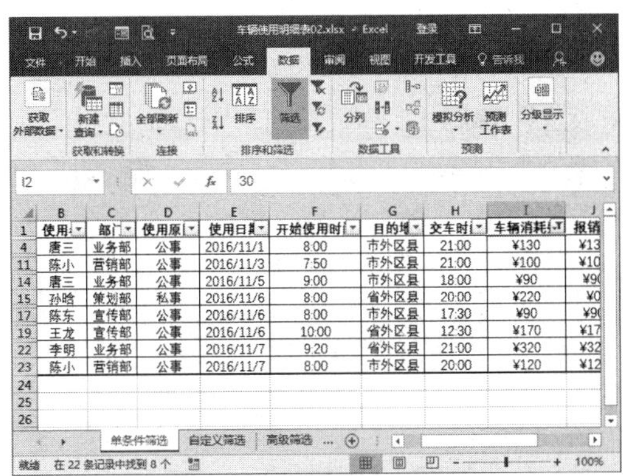

7.2.2 自定义筛选

在对表格数据进行自动筛选时，用户可以设置多个筛选条件。

接下来自定义筛选“车辆消耗费”在“100”和“300”之间的车辆使用明细数据，具体操作步骤如下。

第 1 步 ❶切换到工作表“自定义筛选”中；❷切换到【数据】选项卡；❸单击【排序和筛选】组中的【筛选】按钮，进入筛选状态；❹单击标题字段【车辆消耗费】右侧的下拉按钮，如下图所示。

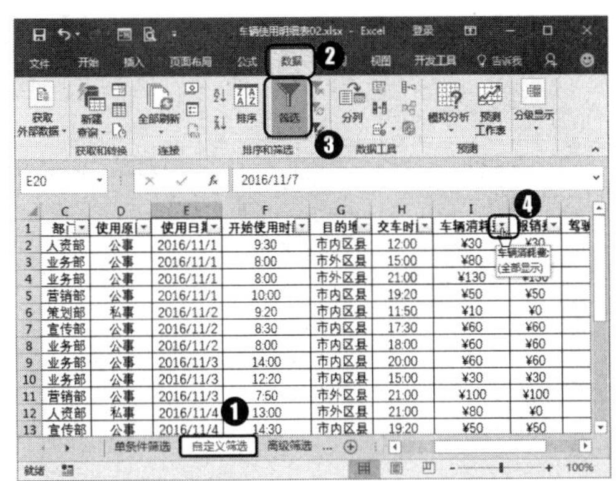

第 2 步 从弹出的下拉列表中选择【数字筛选】➤【自定义筛选】选项，如下图所示。

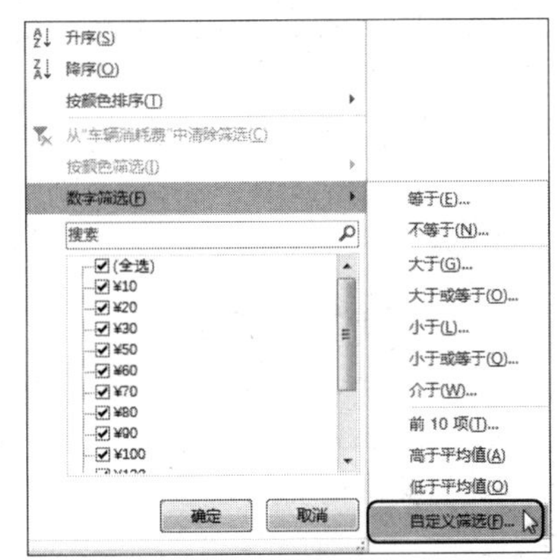

第 3 步 弹出【自定义自动筛选方式】对话框，然后将显示条件设置为“车辆消耗费大于 100 与小于 300”，如下图所示。

第 4 步 单击【确定】按钮，返回工作表，筛选效果如下图所示。

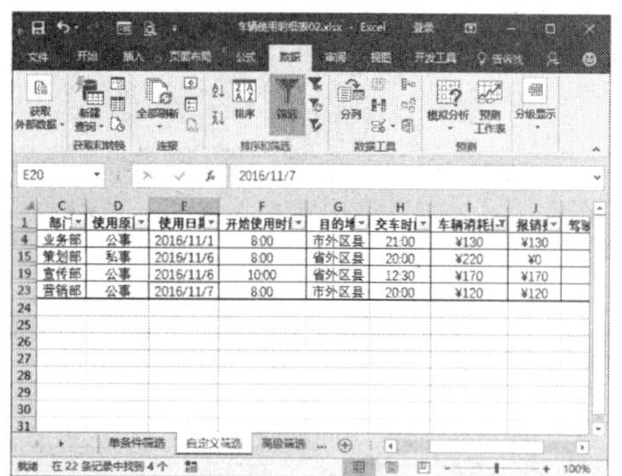

7.2.3 高级筛选

高级筛选一般用于条件较复杂的筛选操作，其筛选的结果可显示在原数据表格中，不符合条件的记录被隐藏起来；也可以在新的位置显示筛选结果，不符合条件的记录同时保留在数据表中而不会被隐藏起来，这样会更加便于进行数据比对。

1. 高级筛选中的“与”关系

“与”关系表示筛选出的结果满足全部条件。例如，在车辆使用明细表中筛选业务部车辆消耗费大于100元的记录，具体操作步骤如下。

第 1 步 切换到工作表“高级筛选”中，在不包含数据的区域内输入一个筛选条件，例如，在单元格区域 H25:I26 中输入筛选条件“部门为业务部，车辆消耗费 >100”，如下图所示。

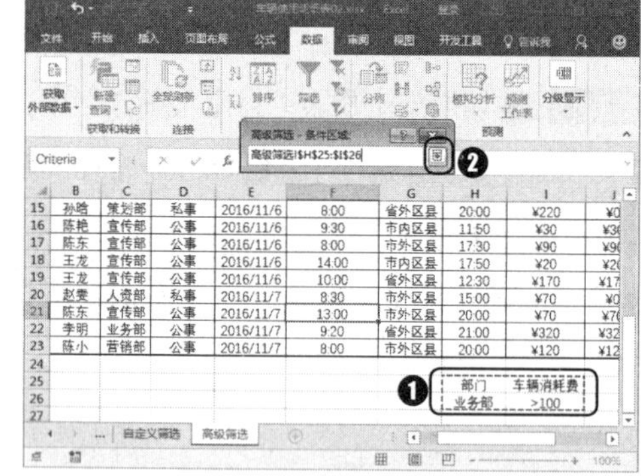

第 2 步 ❶将光标定位在数据区域的任意一个单元格中，切换到【数据】选项卡；❷单击【排序和筛选】组中的【高级】按钮，如下图所示。

第 3 步 ❶弹出【高级筛选】对话框，选中【在原有区域显示筛选结果】单选按钮；❷单击【条件区域】文本框右侧的【折叠】按钮，如下图所示。

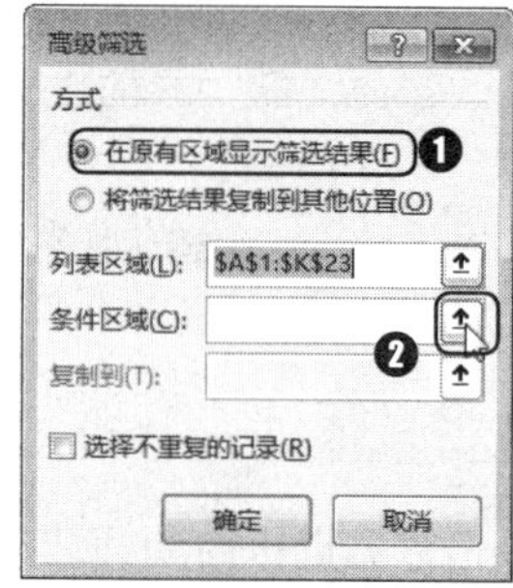

第 4 步 ❶弹出【高级筛选 - 条件区域：】对话框，然后在工作表选择条件区域 H25:I26；❷单击【展开】按钮，如下图所示。

第5步 展开【高级筛选】对话框，此时即可在【条件区域】文本框中显示出条件区域的范围，如下图所示。

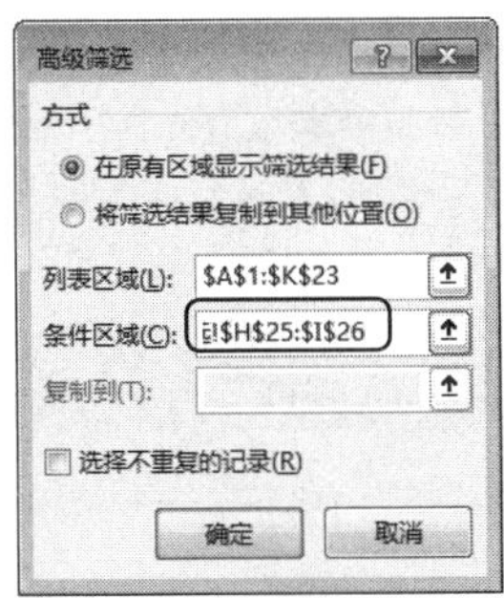

第6步 单击【确定】按钮，返回工作表中，业务部车辆消耗费大于100元的数据记录筛选效果如下图所示。

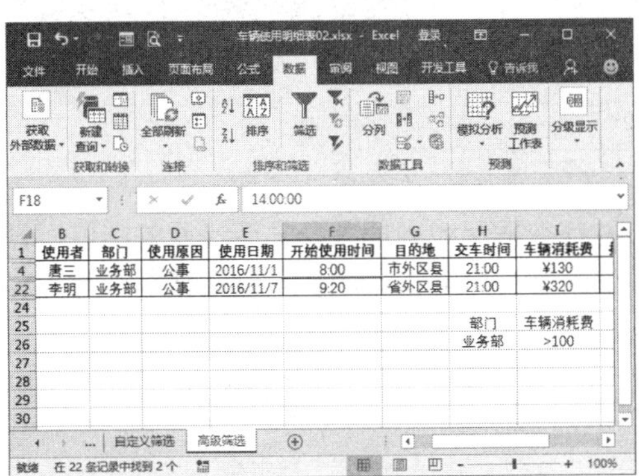

2. 高级筛选中的“或”关系

“或”关系表示筛选出的结果只要满足其中一个条件即可。例如，在车辆使用明细表中筛选部门是业务部或者车辆消耗费大于100元的记录，具体操作步骤如下。

第1步 单击【排序和筛选】组中的【筛选】按钮，取消之前的筛选状态，在不包含数据的区域内输入筛选条件，如下图所示。

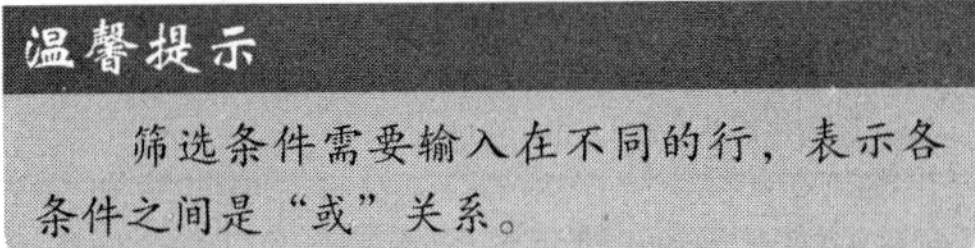
温馨提示

筛选条件需要输入在不同的行，表示各条件之间是“或”关系。

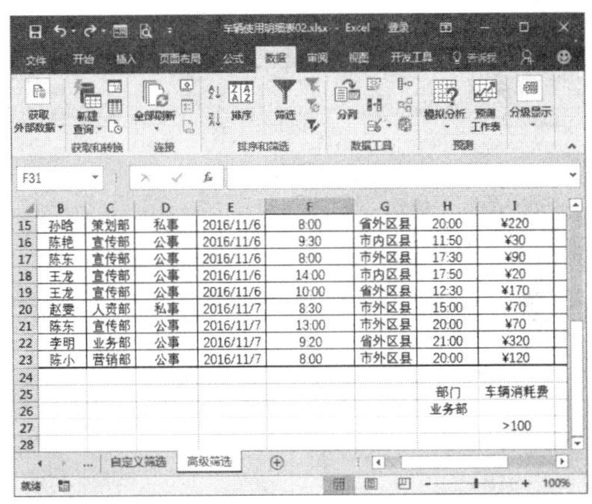

第2步 将光标定位在数据区域的任意一个单元格中，单击【排序和筛选】组中的【高级】按钮，如下图所示。

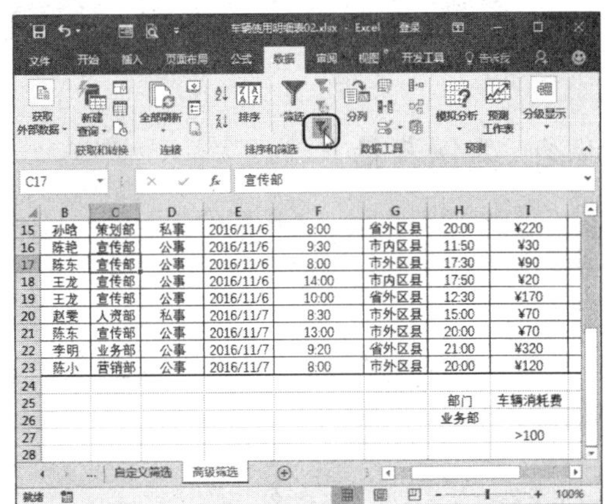

第3步 弹出【高级筛选】对话框，在【条件区域】文本框输入“$H$25:$I$27”，如下图所示。

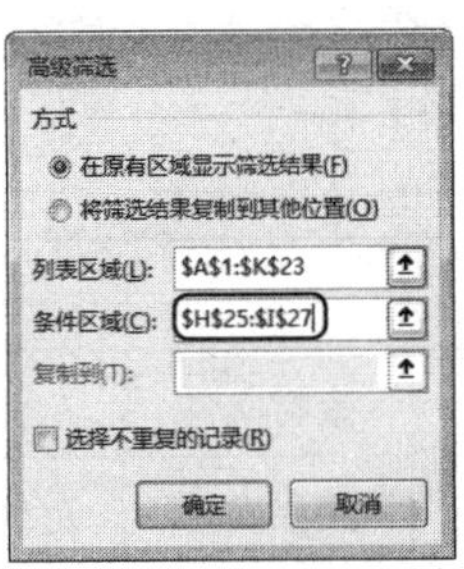

第4步 单击【确定】按钮，返回工作表中，筛选结果如下图所示。

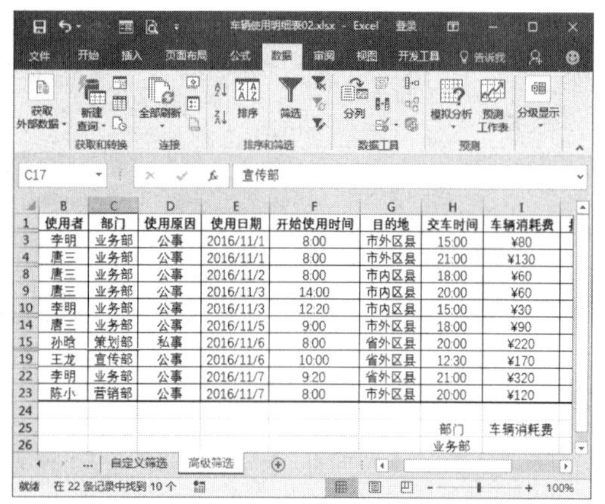

	B	C	D	E	F	G	H	I
1	使用者	部门	使用原因	使用日期	开始使用时间	目的地	交车时间	车辆消耗费
3	李明	业务部	公事	2016/11/1	8:00	市外区县	15:00	¥80
4	唐三	业务部	公事	2016/11/1	8:00	市外区县	21:00	¥130
8	唐三	业务部	公事	2016/11/2	8:00	市内区县	18:00	¥60
9	唐三	业务部	公事	2016/11/3	14:00	市内区县	20:00	¥60
10	李明	业务部	公事	2016/11/3	12:20	市内区县	15:00	¥30
14	唐三	业务部	公事	2016/11/5	9:00	市外区县	18:00	¥90
15	孙晗	策划部	私事	2016/11/6	8:00	省外区县	20:00	¥220
19	王龙	宣传部	公事	2016/11/6	10:00	省外区县	12:30	¥170
22	李明	业务部	公事	2016/11/7	9:20	省外区县	21:00	¥320
23	陈小	营销部	公事	2016/11/7	8:00	市外区县	20:00	¥120
24								
25							部门	车辆消耗费
26							业务部	

> **温馨提示**
>
> 高级筛选与单条件筛选的差别在于：单条件筛选是以下拉列表的方式来过滤数据的，并将符合条件的数据显示在列表上；高级筛选则是必须给出用来作为筛选的条件。
>
> 要进行筛选的数据列表中的字段比较少时，利用单条件筛选比较简单。但是如果需要筛选的数据列表中的字段比较多，而且筛选的条件又比较复杂，这时需要使用高级筛选。

7.3 数据的分类汇总

案例背景

分类汇总是指对表中的数据进行分类计算，并在数据区域中插入行显示计算的结果。分类汇总提供的函数包括求和、最大值、最小值和平均值等11种常用函数，默认情况下是求和函数。

本例将介绍分类汇总的基础操作，制作完成后的效果如下图所示。实例最终效果见“光盘\结果文件\第7章\车辆使用明细表03.xlsx”文件。

	A	B	C	D	E	F	G	H	I	J	K
1	车号	使用者	部门	使用原因	使用日期	开始使用时间	目的地	交车时间	车辆消耗费	报销费	驾驶员补助费
2	郝A 10101	孙晗	策划部	私事	2016/11/2	9:20	市内区县	11:50	¥10	¥0	¥0
3	郝A 10101	孙晗	策划部	私事	2016/11/6	8:00	省外区县	20:00	¥220	¥0	¥120
4		策划部 汇总							¥230		
5	郝A 65318	赵雯	人资部	公事	2016/11/1	9:30	市内区县	12:00	¥30	¥30	¥0
6	郝A 10101	赵雯	人资部	私事	2016/11/4	13:00	市外区县	21:00	¥80	¥0	¥0
7	郝A 75263	赵雯	人资部	私事	2016/11/7	8:30	市外区县	15:00	¥70	¥0	¥0
8		人资部 汇总							¥180		
9	郝A 65318	陈艳	宣传部	公事	2016/11/2	8:30	市内区县	17:30	¥60	¥60	¥0
10	郝A 65318	陈艳	宣传部	公事	2016/11/4	14:30	市内区县	19:20	¥50	¥50	¥0
11	郝A 65318	陈艳	宣传部	公事	2016/11/6	9:30	市内区县	11:50	¥30	¥30	¥0
12	郝A 75263	陈东	宣传部	公事	2016/11/6	6:00	市外区县	17:30	¥90	¥90	¥30
13	郝A 87955	王龙	宣传部	公事	2016/11/6	14:00	市内区县	17:50	¥20	¥20	¥0
14	郝A 90806	王龙	宣传部	公事	2016/11/6	10:00	省外区县	12:30	¥170	¥170	¥0
15	郝A 10101	陈东	宣传部	公事	2016/11/7	13:00	市外区县	20:00	¥70	¥70	¥0
16		宣传部 汇总							¥490		
17	郝A 10101	李明	业务部	公事	2016/11/1	8:00	市外区县	15:00	¥80	¥80	¥0
18	郝A 75263	唐三	业务部	公事	2016/11/1	8:00	市外区县	21:00	¥130	¥130	¥150
19	郝A 75263	唐三	业务部	公事	2016/11/2	8:00	市内区县	18:00	¥60	¥60	¥60
20	郝A 10101	唐三	业务部	公事	2016/11/3	14:00	市内区县	20:00	¥60	¥60	¥0
21	郝A 87955	李明	业务部	公事	2016/11/3	12:20	市内区县	15:00	¥30	¥30	¥0
22	郝A 90806	唐三	业务部	公事	2016/11/5	9:00	市外区县	18:00	¥90	¥90	¥30
23	郝A 87955	李明	业务部	公事	2016/11/7	9:20	省外区县	21:00	¥320	¥320	¥90
24		业务部 汇总							¥770		
25	郝A 87955	陈小	营销部	公事	2016/11/1	10:00	市内区县	19:20	¥50	¥50	¥30
26	郝A 65318	陈小	营销部	公事	2016/11/3	7:50	市外区县	21:00	¥100	¥100	¥150
27	郝A 90806	陈小	营销部	公事	2016/11/7	8:00	市外区县	20:00	¥120	¥120	¥120
28		营销部 汇总							¥270		
29		总计							¥1,940		
30											

光盘文件		
	素材文件	光盘\素材文件\第7章\车辆使用明细表03.xlsx
	结果文件	光盘\结果文件\第7章\车辆使用明细表03.xlsx
	教学视频	光盘\视频文件\第7章\7.3数据的分类汇总.mp4

7.3.1 创建分类汇总

创建分类汇总的操作很简单，但需要注意的是要先对数据进行排序，然后再进行分类汇总。

用户可以通过使用【分类汇总】功能统计和分析每台车辆的使用情况、各部门的用车情况以及车辆运行里程和油耗等。

创建分类汇总的具体操作步骤如下。

第1步 ❶打开“光盘\素材文件\第7章\车辆使用明细表03.xlsx”文件，将光标定位在数据区域的任意一个单元格中，切换到【数据】选项卡；❷单击【排序和筛选】组中的【排序】按钮，如下图所示。

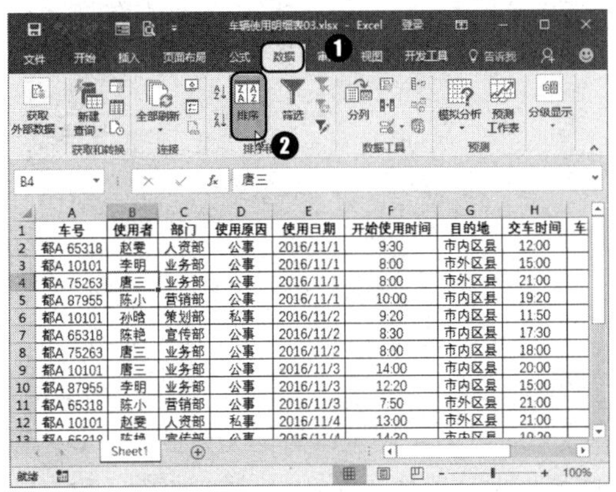

第2步 弹出【排序】对话框，在【主要关键字】下拉列表中选择【部门】选项，在【排序依据】下拉列表中选择【数值】选项，在【次序】下拉列表中选择【升序】选项，如下图所示。

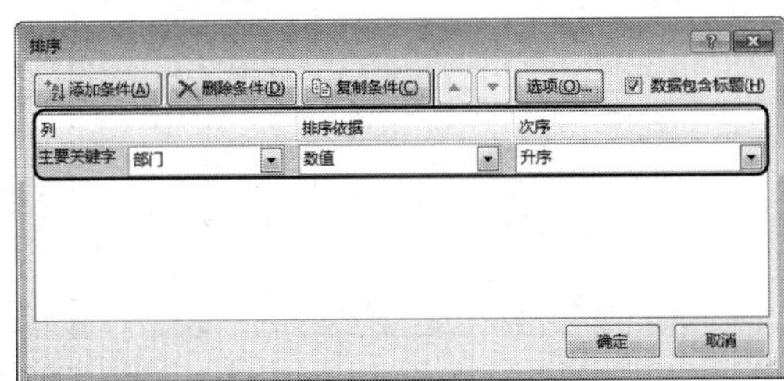

第3步 单击【确定】按钮 确定 ，返回工作表中，此时表格中的数据即可根据“部门”的拼音首字母进行升序排列，如下图所示。

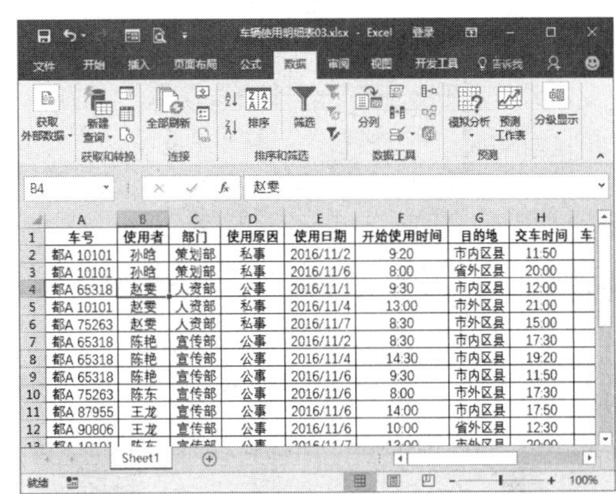

第4步 单击【分级显示】组中的【分类汇总】按钮，如下图所示。

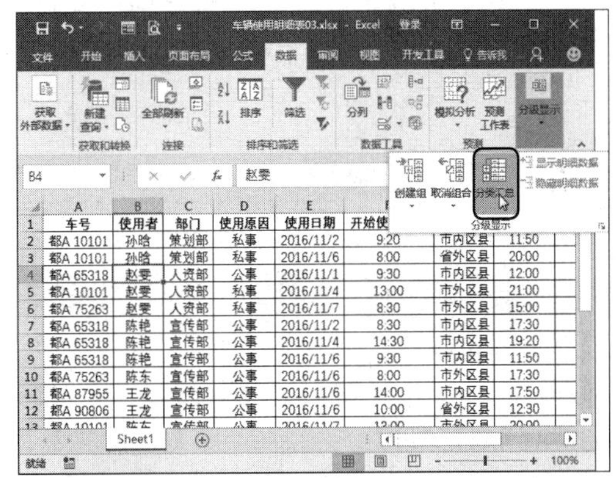

第5步 ❶弹出【分类汇总】对话框，在【分类字段】下拉列表中选择【部门】选项；❷在【汇总方式】下拉列表中选择【求和】选项；❸在【选定汇总项】列表框中撤选其他选项，选中【车辆消耗费】复选框；❹选中【替换当前分类汇总】和【汇总结果显示在数据下方】复选框，如下图所示。

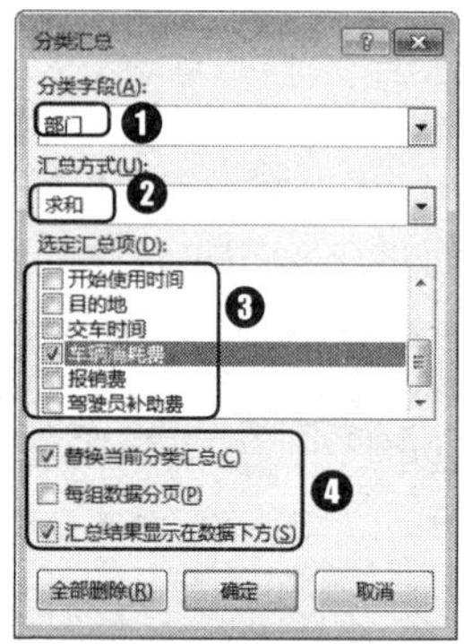

第 6 步 单击【确定】按钮 确定 ，返回工作表中，汇总效果如下图所示。

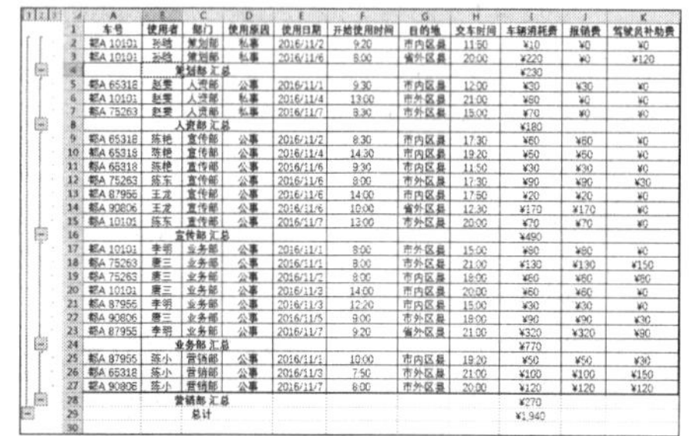

7.3.2 组及分级显示

在应用了【分类汇总】功能后，Excel会对“分类字段”以组的方式创建一个级别。用户可以使用系统提供的分级显示按钮来分级显示汇总后的数据信息，以便更清晰便捷地查看需要的数据。

第 1 步 选中单元格 A7，单击【分级显示】组中的【隐藏明细数据】按钮 隐藏明细数据 ，如下图所示。

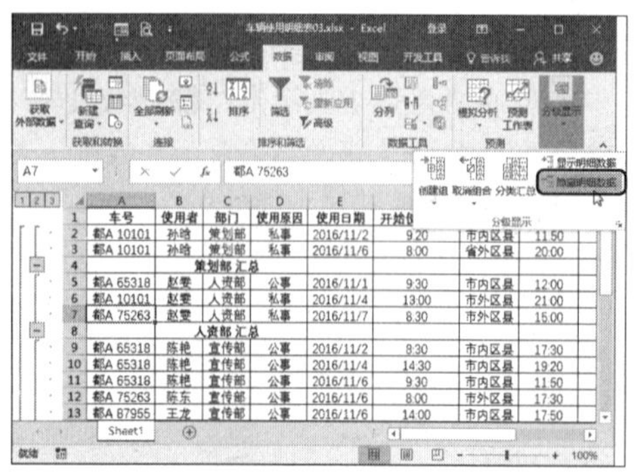

第 2 步 即可将该组的明细数据隐藏起来，并且此分级显示按钮 − 会变成按钮 + ，如下图所示。

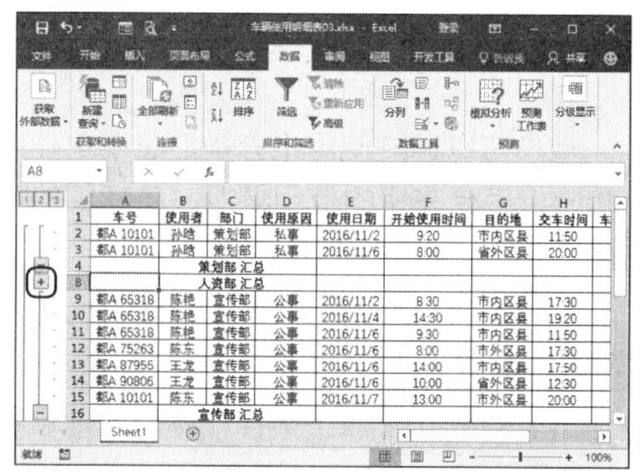

第 3 步 单击【分级显示】组中的【显示明细数据】按钮 显示明细数据 ，如下图所示。

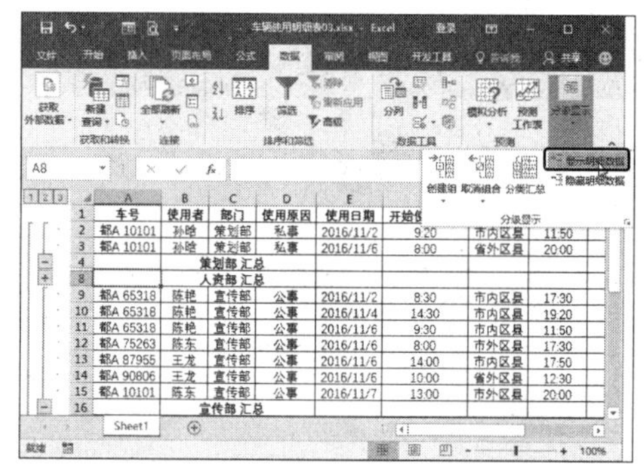

第 4 步 此时，隐藏的数据又会显示出来，并且此分级显示按钮 + 会变成按钮 − ，如下图所示。

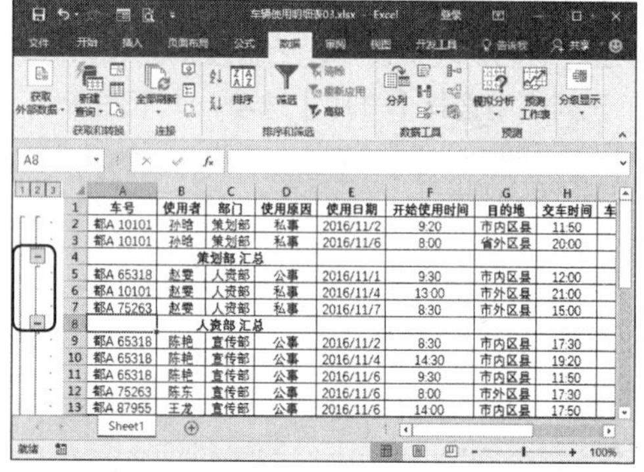

第 5 步 用户也可以通过单击分级显示按钮来显示和隐藏明细数据。单击第 4 行左侧对应的 − 按钮，如下图所示。

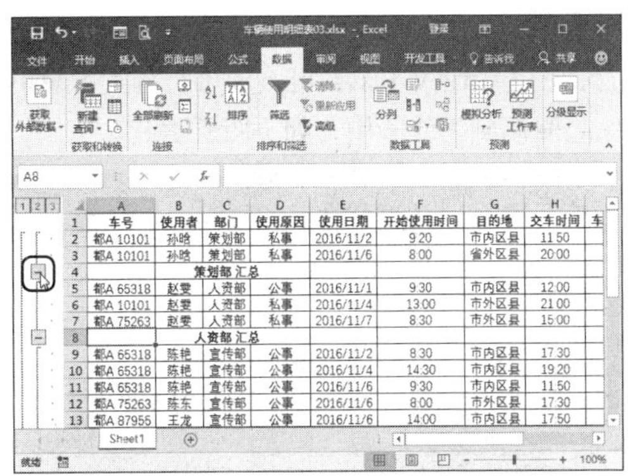

第 6 步 此时此分级组的明细数据就被隐藏起来了，按钮[-]相应地变为按钮[+]，如下图所示。

第 7 步 在分级显示按钮的上方还有一行 3 级数值按钮[1][2][3]。单击数值按钮[2]，在数据区域中就会只显示前 1 级分类汇总的结果，如下图所示。

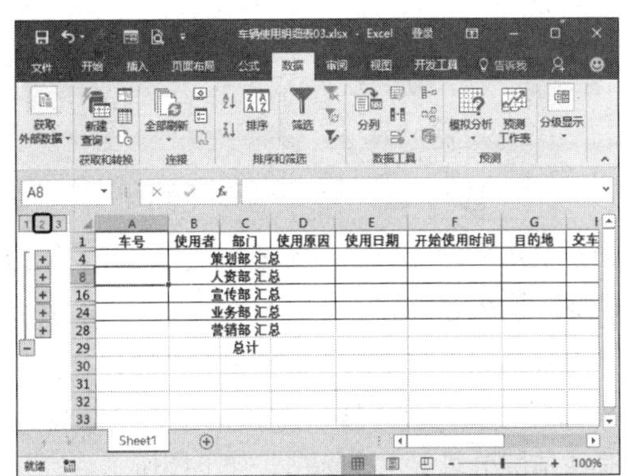

第 8 步 单击数值按钮[3]，即可显示所有明细数据，如下图所示。

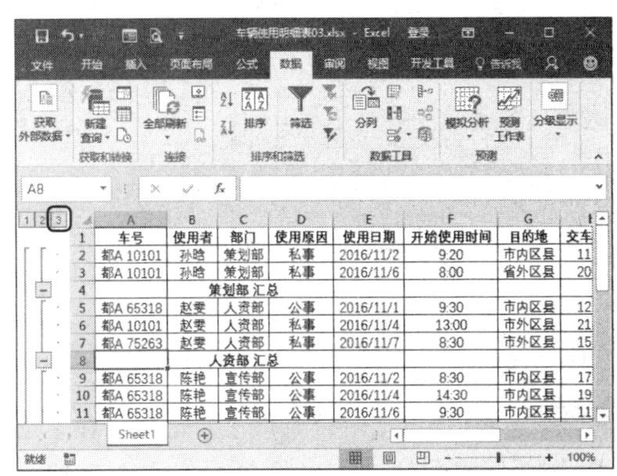

7.3.3 复制分类汇总结果

对数据分类汇总之后，如果需要将分类汇总结果复制出来，简单地使用复制粘贴功能会把所有的数据都复制出来，如果先进行相应的设置，然后再复制粘贴即可只复制汇总结果，具体操作步骤如下。

第 1 步 单击下图左侧的按钮[2]，则只显示分类汇总后的结果，如下图所示。

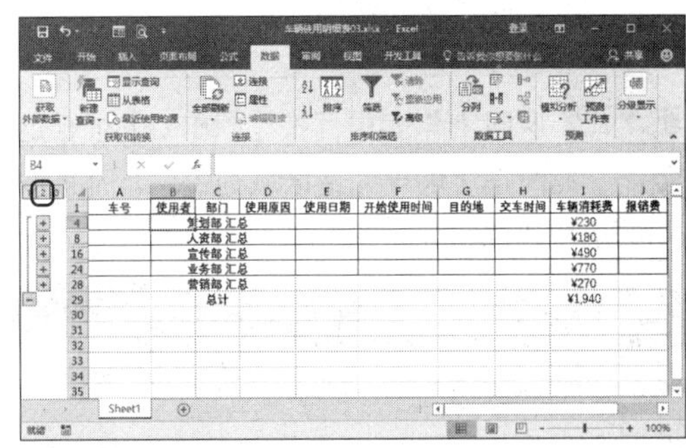

第 2 步 ❶选择要复制的单元格区域，切换到【开始】选项卡中；❷单击【编辑】组中的【查找和选择】按钮；❸从弹出的下拉列表中选择【定位条件】选项，如下图所示。

第 3 步 ❶弹出【定位条件】对话框，在【选择】组合框中选中【可见单元格】单选钮；❷然后单击【确定】按钮 确定 ，如下图所示。

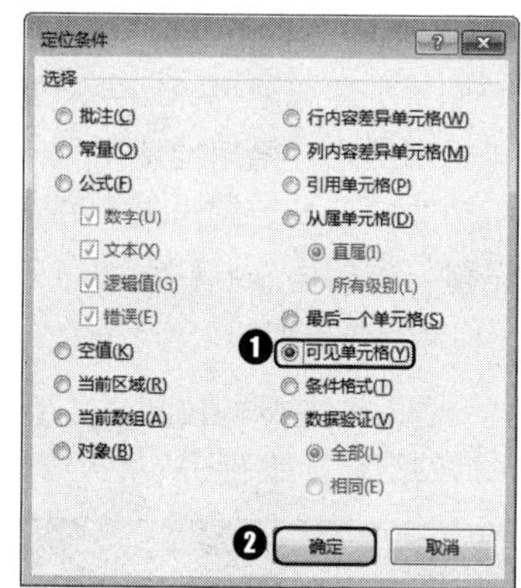

第 4 步 返回工作表中，按【Ctrl+C】组合键复制，此时选中的单元格区域的每一行都被滚动的虚线环绕，如下图所示。

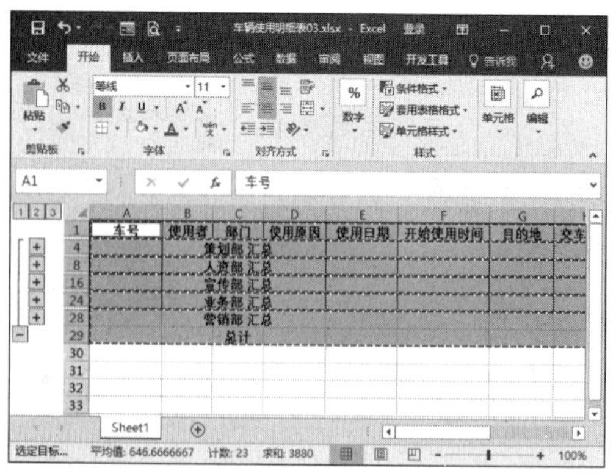

第 5 步 新建工作表，然后选择需要粘贴的位置，按【Ctrl+V】组合键，即可将分类汇总的结果复制到工作表中，如下图所示。

7.3.4 取消分类汇总

如果用户想取消分级显示，但保留分类汇总后的结果时，可以取消分级显示，具体操作步骤如下。

第 1 步 ❶切换到工作表“Sheet1”中；❷单击左侧的按钮 3 ，显示所有明细数据，如下图所示。

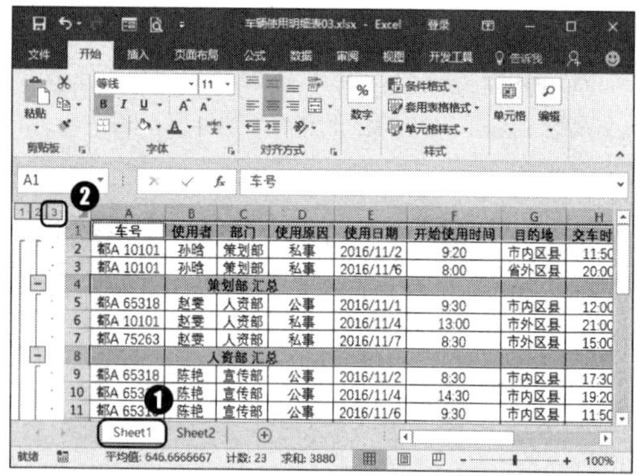

第 2 步 ❶切换到【数据】选项卡中；❷单击【分级显示】组中的【取消组合】按钮的下半部分按钮 取消组合 ；❸从弹出的下拉列表中选择【清除分级显示】选项，如下图所示。

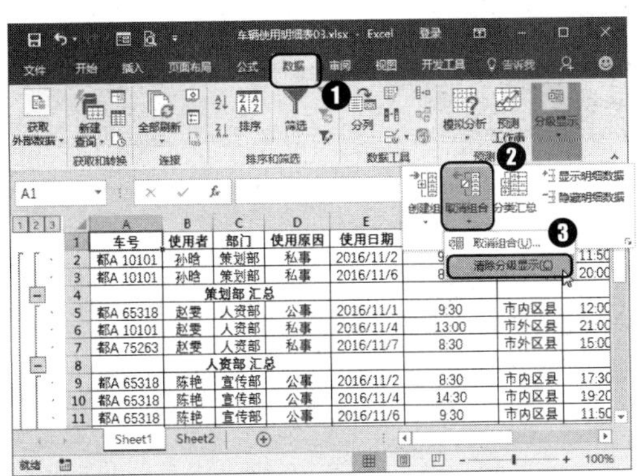

第 3 步 即可看到左侧的分级显示按钮不见了，但是分类汇总数据都保留下来了，如下图所示。

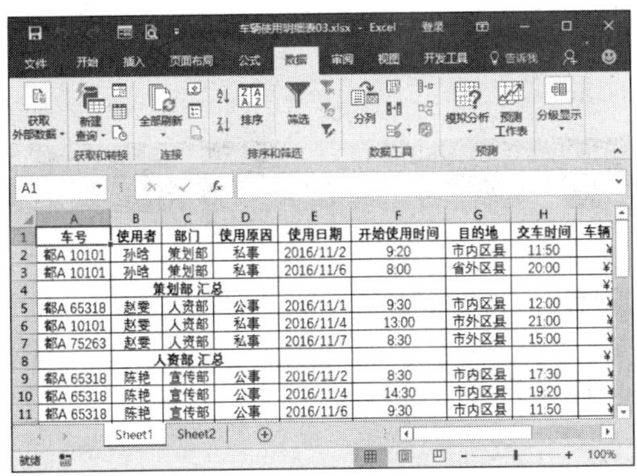

教您一招

删除分类汇总

用户想要删除分类汇总，只需打开【分类汇总】对话框，单击【全部删除】按钮 全部删除(R)，即可删除所有分类汇总，如下图所示。

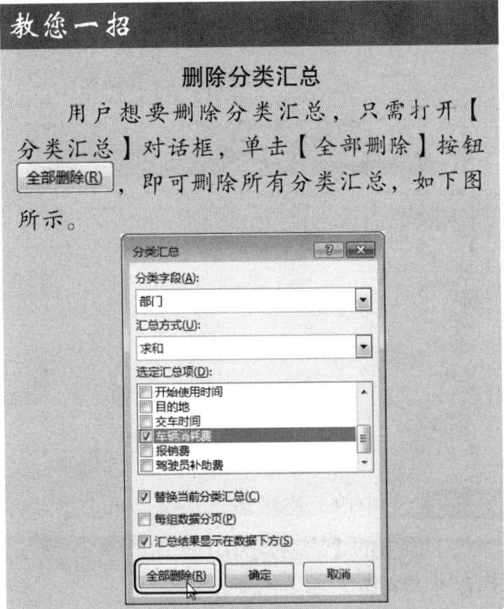

大神支招

通过前面知识的学习，相信读者已经掌握了Excel 2016中排序、筛选及分类汇总等相关操作。下面结合本章内容，介绍一些工作中的实用经验与技巧。

01 如何对合并单元格数据排序

视频文件：光盘\视频文件\第7章\01.mp4

当数据区域中包含合并单元格时，如果各个合并单元格的数量不统一，将无法进行排序操作。用户可以通过插入空行的方法调整数据结构，使合并的单元格具有一致的大小，具体操作步骤如下。

第 1 步 打开“光盘\素材文件\第 7 章\对合并单元格数据排序.xlsx”文件，在合并单元格下方根据最大合并单元格的行数（本例 3 行）插入空行，即在“B 部门”插入 2 行空行，在“C 部门”插入 1 行空行，如下图所示。

第 2 步 选中单元格区域 A2:A4，单击【对齐方式】组中的【合并居中】按钮 合并后居中 将其合并并居中，如下图所示。

第 3 步 选中单元格区域 A2:A13，单击【剪贴板】组中的【格式刷】按钮，然后选中单元格区域 B2:C13，即可将单元格区域 B2:C13 合并，如下图所示。

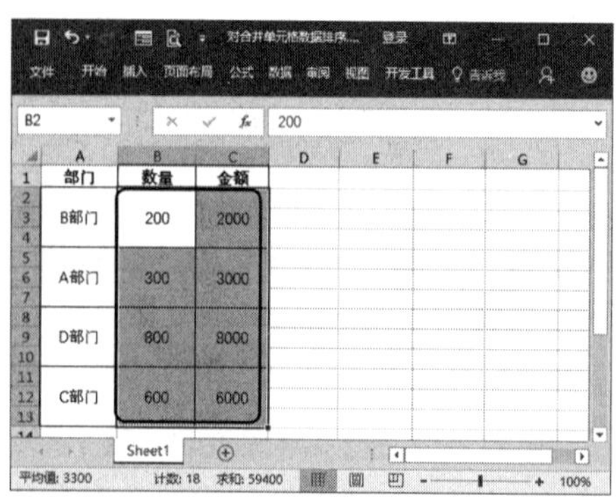

第 4 步 按照部门进行升序排序，如下图所示。

第 5 步 选中单元格区域 D2:D5，单击【格式刷】按钮，然后选中单元格区域 B2:C13，即可取消单元格区域 B2:C13 的合并，如下图所示。

第 6 步 删除单元格区域 B2:C13 中的空行并对其简单美化，最后的排序效果，如下图所示。

02 如何对自动筛选的结果重新编号

视频文件：光盘\视频文件\第7章\02.mp4

对表格进行筛选之后，筛选结果的“序号”字段的序号值将不再连续。如果要使这些序号值在筛选状态下仍能保持连续编号，可以借助SUBTOTAL函数创建公式来实现。

具体操作步骤如下。

第1步 打开“光盘\素材文件\第7章\对自动筛选的结果重新编号.xlsx”文件，选中单元格A2，输入公式“=N(SUBTOTAL(3,C$2:C2))”，然后向下填充公式至单元格A11，如下图所示。

第2步 对部门进行筛选，即可看到A列得到连续的序号显示，如下图所示。

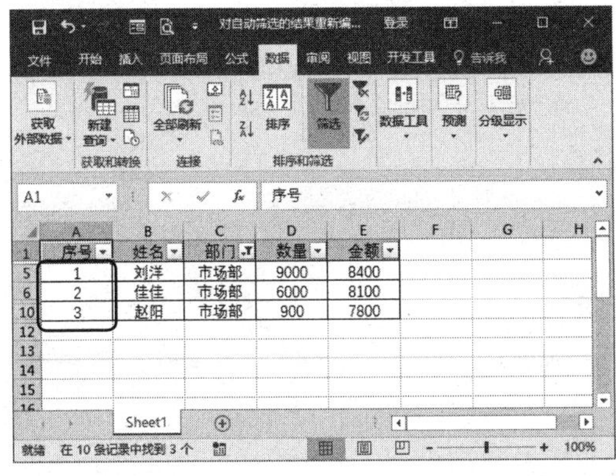

03 精确筛选条件

工作表中数据包含字母和数字时，有时候对设置条件进行高级筛选之后，并不能精确筛选出完全匹配筛选条件的数据。

例如，打开“光盘\素材文件\第7章\精确筛选条件.xlsx”文件，要筛选型号为“JN1580807”的数据记录。在单元格A2中输入筛选条件“JN1580807”，筛选结果如下图所示。

从上图中可以看到，筛选结果不仅包含“JN1580807”，还包含“JN1580807LL”“JN1580807RL”“JN1580807-A”和“JN1580807-B”等数据记录。

如果要筛选精确，用户可以在筛选条件值前面加上单引号和等号“' =”，如输入“' = JN1580807”，筛选结果如下图所示。

第8章 巧用数据分析工具

本章导读

Excel具有强大的数据处理和数据分析功能，其中包括合并计算、单变量求解、模拟运算以及规划求解等，恰当运用这些功能可以极大地提高日常办公中的工作效率。本章通过几个实例介绍这些功能的使用方法。

知识要点

- 合并计算
- 单变量模拟运算
- 规划求解
- 单变量求解
- 双变量模拟运算表
- 方案管理器

8.1 合并计算与单变量求解

案例背景

使用Excel 2016提供的合并计算功能，可以对多个工作表中的数据进行计算汇总。而使用单变量求解可以寻求公式中的特定解。

本例将介绍Excel的合并计算和单变量求解功能，制作完成后的效果如下图所示。实例最终效果见“光盘\结果文件\第8章\产销预算分析表01.xlsx”文件。

产品	1月	2月	3月	4月	5月	6月
产品A	1190	1230	900	980	930	950
产品B	1110	1040	1130	900	1200	950
产品C	1070	1000	1100	1090	1200	1040
产品D	1200	1160	1120	900	1110	1040

预计生产量	1500
单位产品直接材料成本（元）	120
直接材料成本（元）	180000

光盘文件	素材文件	光盘\素材文件\第8章\产销预算分析表01.xlsx
	结果文件	光盘\结果文件\第8章\产销预算分析表01.xlsx
	教学视频	光盘\视频文件\第8章\8.1合并计算与单变量求解.mp4

8.1.1 关于合并计算

合并计算功能通常用于对多个工作表中的数据进行计算汇总，并将多个工作表中的数据合并到一个工作表中。合并计算分为按分类合并计算和按位置合并计算两种。

1. 按分类合并计算

对工作表中的数据按分类合并计算的具体操作步骤如下。

第1步 ❶打开“光盘\素材文件\第8章\产销预算分析表01.xlsx”文件，切换到工作表“生产1部产量”，选中单元格区域B2:G5；❷切换到【公式】选项卡；❸单击【定义的名称】组中的【定义名称】按钮 定义名称 ，如下图所示。

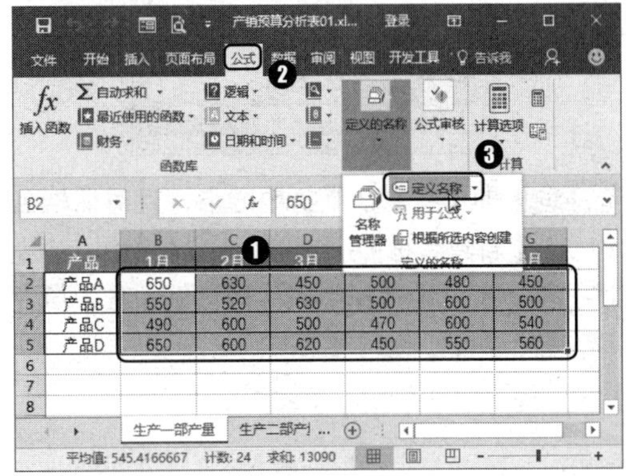

第 2 步 弹出【新建名称】对话框，在【名称】文本框中输入“生产一部产量”，如下图所示。

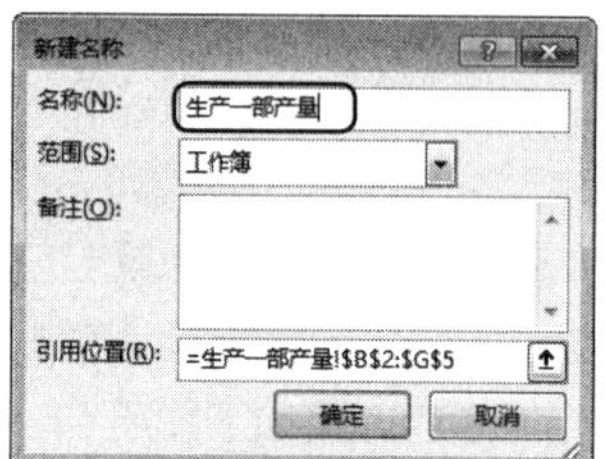

第 3 步 单击【确定】按钮 确定 ，返回工作表中，切换到工作表“生产二部产量”中，选中单元格 B2，再次单击【定义名称】按钮 定义名称 ，如下图所示。

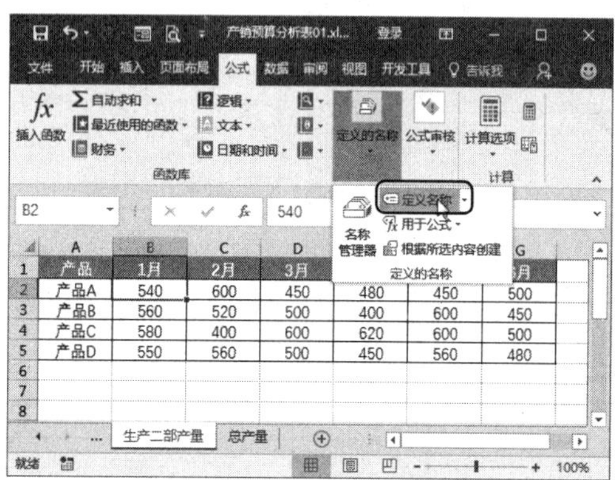

第 4 步 ❶弹出【新建名称】对话框，在【名称】文本框中输入“生产二部产量”；❷单击【引用位置】右侧的【折叠】按钮，如下图所示。

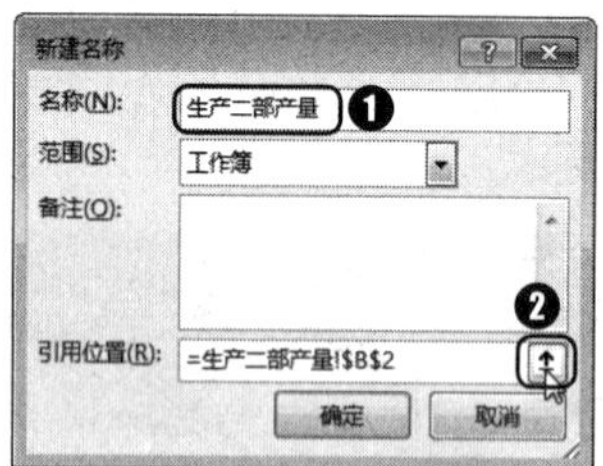

第 5 步 即可将对话框折叠起来，且对话框名称变为【新建名称 - 引用位置 :】，在工作表“生产二部产量”中选择引用区域，例如选中单元格区域 B2:G5，如下图所示。

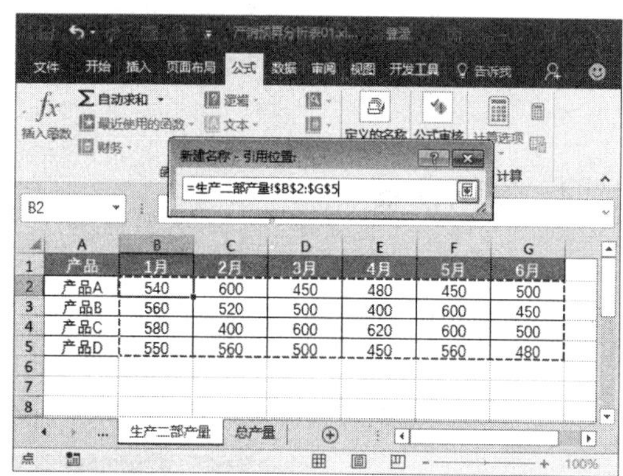

第 6 步 单击【新建名称 - 引用位置 :】对话框中的【展开】按钮，展开【新建名称】对话框，单击【确定】按钮 确定 即可，如下图所示。

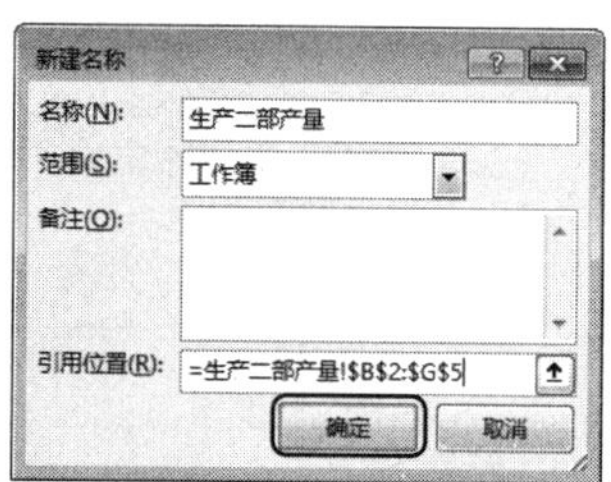

第 7 步 ❶切换到工作表“总产量”中；❷选中单元格 B2，切换到【数据】选项卡；❸单击【数据工具】组中的【合并计算】按钮，如下图所示。

第 8 步 ❶弹出【合并计算】对话框，在【引用位置】文本框中输入定义的名称“生产一部产量”；单击【添加】按钮 添加(A) ，如下图所示。

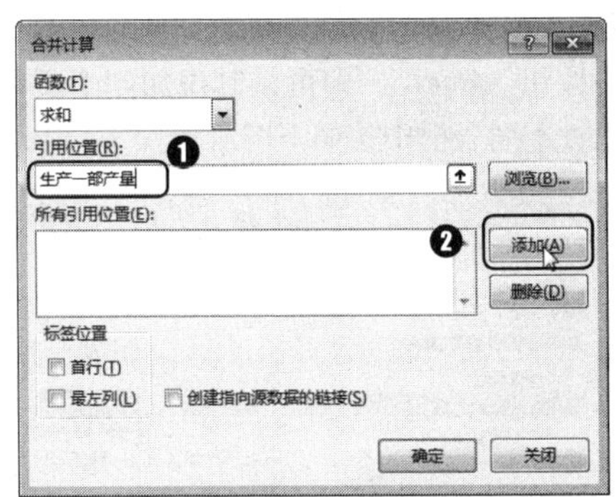

第 9 步 即可将其添加到【所有引用位置】列表框中，如下图所示。

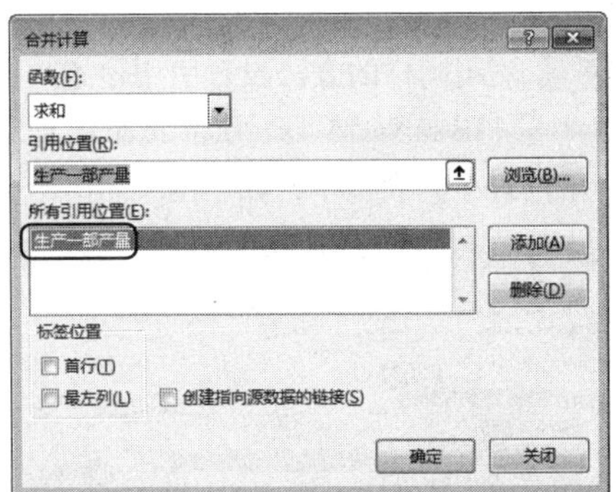

第 10 步 使用同样的方法将定义的名称“生产二部产量”添加到【所有引用位置】列表框中，如下图所示。

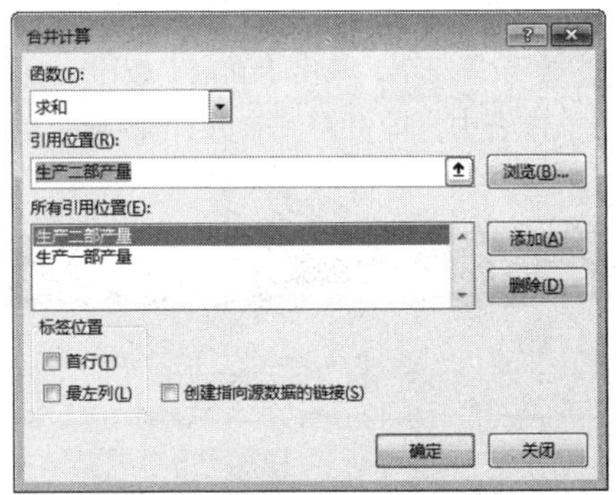

第 11 步 设置完毕，单击【确定】按钮 确定 ，返回工作表中，即可看到合并计算结果，如下图所示。

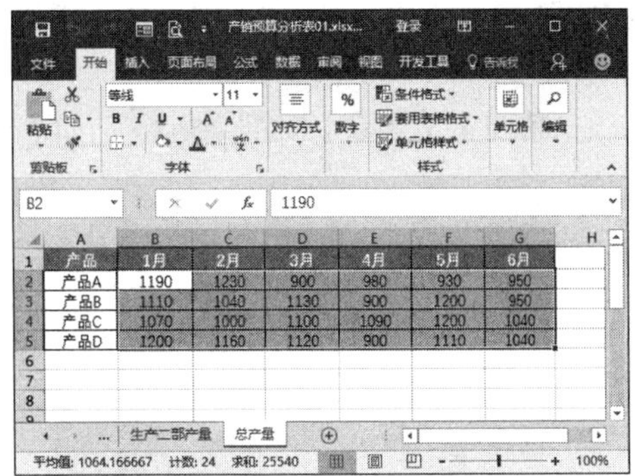

2. 按位置合并计算

对工作表中的数据按位置合并计算的具体操作步骤如下。

第 1 步 首先要清除之前的计算结果和引用位置。❶选中单元格区域 B2:G5，切换到【开始】选项卡；❷单击【编辑】组中的【清除】按钮 清除 ；❸从弹出的下拉列表中选择【清除内容】选项，如下图所示。

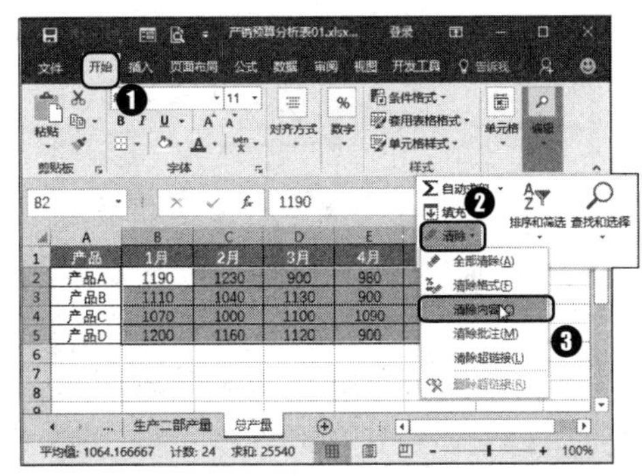

第 2 步 此时，选中区域的内容就被清除了。❶切换到【数据】选项卡；❷单击【数据工具】组中的【合并计算】按钮，如下图所示。

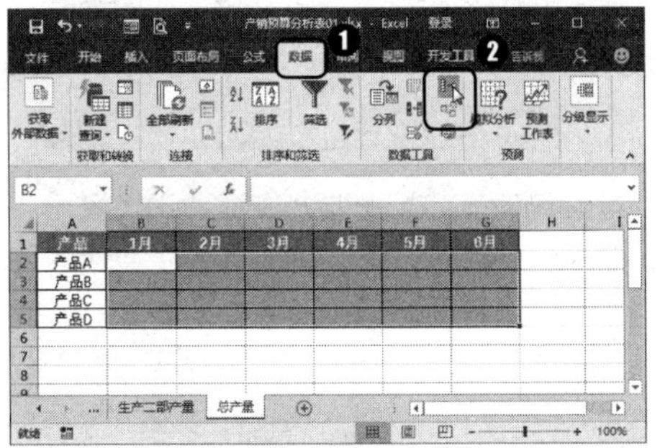

第 3 步 ❶弹出【合并计算】对话框，在【所有引用位置】列表框中选择【生产一部产量】选项；❷单击【删除】按钮[删除(D)]，如下图所示。

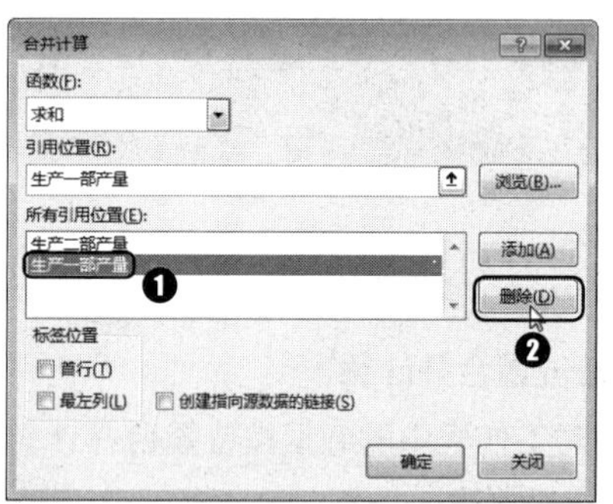

第 4 步 即可删除该选项，使用同样的方法将【所有引用位置】列表框中所有选项删除，单击【引用位置】文本框右侧的【折叠】按钮，如下图所示。

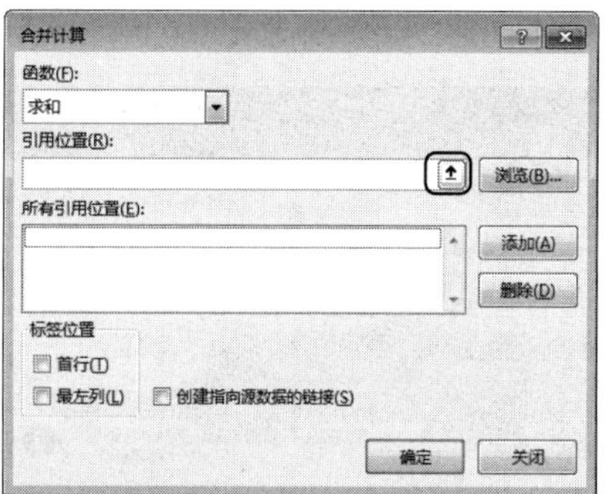

第 5 步 ❶切换到工作表"生产一部产量"中，选中单元格区域 B2:G5；❷单击【展开】按钮，如下图所示。

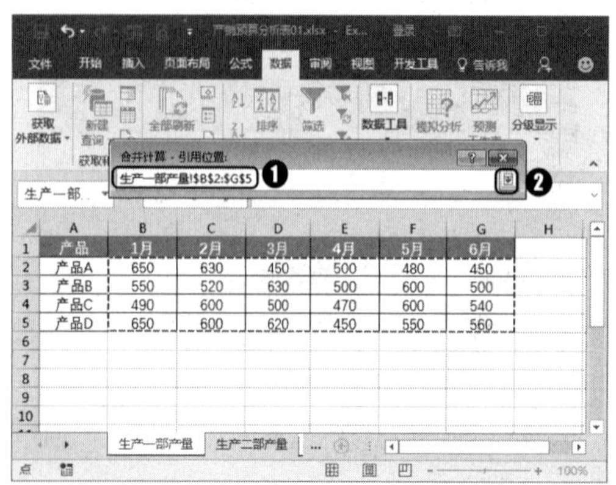

第 6 步 返回【合并计算】对话框，单击【添加】按钮[添加(A)]，即可将其添加到【所有引用位置】列表框中，如下图所示。

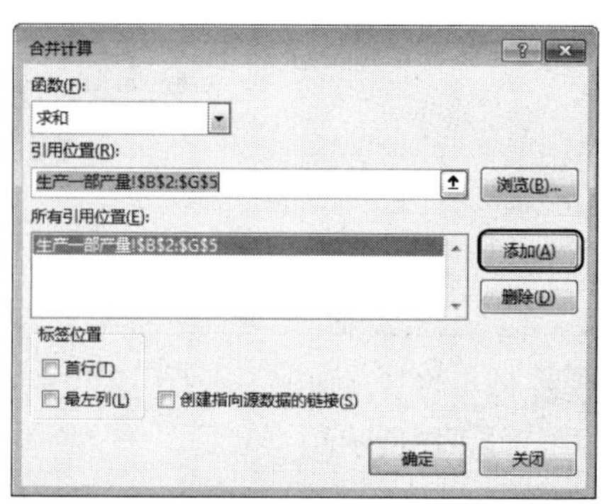

第 7 步 使用同样的方法设置引用位置"生产二部产量!$B$2:$G$5"，并将其添加到【所有引用位置】列表框中，如下图所示。

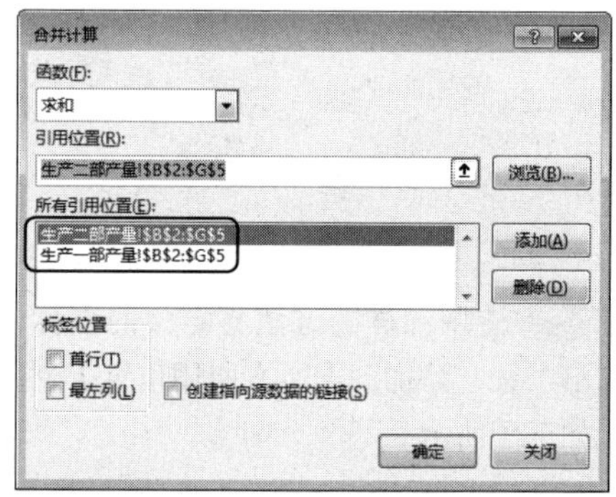

第 8 步 设置完毕，单击【确定】按钮[确定]，返回工作表中，即可看到合并计算结果，如下图所示。

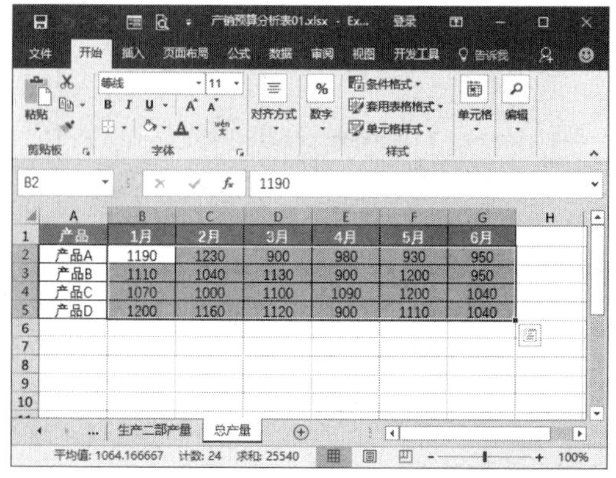

8.1.2 关于单变量求解

单变量求解是解决假定一个公式要取得某一结果值，其中变量的引用单元格应取值为多少的问题。

例如，产品的直接材料成本与单位产品直接材料成本和生产量有关，现企业为生产产品准备了30万元的成本费用，在单位产品直接材料成本不变的情况下，计算最多可生产多少产品。

使用单变量求解进行计算的具体操作步骤如下。

第 1 步 在工作表“总产量”的单元格区域 B7:E9 中输入各文本信息，选中单元格 E9，输入公式“=E7*E8”，如下图所示。

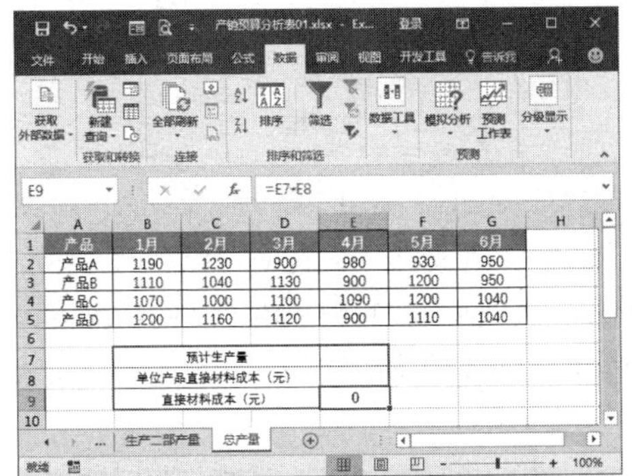

第 2 步 例如，在单元格 E7 中输入 6 月产品 A 的产量“950”，在单元格 E8 中输入产品 A 的单位产品直接材料成本“120”，然后按【Enter】键，即可在单元格 E9 中得到产品 A 的直接材料成本，如下图所示。

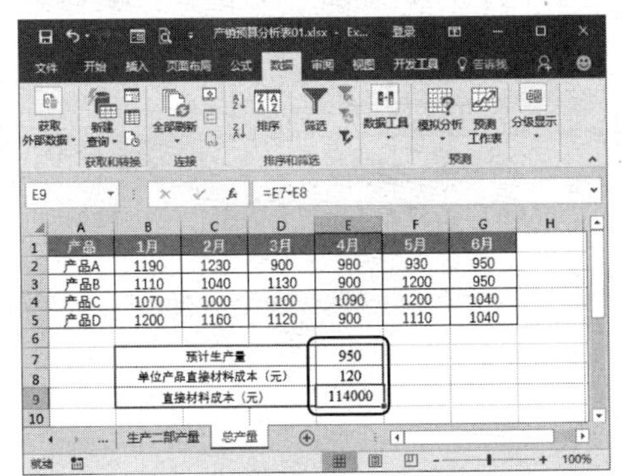

第 3 步 假设 30 万元的成本费用都用来生产产品 A，求解最多可生产多少产品 A。❶选中单元格 E9，在【预测】组中单击【模拟分析】按钮；❷从弹出的下拉列表中选择【单变量求解】选项，如下图所示。

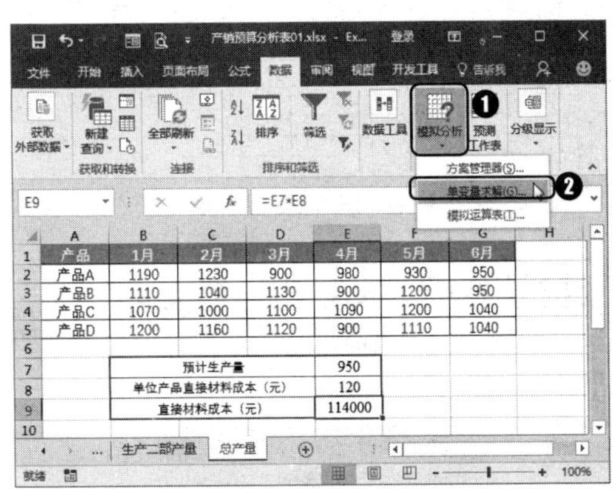

第 4 步 弹出【单变量求解】对话框，当前选中的单元格 E9 显示在【目标单元格】文本框中，如下图所示。

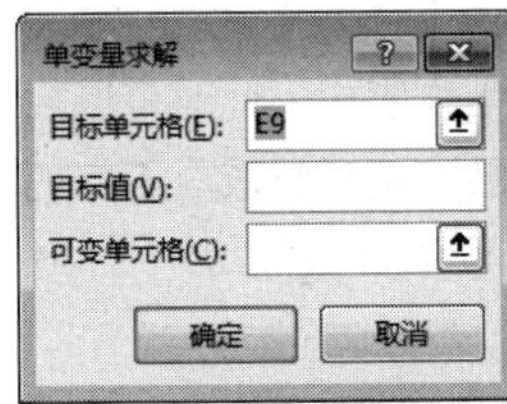

第 5 步 在【目标值】文本框中输入“300000”，如下图所示。

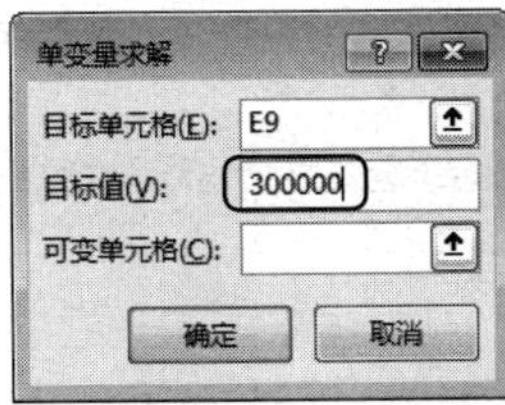

第 6 步 将光标定位在【可变单元格】文本框中，在工作表中单击单元格 E7，即可将其添加到【可变单元格】文本框中，如下图所示。

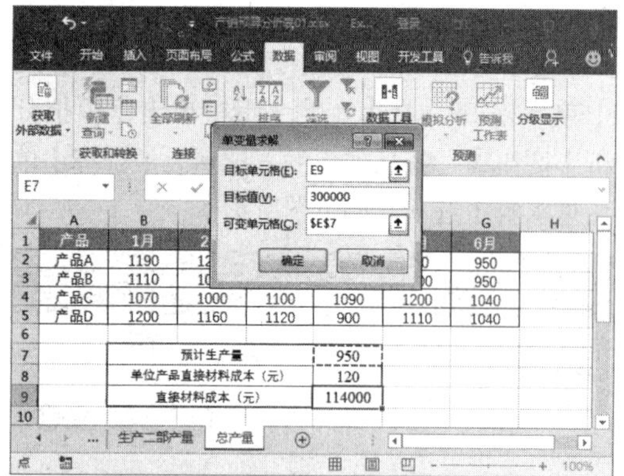

第 7 步 单击【确定】按钮 确定 ，弹出【单变量求解状态】对话框，显示出求解结果，如下图所示。

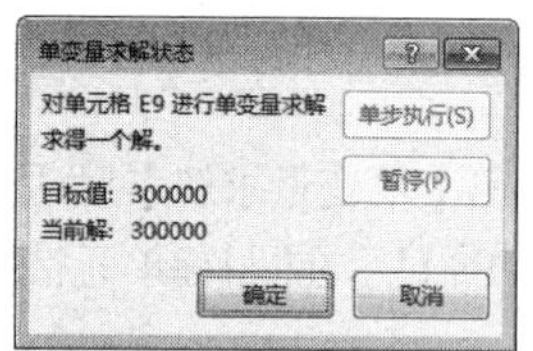

第 8 步 单击【确定】按钮 确定 ，将求解结果保存在工作表中。此时可以看到，在产品 A 的单位产品直接材料成本不变的情况下，30 万元的成本费用最多能生产 2500 个产品 A，如下图所示。

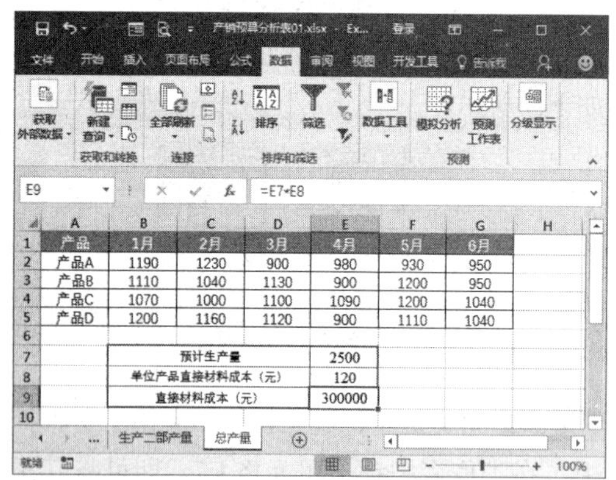

第 9 步 假设 30 万元的成本费用中只投入 18 万元用来生产产品 A，求解最多可生产多少产品 A。再次打开【单变量求解】对话框，分别设置【目标单元格】【目标值】和【可变单元格】，如下图所示。

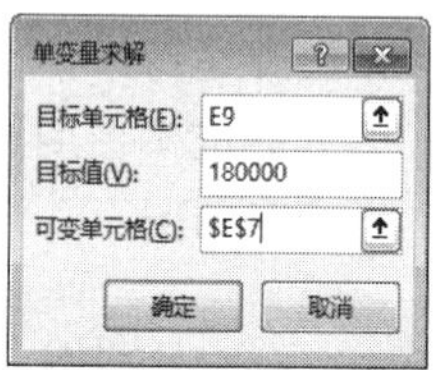

第 10 步 单击【确定】按钮 确定 ，弹出【单变量求解状态】对话框，显示出求解结果。如下图所示。

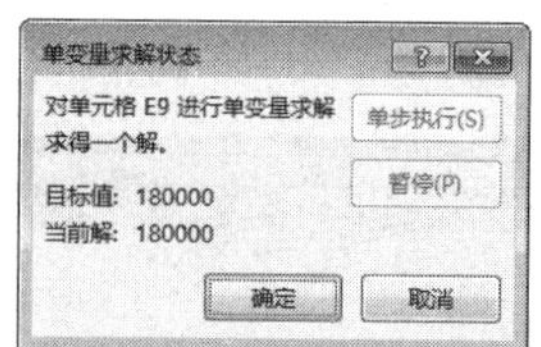

第 11 步 单击【确定】按钮 确定 ，将求解结果保存在工作表中。此时可以看到，在产品 A 的单位产品直接材料成本不变的情况下，15 万元的成本费用最多能生产 1500 个产品 A，如下图所示。

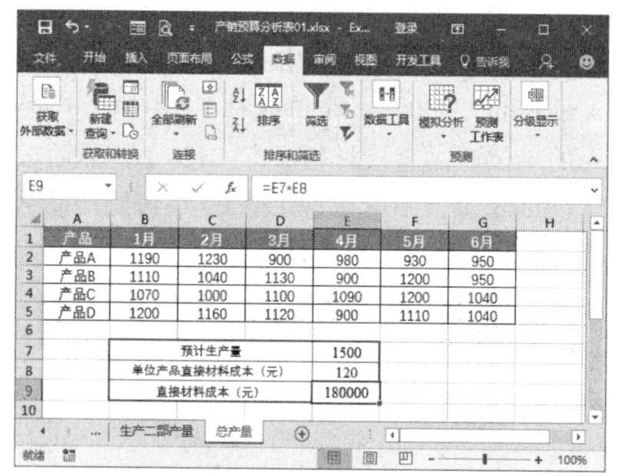

8.2 模拟运算表

案例背景

模拟运算表分为单变量模拟运算表和双变量模拟运算表两种。使用模拟运算表可以同时求解一个运算过程中所有可能的变化值，并将不同的计算结果显示在相应的单元格中。

本例将分别介绍单变量模拟运算表和多变量模拟运算表的应用，制作完成后的效果如下图所示。实例最终效果见“光盘\结果文件\第8章\产销预算分析表02.xlsx”文件。

光盘文件	素材文件	光盘\素材文件\第8章\产销预算分析表02.xlsx
	结果文件	光盘\结果文件\第8章\产销预算分析表02.xlsx
	教学视频	光盘\视频文件\第8章\8.2模拟运算表.mp4

8.2.1 单变量模拟运算表

单变量模拟运算表是指公式中有一个变量值，可以查看一个变量对一个或多个公式的影响。

例如，企业为生产产品准备了15万元的成本费用，不同产品的单位产品直接材料成本不同，如果15万元只用于生产一种产品，计算最多可以生产多少产品。

第 1 步 打开“光盘\素材文件\第 8 章\产销预算分析表 02.xlsx”文件，切换到工作表“总产量”中，选中单元格 E12，输入公式“=INT(150000/E8)”，如下图所示。

第 2 步 ❶ 选中单元格区域 D12:E15，切换到【数据】选项卡；❷ 在【预测】组中单击【模拟分析】按钮；❸ 从弹出的下拉列表中选择【模拟运算表】选项，如下图所示。

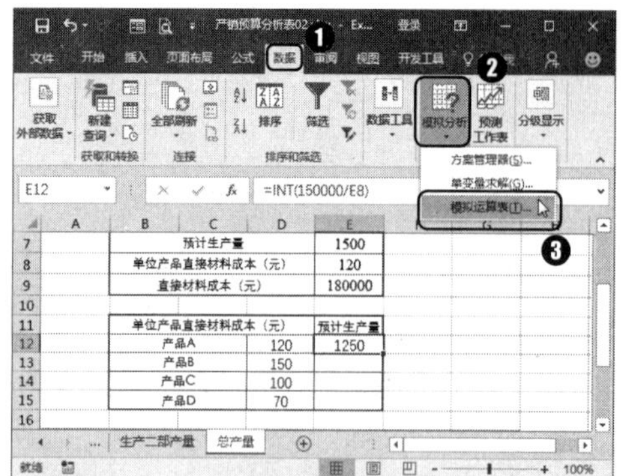

第3步 弹出【模拟运算表】对话框，单击【输入引用列的单元格】文本框右侧的【折叠】按钮，如下图所示。

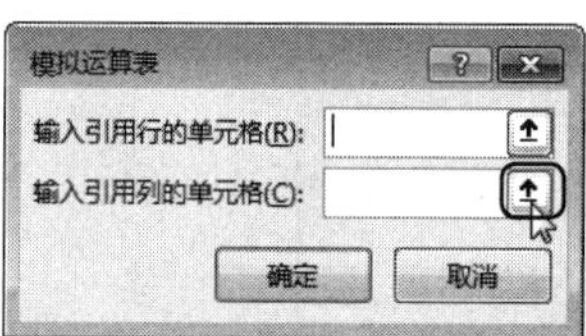

第4步 此时【模拟运算表】对话框折叠成【模拟运算表—输入引用列的单元格】对话框，在工作表中选中单元格E8，如下图所示。

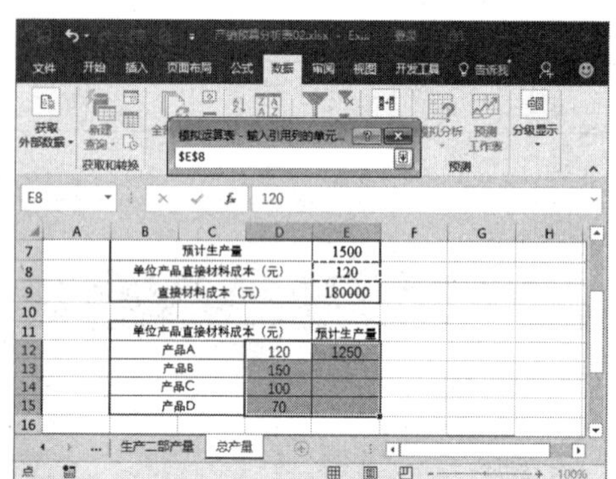

第5步 单击【展开】按钮，返回【模拟运算表】对话框，此时选中的单元格区域出现在【输入引用列的单元格】文本框中，如下图所示。

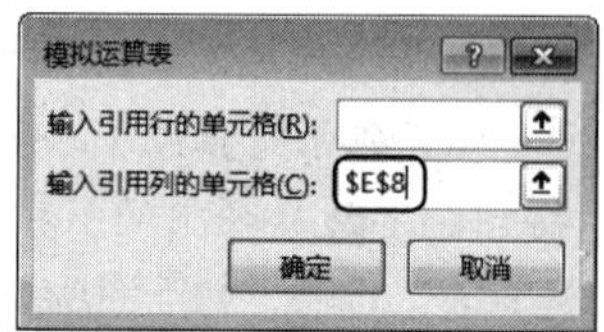

第6步 单击【确定】按钮，返回工作表，此时即可看到创建的单变量模拟表，从中可以看出单个变量“单位产品直接材料成本”对计算结果“预计生产量”的影响，如下图所示。

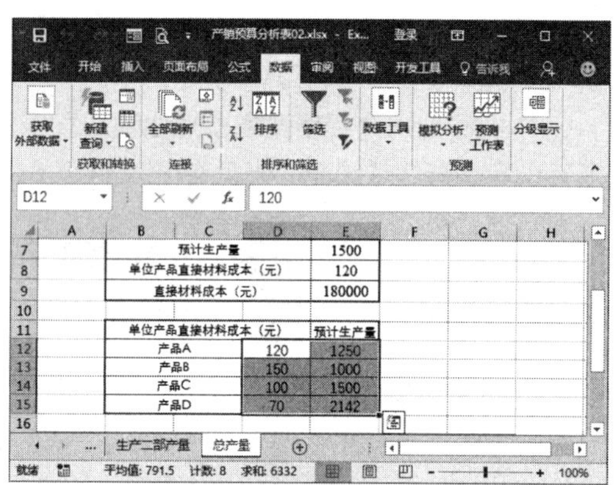

8.2.2 双变量模拟运算表

双变量模拟运算表可以查看两个变量对公式的影响。

例如，企业为生产产品准备了50万元的成本费用，分成5万元、10万元、15万元和20万元四部分用于生产，不同产品的单位产品直接材料成本不同，计算预计生产量，具体操作步骤如下。

第1步 选中单元格C18，输入公式“=INT(E9/E8)”，如下图所示。

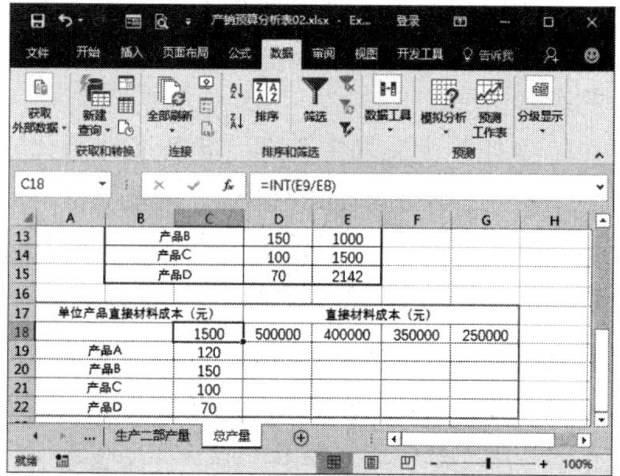

第2步 ❶选中单元格区域C18:G22，在【预

测】组中单击【模拟分析】按钮；❷从弹出的下拉列表中选择【模拟运算表】选项，如下图所示。

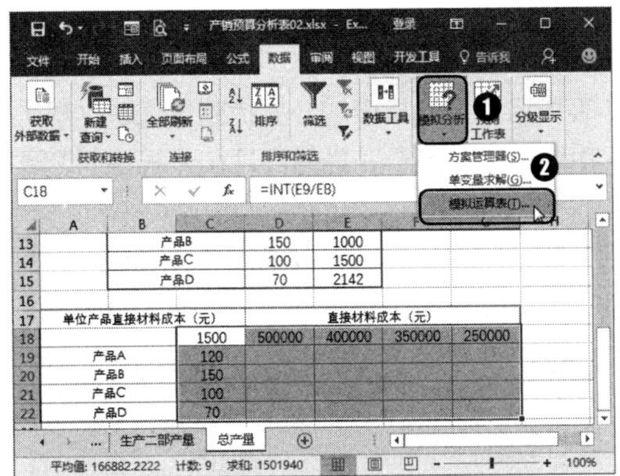

第3步 弹出【模拟运算表】对话框，设置【输入引用行的单元格】为“$E$9”，【输入引用列的单元格】为“$E$8”，如下图所示。

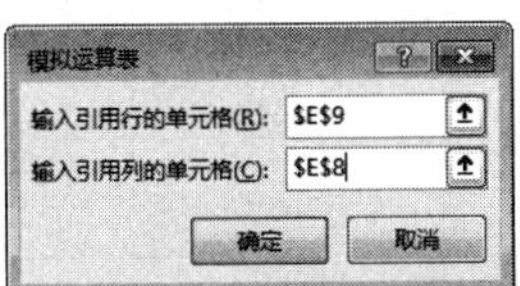

第4步 单击【确定】按钮，返回工作表即可看到创建的双变量模拟运算表，从中可以看出两个变量“单位产品直接材料成本”和“直接材料成本”对计算结果“预计生产量”的影响，如下图所示。

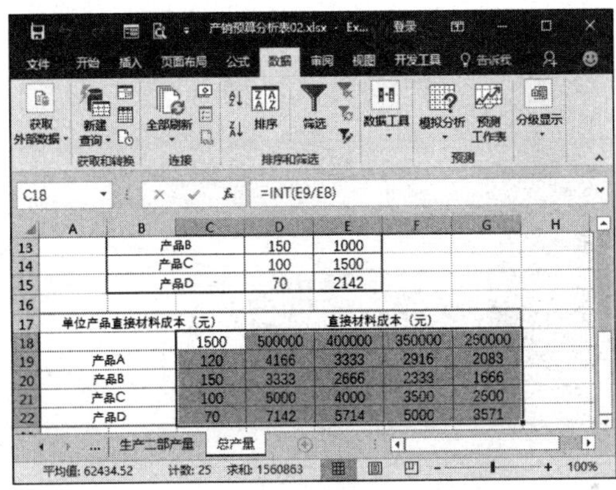

8.2.3 清除模拟运算表

清除模拟运算表分为两种情况，一种是清除模拟运算表的计算结果；另一种是清除整个模拟运算表。

1. 清除模拟运算表的计算结果

模拟运算表的计算结果是存放在一个单元格区域中的，用户不可以对单个计算结果进行操作，如果用户想删除单个计算结果，系统会弹出【Microsoft Excel】对话框，提示用户“无法只更改模拟运算表的一部分”，如下图所示。

因此清除模拟运算表的计算结果需要将所有的计算结果都清除，选中模拟运算表的所有计算结果所在的单元格区域，按【Delete】键即可将模拟运算表的计算结果删除。

2. 清除整个模拟运算表

除了清除模拟运算表的计算结果之外，还可以清除整个模拟运算表，选中整个模拟运算表，在【开始】选项卡的【编辑】组中单击【清除】按钮，从弹出的下拉列表中选择【全部清除】选项，即可清除整个模拟运算表，包括其中的所有内容和格式，如下图所示。

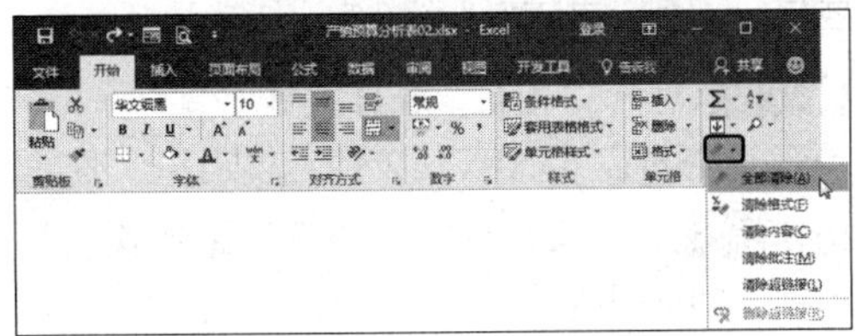

8.3 规划求解

案例背景

规划求解是通过改变可变单元格的值，为工作表中目标单元格中的公式找到最优解，同时满足其他公式在设置的极限范围内。使用规划求解功能可以对多个变量的线性和非线性问题寻求最优解。

本例将介绍【规划求解】功能的安装以及使用方法，制作完成后的效果如下图所示。实例最终效果见“光盘\结果文件\第8章\产销预算分析表03.xlsx”文件。

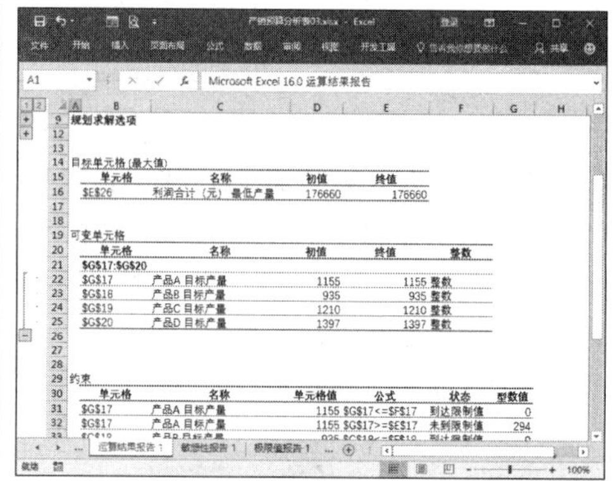

光盘文件	素材文件	光盘\素材文件\第8章\产销预算分析表03.xlsx
	结果文件	光盘\结果文件\第8章\产销预算分析表03.xlsx
	教学视频	光盘\视频文件\第8章\8.3规划求解.mp4

8.3.1 安装规划求解工具

由于规划求解是一个插件，在使用前需要进行安装，具体操作步骤如下。

第 1 步 打开“光盘\素材文件\第 8 章\产销预算分析表 03.xlsx”文件，单击【文件】按钮 文件 ，从弹出的窗口中选择【选项】菜单项，如下图所示。

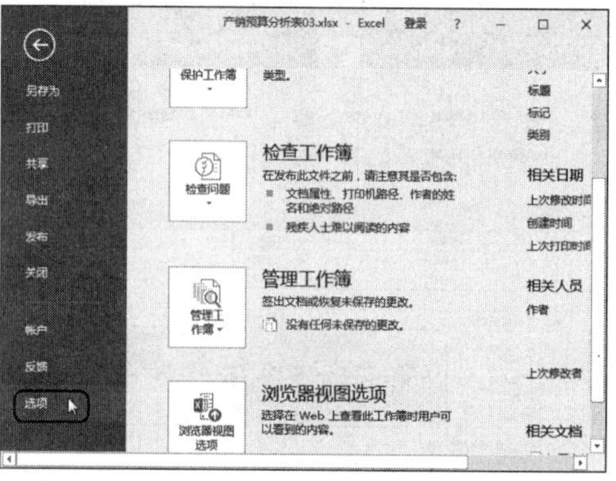

第 2 步 ❶弹出【Excel 选项】对话框，切换到【加载项】选项卡中；❷在【加载项】列表框中选择【规划求解加载项】选项；❸然后单击【转到…】按钮 转到(G)... ，如下图所示。

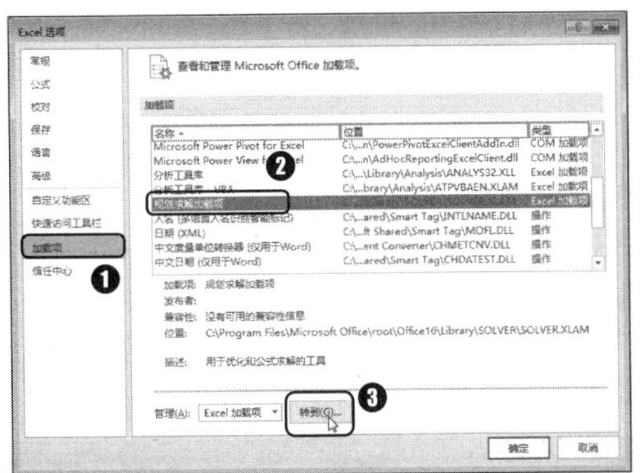

第 3 步 ❶弹出【加载项】对话框，在【可用加载宏】列表框中选中【规划求解加载项】复选框；❷单击【确定】按钮 确定 ，即可安装规划求解，如下图所示。

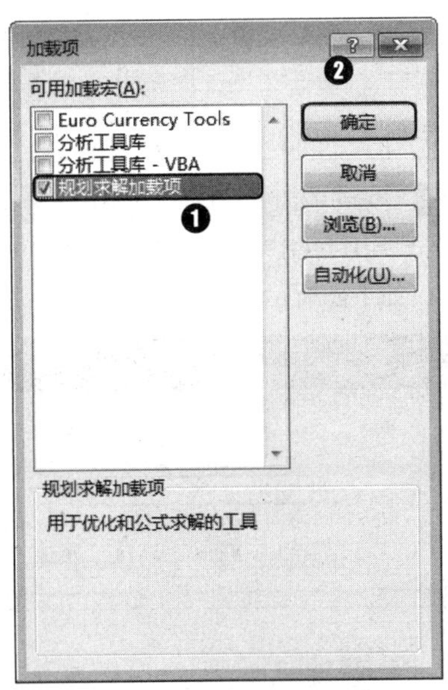

第 4 步 此时在工作表【数据】选项卡中新增了一个【分析】组，组中添加了【规划求解】按钮 规划求解 ，如下图所示。

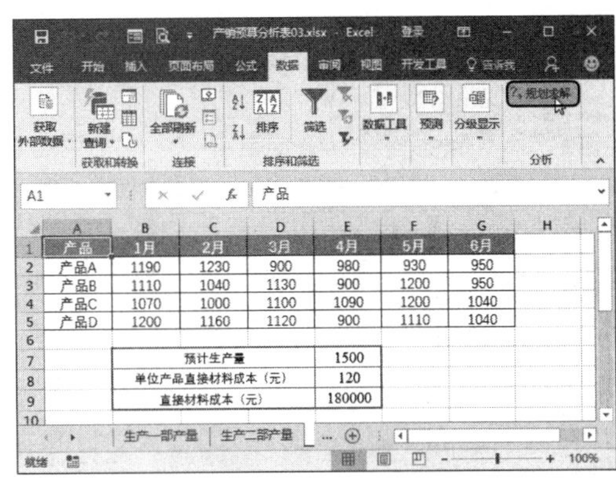

8.3.2　使用规划求解

安装完成规划求解之后，接下来用户就可以使用规划求解来分析数据了。

假设7月企业要生产4种产品，各产品的单位成本、毛利和生产时间如下表所示。

产品	单位成本	毛利	生产时间
产品A	120元	40元	0.15小时
产品B	150元	30元	0.2小时
产品C	100元	50元	0.15小时
产品D	70元	30元	0.1小时

另外企业规定，花费的生产费用不得超过100万元，可耗费的生产时间不得超过600小时。各产品的产量和期初库存量的总和不得低于预计销量，各产品的最高产量不得超过预计销量的10%，那么企业如何安排生产能获得最大利润?

下面利用【规划求解】功能来解决这个问题，具体操作步骤如下。

第 1 步 切换到工作表“产销预算”中，统计了各产品 1 月到 7 月的销量（7 月销量是预计销量）和期初库存，如下图所示。

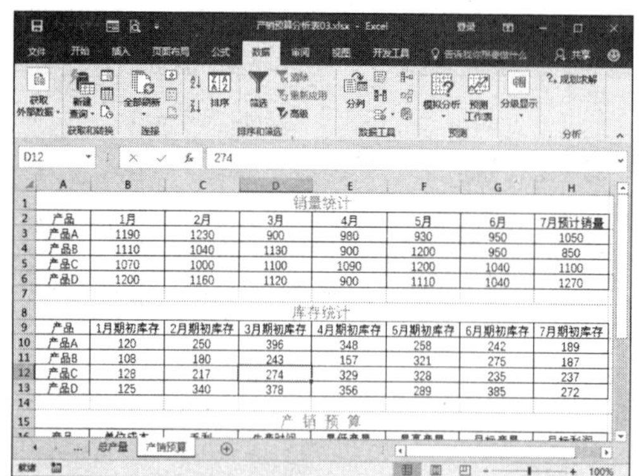

第 2 步 选中单元格 E17，输入公式“=H3-H10”，即可计算出最低产量，如下图所示。

第 3 步 选中单元格 F17，输入公式“=H3*(1+10%)”，即可计算出最高产量，如下图所示。

第 4 步 选中单元格区域 E17: F17，将公式向下填充至单元格区域 E20: F20，如下图所示。

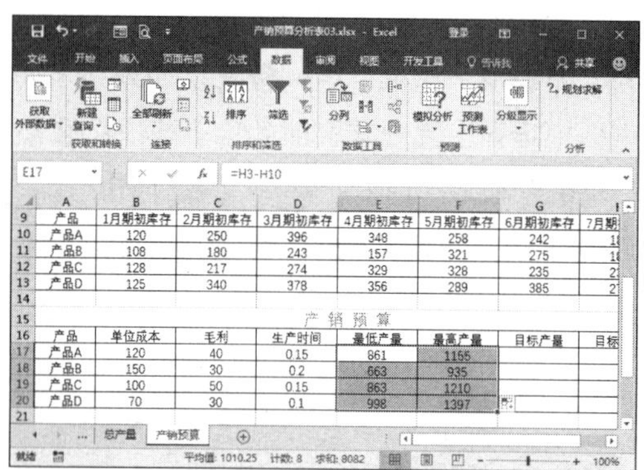

第 5 步 设置目标利润公式。在单元格 H17 中输入公式“=C17*G17”，然后向下填充公式至单元格 H20，如下图所示。

第 6 步 计算实际生产成本。选中单元格 E24，输入公式“=B17*G17+B18*G18+B19*G19+B20*G20”，如下图所示。

第 7 步 计算实际生产时间。选中单元格 E25，输入公式“=D17*G17+D18*G18+D19*G19+D20*

G20”，如下图所示。

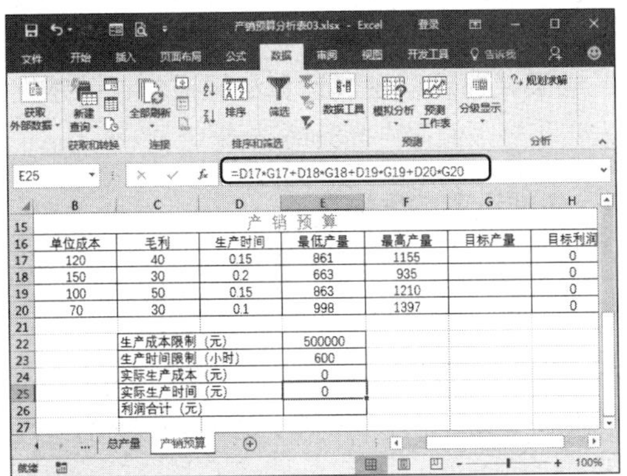

第 8 步 计算利润合计。选中单元格 E26，输入公式“=SUM(H17:H20)”，如下图所示。

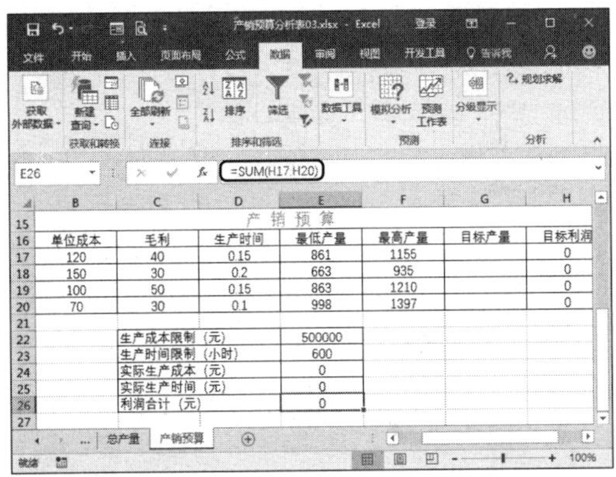

第 9 步 在【分析】组中单击【规划求解】按钮 规划求解，如下图所示。

第 10 步 ❶ 弹出【规划求解参数】对话框，设置【设置目标】为单元格“$E$26”；❷ 选中【最大值】；❸ 设置【通过更改可变单元格】为单元格区域“$G$17:$G$20”；❹ 单击【添加】按钮 添加(A)，如下图所示。

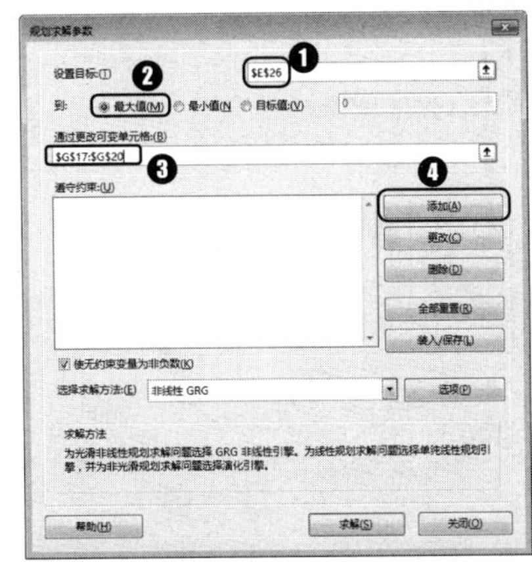

第 11 步 弹出【添加约束】对话框，在【单元格引用】文本框中输入“$G$17”，从下拉列表中选择【>=】选项，在【约束】文本框中输入“=$E$17”，如下图所示。

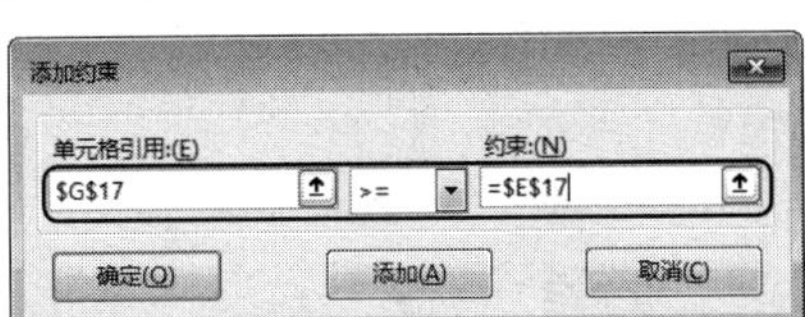

第 12 步 单击【确定】按钮 确定，返回【规划求解参数】对话框，此时在【遵守约束】列表框中，即可看到添加的约束条件，如下图所示。

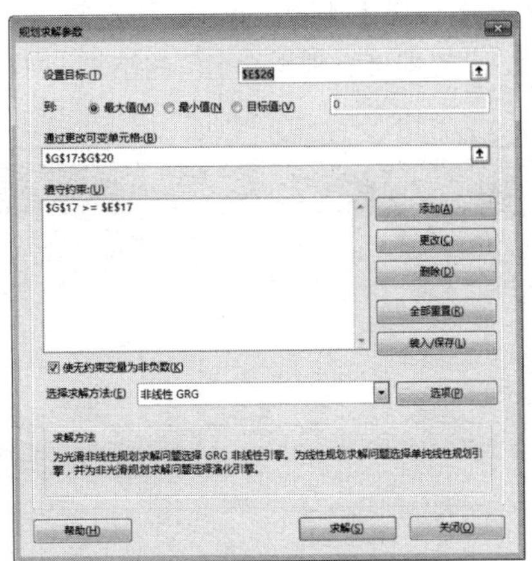

第 13 步 ❶ 按照同样方法继续设置其他约束

条件；❷ 在【选择求解方法】下拉列表中选择【单纯线性规划】选项；❸ 单击【求解】按钮 求解(S) ，如下图所示。

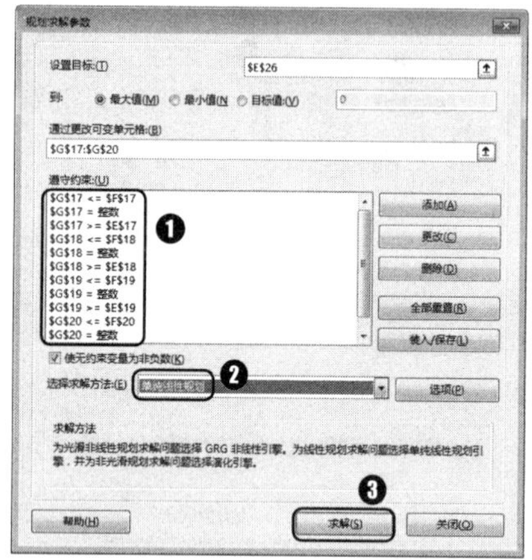

第 14 步 弹出【规划求解结果】对话框，如下图所示。

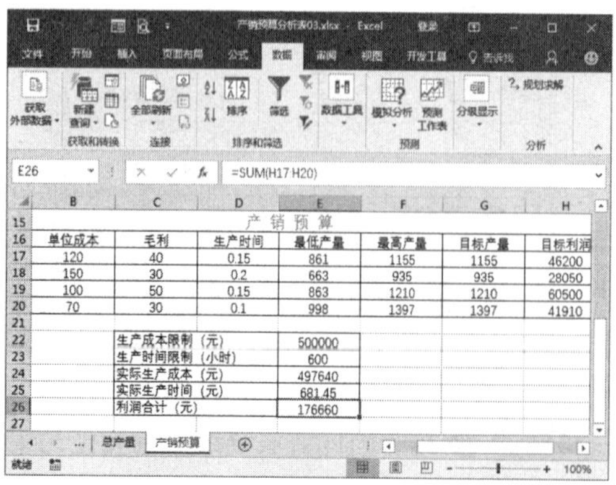

第 15 步 单击【确定】按钮 确定 ，返回工作表，此时即可看到规划求解的结果，如下图所示。

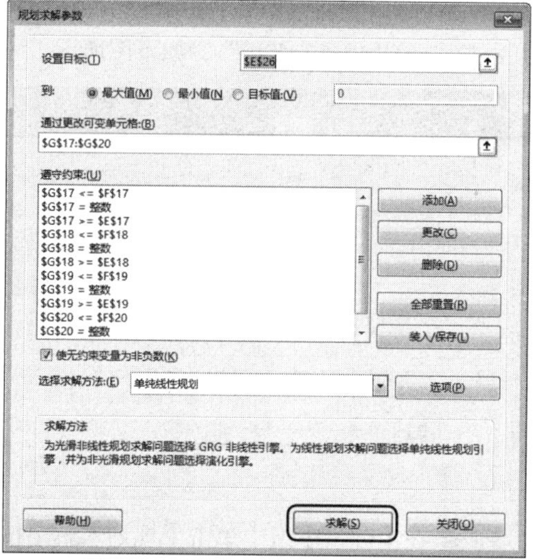

8.3.3 生成规划求解报告

使用【规划求解】功能不仅能够得到求解结果，还能够生成运算结果报告、敏感性报告和极限值报告等3种分析报告。

1. 生成运算结果报告

生成运算结果报告的具体操作步骤如下。

第 1 步 再次打开【规划求解参数】对话框，保持设置不变，单击【求解】按钮 求解(S) ，如下图所示。

第 2 步 ❶ 弹出【规划求解结果】对话框，在【报告】列表框中选择【运算结果报告】选项；❷ 然后选中【制作报告大纲】复选框，如下图所示。

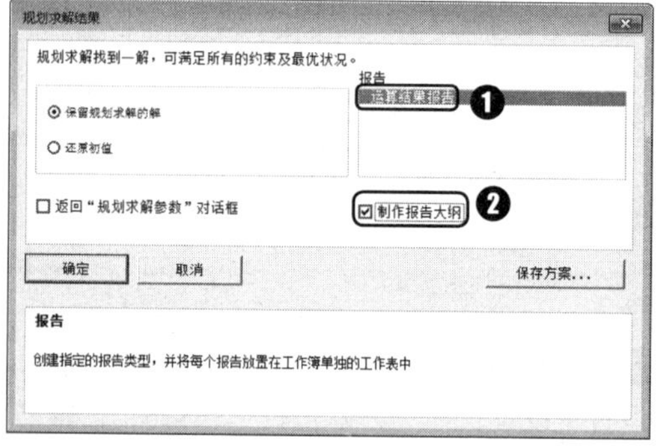

第 3 步 单击【确定】按钮 确定 ，系统会自动创建一个名为“运算结果报告 1”的工作表，切换到该工作表中，即可看到运算结果报告的具体内容，如下图所示。

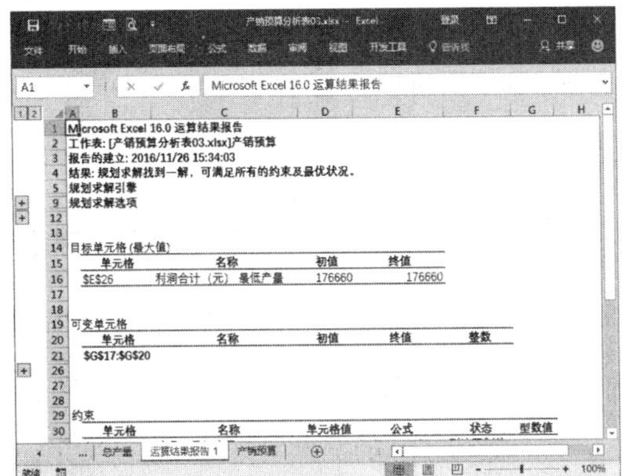

第 4 步 由于在【规划求解结果】对话框中选中了【制作报告大纲】复选框，因此运算结果报告以大纲形式显示（即分级显示），部分明细数据被隐藏起来。在表格左侧单击按钮 2 ，即可将隐藏的明细数据显示出来，如下图所示。

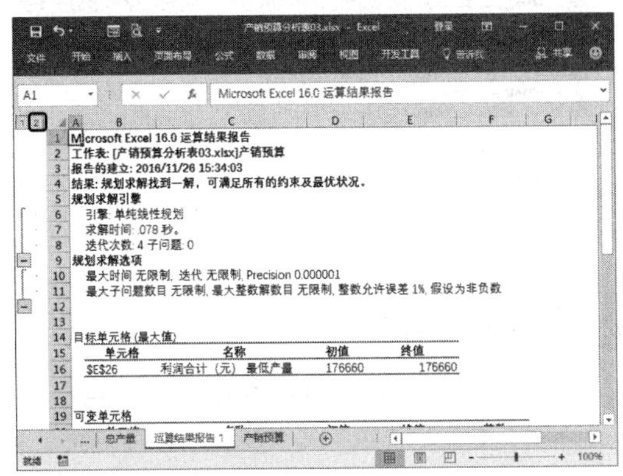

2. 生成敏感性报告

生成敏感性报告的具体操作步骤如下。

第 1 步 切换到工作表“产销预算”中，再次打开【规划求解参数】对话框，如下图所示。

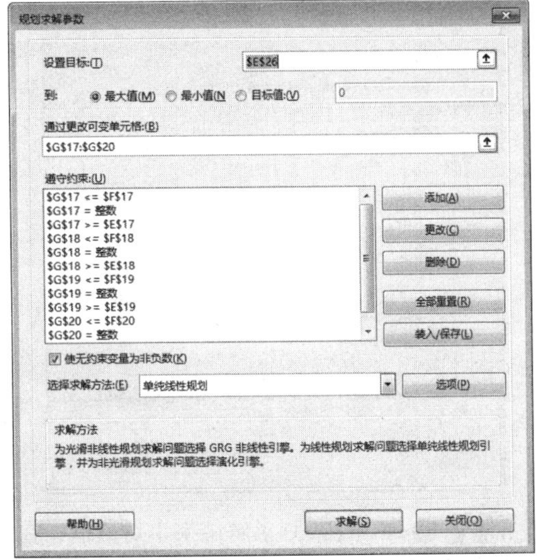

第 2 步 ❶在【遵守约束】列表框中选择整数约束条件，如选择【$G$17 =整数】选项；❷单击【删除】按钮 删除(D) ，如下图所示。

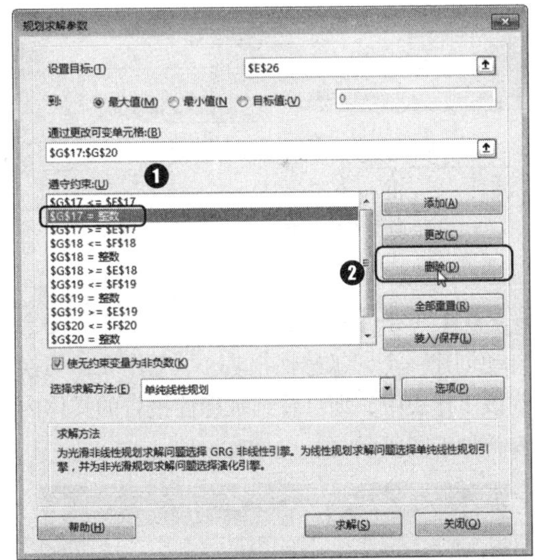

第 3 步 即可删除该约束条件，使用相同方法删除所有的整数约束条件，然后单击【求解】按钮 求解(S) ，如下图所示。

第 4 步 ❶弹出【规划求解结果】对话框，在【报告】列表框中选择【敏感性报告】选项；然后撤选【制作报告大纲】复选框，如下图所示。

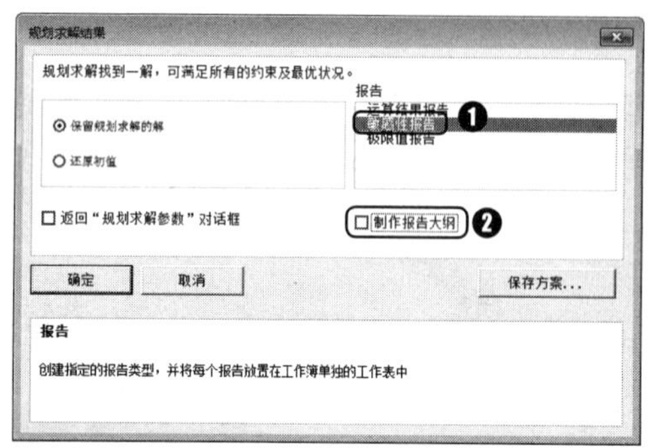

第 5 步 单击【确定】按钮 确定 ，系统会自动创建一个"敏感性报告 1"工作表，切换到该工作表中，即可看到敏感性报告的具体内容，如下图所示。

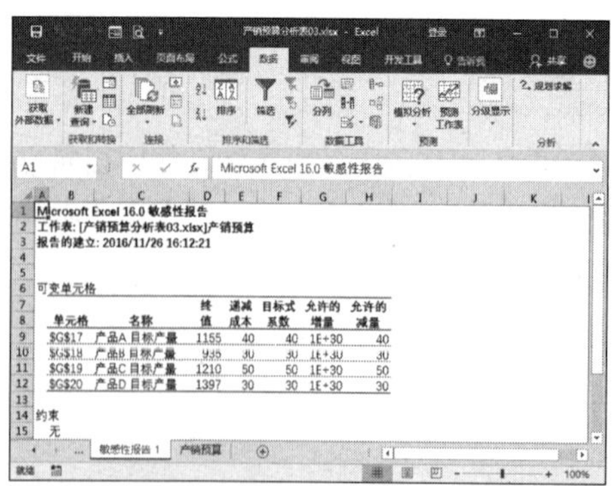

单元格	名称	终值	递减成本	目标式系数	允许的增量	允许的减量
$G$17	产品A 目标产量	1155	40	40	1E+30	40
$G$18	产品B 目标产量	935	30	30	1E+30	30
$G$19	产品C 目标产量	1210	50	50	1E+30	50
$G$20	产品D 目标产量	1397	30	30	1E+30	30

3. 生成极限值报告

生成极限值报告的具体操作步骤如下。

第 1 步 切换到工作表"产销预算"中，按照前面介绍的方法打开【规划求解结果】对话框，在【报告】列表框中选择【极限值报告】选项，如下图所示。

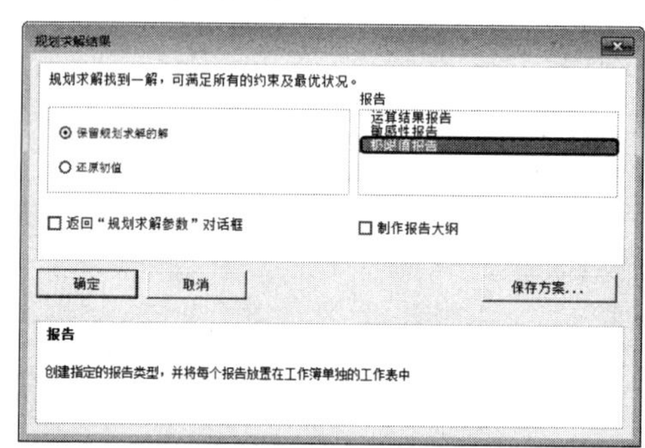

第 2 步 单击【确定】按钮 确定 ，系统会自动创建一个"极限值报告 1"工作表，切换到该工作表，即可看到极限值报告的具体内容，如下图所示。

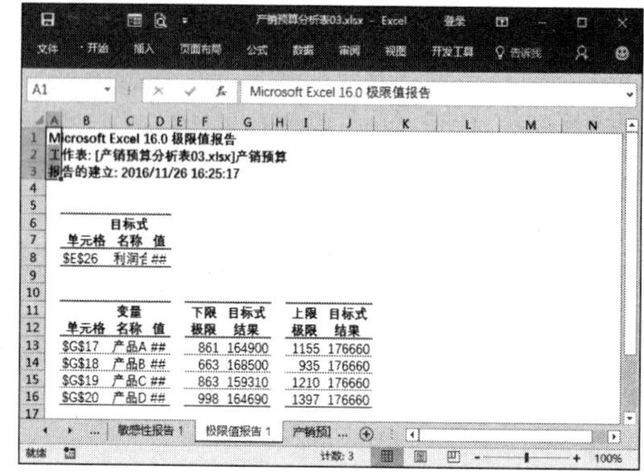

单元格	名称	值	下限极限	目标式结果	上限极限	目标式结果
$G$17	产品A	##	861	164900	1155	176660
$G$18	产品B	##	663	168500	935	176660
$G$19	产品C	##	863	159310	1210	176660
$G$20	产品D	##	998	164690	1397	176660

8.4 方案分析

案例背景

方案是一组由Excel保存在工作表中并可进行自动替换的值。用户可以使用方案来预测工作表模型的输出结果，还可以在工作表中创建并保存不同的数值组，然后切换到任何新方案以查看不同的结果。

本例接下来介绍方案管理器的相关应用，制作完成后的效果如下图所示。实例最终效果见“光盘\结果文件\第8章\产销预算分析表04.xlsx”文件。

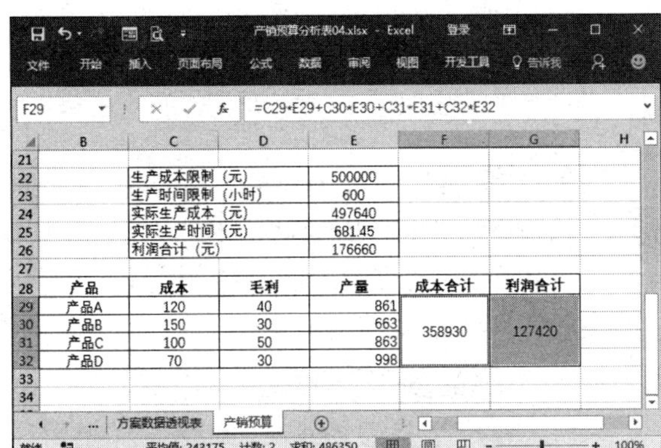

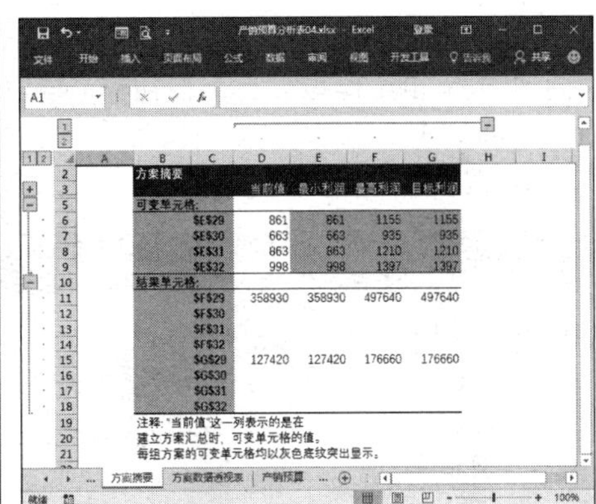

光盘文件	素材文件	光盘\素材文件\第8章\产销预算分析表04.xlsx
	结果文件	光盘\结果文件\第8章\产销预算分析表04.xlsx
	教学视频	光盘\视频文件\第8章\8.4方案分析.mp4

8.4.1 创建方案

使用方案可以对各种情况进行假设，并能为许多变量存储不同组合的数据。对方案进行分析，可以从多种情况的假设中找出最优的数据组合。

要想进行方案分析首先要创建方案，具体操作步骤如下。

第1步 打开“光盘\素材文件\第8章\产销预算分析表04.xlsx”文件，切换到工作表“产销预算”中，选中单元格F29，输入公式“=C29*E29+ C30*E30+C31*E31+C32*E32”，如下图所示。

第2步 选中单元格G29，输入公式“=D29*E29+D30*E30+D31*E31+D32*E32”，如下图所示。

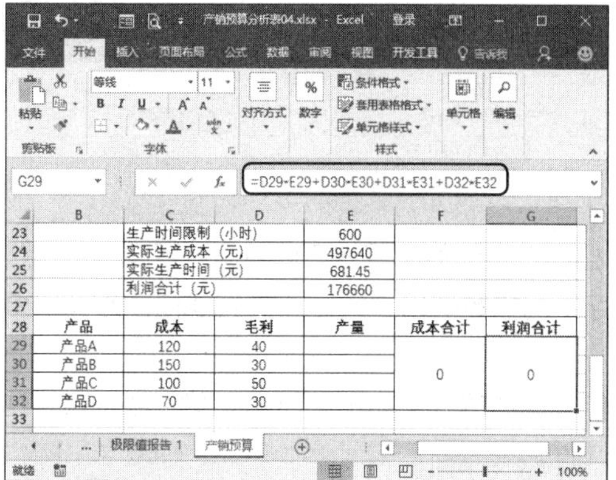

第 3 步 ❶ 切换到【数据】选项卡；❷ 在【预测】组中单击【模拟分析】按钮；❸ 从弹出的下拉列表中选择【方案管理器】选项，如下图所示。

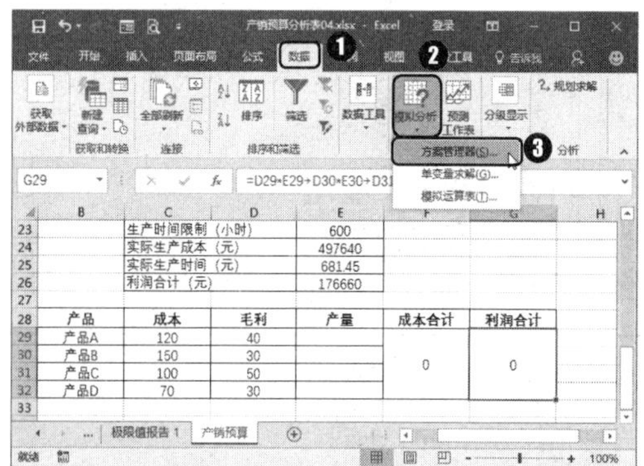

第 4 步 弹出【方案管理器】对话框，单击【添加】按钮 添加(A)... ，如下图所示。

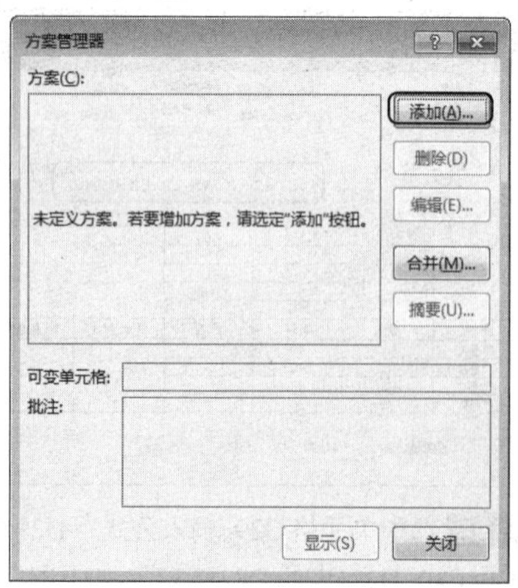

第 5 步 ❶ 弹出【添加方案】对话框，在【方案名】文本框中输入“最低利润”；在【可变单元格】文本框中输入“E29:E32”；❸ 单击【确定】按钮 确定 ，如下图所示。

第 6 步 ❶ 弹出【方案变量值】对话框，对照“产销预算”工作表中的数据，依次在文本框中输入各产品的最低产量值；❷ 单击【确定】按钮 确定 ，如下图所示。

第 7 步 返回【方案管理器】对话框，在【方案】列表框中，即可看到创建的方案，如下图所示。

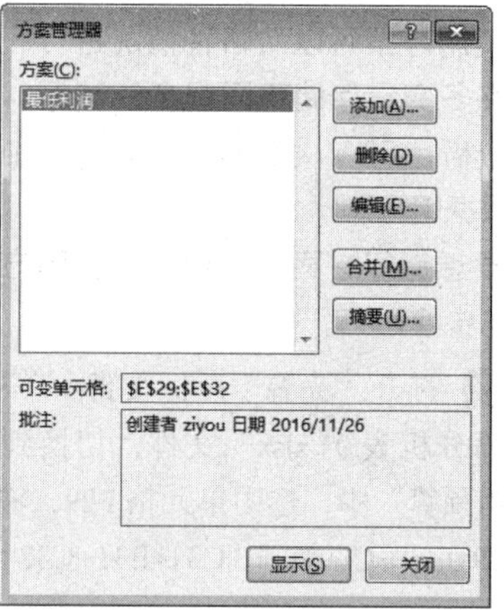

第 8 步 按照同样方法添加其他方案，最后单击【关闭】按钮 关闭 ，如下图所示。

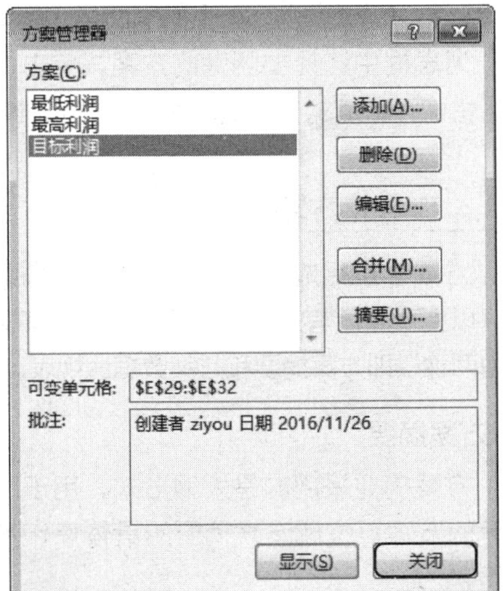

8.4.2 显示方案

方案创建好后，可以在同一位置看到不同的显示结果，具体操作步骤如下。

第 1 步 ❶打开【方案管理器】对话框，在【方案】列表框中选择要显示的方案，例如选择【最低利润】选项；❷单击【显示】按钮 显示(S) ，如下图所示。

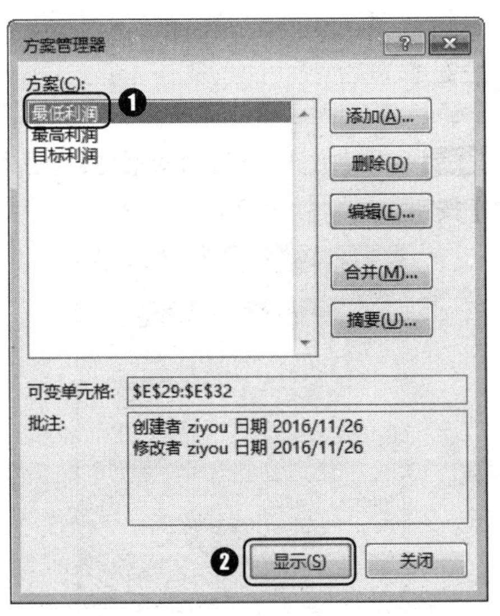

第 2 步 此时在工作表中即可看到“最低利润”方案下的各产品的产量，以及成本合计值和利润合计值，如下图所示。

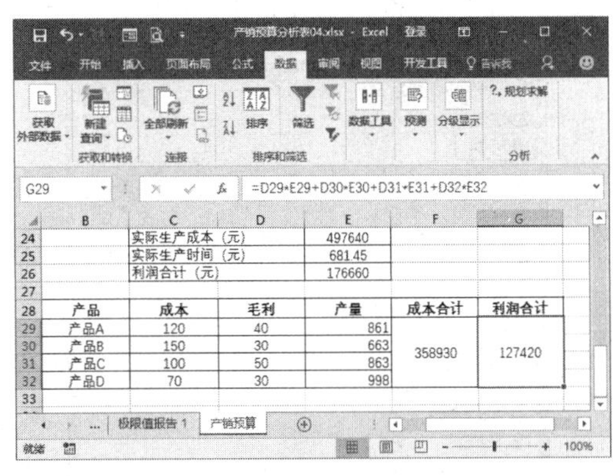

8.4.3 编辑和删除方案

1. 编辑方案

如果用户对创建的方案不满意，可以对其进行编辑，以达到满意状态，具体操作步骤如下。

第 1 步 打开【方案管理器】对话框，在【方案】列表框中选择要修改的方案，这里选择【最低利润】选项，单击【编辑】按钮 编辑(E)... ，如下图所示。

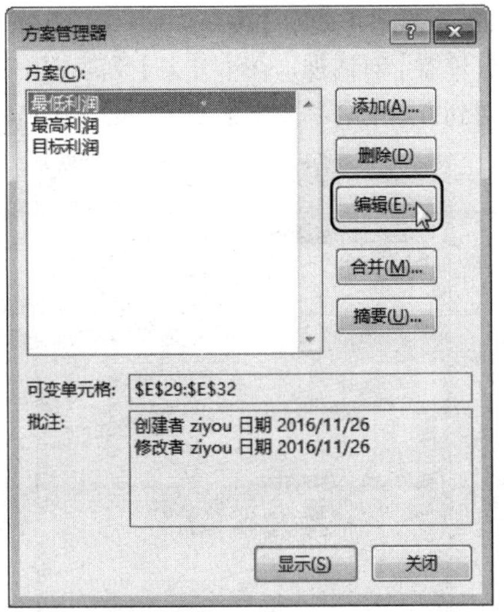

第 2 步 弹出【编辑方案】对话框，用户可以在此修改方案的名称、可变单元格和备注信息等。例如，在【方案名】文本框中将方案名更改为“最小利润”，如下图所示。

第 3 步 设置完毕单击【确定】按钮 确定 ，弹出【方案变量值】对话框，在此可以修改可变单元格的值，如下图所示。

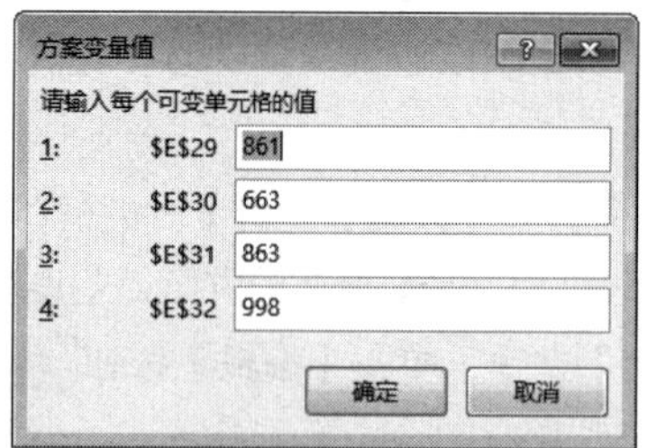

第 4 步 单击【确定】按钮 确定 ，返回【方案管理器】对话框，在【方案】列表框中，即可看到方案的名称发生了变化，如下图所示。

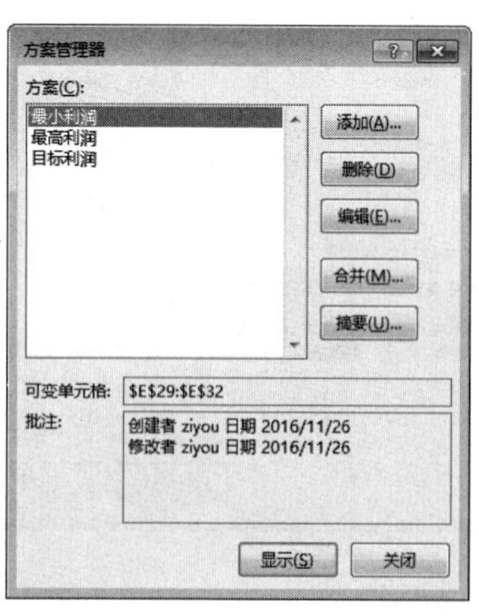

2. 删除方案

对于不再需要的方案，用户可以将其删除。打开【方案管理器】对话框，在【方案】列表框中选择要删除的方案，单击【删除】按钮 删除(D) ，即可将选中的方案删除。

8.4.4 生成方案总结报告

方案设置完成后还可以生成方案总结报告，以便查看所有方案的数据信息。方案报告分为两种，即方案摘要和方案数据透视表。

1. 方案摘要

方案摘要采用的是大纲形式，用于比较简单的方案。生成方案摘要的具体操作步骤如下。

第 1 步 ❶在【预测】组中单击【模拟分析】按钮 ；❷从弹出的下拉列表中选择【方案管理器】选项，如下图所示。

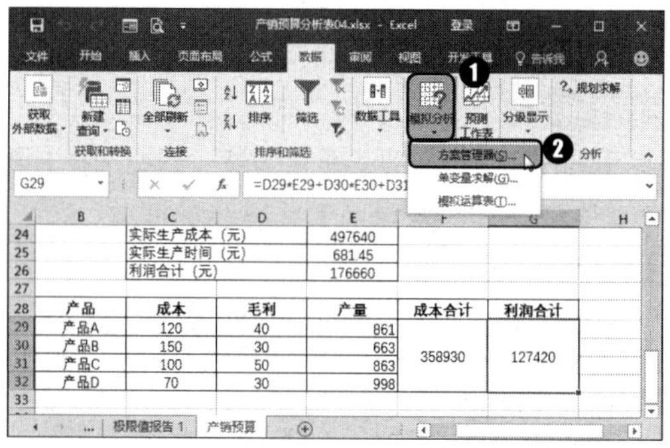

第 2 步 弹出【方案管理器】对话框，单击【摘要】按钮 摘要(U)... ，如下图所示。

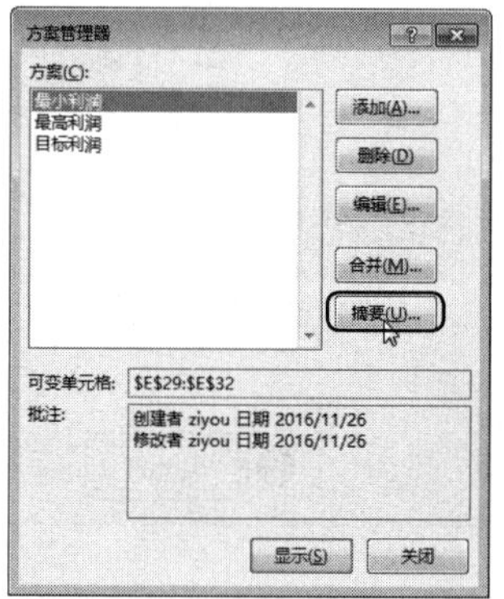

第 3 步 弹出【方案摘要】对话框，选中【方案摘要】单选钮，在【结果单元格】文本框中输入“F29:F32,G29:G32”，如下图所示。

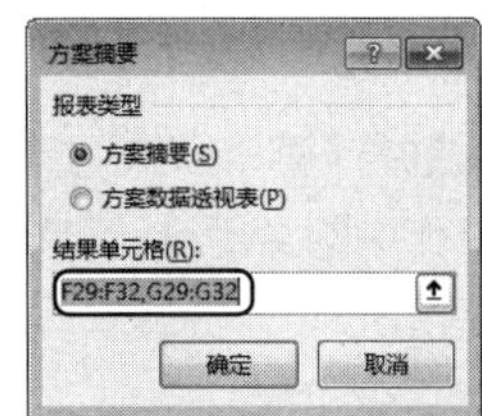

第 4 步 单击【确定】按钮 确定 ，系统会自动创建一个“方案摘要”工作表，显示方案摘要的详细信息，如下图所示。

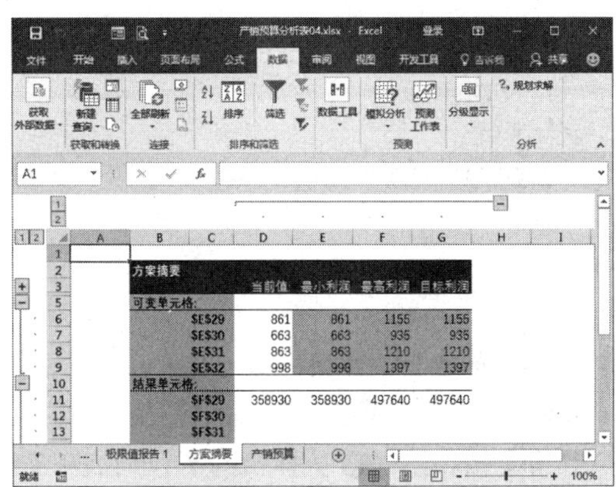

2. 方案数据透视表

如果方案比较复杂，就可以使用方案数据透视表来比较方案。生成方案数据透视表的具体操作步骤如下。

第 1 步 切换到工作表“产销预算”中，打开【方案管理器】对话框，单击【摘要】按钮 摘要(U)... ，如下图所示。

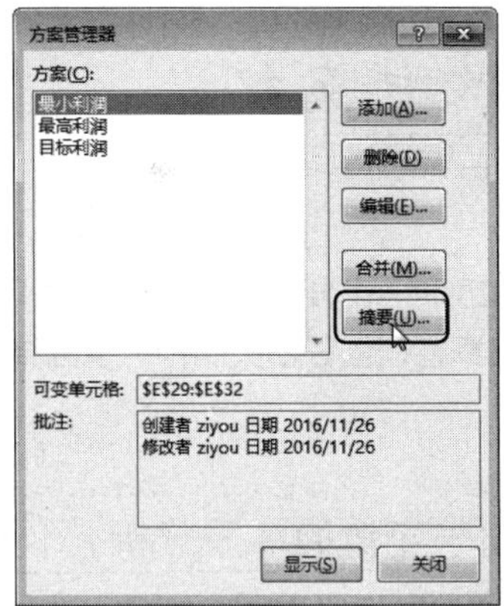

第 2 步 弹出【方案摘要】对话框，在【报表类型】组合框中选中【方案数据透视表】单选钮，在【结果单元格】文本框中输入“F29:F32,G29:G32”，如下图所示。

第 3 步 单击【确定】按钮 确定 ，系统会自动创建一个“方案数据透视表”工作表，显示方案的详细信息，如下图所示。

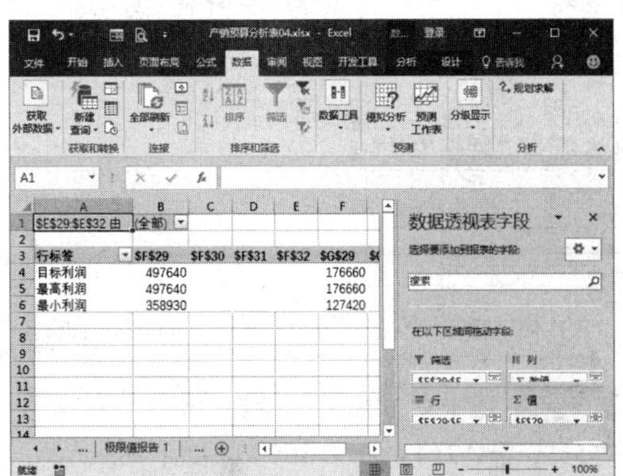

通过前面知识的学习，相信读者已经掌握了Excel 2016中合并计算、模拟运算表、规划求解以及方案管理器等相关操作。下面结合本章内容，介绍一些工作中的实用经验与技巧。

01　同一变量的多重分析

视频文件：光盘\视频文件\第8章\01.mp4

有一款理财产品，预期年化收益率在3.6%~4.4%，如果用户分别以最低收益率和最高收益率作为计算依据，来分析10万元~100万元理财投资60天的不同收益情况，具体操作步骤如下。

第 1 步 打开“光盘\素材文件\第8章\同一变量的多重分析.xlsx”文件，选中单元格B2，输入最低收益率计算公式“=A2*3.6%*60/365”，如下图所示。

第 2 步 选中单元格C2，输入最高收益率计算公式“=A2*4.4%*60/365”，如下图所示。

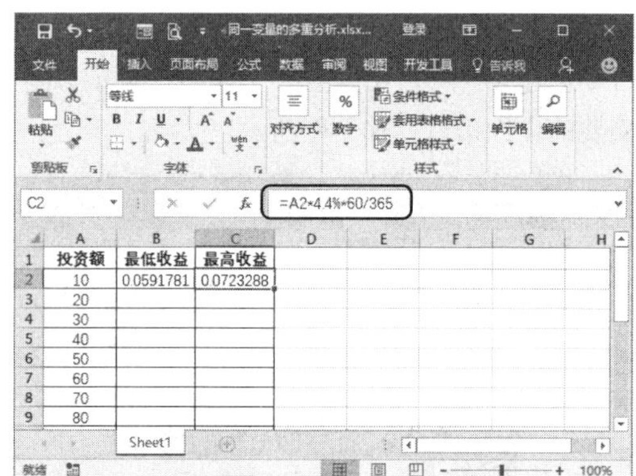

第 3 步 ❶选中单元格区域A2:C11，切换到【数据】选项卡；❷单击【预测】组中的【模拟分析】按钮；❸从弹出的下拉列表中选择【模拟运算表】按钮，如下图所示。

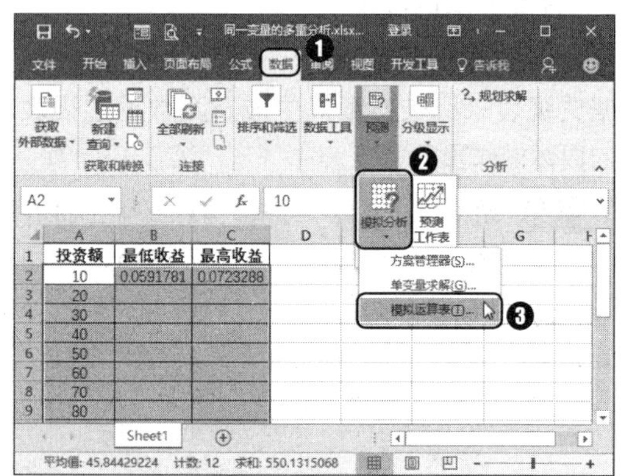

第 4 步 弹出【模拟运算表】对话框，在【输入引用列的单元格】文本框中输入“$A$2”，如下图所示。

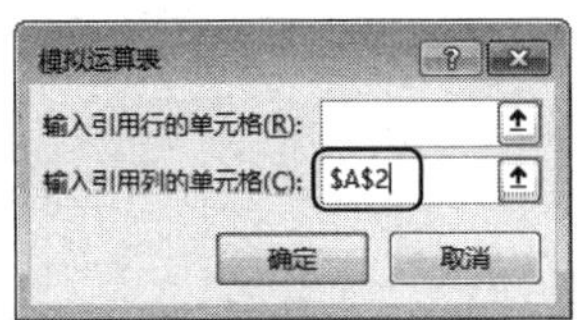

第 5 步 单击【确定】按钮确定，返回工作表中，即可根据投资额计算出最低收益率和最高收益率，如下图所示。

02 如何利用单变量求解反向查询个税

视频文件：光盘\视频文件\第8章\02.mp4

假设某用户想要通过每月打入工资卡的税后收入计算自己的实际收入。

根据国家税务机关提供的个人所得税文件，个税税率的扣除情况如下表所示。

注：起征点3500元

应纳税所得额	税率	速算扣除数
0	3%	0
1500	10%	105
4500	20%	555
9000	25%	1005
35000	30%	2755
55000	35%	5505
80000	45%	13505

使用单变量求解功能反项查询个税的具体操作步骤如下。

第 1 步 打开“光盘\素材文件\第 8 章\个税反向查询.xlsx”文件，选中单元格 F2，输入公式“=F1−IF (F1>=B1,VLOOKUP(F1−B1,A3:B9,2,TRUE)*(F1−B1)−VLOOKUP(F1−B1,A3:C9,3,TRUE),0)”，如下图所示。

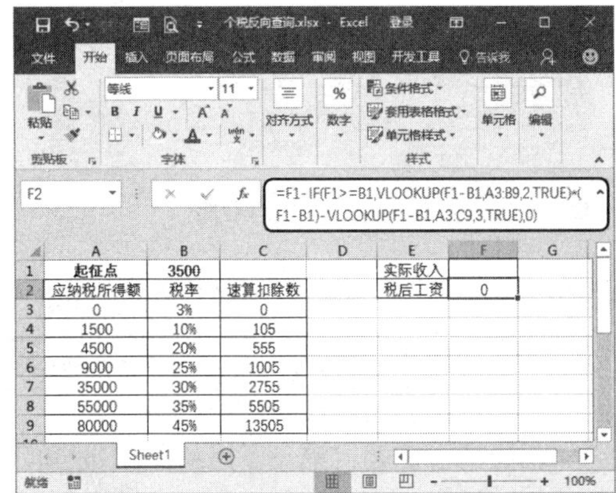

第 2 步 选中单元格 F2，打开【单变量求解】对话框，在【目标单元格】中显示“F2”，在【目标值】文本框中输入员工的税后工资，例如，输入“5634”，在【可变单元格】文本框中输入“$F$1”，如下图所示。

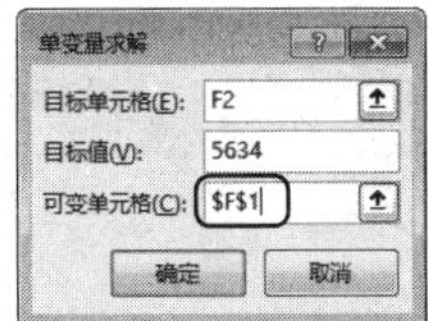

第 3 步 单击【确定】按钮确定，弹出【单变量求解状态】对话框，如下图所示。

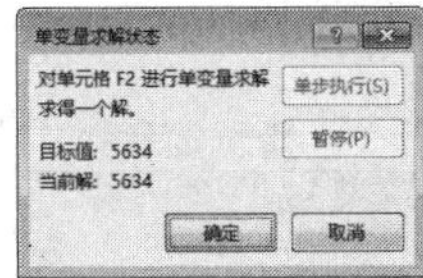

第 4 步 单击【确定】按钮确定，返回工作表中，即可计算出该员工的实际收入，如下图所示。

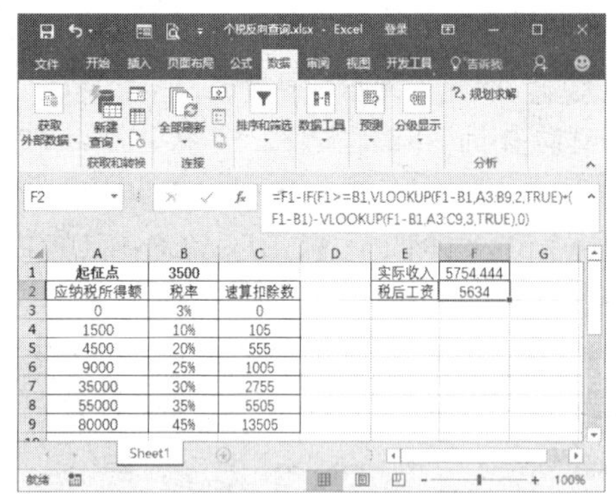

03　自定义顺序合并计算

视频文件：光盘\视频文件\第8章\03.mp4

合并计算功能允许对最左列字段的数据项按自定义的方式进行计算。

例如某公司要将第一季度的工资按部门进行汇总，具体操作步骤如下。

第 1 步 ❶打开“光盘\素材文件\第 8 章\自定义顺序合并计算.xlsx”文件，切换到工作表“汇总”中，选中单元格区域 A1:D5；❷切换到【数据】选项卡；❸单击【数据工具】组中的【合并计算】按钮，如下图所示。

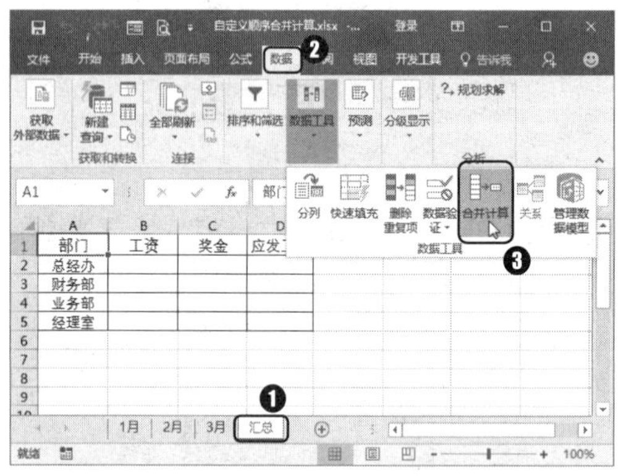

第 2 步 弹出【合并计算】对话框，在【所有引用位置】列表框中添加“1 月”“2 月”和“3 月”的数据区域，如下图所示。

第 3 步 在【标签位置】组合框中选中【首行】和【最左列】复选框，单击【确定】按钮，如下图所示。

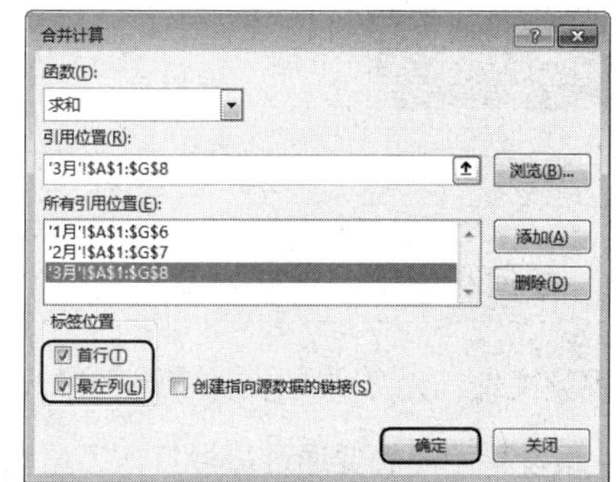

第 4 步 返回工作表中，即可按部门汇总工资，如下图所示。

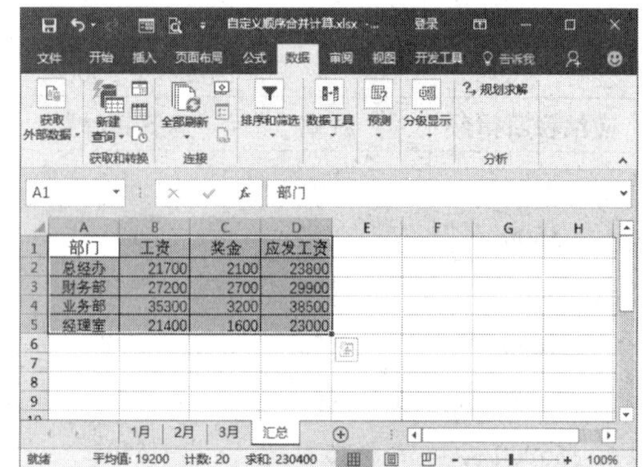

第9章 使用图表直观展示数据

本章导读

文不如表，表不如图。为了让数据表中的信息更加直观、更具说服力，通常我们会使用图形来显示。而人对图形的理解和记忆能力又远远胜过文字和数据。相比枯燥乏味的数据信息，人们更愿意也更加容易接受多种图形信息。Excel的高级制图功能，可以直观地将工作表中的数据用图形表示出来，使其更具说服力。在日常办公中，可以使用图表表现数据间的某种相对关系，如数量关系，趋势关系，比例分配关系等。

知识要点

- 图表类型
- 动态图表
- 特殊图表
- 编辑美化图表
- 插入图表
- 迷你图

9.1 关于图表

案例背景

图表是Excel非常强大的功能。所谓图表，就是将工作表中的数值以图形的方式展示出来，更直观地帮助我们分析和比较数据，让那些抽象、烦琐的数据报告变得更形象，如下图所示。

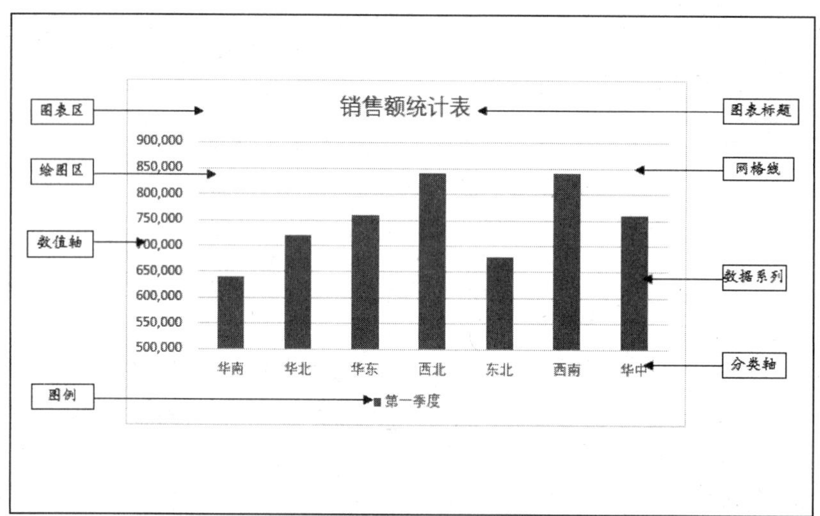

9.1.1 了解图表的组成

图表的作用是将表格中的数据以图形的形式表示出来，使数据表现得更加可视化、形象化，以便用户可以更方便的观察数据的宏观走势和规律。

图表主要是由图表区、绘图区、图表标题、数值轴、分类轴、数据系列、网格线以及图例等组成的。

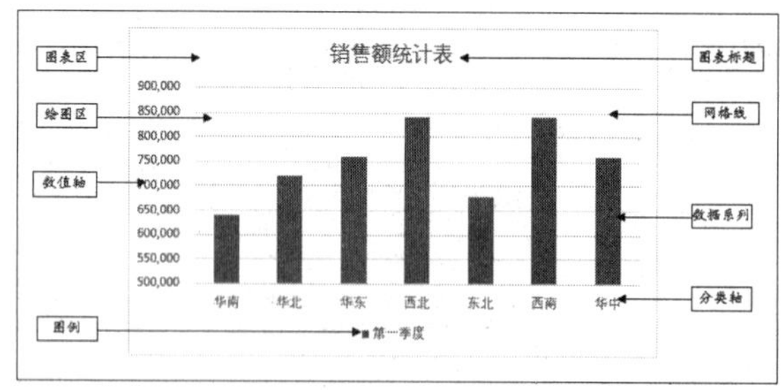

● 图表区

所谓图表区是指图表的背景区域，主要包括所有的数据信息以及图表说明信息。

● 绘图区

绘图区主要包括数据系列、数值轴、分类轴和网格线等，它是图表最重要的部分。

- 图表标题

图表标题主要用来说明图表要表达的主题。

- 数据系列

所谓数据系列是指以系列的方式显示在图表中的可视化数据。分类轴上的每一个分类都对应一个或多个数据，不同分类上颜色相同的数据就构成了一个数据系列。

- 数值轴

所谓数值轴是用来表示数据大小的坐标轴，它是根据工作表中数据的大小来自定义数据的单位长度的。

- 分类轴

分类轴的作用是用来表示图表中需要对比观察的对象。

- 图例

图例的作用是表示图表中数据系列的图案、颜色和名称。

- 网格线

网格线是绘图区中为了便于观察数据大小而设置的线，包括主要网格线和次要网格线。

9.1.2 了解图表的类型

Excel 2016的图表功能非常强大，为了更好地适应各类数据，Excel提供了10种图表类型供用户选择。主要有柱形图、折线图、饼图、条形图、面积图、XY散点图等。

但Excel最常见的图表类型有柱形图、折线图和饼图三类，接下来简单介绍这三类图表类型。

1. 柱形图

柱形图是实际工作中最常用到的图表类型之一，它可以直观地反映出一段时间内各项的数据变化，在数据统计和销售报表中被广泛地应用。

当需要比较数值的大小时用柱形图，不仅可以通过柱形的高度来表示数值的大小，还可以显示数值在不同时间的变化关系，如下图所示。

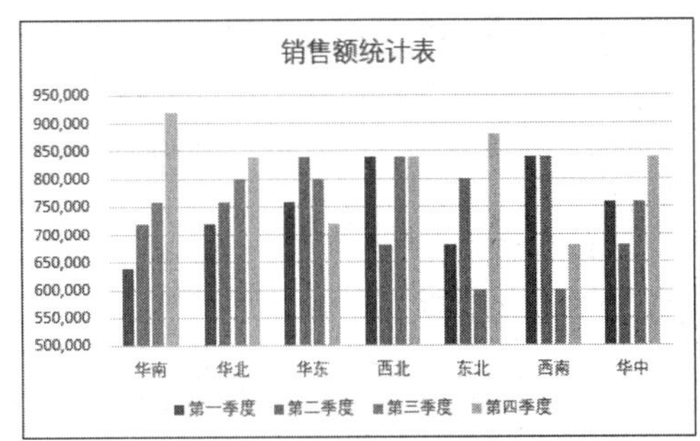

柱形图主要包括簇状柱形图、堆积柱形图、百分比堆积柱形图、三维簇状柱形图、三维堆积柱形图、三维百分比堆积柱形图、三维柱形图7种。

2. 折线图

折线图主要用来表示数据的连续性和变化趋势，也可以显示相同时间间隔内数据的预测趋势。该类型的图表强调的是数据的实践性和变动率，而不是变动量。

当需要表示随着时间推移，数值产生的变化时使用折线图，通过线条的倾斜程度，可以非常直观地显示数值的增减幅度。

折线图主要包括折线图、堆积折线图、百分比堆积折线图、带数据标记的折线图、带数据标记的堆积折线图、带数据标记的百分比堆积折线图及三维折线图7种。

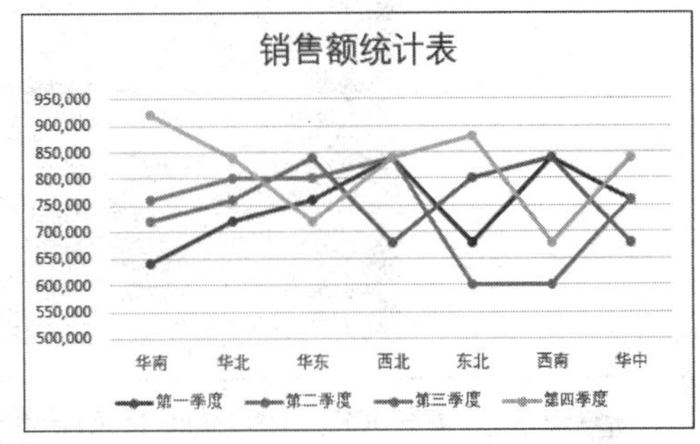

3. 饼图

饼图的功能是用来显示数据系列中各个项目与项目总和之间的比例关系。由于它只能显示一个系列的比例关系，因此当选中多个系列的时候也只能显示其中的一个系列。

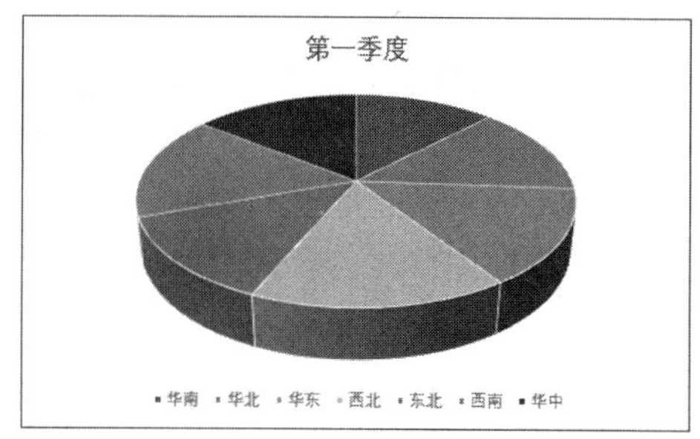

当需要表示数值的比例情况时，就需要使用到饼图，在实际应用中，还可以通过切割饼图，强调其中一部分数值的比例，如右图所示。

饼图主要包括饼图、三维饼图、复合饼图以及复合条饼图。

9.2 简单图表

 案例背景

Excel 2016将工作表中的数据用图表表示出来。图表可以使表格中的数据更加直观且美观，具有较好的视觉效果。通过创建不同类型的图表，用户可以更加容易地分析数据的走向和差异。

在Excel 2016中创建图表的方法非常简单，因为系统自带了很多图表类型，用户只需根据实际需要进行选择即可。创建了图表后，用户还可以设置图表布局，主要包括调整图表大小和位置，更改图表类型、设计图表布局和设计图表样式。

本例将通过对销售额统计表创建图表来介绍简单图表功能，制作完成后的效果如下图所示。实例最终效果见“光盘\结果文件\第9章\销售额统计表01.xlsx”文件。

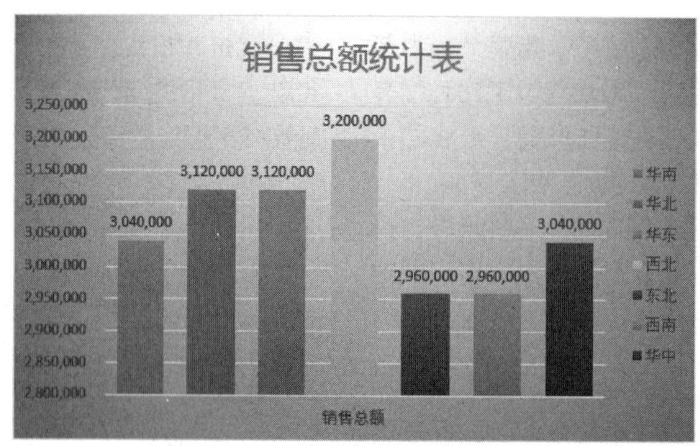

光盘文件	素材文件	光盘\素材文件\第9章\销售额统计表01.xlsx
	结果文件	光盘\结果文件\第9章\销售额统计表01.xlsx
	教学视频	光盘\视频文件\第9章\9.2简单图表.mp4

9.2.1 轻松创建图表

想要更好地展示数据，选择合适的图表类型是非常重要的，Excel 2016提供了【推荐的图表】功能，应用该功能，Excel会根据所选择的数据类型推荐合适的图表。

1. 插入图表

插入图表的具体操作步骤如下。

第1步 ❶打开“光盘\素材文件\第9章\销售额统计表01.xlsx”文件，选中单元格区域A1:A8和单元格区域F1:F8，切换到【插入】选项卡；❷单击【图表】组中的【推荐的图表】按钮，如下图所示。

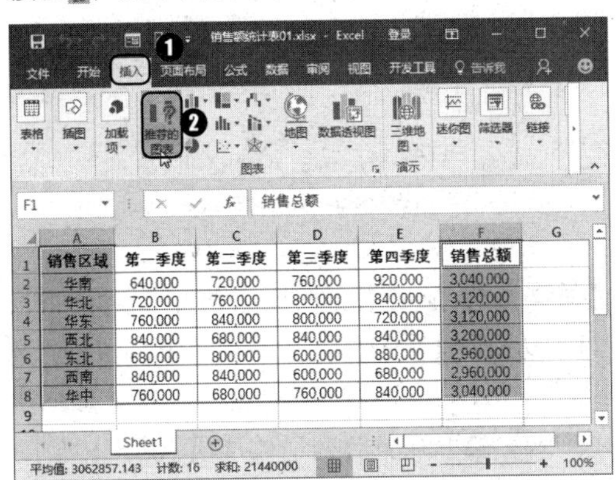

销售区域	第一季度	第二季度	第三季度	第四季度	销售总额
华南	640,000	720,000	760,000	920,000	3,040,000
华北	720,000	760,000	800,000	840,000	3,120,000
华东	760,000	840,000	800,000	720,000	3,120,000
西北	840,000	680,000	840,000	840,000	3,200,000
东北	680,000	800,000	600,000	880,000	2,960,000
西南	840,000	840,000	600,000	680,000	2,960,000
华中	760,000	680,000	760,000	840,000	3,040,000

第2步 弹出【更改图表类型】对话框，自动切换到【推荐的图表】选项卡，在其中显示了推荐的图表类型，用户可以选择一种合适的图表类型，如下图所示。

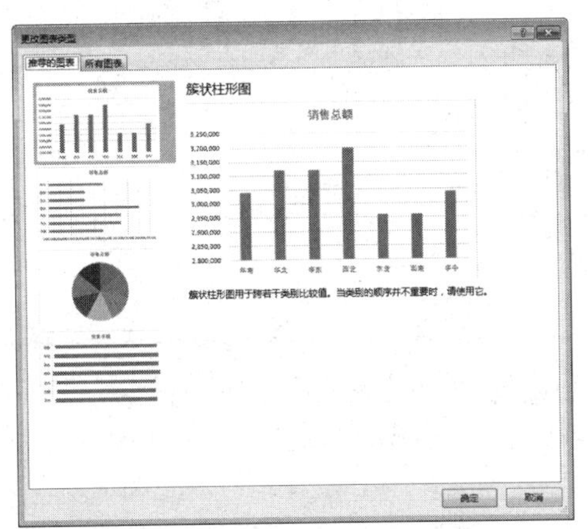

第3步 单击【确定】按钮，即可在工作表中插入选中的图表类型，如下图所示。

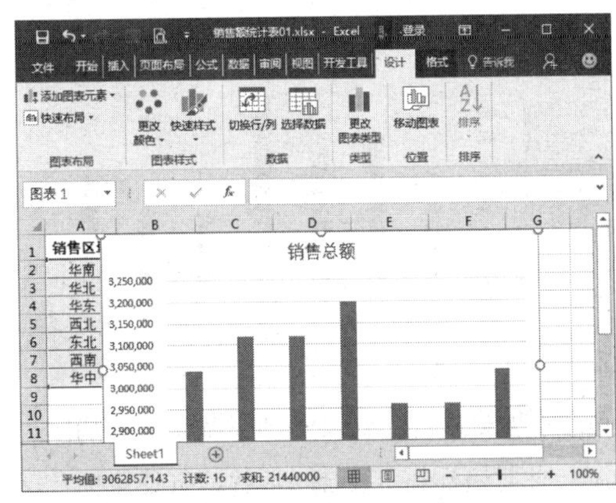

第4步 ❶用户也可以在【图表】组中单击【插入柱形图或条形图】按钮；❷从弹出的下拉列表中选择想要插入的图表类型，如下图所示。

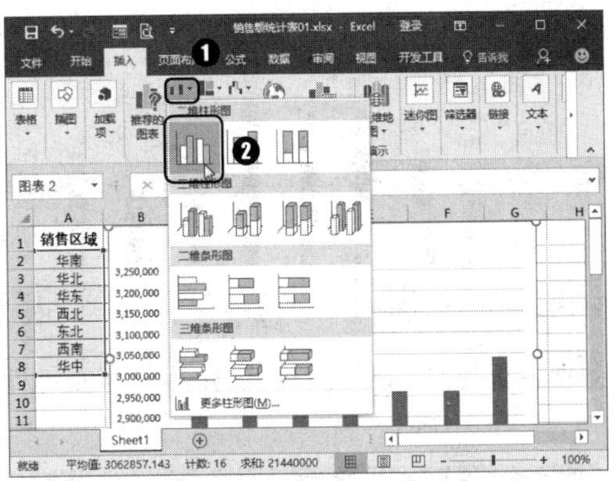

2. 调整图表大小和位置

为了使图表显示在工作表中的合适位置，用户可以对其大小和位置进行调整，具体操作步骤如下。

第1步 选中要调整大小的图表，此时图表区的四周会出现8个控制点，将鼠标指针移动到图表的右下角，此时鼠标指针变成↘形状，按住鼠标左键向左上或右下拖动，拖动到合适的位置释放鼠标左键即可，如下图所示。

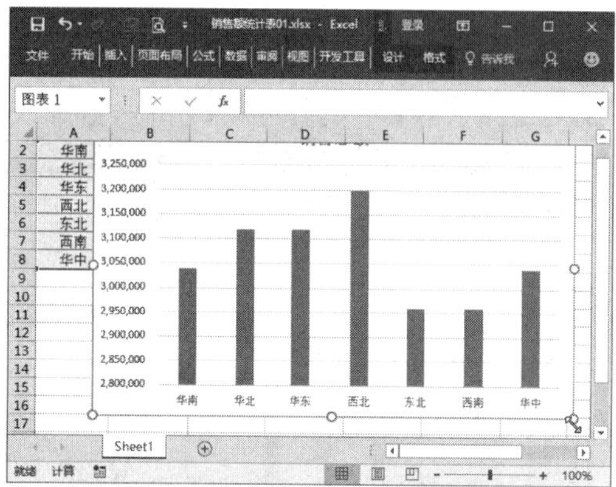

第 2 步 将鼠标指针移动到要调整位置的图表上，此时鼠标指针变成✥形状，按住鼠标左键不放进行拖动，如下图所示。

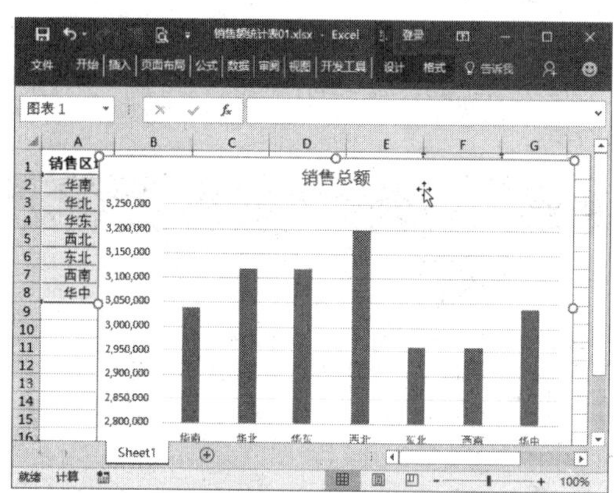

第 3 步 拖动到合适的位置释放鼠标左键即可，如下图所示。

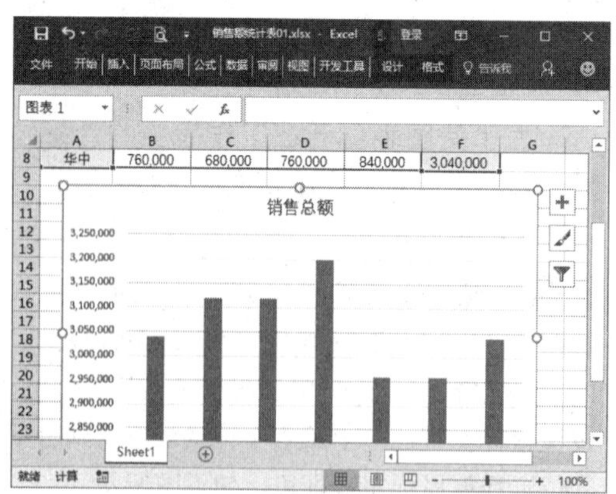

3. 更改图表类型

如果用户对创建的图表不满意，还可以更改图表类型。

第 1 步 选中柱形图，单击鼠标右键，从弹出的快捷菜单中选择【更改图表类型】选项，如下图所示。

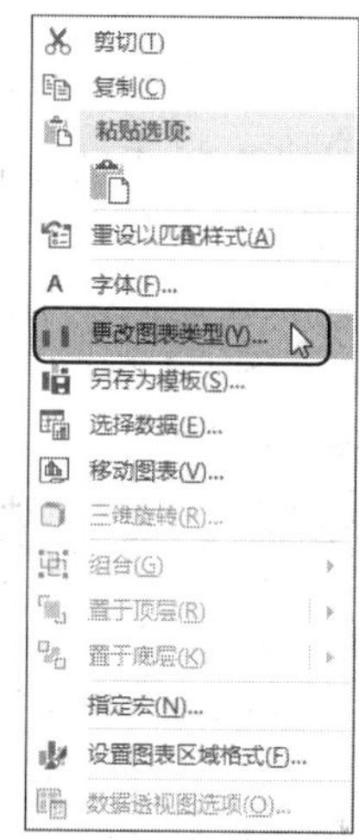

第 2 步 ❶弹出【更改图表类型】对话框，自动切换到【所有图表】选项卡中，在左侧选择【柱形图】选项；❷单击【簇状柱形图】按钮；❸从中选择合适的选项，如下图所示。

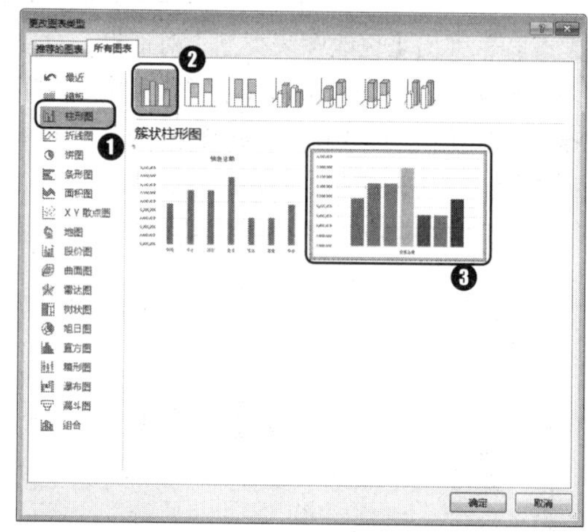

第 3 步 单击【确定】按钮 确定 ，即可看到更改图表类型的设置效果，如下图所示。

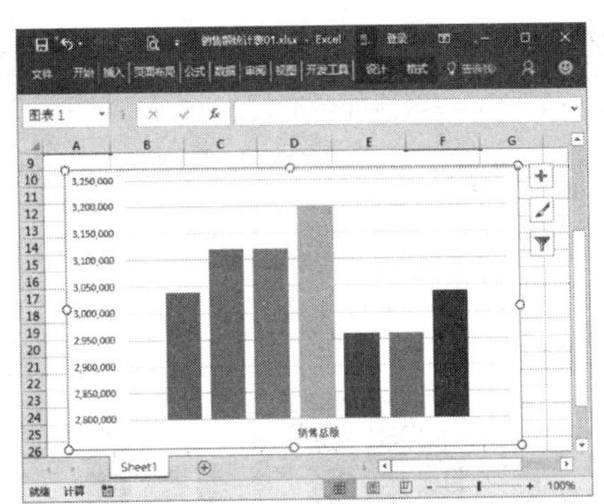

教您一招

其他更改图表类型的方法

方法1：选中图表，切换至【插入】选项卡，在【图表】组中单击相应的图表类型按钮，重新选择图表类型即可。

方法2：选中图表，切换到【图表工具】栏中的【设计】选项卡中，单击【类型】组中的【更改图表类型】按钮，弹出【更改图表类型】对话框，重新选择所需的图表样式即可。

4. 设计图表布局

如果用户对图表布局不满意，也可以进行重新设计。设计图表布局的具体操作步骤如下。

第1步 ❶选中图表，切换到【图表工具】栏中的【设计】选项卡；❷单击【图表布局】组中的【快速布局】按钮 快速布局，如下图所示。

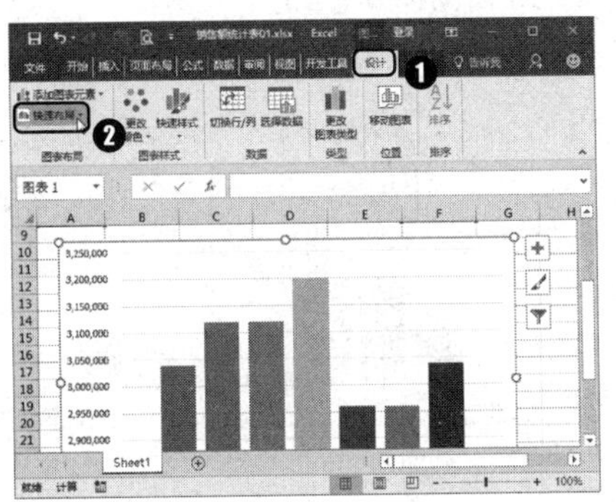

第2步 从弹出的下拉列表中选择【布局9】选项，如下图所示。

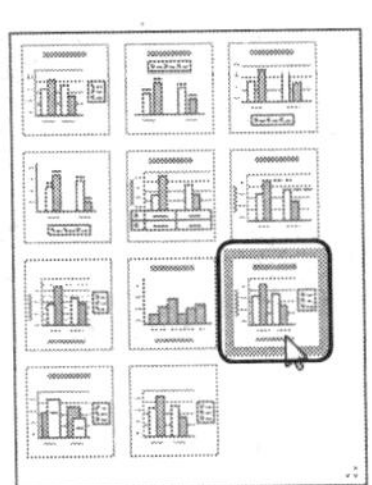

第3步 即可将所选的布局样式应用到图表中，如下图所示。

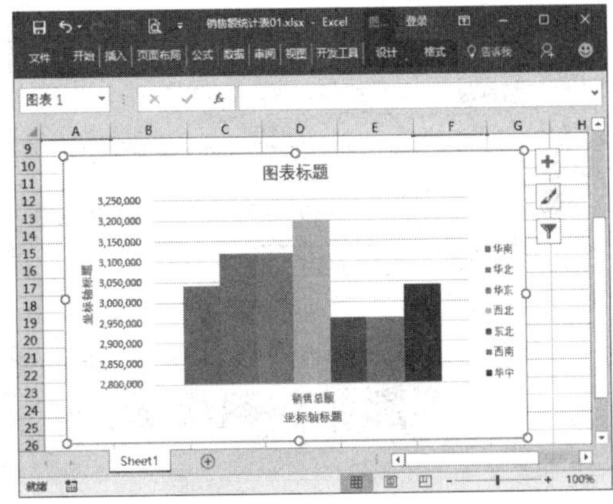

5. 设计图表样式

Excel 2016提供了很多图表样式，用户可以从中选择合适的样式，以便美化图表。

第1步 ❶选中创建的图表，切换到【图表工具】栏中的【设计】选项卡；❷单击【图表样式】组中的【快速样式】按钮，如下图所示。

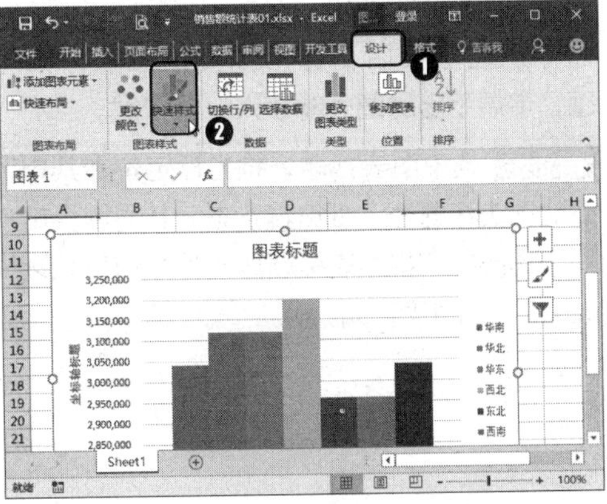

第 2 步 从弹出的下拉列表中选择【样式 6】选项，如下图所示。

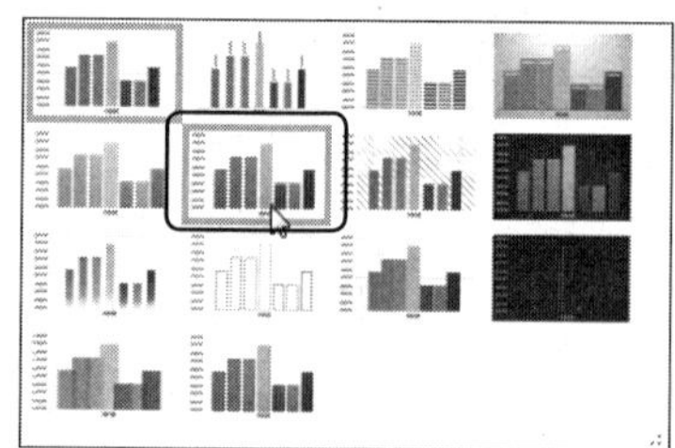

第 3 步 此时，即可将所选的图表样式应用到图表中，如下图所示。

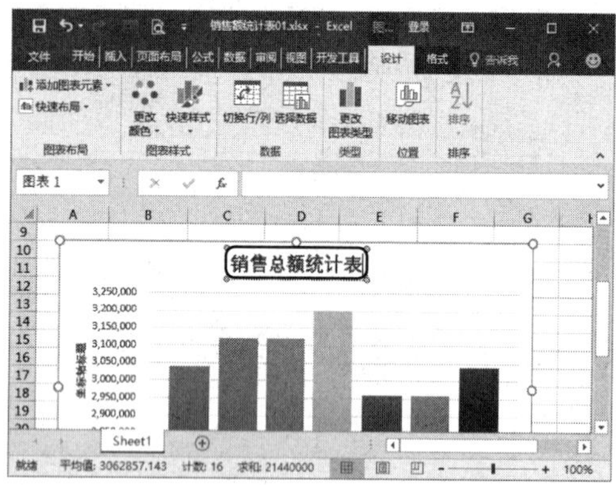

9.2.2 如何编辑美化图表

创建图表之后，用户可以根据需要对图表标题和图例、图表区域、数据系列、绘图区、坐标轴、网格线等项目进行数据编辑以及格式设置。

1. 为图表添加标题

创建图表后，通常需要给图表添加标题，使展示出的图表能让人一目了然。

第 1 步 选中图表标题，将光标定位在其中，此时图表标题处于可编辑状态，其周围会出现一个虚线框。将图表标题修改为“销售总额统计表”，如下图所示。

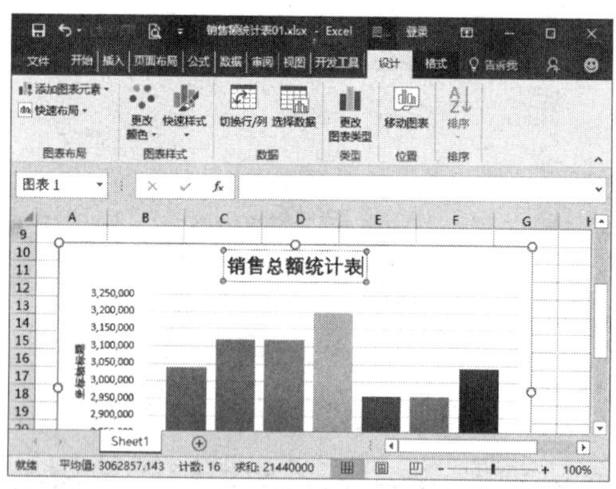

第 2 步 ❶选中图表标题，切换到【开始】选项卡；❷在【字体】组中的【字体】下拉列表中选择【微软雅黑】选项，在【字号】下拉列表中选择【18】选项，然后单击【加粗】按钮 B，撤消加粗效果，然后在【颜色】下拉列表中选择【浅蓝】选项，如下图所示。

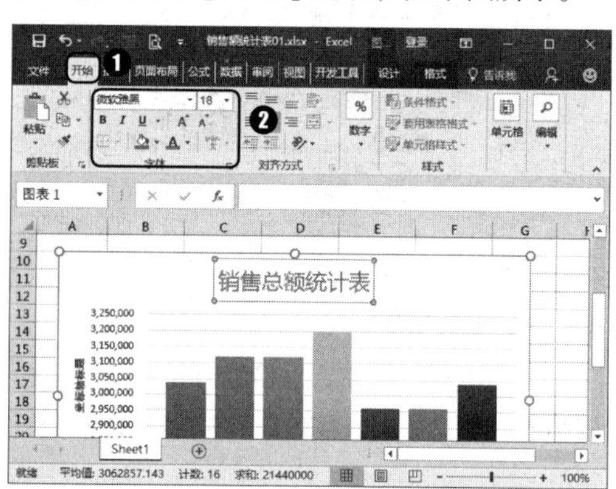

第 3 步 即可看到图表标题的设置效果，如下图所示。

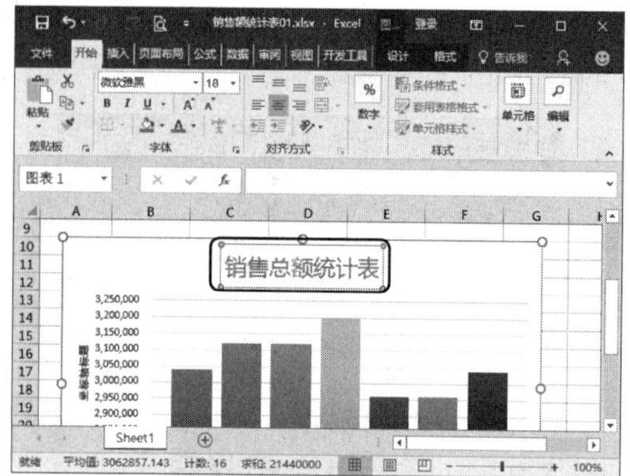

2. 设置图例格式

图例是由文本和标识组成的，用来区别图表的系列。并不是所有的图表都需要图例，单系列图表就不需要。设置图例的具体操作步骤如下。

第1步 ❶选中图表，切换到【图表工具】栏中的【设计】选项卡；❷单击【图表布局】组中的【添加图表元素】按钮 添加图表元素；❸从弹出的下拉列表中选择【图例】➤【右侧】选项，如下图所示。

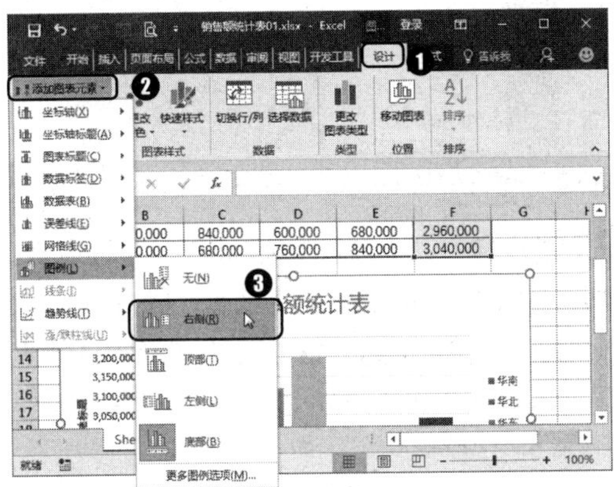

第2步 即可将图例显示在图表区右侧，如下图所示。

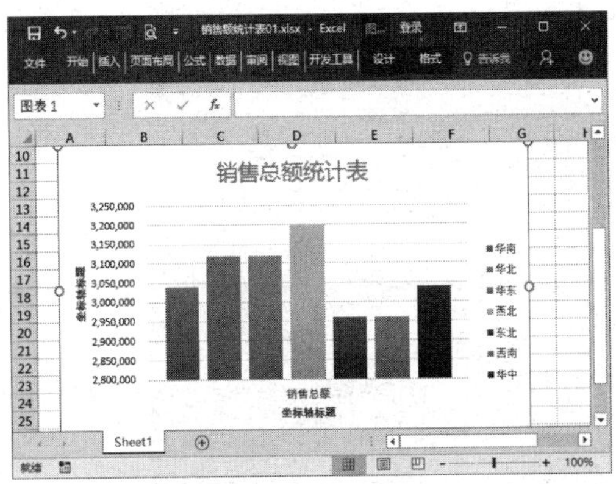

3. 设置图表区格式

设置图表区域格式的具体操作步骤如下。

第1步 选中图表区，单击鼠标右键，从弹出的快捷菜单中选择【设置图表区域格式】菜单项，如下图所示。

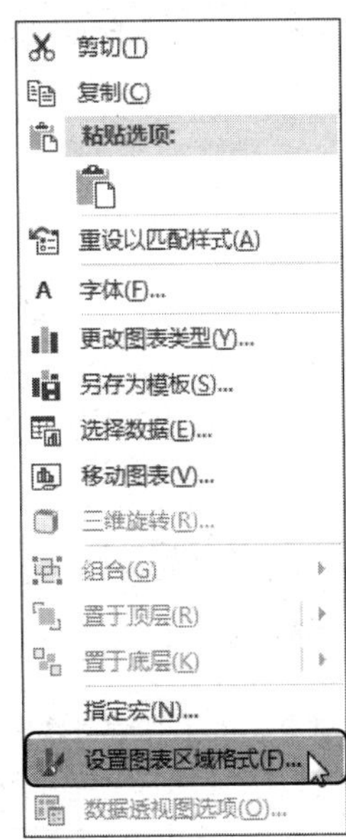

第2步 ❶弹出【设置图表区格式】任务窗格，切换到【图表选项】选项卡；❷单击【填充线条】按钮；❸在【填充】组合框中选中【渐变填充】单选钮；❹在【预设渐变】下拉列表中选择【顶部聚光灯 - 个性色 1】选项，如下图所示。

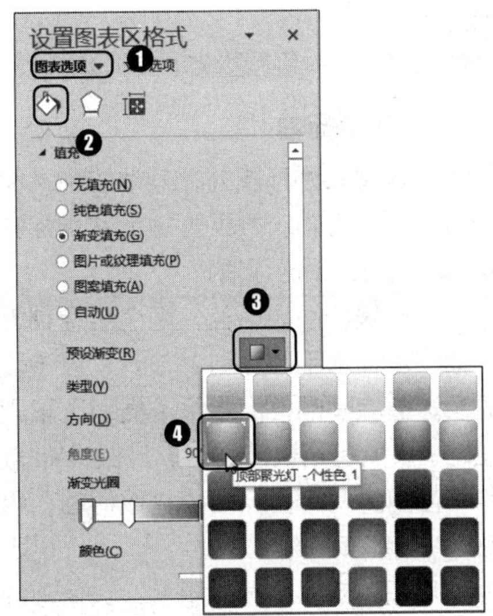

第3步 单击【关闭】按钮 ×，返回工作表中，设置效果如下图所示。

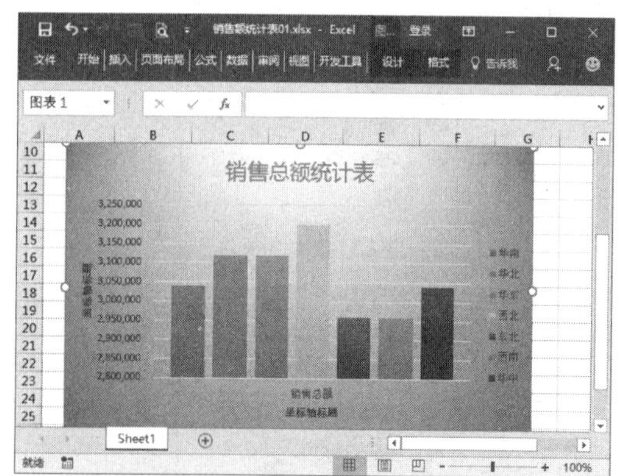

教您一招

精确选择图表元素

选中图表，切换到【图表工具】栏中的【格式】选项卡，在【当前所选内容】组中的【图表元素】下拉列表中即可准确选择图表区、绘图区等图表元素，如下图所示。

4. 设置图表坐标轴

除了饼图和圆环图外，其他的标准图表至少有两个坐标轴。如果再加上次坐标轴，可能有3个或者4个坐标轴。

对于一般的图表而言，两个坐标轴为垂直（值）轴和水平（类别）轴。垂直（值）轴显示数值的间隔，而水平（类别）轴则显示任何文本（包括数字文本）。但是XY散点图和气泡图的两个坐标轴都是数值轴，也就是说两个轴都表示数字刻度。

利用图表向导创建的图表，数值轴的范围以及最大刻度和最小刻度等都是由Excel自动设置的。用户可以更改这些属性，具体操作步骤如下。

第1步 选中垂直（值）轴，然后单击鼠标右键，从弹出的快捷菜单中选择【设置坐标轴格式】菜单项，如下图所示。

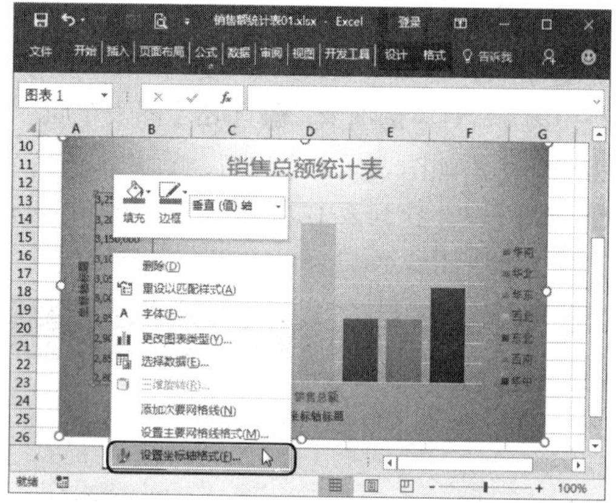

第2步 ❶弹出【设置坐标轴格式】任务窗格，切换到【坐标轴选项】选项卡；❷单击【坐标轴选项】按钮；❸选择【坐标轴选项】选项，在【单位】组合框中的【主要】文本框中输入“100000.0”，如下图所示。

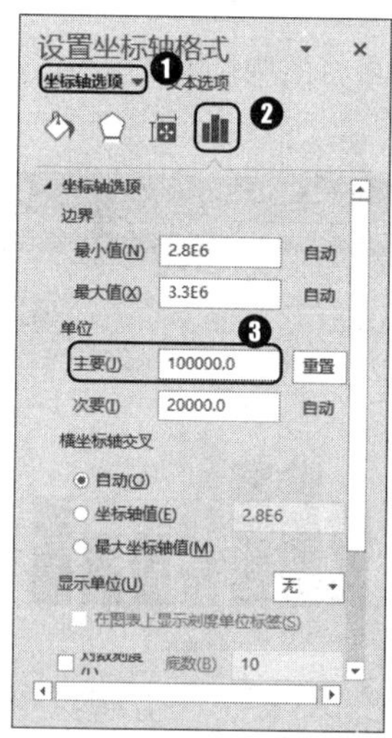

第3步 ❶切换到【文本选项】选项卡；❷单击【文本填充与轮廓】按钮；❸在【文本填充】组合框中选中【纯色填充】单选钮；❹在【颜色】下拉列表中选择【红色】选项，如下图所示。

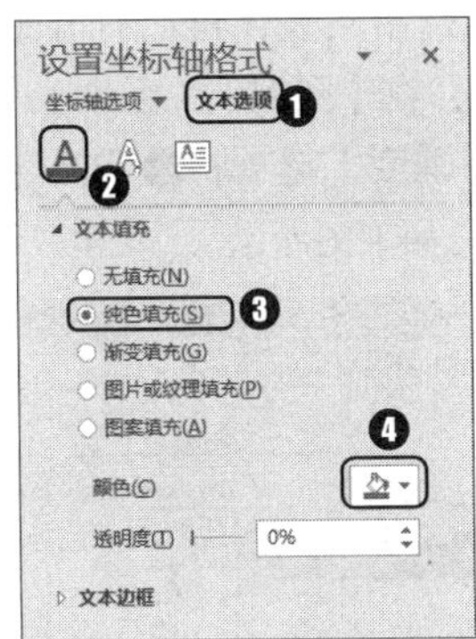

第 4 步 单击【关闭】按钮 × 关闭该任务窗格，数值轴的设置效果，如下图所示。

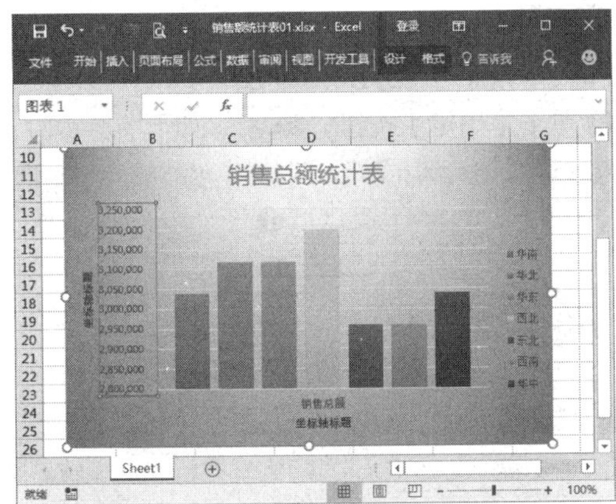

第 5 步 用户可以为坐标轴添加坐标轴标题，也可以将其删除。选中【坐标轴标题】，按【Delete】键即可，如下图所示。

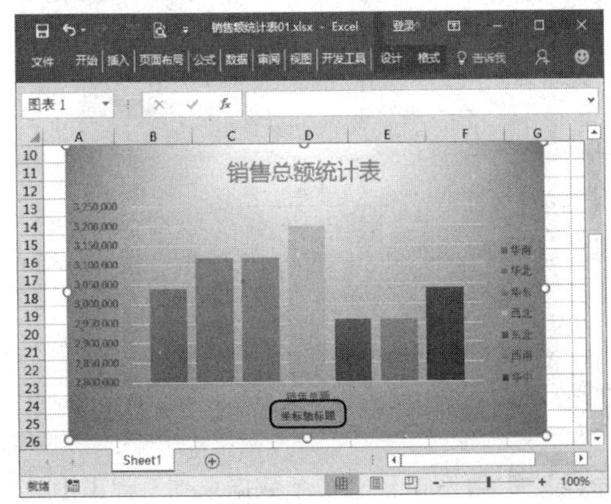

第 6 步 用户可以按照相同的方法设置水平（类别）轴，如下图所示。

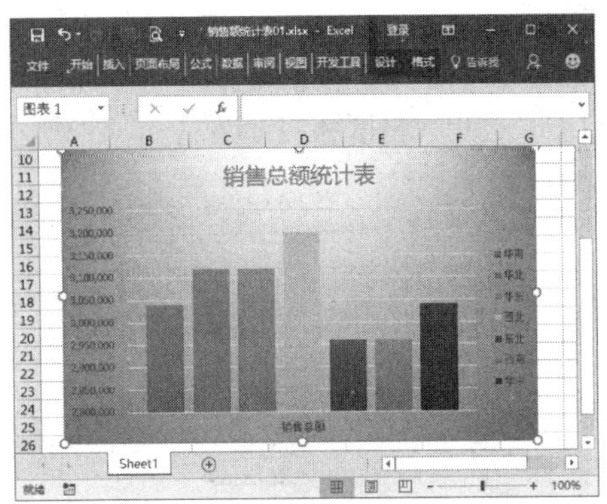

5. 添加和设置数据系列

设置数据系列格式的具体操作步骤如下。

第 1 步 选中图表，单击鼠标右键，从弹出的快捷菜单中选择【选择数据】菜单项，如下图所示。

第 2 步 弹出【选择数据源】对话框，即可在【图表数据区域】文本框中显示当前图表引用的数据区域，如下图所示。

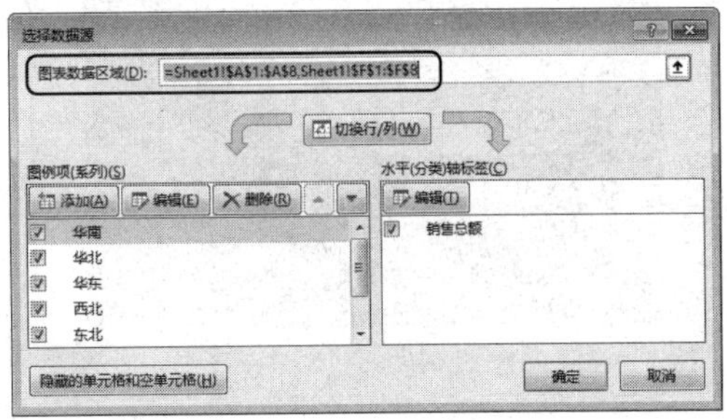

第 3 步 将光标定位在【图表数据区域】文本框中，然后在工作表中选中单元格区域“A1:B8”和单元格区域“F1:F8”，如下图所示。

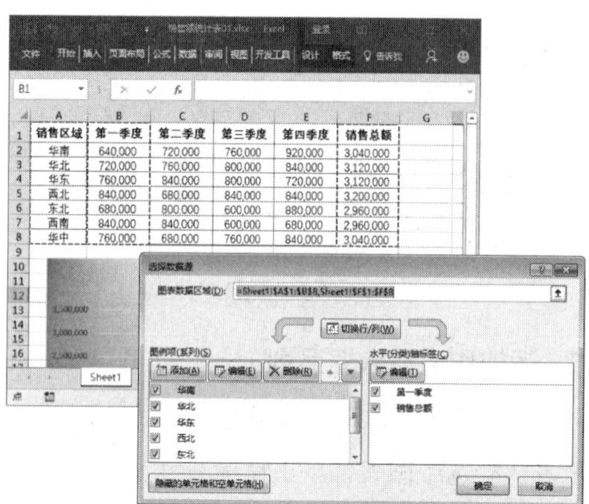

第 4 步 单击【切换行 / 列】按钮 切换行/列(W)，即可将【图例项（系列）】和【水平（分类）轴标签】中的数据互换，如下图所示。

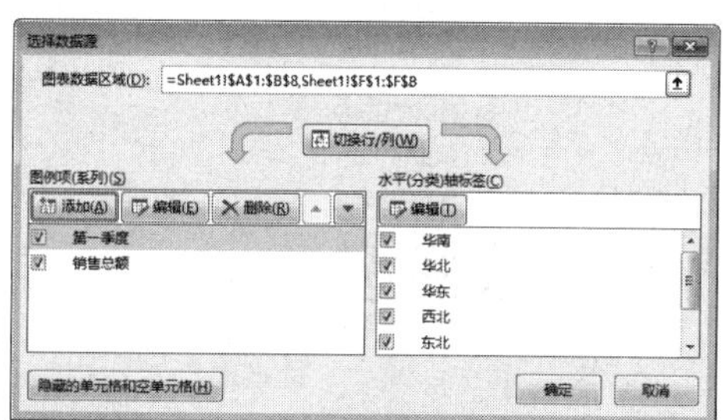

第 5 步 单击【确定】按钮 确定 ，返回工作表中，即可看到图表中添加了“第一季度”数据系列，如下图所示。

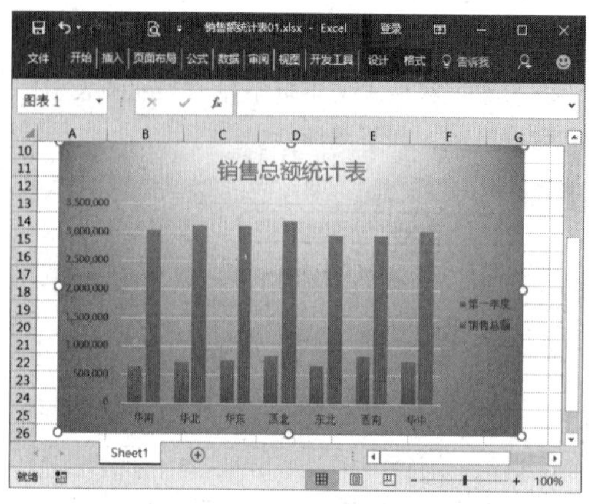

第 6 步 ❶选中图表，再次打开【选择数据源】对话框，在【图例项（系列）】列表框中选择【第一季度】选项；❷单击【删除】按钮 删除(R)，如下图所示。

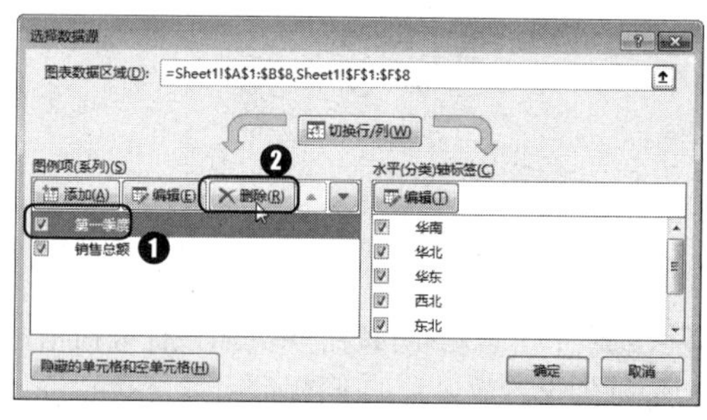

第 7 步 ❶即可将【第一季度】系列删除，再次单击【切换行 / 列】按钮 切换行/列(W)；❷单击【确定】按钮 确定 ，如下图所示。

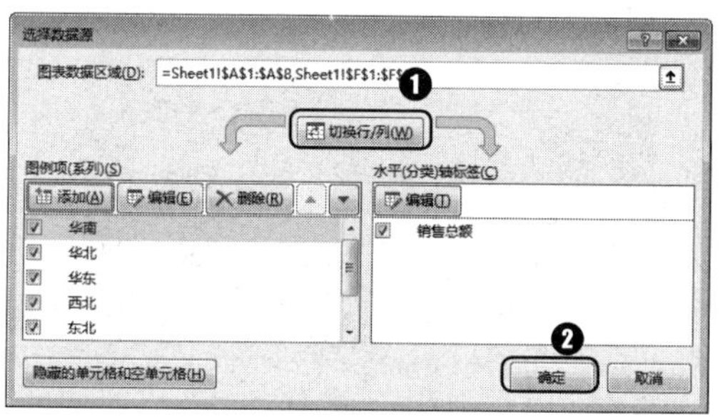

第 8 步 返回工作表中，即可看到数据系列“第一季度”已经被删除。设置效果如下图所示。

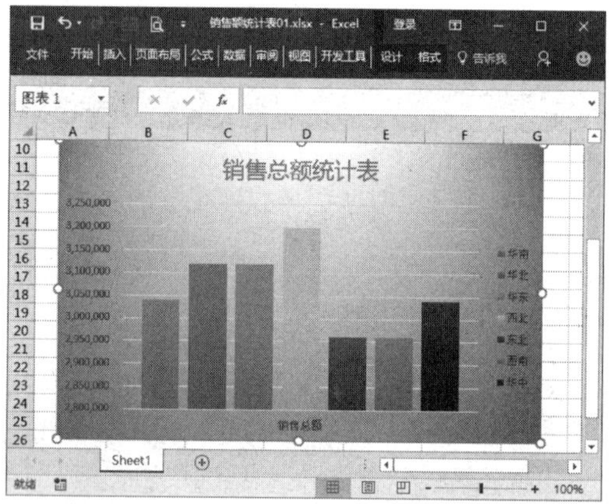

第 9 步 ❶双击任意一个数据系列，弹出【设置数据点格式】任务窗格，单击【系列选项】

按钮▐▌▌；❷在【系列选项】组合框中的【系列重叠】微调框中输入“-50%”，【分类间距】微调框中输入“50%”，如下图所示。

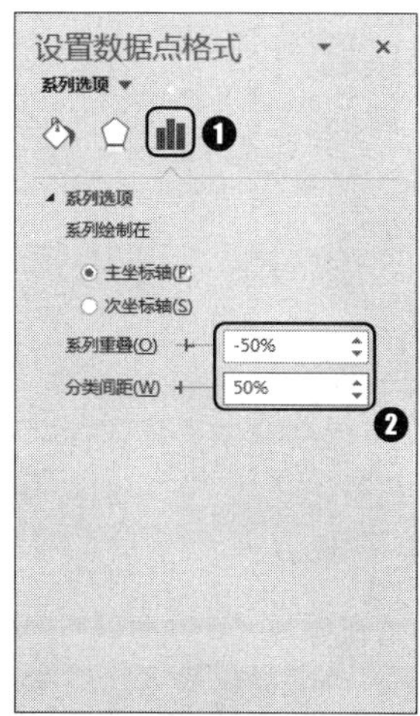

第10步 单击【关闭】按钮×，返回工作表中，设置效果如下图所示。

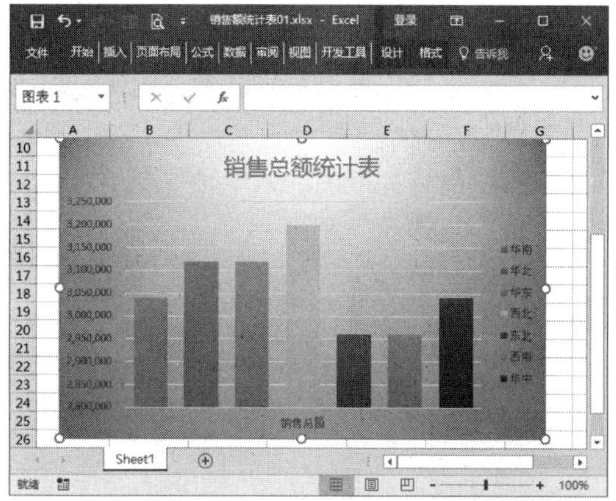

教您一招

隐藏数据系列

打开【选择数据源】对话框，在【图表项（系列）】列表框中撤选数据系列的复选框，即可将相应的数据系列隐藏起来。

6. 为图表添加数据标签

创建图表后，虽然Y轴（垂直轴）上有刻度，用户可根据刻度看出每个柱形图的大概数值。可是要想直接从柱形图上读出准确的数值还是比较困难的。这时就需要为图表的数据系列添加数据标签，标记出每个数据系列的具体数值。

第1步 ❶切换到【图表工具】栏中的【设计】选项卡；❷单击【图表布局】组中的【添加图表元素】按钮 添加图表元素▾；❸从弹出的下拉列表中选择【数据标签】➤【其他数据标签选项】选项，如下图所示。

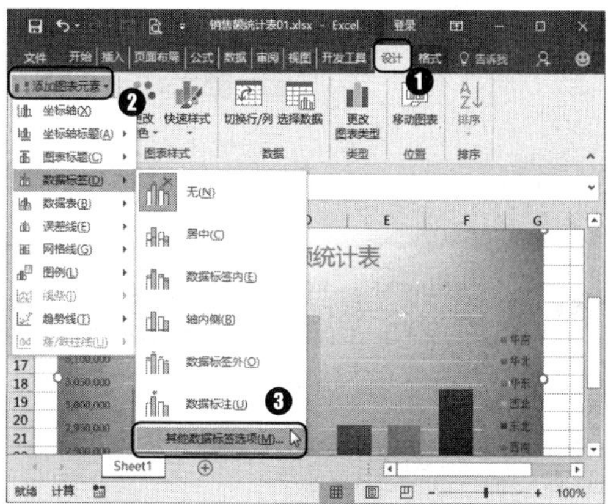

第2步 ❶弹出【设置数据标签格式】任务窗格，切换到【标签选项】选项卡中；单击【标签选项】按钮▐▌▌；❸在【标签包括】组合框中选中【值】复选框，取消【显示引导线】复选框，如下图所示。

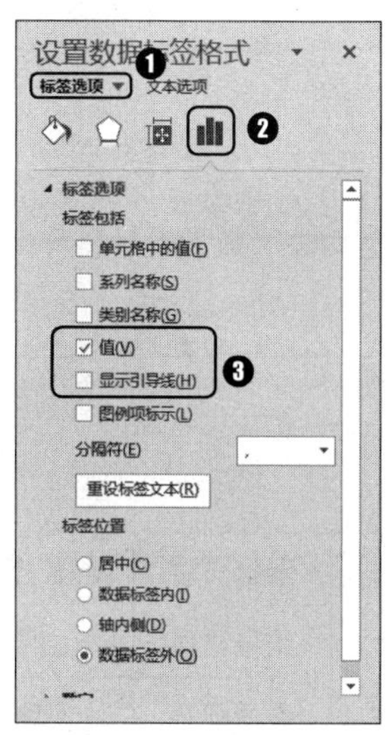

第 3 步 单击【关闭】按钮 ×，返回工作表中，即可为数据系列添加上数据标签，如下图所示。

9.3 特殊图表

案例背景

在日常办公中，用户除了可以直接插入常见图表以外，还可以进行特殊制图，例如，巧用图片美化图表，制作静态图表等。

本例将介绍怎样用图片美化图表以及静态图表的制作，制作完成后的效果如下图所示。实例最终效果见“光盘\结果文件\第9章\销售额统计表02.xlsx”文件。

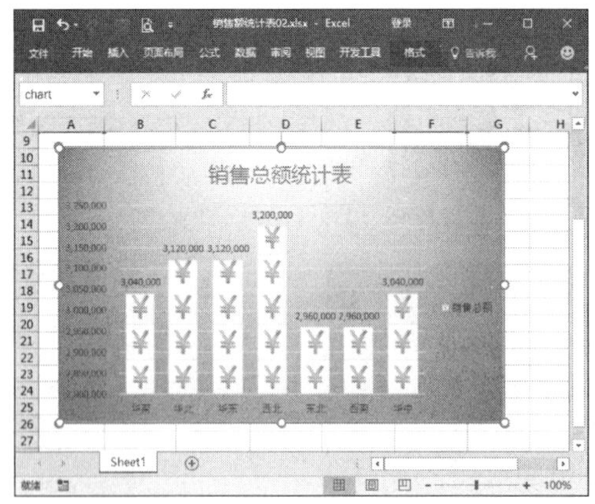

光盘文件	素材文件	光盘\素材文件\第9章\图片1.jpg、销售额统计表02.xlsx
	结果文件	光盘\结果文件\第9章\销售额统计表02.xlsx
	教学视频	光盘\视频文件\第9章\9.3特殊图表.mp4

9.3.1 巧用图片制作图表

Excel的图表不但可以使用形状和颜色来修饰数据标记，还可以使用一些特定图片。使用与图表内容相关的图片替换数据标记，能够制作更加直观生动的图表。

具体操作步骤如下。

第 1 步 打开“光盘\素材文件\第 9 章\销售额统计表 02.xlsx”文件，在工作表中插入一些直观的图片，如下图所示。

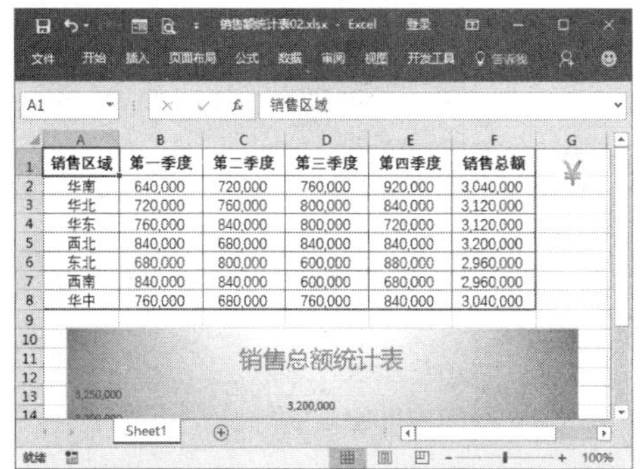

销售区域	第一季度	第二季度	第三季度	第四季度	销售总额
华南	640,000	720,000	760,000	920,000	3,040,000
华北	720,000	760,000	800,000	840,000	3,120,000
华东	760,000	840,000	800,000	720,000	3,120,000
西北	840,000	680,000	840,000	840,000	3,200,000
东北	680,000	800,000	600,000	880,000	2,960,000
西南	840,000	840,000	600,000	680,000	2,960,000
华中	760,000	680,000	760,000	840,000	3,040,000

第 2 步 选中图片 1，然后单击鼠标右键，在弹出的快捷菜单中选择【复制】菜单项，如下图所示。

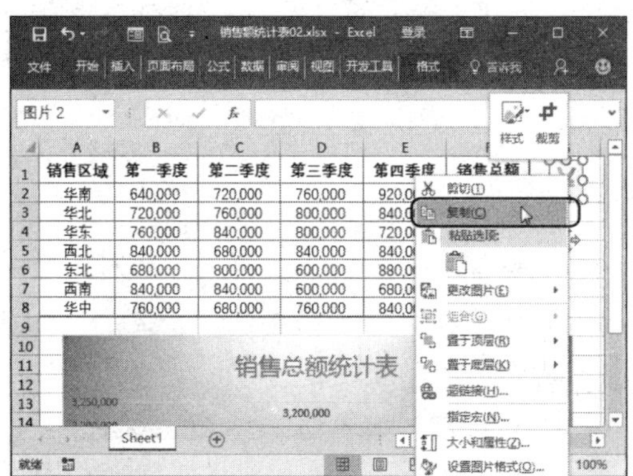

第 3 步 单击其中的任意一个数据系列，即可选中所有数据系列，按【Ctrl+V】组合键，即可将图片粘贴到数据系列上，如下图所示。

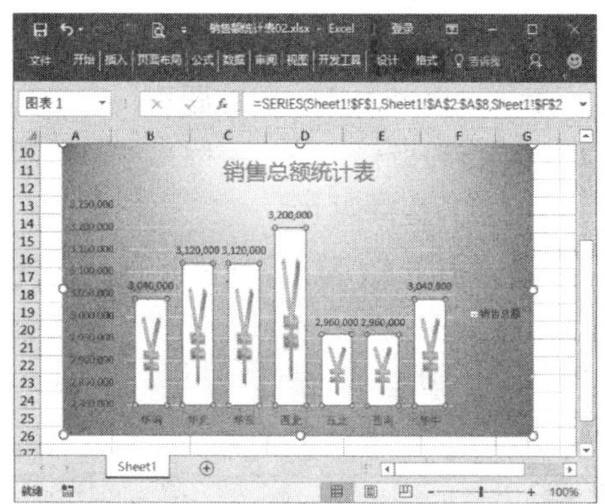

第 4 步 ❶ 双击数据系列，弹出【设置数据系列格式】任务窗格，单击【填充与线条】按钮；❷ 然后在【填充】组合框中选中【层叠】单选按钮，如下图所示。

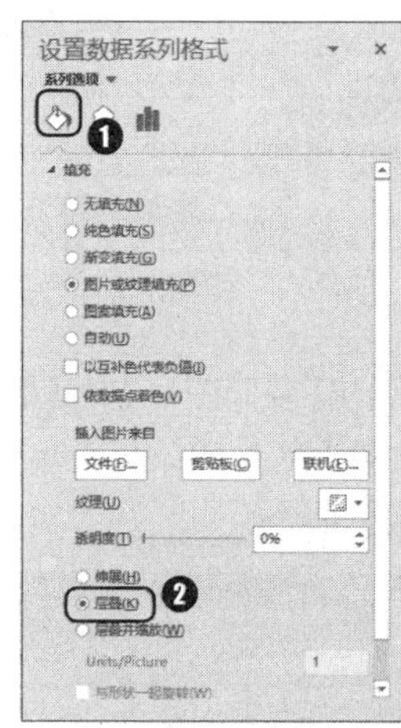

第 5 步 设置完毕，单击【关闭】按钮 × 关闭【设置数据系列格式】任务窗格，返回工作表中，最终效果如下图所示。

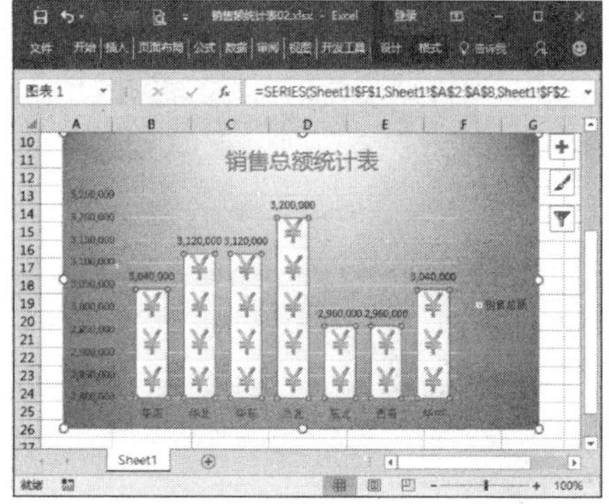

9.3.2 静态图表

静态图表不同于一般的图表，它与图表的源数据没有链接关系，实际上就是图表图片，具体操作步骤如下。

第 1 步 选中图表，单击【剪贴板】组中的【复制】按钮右侧的下箭头按钮，从弹出的下拉列表中选择【复制为图片】选项，如下图所示。

第 2 步 ❶弹出【复制图片】对话框，在【外观】组合框中选中【如打印效果】单选钮；❷单击【确定】按钮，如下图所示。

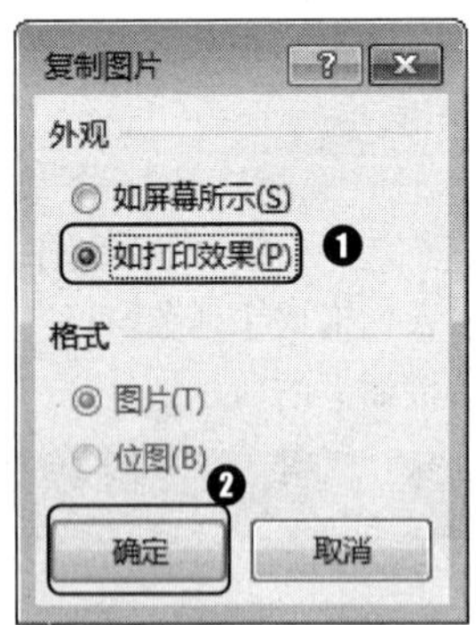

第 3 步 返回工作表中，在该图表的空白区域上单击鼠标右键，然后从弹出的快捷菜单中选择【粘贴】按钮，如下图所示。

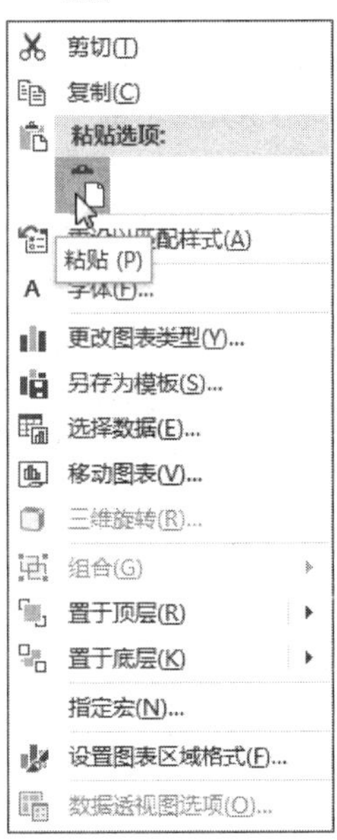

第 4 步 即可将图表粘贴为图片。此时，粘贴后的图片就变成了与图表源数据失去链接的静态图表，如下图所示。

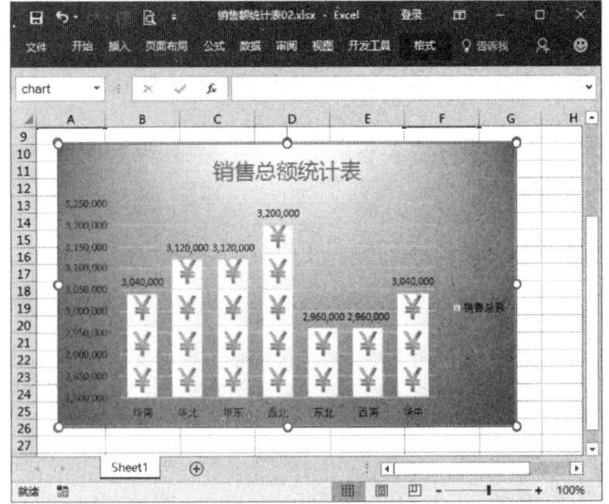

9.4 动态图表

案例背景

使用Excel 2016提供的函数功能和窗体控件功能，用户可以制作各种动态图表。

本例将介绍选项按钮图表、复选框图表以及滚动条图表的制作，制作完成后的效果如下图所示。实例最终效果见“光盘\结果文件\第9章\销售额统计表03.xlsx”文件。

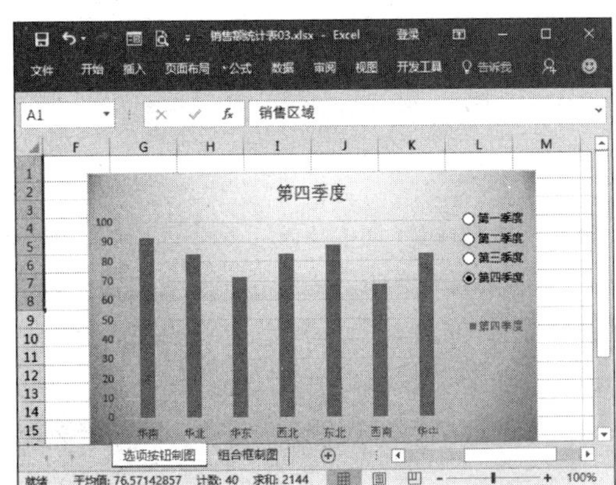

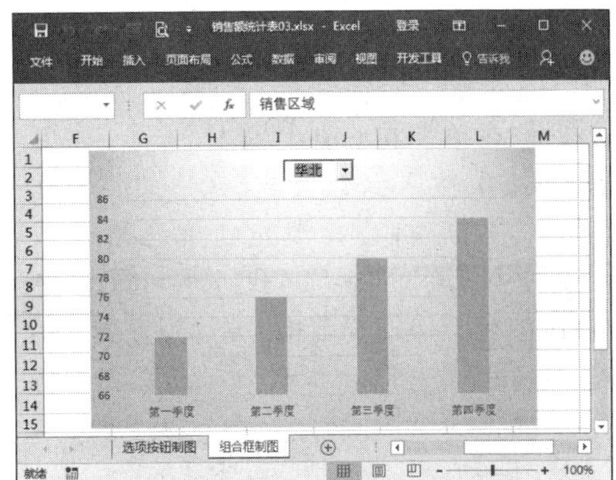

光盘文件	素材文件	光盘\素材文件\第9章\销售额统计表03.xlsx
	结果文件	光盘\结果文件\第9章\销售额统计表03.xlsx
	教学视频	光盘\视频文件\第9章\9.4动态图表.mp4

9.4.1 创建选项按钮制图

使用选项按钮和OFFSET函数可以制作简单的动态图表。

OFFSET函数功能：提取数据，它以指定的单元为参照，偏移指定的行、列数，返回新的单元引用。

语法：OFFSET(reference,rows, cols,height, width)

参数说明：reference作为偏移量参照系的引用区域；rows相对于偏移量参照系的左上角单元格，上（下）偏移的行数；cols相对于偏移量参照系的左上角单元格，左（右）偏移的列数；height表示高度，即所要返回的引用区域的行数；width表示宽度，即所要返回的引用区域的列数。

假设要统计某公司各个销售区域每个季度的销售情况（单位：万元），接下来使用选项按钮进行动态制图，具体操作步骤如下。

第 1 步 打开“光盘\素材文件\第 9 章\销售额统计表 03.xlsx”文件，切换到工作表“选项按钮制图”中，选中单元格 A11，输入公式“=A2”，然后将公式填充到单元格区域 A12:A17 中，如下图所示。

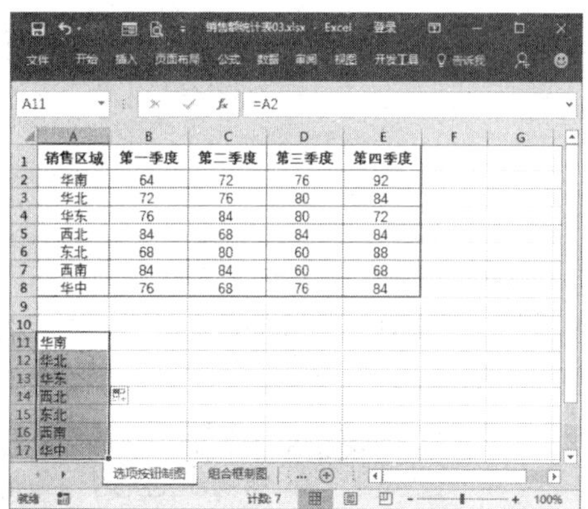

第 2 步 在单元格 C10 中输入“1”，在单元格 B10 中输入函数公式 "=OFFSET(A1,0,$C$10)"，然后将公式填充到单元格区域 B11:B17 中。该公式表示“找到同一行且从单元格 A1 偏移一列的单元格区域，返回该单元格区域的值”，如下图所示。

第 3 步 对单元格区域 A10:C17 进行格式设置，效果如下图所示。

第 4 步 选中单元格区域 A10:B17，在工作表中插入一个簇状柱形图，并对其进行简单美化，效果如下图所示。

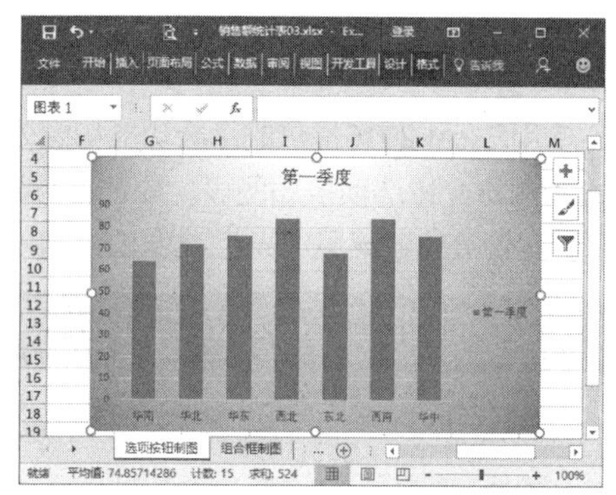

第 5 步 ❶ 切换到【开发工具】选项卡；❷ 单击【控件】组中的【插入】控件按钮；❸ 从弹出的下拉列表中选择【选项按钮（窗体控件）】按钮，如下图所示。

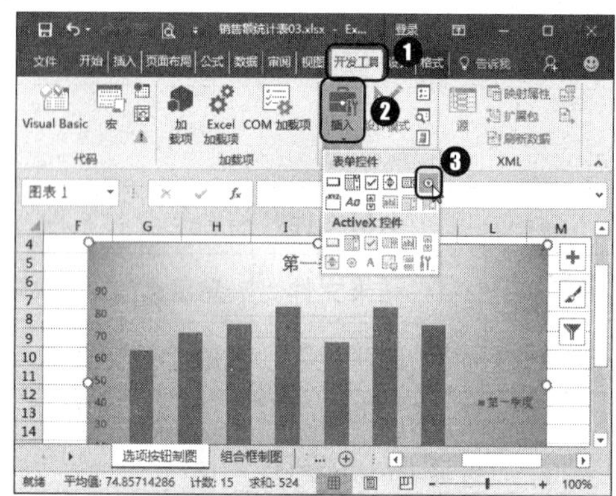

第 6 步 此时鼠标指针变成十形状，在图表中单击鼠标左键即可插入一个选项按钮，如下图所示。

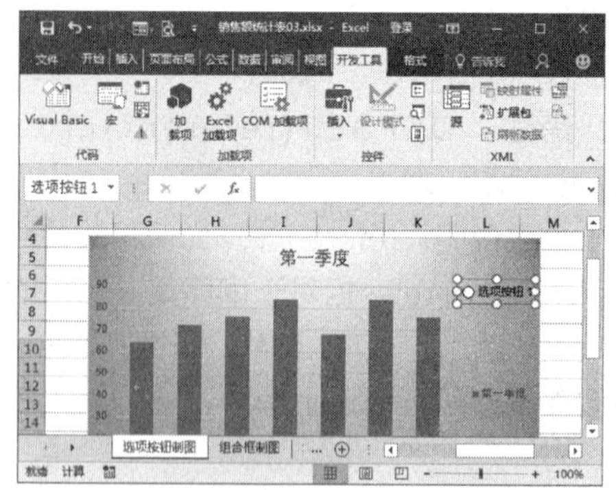

第 7 步 选中该选项按钮，将其重命名为“第一季度”，并调整选项按钮的大小和位置，如下图所示。

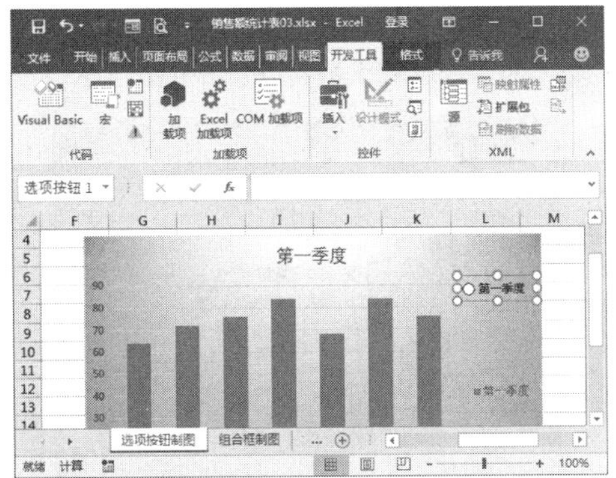

第 8 步 使用同样的方法再插入 3 个选项按钮，然后将其分别重命名为“第二季度”“第三季度”和“第四季度”，如下图所示。

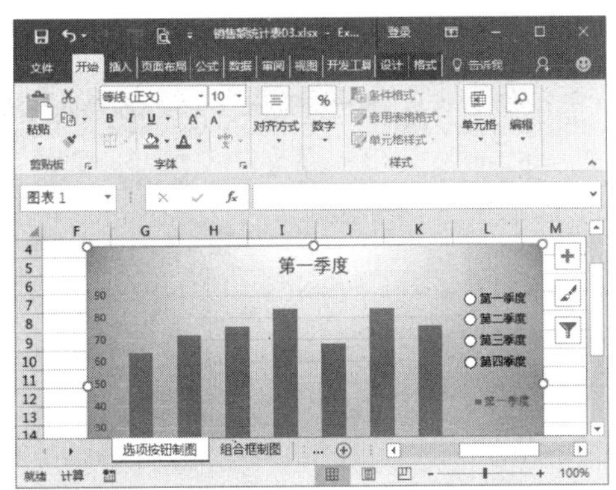

第 9 步 在“第一季度”按钮上单击鼠标右键，从弹出的快捷菜单中选择【设置控件格式】菜单项，如下图所示。

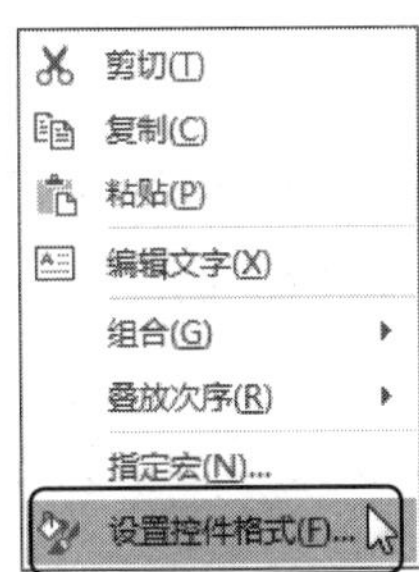

第 10 步 ❶ 弹出【设置控件格式】对话框，自动切换到【控制】选项卡，在【单元格链接】文本框中输入链接单元格“$C$10”；❷ 单击【确定】按钮 确定 ，如下图所示。

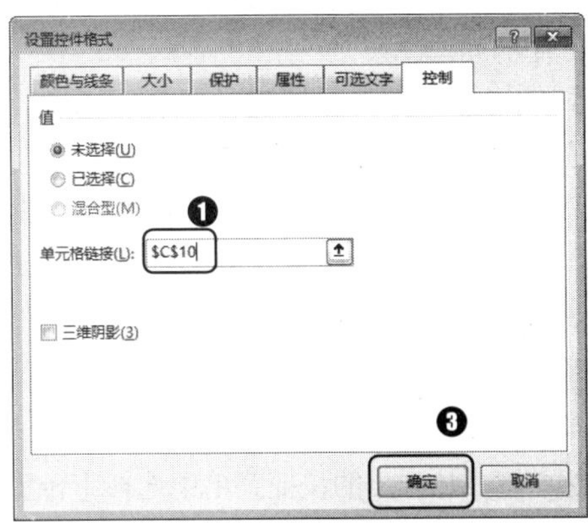

第 11 步 按住【Ctrl】键的同时选中 4 个选项按钮，单击鼠标右键，从弹出的快捷菜单中选择【组合】➤【组合】选项，如下图所示。

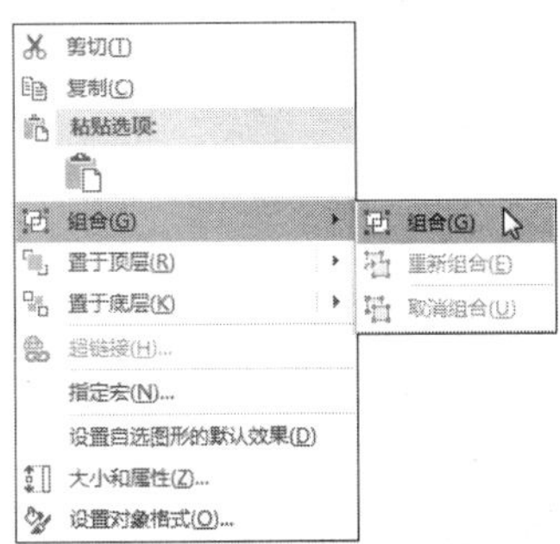

第 12 步 此时 4 个选项按钮就组合成了一个对象整体，选中其中的任意一个选项按钮即可通过图表变化来动态地显示相应的数据变化，如下图所示。

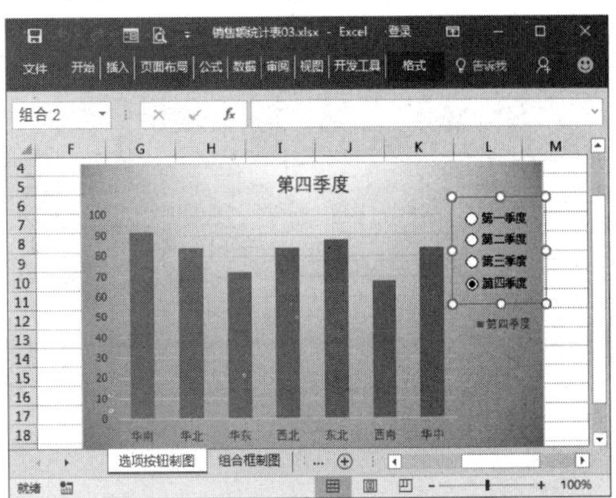

9.4.2 创建组合框制图

使用组合框和VLOOKUP函数也可以制作简单的动态图表。

VLOOKUP函数的函数功能、语法、参数说明以及具体实例详见5.6.1节。

本实例使用VLOOKUP函数和组合框绘制某公司各销售区域各季度销售额统计动态图表，具体操作步骤如下。

第 1 步 切换到工作表“组合框制图”中，复制单元格区域 B1:E1，选中单元格 A11，单击鼠标右键，从弹出的快捷菜单中选择【转置】按钮，如下图所示。

第 2 步 ❶选中单元格 B10，切换到【数据】选项卡；❷单击【数据工具】组中的【数据验证】按钮的下半部分按钮；❸从弹出的下拉列表中选择【数据验证】选项，如下图所示。

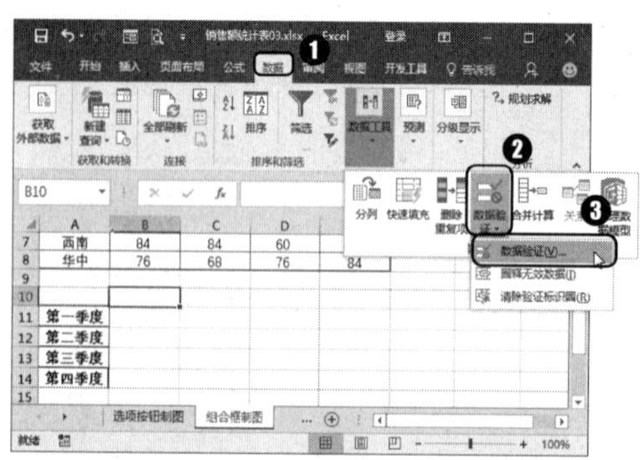

第 3 步 ❶弹出【数据验证】对话框，切换到【设置】选项卡；❷在【验证条件】组合框中的【允许】下拉列表中选择【序列】选项；❸然后在下方的【来源】文本框中将引用区域设置为“=$A$2:$A$8”，如下图所示。

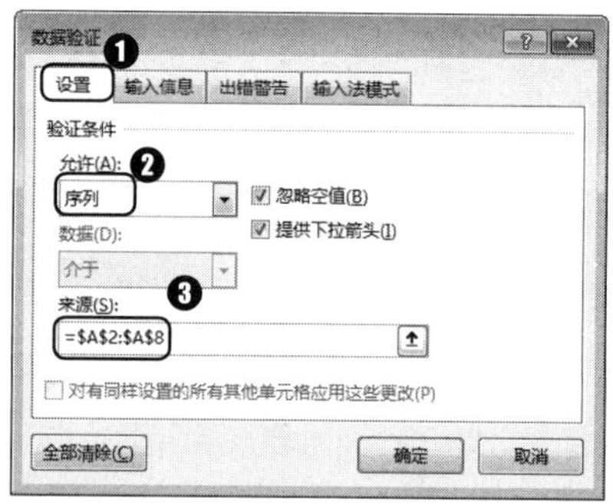

第 4 步 单击【确定】按钮，返回工作表，此时单击单元格 B10 右侧的下拉按钮，即可从弹出的下拉列表中选择相关选项，如下图所示。

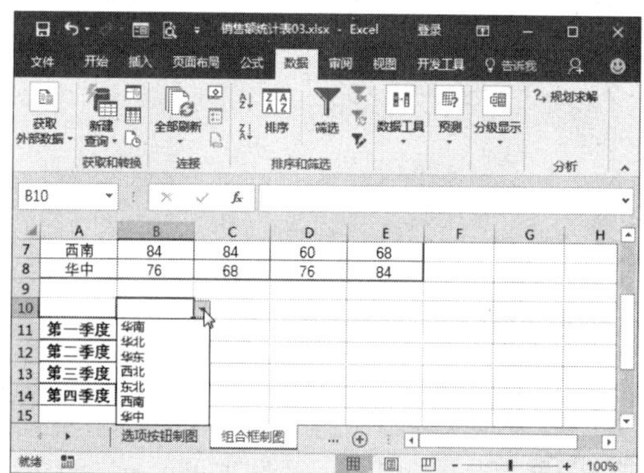

第 5 步 在单元格 B11 中输入公式“=VLOOKUP ($B$10,$2:$8,ROW()-9,0)”，然后将公式填充到单元格区域B12:B14中。该公式表示“以单元格 B10 为查询条件，从第 2 行到第 8 行进行横向查询，当查询到第 9 行的时候，数据返回 0 值。” 如下图所示。

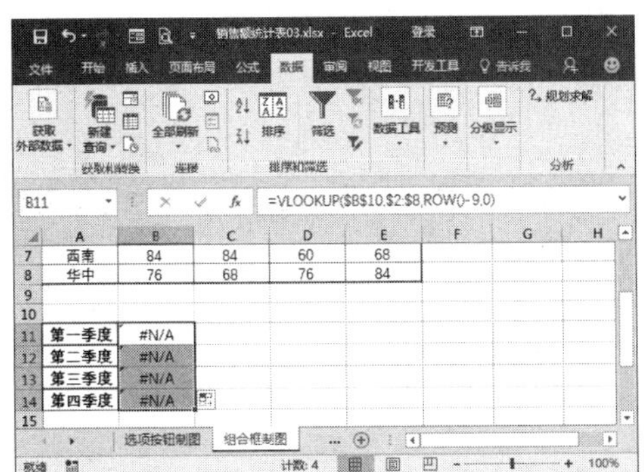

第 6 步 单击单元格 B10 右侧的下拉按钮▾，从弹出的下拉列表中选择【西北】选项，此时，就可以横向查找出东北区域各季度对应的销售情况了，选中单元格区域 A10:B14，对其进行单元格设置，效果如下图所示。

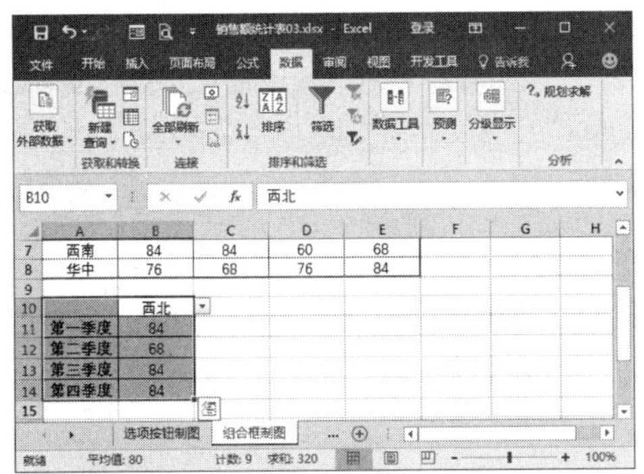

第 7 步 选中单元格区域 A10:B14，插入一个簇状柱形图并对其进行美化，效果如下图所示。

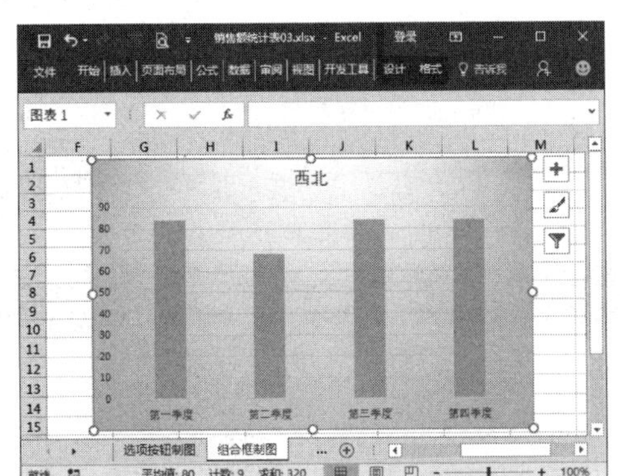

第 8 步 ❶选中工作表任意单元格，切换到【开发工具】选项卡；❷单击【控件】组中的【插入】控件按钮；❸从弹出的下拉列表中选择【组合框（ActiveX 控件）】按钮，如下图所示。

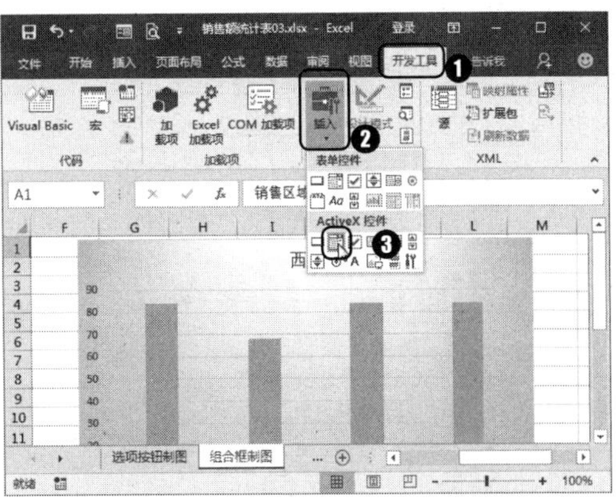

第 9 步 此时，鼠标指针变成十形状，在图表中单击鼠标左键即可插入一个组合框，并进入设计模式状态，如下图所示。

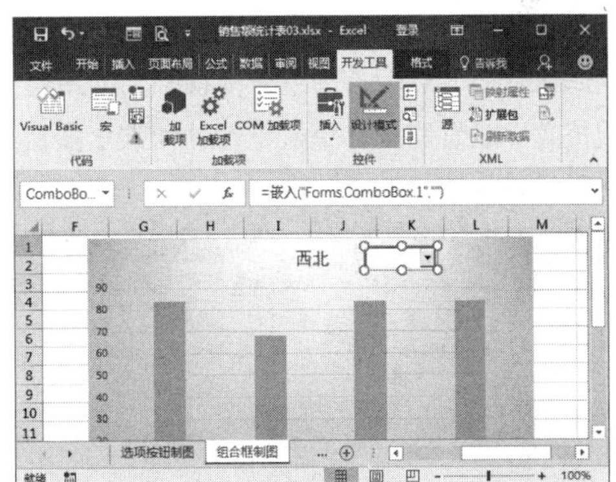

第 10 步 选中该组合框，单击【控件】组中的【控件属性】按钮，如下图所示。

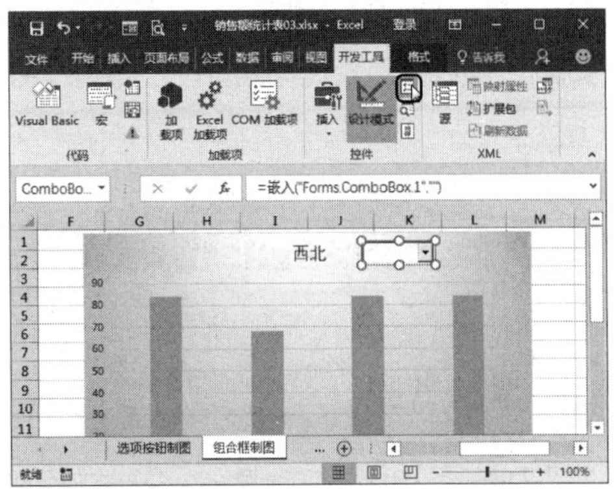

第 11 步 弹出【属性】对话框，在【LinkedCell】右侧的文本框中输入“组合框制图 !B10”，

在【ListFill-Range】右侧的文本框中输入“组合框制图 !A2:A8”，如下图所示。

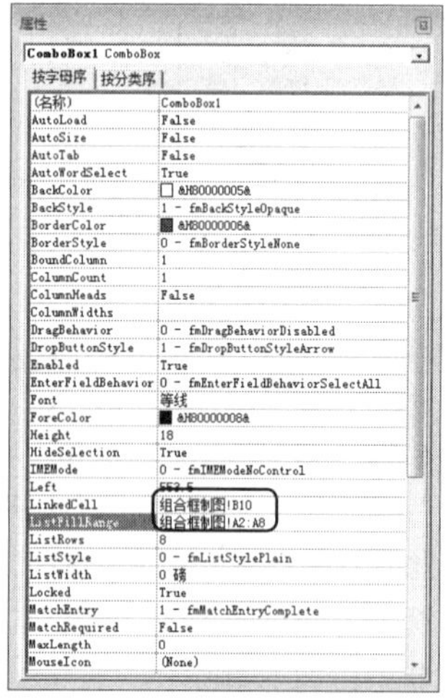

第 12 步 设置完毕，单击【关闭】按钮，返回工作表，然后移动组合框将原来的图表标题覆盖。设置完毕，单击【设计模式】按钮退出设计模式，如下图所示。

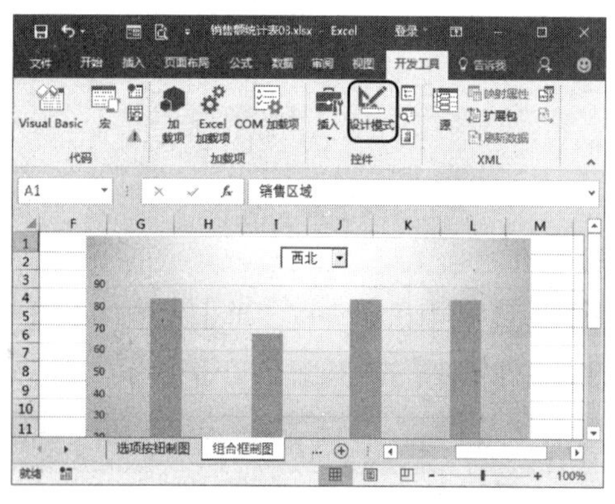

第 13 步 单击组合框右侧的下拉按钮，从弹出的下拉列表中选择【华北】选项，如下图所示。

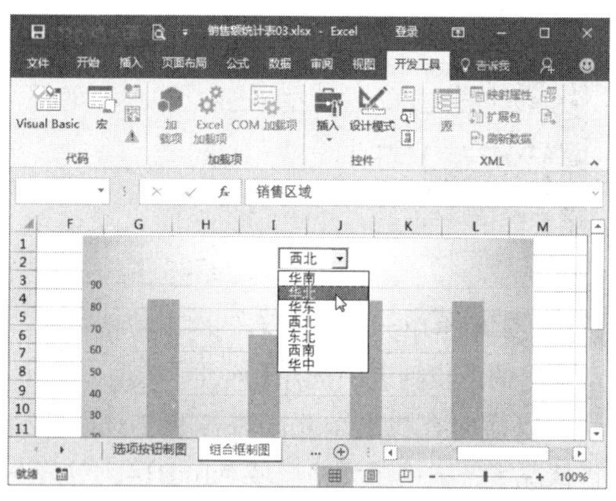

第 14 步 华北区域的各个季度的销售数据图表就显示出来了，如下图所示。

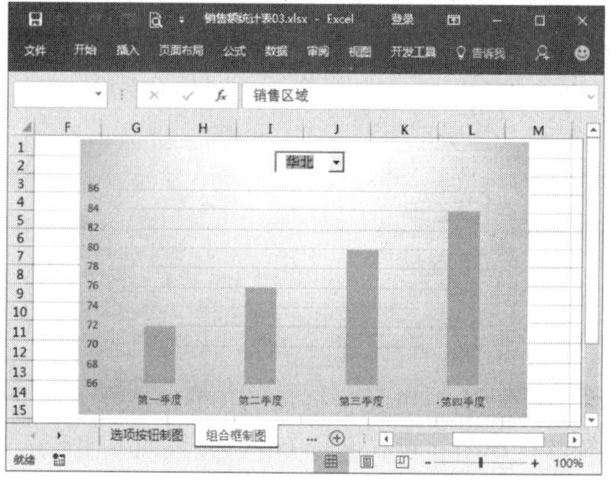

9.5 关于迷你图

案例背景

Excel 2016中有一种特殊图表——迷你图，应用迷你图可以更方便快捷地展示数据，在需要展示一组数据的变化趋势时应用非常直观。

本例将简单介绍何为迷你图以及迷你图的使用方法，制作完成后的效果如下图所示。实例最终效果见“光盘\结果文件\第9章\销售额统计表04.xlsx”文件。

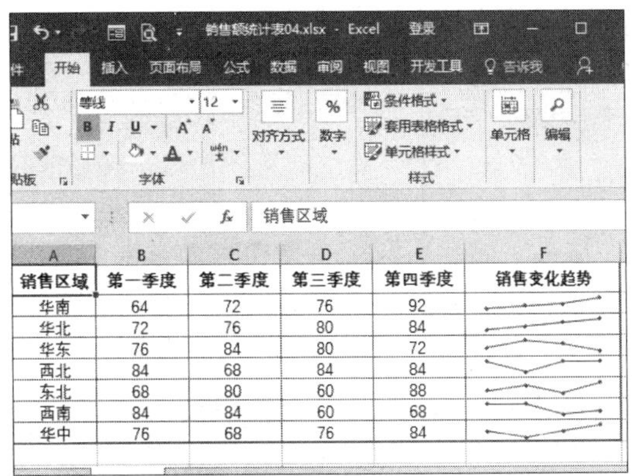

销售区域	第一季度	第二季度	第三季度	第四季度	销售变化趋势
华南	64	72	76	92	
华北	72	76	80	84	
华东	76	84	80	72	
西北	84	68	84	84	
东北	68	80	60	88	
西南	84	84	60	68	
华中	76	68	76	84	

光盘文件	素材文件	光盘\素材文件\第9章\销售额统计表04.xlsx
	结果文件	光盘\结果文件\第9章\销售额统计表04.xlsx
	教学视频	光盘\视频文件\第9章\9.5关于迷你图.mp4

9.5.1 何为迷你图

迷你图是视觉化展示数据区域的微型图表，以简洁的图表形式展示数据的大小或变化趋势，用于显示数据的经济周期变化、季节性升高或下降趋势以及突出显示最大值和最小值等。

迷你图包括折线图、柱形图和盈亏三种类型，用户可以根据数据的性质选择迷你图的类型。

应用迷你图有以下几点优点：

1. 迷你图可以通过清晰简明的图形方式显示相邻数据的趋势，增强数据间的联系；
2. 迷你图让原本非常复杂的数据变得简单易懂，一目了然；
3. 和图标相较而言，迷你图占用的空间更小，更节约内存；
4. 迷你图可以帮助用户快速查看数据间的关系。

9.5.2 如何创建迷你图

创建迷你图的方法非常简单，用户可以创建单个迷你图，也可以一次创建一组迷你图。

1. 创建单个迷你图

创建单个迷你图的具体操作步骤如下。

第 1 步 ❶打开“光盘\素材文件\第 9 章\销售额统计表 04.xlsx”文件，选中单元格 F2，切换到【插入】选项卡；❷在【迷你图】组中单击【折线图】按钮，如下图所示。

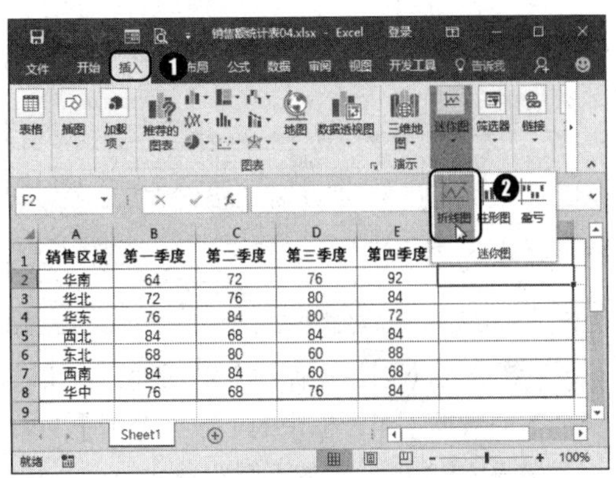

销售区域	第一季度	第二季度	第三季度	第四季度
华南	64	72	76	92
华北	72	76	80	84
华东	76	84	80	72
西北	84	68	84	84
东北	68	80	60	88
西南	84	84	60	68
华中	76	68	76	84

第 2 步 弹出【创建迷你图】对话框，在【选择所需的数据】组合框中的【数据范围】文本框中输入“B2:E2”，如下图所示。

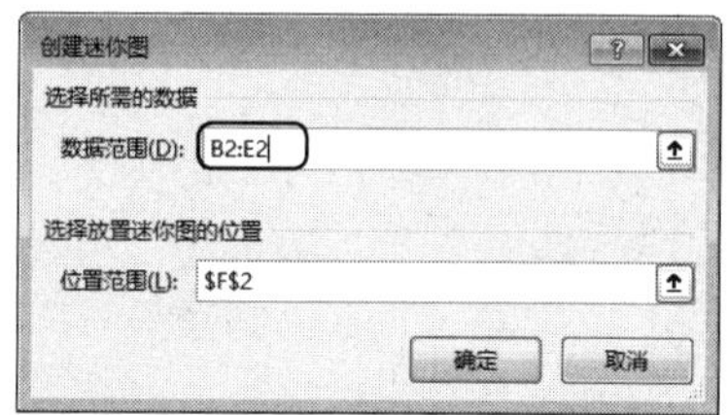

第 3 步 单击【确定】按钮 确定 ，返回工作表，即可看到创建的迷你图效果，如下图所示。

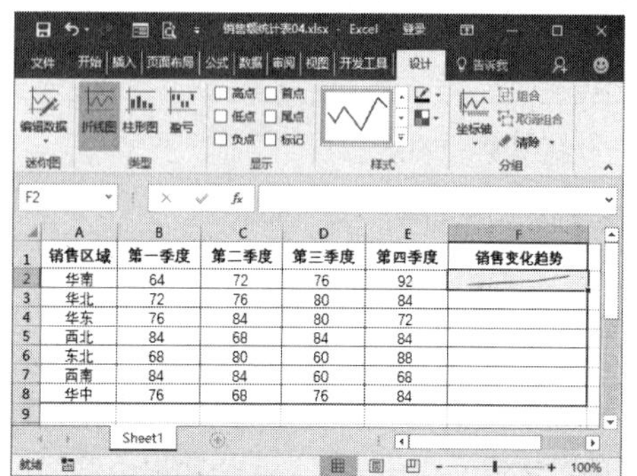

2. 创建一组迷你图

创建一组迷你图的具体操作步骤如下。

第 1 步 ❶选中单元格区域 F3:F8，切换到【插入】选项卡；❷在【迷你图】组中单击【折线图】按钮，如下图所示。

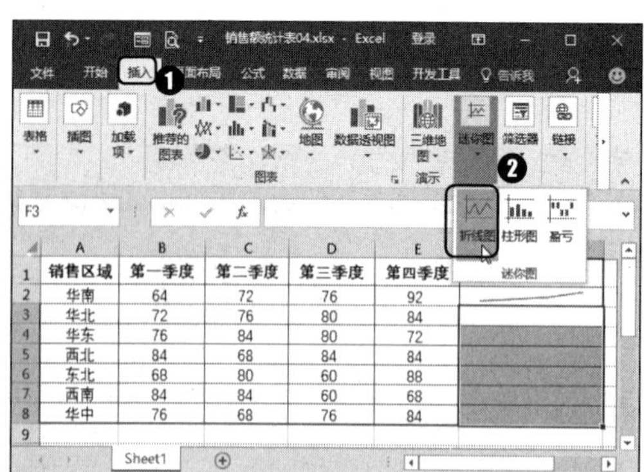

第 2 步 弹出【创建迷你图】对话框，在【选择所需的数据】组合框中的【数据范围】文本框中输入“B3:E8”，如下图所示。

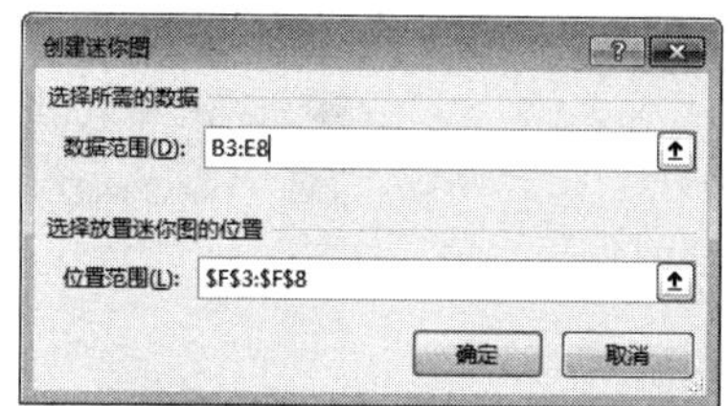

第 3 步 单击【确定】按钮 确定 ，返回工作表中，即可看到创建的迷你图效果，如下图所示。

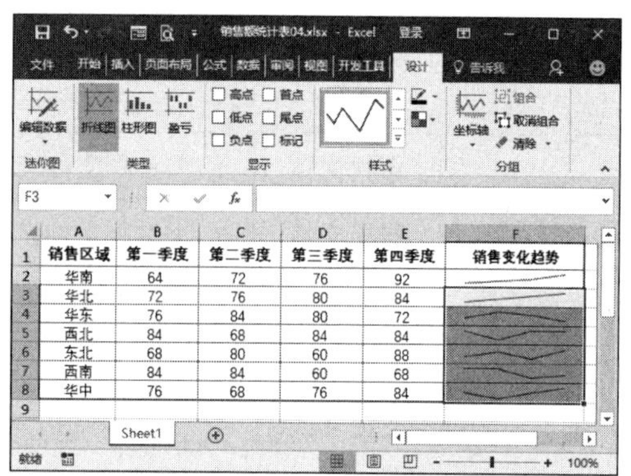

9.5.3 如何编辑迷你图

创建迷你图之后，用户可以对创建的迷你图进行各种编辑美化操作。

1. 更改迷你图类型

❶选中迷你图，切换至【迷你图工具】栏中的【设计】选项卡；❷在【类型】组中单击【柱形图】按钮，即可将选中的迷你图类型更改为柱形图，如下图所示。

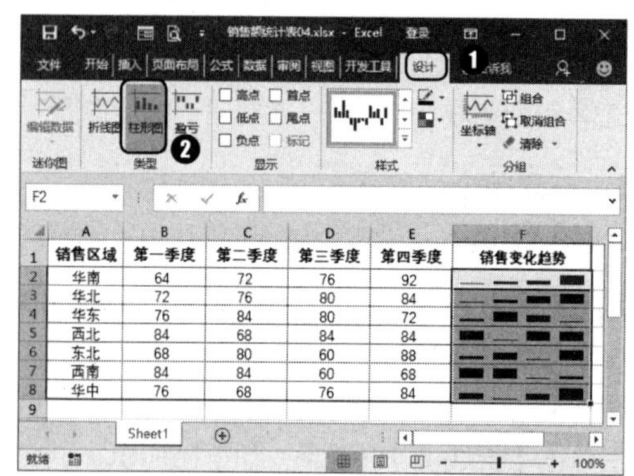

2. 查看数据的不同值点

创建折线迷你图之后，用户可以为其标记数据点，以突出数据的最高值、最低值、首点、尾点或所有数据点。

❶选中迷你图，切换至【迷你图工具】栏中的【设计】选项卡；❷在【显示】组中选中【标记】复选框，即可显示所有的数据点，如下图所示。

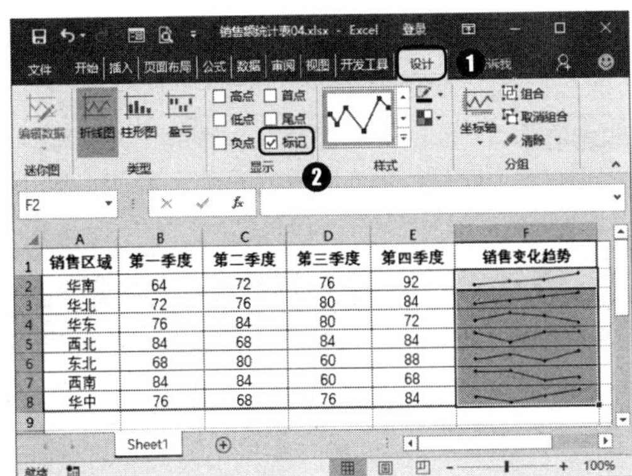

温馨提示

如果只想显示一组数据的最高值或最低值，撤选【标记】复选框，选中【高点】或【低点】复选框即可。

3. 清除迷你图

如果不需要迷你图，可以将工作表中的迷你图清除，选中需要清除的迷你图，切换至【迷你图工具】栏中的【设计】选项卡，在【分组】组中单击【清除】按钮 清除 右侧的下拉箭头按钮，从弹出的下拉列表中选择需要清除迷你图的相关选项，如下图所示。

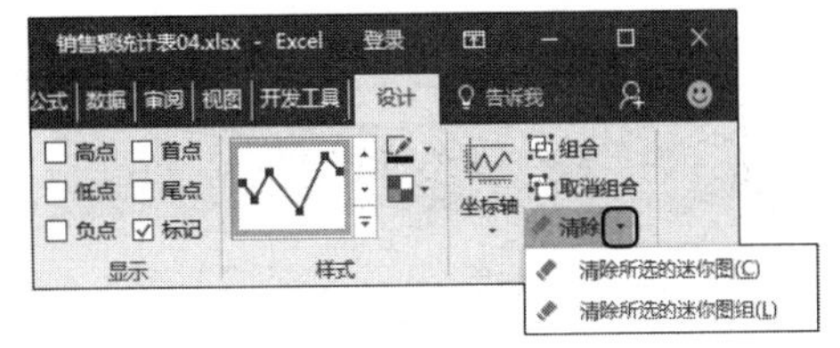

大神支招

通过前面知识的学习，相信读者已经掌握了Excel 2016中简单图表、特殊图表、动态图表以及迷你图等相关操作。下面结合本章内容，介绍一些工作中的实用经验与技巧。

01 使用趋势线展现销售趋势

视频文件：光盘\视频文件\第9章\01.mp4

在Excel中应用趋势线可以在图表中更直观地展示数据的变化趋势，或将趋势线延伸过实际数据，以帮助用户预测未来值。

第1步 打开“光盘\素材文件\第9章\使用趋势线展现销售趋势.xlsx”文件，选中单元格区域A1:E8，插入一个簇状柱形图，如下图所示。

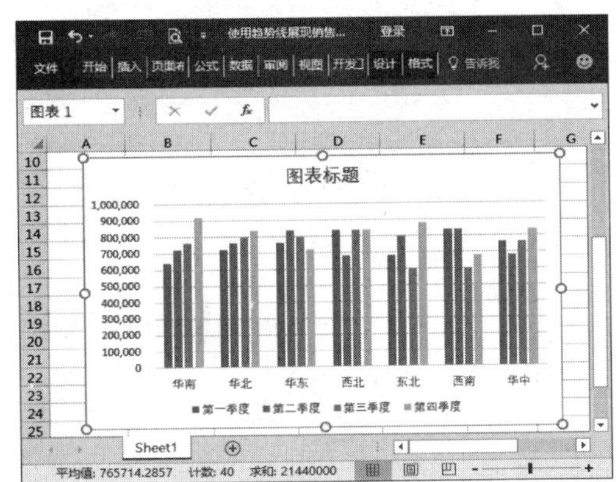

第 2 步 切换到【图表工具】栏中的【设计】选项卡，单击【数据】组中的【切换行 / 列】按钮，如下图所示。

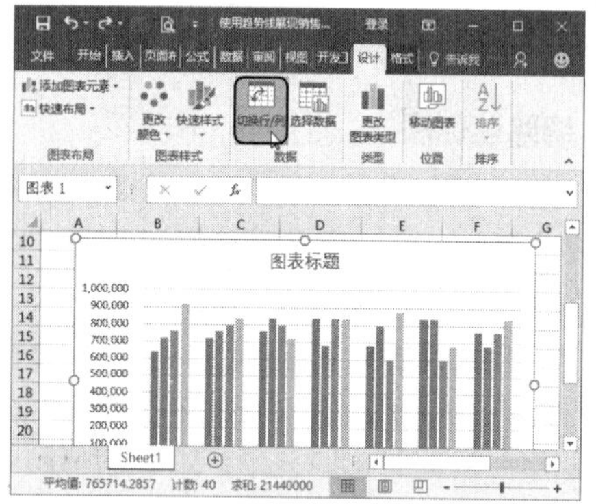

第 3 步 即可将日期和区域互换，如下图所示。

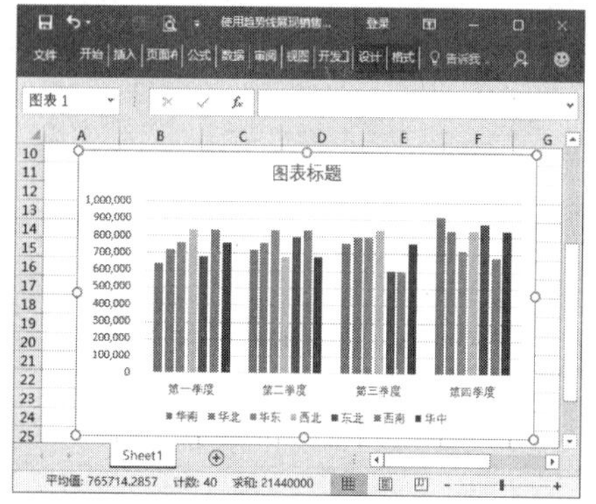

第 4 步 ❶单击【图表布局】组中的【添加图表元素】按钮；❷从弹出的下拉列表中选择【趋势线】➤【线性预测】选项，如下图所示。

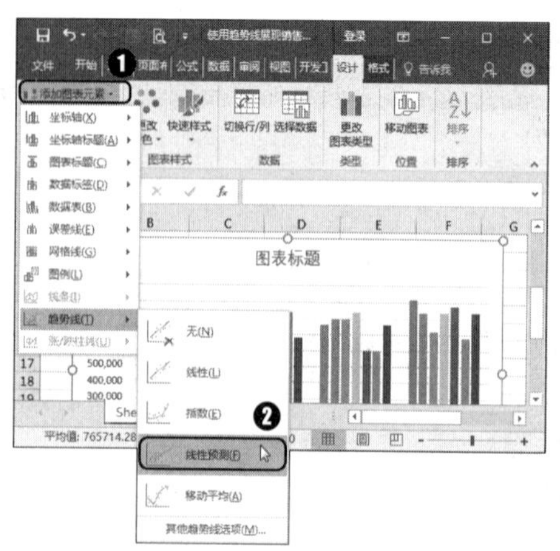

第 5 步 弹出【添加趋势线】对话框，在【添加基于系列的趋势线】列表框中选择【华北】选项，如下图所示。

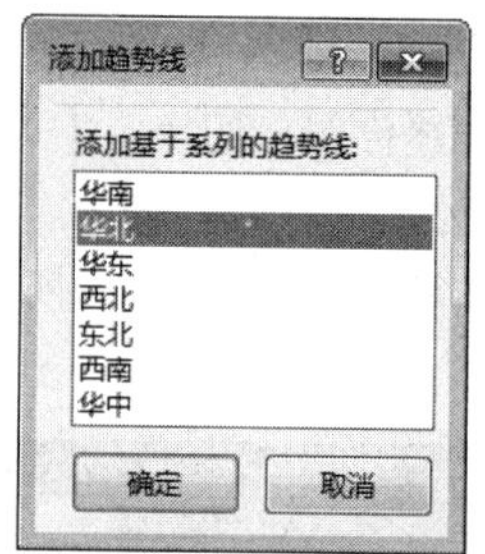

第 6 步 单击【确定】按钮，返回工作表中，可以看到华北区域的销售趋势，如下图所示。

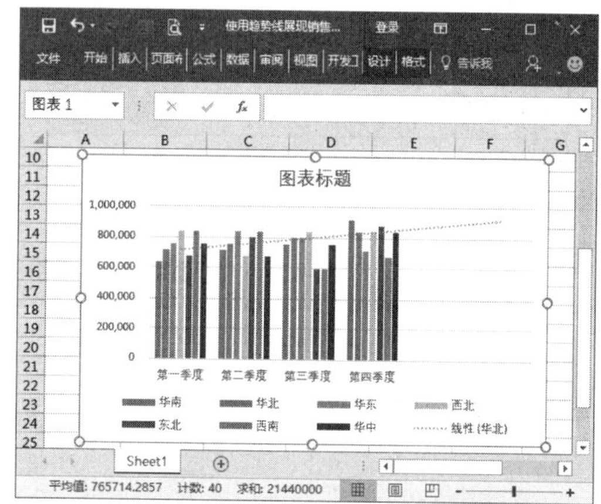

02　突出显示销售额最大的数据系列

视频文件：光盘\视频文件\第9章\02.mp4

在图表中，需要强调某个系列值的时候，可以突出显示该数据系列。

第 1 步 打开“光盘\素材文件\第 9 章\突出显示销售额最大的数据系列 .xlsx”文件，选中图表，单击图表右上角的【图表样式】按钮，如下图所示。

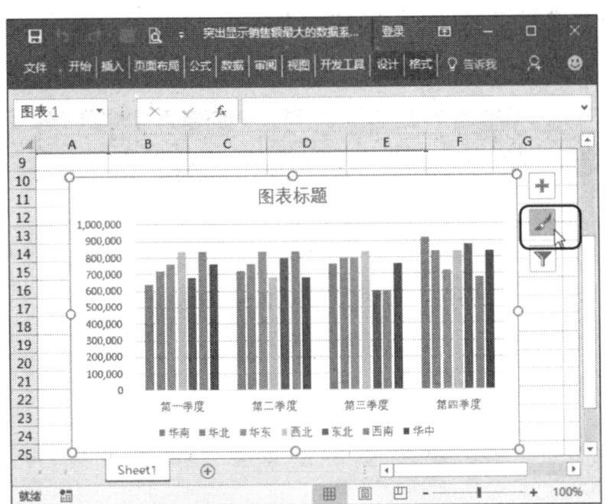

第 2 步 在弹出的列表中切换至【颜色】选项卡，在【单色】组中选择【单色调色板 1】选项，如下图所示。

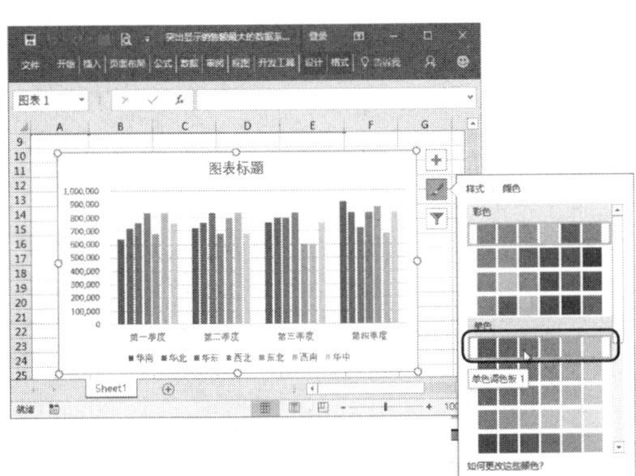

第 3 步 ❶选中要突出显示的数据系列，打开【设置数据点格式】任务窗格，单击【填充与线条】按钮；❷在【填充】组合框中的【颜色】下拉列表中选择【红色】选项，如下图所示。

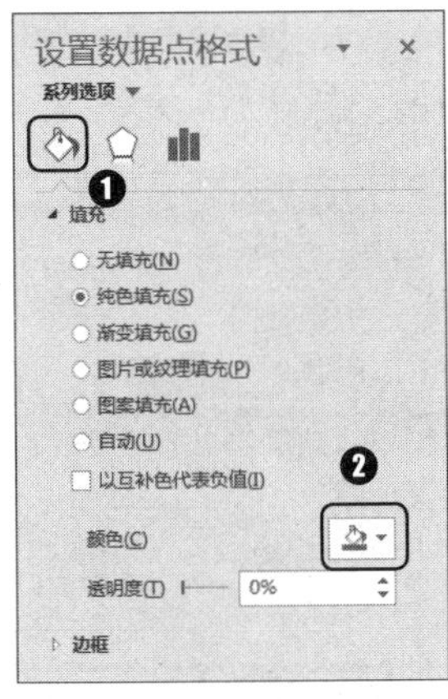

第 4 步 单击【关闭】按钮×，返回图表中，即可看到设置效果如下图所示。

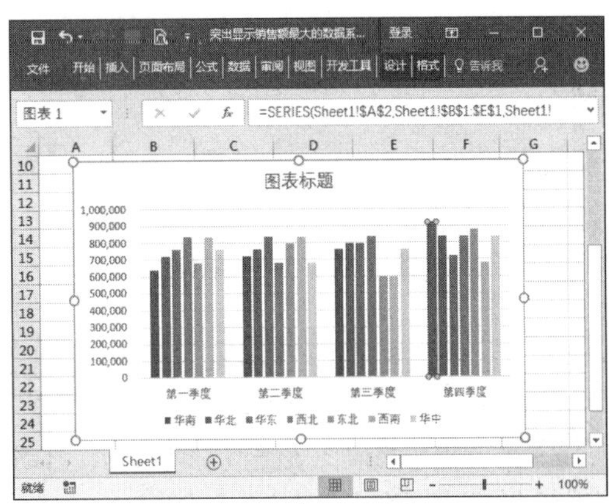

03 使用柱形图描述盈亏状况

视频文件：光盘\视频文件\第9章\03.mp4

假设已知某店铺2016年各月销售额数据，经过测算得知该店铺的盈亏平衡点为80万元。通过柱形图展示各月的盈亏状况。

第 1 步 打开“光盘\素材文件\第 9 章\使用柱形图展示盈亏情况.xlsx”文件，选中单元格区域 A1:C13，插入一个簇状柱形图，如下图所示。

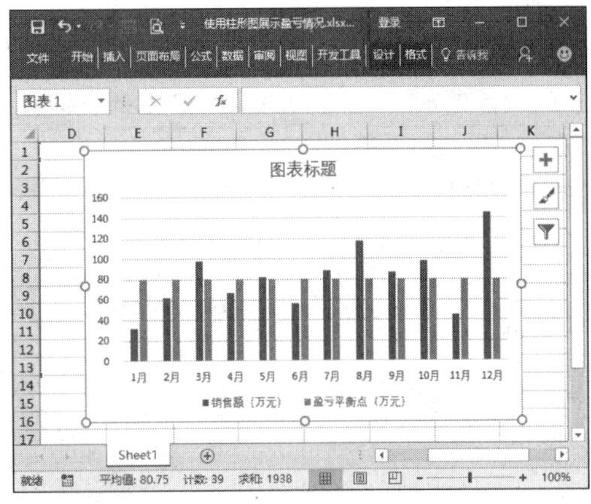

第 2 步 选中数据系列“盈亏平衡点(万元)”，单击鼠标右键，从弹出的快捷菜单中选择【更改系列图表类型】菜单项，如下图所示。

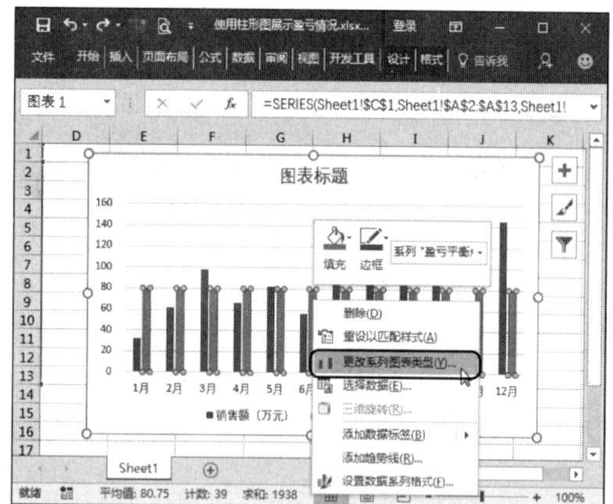

第 3 步 弹出【更改图表类型】对话框，自动切换到【所有图表】选项卡，在【自定义组合】组合框中的【为您的数据系列选择图表类型和轴】列表框中【盈亏平衡点（万元）】右侧的下拉列表中选择【折线图】选项，如下图所示。

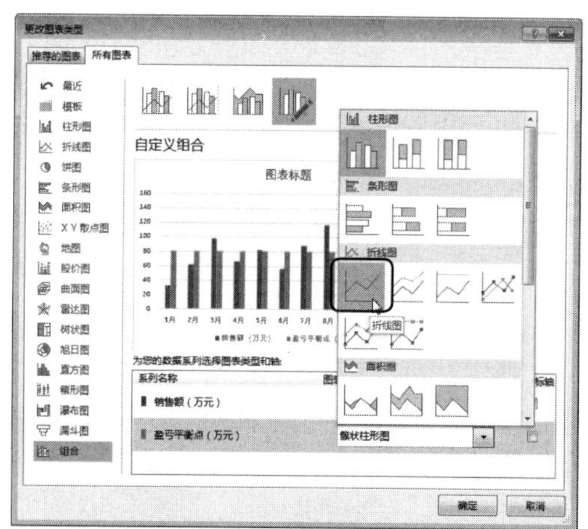

第 4 步 单击【确定】按钮 确定 ，返回工作表中，即可看到店铺盈亏情况，如下图所示。

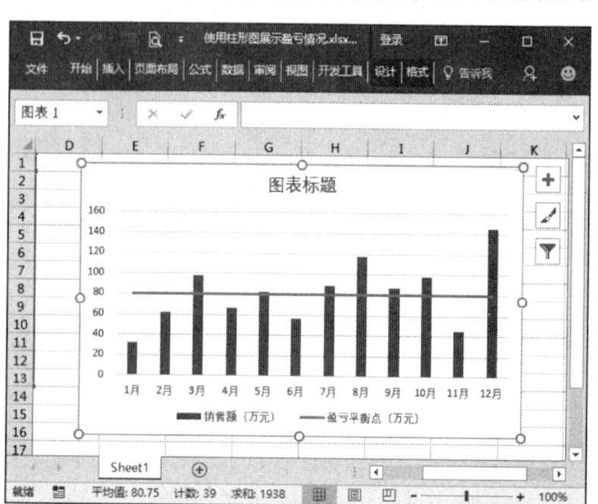

第 10 章
使用透视表灵活分析数据

本章导读

除了排序、筛选及分类汇总等简单的数据分析功能，Excel 2016还提供了一种更常用、更全面的数据分析功能——数据透视表。本章将介绍创建数据透视表、编辑数据透视表、数据透视表的布局、切片器及数据透视图等相关信息。

知识要点

- ❖ 创建数据透视表
- ❖ 刷新数据透视表
- ❖ 切片器
- ❖ 设置数据透视表格式
- ❖ 设计数据透视表布局
- ❖ 创建数据透视图

10.1 关于数据透视表

案例背景

数据透视表是一种交互式的Excel报表，可以动态地改变报表的版面布置，用于对大量的数据进行汇总和分析。它可以通过转换行或者列以查看源数据的不同汇总结果，还可以显示不同的页面来筛选数据，并且可以根据需要显示区域中的明细数据。在使用数据透视表之前，先来了解数据透视表的基本设置。

本例将简单介绍数据透视表的基础知识，包括创建数据透视表、设置数据透视表格式、刷新数据透视表等，制作完成后的效果如下图所示。实例最终效果见“光盘\结果文件\第10章\产品销售明细表01.xlsx”文件。

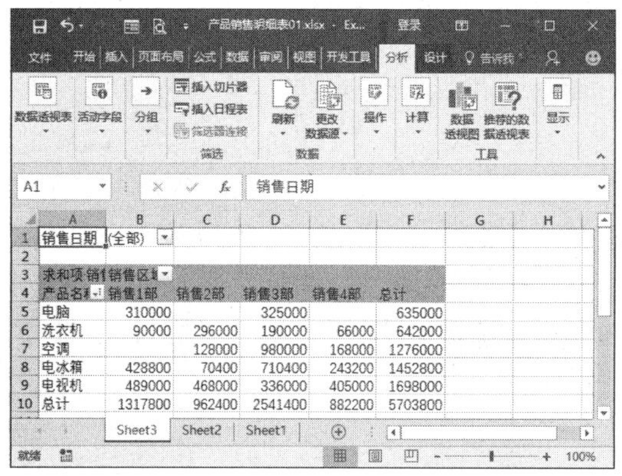

光盘文件		
	素材文件	光盘\素材文件\第10章\产品销售明细表01.xlsx
	结果文件	光盘\结果文件\第10章\产品销售明细表01.xlsx
光盘文件	教学视频	光盘\视频文件\第10章\10.1关于数据透视表.mp4

10.1.1 创建数据透视表并添加字段

1. 创建空白数据透视表

创建数据透视表的方法很简单，用户只需要根据提示一步一步地进行操作即可，具体操作步骤如下。

第1步 ❶打开“光盘\素材文件\第10章\产品销售明细表01.xlsx”文件，选中单元格区域A1:F32，切换到【插入】选项卡；❷单击【表格】组中的【数据透视表】按钮，如下图所示。

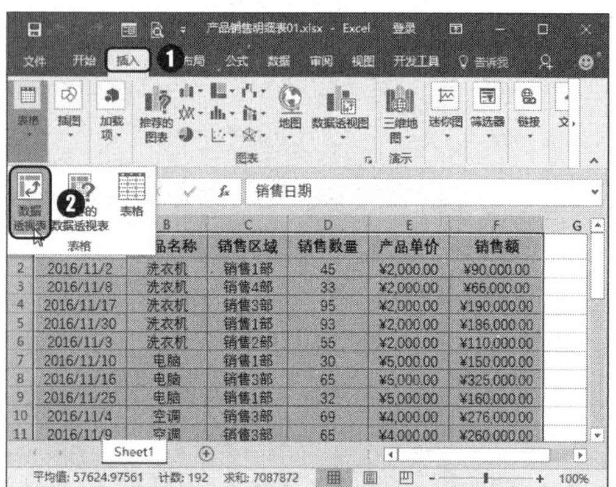

第 2 步 弹出【创建数据透视表】对话框，此时【表 / 区域】文本框中显示了所选的单元格区域，然后在【选择放置数据透视表的位置】组合框中单击【新工作表】单选按钮，设置完毕后，单击【确定】按钮 确定 ，如下图所示。

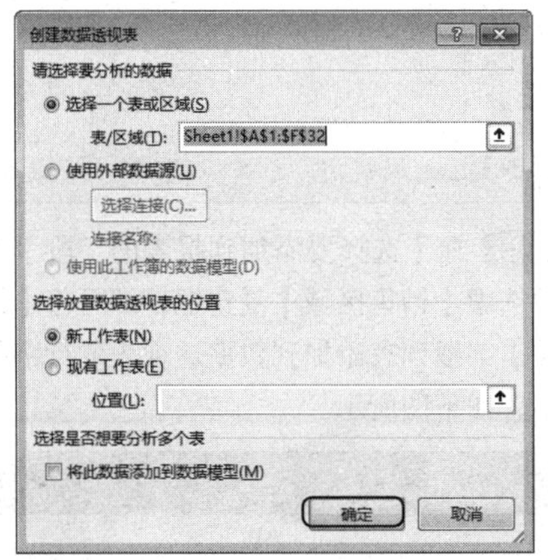

第 3 步 此时系统会自动地在新的工作表中创建一个数据透视表的基本框架，并弹出【数据透视表字段】任务窗格，如下图所示。

2. 为数据透视表添加字段

创建了空白数据透视表之后，还需要为其添加字段。添加字段有两种方法，分别是利用右键快捷菜单和利用鼠标拖动添加。

● 利用右键快捷菜单

利用右键快捷菜单为数据透视表添加字段的具体操作步骤如下。

第 1 步 ❶切换到【数据透视表工具】栏中的【分析】选项卡中；❷在【数据透视表】组中单击【选项】按钮 选项 右侧的下箭头按钮；❸从弹出的下拉列表中选择【选项】选项，如下图所示。

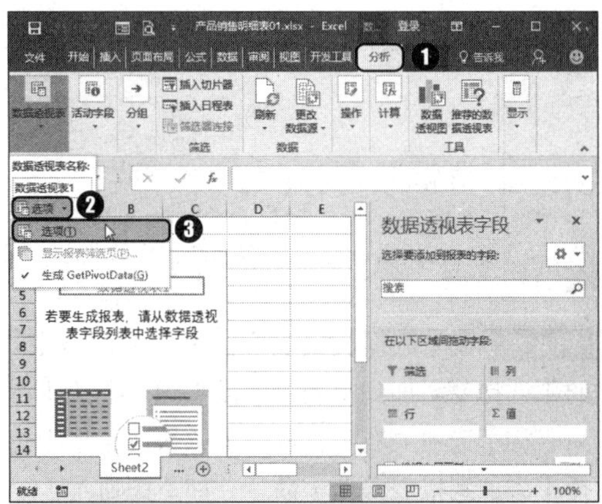

第 2 步 ❶弹出【数据透视表选项】对话框，切换到【显示】选项卡；❷在【显示】组合框中选中【经典数据透视表布局（启动网格中的字段拖放）】复选框；❸单击【确定】按钮 确定 ，如下图所示。

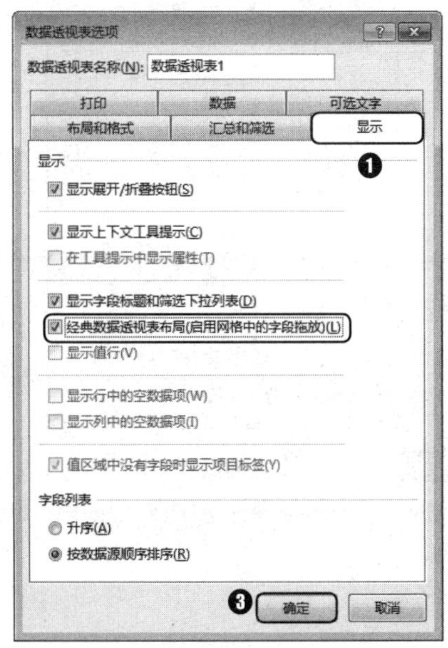

第 3 步 即可切换到经典数据透视表布局，如下图所示。

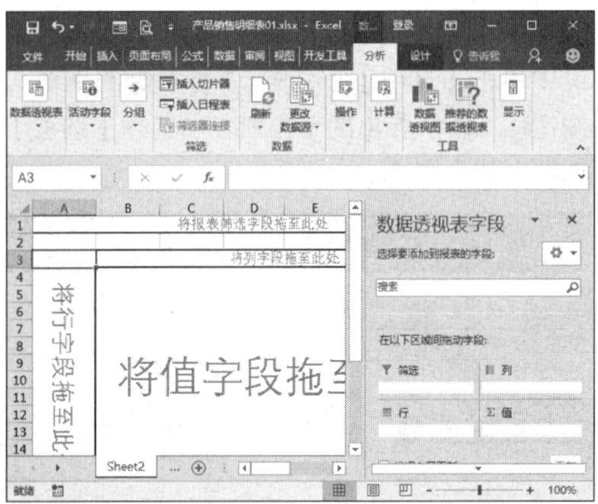

第 4 步 在【数据透视表字段】任务窗格中 d 的【选择要添加到报表的字段】列表框的【产品名称】选项上右击，从弹出的快捷菜单中选择【添加到报表筛选】命令，如下图所示。

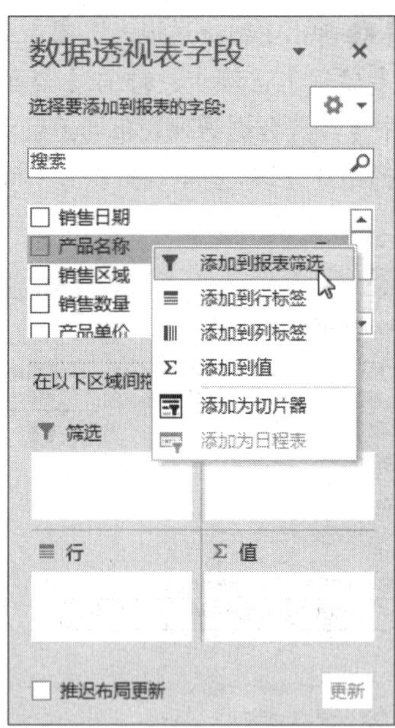

第 5 步 即可将【产品名称】字段列表添加到数据透视表的报表筛选字段区域中，如下图所示。

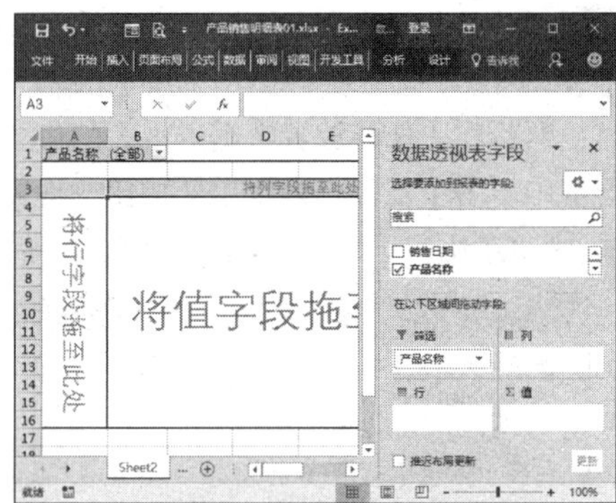

第 6 步 在【选择要添加到报表的字段】列表框中选中【销售区域】复选框，即可将【销售区域】字段列表添加到数据透视表的行字段区域中，如下图所示。

第 7 步 在【选择要添加到报表的字段】列表框中选择要添加的报表字段，例如选中【销售数量】和【销售额】复选框，即可将【销售数量】和【销售额】字段列表添加到数据透视表的值字段区域中，如下图所示。

● 利用鼠标拖动

此外，用户还可以利用鼠标拖动的方法为数据透视表添加字段，具体操作步骤如下。

第1步 在【选择要添加到报表的字段】列表框中撤选之前选中的复选框，如下图所示。

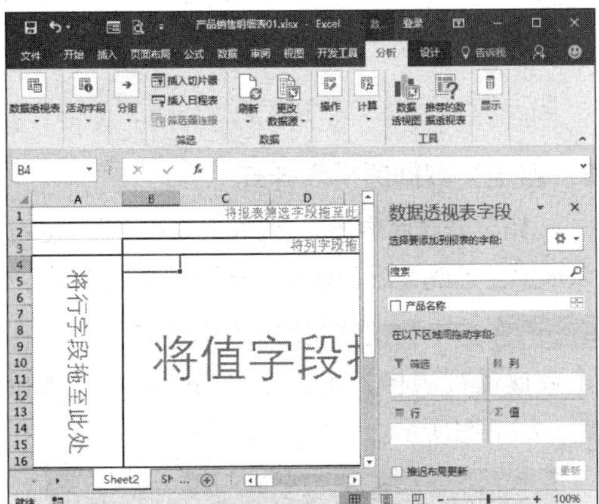

第2步 将鼠标指针移动到【选择要添加到报表的字段】列表框中的【销售日期】选项上，此时鼠标指针变成✥形状，如下图所示。

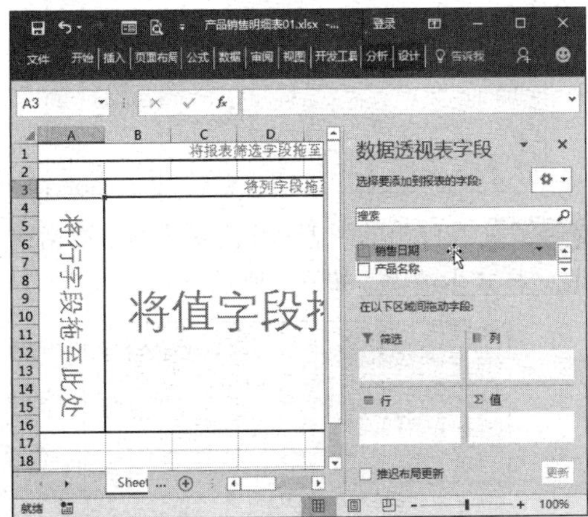

第3步 按住鼠标左键不放，将其拖动到工作表最上方的报表筛选字段区域中，此时鼠标指针变成形状，如下图所示。

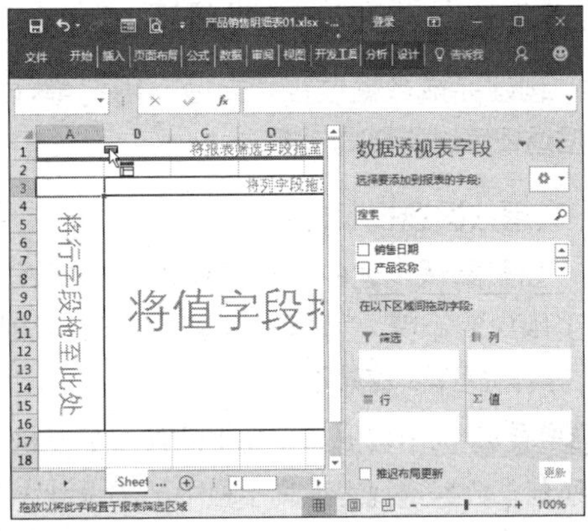

第4步 释放鼠标，即可将选中的字段显示在数据透视表的报表筛选字段区域中，如下图所示。

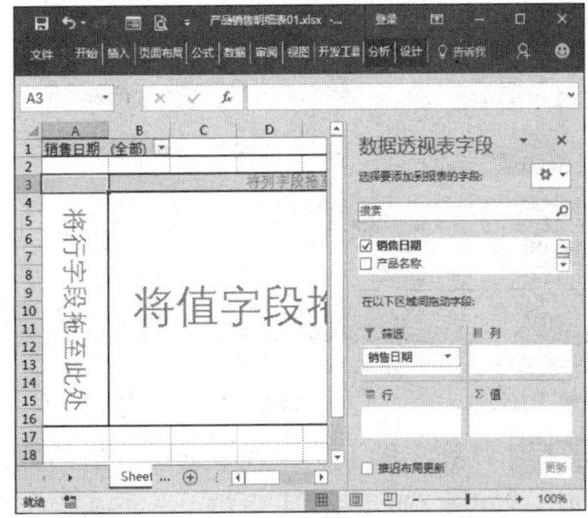

第5步 按照相同的方法将【产品名称】字段拖动到行字段区域，【销售区域】字段拖动到列字段区域中，将【销售额】字段拖动到值字段区域中，然后关闭【数据透视表字段】任务窗格，如下图所示。

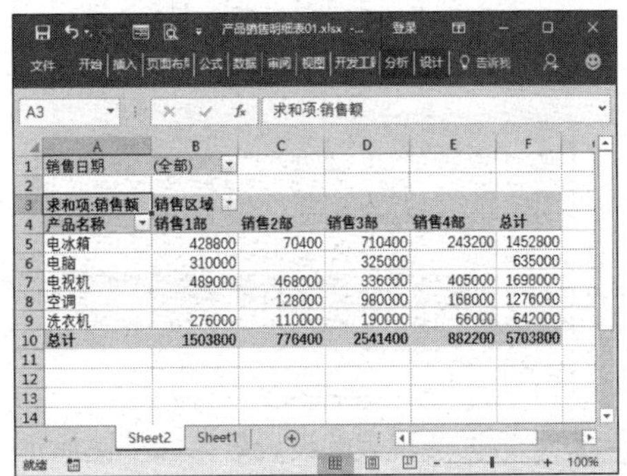

销售日期	(全部)				
求和项:销售额	销售区域				
产品名称	销售1部	销售2部	销售3部	销售4部	总计
电冰箱	428800	70400	710400	243200	1452800
电脑	310000		325000		635000
电视机	489000	468000	336000	405000	1698000
空调		128000	980000	168000	1276000
洗衣机	276000	110000	190000	66000	642000
总计	1503800	776400	2541400	882200	5703800

10.1.2 设置数据透视表格式

创建完成数据透视表之后，用户可以对数据透视表进行格式设置。

1. 套用数据透视表样式

如果默认创建的数据透视表的样式满足不了用户的审美，可以为数据透视表添加样式，具体操作步骤如下。

第1步 ❶选中数据透视表中的任意单元格，切换到【数据透视表工具】栏中的【设计】选项卡；❷单击【数据透视表样式】组右侧的【其他】按钮▾，如下图所示。

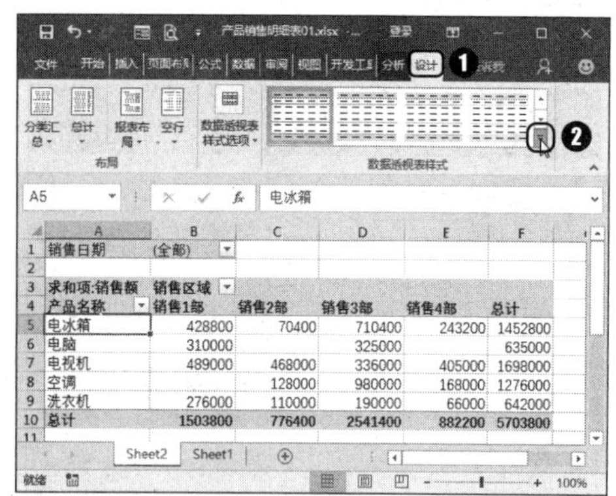

第2步 从弹出的下拉列表中选择合适的数据透视表样式，例如选择【白色，数据透视表样式浅色 28】选项，如下图所示。

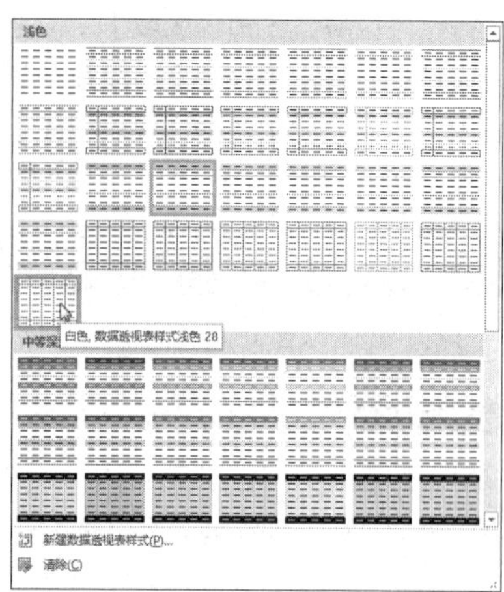

第3步 数据透视表的设置效果如下图所示。

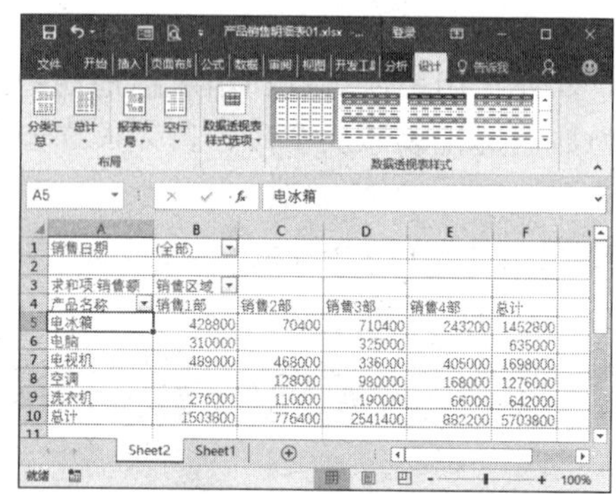

2. 自定义数据透视表样式

如果样式库中没有合适的样式，用户也可以根据自己的喜好自定义数据透视表的样式。

第1步 选中数据透视表中的任意单元格，在【数据透视表样式】组中单击【其他】按钮▾，如下图所示。

第2步 在弹出的列表框中选择【新建数据透视表样式】选项，如下图所示。

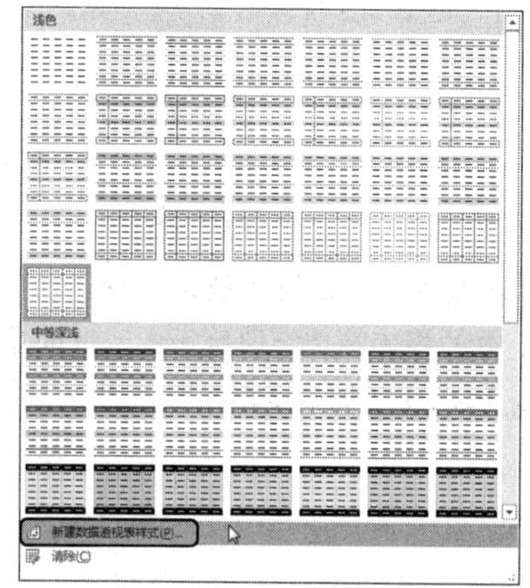

第 3 步 ❶弹出【新建数据透视表样式】对话框，在【表元素】列表框中选择【标题行】选项；❷单击【格式】按钮 格式(F)，如下图所示。

第 4 步 ❶弹出【设置单元格格式】对话框，切换到【填充】选项卡；❷在【背景色】组合框中选择【浅绿色】选项；❸单击【确定】按钮 确定，如下图所示。

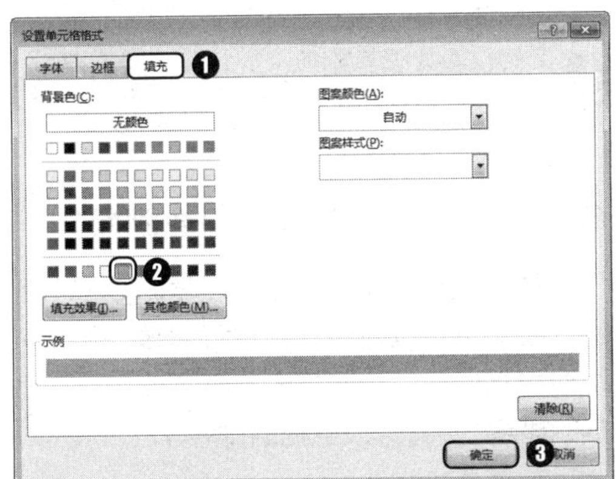

第 5 步 返回【新建数据透视表样式】对话框，即可在【预览】组合框中看到设置效果，单击【确定】按钮 确定，如下图所示。

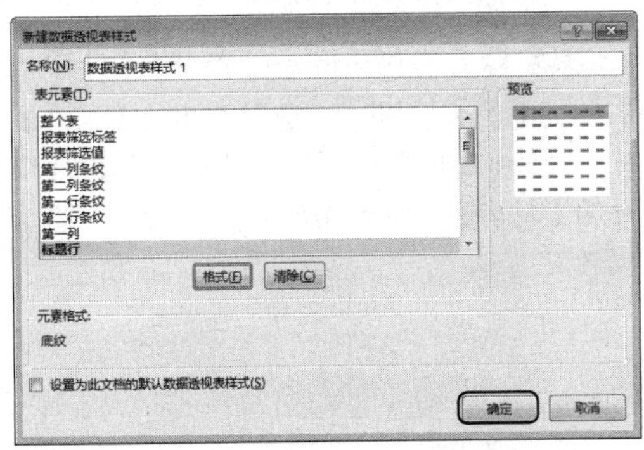

第 6 步 返回数据透视表中，再次单击【其他】按钮 ▾，从弹出的列表框中选择自定义的【数据透视表样式 1】选项，如下图所示。

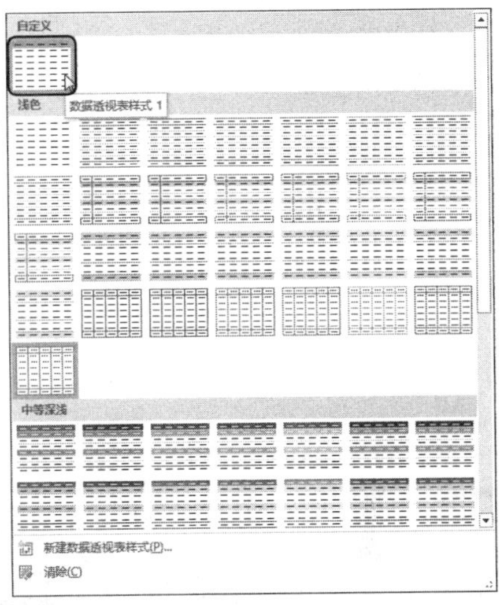

第 7 步 返回数据透视表，即可看到应用的自定义的数据透视表样式，如下图所示。

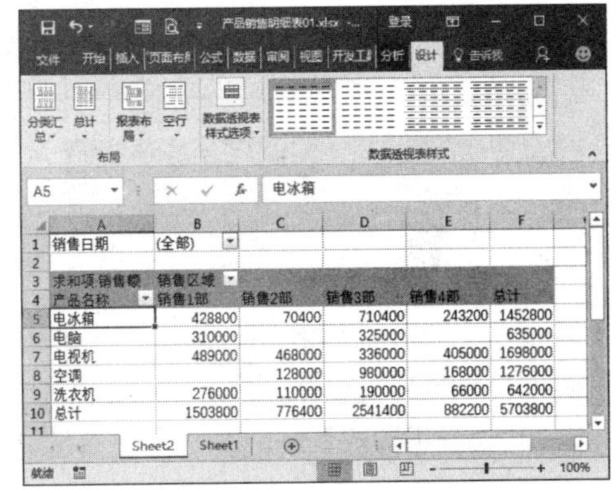

3. 调整字段的顺序

在添加数据透视表字段的过程中，有时候添加的字段顺序并不一定完全符合用户的要求，此时可以通过调整字段顺序来实现，具体操作步骤如下。

第 1 步 选中单元格【产品名称】右侧的下箭头按钮 ▾，从弹出的下拉列表中选择【降序】选项，如下图所示。

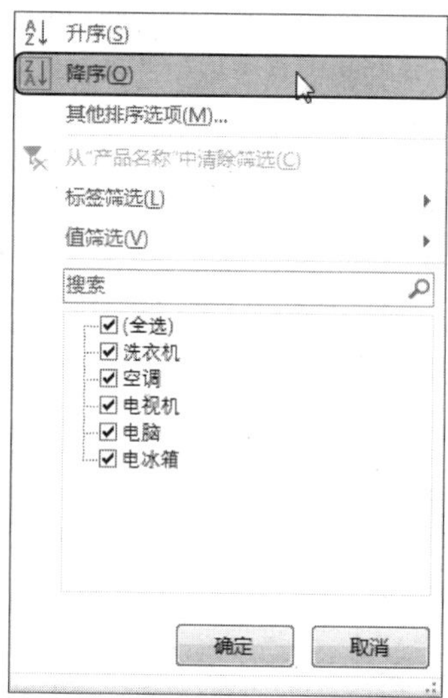

第 2 步 此时即可按照产品名称的字母降序进行排列显示，如下图所示。

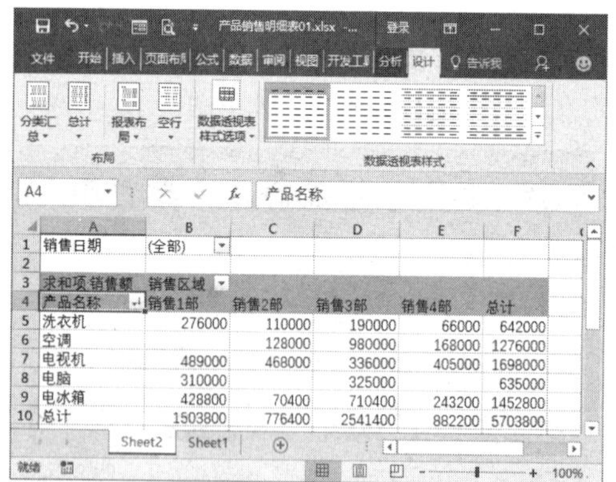

第 3 步 选中单元格 A6，右击，从弹出的快捷菜单中选择【移动】➤【将“空调”下移】命令，如下图所示。

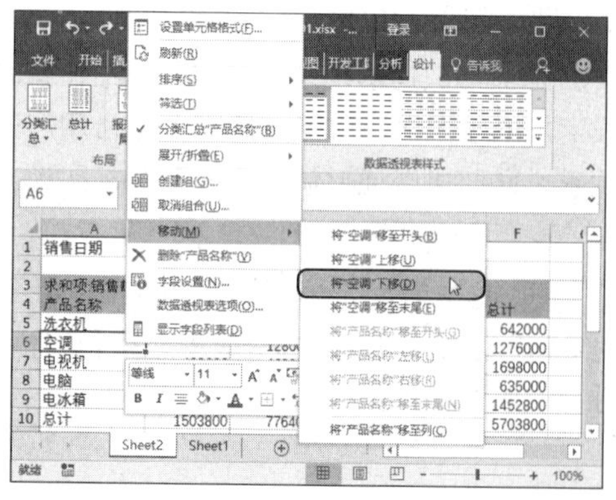

第 4 步 即可将“空调”字段向下移动一行，如下图所示。

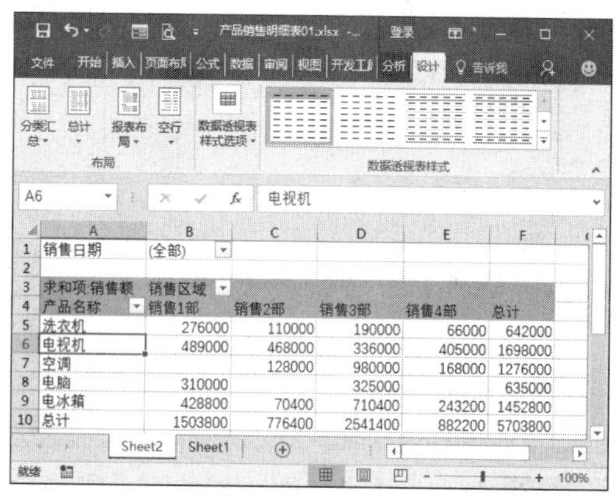

温馨提示

除了使用快捷菜单之外，用户还可以使用鼠标拖曳的方法来实现。选中行标签或列标签的某一单元格，当光标变为✥形状时，按住鼠标左键将其拖动至合适的位置，释放鼠标即可。

10.1.3 数据透视表中的数据操作

数据透视表中的数据是根据源数据得到的，我们不可以对源数据进行编辑，但是可以对数据透视表的数据进行相关操作。如数据的显示、隐藏以及数据的排序等。

1. 数据的显示和隐藏

数据透视表中的数据有的是通过汇总后得到的，如何查看这些汇总数据的详细信息呢？具体操作步骤如下。

第 1 步 ❶ 选中单元格 A4【产品名称】字段右侧的下箭头按钮▼；❷ 从弹出的下拉列表中选择要显示的项目，如选中【电视机】和【电冰箱】复选框，如下图所示。

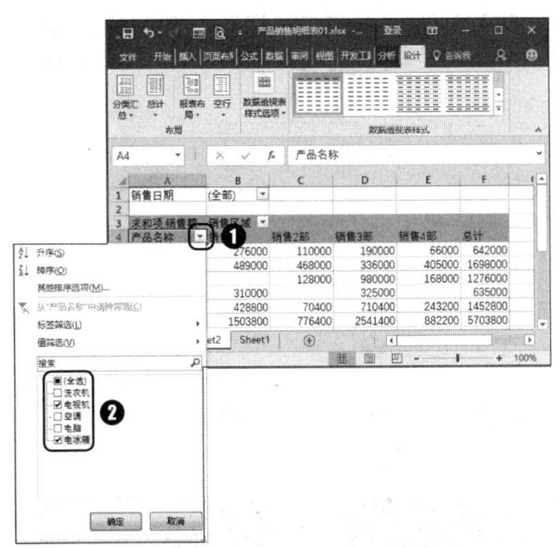

第 2 步 选择完毕单击【确定】按钮 确定 ，此时即可显示刚刚选中的产品的销售额信息，如下图所示。

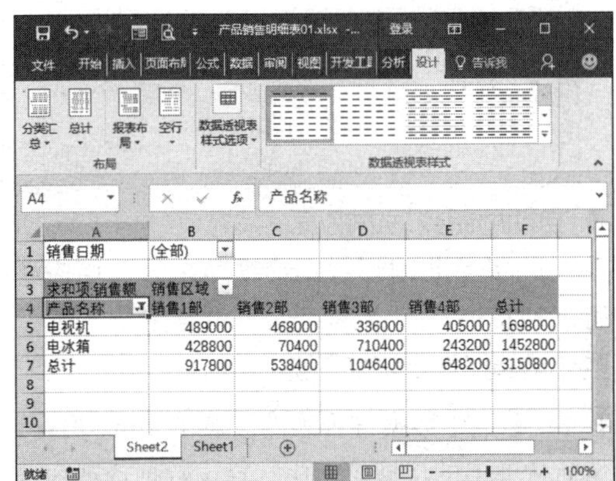

第 3 步 单击【产品名称】单元格右侧的【手动筛选】按钮，从弹出的下拉列表中选择要显示的项目，例如这里选中【（全选）】复选框，如下图所示。

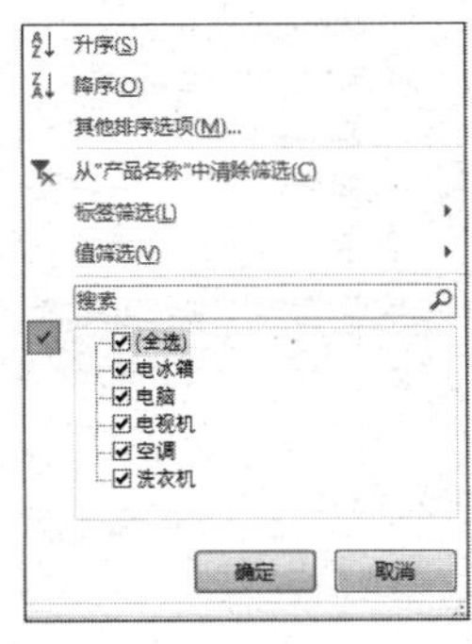

第 4 步 选择完毕单击【确定】按钮 确定 ，此时即可显示全部产品的销售额信息，如下图所示。

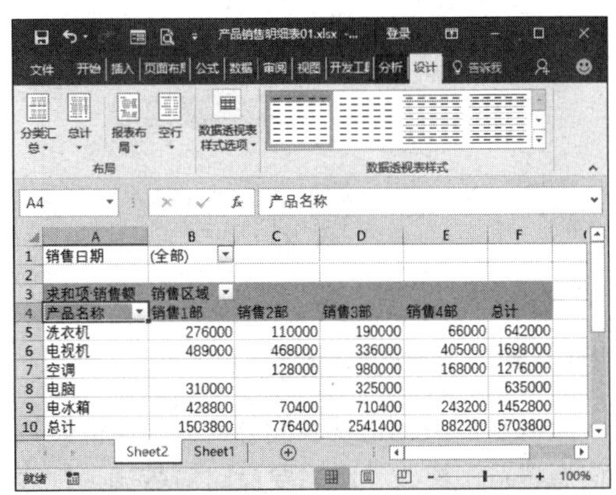

2. 数据的排序

在数据透视表中对数据的排序和工作表中的排序有差别，接下来以对数据透视表的数据按“总计”的升序排序，具体操作步骤如下。

第 1 步 ❶ 选中单元格 F5，切换到【数据】选项卡；❷ 在【排序和筛选】组中单击【升序】按钮，如下图所示。

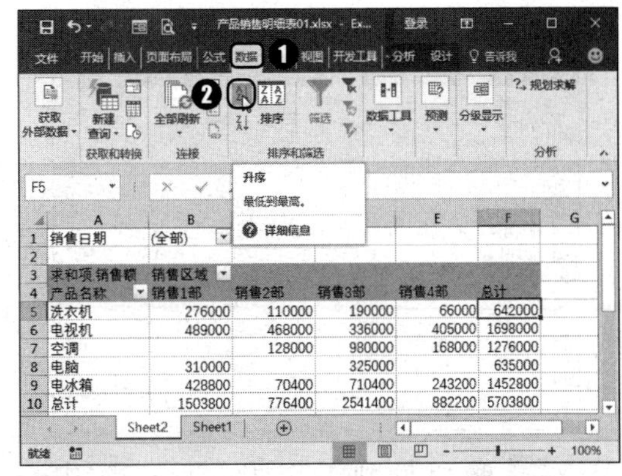

第 2 步 返回数据透视表中，即可看到数据按照“总计”字段数据的升序进行排序，如下图所示。

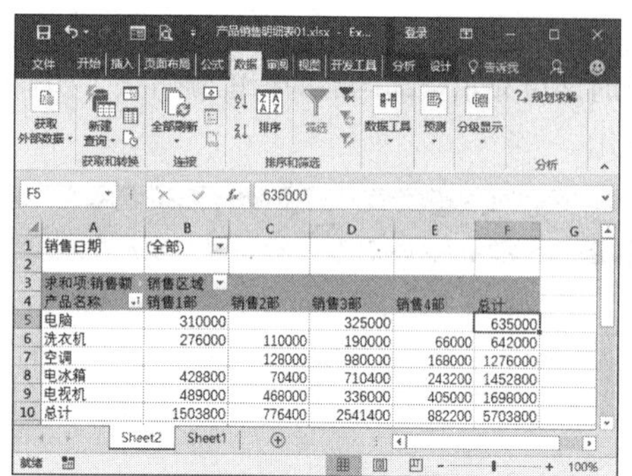

10.1.4 刷新数据透视表

如果对数据透视表的源数据表中的数据信息进行了更改，则需要及时对数据透视表进行刷新，以便得到最新的透视数据。刷新数据透视表的方法分为手动刷新和自动刷新两种。

● 手动刷新数据透视表

手动刷新数据透视表的具体操作步骤如下。

第 1 步 切换到工作表“Sheet1”中，选中单元格 C5，将“销售 1 部”修改为“销售 2 部”，如下图所示。

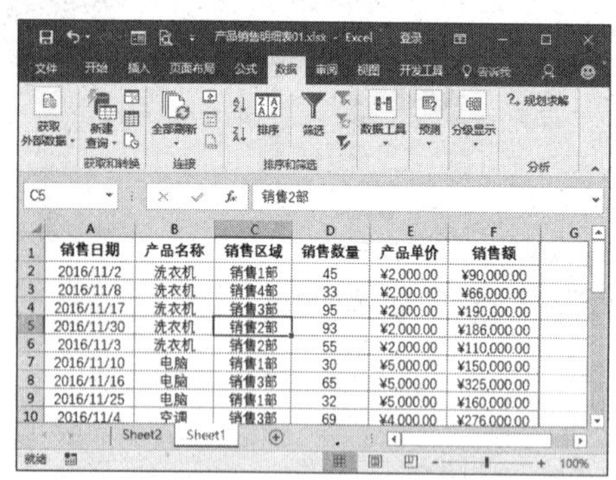

第 2 步 ❶切换到工作表“Sheet 2”中；❷切换到【数据透视表工具】栏中的【分析】选项卡；❸单击【数据】组中的【刷新】按钮的下半部分按钮；❹从弹出的下拉列表中选择【刷新】选项，如下图所示。

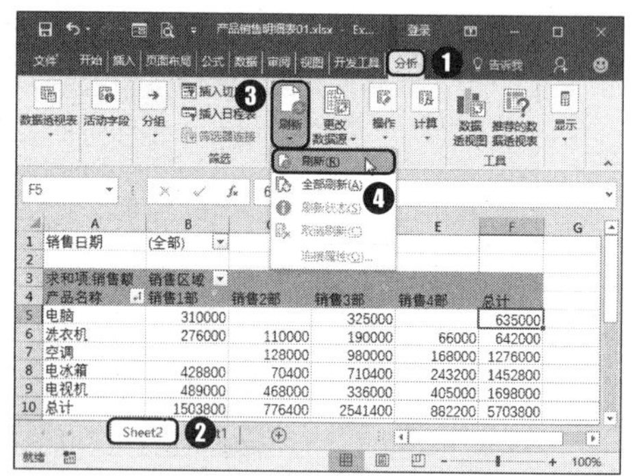

第 3 步 此时即可看到数据透视表的刷新结果，如下图所示。

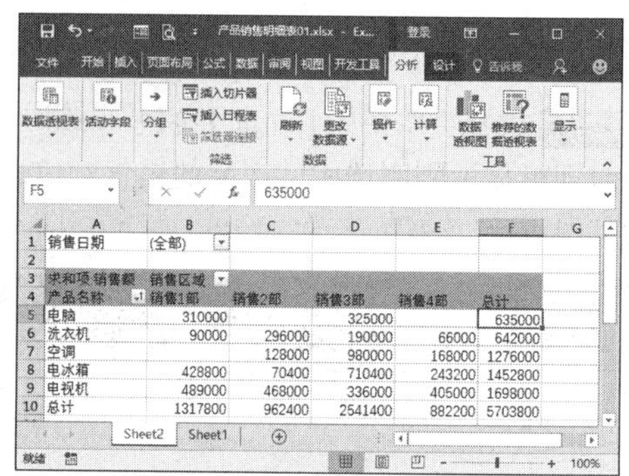

● 自动刷新数据透视表

除了手动刷新数据透视表之外，用户还可以对其进行自动刷新，不过要进行一下设置，具体操作步骤如下。

第 1 步 选中数据透视表的任意单元格，右击，然后从弹出的快捷菜单中选择【数据透视表选项】命令，如下图所示。

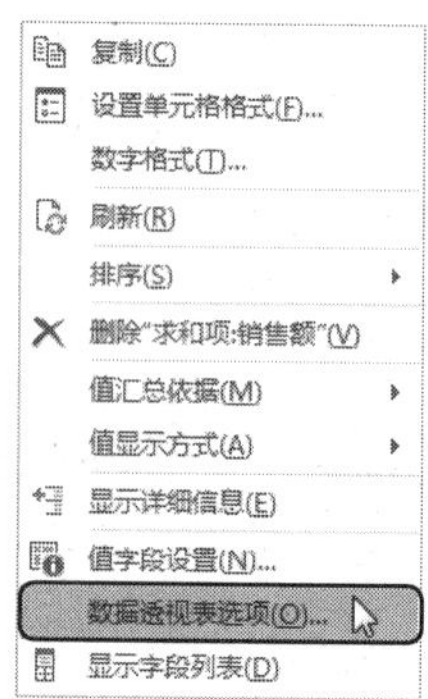

第 2 步 ❶弹出【数据透视表选项】对话框，切换到【数据】选项卡；❷在【数据透视表数据】组合框中选中【打开文件时刷新数据】复选框，如下图所示。

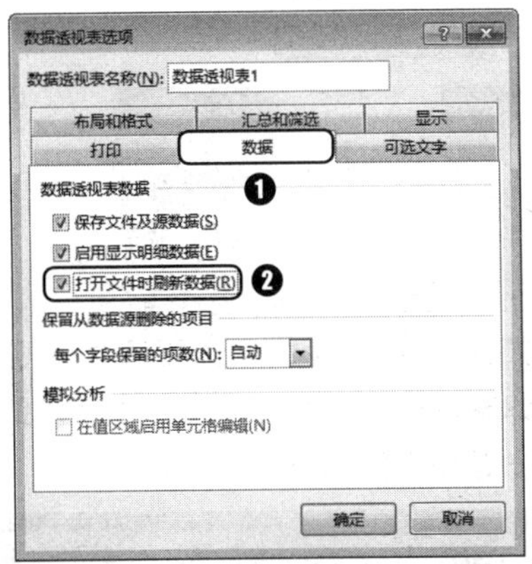

第 3 步 设置完毕单击【确定】按钮 确定 即可，当打开数据透视表的时候，系统就会自动刷新，如下图所示。

10.1.5 移动和删除数据透视表

在编辑数据透视表的过程中，移动与清除也是经常用到的操作。

1. 移动数据透视表

移动数据透视表的具体步骤如下。

第 1 步 ❶单击【操作】组中的【选择】按钮；❷从弹出的下拉列表中选择【整个数据透视表】选项，如下图所示。

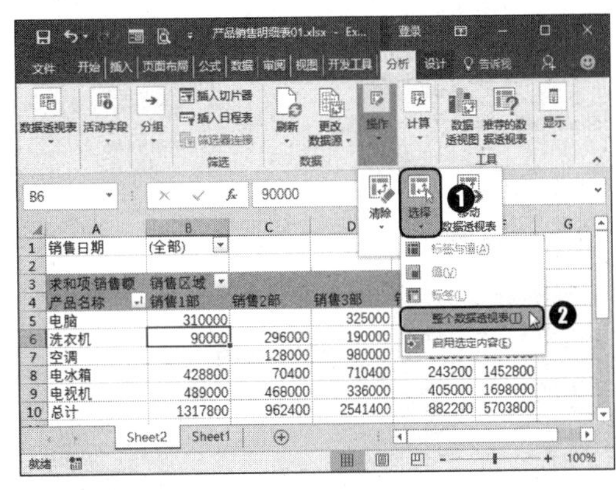

第 2 步 选择整个数据透视表，单击【操作】组中的【移动数据透视表】按钮，如下图所示。

第 3 步 弹出【移动数据透视表】对话框，在【选择放置数据透视表的位置】组合框中选中【新工作表】单选按钮，如下图所示。

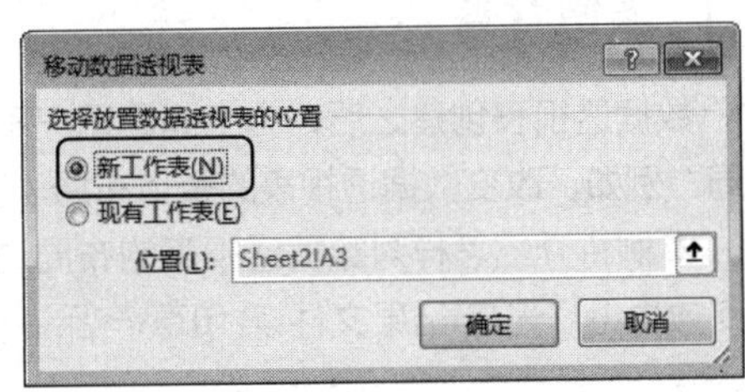

第 4 步 单击【确定】按钮 确定 ，此时即可将整个数据透视表移动到新工作表中，如下图所示。

2. 删除数据透视表

如果需要删除数据透视表所在的工作表，选中工作表的标签，右击，在弹出的快捷菜单中选择【删除】命令即可，如下图所示。

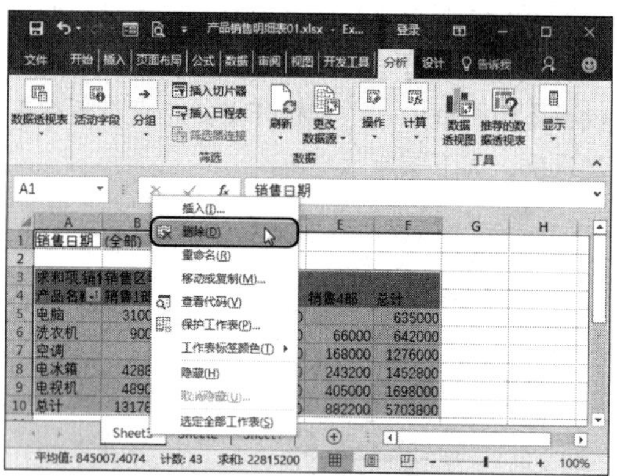

如果需要删除数据透视表中的数据，选中数据透视表，单击【操作】组中的【清除】按钮即可，如下图所示。

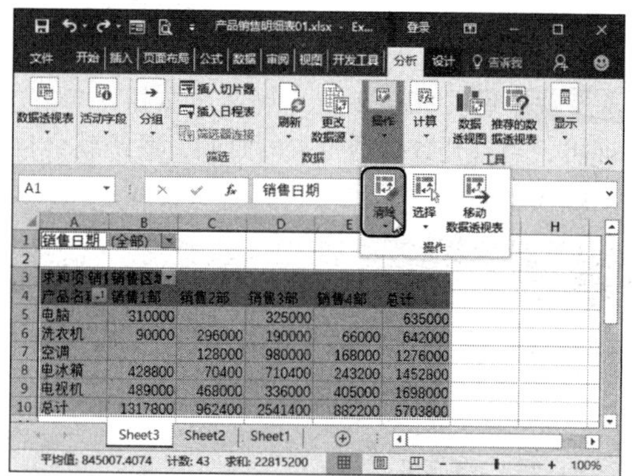

10.2 数据透视表的布局设计

案例背景

数据透视表创建之后，为了满足用户不同角度地分析数据的需求，可以改变数据透视表的布局，例如，改变数据透视表的整体布局、布局形式及整理数据透视表字段等。

本例将介绍怎样对数据透视表的布局进行简单设置，制作完成后的效果如下图所示。实例最终效果见“光盘\结果文件\第10章\产品销售明细表02.xlsx”文件。

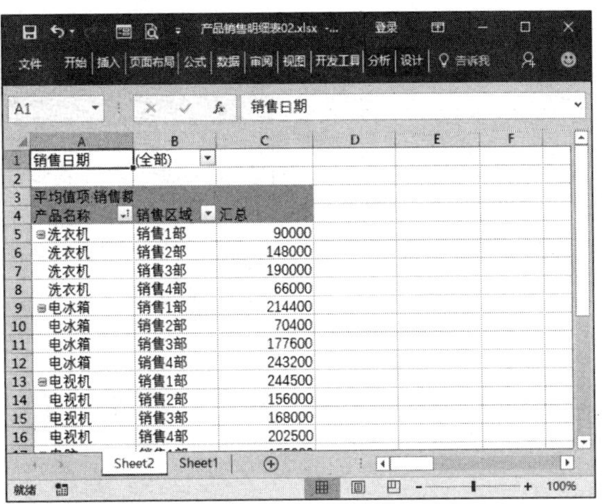

光盘文件	素材文件	光盘\素材文件\第10章\产品销售明细表02.xlsx
	结果文件	光盘\结果文件\第10章\产品销售明细表02.xlsx
	教学视频	光盘\视频文件\第10章\10.2数据透视表的布局设计.mp4

10.2.1 改变数据透视表的整体布局

本节主要通过【数据透视表字段】任务窗格改变数据透视表的整体布局，设置数据透视表整体布局的具体操作步骤如下。

第1步 ❶打开“光盘\素材文件\第10章\产品销售明细表02.xlsx”文件，切换到工作表“Sheet 2”中；❷切换到【数据透视表工具】栏中的【分析】选项卡中；❸单击【显示】组中的【字段列表】按钮，如下图所示。

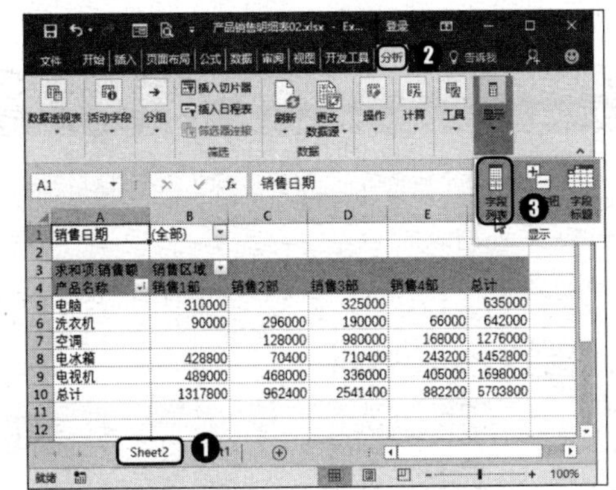

第2步 ❶打开【数据透视表字段】任务窗格，在【在以下区域间拖动字段】组合框中的【行】列表框中选中【销售区域】字段选项；❷从弹出的下拉列表中选择【移动到行标签】选项，如下图所示。

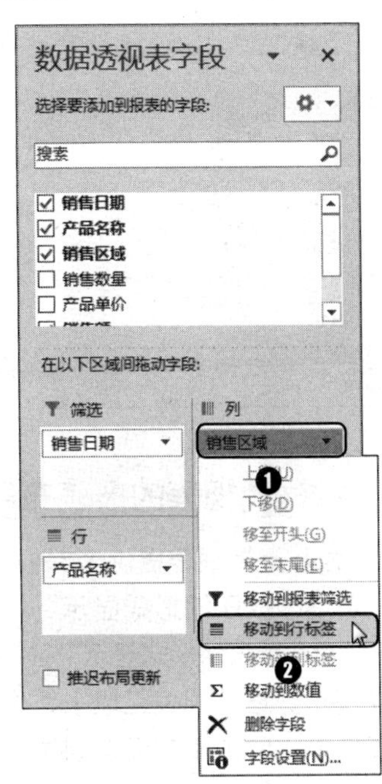

第 3 步 即可将【销售区域】字段添加到【行】列表框中，如下图所示。

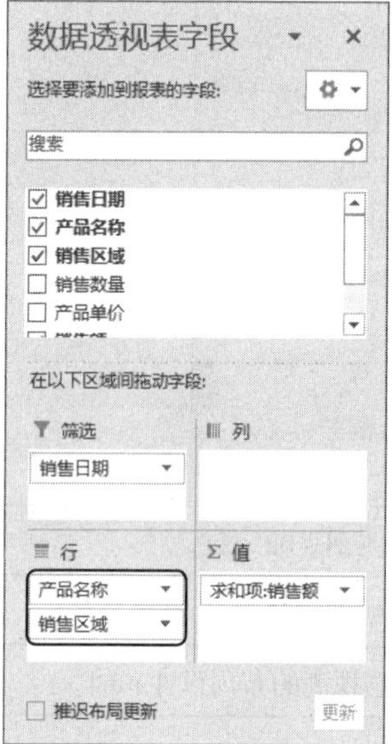

第 4 步 单击【关闭】按钮 × 关闭【数据透视表字段】任务窗格，效果如下图所示。

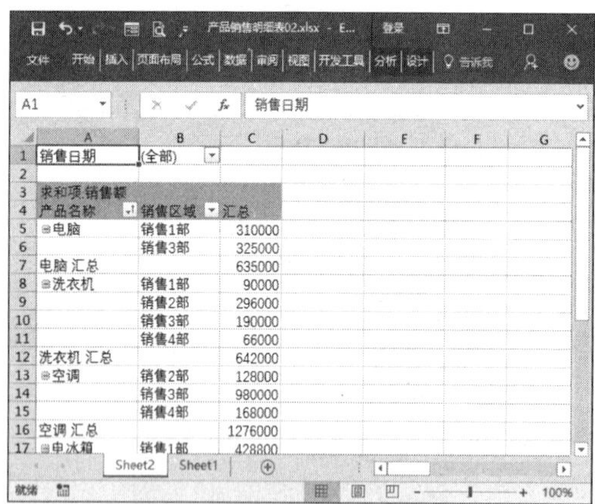

10.2.2 数据透视表的报表布局形式

Excel为数据透视表提供了3种报表布局形式，分别为“以压缩形式显示”“以大纲形式显示”及“以表格形式显示”。

切换到【数据透视表工具】栏中的【设计】选项卡中，单击【布局】组中的【报表布局】按钮，弹出的下拉列表中显示了报表的形式，如下图所示。

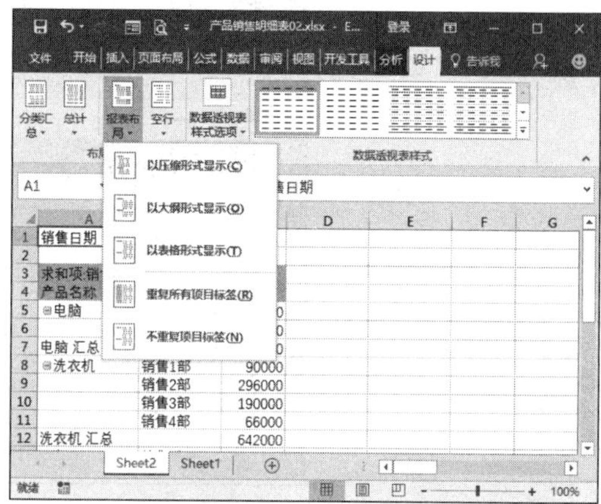

系统默认情况下新创建的数据透视表是“以压缩形式显示”，所有的行字段都堆积在一起，如下图所示。

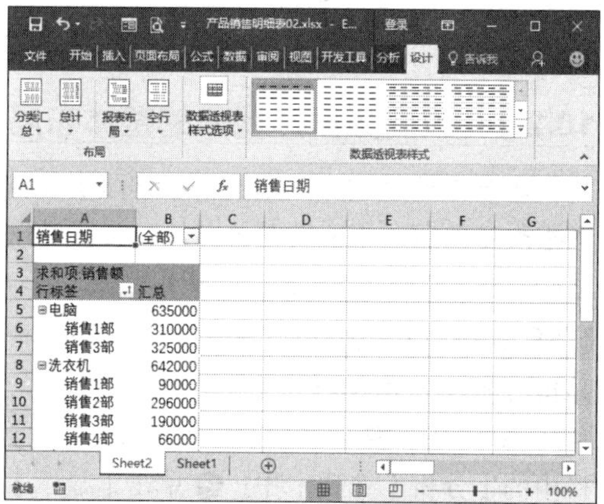

“以大纲形式显示”的数据透视表报表如下图所示。

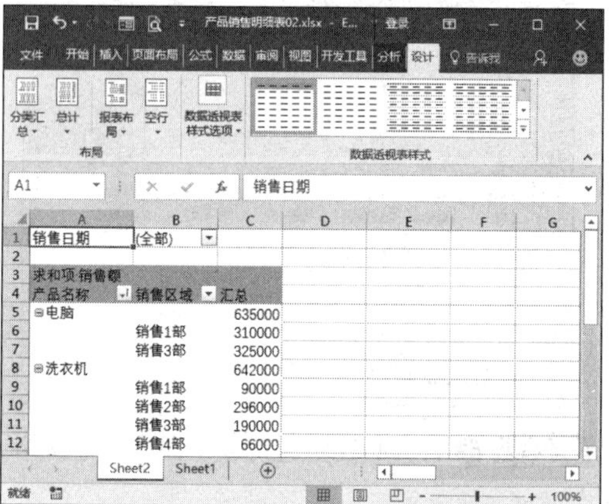

“以表格形式显示”的数据透视表报表如下图所示。

通过以上3种报表布局形式可以发现，以表格显示的数据透视表更加直观，更便于查看。这种形式的报表布局也是用户首选的显示方式。

如果用户需要在透视表中重复标签，以显示所有行和列中嵌套字段的项目标题，可以选择【重复所有项目标签】选项。

以“以表格形式显示”的数据透视表为例，介绍怎样设置重复标签，具体操作步骤如下。

第1步 ❶选中数据透视表任意单元格，切换到【数据透视表工具】栏中的【设计】选项卡；❷在【布局】组中单击【报表布局】按钮；❸从弹出的下拉列表中选择【重复所有项目标签】选项，如下图所示。

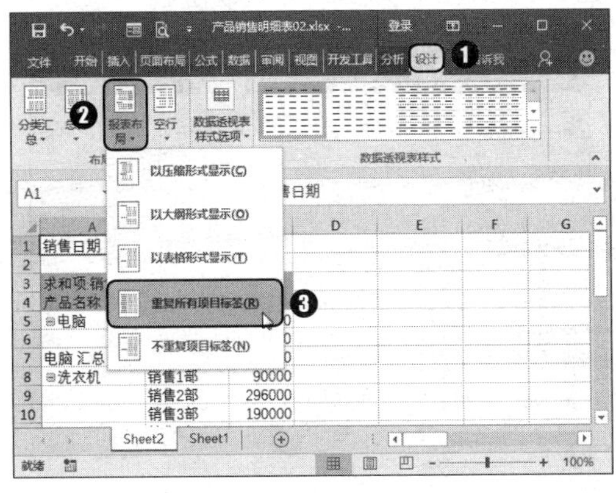

第2步 返回数据透视表中，设置效果如下图所示。

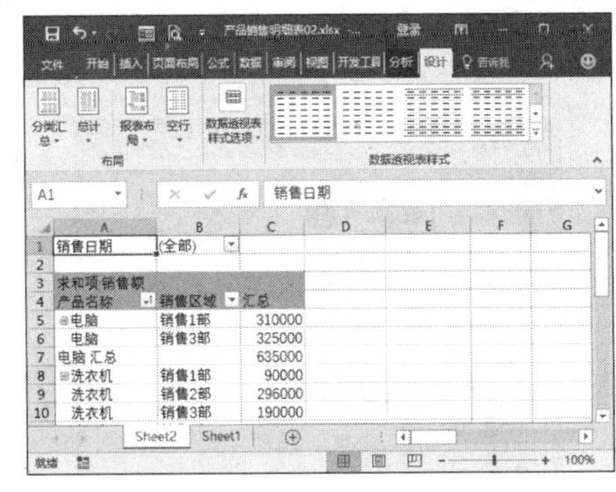

10.2.3 设置数据透视表字段

数据透视表是显示数据信息的视图，它不能直接修改数据透视表中的数据，但字段是可以整理和修改的，本节将介绍重命名字段、修改汇总方式、删除字段以及隐藏字段标题等操作。

1. 重命名字段

创建的数据透视表中，Excel会默认在字段前加上“求和项：”“计数项：”等，用户可以根据需要自定义字段名称，具体操作步骤如下。

第1步 ❶选中单元格 A3，切换到【数据透视表工具】栏中的【分析】选项卡；❷单击【活动字段】组中的【字段设置】按钮 字段设置，如下图所示。

第 2 步 ❶弹出【值字段设置】对话框，在【自定义名称】文本框中修改字段名称，如“销售金额”；❷单击【确定】按钮 确定 ，如下图所示。

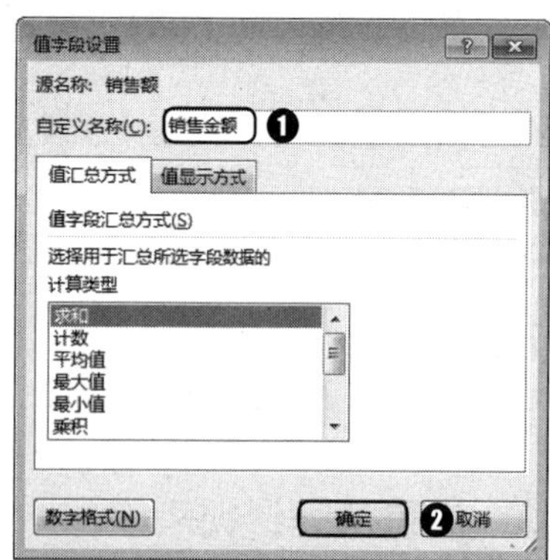

第 3 步 即可完成数据字段的重命名操作，如下图所示。

2. 设置字段

创建数据透视表时，当行字段大于两个时，Excel会自动在行字段上添加求和的分类汇总。可以设置显示或隐藏分类汇总，也可以设置分类汇总的函数，具体操作步骤如下。

第 1 步 选中数据透视表任意单元格，单击【活动字段】组中的【字段设置】按钮 字段设置 ，如下图所示。

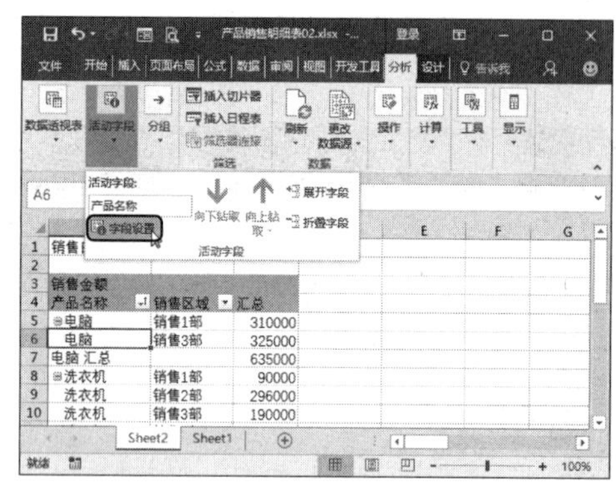

第 2 步 ❶弹出【字段设置】对话框，在【分类汇总】组合框中选中【无】单选钮；❷单击【确定】按钮 确定 ，如下图所示。

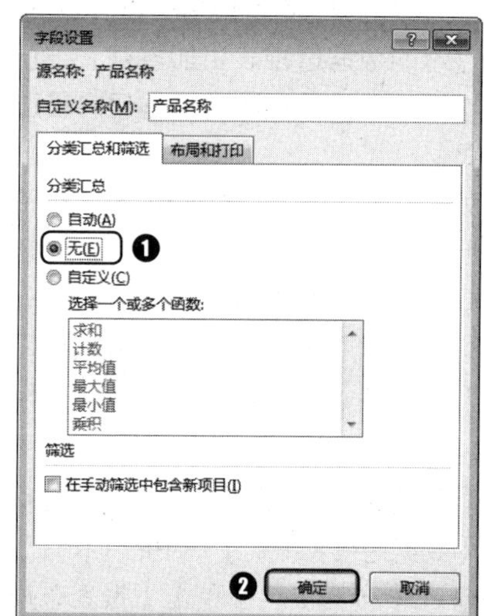

第 3 步 返回数据透视表，即可看到分类汇总选项不显示了，如下图所示。

3. 修改字段的汇总方式

在Excel中默认情况字段的汇总方式是求和，数字的显示方式是数值形式，根据需要用户可以对汇总方式和数字的显示方式进行修改，具体操作步骤如下。

第1步 选中需要修改汇总方式的列中的任意单元格，右击，从弹出的快捷菜单中选择【值字段设置】命令，如下图所示。

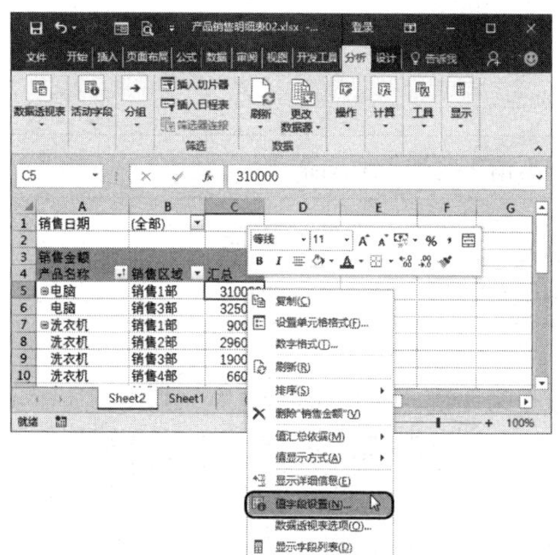

第2步 ❶弹出【值字段设置】对话框，在【选择用于汇总所选字段数据的计算类型】列表框中选择【平均值】选项；❷单击【确定】按钮 确定 ，如下图所示。

第3步 返回数据透视表中，设置平均值后的效果如下图所示。

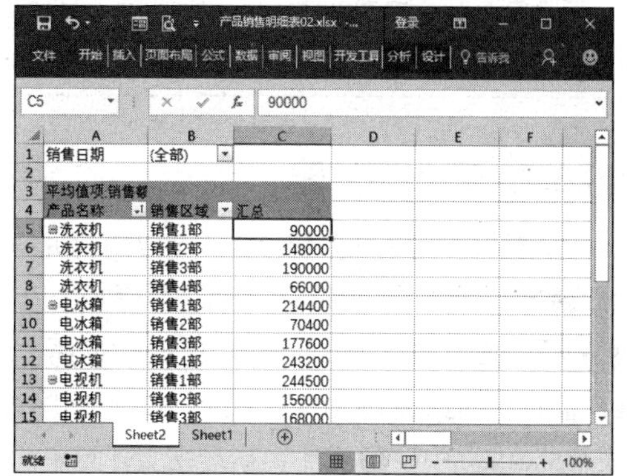

10.3 掌握切片器

案例背景

在数据透视表中，利用切片器功能能以一种直观的交互方式来快速筛选数据透视表中的数据。

本例将简单介绍切片器的相关知识，制作完成后的效果如下图所示。实例最终效果见“光盘\结果文件\第10章\产品销售明细表03.xlsx”文件。

光盘文件	素材文件	光盘\素材文件\第10章\产品销售明细表03.xlsx
	结果文件	光盘\结果文件\第10章\产品销售明细表03.xlsx
	教学视频	光盘\视频文件\第10章\10.3掌握切片器.mp4

10.3.1 插入切片器

为数据透视表插入切片器，可以快速进行筛选数据，插入切片器的具体操作步骤如下。

第 1 步 ❶打开“光盘\素材文件\第 10 章\产品销售明细表 03.xlsx”文件，切换到工作表“Sheet2”中；❷选中数据透视表任意单元格，切换到【插入】选项卡；❸单击【筛选器】组中的【切片器】按钮，如下图所示。

第 2 步 ❶弹出【插入切片器】对话框，选中【产品名称】和【销售区域】复选框；❷单击【确定】按钮，如下图所示。

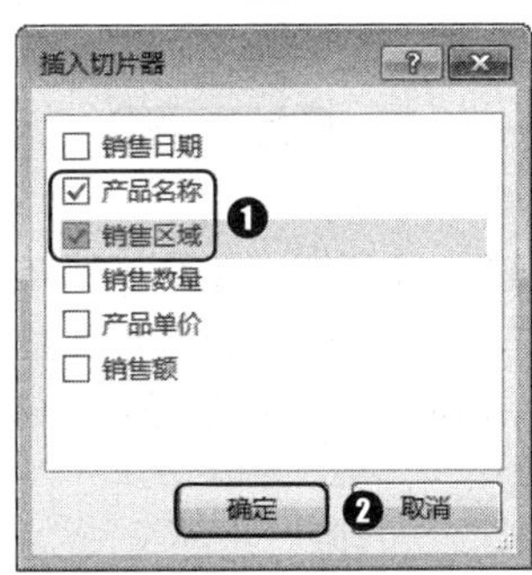

第 3 步 返回数据透视表中，可以看到插入的切片器，如下图所示。

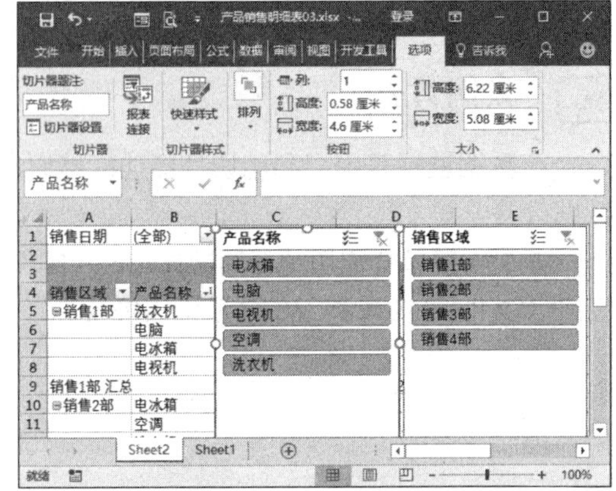

用户还可以切换到【数据透视表工具】栏中的【分析】选项卡中，单击【筛选】组中的【插入切片器】按钮，也可以弹出【插入切片器】对话框，插入切片器，如下图所示。

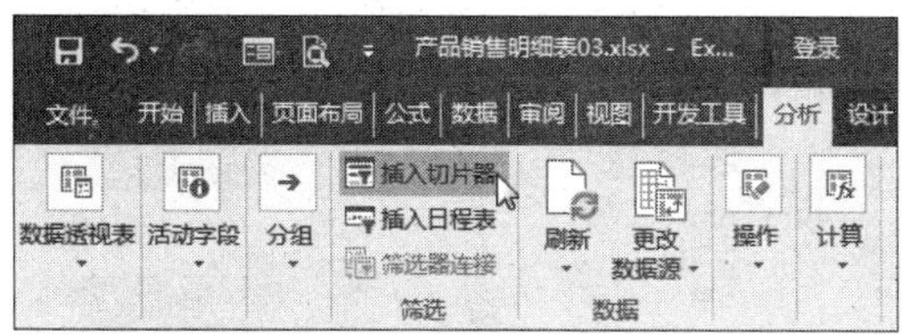

10.3.2 利用切片器进行筛选

利用切片器可以快速、直观地筛选数据。通过切片器进行筛选数据的具体操作步骤如下。

第 1 步 在【产品名称】切片器中选中要查看的产品选项，例如选择【空调】选项，即可在数据透视表中筛选出各销售区域空调的销售情况，如下图所示。

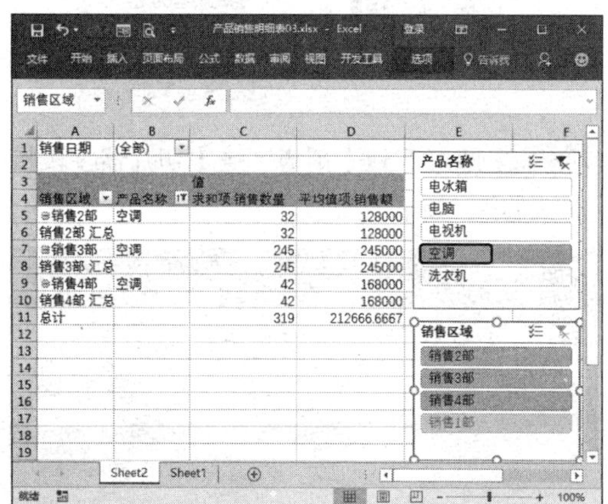

第 2 步 在【销售区域】切片器中，按住【Ctrl】键的同时选中【销售 2 部】和【销售 4 部】选项，即可在数据透视表中筛选出销售 2 部和销售 4 部的空调的销售情况，如下图所示。

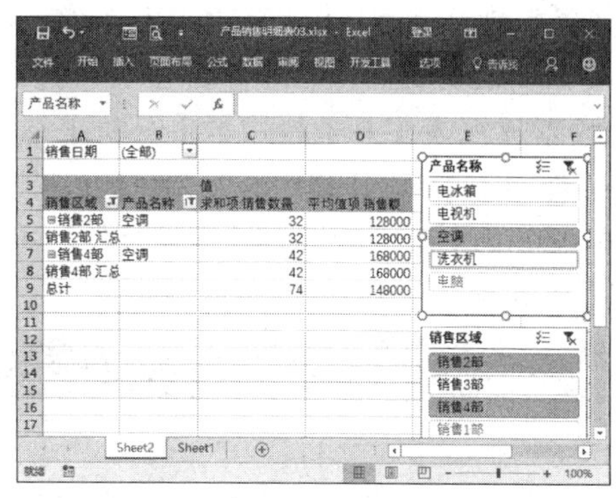

10.3.3 清除切片器的筛选结果

查看完筛选结果，要恢复数据透视表的所有数据，需要清除筛选条件，具体操作步骤如下。

第 1 步 选中【产品名称】切片器，单击切片器右上角的【清除筛选器】按钮，如下图所示。

第 2 步 返回数据透视表中，即可看到清除产品名称筛选后的效果，如下图所示。

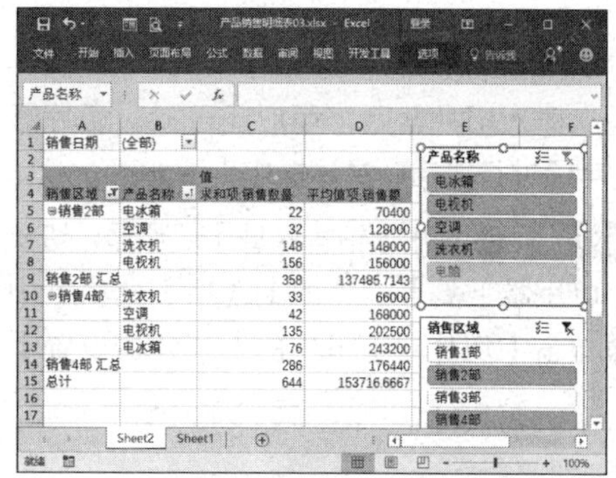

第 3 步 ❶如果要清除所有切片器的筛选结果，选中数据透视表中任意单元格，切换到【数据透视表工具】栏中的【分析】选项卡；❷单击【操作】组中的【清除】按钮；❸从弹出的下拉列表中选择【清除筛选】选项，如下图所示。

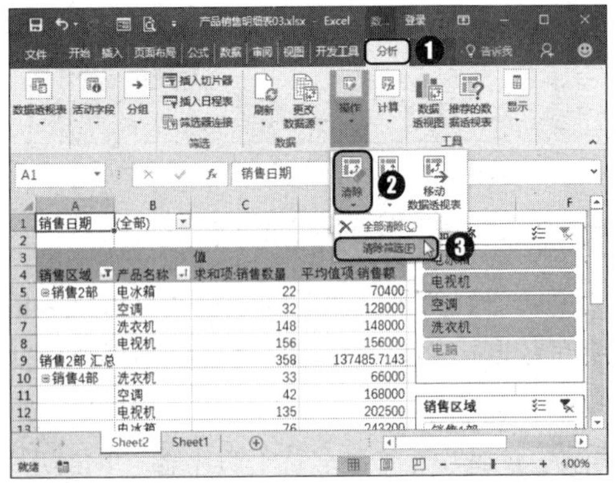

第 4 步 即可清除所有切片器的筛选，如下图所示。

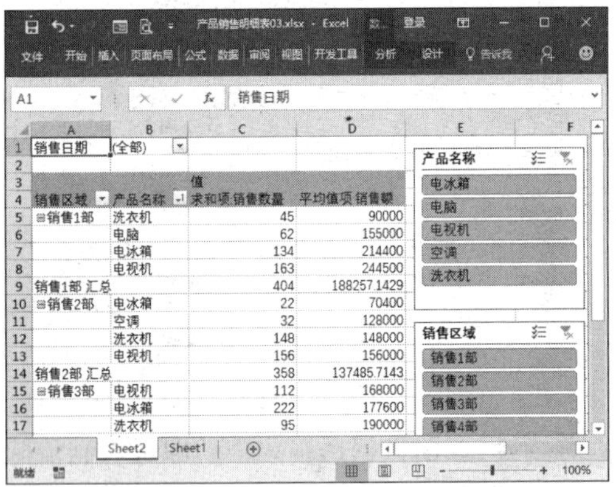

10.3.4 对切片器字段进行排序

插入切片器后，用户还可以对切片器上的字段进行排序，具体操作步骤如下。

第 1 步 ❶选中【销售区域】切片器，切换至【切片器工具】栏中的【选项】选项卡中；❷单击【切片器】组中的【切片器设置】按钮 切片器设置 ，如下图所示。

第 2 步 ❶弹出【切片器设置】对话框，在【项目排序和筛选】组合框中选中【降序】单选钮；❷单击【确定】按钮 确定 ，如下图所示。

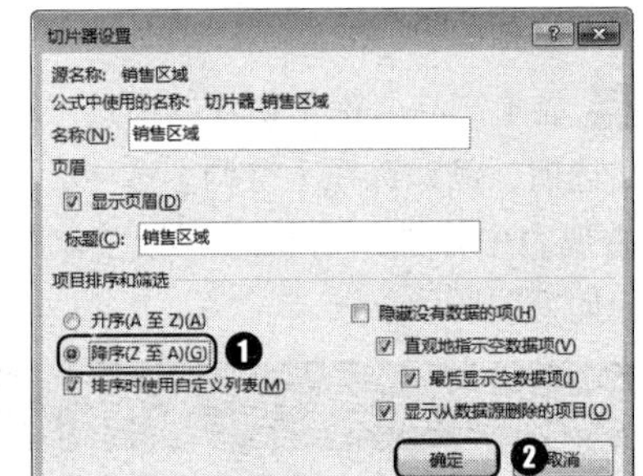

第 3 步 即可看到【销售区域】切片器字段按降序排序，如下图所示。

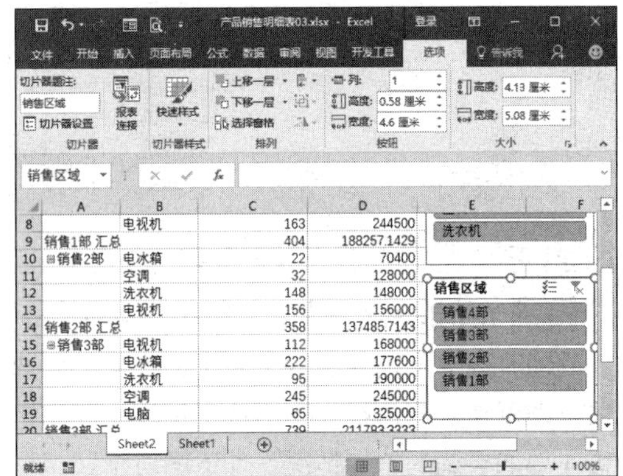

10.3.5 隐藏切片器

当通过切片器对数据进行筛选后，要充分地展示数据，需要将切片器暂时隐藏起来。隐藏切片器不会改变数据透视表的筛选状态，隐藏切片器的具体操作步骤如下。

第1步 ❶选中任意一个切片器，切换到【切片器工具】栏中的【选项】选项卡；❷在【排列】组中单击【选择窗格】按钮选择窗格，如下图所示。

第2步 打开【选择】任务窗格，单击【产品名称】切片器右侧的眼睛图标，如下图所示。

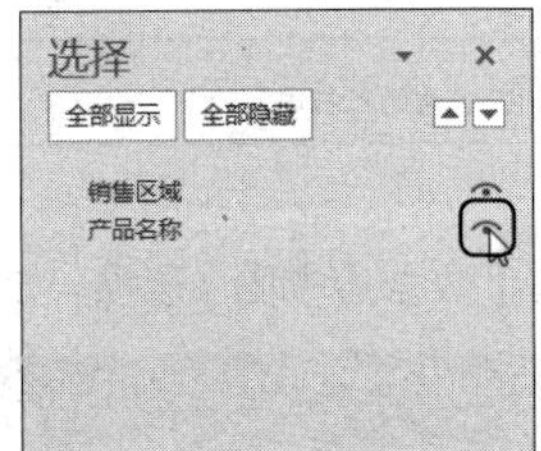

第3步 单击【关闭】按钮 × 关闭【选择】任务窗格，即可看到【产品名称】切片器隐藏起来了，如下图所示。

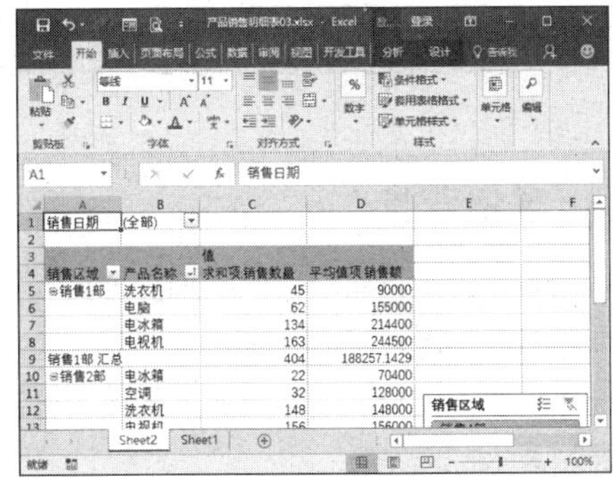

10.3.6 删除切片器

删除切片器的具体操作步骤如下。

第1步 选中【销售区域】切片器，右击，从弹出的快捷菜单中选择【删除“销售区域”】命令，如下图所示。

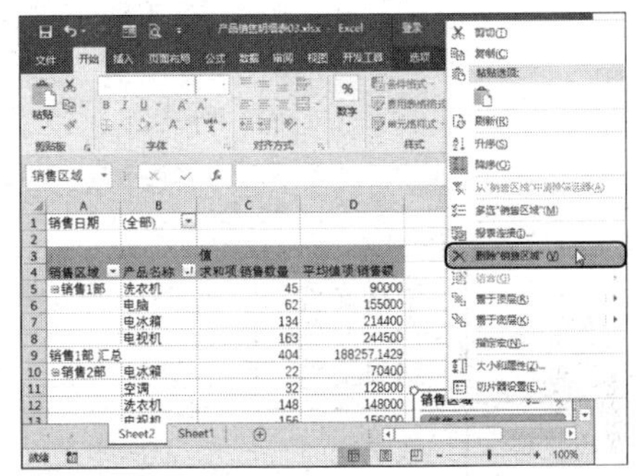

第2步 返回数据透视表，即可看到【销售区域】切片器被删除，如下图所示。

10.4 关于数据透视图

案例背景

数据透视图也是数据的一种表现形式，和数据透视表不同的是，它是通过图的形式直观、形象地展示数据。

本例制作完成后的效果如下图所示，实例最终效果见“光盘\结果文件\第10章\产品销售明细表04.xlsx”文件。

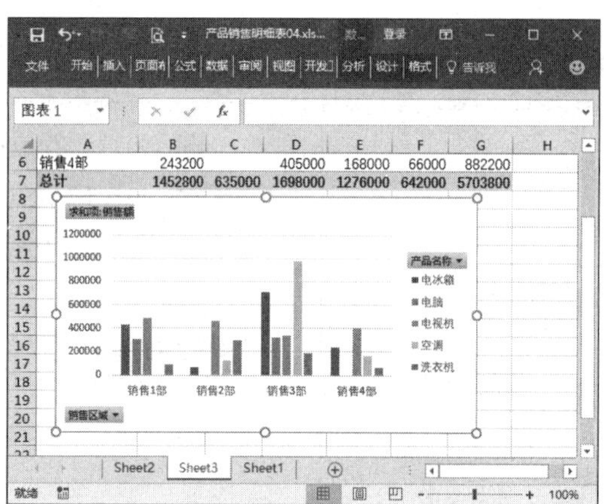

光盘文件	素材文件	光盘\素材文件\第10章\产品销售明细表04.xlsx
	结果文件	光盘\结果文件\第10章\产品销售明细表04 .xlsx
	教学视频	光盘\视频文件\第10章\10.4关于数据透视图.mp4

10.4.1 创建数据透视图

创建数据透视图有两种方法，一是利用源数据创建；二是利用数据透视表创建。

1. 利用源数据创建数据透视图

利用源数据创建数据透视图的具体操作步骤如下。

❶打开“光盘\素材文件\第10章\产品销售明细表04.xlsx”文件，切换到工作表“Sheet 1”中，选中单元格区域A1:F32，切换到【插入】选项卡；❷单击【数据透视图】按钮的下半部分按钮；❸从弹出的下拉列表中选择【数据透视图】选项，如下图所示。

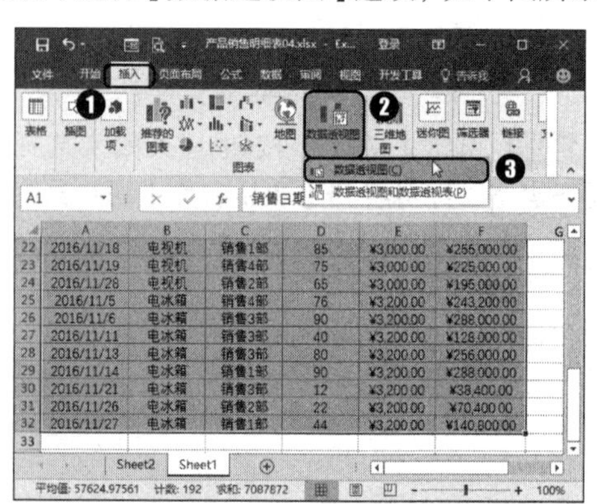

第2步 弹出【创建数据透视图】对话框，选

中【新工作表】单选钮，如下图所示。

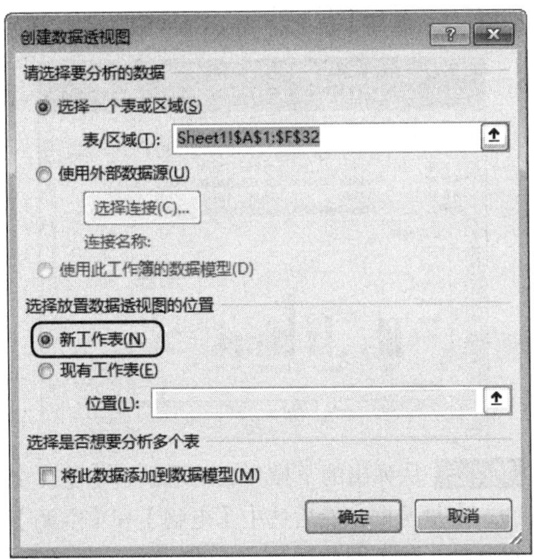

第 3 步 单击【确定】按钮 确定 ，此时即可在新的工作表“Sheet3”中创建一个空的数据透视图，如下图所示。

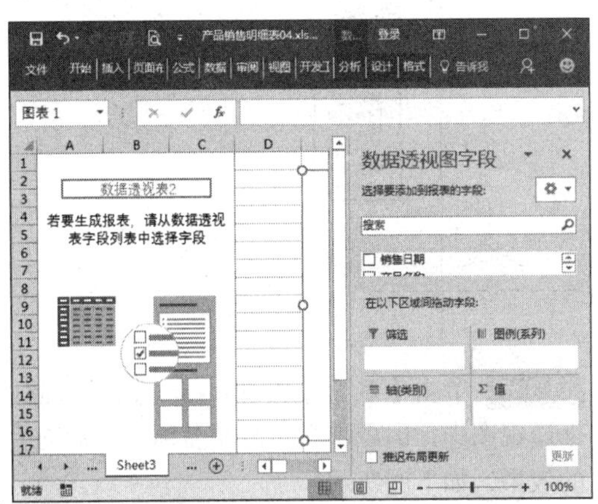

第 4 步 在【数据透视图字段】任务窗格中将【销售区域】字段添加到【轴（类别）】列表框中，将【产品名称】字段添加到【图例（系列）】列表框中，将【销售额】字段添加到【值】列表框中，如下图所示。

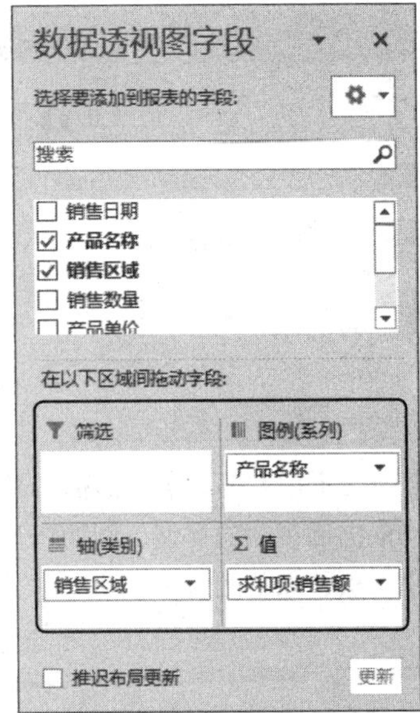

第 5 步 关闭【数据透视图字段列表】任务窗格，效果如下图所示。

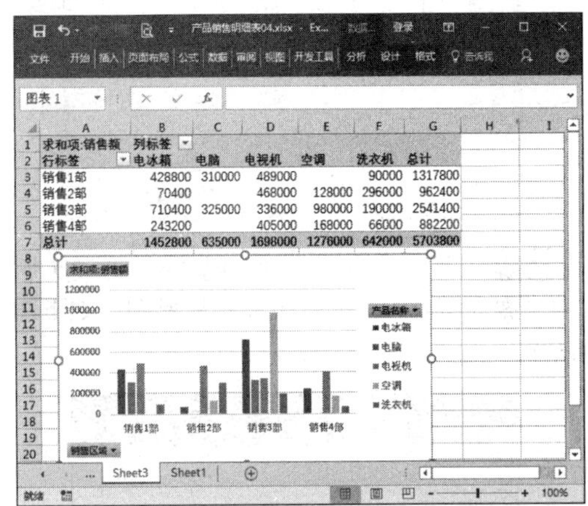

2. 利用数据透视表创建数据透视图

利用数据透视表创建数据透视图的具体操作步骤如下。

第 1 步 ❶ 切换到工作表“Sheet2”中；❷ 选中数据透视表任意单元格，切换到【数据透视工具】栏中的【分析】选项卡；❸ 单击【工具】中的【数据透视图】按钮，如下图所示。

第 2 步 弹出【插入图表】对话框，从中选择要插入的数据透视图的类型，例如选择【簇状柱形图】选项，如下图所示。

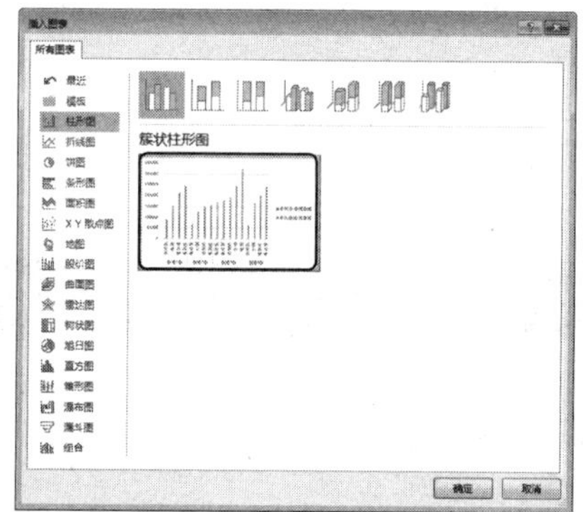

第 3 步 单击【确定】按钮，此时即可在工作表中插入一个簇状柱形图，如下图所示。

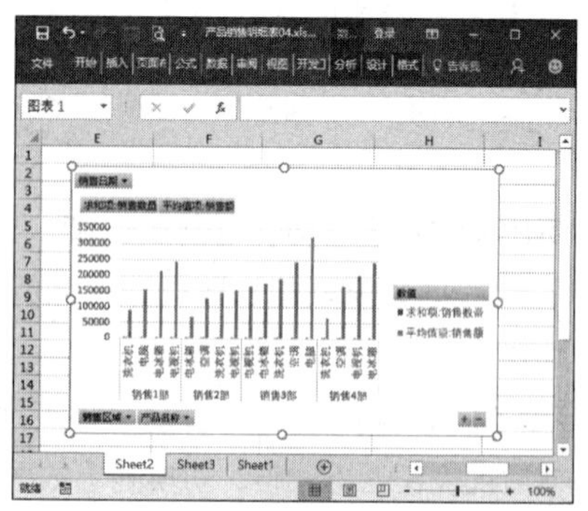

10.4.2 分析数据透视图

数据透视图是数据的一种展示方式，也能让我们更直观地分析数据。

第 1 步 切换到工作表“Sheet3”中，单击图例【产品名称】按钮，如下图所示。

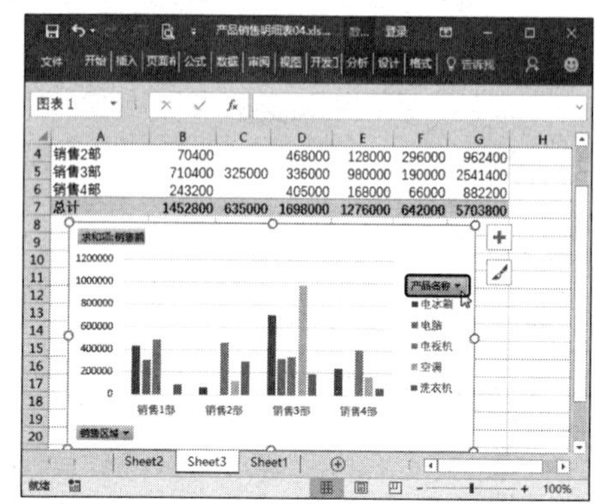

第 2 步 从弹出的下拉列表中取消选中【（全选）】复选框，然后选中【电脑】和【空调】复选框，如下图所示。

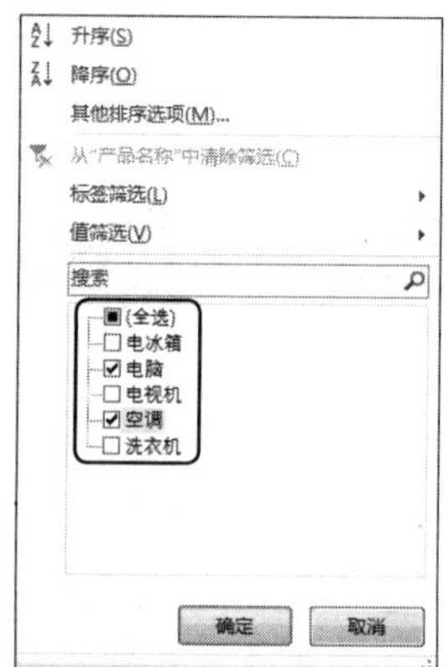

第 3 步 单击【确定】按钮，返回数据透视图中，即可查看对产品名称进行筛选后的效果，如下图所示。

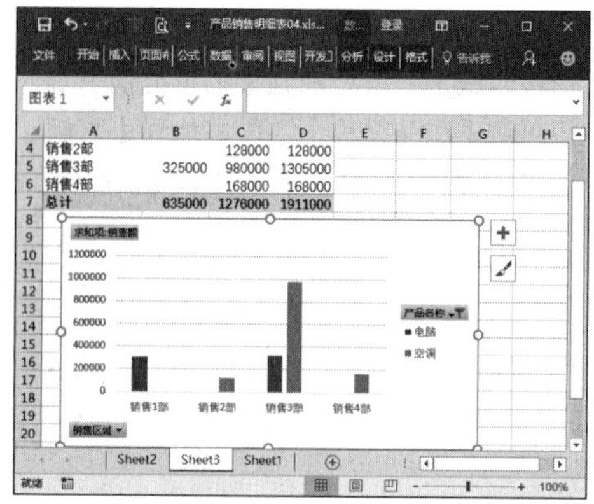

大神支招

通过前面知识的学习，相信读者已经掌握了Excel 2016中创建数据透视表、设置数据透视表布局、掌握切片器以及创建数据透视图等相关操作。下面结合本章内容，介绍一些工作中的实用经验与技巧。

01 如何在数据透视表中添加计算项

视频文件：光盘\视频文件\第10章\01.mp4

数据透视表提供了强大的自动汇总功能，除了求和之外，还提供了计数、平均值、最大值、最小值等多种汇总方式，能够满足大多数用户的需求。

假设已知某公司业务员相邻两个月份的销售额情况，计算销售额增减情况，具体操作步骤如下。

第 1 步 ❶打开“光盘\素材文件\第 10 章\在数据透视表中添加计算项.xlsx”文件，切换到工作表“Sheet2”中；❷选中【列标签】单元格 B3，切换到【数据透视表工具】栏中的【分析】选项卡；❸单击【计算】组中的【字段、项目和集】按钮；❹从弹出的下拉列表中选择【计算项】选项，如下图所示。

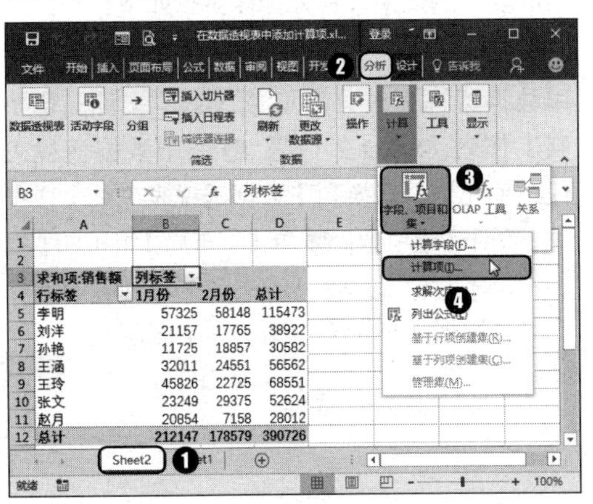

第 2 步 弹出【在“月份”中插入计算字段】对话框，在【名称】文本框中输入字段名称“增减”，在【公式】文本框中输入“= '2 月份 '- '1 月份 '”，如下图所示。

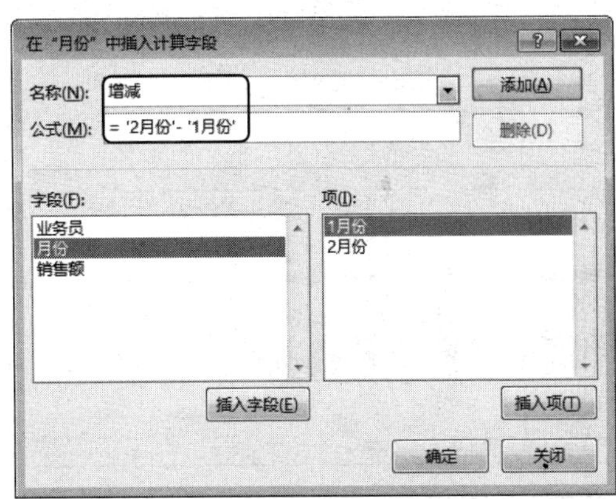

第 3 步 单击【确定】按钮，返回数据透视表中，即可添加两个月份之间的销售额增减项，如下图所示。

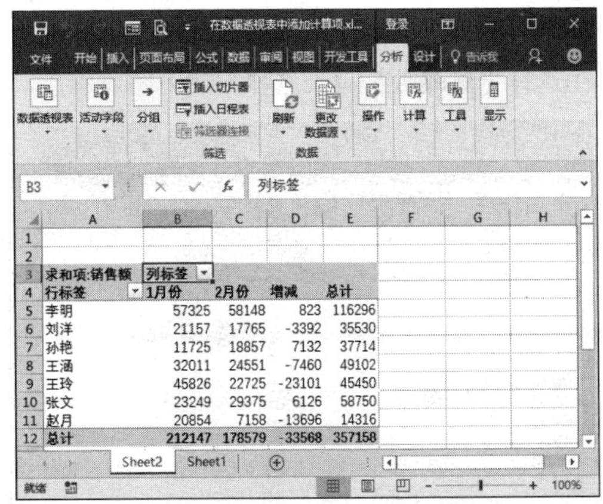

02 如何更改数据透视表的数据源

视频文件：光盘\视频文件\第10章\02.mp4

当用户在数据源中添加新的记录并刷新数据透视表之后，新增加的记录并不会自动添加进数据透视表中，但用户可以更改数据透视表的数据源，使数据透视表的数据区域包含新增记录，具体操作步骤如下。

第 1 步 打开“光盘\素材文件\第 10 章\更改数据透视表的数据源 .xlsx”文件，切换到工作表“Sheet 1”中，在其中新增加销售记录，如下图所示。

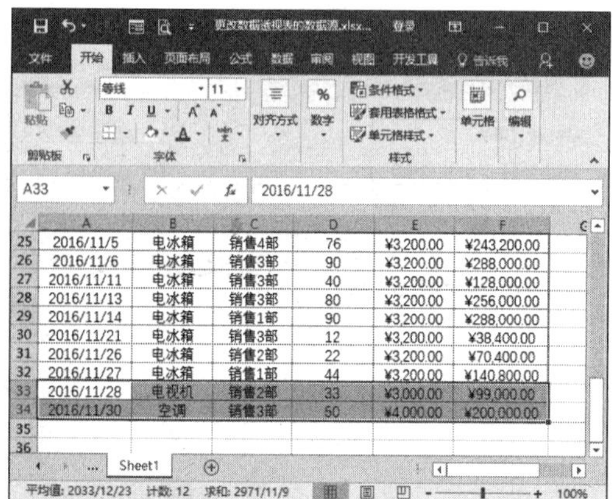

第 2 步 ❶切换到工作表“Sheet 2”中；❷选中数据透视表任意单元格，切换到【数据透视表工具】栏中的【分析】选项卡；❸单击【数据】组中的【更改数据源】按钮的下半部分按钮；❹从弹出的下拉列表中选择【更改数据源】选项，如下图所示。

第 3 步 弹出【移动数据透视表】对话框，在【请选择要分析的数据】组合框中的【表 / 区域】文本框中重新输入数据源的引用位置，如下图所示。

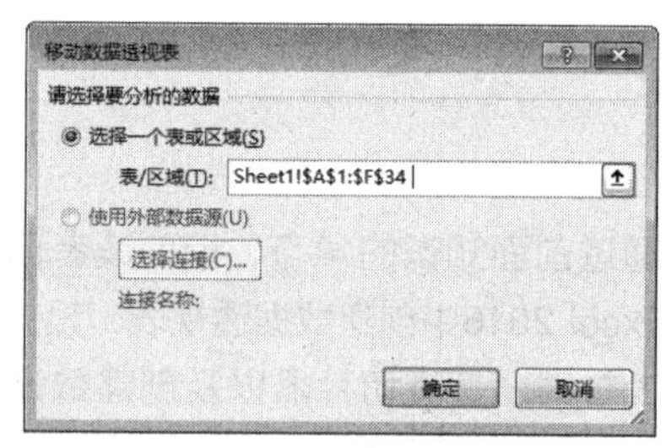

第 4 步 单击【确定】按钮，返回数据透视表中，即可看到数据发生改变，如下图所示。

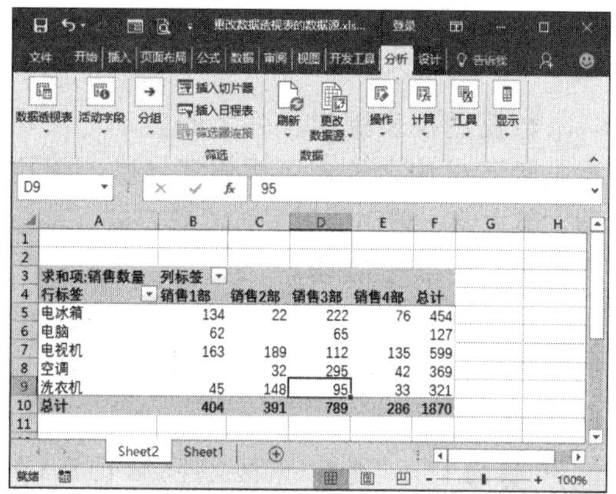

03 如何使用数据透视表做分类汇总

视频文件：光盘\视频文件\第10章\03.mp4

数据透视表创建完成后，用户可以结合自动筛选功能，使数据透视表具有类似“分类汇总”的效果，具体操作步骤如下。

第 1 步 ❶打开“光盘\素材文件\第 10 章\使用数据透视表做分类汇总 .xlsx”文件，切换到工作表“Sheet 2”中；❷选中数据透视表任意单元格，切换到【数据透视表工具】栏中的【设计】选项卡；❸单击【布局】组中的【报表布局】按钮；❹从弹出的下拉列表中选择【以表格形式显示】选项，如下图所示。

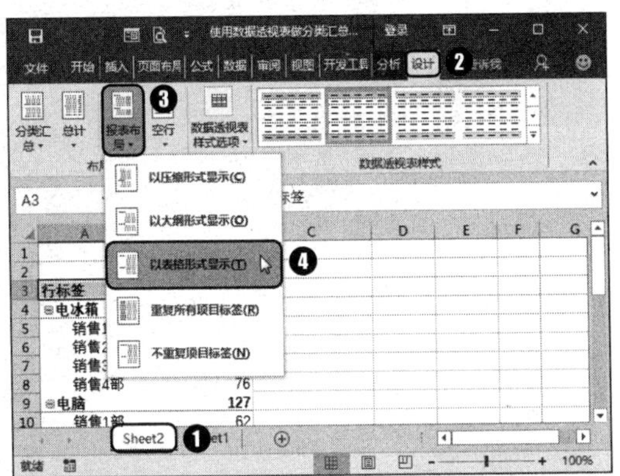

第 2 步 ❶ 选中数据透视表右侧相邻的单元格，例如选中单元格 D3；❷ 切换到【数据】选项卡中；❸ 单击【排序和筛选】组中的【筛选】按钮，如下图所示。

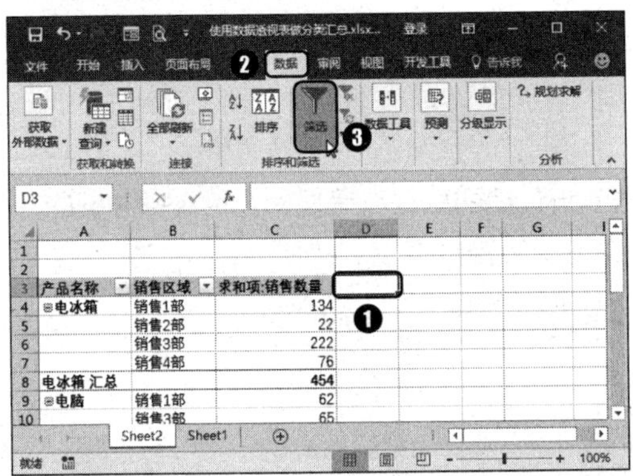

第 3 步 选中单元格 B3，单击其右侧的下箭头按钮，从弹出的下拉列表中取消选中【（全选）】复选框，然后选中【（空白）】复选框，如下图所示。

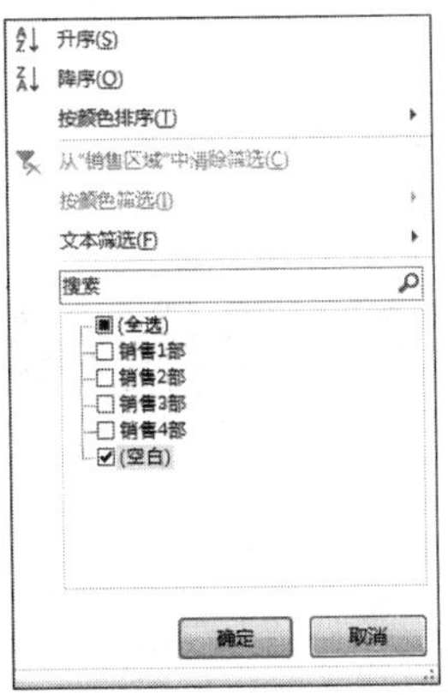

第 4 步 单击【确定】按钮，返回数据透视表中，即可看到汇总效果，如下图所示。

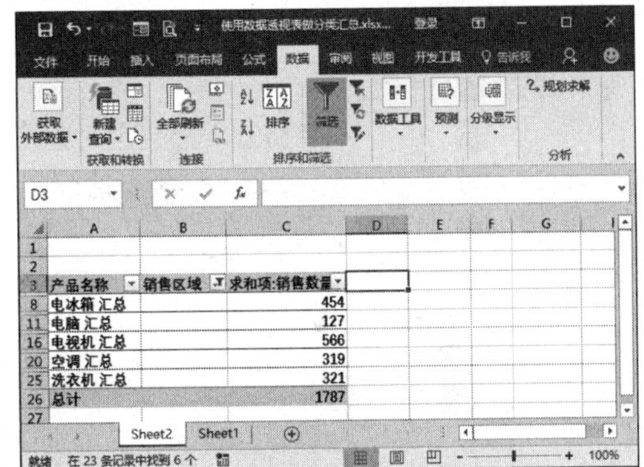

第 11 章 数据分析报告简介

本章导读

数据分析报告是对整个数据分析过程的总结与呈现，包括数据分析的起因、过程、结果及建议，可供企业决策者参考。

知识要点

- 数据分析报告分类
- 数据分析报告结构
- 数据分析报告原则
- 数据分析报告流程
- 数据分析报告目的
- 数据分析报告范例

11.1 关于数据分析报告

案例背景

数据分析报告是根据数据分析原理和方法，运用数据来反映、研究和分析某项事物的现状、问题、原因、本质和规则，并得出结论，提出解决办法的一种分析应用文体。

这种文体是决策者认识事物、了解事物、掌握信息、搜集相关信息的主要工具之一，数据分析报告通过对事物数据全方位的科学分析来评估其环境及发展情况，为决策者提供科学、严谨的依据，降低风险。

11.1.1 数据分析报告分类

由于数据分析报告的对象、内容、时间、方法等情况的不同，因而存在不同形式的报告类型。常见的数据分析报告分为专题分析报告、综合分析报告和日常数据通报等。

1. 专题分析报告

专题分析报告是对社会经济现象的某一方面或某一问题进行专门研究的一种数据分析报告，它的主要作用是为决策者制定某项政策、解决某个问题提供决策参考和依据。

专题分析报告有单一性和深入性两个特点。

● 单一性

专题分析报告不要求反映事物的全貌，主要针对某一方面或某一问题进行分析，如提升企业利润率分析。

● 深入性

由于专题分析报告内容单一，重点突出，因此便于集中精力抓住主要问题进行深入分析。它不仅要对问题进行具体描述，还要对引起问题的原因进行分析，并且提出切实可行的解决方法。

2. 综合分析报告

综合分析报告是全面评价一个地区、单位、部门业务或其他方面发展情况的一种数据分析报告。如世界人口发展报告、企业运营分析报告等。

综合分析报告具有全面性和联系性两个特点。

● 全面性

综合分析报告反映的对象，无论一个地区、一个部门还是一个单位，都必须以这个地区、这个部门、这个单位为分析总体，站在全局的高度，反映总体特征，做出总体评价，得出总体认识。在分析总体现象时，必须全面、综合地反映对象各个方面的情况。

● 联系性

综合分析报告要把互相关联的一些现象、问题综合起来进行全面系统的分析。这种综合分析不是对全面资料的简单罗列，而是在系统地分析指标体系的基础上，考察现象之间的内部联系和外部联系。这种联系的重点是比例关系和平衡关系，分析研究它们的发展是否协调，是否适应。因此，从宏观角度反映指标之间关系的数据分析报告一般属于综合分析报告。

3. 日常数据通报

日常数据通报是以定期数据分析报告为依据，反映计划执行情况，并分析其影响和形成原因的一种数据分析报告。这种数据分析报告一般是按日、周、月、季、年等时间阶段定期进行，所以也叫定期分析报告。

日常数据通报可以是专题性的，也可以是综合性的。这种分析报告的应用十分广泛，各个企业、部门都在使用。

日常数据通报具有进度性、规范性和时效性三种特性。

● 进度性

由于日常数据通报主要反映计划的执行情况，因此必须把计划执行的进度与时间的进展结合起来分析，观察比较两者是否一致，从而判断计划完成的情况。为此，需要进行一些必要的计算，通过一些绝对数和相对数指标来突出进度。

● 规范性

日常数据通报基本上成了数据分析部门的例行报告，需要定时向决策者提供。所以这种分析报告就形成了比较规范的结构形式，一般包括以下几个基本部分：

（1）反映计划执行的基本情况

（2）分析完成或未完成的原因

（3）总结计划执行中的成绩和经验，找出存在的问题

（4）提出建议和措施

日常数据通报的标题也比较规范，一般变化不大，有时为了保持连续性，标题只变动一下时间，如“××月××日业务发展通报”。

● 时效性

由日常数据通报的性质和任务决定，它是时效性最强的一种分析报告。只有及时提供业务发展过程中的各种信息，才能帮助决策者掌握企业经营的主动权，否则会丧失良机，贻误工作。

数据分析报告主要通过Office中的Word、Excel和Powerpoint软件来展现。下表介绍这3种软件的优缺点。

项目	Word	Excel	PowerPoint
优点	易于排版 可打印装订成册	可含有动态图表 结果可实时更新 交互性更强	可加入丰富的元素 适合演示汇报 增强展示效果
缺点	缺乏交互性 不适合演示汇报	不适合演示汇报	不适合大篇文字
适用范围	综合分析报告 专题分析报告 日常数据通报	日常数据通报	综合分析报告 专题分析报告

11.1.2　数据分析报告编写目的

对数据进行各种分析之后，用户可以编写数据分析报告，数据分析报告的编写目的主要包括总结分析过程、得出分析结论和提供决策依据。

总结分析过程，数据分析报告主要介绍收集数据、整理数据的方式方法，对数据进行分析的分析方法等，每一步都有科学依据，不是凭空捏造。

得出分析结论，数据分析报告必须有明确的分析结论，方便进行查阅和理解。

提供决策依据，数据分析报告最重要的作用是为决策者提供正确的决策依据，编写数据分析报告主要是对数据进行全面的剖析，从数据中得到有用的信息，为之后的决策提供参考作用。

11.1.3　数据分析报告编写流程

数据分析报告的编写主要包括：根据决策难题研究方案思路，收集、处理与分析数据，编写报告初稿，修改以及定稿。具体编写流程如下。

1. 确定研究方案

确定研究主题和对象后，根据数据分析的目的，研究数据分析过程所需数据及研究方法，安排报告的层次结构。

2. 处理数据

报告中的主要元素是数据，没有数据的报告就没有说服力。在报告中各种分析都以有数据作为依据，反映问题要用数据做定量分析，提供决策要用数据来证明其可行性与效益。因此数据的选择及处理与分析是数据分析报告编写很重要的环节。

3. 编写初稿

确定了研究方案和所需数据之后，接下来就可以进行报告的编写了。编写报告要有层次、有格式，根据研究发展的顺序，结合文字和图表，使分析结果更加清晰形象地展现出来。

4. 确定报告

写完初稿后，要对报告进行修改，注意其语言的描述是否恰当，分析观点是否正确，完善报告之后，就可以打印输出报告。

11.1.4 数据分析报告编写原则

在编写报告时，要注意几项原则。

1. 主题要突出

编写数据分析报告时，要确立主题。主题是数据分析报告的核心与“灵魂”。报告中数据的选择、问题的描述和分解、使用的分析方法以及分析结论等，都要以紧扣主题为原则。

2. 结构要严谨

数据分析报告在整体结构上要求内容完整，逻辑清楚，层次分明。

段落层次的划分要体现问题分解的逻辑，即同一层次各部分之间、每部分各段落之间要呈现统一的结构形式。

3. 数据要真实

数据分析报告中的观点代表报告编写者对问题的看法及结论，代表作者对问题的基本理解、基本立场。数据分析报告中的材料要与主题息息相关，并且观点和材料要统一，从论据（材料）到论点（观点）的论证要合乎逻辑，从事实出发。

4. 语言要简洁准确

数据分析报告的编写要尽可能使用学科规范术语与事务规范用语，避免引起歧义。语言要言简意赅，朴素自然，使分析的逻辑更加清楚，要充分考虑到读者的阅读习惯和理解能力，尽量避免使用生僻词，如果使用应作出说明与解释。

5. 态度要端正

数据分析报告中引用的数据和背景资料，应确保准确与真实，采用的分析方法，应确保科学与规范，引申的观点，应确保合乎逻辑，经得起推敲。总之，要以严肃认真的写作态度创造高质量的数据分析成果。

6. 方法要与时俱进

当今科学技术发展日新月异，数据分析方法也不断创新，数据分析报告需要适时地引入这些新的技术，一方面可以用实际结果来验证或改进它们，另一方面也可以让更多的人了解到最新的科研成果，使其发扬光大。

一份好的数据分析报告，应当围绕目标确定范围，遵循一定的前提和原则，系统地反映存在的问题及原因，从而进一步找到解决问题的方法。

11.2 数据分析报告结构

案例背景

数据分析报告具有特定的结构，但是这种结构并不是一成不变的，不同的数据分析师、不同性质的数据分析以及不同的客户需求，得到的数据分析报告也有不同的结构。

最经典的数据分析报告结构为“总一分一总”结构，主要包括开篇、正文和结尾三大部分，下面对数据分析报告结构进行简单介绍。

在数据分析报告结构中，“总一分一总”结构的开篇部分包括标题页、目录和前言，主要包括分析背景、目的和思路；正文部分主要包括具体分析过程与结果；结尾部分包括结论、建议及附录。

11.2.1 标题页

数据分析报告的标题要和本报告所要表达的主题一致，标题文字应尽量简练，可以采用正、副标题的形式，正标题表达分析的主题，副标题具体表明分析的单位和问题。

标题页除了标题之外，还应该包括报告的编写日期和分析单位等内容，方便阅读者了解报告的时效性。

1. 标题常用的类型

标题的形式分为解释基本观点、概括主要内容、交代分析主题和和提出问题4种类型。

解释基本观点类标题是用观点句来表示，点明数据分析报告的基本观点，如《××产业是企业发展的支柱》。

概括主要内容类标题重在叙述数据反映的基本事实，概括分析报告的主要内容，让读者能抓住全文的中心，如《2016年公司运营情况良好》。

交代根系主题类标题反映分析的对象、范围、时间、内容等情况，并不点明分析师的看法和主张，如《2016年度行业分析报告》。

提出问题类标题是以设问的方式提出报告所要分析的问题，引起读者的注意和思考，如《××产品为什么会如此受消费者欢迎？》。

2. 标题的制作要求

数据分析报告是一种应用性较强的文体，它直接为决策者的决策和管理服务，所以标题必须用毫不含糊的语言，直截了当、开门见山地表达基本观点，让读者一看标题就能明白数据分析报告的基本精神，加快对报告内容的了解。

标题的撰写要做到文题相符、宽窄适度，恰如其分地表现数据分析报告的内容和对象的特点。

标题要直接反映出数据分析报告的主要内容和基本精神，必须具有高度的概括性，用较少的文字集中、准确、简洁地进行表述。

3. 标题的艺术性

数据分析报告的标题大多千篇一律，缺少创新，无法使读者产生阅读的兴趣。因此，标题的撰写除了要直接、确切、简洁之外，还要具有新颖、独具特色、别具一格的特征。

要使标题具有艺术性，就要抓住对象的

特征展开联想，适当运用修辞手法进行突出和强调。

11.2.2 目录

目录可以帮助读者快捷方便地找到所需的内容，目录相当于数据分析大纲，可以体现出报告的分析思路。

通常公司决策者没有时间阅读完整的报告，而是通过目录来了解，因此，目录非常重要。当数据分析报告中含有大量图表时，也可以考虑将各章图表单独制作成目录，以便日后更有效地使用，如下图所示。

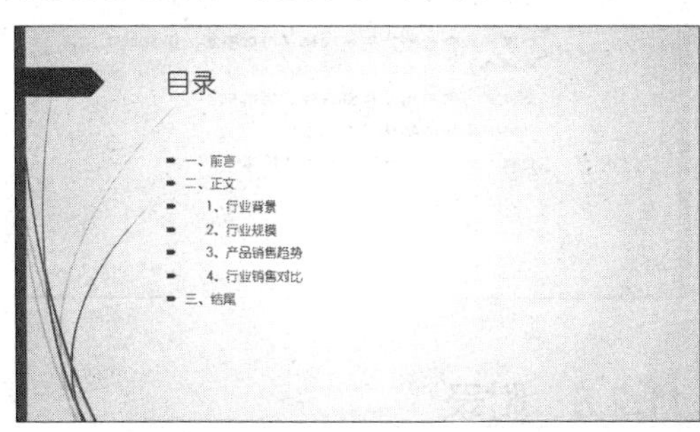

11.2.3 前言

前言通常用来阐明报告的基本情况，简明扼要地说明数据分析报告的分析目的、介绍分析对象和主要分析内容，包括分析时间、地点、对象、范围、分析要点及所要解决的问题。前言主要是介绍基本情况并提出问题，写法可灵活多样。

前言有以下几种写法：第一种是写明报告分析的起因或目的、时间和地点、对象或范围、经过与方法，从中引出中心问题或基本结论；第二种是写明分析对象的历史背景、大致发展经过、现实状况、主要成绩、突出问题等基本情况，进而提出中心问题或主要观点；第三种是开门见山，直接概括出分析报告的结果，如肯定做法、指出问题、提示影响、说明中心内容等。前言起到画龙点睛的作用，要精练概括，直切主题。

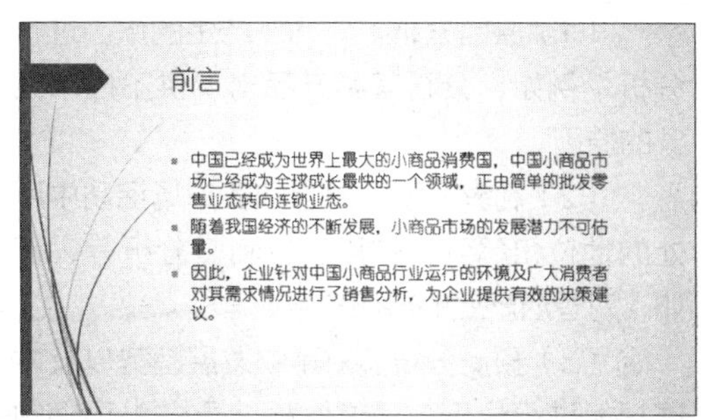

11.2.4 正文

正文是主体，是分析报告最主要的部分，正文部分必须准确阐明全部有关论据，包括问题的提出和最后的结论，论证的全部过程以及分析数据的方法。

正文部分是报告的核心部分，它决定着整个报告质量的高低和作用的大小。这一部分通过收集数据，着重分析说明被分析对象的发生、发展和变化过程，为得出分析结论、发现问题做充分的论述。

正文部分涉及的内容很多，文字较长，有时也可以用概括性或提示性的小标题，突出报告的中心思想。正文主要包括基本描述和数据分析两部内容。

● 基本描述部分

对基本情况的描述主要有以下3种方法。

（1）先客观介绍分析数据资料及背景资料，然后在分析结论部分阐明报告制作者对此事物的看法和观点。

（2）首先提出问题，然后根据问题找到解决问题的方法。

（3）肯定事物的一方面，由肯定的部分扩展延伸，得到分析结论。

● 分析结论部分

分析结论部分是分析报告的重要部分。在分析结论部分，要对数据进行质和量的分析，通过分析了解情况、说明问题并解决问题。分析结论部分通常可以分为3种情况进行编写。

（1）原因分析。对问题产生的原因进行分析，例如，分析某种产品出现供不应求现象的原因。

（2）利弊分析。对事物在市场活动中所处的地位和起到的作用进行利弊分析等，例如，对香烟产业的市场分析。

（3）预测分析。对事物发展趋势以及发展规律进行分析，通过分析结果做出正确的决策，例如，通过对企业近几个季度的产品销售情况进行预测分析，分析销量走势，根据分析预测下一季度的销量，如下图所示。

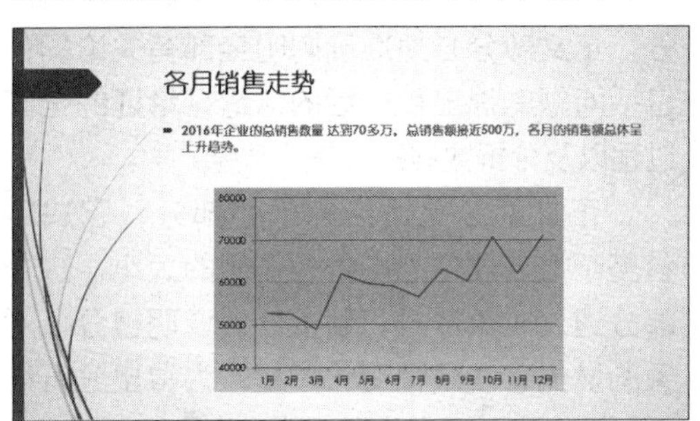

11.2.5 结论与建议

报告的结尾是对整个数据分析报告的综合与总结、深化与提高，是得出结论、提出建议、解决矛盾的关键所在，它起着画龙点睛的作用，是整篇分析报告的总结。好的结尾可以帮助读者加深认识、明确主题、引起思考。

结论是以数据分析结果为依据得到的分析结果，通常以综述性文字来说明。它不是分析结果的简单重复，而是结合公司实际业务，经过综合分析、逻辑推理形成的总体论点。结论是去粗取精、由表及里而抽象出的共同的、本质的规律，它与正文紧密衔接，与前言遥相呼应，使数据分析报告首尾呼应。

在数据分析报告的最后，报告制作者需要根据对数据的分析得出结论，并根据分析结论提出建设性的建议。

报告结尾一般有以下几种形式。

（1）总结报告。经过问题描述以及数据层层分析，对报告进行总结，概括主题思想。

（2）得出结论。通过各种数据分析方法对数据进行全面分析之后，通过分析结果得出结论。

（3）观点和建议。通过分析，阐明对事物的看法，在此基础上提出建设性意见以及可行性方案，便于决策者掌握企业状况以及市场变化，从而提出正确的经济决策。

（4）展望未来。说明此数据分析报告的意义，并通过此报告展望未来。

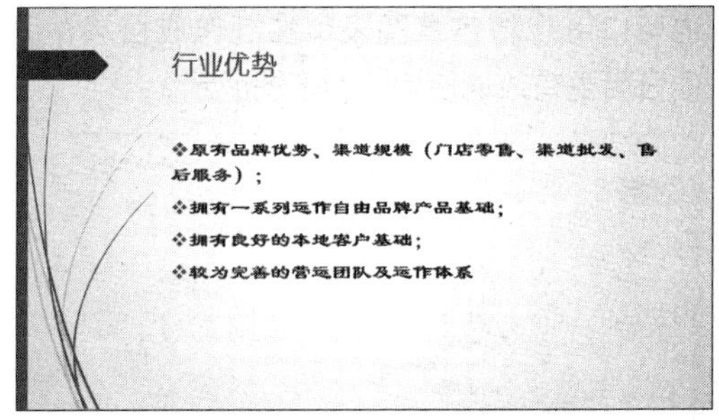

11.2.6 附录

附录是数据分析报告的一个重要组成部分。附录提供正文中涉及而未予阐述的资料，有时也含有正文中提及的资料，从而向读者提供一条深入数据分析报告的途径。

附录主要包括报告中涉及的专业名词解释、计算方法、重要原始数据、地图等内容。

并不是每个数据分析报告都有附录，附录是数据分析报告的补充，并不是必需的，应该根据情况添加附录。

11.3 数据分析报告范例

案例背景

接下来介绍一份简单的数据分析报告范例，效果如下图所示。实例最终效果见“光盘\结果文件\第11章\数据分析报告.pptx”文件。

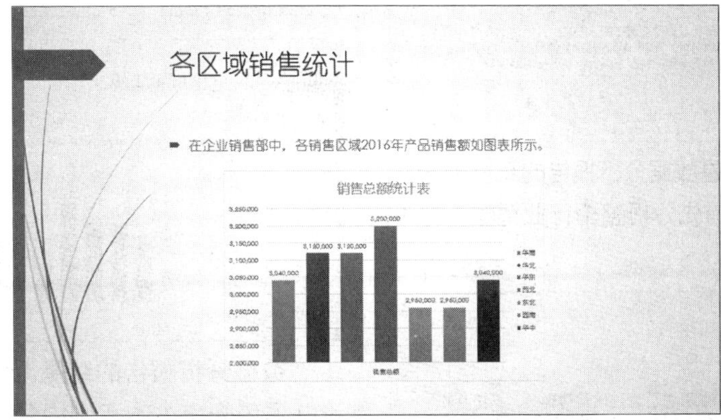

光盘文件	素材文件	无
	结果文件	光盘\结果文件\第11章\数据分析报告.pptx
	教学视频	光盘\视频文件\第11章\11.3数据分析报告范例.mp4

首先介绍标题页，在标题页中，采用了两级标题的形式，主标题点明主题，副标题制定分析范围和对象，并且在下方添加分析部门以及时间等信息，体现报告的时效性，如下图所示。

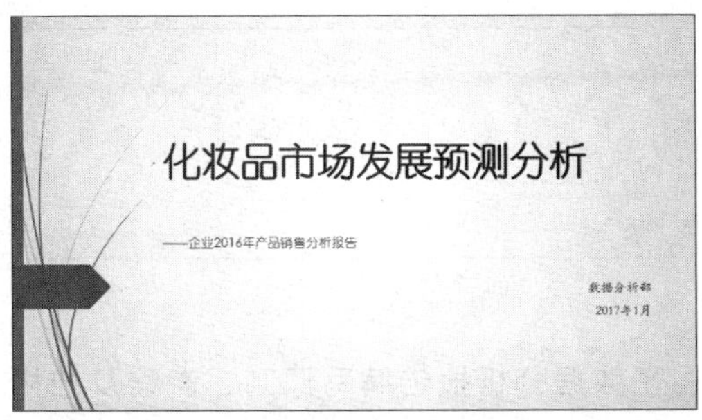

标题页之后是目录页，目录页的作用是帮助阅读者对此分析报告的内容有一个大概的了解。

例如，本实例列出了该分析报告总共分三大部分，分别是：前言、正文和结尾。而正文又包括行业背景、行业规模、各月销售走势、产品销售比例、业务员销售统计、行业销售对比等，皆包括对行业机会、行业优势以及未来进行展望。通过阅读此目录，读者就可以知道这份报告重点关注哪些内容，如下图所示。

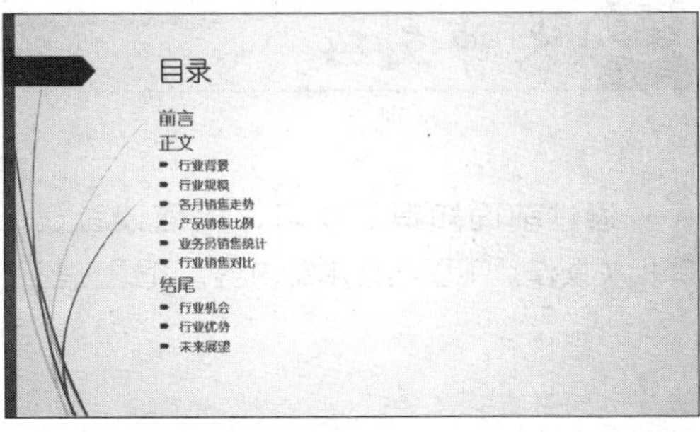

接下来介绍分析报告的前言部分，在前言部分简单介绍了分析背景以及分析的目的，如下图所示。

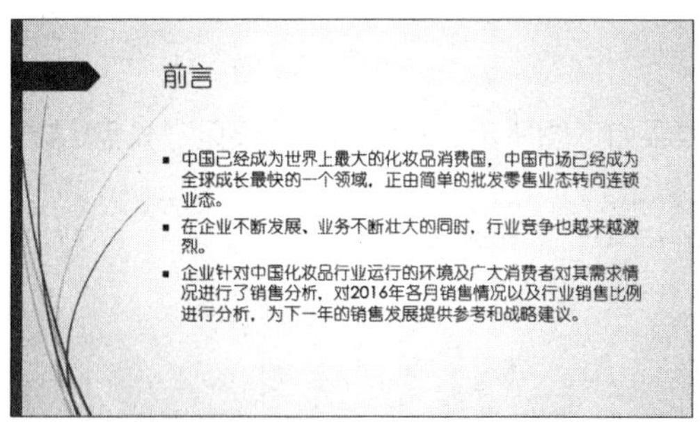

前言之后就是数据分析报告的正文部分，在这份报告中，首先分析整个行业背景，如下图所示。

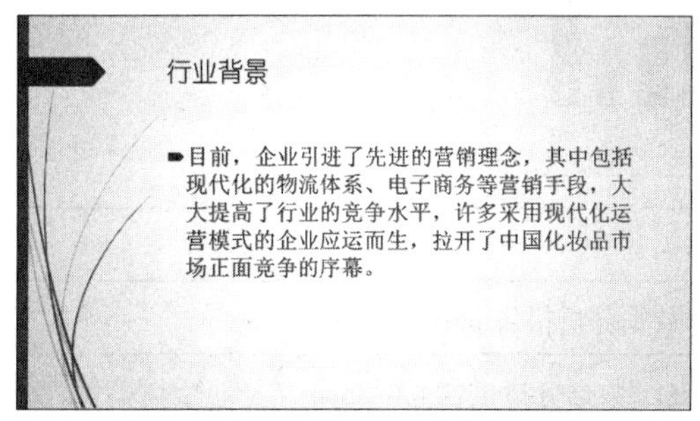

接下来展示企业产品销售情况，包括2016年各月产品销售走势、各个销售区域销售情况统计，如下图所示。

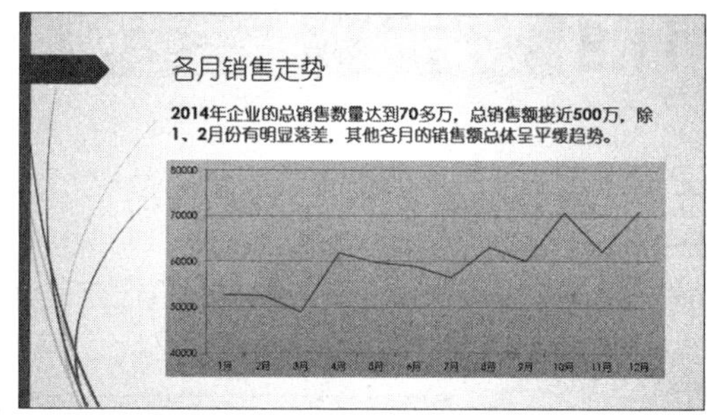

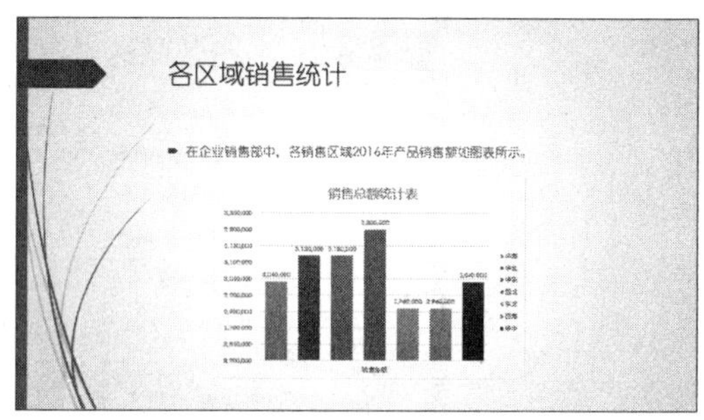

数据分析报告的结尾得出本次分析的结论并展望未来，本实例中分析了行业未来的发展机会以及行业优势，并通过本企业2016年产品的销售情况，提出发展性建议，如下图所示。

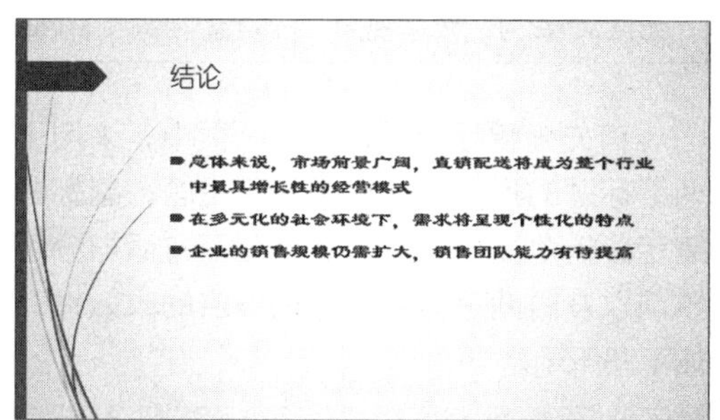

大神支招

通过前面知识的学习，相信读者已经掌握了数据分析报告编写原则、流程及结构等相关操作。下面结合本章内容，介绍一些工作中的实用经验与技巧。

01 撰写报告的注意事项

数据分析报告的内容最好详略得当，一份报告的价值并不取决于其篇幅长短，而在于内容是否丰富，结构是否清晰，是否有效地反映数据，以及建议是否可行。因此，在撰写报告时要注意以下几点。

● 结构合理严谨

一份合格的报告，要有非常明确清晰的构架，呈现简洁的数据分析结果。逻辑清晰，结构严谨是决定一份报告成功的关键因素。

● 注重实事求是

数据分析报告最重要的一点就是真实性。不仅包括基于分析得到的结论是否真实，还包括数据也不能存在虚假和伪造现象。

● 用词准确不含糊

报告中的用词必须准确，如实反映客观情况，不能夸大其词，避免使用“大约”“估计”等模糊字眼。

● 文字简明扼要

报告的价值主要在于提供给决策者所需要的重要信息，所以必须简明扼要，不要废话一堆，浪费决策者的时间和精力。

● 结合实际业务

一份优秀的数据分析报告不能仅基于数据而分析问题，或简单地看图说话，而必须紧密结合公司的实际业务得出有效可行的建议，切忌远离目标的结论和不现实的建议。

02 数据分析的广阔前景

数据分析作为一个新的行业领域正在全球迅速发展，它开辟了人类获取知识的新途径。

目前，数据库技术、软件工具、各种硬件设备飞速发展，在这些软硬件技术与设备的支持下，信息技术的应用已在各行各业全面展开，尤其是为通信、互联网、金融等行业的发展做出了巨大贡献，并且在长期的应用过程中，积累了大量且丰富的数据。

借助数据分析的各种工具，从海量的数据中提取、挖掘对业务发展有价值的、潜在的知识，找出趋势，为决策者的决策提供有力的依据，对产品或服务的发展方向起到积极作用，有力推动企业的科学化、信息化管理。

随着社会的发展，人们对数据的依赖就越多，无论政府决策还是公司运营，科学研究还是媒体宣传，都需要数据支持。因此数据分析的需求量不断增长，数据分析技能成为未来必不可少的工作技能之一。

03 数据分析师的职业要求

鉴于数据分析的广阔前景，数据分析师的需求量也不断增加，怎样成为一个优秀的数据分析师呢？具体操作步骤如下。

数据分析师必须熟悉行业知识、了解公司业务；了解营销管理知识，针对数据分析结果提出指导意义的分析建议；掌握数据分析的方法，有效开展数据分析；掌握数据分析的工具，选择强大数据分析工具完成数据分析工作；运用图表有效表达数据分析观点。

第 12 章 让数据分析报告自动化

本章导读

数据分析的首要作用就是进行现状分析，把固定、重复的日常工作数据通报，进行模板化、自动化操作处理，以提高通报工作效率。

知识要点

- ❖ 录制宏
- ❖ 执行宏
- ❖ OFFSET函数
- ❖ 设置宏
- ❖ 添加控件
- ❖ CONCATENATE函数

12.1 数据自动化神器——VBA

案例背景

VBA是一种通用的自动化语言，它可以使Excel中常用的操作步骤自动化，还可以创建自定义的解决方案。本例将介绍简易宏的录制以及VBA语法相关知识，制作完成后的效果如下图所示。实例最终效果见“光盘\结果文件\第12章\销售额统计表.xlsm”文件。

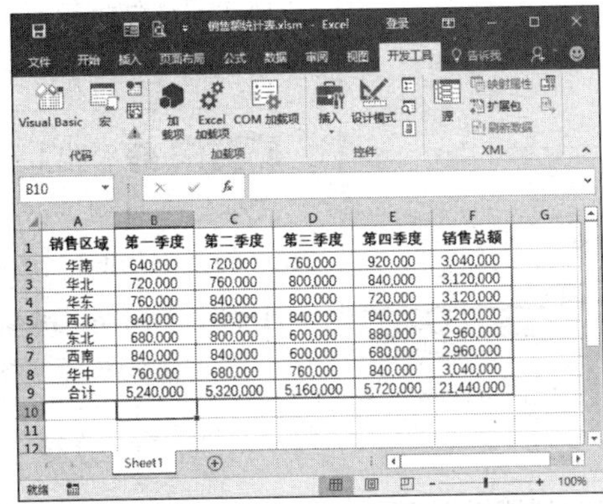

销售区域	第一季度	第二季度	第三季度	第四季度	销售总额
华南	640,000	720,000	760,000	920,000	3,040,000
华北	720,000	760,000	800,000	840,000	3,120,000
华东	760,000	840,000	800,000	720,000	3,120,000
西北	840,000	680,000	840,000	840,000	3,200,000
东北	680,000	800,000	600,000	880,000	2,960,000
西南	840,000	840,000	600,000	680,000	2,960,000
华中	760,000	680,000	760,000	840,000	3,040,000
合计	5,240,000	5,320,000	5,160,000	5,720,000	21,440,000

光盘文件	素材文件	光盘\素材文件\第12章\销售额统计表.xlsx
	结果文件	光盘\结果文件\第12章\销售额统计表.xlsm
	教学视频	光盘\视频文件\第12章\12.1数据自动化神器——VBA.mp4

12.1.1 简易宏的录制

宏是使用VBA语言编出的一段程序，是一系列命令和函数。使用宏可以使频繁执行的动作自动化，既能节省时间，提高工作效率，又能减少工作失误。

在Excel 2016版本中使用宏与VBA程序代码时，必须首先将Excel表格另存为启用宏的工作簿，否则将无法运行宏与VBA程序代码。此时用户即可通过单击按钮或进行宏设置来启用和录制宏。

1. 另存为启用宏的工作簿

另存为“启用宏的工作簿”的具体操作步骤如下。

第1步 ❶打开“光盘\素材文件\第12章\销售额统计表.xlsx”文件，单击【文件】按钮 文件 ，在弹出的界面中选择【另存为】选项；❷然后在弹出的【另存为】界面中选择【浏览】选项，如下图所示。

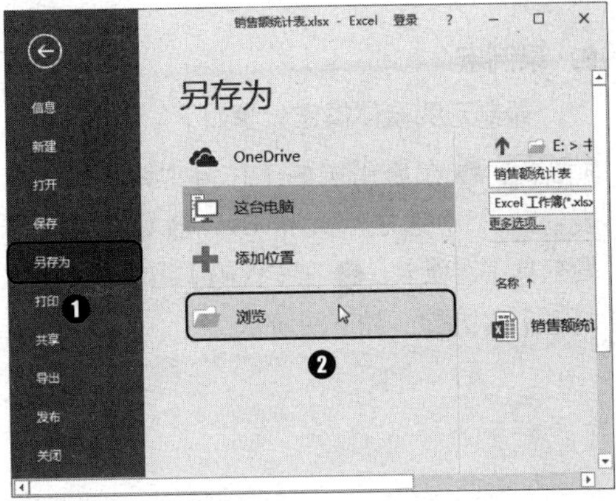

第 2 步 ❶弹出【另存为】对话框，选择合适的保存位置；❷在【保存类型】下拉列表中选择【Excel 启用宏的工作簿 (*.xlsm)】选项；❸单击【保存】按钮保存(S)，如下图所示。

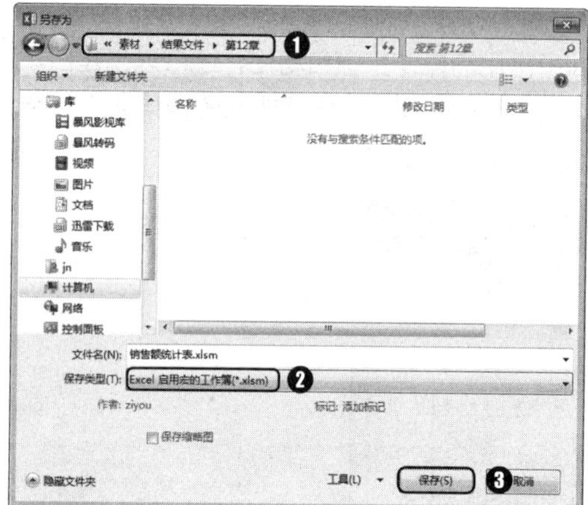

第 3 步 即可将其保存为启用宏的工作簿，如下图所示。

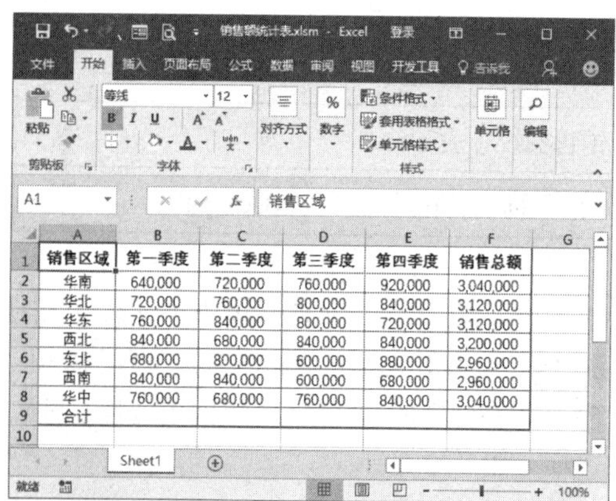

2. 录制宏

录制宏的具体操作步骤如下。

第 1 步 ❶在启用宏的工作簿“销售额统计表 .xlsm”中选中单元格 B9；❷切换到【开发工具】选项卡；❸在【代码】组中单击【录制宏】按钮，如下图所示。

第 2 步 ❶弹出【录制宏】对话框，在【宏名】文本框中自动显示“宏 1”；❷将快捷键设置为【Ctrl+Shift+Q】组合键；❸设置完毕，单击【确定】按钮确定即可，如下图所示。

第 3 步 ❶切换到【开始】选项卡；❷在【编辑】组中单击【自动求和】按钮Σ 自动求和，如下图所示。

第 4 步 随即在单元格 B9 中显示求和公式

"=SUM(B2:B8)"，如下图所示。

第5步 按【Enter】键，即可将"第一季度"的销售额合计数计算出来，如下图所示。

第6步 ❶切换到【开发工具】选项卡；❷单击【代码】组中的【停止录制】按钮■，如下图所示。

第7步 录制完毕，单击【保存】按钮，如下图所示。

3. 设置宏

设置宏的具体步骤如下。

第1步 单击【代码】组中的【宏安全性】按钮，如下图所示。

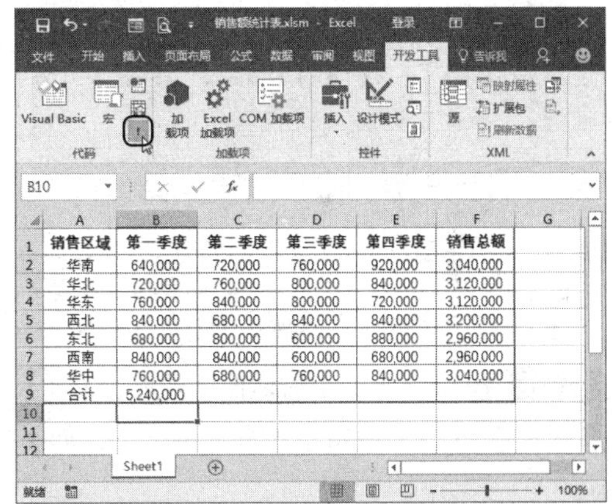

第2步 ❶弹出【信任中心】对话框，自动切换到【宏设置】选项卡，在【宏设置】组合框中选中【启用所有宏（不推荐；可能会运行有潜在危险的代码）】单选钮；❷设置完毕，单击【确定】按钮 确定 即可，如下图所示。

4. 查看和执行宏

宏录制完成后，用户可以根据需要查看或执行宏，具体操作步骤如下。

第 1 步 在【代码】组中单击【查看宏】按钮，如下图所示。

	A	B	C	D	E	F
1	销售区域	第一季度	第二季度	第三季度	第四季度	销售总额
2	华南	640,000	720,000	760,000	920,000	3,040,000
3	华北	720,000	760,000	800,000	840,000	3,120,000
4	华东	760,000	840,000	800,000	720,000	3,120,000
5	西北	840,000	680,000	840,000	840,000	3,200,000
6	东北	680,000	800,000	600,000	880,000	2,960,000
7	西南	840,000	840,000	600,000	680,000	2,960,000
8	华中	760,000	680,000	760,000	840,000	3,040,000
9	合计	5,240,000				

第 2 步 ❶ 弹出【宏】对话框，选中【宏 1】选项；❷ 单击【编辑】按钮，如下图所示。

第 3 步 弹出【Microsoft Visual Basic for Applications– 销售额统计表 .xlsm–[模块 1(代码)]】编辑器窗口，此时，即可查看或编辑“宏 1”的代码，如下图所示。

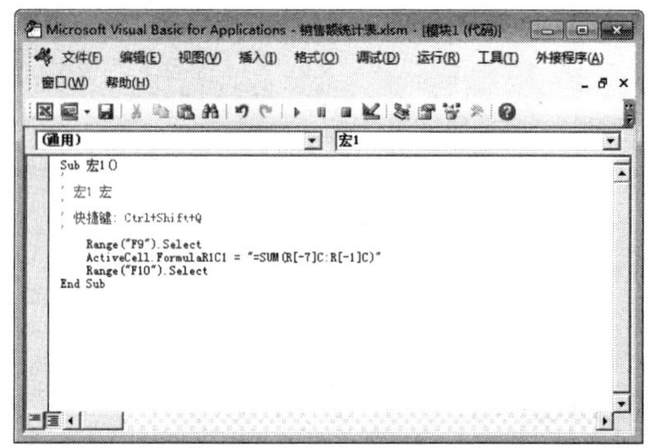

第 4 步 查看完毕，单击窗口中的【关闭】按钮即可，如下图所示。

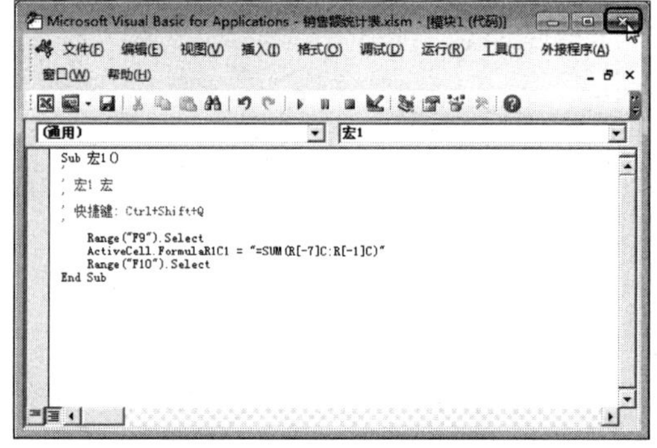

第 5 步 ❶ 选中单元格 C9；❷ 单击【代码】组中的【查看宏】按钮，如下图所示。

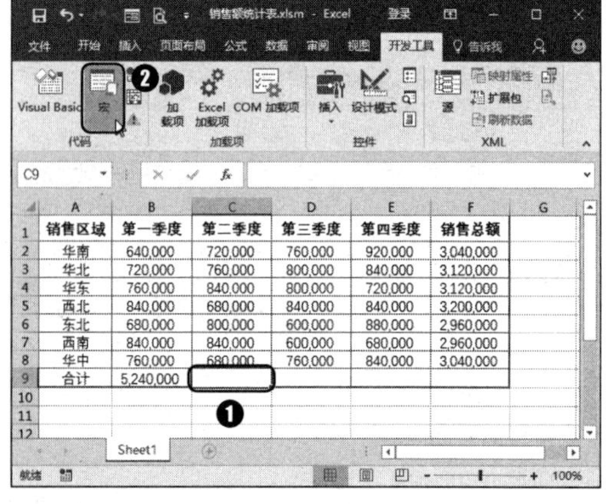

	A	B	C	D	E	F
1	销售区域	第一季度	第二季度	第三季度	第四季度	销售总额
2	华南	640,000	720,000	760,000	920,000	3,040,000
3	华北	720,000	760,000	800,000	840,000	3,120,000
4	华东	760,000	840,000	800,000	720,000	3,120,000
5	西北	840,000	680,000	840,000	840,000	3,200,000
6	东北	680,000	800,000	600,000	880,000	2,960,000
7	西南	840,000	840,000	600,000	680,000	2,960,000
8	华中	760,000	680,000	760,000	840,000	3,040,000
9	合计	5,240,000				

第 6 步 ❶ 弹出【宏】对话框，选中【宏 1】

选项；❷单击【执行】按钮 执行(R) ，如下图所示。

第 7 步 此时单元格 C9 就执行了“宏 1”的程序代码，“第二季度”销售额合计的计算结果如下图所示。

销售区域	第一季度	第二季度	第三季度	第四季度	销售总额
华南	640,000	720,000	760,000	920,000	3,040,000
华北	720,000	760,000	800,000	840,000	3,120,000
华东	760,000	840,000	800,000	720,000	3,120,000
西北	840,000	680,000	840,000	840,000	3,200,000
东北	680,000	800,000	600,000	880,000	2,960,000
西南	840,000	840,000	600,000	680,000	2,960,000
华中	760,000	680,000	760,000	840,000	3,040,000
合计	5,240,000	5,320,000			

第 8 步 按照相同的方法执行“宏 1”的程序代码，各个季度的销售额计算结果如下图所示。

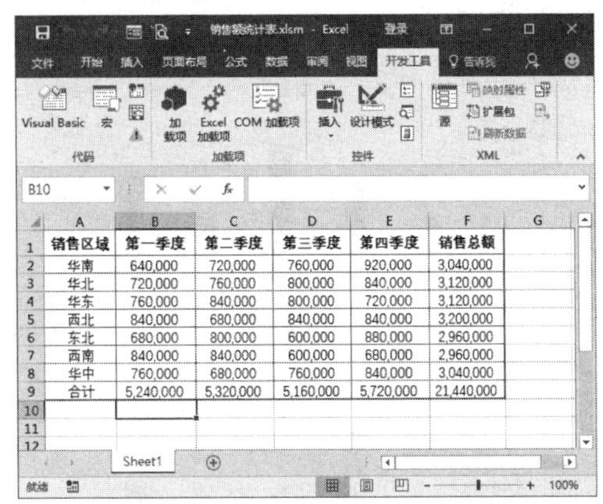

销售区域	第一季度	第二季度	第三季度	第四季度	销售总额
华南	640,000	720,000	760,000	920,000	3,040,000
华北	720,000	760,000	800,000	840,000	3,120,000
华东	760,000	840,000	800,000	720,000	3,120,000
西北	840,000	680,000	840,000	840,000	3,200,000
东北	680,000	800,000	600,000	880,000	2,960,000
西南	840,000	840,000	600,000	680,000	2,960,000
华中	760,000	680,000	760,000	840,000	3,040,000
合计	5,240,000	5,320,000	5,160,000	5,720,000	21,440,000

12.1.2 了解VBA语法

VBA语句以Sub开始，以End Sub结束，Sub过程中间夹着实现功能的VBA语句。

每条VBA语句代表一个功能。

对象和属性中间用小圆点分隔开，小圆点相当于中文语句中的“的”，表示隶属关系，即某个属性属于某个具体的对象。

VBA语句执行时就从第一句Sub开始逐句执行，直到End Sub结束。

单引号后面的内容表示注释，注释不仅可以让自己快速回忆，也可以使别人很快理解VBA语句。注释默认显示为绿色，执行宏代码时，系统会忽略这些注释行。

12.2 Excel报告自动化

案例背景

每日通报主要是通报企业运行的一些关键指标的完成情况，通报的指标、内容基本固定，因此可以将其模板化、自动化。

本例将介绍怎样模板化、自动化每日通报，制作完成后的效果如下图所示。实例最终效果见“光盘\结果文件\第12章\每日业务情况通报.xlsm”文件。

每日业务发展情况通报

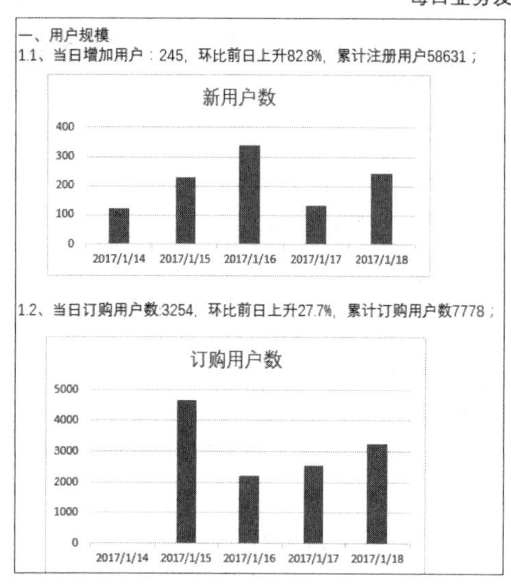

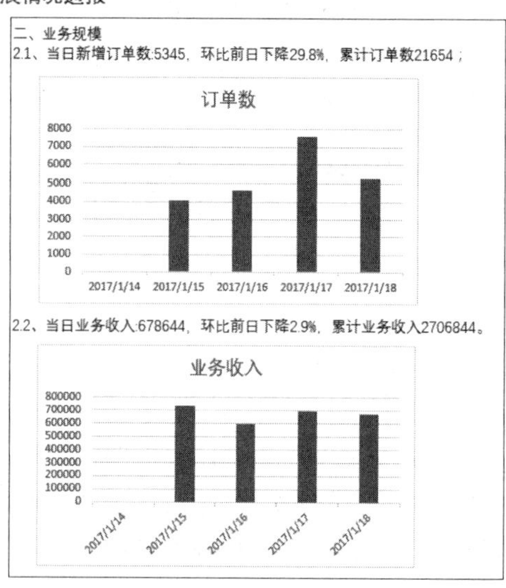

光盘文件	素材文件	光盘\素材文件\第12章\每日业务情况通报.xlsm
	结果文件	光盘\结果文件\第12章\每日业务情况通报.xlsm
	教学视频	光盘\视频文件\第12章\12.2Excel报告自动化.mp4

12.2.1 自动化原理

Excel日报自动化的原理有以下几条。

（1）通过VBA语句，从数据库自动提取前一日相应的关键指标数据，并自动追加放置在一张名为“数据源”表中的相应位置，实现一键自动提取数据。

（2）在数据转化区中，根据指定的日期条件，动态引用“数据源”表中相应的数据，并自动绘制图表、组合通报文字。

（3）在日报正文区中，引用相应的组合好的通报文字与绘制的图表。

（4）通过控件选择需要通报的日期，并自动生成相对应日期的日报正文。

12.2.2 建立数据模板

无论是专题分析报告还是月报、周报、日报，每份报告都需要有层次清晰的分析框架，以便让读者一目了然，快速正确地了解报告内容。

要建立数据模板，Excel日报自动化，需要准备三张表格。

表一，“源数据”表，用于存放每日通报所需的关键指标数据。

表二，“数据转化”表，用于动态引用“源数据”表中相应的数据，并进行相应的数据转化，最后自动绘制图表，组合通报文字。

表三，“日报正文”表，根据分析框架，组织引用“数据转化”表中相应的组合好的通报文字与绘制好的图表，呈现日报。

1. 建立“源数据”表

建立日报的“源数据”表，需把日报要通报的关键指标都整理进来。例如，要做某公司每日业务发展情况通报，具体操作步骤如下。

打开“光盘\素材文件\第12章\每日业务

情况通报.xlsm”文件，切换到工作表“源数据”中，在其中输入日报需要的关键指标，如下图所示。

序号	日期	新用户数	订购用户数	订单数	业务收入	累计订购用户数	累计用户数	累计订单数	累计业务收入
1	2017/1/12	156	0	0	0	0	57323	0	0
2	2017/1/13	234	0	0	0	0	57557	0	0
3	2017/1/14	123	0	0	0	0	57680	0	0
4	2017/1/15	231	4649	4053	734340	4649	57911	4053	734340
5	2017/1/16	341	2213	4647	594840	5332	58252	8700	1329180
6	2017/1/17	134	2548	7609	699020	6134	58386	16309	2028200
7	2017/1/18	245	3254	5345	678644	7778	58631	21654	2706844
8	2017/1/19						58631	21654	2706844
9	2017/1/20						58631	21654	2706844
10	2017/1/21						58631	21654	2706844
11	2017/1/22						58631	21654	2706844
12	2017/1/23						58631	21654	2706844
13	2017/1/24						58631	21654	2706844
14	2017/1/25						58631	21654	2706844
15	2017/1/26						58631	21654	2706844
16	2017/1/27						58631	21654	2706844
17	2017/1/28						58631	21654	2706844
18	2017/1/29						58631	21654	2706844
19	2017/1/30						58631	21654	2706844
20	2017/1/31						58631	21654	2706844
21	2017/2/1						58631	21654	2706844

由上图可以看出，关键指标包括“新增用户数”“订购用户数”“订单数”“业务收入”“累计订购用户数”“累计用户数”“累计订单数”和“累计业务收入”。

“累计用户数”“累计订单数”和“累计业务收入”可以进行累计计算处理，以“累计用户数”为例，单元格I3为单元格I2和单元格C3的合计值。

“累计订购用户数”不能像“累计用户数”的计算方法一样计算，这是因为订购用户数据是有重复数据的，例如，之前订过商品，现在继续订购，所以订购用户数需要在单位时间内进行去重计算，不能进行简单的累计相加计算。

2. 建立“数据转化”表

接下来制作“数据转化”表，“数据转化”表主要有以下作用：

作用一：动态引用“数据源”表中相应的数据，并自动绘制图表。

作用二：动态引用“数据源”表中相应的数据，并进行相应的数据转化，以及通报文字的自动组合。

“数据转化”表主要包括控件、文字、图表三大类。

接下来介绍怎样制作“数据转化”表，具体操作步骤如下。

第 1 步 ❶切换到工作表“数据转化”中，切换到【开发工具】选项卡；❷单击【控件】组中的【插入】控件按钮；❸从弹出的下拉列表中选择【组合框（窗体控件）】按钮，如下图所示。

第 2 步 在工作表中合适的位置绘制一个组合框，如下图所示。

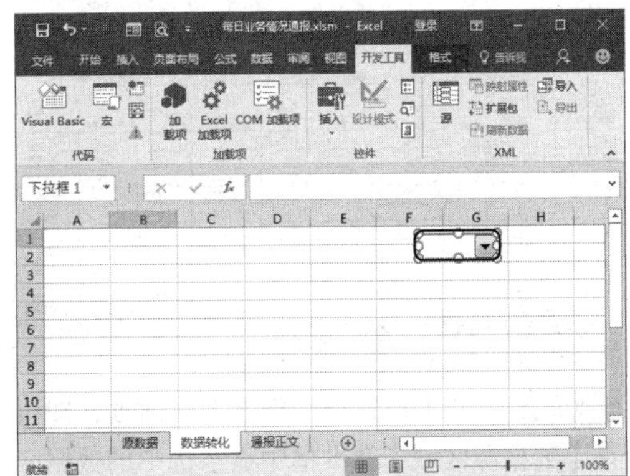

第 3 步 在该组合框上右击，从弹出的快捷菜单中选择【设置控件格式】命令，如下图所示。

第 4 步 弹出【设置对象格式】对话框，自动切换到【控制】选项卡，单击【数据源区域】文本框右侧的【折叠】按钮，如下图所示。

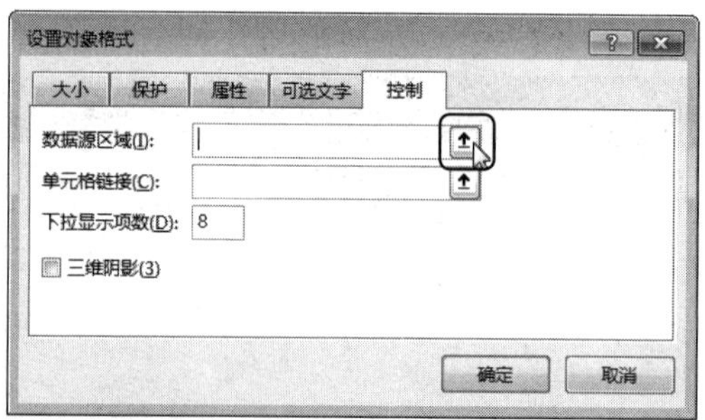

第 5 步 ❶即可将对话框折叠起来，切换到工作表“源数据”中，选择单元格区域B2:B22；❷单击【展开】按钮，如下图所示。

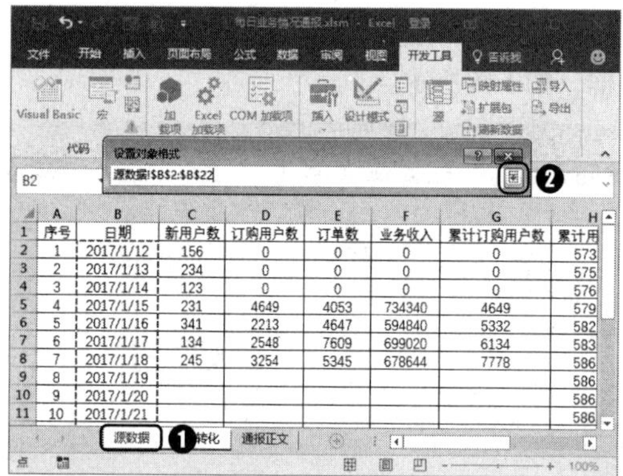

第 6 步 展开【设置控件格式】对话框，即可在【数据源区域】文本框中显示选中的数据区域，然后在【单元格链接】文本框中输入“数据转化!$F$2”，如下图所示。

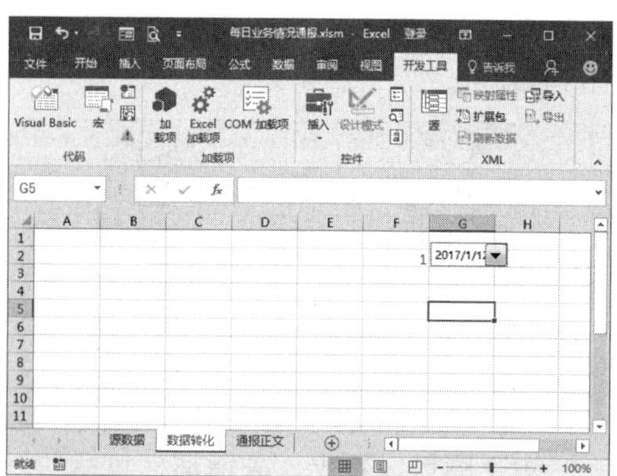

第 7 步 单击【确定】按钮 确定 返回工作表，在组合框下拉列表中选择【2017/1/12】选项，即可在单元格F2中显示数值“1”，如下图所示。

第 8 步 接下来引用“源数据”表中的数据制作图表。首先在工作表“数据转化”中建立模板，如下图所示。

第 9 步 ❶选中单元格区域A3:E7，切换到【公式】选项卡；❷单击【插入函数】按钮，如下图所示。

第 10 步 ❶弹出【插入函数】对话框，在【或选择类别】下拉列表中选择【查找与引用】选项；❷在【选择函数】列表框中选择【OFFSET】选项；❸单击【确定】按钮 确定 ，如下图所示。

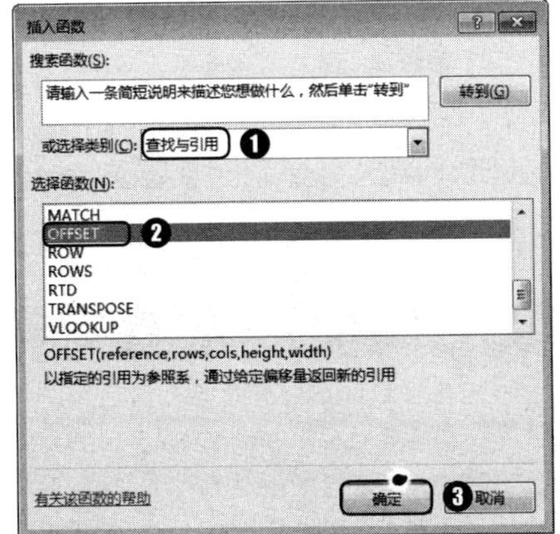

第 11 步 ❶弹出【函数参数】对话框，在其中设置函数参数；❷单击【确定】按钮 确定 ，如下图所示。

温馨提示

OFFSET函数的函数功能是以指定的引用为参照系，通过给定偏移量得到新的引用，返回的引用可以是一个单元格或单元格区域，并且可以指定返回的行数或列数。

OFFSET(Reference,Rows,Cols,[Height],[Width])

Reference参数设置为“源数据！B1”，即以“源数据！B1”单元格为引用参照系。

Rows参数设置为“F2”，也就是组合框控件输出的数值n，即向下偏移n行。

Cols参数设置为“0”，即向右偏移0列，也就是不对列进行偏移。

Height、Width参数分别设置为“5”和“5”，即所要返回的引用区域为一个5行5列的单元格区域。

第 12 步 按【Ctrl+Shift+Enter】组合键即可得到引用数据，如下图所示。

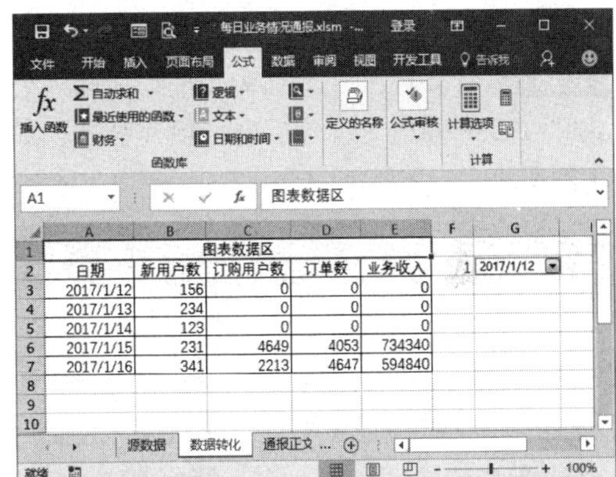

日期	新用户数	订购用户数	订单数	业务收入
2017/1/12	156	0	0	0
2017/1/13	234	0	0	0
2017/1/14	123	0	0	0
2017/1/15	231	4649	4053	734340
2017/1/16	341	2213	4647	594840

第 13 步 接下来根据图表数据区中的数据绘制 5 个图表，如下图所示。

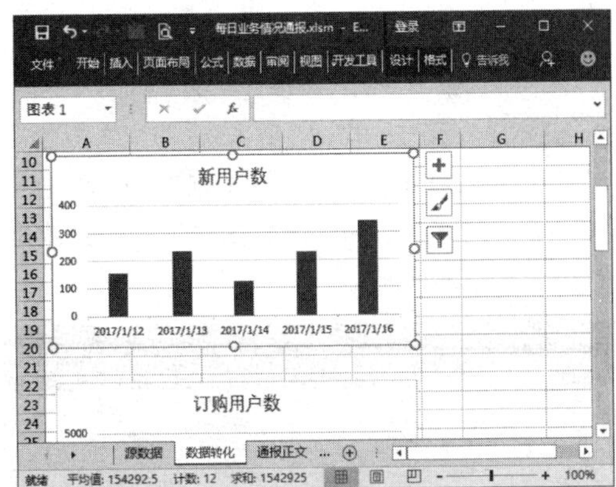

第 14 步 在单元格区域 H1:L6 中输入通报数据模板，其中“当日”和“昨日”数据直接引用“数据转化”表中的单元格区域 B7:E7 和单元格区域 B6:E6，如下图所示。

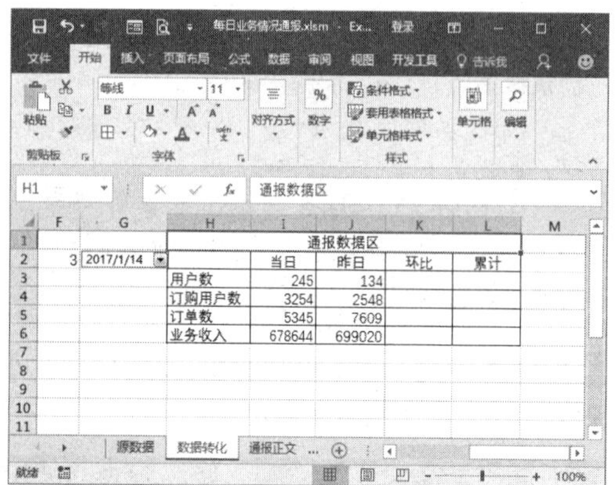

第 15 步 计算环比。选中单元格 K3，输入公式“=I3/J3−100%”，然后向下填充公式，如下图所示。

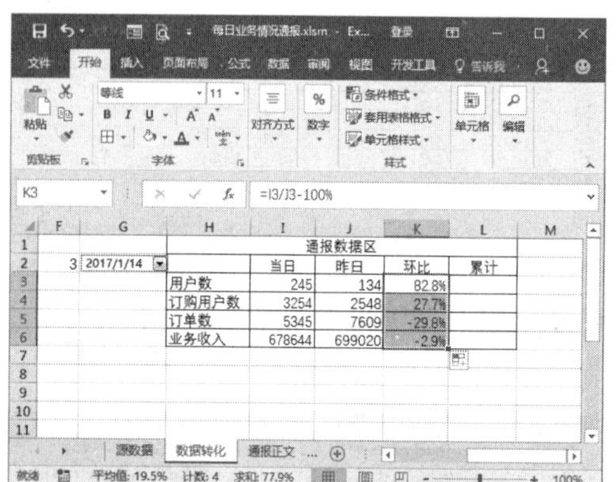

第 16 步 选中单元格 L3，输入公式“=VLOOKUP ($F$2+4, 源数据 !A:J,8,0)”，按照相同的方法引用“源数据”表中的其他累计项，如下图所示。

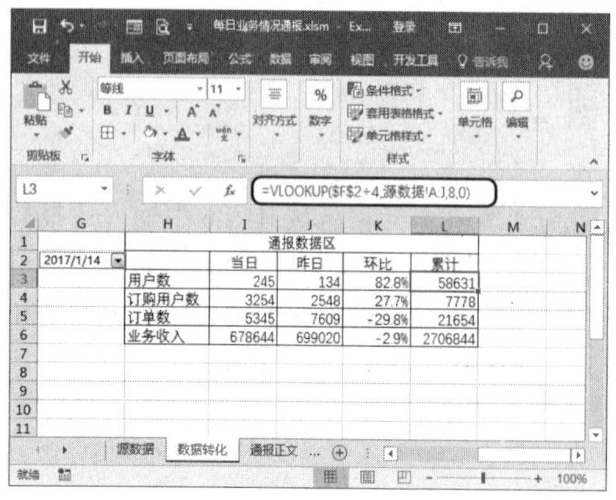

第 17 步 在单元格区域 H9:O13 中输入通报数据转化，如下图所示。

温馨提示

单元格区域I10:I13引用单元格区域I3:I6中的数据；在单元格K10中输入公式“=IF(K3>0,"上升",IF(K3<0,"下降","持平"))”，并向下填充公式；在单元格L10中输入公式“=ABS(K3)”并向下填充公式，此公式的功能是将数据变为正数；单元格区域N10:N13引用单元格区域L3:L6中的数据。

第 18 步 连接数据转化后的文本，建立通报正文模板，如下图所示。

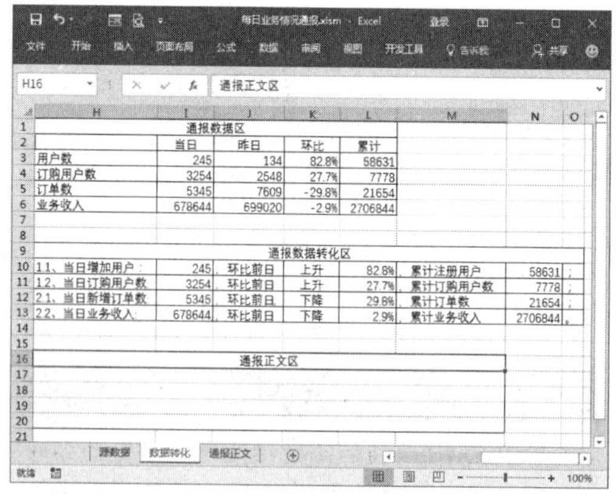

第 19 步 选中单元格 H17，输入公式“=CONCATENATE(H10,I10,J10,K10,TEXT(L10,"#.#%"),M10,N10,O10)”，如下图所示。

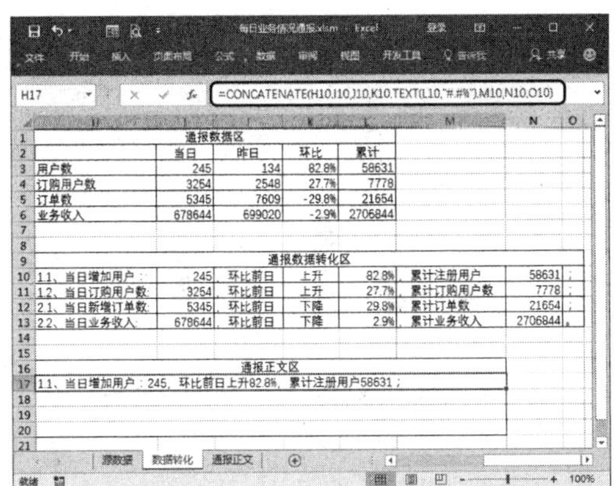

温馨提示

CONCATENATE函数的函数功能以及语法详见5.3.1节。

第20步 向下填充公式，通报正文模板的设置效果如下图所示。

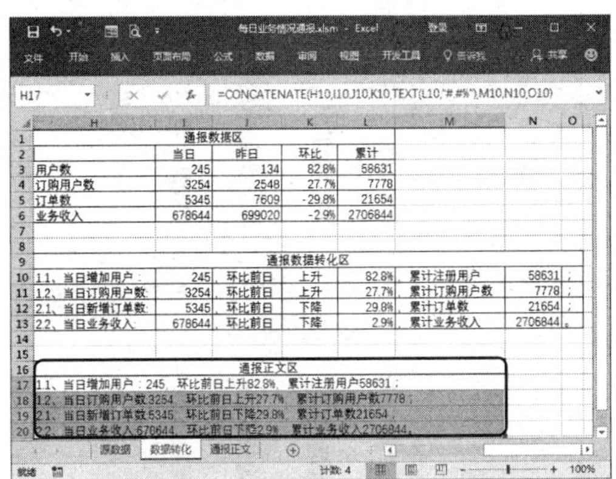

3. 建立“通报正文”表

制作完“源数据”和“数据转化”表之后，接下来介绍怎样制作“通报正文”表，具体操作步骤如下。

第1步 切换到工作表“通报正文”中，将单元格区域A1:H1合并为一个单元格，并在其中输入通报标题，例如“每日业务发展情况通报”，并设置其字体格式，如下图所示。

第2步 ❶切换到工作表“数据转化”，❷选中组合框并右击，从弹出的快捷菜单中选择【复制】命令，如下图所示。

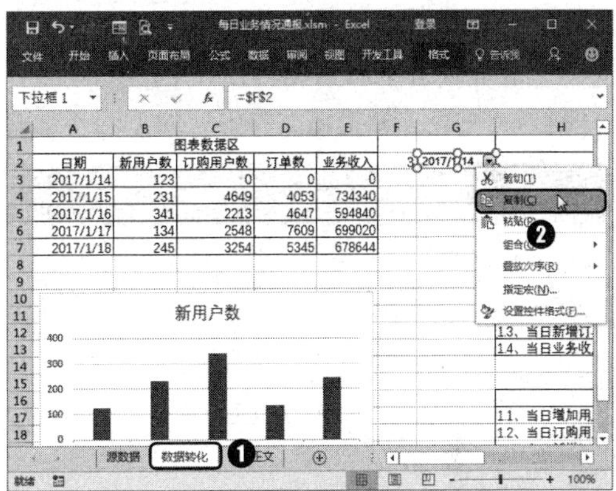

第3步 切换到工作表“通报正文”中，按【Ctrl+V】组合键，将组合框控件复制到该工作表中，如下图所示。

第 4 步 输入并设置通报正文。在单元格 A4 中输入“一、用户规模”，在单元格 A5 输入公式“=数据转化!$H$17”，并设置单元格格式，如下图所示。

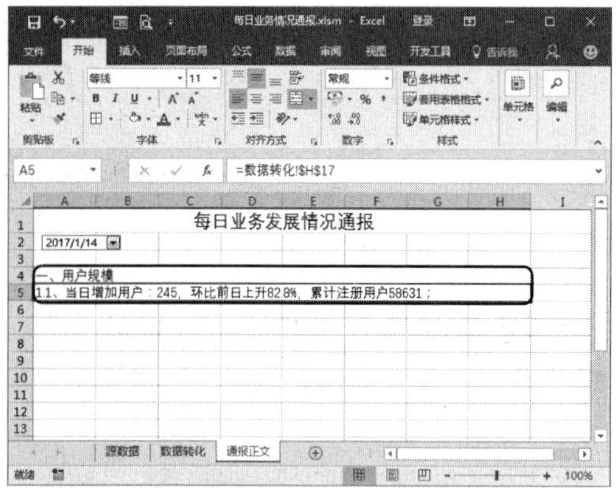

第 5 步 将工作表“数据转化”中的“图表 1”复制到工作表“通报正文”中，如下图所示。

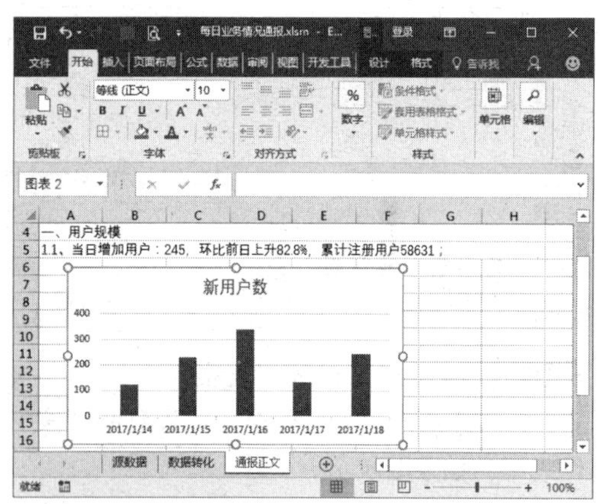

第 6 步 按照相同的方法制作其他通报正文，如下图所示。

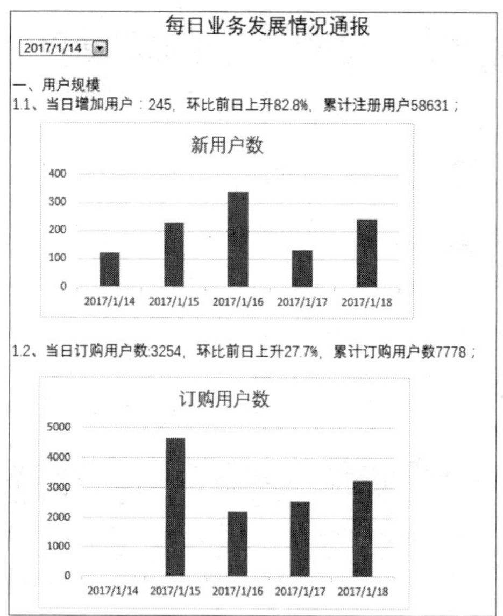

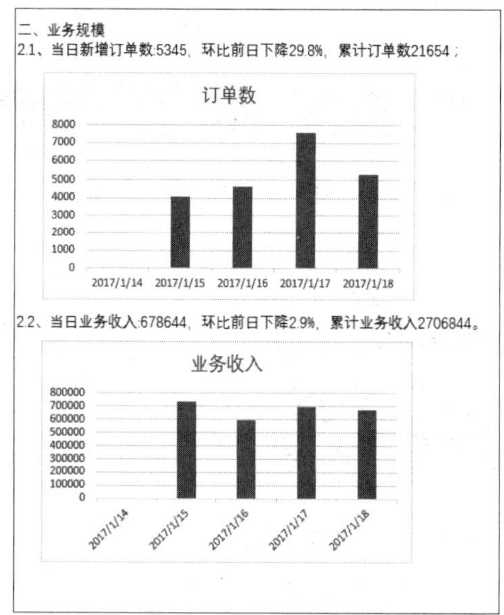

大神支招

通过前面知识的学习，相信读者已经掌握了VBA及简易宏的应用、Excel报告自动化相关知识。下面结合本章内容，介绍一些工作中的实用经验与技巧。

01 VBA 调试技巧

如果你对VBA不是特别了解，那么有时编写的VBA语言会出现无法运行或运行错误的情况。如缺一个符号、一个空格，都有可能导致无法运行，需要不断调试、修改后才能正确运行。

VBA调试技巧主要包括以下几点。

- 快捷键

利用【F8】快捷键，可分步运行VBA语句，并能快速定位出无法运行或运行结果错误的VBA语句。

- 立即窗口

按【Ctrl+G】组合键，打开立即窗口，在该窗口可显示Debug.Print语句的结果值，以及随时计算和运行代码。

- 本地窗口

在本地窗口中可以查看目前现有变量的值。

- 监视窗口

将变量以及表达式添加到监视窗口，可以实时查看变量和表达式的值。

立即窗口、本地窗口、监视窗口效果如下图所示。

02 如何使用 Mymsgbox 代码显示提示信息

视频文件：光盘\视频文件\第12章\02.mp4

在使用Excel的过程中，如果需要向用户显示简单的提示信息，可以使用MymsgBox代码显示一个消息框，具体操作步骤如下。

第 1 步 打开“光盘\素材文件\第 12 章\使用 Mymsgbox 代码显示提示信息 .xlsm”文件，如下图所示。

第 2 步 ❶切换到【开发工具】选项卡；❷单击【代码】组中的【Visual Basic】按钮，如下图所示。

第 3 步 在 VBA 代码窗口输入以下代码，然后单击【关闭】按钮关闭代码窗口，如下图所示。

```
Sub mymsgbox()
 MsgBox " 欢迎打开销售额统计表! "
End Sub
```

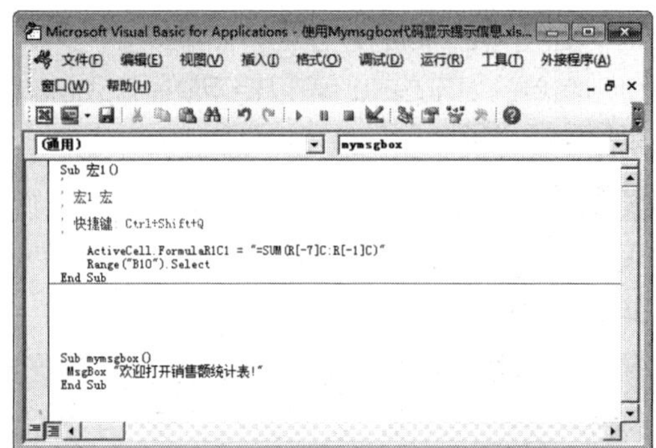

第 4 步 单击【代码】组中的【查看宏】按钮，如下图所示。

第 5 步 弹出【宏】对话框，在【宏名】列表框中选择【mymsgbox】选项，然后单击【执行】按钮 执行(R) ，如下图所示。

第 6 步 运行 Mymsgbox 过程，即可弹出【Microsoft Excel】提示对话框，提示用户“欢迎打开销售额统计表！”，如下图所示。

03 如何使用 AddNowbook 代码新建工作簿

视频文件：光盘\视频文件\第12章\03.mp4

使用AddNowbook方法创建工作簿“存货明细.xlsx”的具体操作步骤如下。

第 1 步 ❶打开“光盘\素材文件\第 12 章\使用 AddNowbook 代码新建工作簿 .xlsm”文件，切换到【开发工具】选项卡；❷单击【代码】组中的【Visual Basic】按钮，如下图所示。

第 2 步 在 VBA 代码窗口输入以下代码，如下图所示。

```
Sub AddNowbook()
Dim Nowbook As Workbook
Dim ShName As Variant
Dim Arr As Variant
Dim i As Integer
Dim myNewWorkbook As Integer
myNewWorkbook=Application.Sheets-
InNewWorkbook
```

```
ShName = Array("第1季度", "第3季度", "第3季度", "第4季度")
Arr = Array("产品名称", "型号", "数量", "单价", "金额")
Application.SheetsInNewWorkbook = 4
Set Nowbook = Workbooks.Add
With Nowbook
For i = 1 To 4
With .Sheets(i)
.Name = ShName(i - 1)
.Range("A1").Resize(1, UBound(Arr)) = Arr
End With
Next
.SaveAs Filename:=ThisWorkbook.Path & "\" & "销售统计表.xlsx"
.Close Savechanges:=True
End With
Set Nowbook = Nothing
Application.SheetsInNewWorkbook=myNewWorkbook
End Sub
```

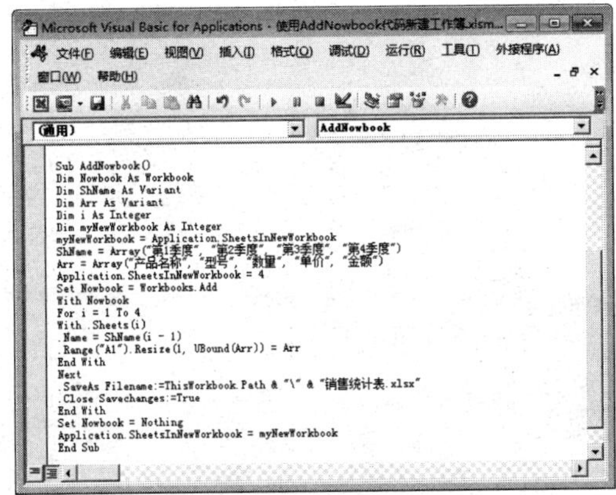

第3步 ❶再次打开【宏】对话框，在【宏名】列表框中选择【AddNowbook】选项；❷单击【执行】按钮 执行(R) ，如下图所示。

第4步 运行 AddNowbook 过程，并在工作簿同一保存位置新建"销售统计表.xlsx"工作簿，新建工作簿格式如下图所示。

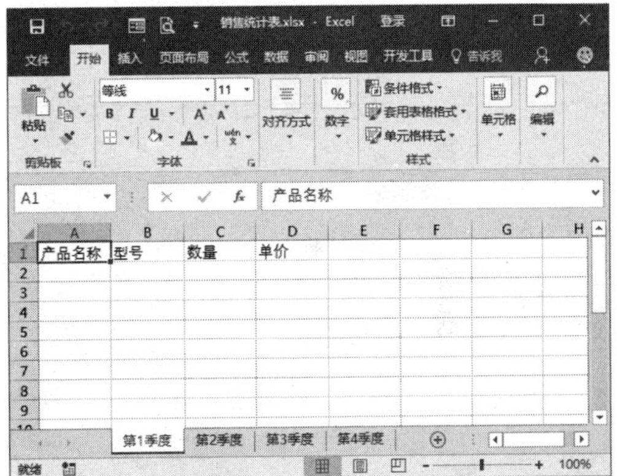

第 13 章 抽样与调查问卷数据的处理与分析

本章导读

本章介绍调查问卷的抽样、调查问卷的设计以及调查结果的统计等，以便用户掌握一些常见的处理与分析数据的方法。

知识要点

- ❖ 简单抽样
- ❖ 测试调查问卷
- ❖ 统计调研结果
- ❖ 设计调查问卷
- ❖ 系统抽样
- ❖ 保护调查问卷

13.1 关于抽样

案例背景

抽样是根据随机原则从总体中抽取一部分单位作为样本，并根据样本数量特征对总体数量特征做出具有一定可靠性的估计与推断。

本例将通过简单例子分别介绍简单抽样和系统抽样，制作完成后的效果如下图所示。实例最终效果见“光盘\结果文件\第13章\抽样.xlsx”文件。

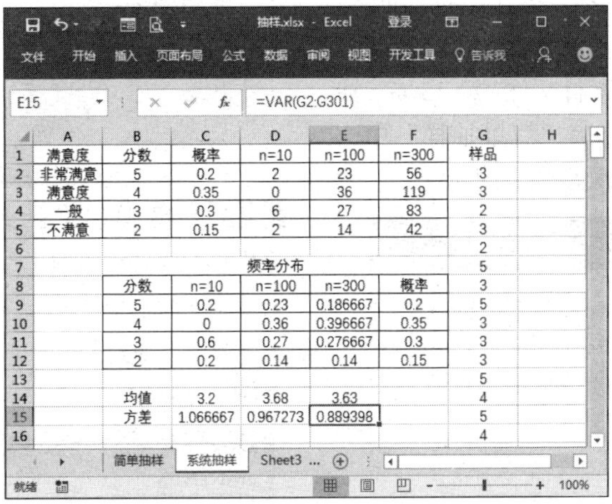

E15 =VAR(G2:G301)

	A	B	C	D	E	F	G	H
1	满意度	分数	概率	n=10	n=100	n=300	样品	
2	非常满意	5	0.2	2	23	56	3	
3	满意度	4	0.35	0	36	119	3	
4	一般	3	0.3	6	27	83	2	
5	不满意	2	0.15	2	14	42	3	
6							2	
7				频率分布			5	
8		分数	n=10	n=100	n=300	概率	3	
9		5	0.2	0.23	0.186667	0.2	5	
10		4	0	0.36	0.396667	0.35	3	
11		3	0.6	0.27	0.276667	0.3	3	
12		2	0.2	0.14	0.14	0.15	3	
13							5	
14		均值	3.2	3.68	3.63		4	
15		方差	1.066667	0.967273	0.889398		5	
16							4	

光盘文件	素材文件	光盘\素材文件\第13章\抽样.xlsx
	结果文件	光盘\结果文件\第13章\抽样.xlsx
	教学视频	光盘\视频文件\第13章\13.1关于抽样.mp4

在统计学中，把从总体中抽取的部分单位称为样本，把描述样本数量特征的指标称为统计量，把描述总体数量特征的指标称为参数。

抽样分为随机抽样和非随机抽样两种方法，常用的方法是随机抽样。只有当母体无法估计、样本难以接触或者根据需要主观选择时才采用非随机抽样的方法。本节主要介绍随机抽样的方法。随机抽样包括简单抽样和系统抽样两种。

13.1.1 简单抽样

简单抽样主要是指通过使用函数从总体中抽取一部分单位作为样本，使用Excel 2016中的RANDBETWEEN函数可以方便快捷地抽取样本。

RANDBETWEEN函数的功能是返回大于等于指定的最小值，小于等于指定最大值之间的一个随机整数。

语法：RANDBETWEEN（bottom,top）

公式的说明如下表所示。

公式	说明
=RANDBETWEEN(1,10)	大于等于1、小于等于10的一个随机整量
=RANDBETWEEN(-1,1)	大于等于-1、小于等于1的一个随机整量

接下来通过一个简单的例子来说明使用函数进行随机抽样的方法。

假如某公司要对其生产的30件已编号的产品进行抽样检查，现从这30件产品中抽取3件进行检查分析，具体操作步骤如下。

第1步 打开"光盘\素材文件\第13章\抽样.xlsx"，切换到工作表"简单抽样"中，产品编号以及求解的相关项如下图所示。

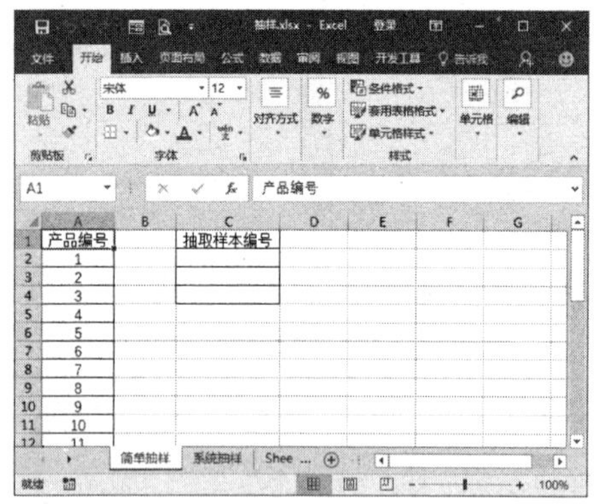

第2步 ❶选中单元格C2，切换到【公式】选项卡；❷单击【函数库】组中的【插入函数】按钮，如下图所示。

第3步 ❶弹出【插入函数】对话框，在【或选择类别】下拉列表中选择【数学与三角函数】选项；❷在【选择函数】列表框中选择【RANDBETWEEN】函数；❸单击【确定】按钮 确定 ，如下图所示。

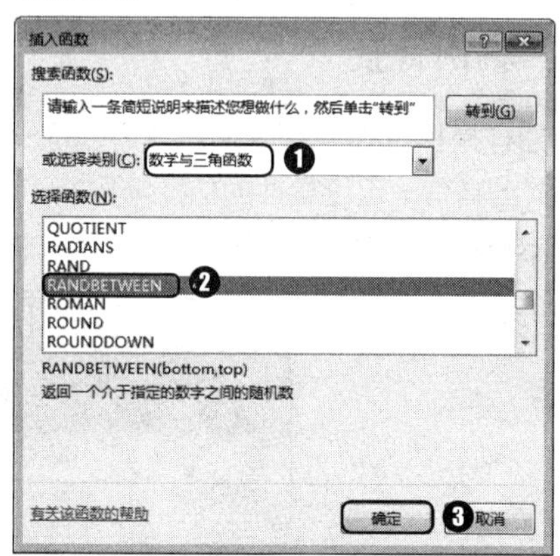

第4步 ❶弹出【函数参数】对话框，在【RANDBETWEEN】组合框中的【Bottom】文本框中输入"1"，在【Top】文本框中输入"30"；❷单击【确定】按钮 确定 ，如下图所示。

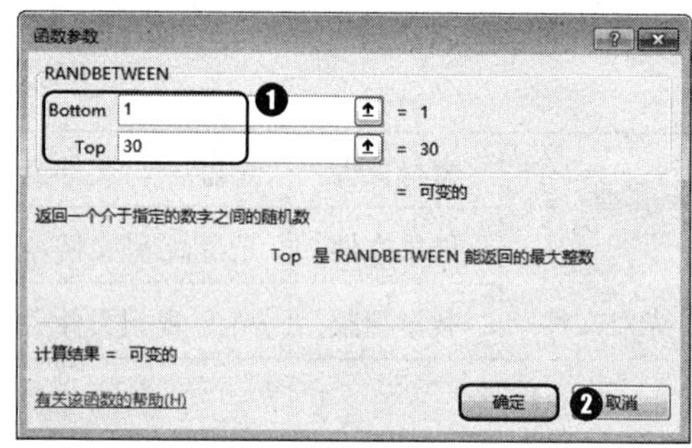

第5步 即可得到随机数，抽取样本编号，如下图所示。

第 6 步 选中单元格 C2，向下快速填充公式至单元格 C4，同时工作表将重新计算一次，产生的随机数均会发生变化，效果如下图所示。

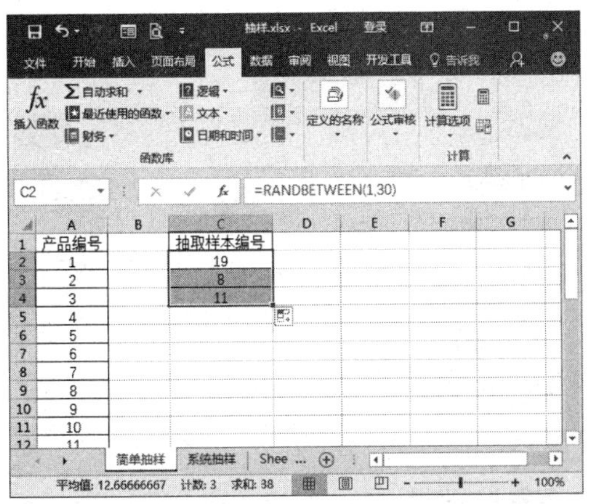

温馨提示

因为从30个样本中随机抽取样本，可能会有重复样本，用户可以按【F9】键进行重复抽样，抽到不同样本即可。

13.1.2 系统抽样

系统抽样主要是指通过Excel提供的随机数发生器来抽取的具有一定分布规律的一组随机数。

在大多数情况下，概率分布是未知的，需要通过调查进行推断。假如在一次某产品的抽样调查中，从全部调查对象中随机选取一名被访问者，将无法根据其评分来描述产品得分的概率分布；但是如果选取多名被访问者，那么该产品得分的频率分布便会与概率分布相似。这一点可以通过"随机数发生器"分析工具的概率分布来证明。

假设某产品的市场调查得分分布概率为：非常满意为5分，其概率为20%；满意为4分，其概率为35%；一般为3分，其概率为30%；不满意为2分，其概率为15%。根据此分布概率利用随机数发生器产生300个具有一定分布规律的随机数，并验证其频率分布与概率分布相似，具体操作步骤如下。

第 1 步 切换到工作表"系统抽样"中，单元格区域 A1:C5 中可以看到模型如下图所示。

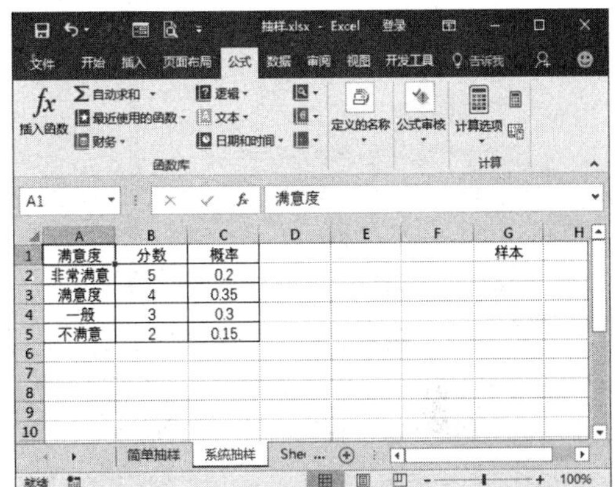

第 2 步 接下来使用随机数发生器分析数据，首先需要在工作表中加载【数据分析】选项。❶切换到【开发工具】选项卡中；❷单击【加载项】组中的【Excel 加载项】按钮，如下图所示。

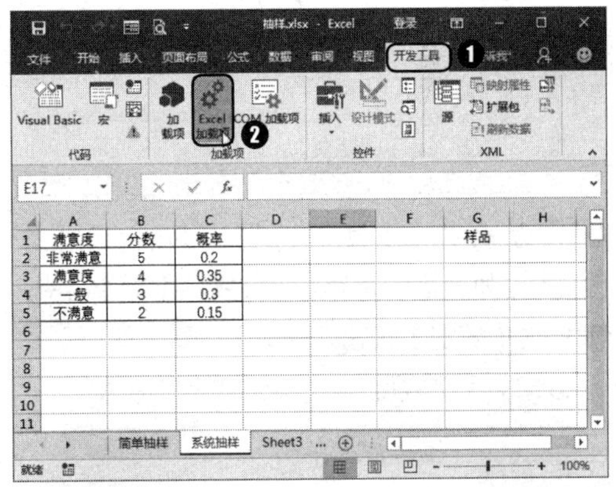

第 3 步 ❶弹出【加载宏】对话框，在【可用加载宏】列表框中选择【分析工具库】复选框；❷单击【确定】按钮，如下图所示。

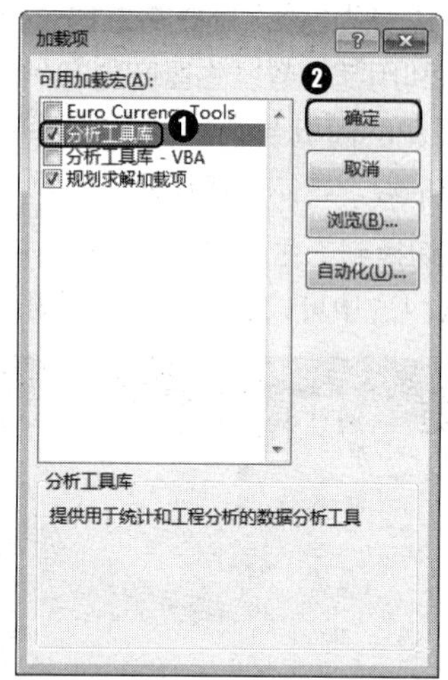

第 4 步 返回工作表，切换到【数据】选项卡，即可在【分析】组中看到新加载的【数据分析】按钮 数据分析，单击此按钮，如下图所示。

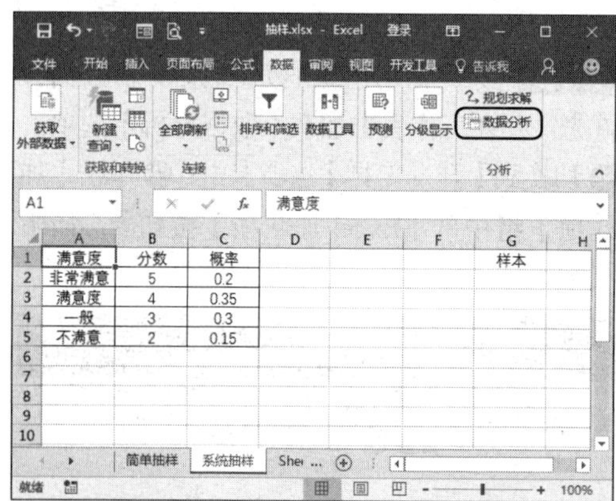

第 5 步 ❶弹出【数据分析】对话框，在【分析工具】列表框中选择【随机数发生器】选项；❷单击【确定】按钮 确定，如下图所示。

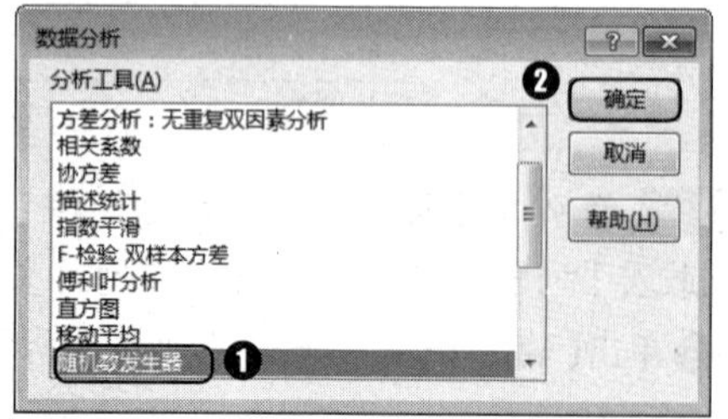

第 6 步 ❶弹出【随机数发生器】对话框，在【变量个数】文本框中输入“1”，在【随机数个数】文本框中输入“300”；❷在【参数】组合框中的【数值与概率输入区域】文本框中输入“$B$2:$C$5”；❸在【输出选项】组合框中选中【输出区域】单选钮，然后在右侧文本框中输入“$G$2”；❹单击【确定】按钮 确定，如下图所示。

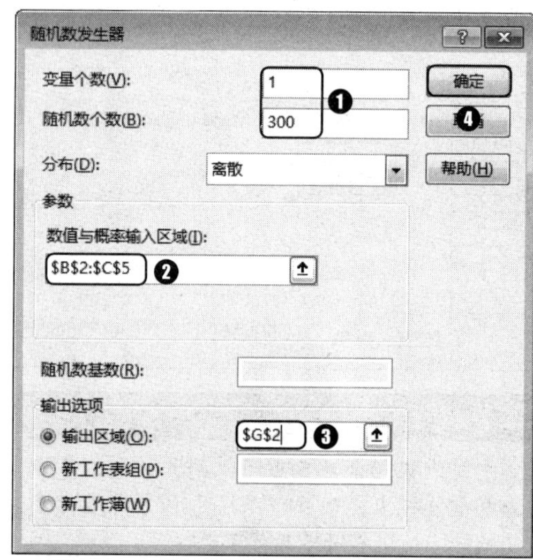

第 7 步 工作表中就会产生 300 个随机数，如下图所示。

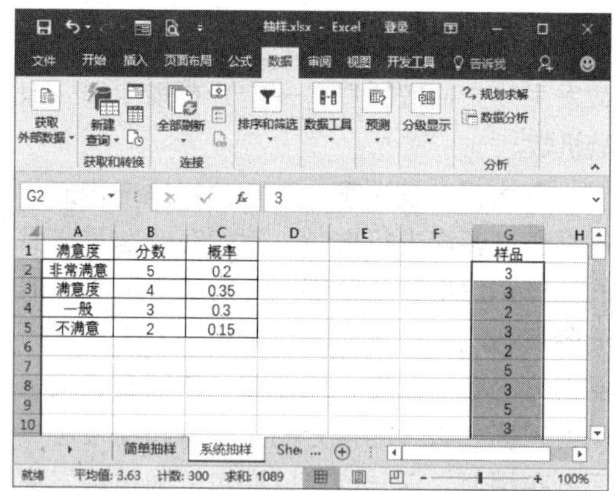

第 8 步 计算每个样本中的各个随机变量所出现的次数，以构造频率分布。分别在单元格 D1、E1、F1 中输入“n=10”“n=100”“n=300”并设置单元格区域 D1:F5 的条件格式，如下图所示。

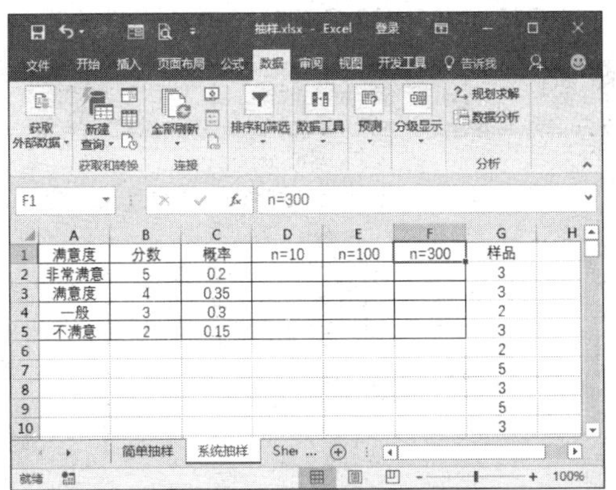

第 9 步 在单元格 D2 中输入公式“=COUNTIF($G$2:$G$11,B2)”，按【Enter】键即可求得结果，然后填充公式至单元格 D6，效果如下图所示。

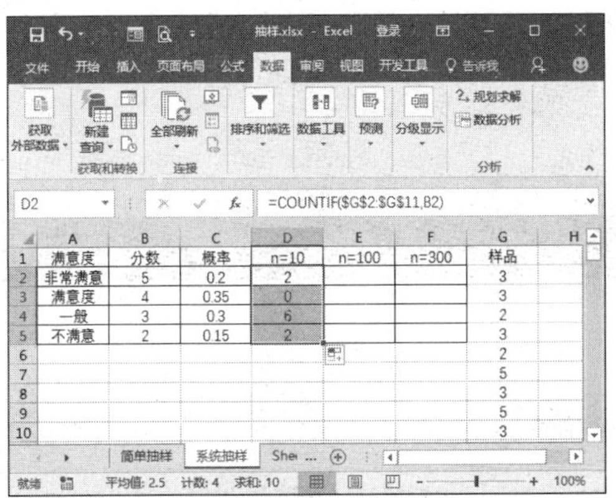

第 10 步 按照相同的方法计算“n=100”、“n=300”各个随机变量所出现的次数，如下图所示。

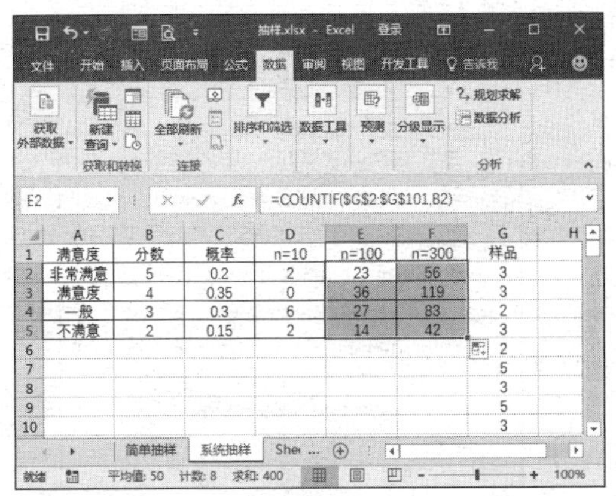

第 11 步 构建频率分布，建立计算频率分布所需的相关计算模型，如下图所示。

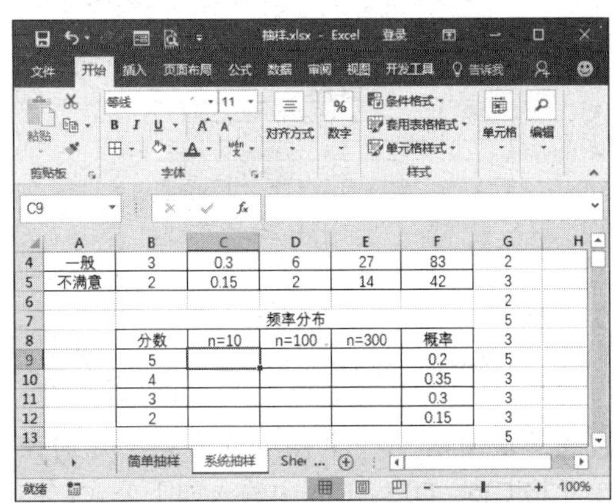

第 12 步 计算每个样本中各个随机数所出现的概率。在单元格 C9、D9、E9 中分别输入如下公式，并将公式向下填充到单元格 C12、D12、E12 中，如下图所示。

C9:=D2/10

D9:=E2/100

E9:=F2/300

满意度	分数	概率	n=10	n=100	n=300	样品
非常满意	5	0.2	2	23	56	3
满意度	4	0.35	0	36	119	3
一般	3	0.3	6	27	83	2
不满意	2	0.15	2	14	42	3

频率分布

分数	n=10	n=100	n=300	概率
5	0.2	0.23	0.186667	0.2
4	0	0.36	0.396667	0.35
3	0.6	0.27	0.276667	0.3
2	0.2	0.14	0.14	0.15

第 13 步 计算每一个样本的均值。分别在单元格 C14、D14、E14 中输入如下公式，按【Enter】键，即可计算出每一个样本的均值，如下图所示。

C14:=AVERAGE(G2:G11)

D14:=AVERAGE(G2:G101)

E14:=AVERAGE(G2:G301)

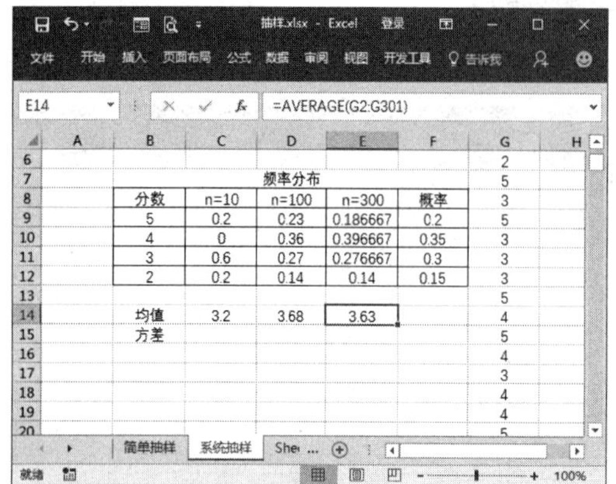

第 14 步 计算每一个样本的方差。分别在单元格 C15、D15、E15 中输入如下公式，按【Enter】键即可计算出每一个样本的方差，如下图所示。

C15:=VAR(G2:G11)

D15:=VAR(G2:G101)

E15:=VAR(G2:G301)

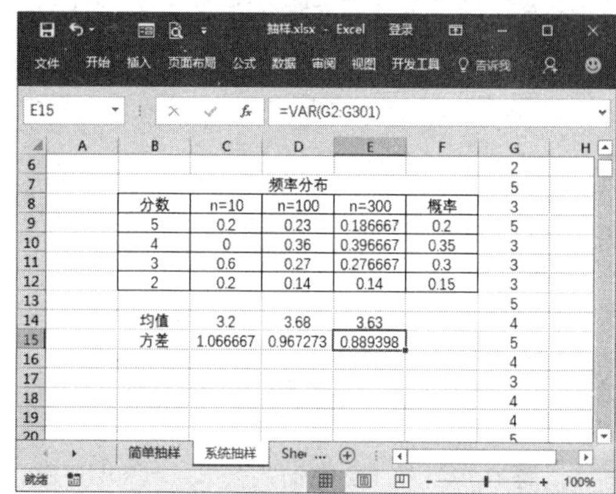

从上述的计算与分析的结果中可以看出：当随机样本的个数增加时，样本的频率分布便会更接近于概率分布；同样，其均值和方差也更接近于概率分布的均值和方差。

13.2 设计调查问卷

案例背景

消费者的需求往往决定着产品的外观和性能等属性，以问卷的形式调查消费者的需求可以很容易地了解消费者的心理，从而帮助企业的决策者了解产品的市场需求和发展方向。

本例将介绍怎样设计调查问卷，制作完成后的效果如下图所示。实例最终效果见“光盘\结果文件\第13章\市场调查问卷.xlsx”文件。

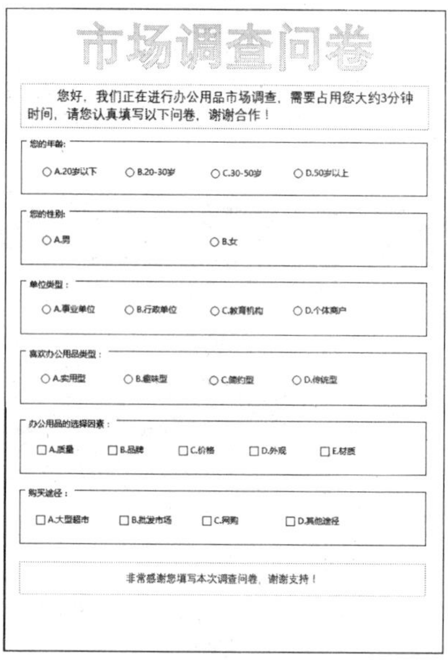
市场调查问卷

您好，我们正在进行办公用品市场调查，需要占用您大约3分钟时间，请您认真填写以下问卷，谢谢合作！

您的年龄：
○A.20岁以下 ○B.20-30岁 ○C.30-50岁 ○D.50岁以上

您的性别：
○A.男 ○B.女

单位类型：
○A.事业单位 ○B.行政单位 ○C.教育机构 ○D.个体商户

喜欢办公用品类型：
○A.实用型 ○B.趣味型 ○C.简约型 ○D.传统型

办公用品的选择因素：
□A.质量 □B.品牌 □C.价格 □D.外观 □E.材质

购买途径：
□A.大型超市 □B.批发市场 □C.网购 □D.其他途径

非常感谢您填写本次调查问卷，谢谢支持！

光盘文件	素材文件	光盘\素材文件\第13章\市场调查问卷.xlsx
	结果文件	光盘\结果文件\第13章\市场调查问卷.xlsx
	教学视频	光盘\视频文件\第13章\13.2设计调查问卷.mp4

13.2.1 关于调查问卷

不同的调查问卷在具体格式上有所不同，通常一份完整的调研问卷通常由标题、问卷说明、填表指导、调研主题内容、说明、主体、编码号、致谢语和实验记录等内容构成。

● 标题

问卷的标题可以概括地说明调研的主题，使被访者对所要回答的问题有一个大致的了解。确定问卷标题要简明扼要，但又必须点明调研对象或调研主题。例如“办公文具市场调查问卷”，而不是简单采用“文具调查问卷”这样的标题。第一个标题可以很明显地使被访者了解主题内容。

● 说明

问卷应有一个说明，这个说明可以是一封告知调查对象的信，也可以是指导语，说明这个调查的宗旨、目的以及意义，引起被调查者的兴趣。

● 正文

正文是研究主题的具体化，是问卷的核心部分。通常包括被调查者的信息、调查项目等内容。被调查者信息是指被调查者的相关资料，主要包括被调查者的姓名、年龄、性别、职业、学历以及消费水平。这些内容可以了解不同年龄阶段、不同性别、不同文化程度以及不同消费水平的个体对待被调查事物的态度差异，在调查分析时能提供重要的参考价值。

调查项目是调查问卷的核心内容，是调查者所要调查了解的内容，一般将其设计为一些问题和备选答案，可以是数值题、单选题、多选题、排序题、开放性文字题。为了方便调查者回答，通常将问题做成选择题形式，即单选题和多选题。

● 致谢语

在调查问卷的最后，简短地向被调查者强调本次调查活动的重要性，以及为了表示对调查对象真诚合作的感谢，再次表达谢意。

13.2.2 问卷的设计步骤

对于一般的调查问卷，在设计时应该遵循以下步骤。

1. 确定调研原由

调研经常是企业部门领导在做决策时感到所需信息不足而发起的。需要各个部门经理在一起讨论究竟需要哪些数据。

2. 确定数据收集方法

获取数据的方法很多，主要包括人员访问、电话调查、邮寄调查与自我管理访问等。

3. 确定问题的形式

问题的形式主要包括开放式问题、封闭式问题和量表应答式问题等。对开放式问题，应答者可以自由地用自己的语言来回答和解释有关的想法，即调研人员不对应答者的选择进行任何限制；封闭式问题需要应答者从一系列应答项中做出选择；量表应答式问题是以量表的形式设置的问题。

4. 确定描述问题的措辞

确定措辞时应注意以下几个方面：用词

必须清楚，避免使用诱导性的用语，应考虑应答者回答问题的能力和应答者回答问题的意愿。

5. 确定问题的流程和编排

对问卷不能随意编排，各个部分的编排都要有一定的逻辑性。有经验的市场调研人员清楚地知道问卷的制作是获取访谈双方联系的关键。联系越紧密，访问者就越有可能得到完整彻底的访谈，同时应答者就会回答得越仔细。

6. 评价问卷和编排

一旦问卷草稿设计好之后，问卷设计人员应该再回过头做一些批评性的评估。考虑到问卷所起的关键作用，这一步是必不可少的。

在问卷评估的过程中应该遵守以下原则：问题是否必要、问卷是否太长、问卷是否回答了调研目标所需的信息、邮寄及自填问卷的外观设计、开放式问题是否留足了回答的空间、问卷说明是否使用了明显的字体等。

7. 获取各部门认可

问卷设计进行到这一步，草稿已经完成。草稿的复印件应当分发到直接有权管理这一项目的各个部门，以取得各个部门的认可。

8. 预先测试和修订

当问卷获得管理层的最终认可后，还必须进行预先测试。在没有进行预先预测前，不应当进行正式的询问调查。通过预测访问可以寻找问卷中存在的错误解释、不合理的地方以及为封闭式问题寻找额外的选项和应答者的一般反应等。

9. 实施

问卷填写完成后，为从市场上获得所需的决策信息提供了基础。问卷可以根据不同的数据搜集方法并配合一系列的形式和过程以确保可以正确、高效地收集信息。

13.2.3 问卷的设计过程

在设计市场调研问卷之前，首先需要明白调查的目的，即通过这次调查想要知道哪些信息。设计调查问卷的具体操作步骤如下。

第1步 ❶打开“光盘\素材文件\第13章\市场调查问卷.xlsx”文件，添加调查问卷标题。切换到【插入】选项卡；❷单击【文本】组中的【艺术字】按钮；❸从弹出的下拉列表框中选择【渐变填充：金色，主题色 4；边框：金色，主题色 4】选项，如下图所示。

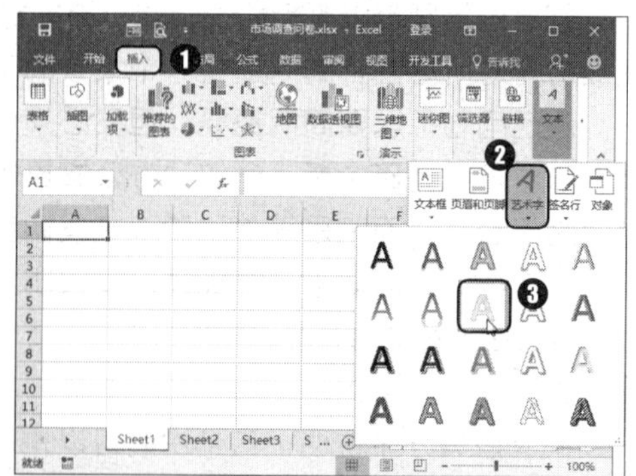

第2步 此时即可在工作表中插入一个艺术字文本框。在此文本框中输入“市场调查问卷”，如下图所示。

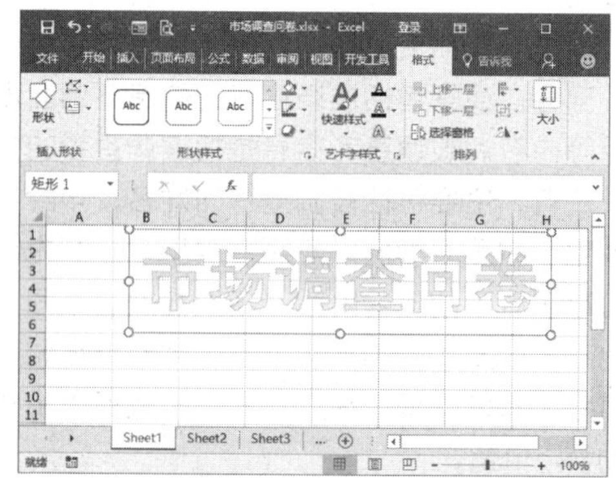

第3步 在标题的下方添加一个文本框，在其中输入调查问卷说明性文字，并设置其效果，如下图所示。

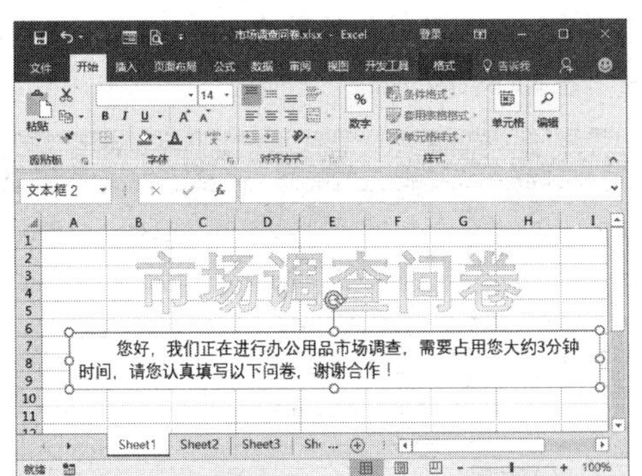

第 4 步 ❶ 切换到【开发工具】选项卡；❷ 单击【控件】组中的【插入】控件按钮；❸ 从弹出的下拉列表中选择【分组框（窗体控件）】按钮，如下图所示。

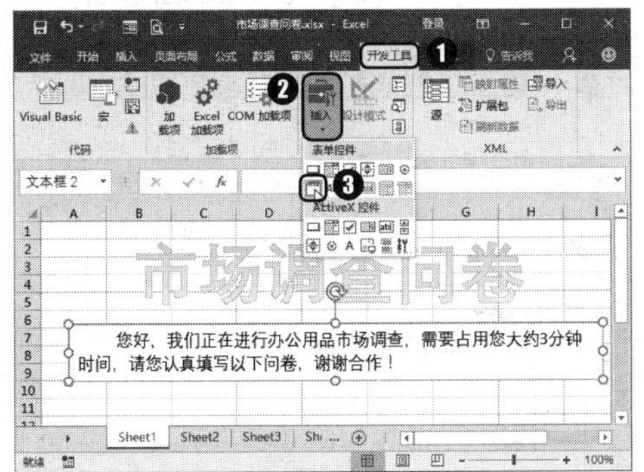

第 5 步 此时鼠标指针变为+形状，在工作表中合适的位置拖曳鼠标指针，即可在工作表中插入一个名为“分组框 1”的分组框，如下图所示。

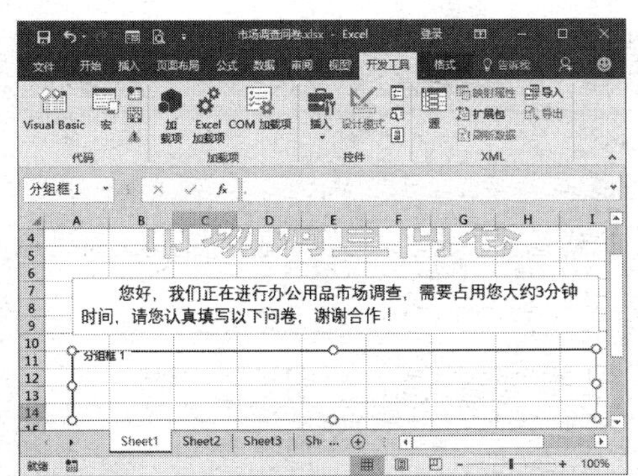

第 6 步 将名称“分组框 1”修改为需要调查的项目，如“您的年龄：”，如下图所示。

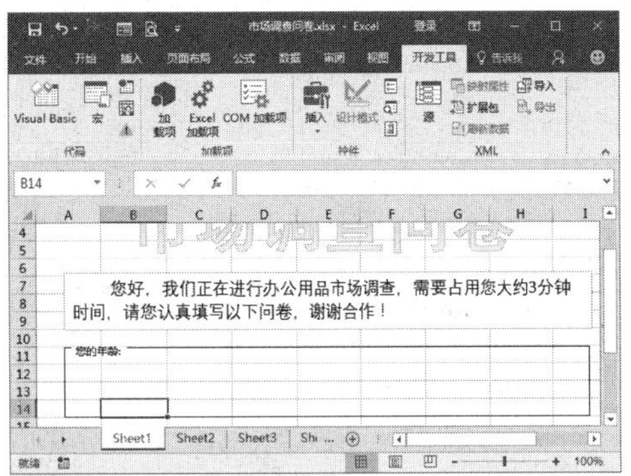

第 7 步 ❶ 单击【控件】组中的【插入】控件按钮；❷ 从弹出的下拉列表中单击【表单控件】组中的【选项按钮（窗体控件）】按钮，如下图所示。

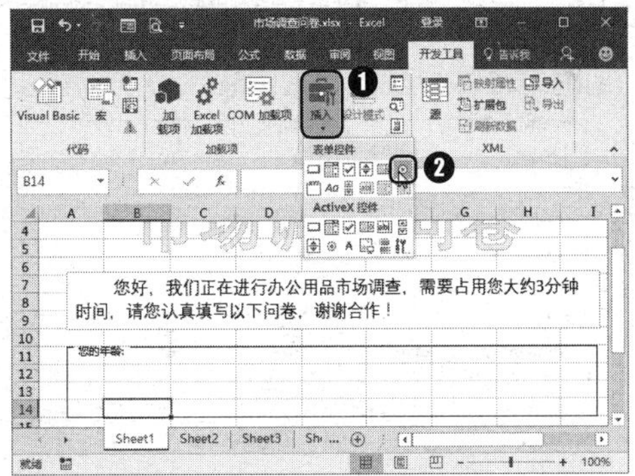

第 8 步 拖曳鼠标指针在分组框中合适的位置插入一个选项按钮，并将其修改为“A.20 岁以下”，如下图所示。

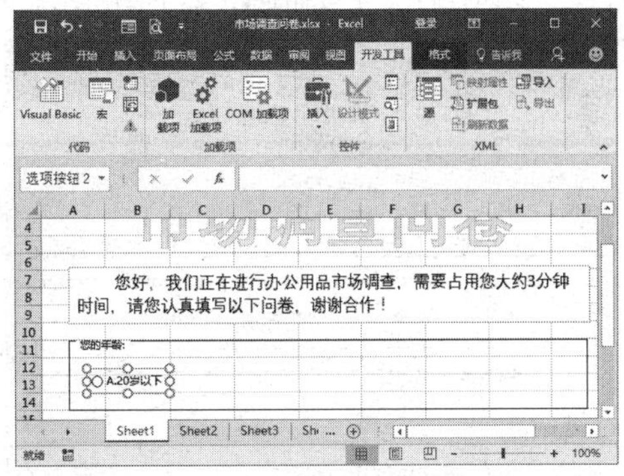

第 9 步 按照相同的方法为第 1 个问题添加其他选项按钮并修改其名称，效果如下图所示。

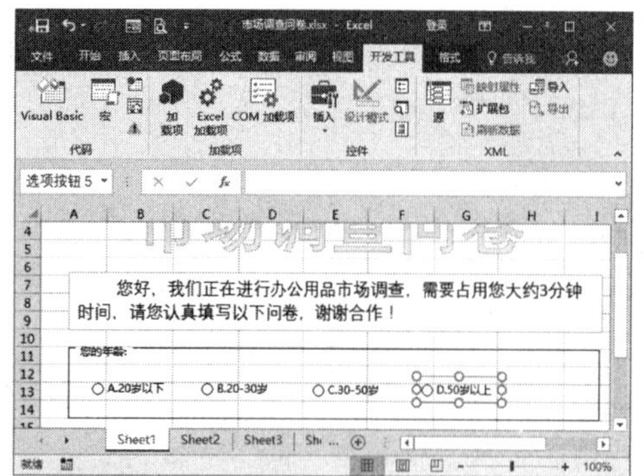

第 10 步 按照前面介绍的方法添加分组框以及相应的选项按钮，并对它们进行重命名，如下图所示。

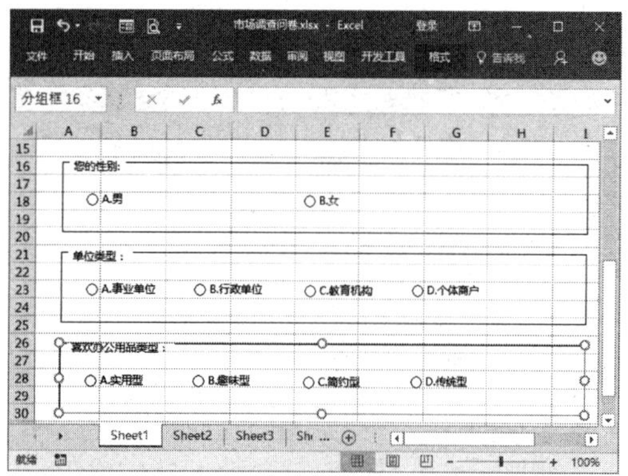

第 11 步 ❶添加一个分组框并修改其名称，单击【控件】组中的【插入控件】按钮；❷从弹出的下拉列表中单击【表单控件】组中的【复选框（窗体控件）】按钮，如下图所示。

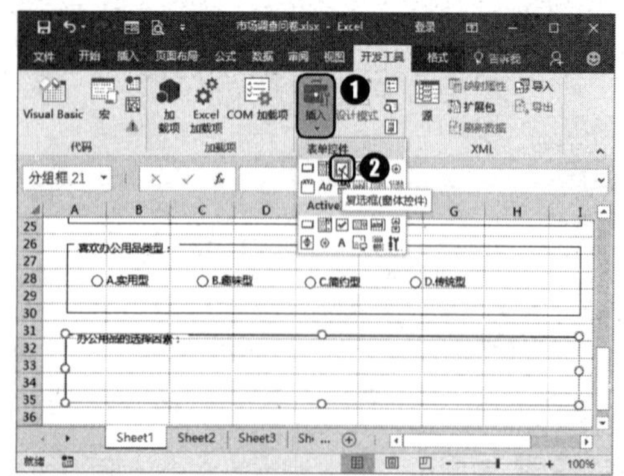

第 12 步 此时鼠标指针变为+形状，在工作表中合适的位置拖曳鼠标指针，即可在工作表中插入一个复选框，然后修改其名称，如“质量”，如下图所示。

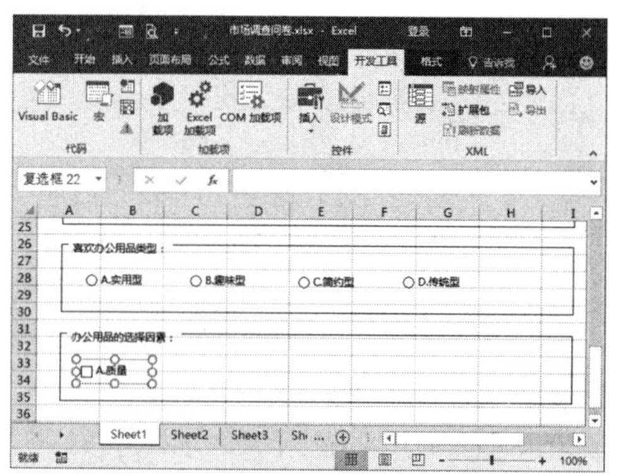

第 13 步 按照相同的方法添加其他复选框，并对其名称进行修改，效果如下图所示。

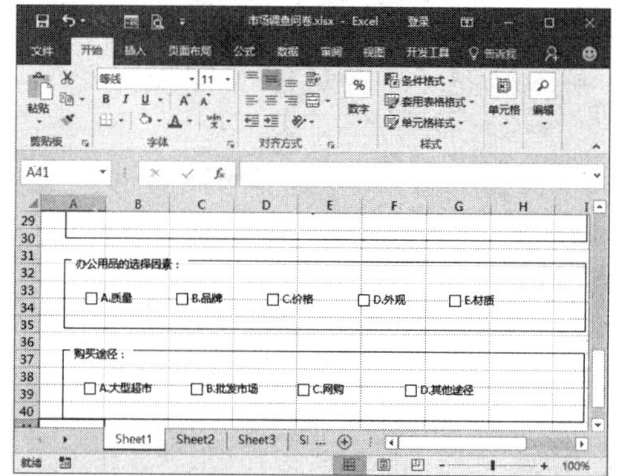

第 14 步 添加致谢语。按照前面介绍的方法添加文本框，并在其中输入致谢语，如下图所示。

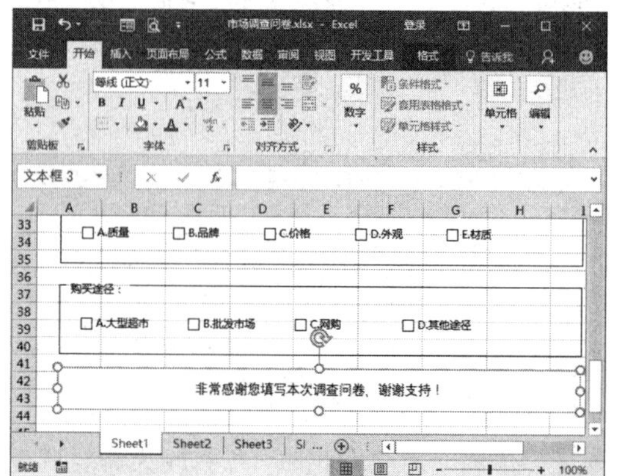

第 15 步 对工作表中的数据内容进行字体格式设置并隐藏网格线，效果如下图所示。

市场调查问卷

您好，我们正在进行办公用品市场调查，需要占用您大约3分钟时间，请您认真填写以下问卷，谢谢合作！

您的年龄：
○A.20岁以下 ○B.20-30岁 ○C.30-50岁 ○D.50岁以上

您的性别：
○A.男 ○B.女

单位类型：
○A.事业单位 ○B.行政单位 ○C.教育机构 ○D.个体商户

喜欢办公用品类型：
○A.实用型 ○B.趣味型 ○C.简约型 ○D.传统型

办公用品的选择因素：
□A.质量 □B.品牌 □C.价格 □D.外观 □E.材质

购买途径：
□A.大型超市 □B.批发市场 □C.网购 □D.其他途径

非常感谢您填写本次调查问卷，谢谢支持！

13.2.4 调查问卷的保护

调查问卷对被调查者来说就是填写个人信息和回答问卷中的问题，若进行其他的操作，是不允许的，例如更改控件格式，包括更改选项的大小、位置以及填充效果，甚至对调查问卷问题的修改等。从另一个角度来说这会涉及数据的安全性问题。

由此可知，对调查问卷的操作权限的设定是非常必要的，这就要用到Excel自带的保护功能。

默认情况下工作表中所有单元格处于锁定状态，且只有在保护工作表后锁定单元格才有效，因此，个别单元格如果不想被保护，需要先取消锁定，具体操作步骤如下。

第 1 步 ❶切换到【审阅】选项卡中；❷单击【更改】组中的 保护工作表 按钮，如下图所示。

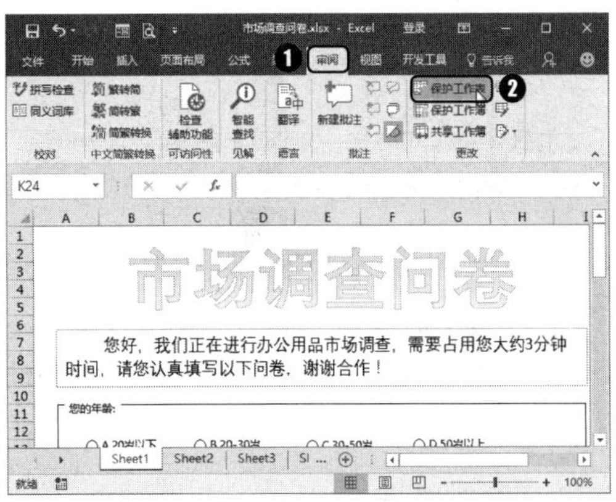

第 2 步 ❶弹出【保护工作表】对话框，在【取消工作表保护时使用的密码】文本框中输入密码，如输入“123”；❷单击【确定】按钮 确定 ，如下图所示。

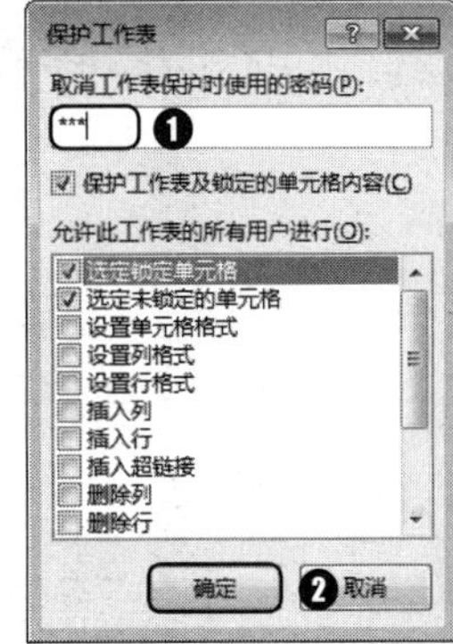

第 3 步 ❶弹出【确认密码】对话框，在【重新输入密码】文本框中再次输入密码“123”；❷单击【确定】按钮 确定 ，如下图所示。

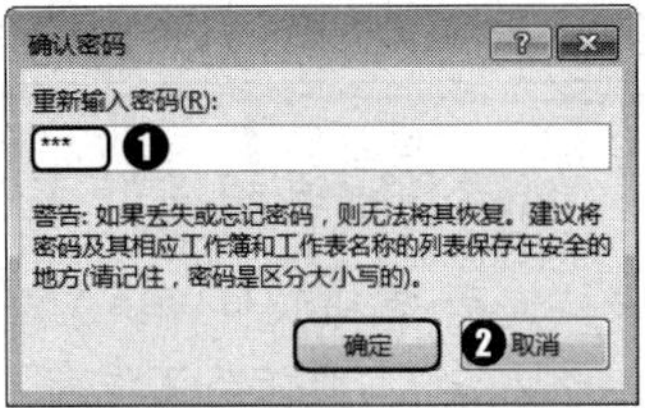

第 4 步 返回工作表，此时工作表已经处于被保护状态。调查者可以回答问题，但是无法修改调查问卷的内容。

温馨提示

如果用户须要对已经设定保护的工作表进行编辑，必须先撤销对工作表的保护。单击【更改】组中的撤消工作表保护按钮，弹出【撤销工作表保护】对话框，在【密码】文本框中输入设置的保护密码，单击【确定】按钮确定，即可撤销对工作表的保护。

13.3 设计调研结果统计表

案例背景

设计市场调查问卷的目的就是通过对其结果的统计而获取所需要的信息。

本例将介绍怎样设计调查统计表，制作完成后的效果如下图所示。实例最终效果见“光盘\结果文件\第13章\市场调查统计表01.xlsx”文件。

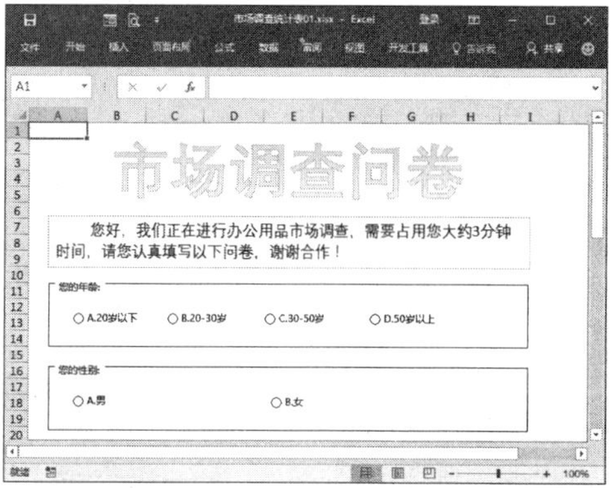

光盘文件	素材文件	光盘\素材文件\第13章\市场调查统计表01.xlsx
	结果文件	光盘\结果文件\第13章\市场调查统计表01.xlsx
	教学视频	光盘\视频文件\第13章\13.3设计调研结果统计表.mp4

13.3.1 创建调研结果统计表

打开“光盘\素材文件\第13章\市场调查统计表01.xlsx”，切换到工作表“调研结果”中，在工作表中可以看到调查问卷中涉及的内容，如下图所示。

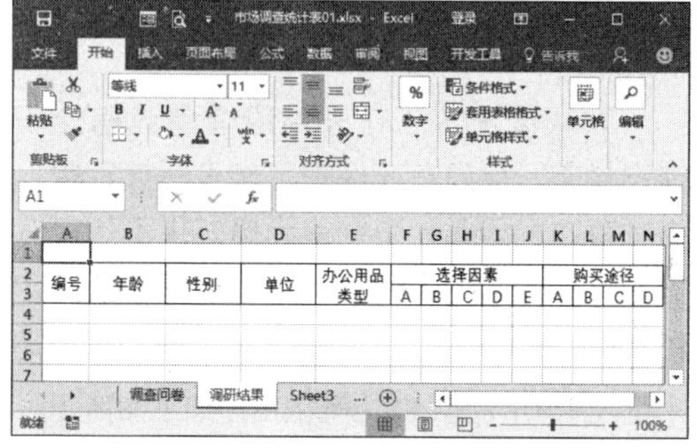

> **温馨提示**
>
> 多选题需要将所有备选答案都标识出来，这样在汇总的时候就可以利用计数的方法进行各个选项的统计。

13.3.2 注释各选项

在调研结果表中，用户可以为各题目添加标注，以显示其问题选项，具体操作步骤如下。

第1步 ❶选中单元格B2，切换到【审阅】选项卡中；❷单击【批注】组中的【新建批注】按钮，如下图所示。

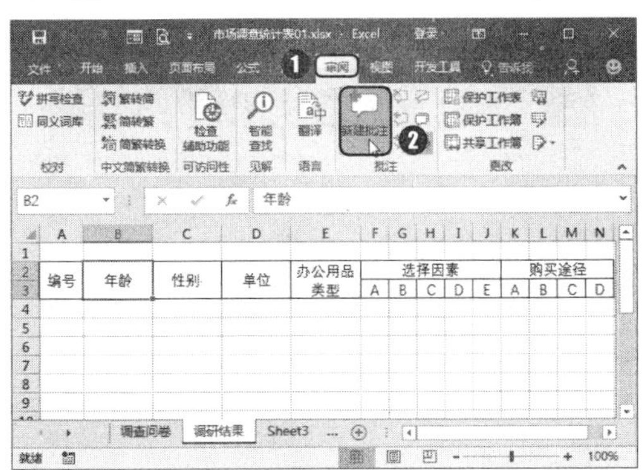

第2步 此时所选单元格的右上角会出现一个红色小三角，用户可以在批注框中输入之前调查问卷中“年龄”的答案选项，并调整批注的大小，如下图所示。

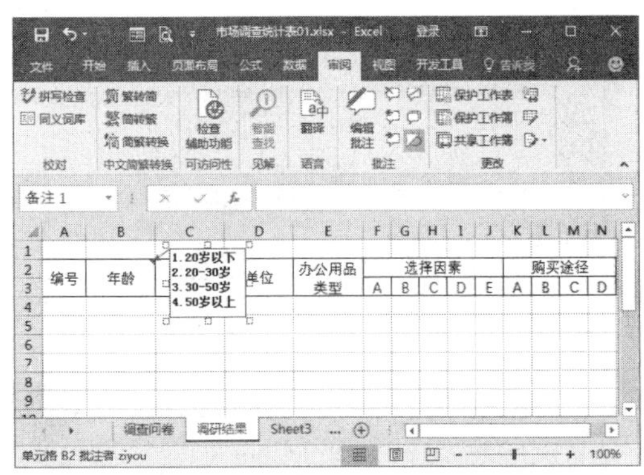

第3步 按照相同的方法为其他问题添加批注，如下图所示。

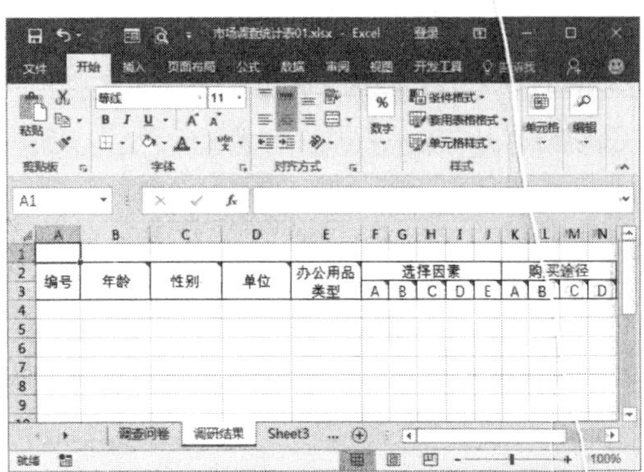

13.3.3 建立问卷与统计表之间的联系

Excel的一些控件都提供有这样的功能：可以将自身的值，不管是选中的还是未选中的，与指定的单元格链接，这样可以同步看到相应控件的状态。由此，就可以在调研结果表与调查问卷表之间建立关系。

在建立关系之前，撤销工作表“调查问卷”的保护功能，才能进行编辑操作。

1. 建立单选题与表格之间的联系

为单选题与调研结果表之间建立联系的具体操作步骤如下。

第1步 切换到工作表“调查问卷”，右击“您的年龄：”组中的“A.20岁以下”选项，从弹出的快捷菜单中选择【设置控件格式】命令，如下图所示。

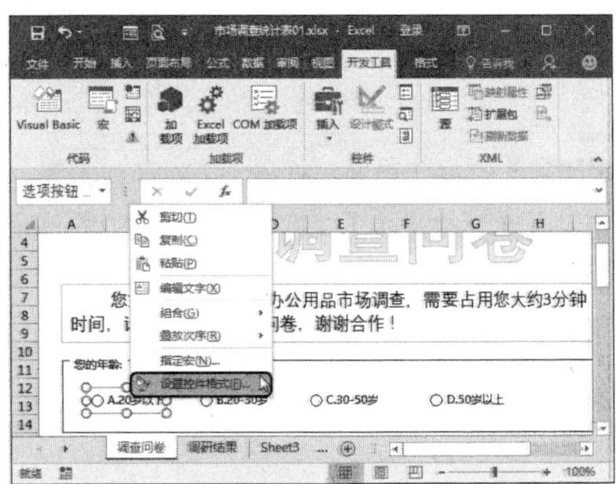

第 2 步 弹出【设置控件格式】对话框，自动切换到【控制】选项卡，单击【单元格链接】文本框右侧的【折叠】按钮，如下图所示。

第 3 步 ❶ 即可将【设置控件格式】对话框折叠起来，切换到工作表“调研结果”中，选中单元格 B1；❷ 单击【展开】按钮，如下图所示。

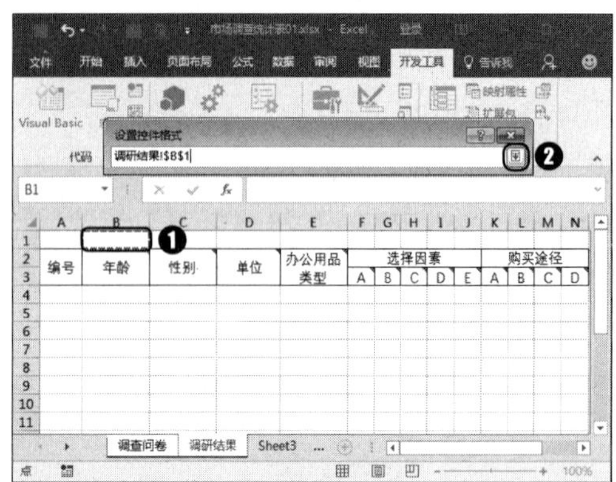

第 4 步 展开【设置控件格式】对话框，即可看到【单元格链接】文本框中显示选中的单元格，单击【确定】按钮 确定 ，如下图所示。

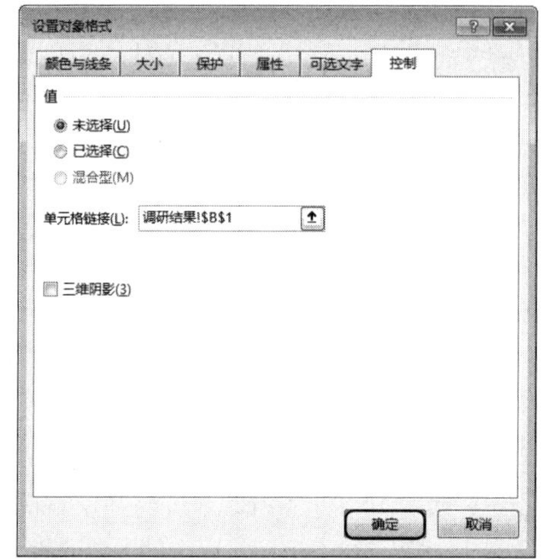

第 5 步 此时在调查问卷中选择年龄选项，如选择“C.30-50 岁”，如下图所示。

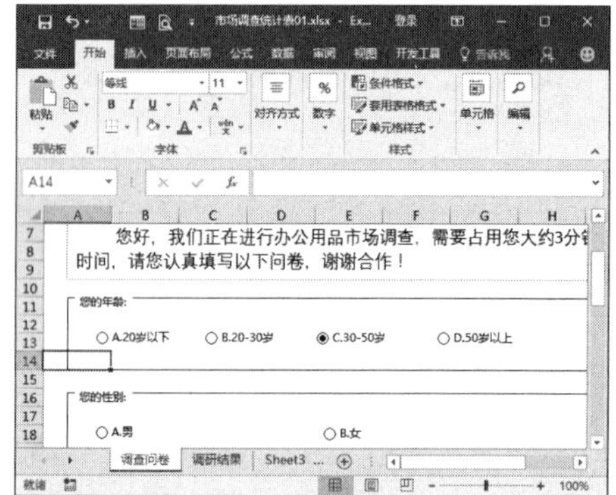

第 6 步 切换到工作表“调研结果”中，即可看到链接单元格 B1 中显示结果为数字“3”，如下图所示。

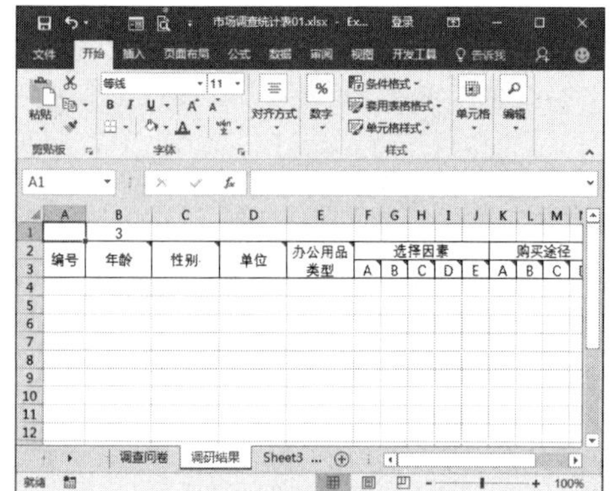

第 7 步 使用相同的方法为其他单选题创建链接。在工作表“调查问卷”中选择任意备选答案，切换到工作表“调研结果”中，即可看到链接结果，如下图所示。

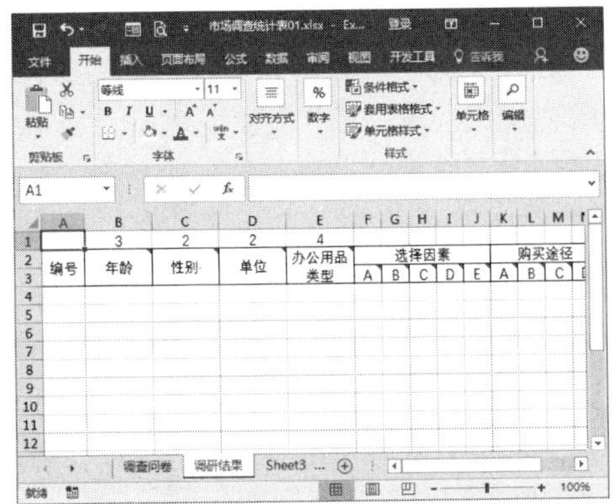

2. 建立多选题与表格之间的联系

在建立多选题与调研结果表中相应单元格之间的链接时，它和单选题的不同之处在于：单选题中无论有几个备选答案，只要将一个备选答案与相应的单元格建立链接即可，其他答案的选择情况也会显示在相应的单元格中；而多选题则必须将每个备选答案与相应的单元格一一建立链接关系。具体操作步骤如下。

第 1 步 ❶ 切换到工作表“调查问卷”中，选中“办公用品的选择因素：”组合框中的“A. 质量”答案，右击；❷ 从弹出的快捷菜单中选择【设置控件格式】命令，如下图所示。

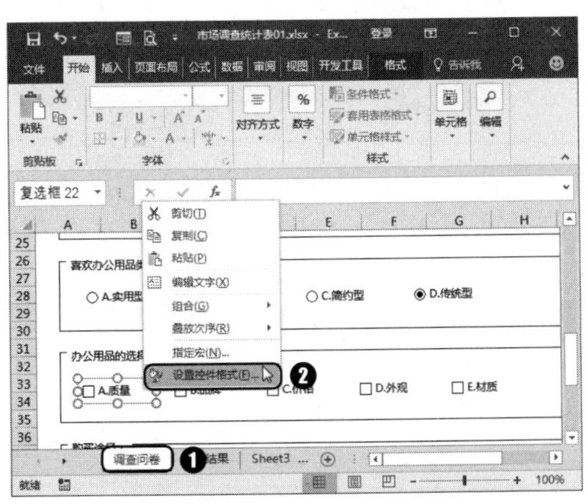

第 2 步 ❶ 弹出【设置对象格式】对话框，自动切换到【控制】选项卡，在【单元格链接】文本框中设置相应的单元格链接；❷ 单击【确定】按钮 确定 ，如下图所示。

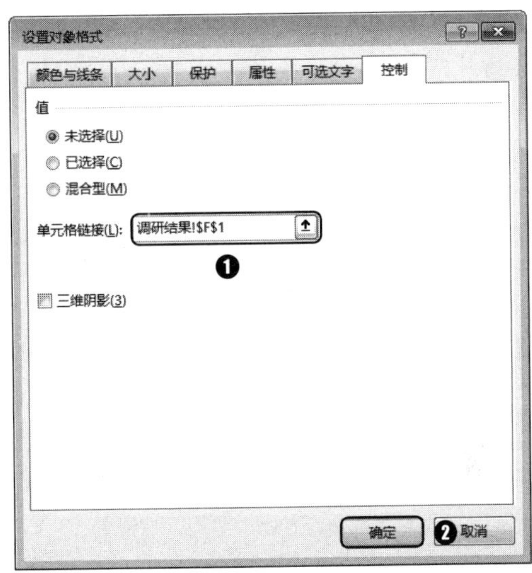

第 3 步 在工作表中选择“A. 质量”选项，如下图所示。

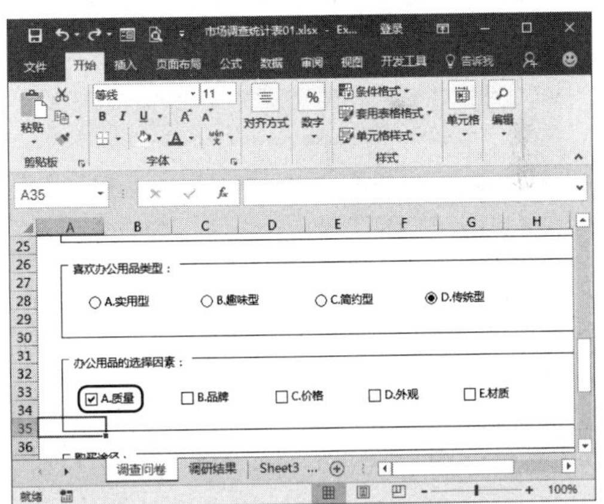

第 4 步 切换到工作表“调研结果”中，调整 F 列的列宽，即可看到单元格 F1 中显示“TRUE”，如下图所示。

温馨提示

若单元格中显示一个或多个“#”字符，则说明字符不能完全显示，这时只要调整列宽即可。

第5步 使用相同的方法为其他多选题创建链接，如下图所示。

温馨提示

处于选中状态的选项对应的单元格的值为“TRUE”，处于空选状态的选项对应的单元格的值为空，而选中后又取消选择的选项对应的单元格的值为“FALSE”。

用户建立调查问卷与调研结果两表之间联系之后，可以通过多次试选，以检验选项所链接的位置是否正确。

13.3.4 实现问卷结果的自动添加

通过建立问卷与统计表之间的联系，可以将选择结果统计到调研结果表中，但却没有记录调查问卷结果的功能，即当问卷被填写时，上一次填写的结果将被覆盖。因此必须实现每一次填写前都能将第1行的结果转移到标题下的表格中，并作为记录储存起来，这样才能实现对问卷的多次填写。

当一次问卷被填写完毕后，就需要有一个提交按钮，单击该按钮即可将调查问卷结果记录到工作表“调研结果”中标题下的表格中，具体操作步骤如下。

第1步 ❶ 切换到工作表“调查问卷”中；❷ 切换到【开发工具】选项卡，单击【控件】组中的【插入】控件按钮；❸ 从弹出的下拉列表中单击【按钮（窗体控件）】按钮，如下图所示。

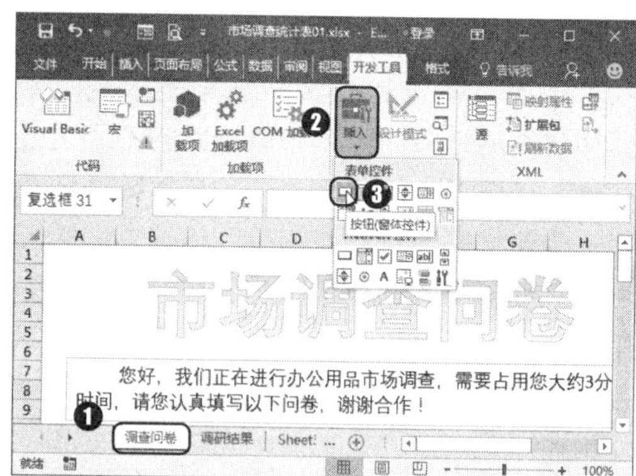

第2步 此时鼠标指针变为+形状，在调查问卷底端插入一个名为“按钮 39_Click”的选项按钮，同时弹出【指定宏】对话框，单击【新建】按钮 新建(N)，如下图所示。

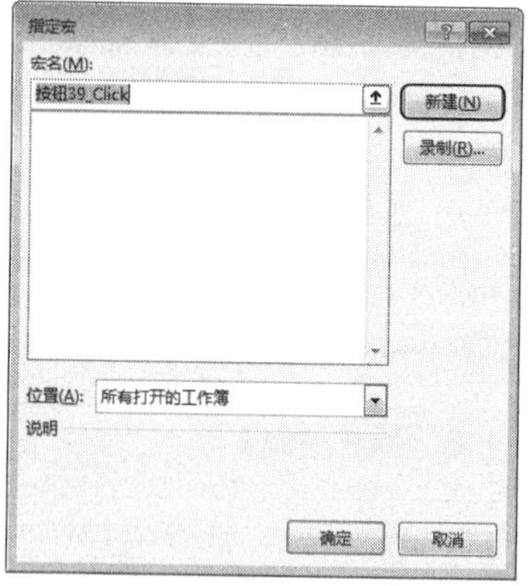

第 3 步 打开 VBA 代码窗口，在该对话框中编写代码，如下图所示。

```
Dim i As Integer
Dim j As Integer
Sub 按钮39_Click()
i = i + 1
For j = 2 To 14
Sheets("调研结果").Select
Cells(1, j).Select
Selection.Copy Destination:=Cells(i + 3, j)
Cells(1, j) = ""
Next j
Sheets("调查问卷").Select
End Sub
```

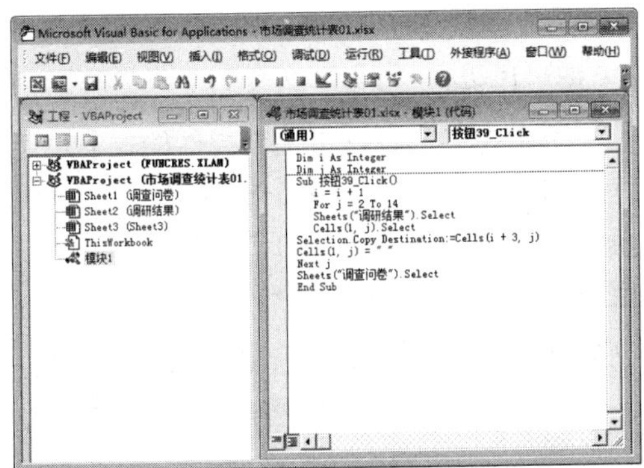

第 4 步 关闭 VBA 代码窗口，返回工作表"调查问卷"，选中按钮，对按钮进行重命名，如下图所示。

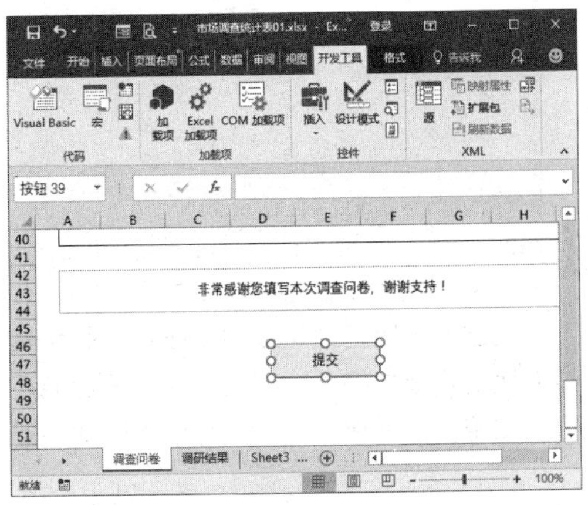

温馨提示

代码分析：第一次单击按钮后，程序开始执行。先选择工作表"调研问卷"，将其中的单元格B1中的内容复制到单元格B4中，同时清除单元格B1中的内容。然后向下循环到单元格C1，再将内容复制到单元格C4中，同时清除单元格C1的内容。

依次循环下去，直到单元格N1的内容被复制后，这时暂存行为空，返回"调查问卷"表。

第二次单击按钮后，程序再次开始执行。但是暂存行的内容被复制到了第5行中，即上一次复制粘贴行的下一行。

同样执行后返回工作表"调查问卷"。

依次类推，单击一次按钮复制一次，同时暂存行被清空，以备下次存储用。

13.3.5 测试调查问卷

至此调查问卷和调研结果表就制作完成了。为了防止出现错误，接下来必须对各个功能进行反复测试。

1. 测试数据存储的正确性

在问卷中有规律地选择选项，检验记录表中统计结果是否正确。

在工作表"调查问卷"中选择一些选项，切换到工作表"调研结果"，可以查看记录结果的正确性，如下图所示。

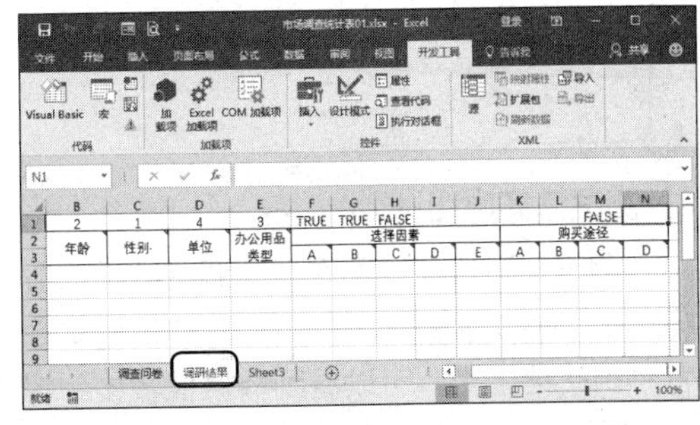

2. 测试按钮功能

切换到工作表"调查问卷"，单击【提

交】按钮［提交］，此时暂存行中的数据将被复制到工作表“调研结果”中的第4行，如下图所示。

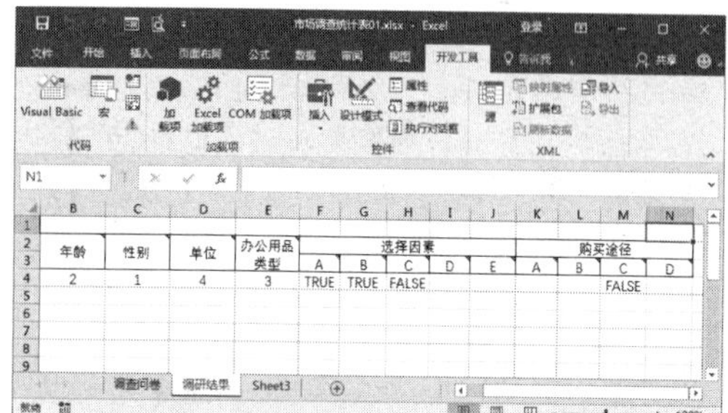

切换到工作表“调查问卷”中，工作表“调查问卷”中的数据恢复空白状态，如下图所示。

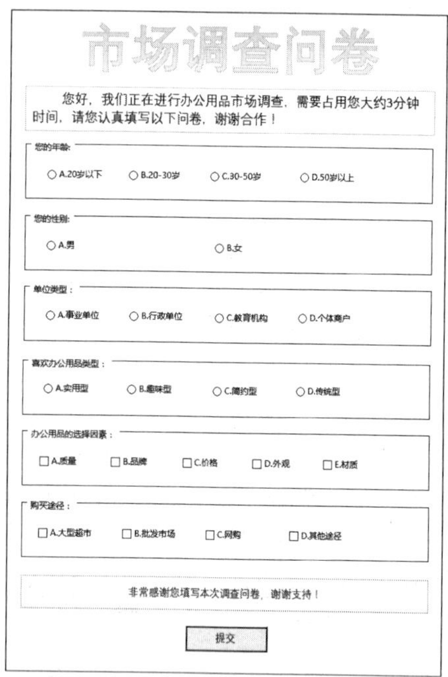

3. 测试循环功能

测试循环功能，再次填写调查问卷，然后单击【提交】按钮［提交］，切换到工作表“调研结果”，可以看到数据被转移到相应位置，如下图所示。

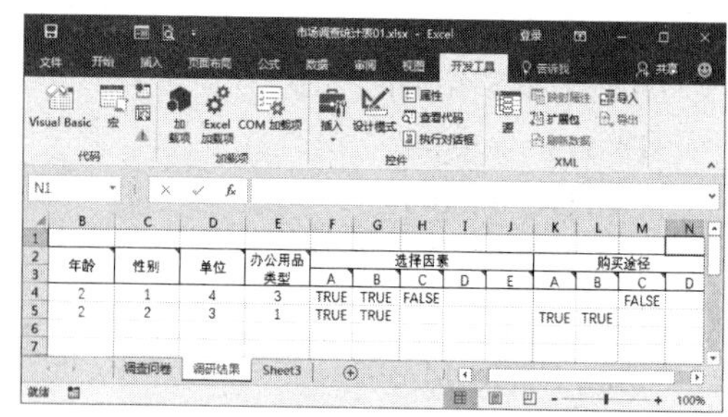

13.3.6 保护调查问卷工作簿

前面介绍了怎样对工作表“调查问卷”进行保护，填写问卷者只有对调查问卷的填写权利，而不能对其他项目进行编辑。

接下来介绍怎样保护工作表中的控件以及调研结果等。

1. 保护控件

选中控件，打开【设置控件格式】对话框，切换到【保护】选项卡，在该对话框中系统默认选中【锁定】和【锁定文本】两个复选框，如下图所示。

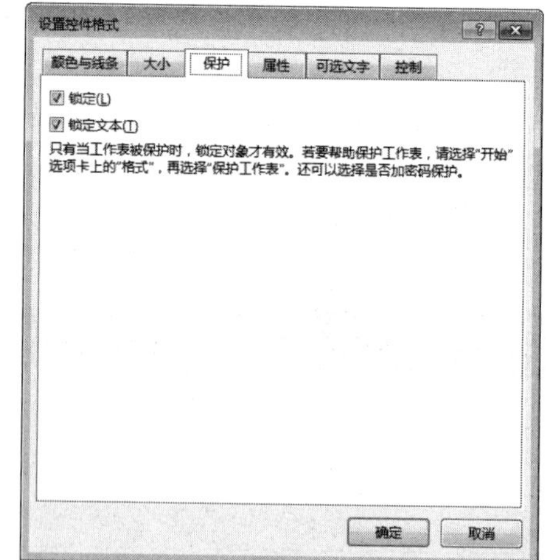

如果只选中【锁定文本】复选框，那么工作表被保护后仍然可以选择按钮，并且其邮件快捷菜单中的【指定宏】菜单项功能还可以使用，这就意味着仍然可以改变按钮的

程序。但是菜单中的【设置控件格式】菜单项却不可用，选择该菜单项时会弹出警告对话框，即无法对控件的格式进行设置。

如果只选中【锁定】复选框，那么工作表被保护后控件则不能被选择，此时控件的程序和格式也不能被改变了。

2. 隐藏工作表

在工作表“调查问卷”“调研结果”中，被调查者要做的就是填写调查问卷，特别是不能对“调研结果”中的数据进行修改，否则将使调查结果失去准确性。

为了保证“调研结果”数据的准确性，在填写的过程中应该使工作表“调研结果”不显示在页面中，通过【隐藏工作表】功能来实现这一操作，具体操作步骤如下。

第 1 步 ❶ 切换到工作表“调查问卷”中，打开【Excel 选项】对话框，切换到【高级】选项卡；❷ 在【此工作簿的显示选项：】组合框中撤选【显示工作表标签】复选框；❸ 单击【确定】按钮 确定 ，如下图所示。

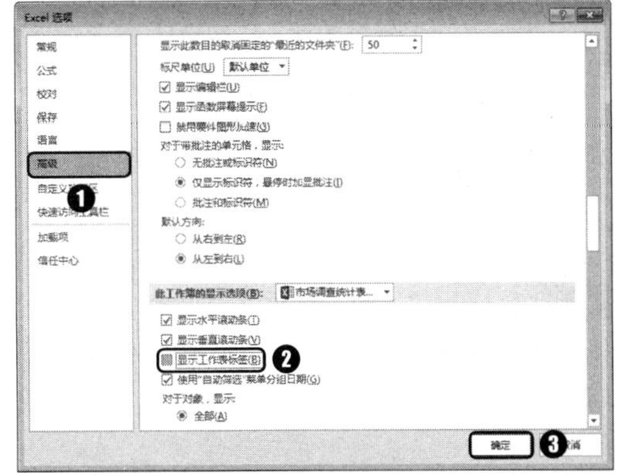

第 2 步 此时工作簿中的工作表标签就被全部隐藏起来了，如下图所示。

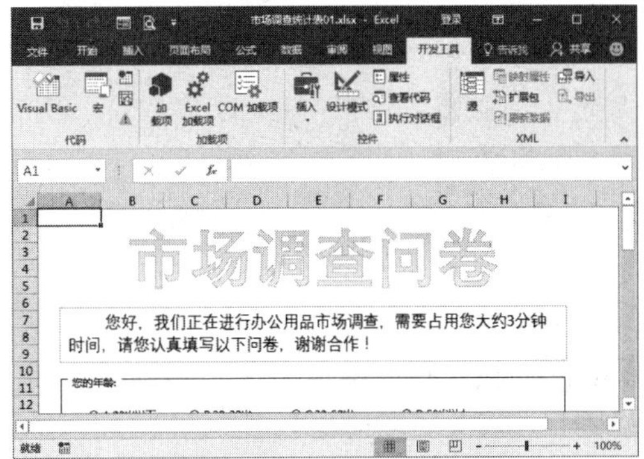

13.4 统计调查结果

案例背景

调查问卷制作完成后，可以将其放在网络上，或者以电子邮件形式发出，召集被调查者填写问卷，以收集数据信息。

当调研数据信息量和涵盖面达到一定的要求时，就可以对结果进行统计了。

本例将介绍怎样统计调查结果，制作完成后的效果如右图所示，实例最终效果见“光盘\结果文件\第13章\市场调查统计表02.xlsx”文件。

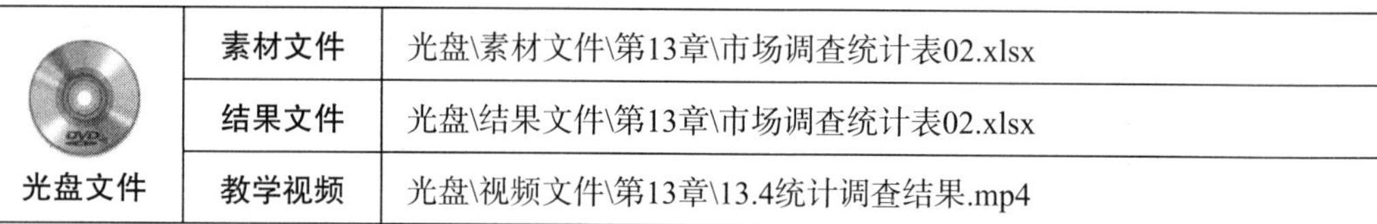

光盘文件		
	素材文件	光盘\素材文件\第13章\市场调查统计表02.xlsx
	结果文件	光盘\结果文件\第13章\市场调查统计表02.xlsx
	教学视频	光盘\视频文件\第13章\13.4统计调查结果.mp4

统计调查结果的具体操作步骤如下。

第 1 步 打开“光盘\素材文件\第 13 章\市场调查统计表 02.xlsx”，切换到工作表“调研结果”中，可以看到调研结果信息，如下图所示。

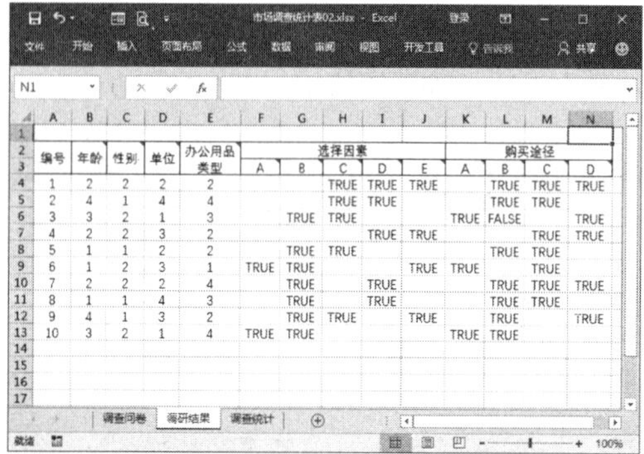

第 2 步 切换到工作表“调查统计”中，可以看到该表改变多选题中每一选项占一列的形式，将其改为批注形式。表格的第一列作为项目统计列，项目编号表示各个选题中的选项代号，如下图所示。

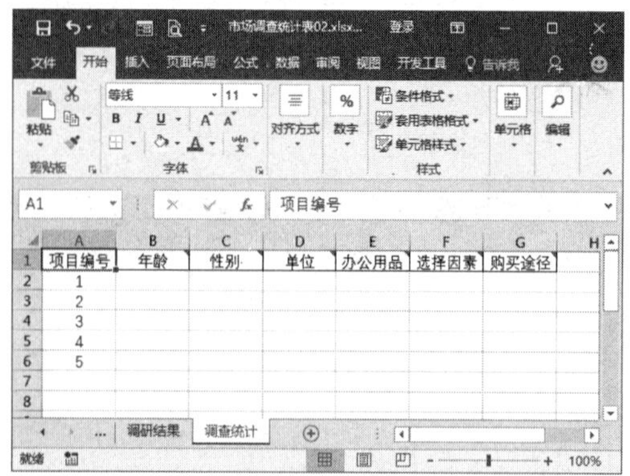

第3步 选中单元格B2，输入公式“=COUNTIF(调研结果!$B$4:$B$1000,调查统计!A2)”，按【Enter】键，即可统计出“年龄”为“20岁以下”的个数，如下图所示。

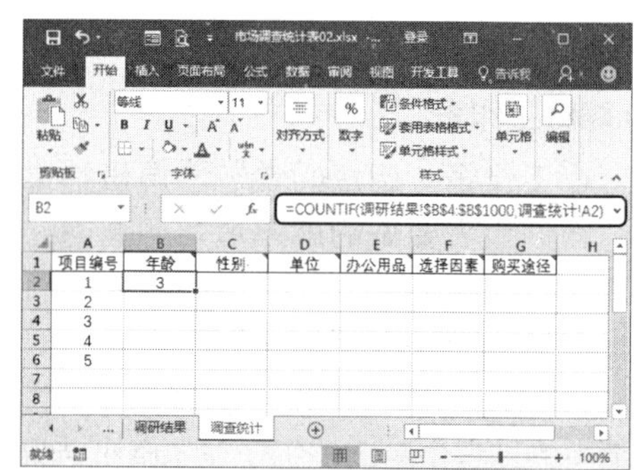

第 4 步 选中单元格 B3，向下填充公式，即可统计出各年龄段的个数，如下图所示。

第 5 步 统计不同性别的个数。在单元格 C2 中输入公式“=COUNTIF(调研结果!$C$4:$C$1000,调查统计!A2)”，然后向下填充公式，即可计算出不同性别的个数，如下图所示。

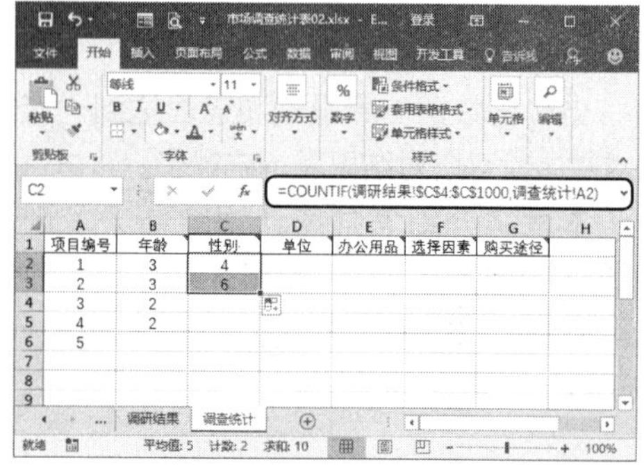

第 6 步 统计不同单位的个数。在单元格 D2 中输入公式“=COUNTIF(调研结果 !$D$4:$D$1000, 调查统计 !A2)”，然后向下填充公式，即可计算出不同单位类型的个数，如下图所示。

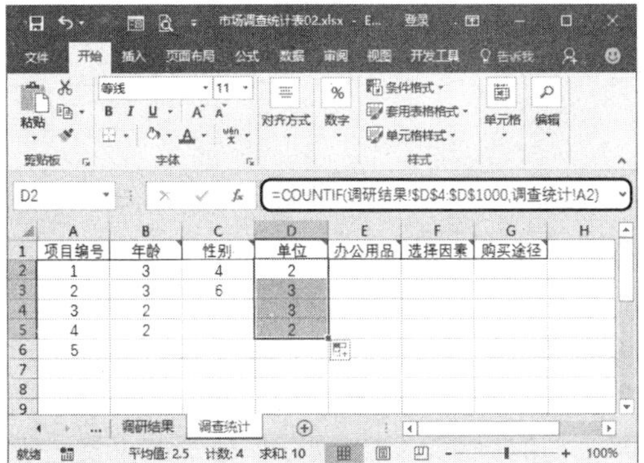

第 7 步 统计不同办公用品类型的个数。在单元格 E2 中输入公式“=COUNTIF(调研结果 !$E$4:$E$1000, 调查统计 !A2)”，然后向下填充公式，即可计算出不同类型办公用品的个数，如下图所示。

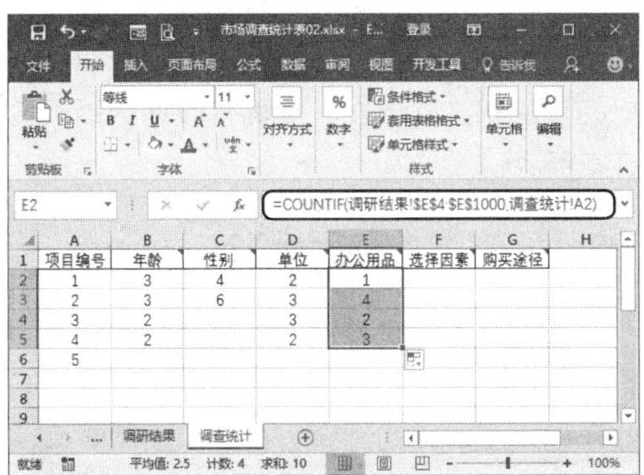

第 8 步 统计多项选择的调查结果。在单元格 F2 中输入公式“=COUNTIF(调研结果 !$F$4:$F$1000, TRUE)”，即可计算出“选择因素”选项的个数，如下图所示。

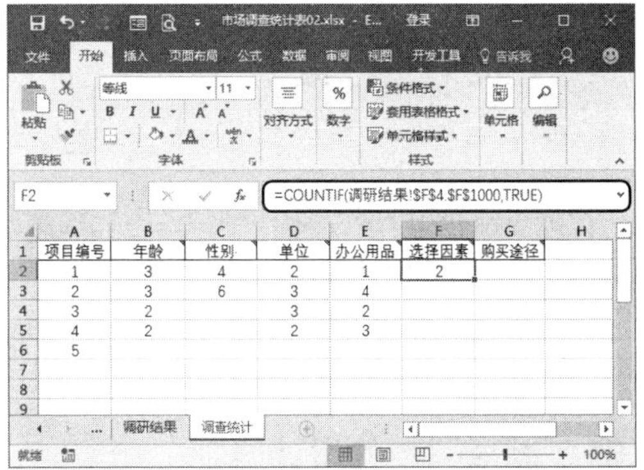

第 9 步 在单元格 F3 中输入公式“=COUNTIF(调研结果 !$G$4:$G$1000, TRUE)”，即可计算出“选择因素”选项的个数，如下图所示。

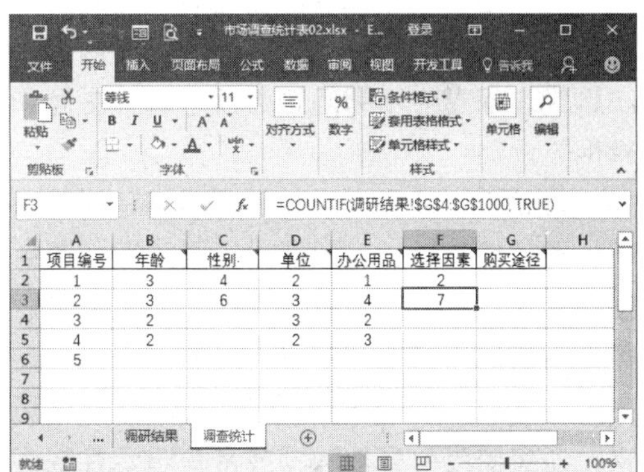

第 10 步 按照相同的方法统计多选题各个选项的个数，如下图所示。

通过前面知识的学习，相信读者已经掌握了关于简单抽样、系统抽样、调查问卷的设计以及调查结果的统计等相关操作。下面结合本章内容，介绍一些工作中的实用经验与技巧。

01 调查问卷的设计原则

在设计调查问卷时要遵循四项原则：合理性、准确性、客观性、可行性。

合理性：调查问卷的答卷时间控制应该在几分钟之内，因此问题不能过多，内容短小精悍，问卷中所列问题必须与调查主题紧密相关。

准确性：调查问卷的用词要清楚明了，表达要简洁易懂，一般使用日常用语，避免使用专业术语或缩写、俗语等。如果不可避免使用专业术语时，应对其作出解释。

客观性：问题的设置应该具有普遍意义，避免使用引导性问题或带有暗示性或倾向性的问题。在问卷调查中，这一原则之所以成为必要，是由于高度竞争的市场对调查业的发展提出了更高的要求。

可行性：调查问卷可能涉及一些敏感性话题，可将这类题目设计成间接问句或者第三人称的方式提问，这样符合大众化要求。

02 调查样本选择误区

由于抽样调查是根据样本调查的结果推断总体的一种调查方法，因此样本的选择是否恰当，对于问卷调查至关重要。

大多数问卷调查在样本选择时容易出现三个错误。

错误一：数据广而泛，只追求样本数量，不注重样本的质量，真正有效的样本比较有限，导致统计分析结果的可靠性很低，对决策形成误导。

错误二：调查样本与目标样本群不符，虽然确定了目标样本群，但是在实际调查中有一些不符合目标样本群。例如调查目标为某公司的员工，对出现在该公司的人员进行调查，结果有可能出现在该公司的部分人员不是公司员工。

错误三：无法提供有效信息，虽然调查的目标群是正确的，但是无法提供调查问卷所涉及的有效信息，导致调查无意义。

了解了问卷调查在样本选择时可能出现的问题，用户在选择样本时应从问卷调查分析的目的和方式出发，准确有效地选择调查样本群。

03 调查样本选择标准

调查样本的选择必须能全面反映母体的特点，选择样本必须具备很强的随机性，因此在确定了最终的调查客户群，还需要审视是否会因调查手段、方式和途径导致样本存在偏失。

在确定样本范围之后应该结合基本常识对调查手段、方式和途径进行审视，尽量采用多渠道采访不同群体，避免以偏概全，当因无法避免而造成样本在某些特点分析上有偏失时，应在分析的过程和结果中进行说明和修正。

第 14 章 生产决策数据的处理与分析

本章导读

本章主要介绍如何使用Excel对生产决策数据进行有效的处理，以及解决相关的生产决策问题。通过对生产决策数据的处理与分析，企业决策者可以更好地做出正确决策，使公司效益达到最大化。

知识要点

- ❖ 生产函数
- ❖ 数据透视表
- ❖ 数据筛选
- ❖ 图表分析
- ❖ XY散点图
- ❖ 规划求解

14.1 关于生产函数

案例背景

每一个生产型企业，只要有投入和产出，就会有生产函数。本例将介绍生产函数，制作完成后的效果如下图所示。实例最终效果见“光盘\结果文件\第14章\关于生产函数.xlsx”文件。

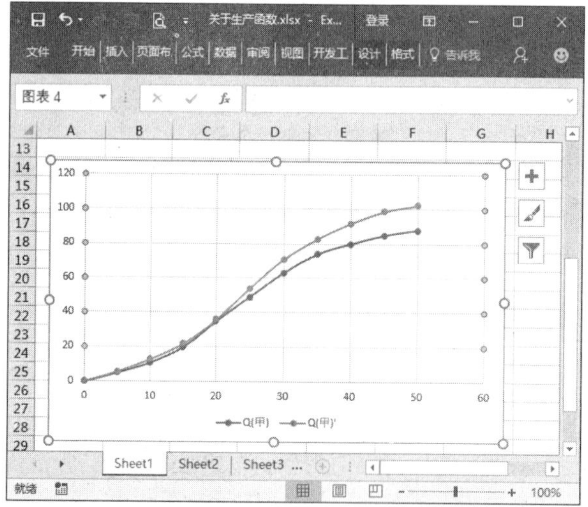

光盘文件	素材文件	光盘\素材文件\第14章\关于生产函数.xlsx
	结果文件	光盘\结果文件\第14章\关于生产函数.xlsx
	教学视频	光盘\视频文件\第14章\14.1关于生产函数.mp4

14.1.1 绘制生产函数关系图

生产函数就是产量Q与生产因素L、K、N、E等投入之间存在的依存关系。由于生产因素N是固定的，E是难以估算的，因此生产函数Q的表达式为：Q=f(L,K)。

研究生产函数一般是以特定时期和既定生产技术水平作为前提条件，当生产因素发生变化时，生产函数也会相应地发生变化。

假设某公司生产某种产品甲需要两种配件，分别为M和N。已知A的数量为Q(M)，B的数量为Q(N)，生产商品甲的数量为Q（甲），绘制该公司生产函数的具体操作步骤如下。

第 1 步 打开“光盘\素材文件\第 14 章\关于生产函数 .xlsx”文件。可以看出在生产要素 M 的数量 Q(M) 保持不变的情况下，当 Q(N) 增加时，产量 Q（甲）也随之增加；当 Q(M) 增加、Q(N) 保持不变时，产量增加的幅度较大，如下图所示。

第 2 步 ❶ 切换到【插入】选项卡；❷ 单击【图表】组中的【推荐的图表】按钮，如下图所示。

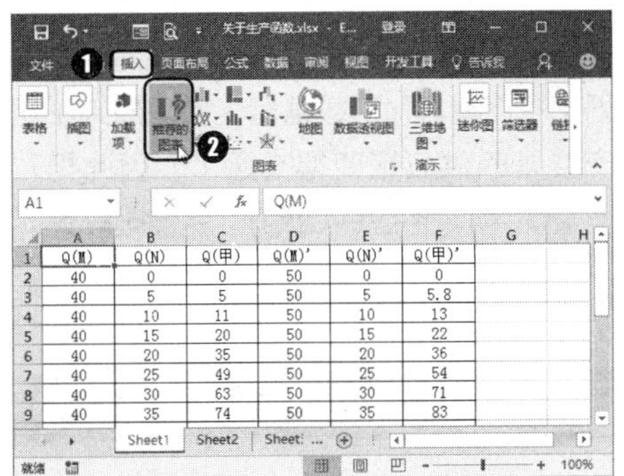

第 3 步 ❶ 弹出【插入图表】对话框，切换到【所有图表】选项卡中；❷ 在左侧列表框中选择【XY 散点图】选项；❸ 选择【带平滑线和数据标记的散点图】选项；❹ 然后选择合适的图表选项，如下图所示。

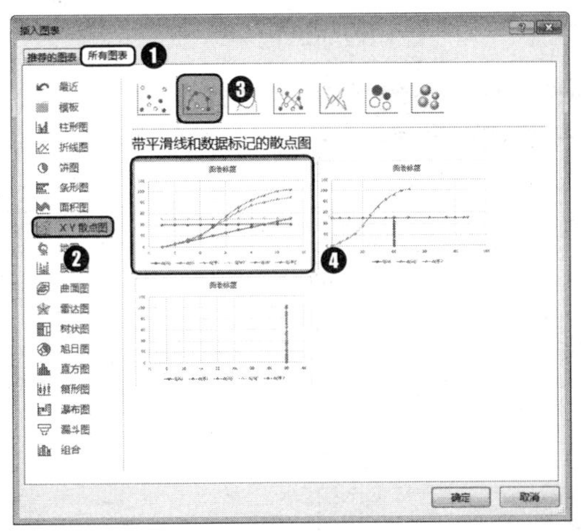

第 4 步 单击【确定】按钮 确定，在工作表中插入 XY 散点图，如下图所示。

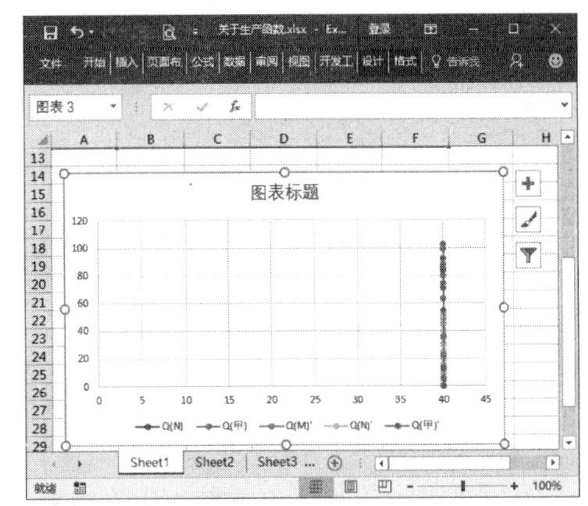

第 5 步 在图表上右击，从弹出的快捷菜单中选择【选择数据】命令，如下图所示。

第 6 步 弹出【选择数据源】对话框，将光标定位在【图表数据区域】文本框中，然后在工作表中选择单元格区域“B1:C12”和“F1:F12”，如下图所示。

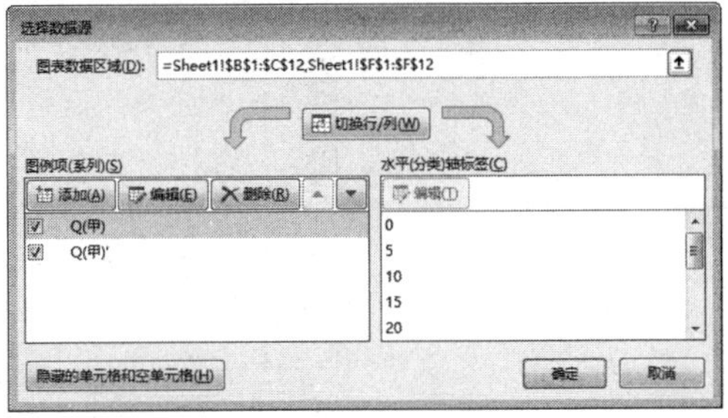

第 7 步 单击 确定 按钮，即可看到生产函数曲线的绘制效果如下图所示。

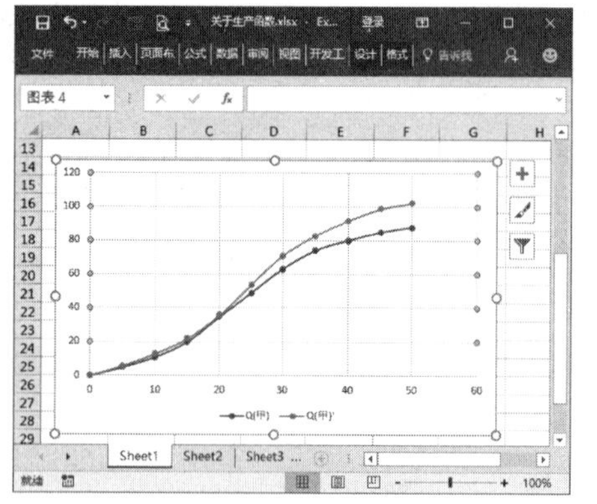

从图表中可以看出生产量与生产因素之间的数量关系。

14.1.2 分析生产函数关系图

当产量达到最大值以后，产量将不再随生产要素的变化而变化。

在短期内，当可变生产要素N的投入量增加时，生产函数会达到产量的最大值。这是因为当可变生产要素N的投入量增加到一定的程度时，固定生产要素M的数量就会显得相对不足。因此由于固定生产要素的缺少，会导致在一定的条件之下，可变生产要素的投入量无论怎样增加都不会使产量增加。

由上图XY散点图可以看出，当生产要素N的数量达到60时，生产量基本达到最大值。

如果对生产要素进行重新配置，增加固定生产因素M的数量，从40增加到50后，在可变生产要素N的投入水平相同的情况下，总产量Q(甲)＇比对应的Q(甲)大。这是因为增加了固定生产要素M的数量后，使得原来不足的生产要素的供应量变得充足了，因此相对于总产量Q(甲)，相应的Q(甲)＇就会比较大。

14.2 总产量、平均产量与边际产量关系

案例背景

根据边际收益递减规律来分析某一种生产要素的合理投入问题。为了说明产量的变动情况，把产量分为总产量、平均产量与边际产量。

本例将介绍总产量、平均产量与边际产量之间的相关关系，制作完成后的效果如下图所示。实例最终效果见“光盘\结果文件\第14章\总产量、平均产量和边际产量.xlsx”文件。

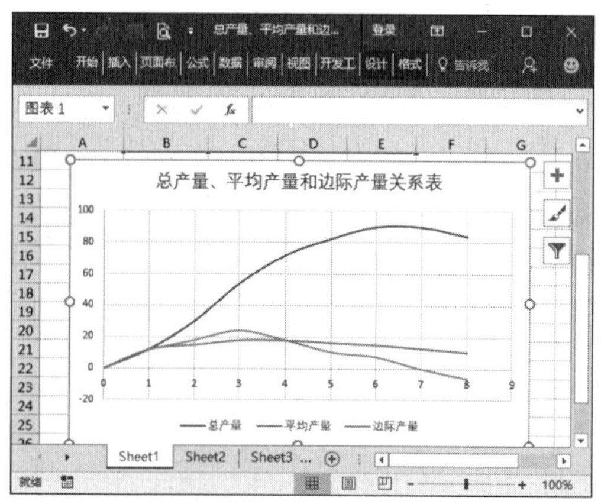

光盘文件		
	素材文件	光盘\素材文件\第14章\总产量、平均产量和边际产量.xlsx
	结果文件	光盘\结果文件\第14章\总产量、平均产量和边际产量.xlsx
	教学视频	光盘\视频文件\第14章\14.2总产量、平均产量与边际产量关系.mp4

14.2.1 创建三者关系图

总产量是指投入一定数量的产品要素所得到的产出量的总和。

平均产量是指平均每单位生产要素投入量的产出量。

边际产量是指投入生产要素的增量所带来的总产量的增量，即最后增加的那一个单位生产要素所带来的产量的增量，创建三者关系图的具体操作步骤如下。

第 1 步 打开“光盘\素材文件\第 14 章\总产量、平均产量和边际产量 .xlsx”文件，如下图所示。

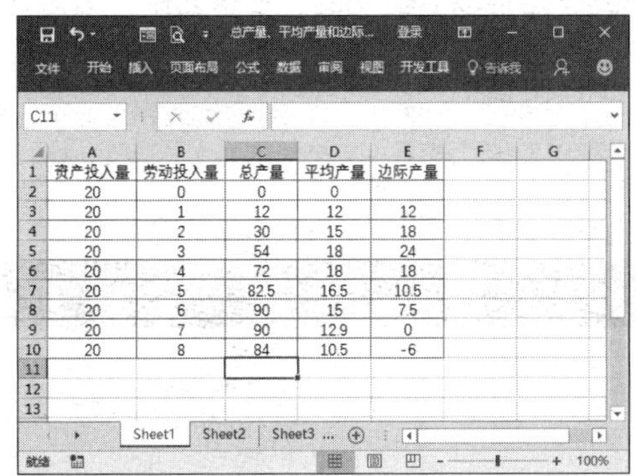

资产投入量	劳动投入量	总产量	平均产量	边际产量
20	0	0	0	
20	1	12	12	12
20	2	30	15	18
20	3	54	18	24
20	4	72	18	18
20	5	82.5	16.5	10.5
20	6	90	15	7.5
20	7	90	12.9	0
20	8	84	10.5	-6

第 2 步 选中单元格区域 B1:E10，按照前面介绍的方法在工作表中插入一个 XY 散点图，总产量、平均产量与边际产量之间的关系如下图所示。

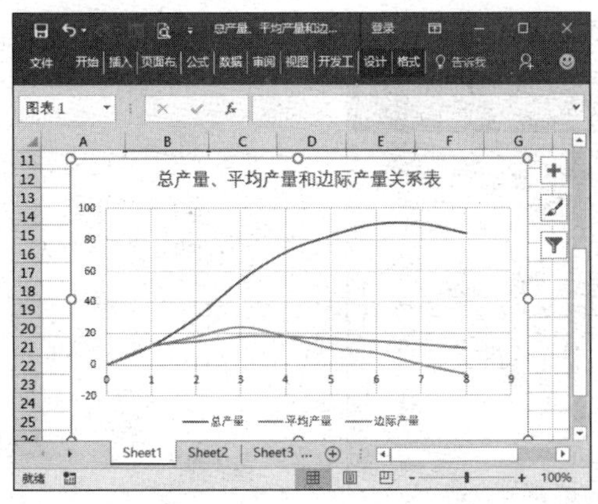

在上图中，X轴代表劳动投入量，Y轴代表产量。从图中可以得出，总产量、平均产量和边际产量三者之间的关系。

第一，在资本量一定的条件下，随着劳动投入量的不断增加，总产量、平均产量和边际产量都是先增加，达到一定高度时转而下降。

第二，边际产量曲线与平均产量曲线相交于平均产量曲线的最高点。在相交之前，边际产量大于平均产量，平均产量是递增的；相交之后，平均产量大于边际产量，平均产量大于边际产量后，平均产量是递减的；在相交点上，平均产量等于边际产量，平均产量达到最高点。

第三，当边际产量等于零时，总产量最大；当边际产量为正数时，总产量递增；当边际产量为负数时，总产量递减。

为了确定一种可变投入的合理使用量，经济学家把可变投入量与产量的变化分为3个阶段。第1阶段中，劳动的平均产量是递增的，这意味着每单位劳动的边际产量均高于平均产量。第2阶段是可变投入使用量的最合理区域，平均产量、边际产量均为最高。第3阶段总产量、平均产量与边际产量都是下降的，可变投入劳动的使用量过多了，此时减少可变投入的使用量反而会增加总产量。

14.2.2 边际产量递减规律

用两种及两种以上生产要素相结合生产一种产品时，如果只有一种要素是可变动的，其他因素保持不变，那么在生产技术条件既定的情况下，随着这一可变要素的数量的增加，其边际产量开始会出现递增的趋势，但在达到一定数量后则会呈现递减趋势。这就是生产要素的边际产量递减规律。

边际产量之所以会出现递减，是由于生产过程中生产要素配合比例的技术要求决定的。在一种要素的数量固定不变，可变要素不断增加的情况下，到了可变要素的数量达到了足以使固定要素得到最合理的利用后，继续增加可变要素，就意味着固定要素与可变要素的配合比例超出了现有生产技术的要求。这时增加可变要素虽然可以使总产量增加，但总产量的增加量则会出现递减现象。在可变要素增加到一定限度后，再继续增加其数量反而会引起总产量减少，即边际产量为负数。

在分析和论证生产要素的边际产量递减规律时必须具备以下几个前提。

（1）生产要素投入量的比例是可变的。一种生产要素的增加是以其他生产要素的数量不变为前提的，如果其他生产要素同时变化，或者同比例变化，边际产量不一定递减，其产量的变动是属于规模经济问题。

（2）生产技术水平保持不变。如果生产技术水平提高了，一般会使边际产量递减现象延后，但不会使递减现象消失。

（3）生产要素的数量超过一定量。要素的边际产量递减现象是在生产要素的数量增加到一定点以后出现的，在这之前，其边际产量可能是递增的。

14.3 单位成本与收益分析

案例背景

总成本可以划分为总不变成本、总可变成本。单位成本（ATC）也可以划分为平均不变成本（AFC）、平均可变成本（AVC）以及边际成本（MC）。在得到既定的相关成本后，就可以计算出相应的总收益（TR）和边际收益（MR）了。

本例将介绍怎样根据各成本计算相应的收益，制作完成后的效果如下图所示，实例最终效果见“光盘\结果文件\第14章\单位成本与收益分析表.xlsx”文件。

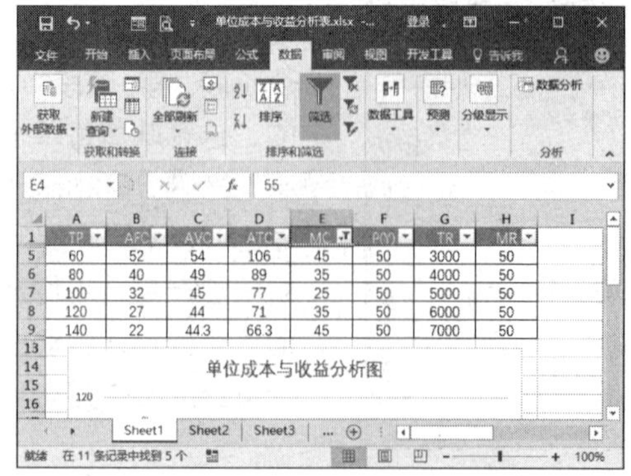

TP	AFC	AVC	ATC	MC	P(1)	TR	MR
60	52	54	106	45	50	3000	50
80	40	49	89	35	50	4000	50
100	32	45	77	25	50	5000	50
120	27	44	71	35	50	6000	50
140	22	44.3	66.3	45	50	7000	50

 光盘文件	素材文件	光盘\素材文件\第14章\单位成本与收益分析表.xlsx
	结果文件	光盘\结果文件\第14章\单位成本与收益分析表.xlsx
	教学视频	光盘\视频文件\第14章\14.3单位成本与收益分析.mp4

14.3.1 建立分析模型

创建单位成本与收益分析模型的具体操作步骤如下。

第 1 步 打开“光盘\素材文件\第 14 章\单位成本与收益分析表.xlsx”文件，单位成本与收益数据表如下图所示。其中，TP 代表产量，P（Y）代表价格。

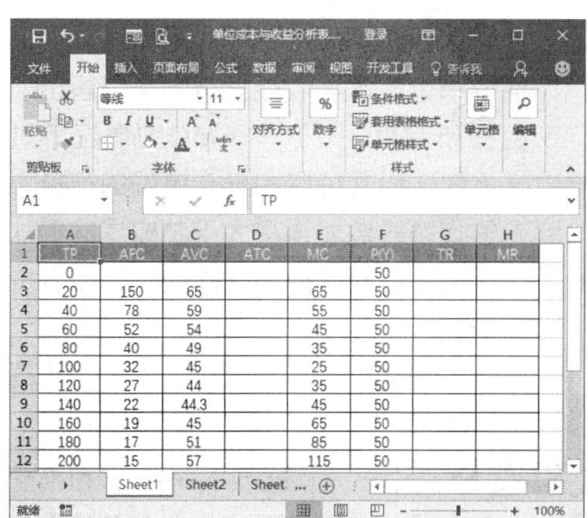

TP	AFC	AVC	ATC	MC	P(Y)	TR	MR
0					50		
20	150	65		65	50		
40	78	59		55	50		
60	52	54		45	50		
80	40	49		35	50		
100	32	45		25	50		
120	27	44		35	50		
140	22	44.3		45	50		
160	19	45		65	50		
180	17	51		85	50		
200	15	57		115	50		

第 2 步 计算单位成本。在单元格 D3 中输入公式“=SUM(B3:C3)”，然后向下填充公式至单元格 D12 中，如下图所示。

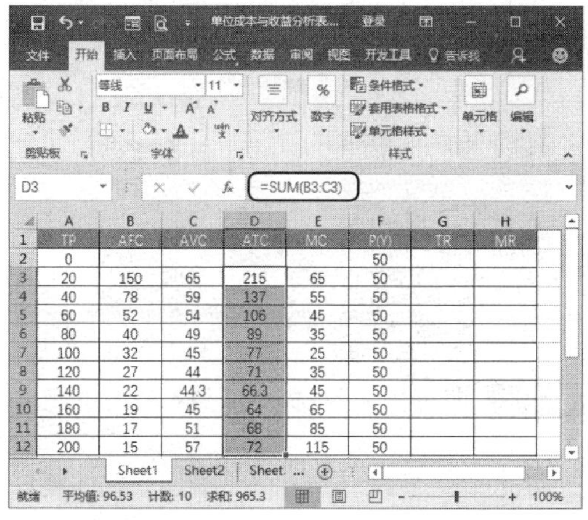

TP	AFC	AVC	ATC	MC	P(Y)	TR	MR
0					50		
20	150	65	215	65	50		
40	78	59	137	55	50		
60	52	54	106	45	50		
80	40	49	89	35	50		
100	32	45	77	25	50		
120	27	44	71	35	50		
140	22	44.3	66.3	45	50		
160	19	45	64	65	50		
180	17	51	68	85	50		
200	15	57	72	115	50		

第 3 步 计算总收益。在单元格 G3 中输入公式“=A3*F3”，然后向下填充公式至单元格 G12 中，如下图所示。

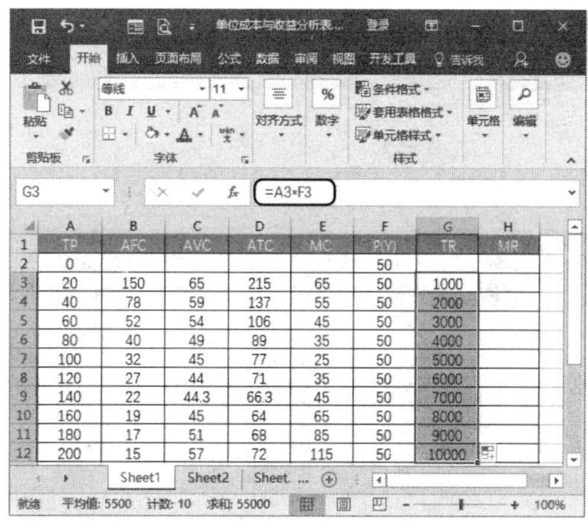

TP	AFC	AVC	ATC	MC	P(Y)	TR	MR
0					50		
20	150	65	215	65	50	1000	
40	78	59	137	55	50	2000	
60	52	54	106	45	50	3000	
80	40	49	89	35	50	4000	
100	32	45	77	25	50	5000	
120	27	44	71	35	50	6000	
140	22	44.3	66.3	45	50	7000	
160	19	45	64	65	50	8000	
180	17	51	68	85	50	9000	
200	15	57	72	115	50	10000	

第 4 步 计算边际收益。在单元格 H3 中输入公式“=(G3-G2)/(A3-A2)”，然后向下填充公式至单元格 H12 中，如下图所示。

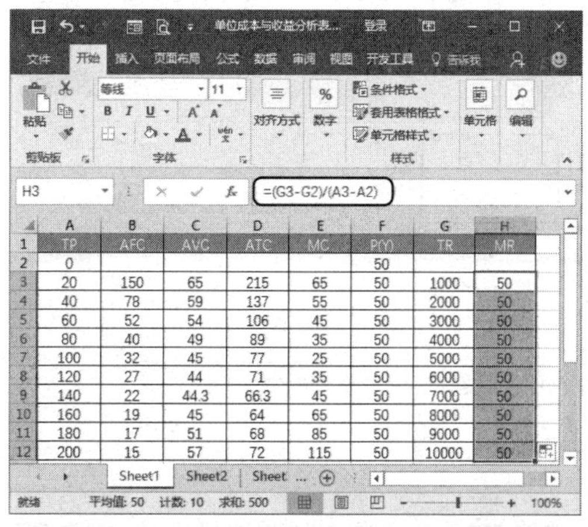

TP	AFC	AVC	ATC	MC	P(Y)	TR	MR
0					50		
20	150	65	215	65	50	1000	50
40	78	59	137	55	50	2000	50
60	52	54	106	45	50	3000	50
80	40	49	89	35	50	4000	50
100	32	45	77	25	50	5000	50
120	27	44	71	35	50	6000	50
140	22	44.3	66.3	45	50	7000	50
160	19	45	64	65	50	8000	50
180	17	51	68	85	50	9000	50
200	15	57	72	115	50	10000	50

温馨提示

边际收益的计算公式为：

MR=(TRi –TRi-1)/(TPi –TPi-1)

14.3.2 创建关系图

对于单位成本与收益的分析，从图表中看变化的趋势是最为直观的。绘制单位成本与收益分析图表的具体操作步骤如下。

第 1 步 ❶按住【Ctrl】键的同时选中单元格区域 A1:E12 和单元格区域 H1:H12，切换到【插入】选项卡；❷单击【图表】组中的【推荐的图表】按钮，如下图所示。

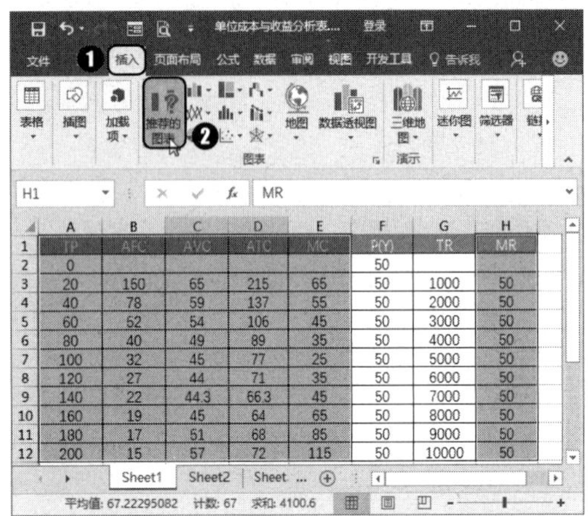

第 2 步 ❶弹出【插入图表】对话框，自动切换到【推荐的图表】选项卡，在左侧选择图表类型；❷单击【确定】按钮 确定，如下图所示。

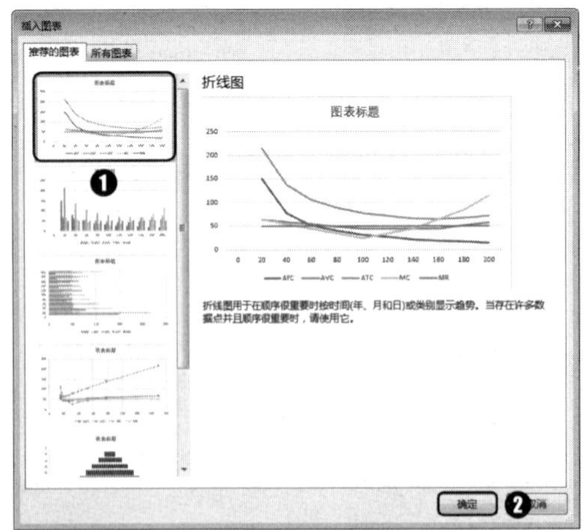

第 3 步 即可在工作表中插入图表，对图表进行简单设置，效果如下图所示。

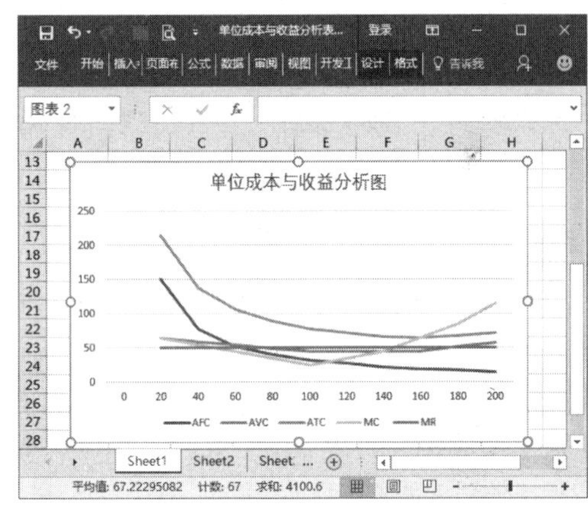

14.3.3 确定最优决策

通过单位成本与收益分析图可以看出，厂家会在所有MR大于等于MC的情况下进行生产，在这期间每增加一个单位的产量，得到的总收益的增加量将大于总成本的增加量。这样会使厂家实现利润的最大化或者成本的最小化。

要查找收益大于成本的记录，可利用【高级筛选】功能来实现，具体操作步骤如下。

第 1 步 ❶选中单元格区域 A1:H12，切换到【数据】选项卡；❷单击【排序和筛选】组中的【筛选】按钮，如下图所示。

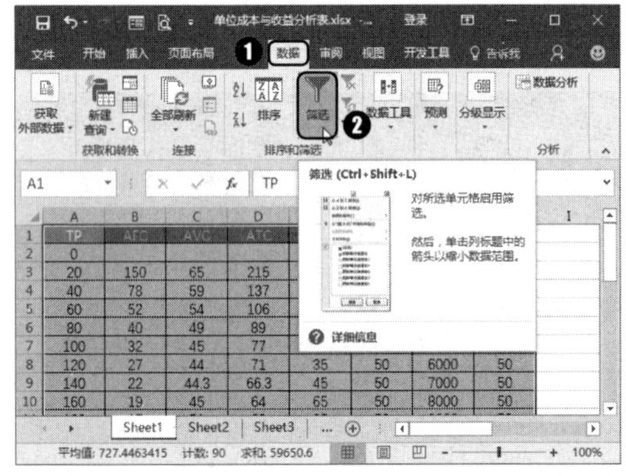

第 2 步 即可进入筛选状态。❶单击单元格

E1 右侧的下箭头按钮▼；❷ 从弹出的下拉列表中选择【数字筛选】➢【小于】选项，如下图所示。

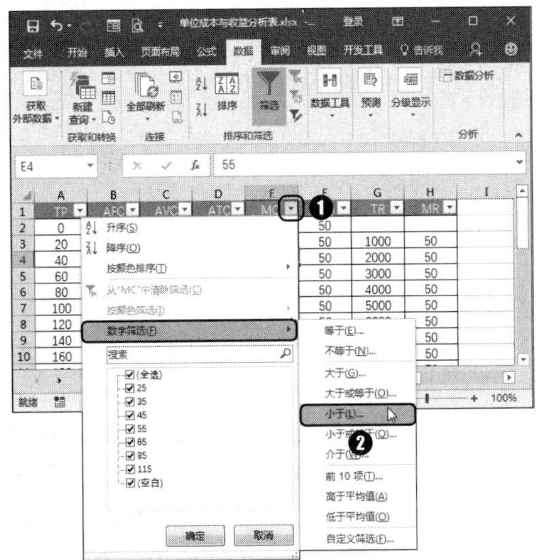

第 3 步 ❶ 弹出【自定义自动筛选方式】对话框，在【MC】组合框中的下拉列表中选择【小于】选项，在右侧文本框中输入“50”；❷ 单击【确定】按钮 确定 ，如下图所示。

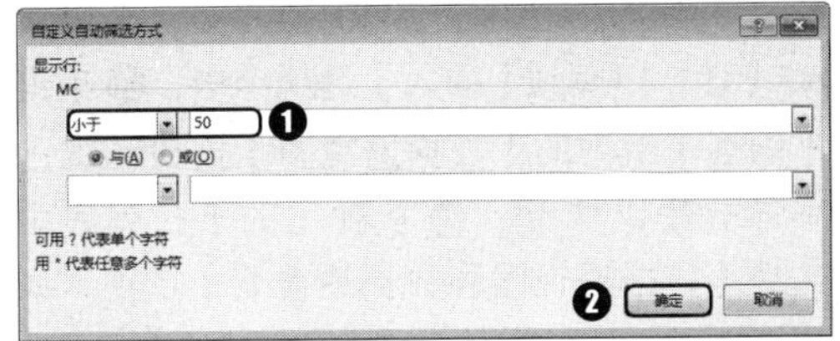

第 4 步 返回工作表，即可得到筛选结果，如下图所示。

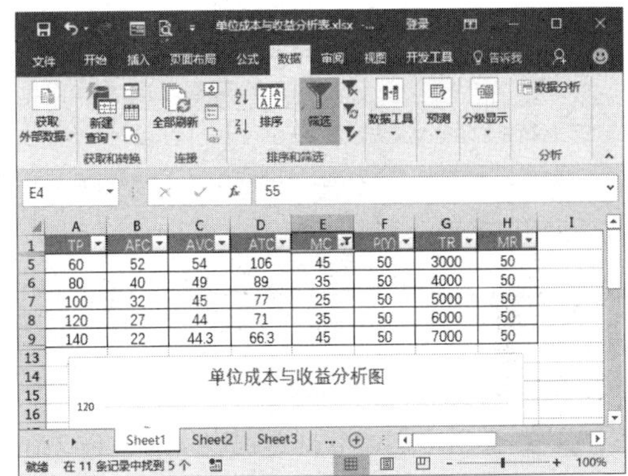

从上图中即可看出，图中显示的是收益大于成本的数据。当产品生产数量为140时，总收益取得的最大利益为7000。

大神支招

通过前面知识的学习，相信读者已经掌握了在生产决策中数据的处理与分析等的相关技能操作。下面结合本章内容，介绍一些工作中的实用经验与技巧。

01 生产成本透视分析

视频文件：光盘\视频文件\第14章\01.mp4

在企业日常工作中，可以使用Excel的【数据透视表】功能对企业主要产品的单位成本以及总体的生产成本进行分析，以帮助企业的决策者做出正确的生产决策。

在Excel 2016中，如果未插入数据透视表，在工作表中插入数据透视图的同时会自动在工作表中插入数据透视表。因此，如果用户想要同时插入数据透视表和数据透视图，只需在工作表中插入数据透视图即可，具体操作步骤如下。

第 1 步 ❶ 打开“光盘\素材文件\第 14 章\生

产成本预算表.xlsx”文件，选中单元格区域A5:E10，切换到【插入】选项卡中；❷单击【图表】组中的【数据透视图】按钮的下半部分按钮；❸从弹出的下拉列表中选择【数据透视图和数据透视表】选项，如下图所示。

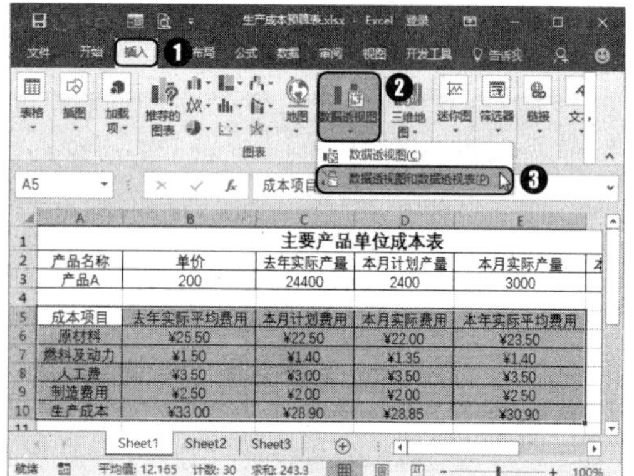

第 2 步 弹出【创建数据透视表】对话框，在【表/区域】文本框中显示了所选择的数据区域，如下图所示。

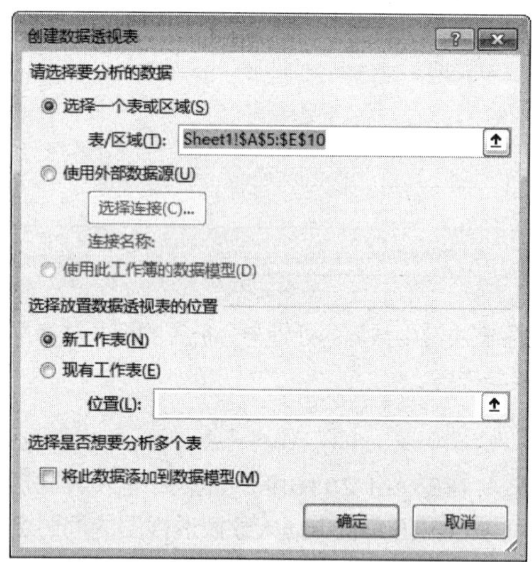

第 3 步 单击【确定】按钮，即可在工作簿中插入一个名为“Sheet4”的数据透视表和数据透视图，将其重命名为“单位成本数据透视”，并弹出【数据透视图字段列表】任务窗格，如下图所示。

第 4 步 在【数据透视表字段列表】任务窗格中的【选择要添加到报表的字段】列表框中选择【成本项目】选项，将其拖动至【在以下区域间拖动字段】组合框中的【筛选】列表框中，将【去年实际平均费用】和【本年实际平均费用】选项拖动至【值】列表框中，如下图所示。

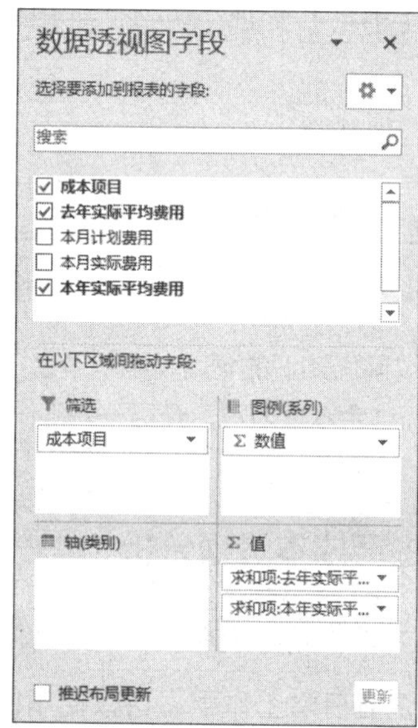

第 5 步 字段设置完毕，数据透视表和数据透视图的效果如图所示。

第6步 设置数据透视表。❶选中数据透视表，切换到【数据透视工具】栏中【设计】选项卡中；❷单击【数据透视表样式】组中的【其他】按钮▼，如下图所示。

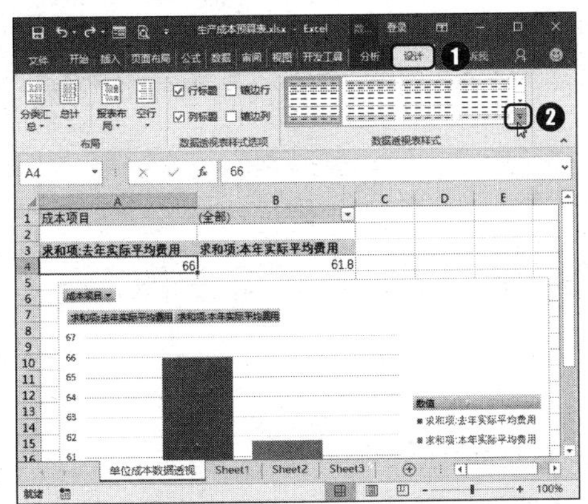

第7步 从弹出的下拉列表中选择数据透视表样式，如下图所示。

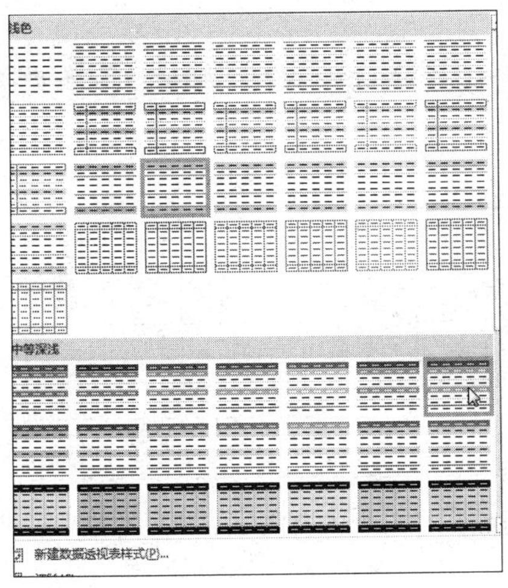

第8步 即可更改数据透视表的样式，效果如下图所示。

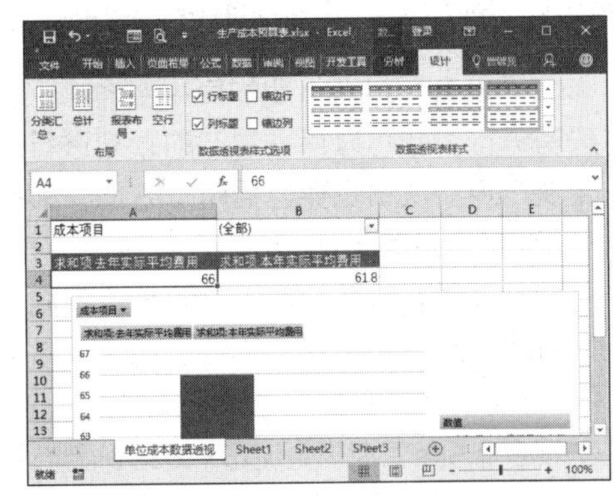

第9步 ❶单击单元格B2右侧的下箭头按钮▼；❷从弹出的下拉列表中选择【生产成本】选项；❸单击【确定】按钮 确定 ，如下图所示。

第10步 即可在数据透视表和数据透视图中显示出单位生产成本的汇总数据，如下图所示。

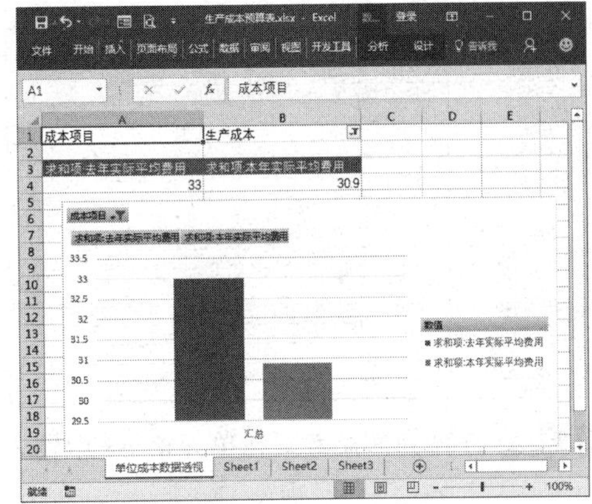

02　设备更新决策分析

视频文件：光盘\视频文件\第14章\02.mp4

生产设备都具有一定的使用寿命，定期对设备进行更新可以保证生产的顺利进行。固定资产更新决策主要包括两个方面，即确定是否更新以及确定更新资产的类型。

企业在进行设备更新时需要考虑不同的折旧方法的影响，因此，折旧也成为设备更新的一部分，此时现金流量的计算方法为：

现金流量=营业现金流量+终结现金流量

营业现金流量=税后净利润+折旧额=销售收入−付现成本所得税

税后净利润=税前利润−所得税

税前利润=销售收入付现成本−折旧额

所得税=税前利润×所得税率

判断设备是否需要更新，主要需要考察设备的毛收入、付现成本、折旧额、利润总额、所得税、税后净利润、现金流量、净现值等。

创建设备更新决策分析的具体操作步骤如下。

第 1 步 打开“光盘\素材文件\第 14 章\设备更新决策分析表.xlsx”文件，贴现率、所得税率以及新旧设备的各个考察项目如下图所示。

	A	B	C	D	E	F
1	设备更新决策分析表					
2	贴现率	10%	所得税率	20%		
3	旧设备					
4	剩余使用年限	1	2	3	4	5
5	年生产毛收入	¥85,000.00	¥85,000.00	¥85,000.00	¥85,000.00	¥85,000.00
6	付现成本	¥45,000.00	¥45,000.00	¥45,000.00	¥45,000.00	¥45,000.00
7	年折旧额	¥42,000.00	¥35,000.00	¥28,000.00	¥22,500.00	¥17,620.00
8	利润总额					
9	所得税					
10	税后净利润					
11	现金净流量					
12	净现值					
13	新设备					
14	剩余使用年限	1	2	3	4	5
15	年生产毛收入	¥110,000.00	¥110,000.00	¥110,000.00	¥110,000.00	¥110,000.00
16	付现成本	¥55,000.00	¥55,000.00	¥55,000.00	¥55,000.00	¥55,000.00
17	年折旧额	¥40,000.00	¥38,000.00	¥32,000.00	¥28,000.00	¥22,000.00
18	利润总额					
19	所得税					
20	税后净利润					
21	现金净流量					
22	净现值					

第 2 步 计算利润总额。在单元格 B8 中输入公式“=B5-B6-B7”，即可计算出旧设备剩余一年时的利润总额，如下图所示。

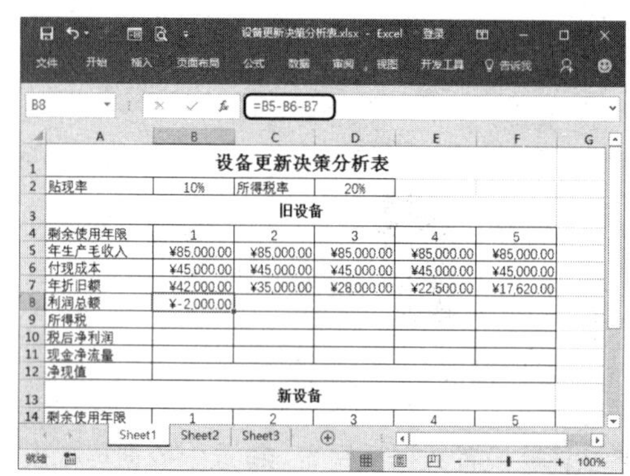

B8　=B5-B6-B7

	A	B	C	D	E	F
1	设备更新决策分析表					
2	贴现率	10%	所得税率	20%		
3	旧设备					
4	剩余使用年限	1	2	3	4	5
5	年生产毛收入	¥85,000.00	¥85,000.00	¥85,000.00	¥85,000.00	¥85,000.00
6	付现成本	¥45,000.00	¥45,000.00	¥45,000.00	¥45,000.00	¥45,000.00
7	年折旧额	¥42,000.00	¥35,000.00	¥28,000.00	¥22,500.00	¥17,620.00
8	利润总额	¥-2,000.00				
9	所得税					
10	税后净利润					
11	现金净流量					
12	净现值					
13	新设备					
14	剩余使用年限	1	2	3	4	5

第 3 步 计算所得税。在单元格 B9 中输入公式“=B8*$D$2”，即可计算出旧设备剩余 1 年时的所得税，如下图所示。

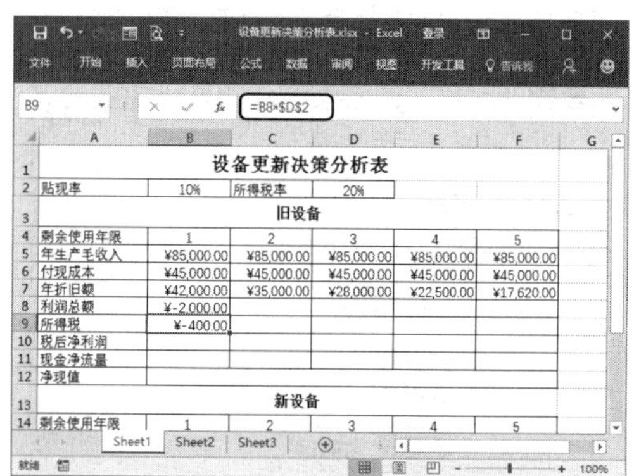

B9　=B8*$D$2

	A	B	C	D	E	F
1	设备更新决策分析表					
2	贴现率	10%	所得税率	20%		
3	旧设备					
4	剩余使用年限	1	2	3	4	5
5	年生产毛收入	¥85,000.00	¥85,000.00	¥85,000.00	¥85,000.00	¥85,000.00
6	付现成本	¥45,000.00	¥45,000.00	¥45,000.00	¥45,000.00	¥45,000.00
7	年折旧额	¥42,000.00	¥35,000.00	¥28,000.00	¥22,500.00	¥17,620.00
8	利润总额	¥-2,000.00				
9	所得税	¥-400.00				
10	税后净利润					
11	现金净流量					
12	净现值					
13	新设备					
14	剩余使用年限	1	2	3	4	5

第 4 步 计算税后净利润。在单元格 B10 中输入公式“=B8-B9”，即可计算出旧设备剩余一年时的税后净利润，如下图所示。

B10　=B8-B9

	A	B	C	D	E	F
1	设备更新决策分析表					
2	贴现率	10%	所得税率	20%		
3	旧设备					
4	剩余使用年限	1	2	3	4	5
5	年生产毛收入	¥85,000.00	¥85,000.00	¥85,000.00	¥85,000.00	¥85,000.00
6	付现成本	¥45,000.00	¥45,000.00	¥45,000.00	¥45,000.00	¥45,000.00
7	年折旧额	¥42,000.00	¥35,000.00	¥28,000.00	¥22,500.00	¥17,620.00
8	利润总额	¥-2,000.00				
9	所得税	¥-400.00				
10	税后净利润	¥-1,600.00				
11	现金净流量					
12	净现值					
13	新设备					
14	剩余使用年限	1	2	3	4	5

第 5 步 计算现金净流量。在单元格 B11 中输

入公式“=B7+B10”，即可计算出旧设备剩余一年时的现金净流量，如下图所示。

第6步 使用快速填充功能将单元格区域B8:B11中的公式填充至单元格区域C8:F11中，如下图所示。

第7步 计算旧设备的“净现值”。选中单元格B12，输入公式“=NPV(B2,B11:F11)”，即可计算出旧设备的净现值，如下图所示。

第8步 按照相同方法计算新设备的相关项目，如下图所示。

至此，设备更新决策表就制作完成了，从计算结果可以看出，新设备的“净现值”为“￥191713.68”，旧设备的“净现值”为“￥144195.71”，新设备的“净现值”大于旧设备的“净现值”，因此需要更新设备。

03 利用规划求解功能求解配料问题

视频文件：光盘\视频文件\第14章\03.mp4

配料问题是冶金、化工等行业中经常需要考虑的重要问题，接下来通过使用Excel的【规划求解】功能解决配料问题。

假设某工厂有3种产品甲、乙、丙，这三种产品的生产原料也有3种A、B、C。已知这3种产品中A、B、C的含量、原料成本、各原料的每月限用量，3种产品的单位加工费及售价如下表所示。

	甲	乙	丙	原料成本（元/千克）	每月限用量（千克）
A	≥65%	≥15%		8	2000
B				6	2500
C	≤20%	≤60%	≤50%	4	1200
加工费（元/千克）	2	1.6	1.2		
售价（元）	13.6	11.4	9		

请问每月该工厂生产3种产品各多少千克，才能使该厂获利最大？使用【规划求解】功能计算该问题的具体操作步骤如下。

第 1 步 打开“光盘\素材文件\第 14 章\使用规划求解功能求解配料问题.xlsx”文件，配料模板如下图所示。

	A	B	C	D	E	F	G	H
1		原料成本	每月限用量	甲中所占比例要求	乙中所占比例要求	丙中所占比例要求	实际用量	
2	原料A	8	2000	>=65%	>=15%			
3	原料B	6	2500					
4	原料C	4	1200	<=20%	<=60%	<=50%		
5								
6								
7	加工费	加工费	售价	原料A比例	原料B比例	原料C比例	生产数量	比例总和
8	甲	2	13.6					
9	乙	1.6	11.4					
10	丙	1.2	9					
11	总利润							

第 2 步 计算原料 A 的实际用量。选中单元格 G2，输入公式“=SUMPRODUCT (G8:G10, D8:D10)”，如下图所示。

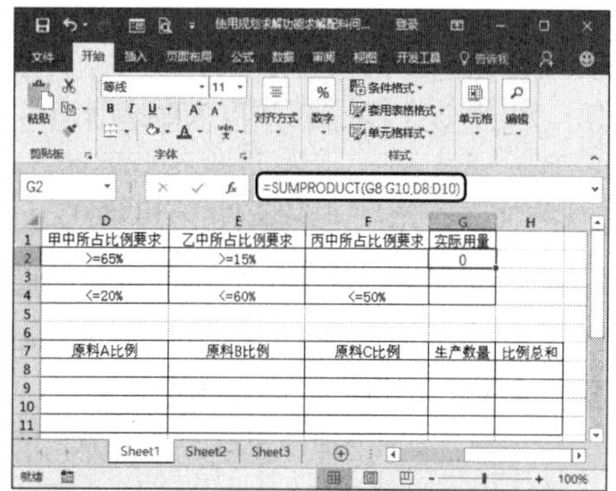

第 3 步 计算原料 B 的实际用量。选中单元格 G3，输入公式“=SUMPRODUCT (G8:G10, E8:E10)”，如下图所示。

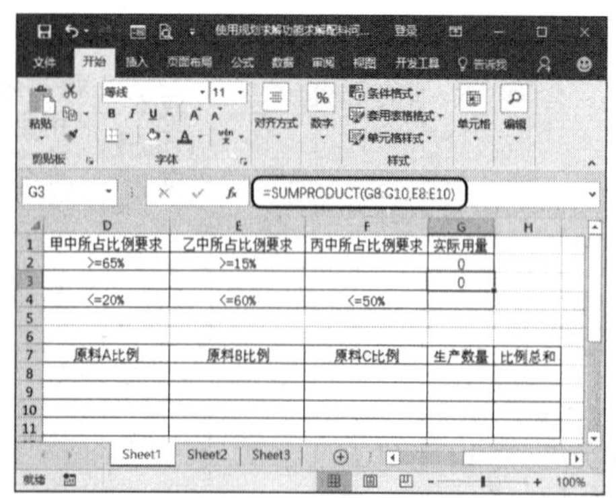

第 4 步 计算原料 C 的实际用量。选中单元格 G4，输入公式“=SUMPRODUCT (G8:G10, F8:F10)”，如下图所示。

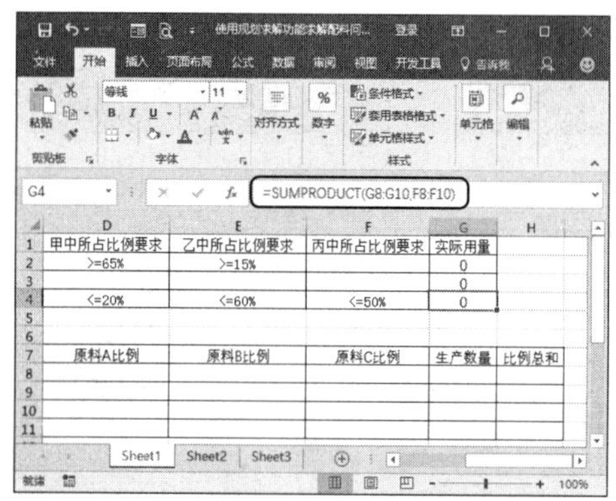

第 5 步 计算比例总和。选中单元格 H8，输入公式“=SUM(D8:F8)”，然后向下填充公式，如下图所示。

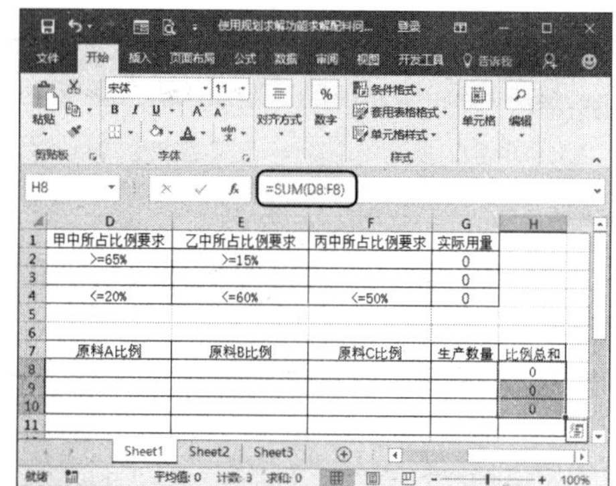

第 6 步 计算总利润。选中单元格 B11，输入公式“=SUMPRODUCT(G8:G10,C8:C10-B8:B10)-SUMPRODUCT(G2:G4,B2:B4)”，如下图所示。

第 7 步 ❶ 切换到【数据】选项卡；❷ 单击

【分析】组中的【规划求解】按钮，如下图所示。

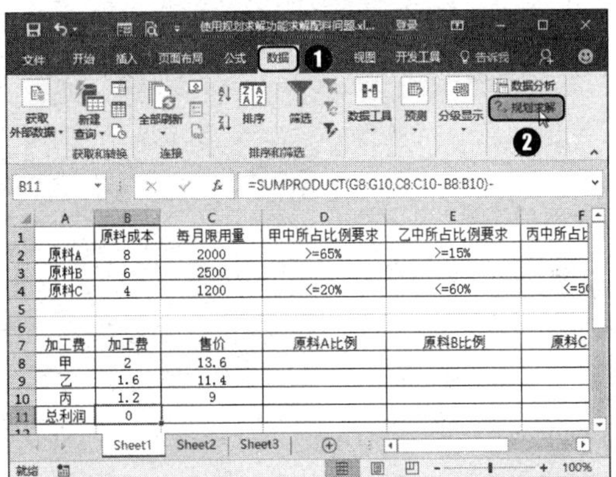

第 8 步 ❶弹出【规划求解参数】对话框，在【设置目标】文本框中输入“$B$11”；❷在【通过更改可变单元格】文本框中输入“$D$8:$G$10”；❸在【遵守约束】列表框中添加约束条件；❹在【选择求解方法】下拉列表中选择【非线性 GRG】选项，单击【求解】按钮 求解(S) ，如下图所示。

第 9 步 弹出【规划求解结果】对话框，保持不变，单击【确定】按钮 确定 ，如下图所示。

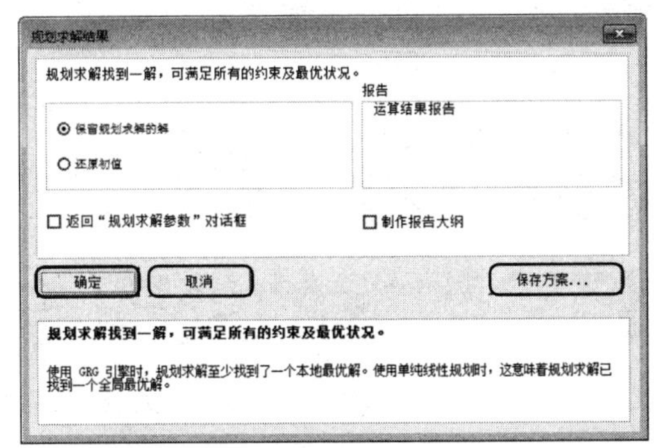

第 10 步 返回工作表，即可看到最大利润为 30320，如下图所示。

	A	B	C	D	E	F	G	H
1		原料成本	每月限用量	甲中所占比例要求	乙中所占比例要求	丙中所占比例要求	实际用量	
2	原料A	8	2000	>=65%	>=15%		2000	
3	原料B	6	2500				2500	
4	原料C	4	1200	<=20%	<=60%	<=50%	1200	
5								
6								
7	加工费	加工费	售价	原料A比例	原料B比例	原料C比例	生产数量	比例总和
8	甲	2	13.6	35.09%	43.86%	21.05%	5700	1
9	乙	1.6	11.4	19.37%	42.39%	38.24%	0	1
10	丙	1.2	9	22.45%	7.54%	70.01%	0	1
11	总利润	30320						
12								
13								
14								
15								

第 15 章 经济数据的处理与分析

本章导读

在企业的经营活动中，通过经营活动、投资活动及筹资活动等会产生一些经济数据，企业决策者需要对经济数据做出一定的分析处理，以做出正确的决策判断，进而对企业的盈利及发展起到决定性影响。

知识要点

- ❖ 贴现指标
- ❖ 投资决策分析
- ❖ 利润敏感分析
- ❖ 经营杠杆分析

15.1 投资数据处理与分析

案例背景

企业在进行投资之前，必须先制定投资决策，然后通过投资静态指标评价和投资动态指标评价两种方式对效益进行评估，从而确定最优方案。要制定投资决策，就需要合理地预测投资方案的收益与风险，准确地做出可行性分析。

本例将处理与分析投资数据，制作完成后的效果如下图所示，实例最终效果见“光盘\结果文件\第15章\投资决策分析表.xlsx”文件。

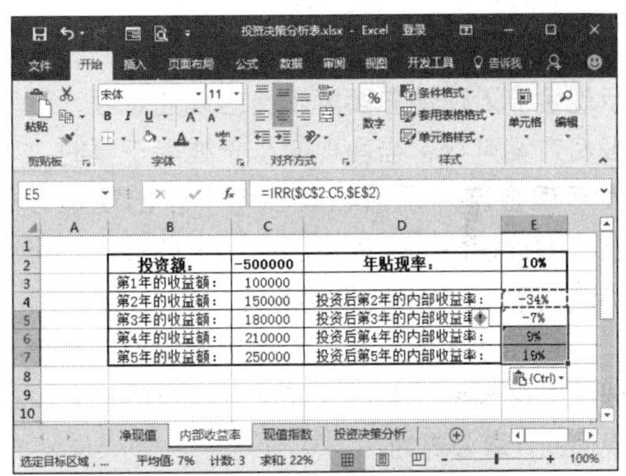

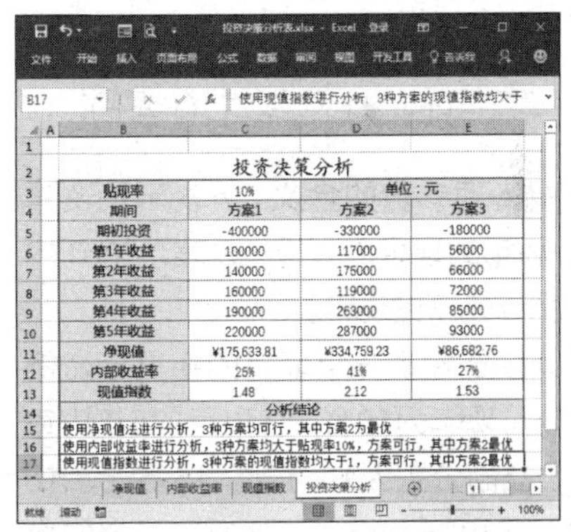

光盘文件	素材文件	光盘\素材文件\第15章\投资决策分析表.xlsx
	结果文件	光盘\结果文件\第15章\投资决策分析表.xlsx
	教学视频	光盘\视频文件\第15章\15.1投资数据与分析.mp4

15.1.1 贴现指标评价

在进行投资决策分析之前，首先来了解一下非贴现指标和贴现指标。非贴现指标，是指不考虑资金的时间价值，贴现率为0的评价方法，主要有静态投资回收期法和平均收益率法。贴现指标是指考虑了资金时间价值的指标，主要有净现值法、内部收益率法和现值指数法等。

接下来主要介绍贴现指标的各个方法。

1. 净现值法

净现值是指投资方案所产生的现金净流量以资金成本为贴现率折现之后与原始投资额现值的差额。

在投资决策中，当净现值为正数时，表示现金流入现值总额大于流出现值总额，该投资方案可行；当净现值小于或等于零时，表示现金流入现值总额不大于流出现值总额，即该投资项目的报酬率小于或等于预定的贴现率，该投资方案不可行。

应用净现值法首先需要根据企业决策者选择的贴现率计算出未来现金流量的现值，现值的计算公式为：

$$NPV=\sum_{i=1}^{n}\frac{I_i}{(1+r)^i}-\sum_{i=1}^{n}\frac{O_i}{(1+r)^i}$$

公式中各项参数的含义：n表示投资年限，I_i表示第i年的现金流入量，O_i表示第i年的现金流出量，r表示贴现率。

假设某企业投资一个项目的初期投资额为50万元，贴现率为10%，在以后的5年内每年年末的收益额分别为10万元、15万元、18万元、21万元和25万元。试计算该投资的净现值。

具体操作步骤如下。

第 1 步 打开“光盘\素材文件\第 15 章\投资决策分析表.xlsx”文件，切换到工作表“净现值”中，相关的项目指标如下图所示。

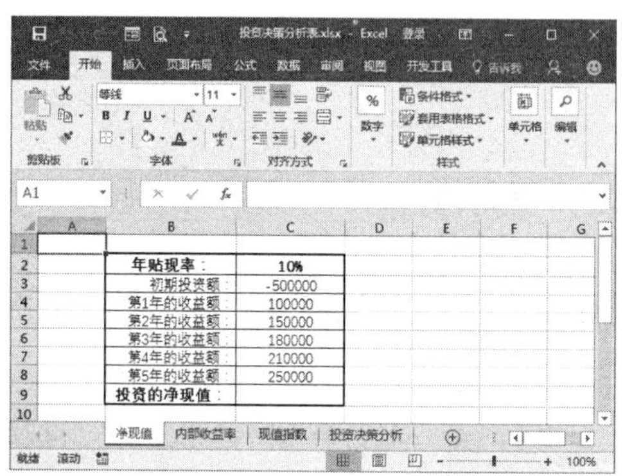

第 2 步 计算“投资的净现值”。选中单元格C9，单击编辑栏中【插入函数】按钮f_x，如下图所示。

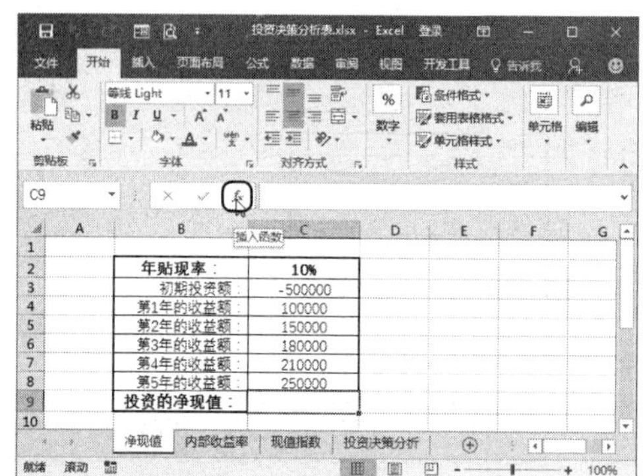

第 3 步 ❶弹出【插入函数】对话框，在【或选择类别】下拉列表中选择【财务】选项；❷在【选择函数】列表框中选择【NPV】选项；❸单击【确定】按钮 确定 ，如下图所示。

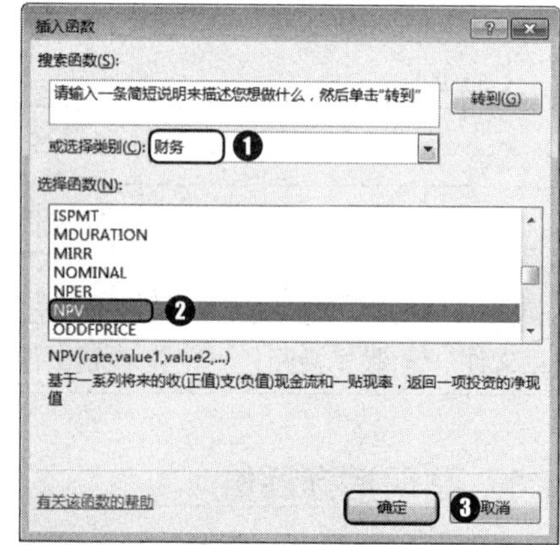

第 4 步 ❶弹出【函数参数】对话框，在【Rate】

文本框中输入“C2”；❷在【Value1】文本框中，输入“C3:C8”；❸单击【确定】按钮 确定 ，如下图所示。

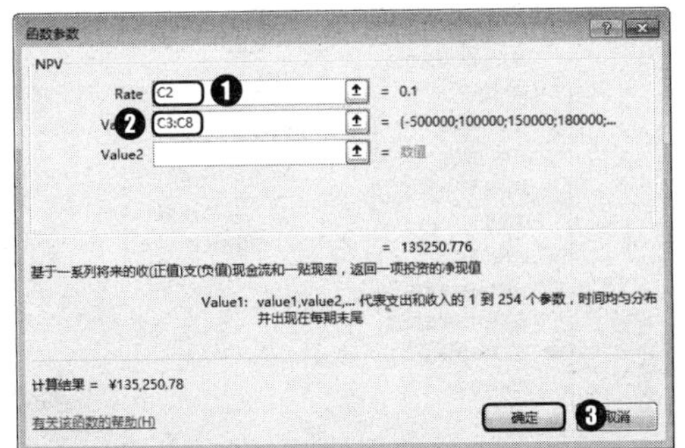

第 5 步 即可计算出投资净现值，如下图所示。

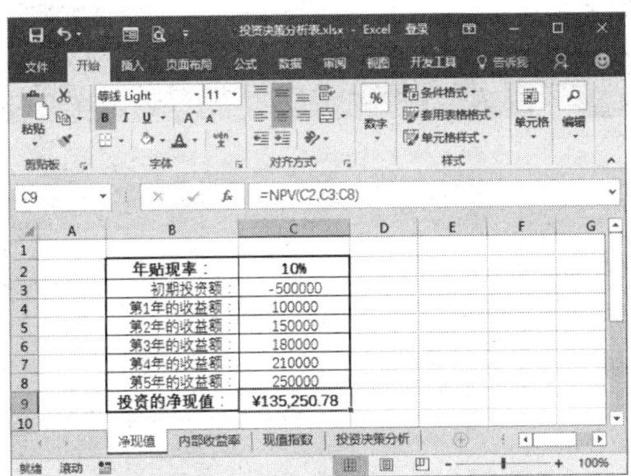

2. 内部收益率法

内部收益率也称为内部报酬率，用于计算未来现金流入与现金流出的贴现率，或者说是投资方案的净现值为零的贴现率。

内部收益率法是根据预计的收益率分别计算现金流入和现金流出两项现值，并用现金流入现值减去现金流出现值。如果净现值额为正数，则说明内部收益率过低，应调高再进行测算；相反，如果净现值额为负数，则说明内部收益率过高，应调低再进行测算，直到算出的净现值为零。

内部收益率的计算公式为：

$$\sum_{i=0}^{n}\frac{I_i - O_i}{(1+IRR)^i} = 0$$

公式中各项参数的含义：n表示投资年限，I_i表示第i年的现金流入量，O_i表示第i年的现金流出量，IRR表示内部收益率。

之前介绍使用净现值法计算某企业的投资净现值为￥135,250.78，接下来使用内部收益率法计算该企业的投资项目每年的内部收益率。

具体操作步骤如下。

第 1 步 切换到工作表“内部收益率”中，内部收益相关项目如下图所示。

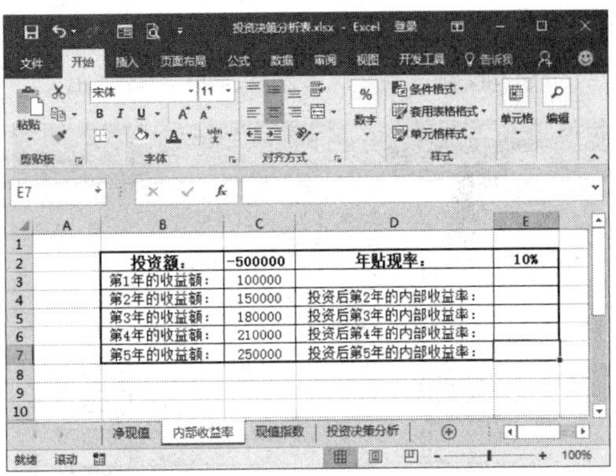

第 2 步 计算“投资后第 2 年的内部收益率”。❶选中单元格 E4，打开【插入函数】对话框，在【或选择类别】下拉列表中选择【财务】选项；❷在【选择函数】列表框中选择【IRR】选项；❸单击【确定】按钮 确定 ，如下图所示。

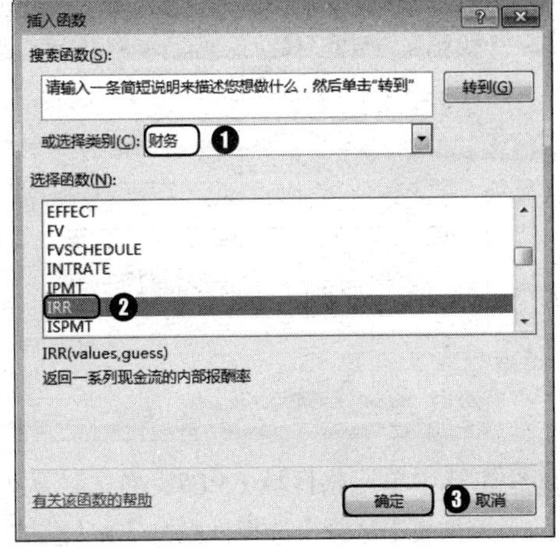

第 3 步 ❶弹出【函数参数】对话框，在

【Values】文本框中输入“$C$2:C4”；❷ 在【Guess】文本框中输入“$E$2”；❸ 单击【确定】按钮 确定 ，如下图所示。

第 4 步 返回工作表中，即可求出投资后第 2 年的内部收益率为“-34%”，如下图所示。

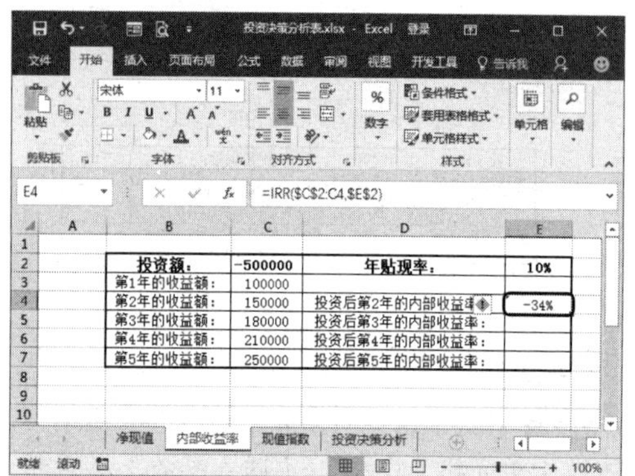

第 5 步 计算投资后各年的内部收益率。选中单元格 E4，按【Ctrl+C】组合键进行复制，如下图所示。

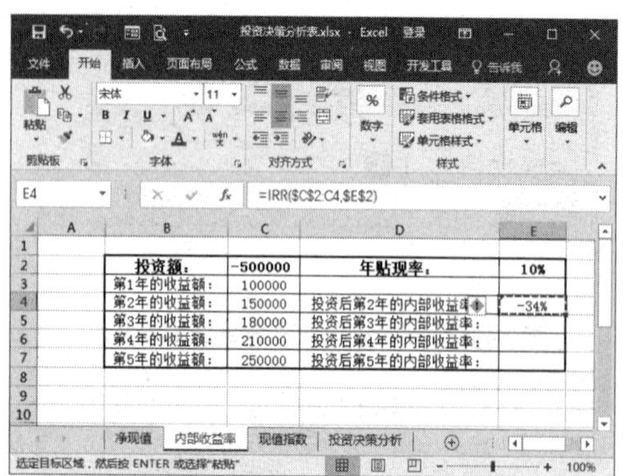

第 6 步 选中单元格区域 E5:E7，右击，从弹出的下拉列表中选择【选择性粘贴】➢【公式】命令，如下图所示。

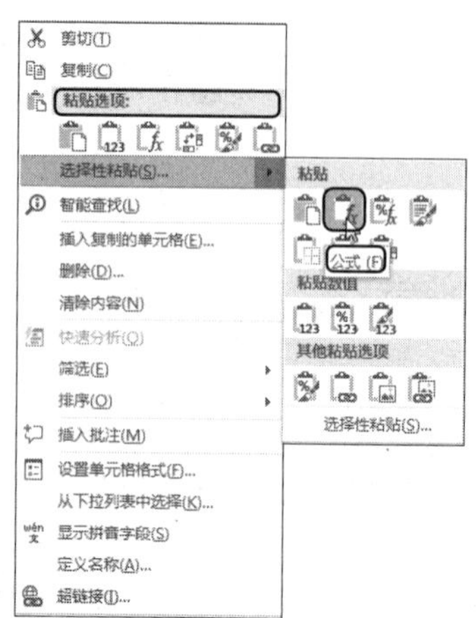

第 7 步 即可计算出各年的投资收益率，结果如下图所示。

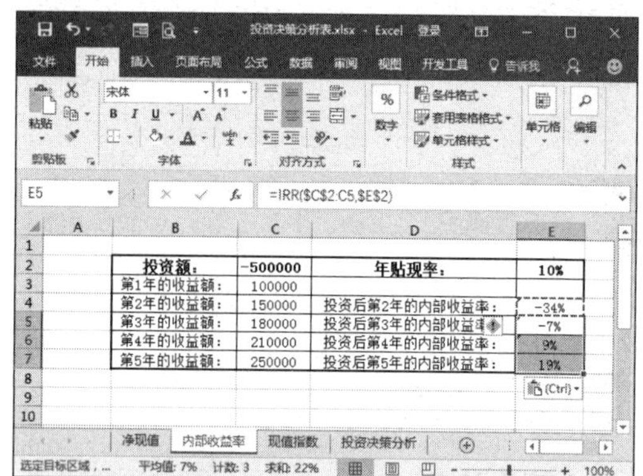

3. 现值指数法

现值指数也称为现值比率、获利指数、贴现后收益与成本比率等，是指投资方案未来的现金流入量的总现值与原始投资额之间的比例。如果将原始投资看作投资的成本，将未来的现金流量的总现值看做是投资的收益，那么现值指数则可称为成本收益率，它反映了单位价值投资所创造的净现值。因此，现值指数是一个标志投资方案获利能力的指标。

计算现值指数的公式：

$$\text{现值指数}=\sum_{i=0}^{n}\frac{I_i}{(1+r)^i}\div\sum_{i=0}^{n}\frac{O_i}{(1+r)^i}$$

公式中各个参数的含义：n表示投资年限，I_i表示第i年的现金流入量，O_i表示第i年的现金流出量，i表示预定的贴现率。

现值指数大于1，表示收益超过成本，即投资报酬率超过贴现率；现值指数等于1，表示贴现后的现金收入等于现金支出，即投资报酬率等于贴现率；现值指数小于1，表示投资报酬率没有达到贴现率。

接下来使用现值指数法对该企业的投资项目计算项目收益率，具体操作步骤如下。

第 1 步 切换到工作表“现值指数”中，现值各项目如下图所示。

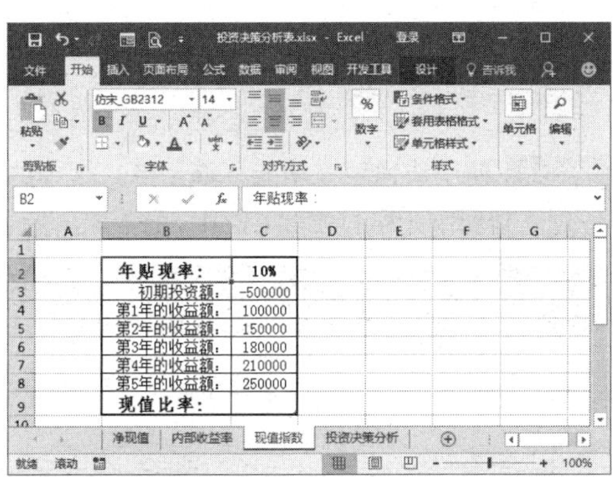

第 2 步 计算“现值比率”。在单元格 C9 中输入公式“=NPV(C2,C4:C8)/-C3”，即可显示出计算结果，如下图所示。

15.1.2 投资决策分析

本实例以某企业的某一投资方案为例分别介绍了3种投资指标，接下来根据这3种指标分别对不同投资方案进行分析，得出最终投资决策。

假设有3种投资方案，并且每种投资方案的初期投资额不同，具体数据如下表所示。

	方案1	方案2	方案3
期初投资	-400000	-300000	-180000
第1年收益	100000	117000	56000
第2年收益	140000	175000	66000
第3年收益	160000	219000	72000
第4年收益	190000	263000	85000
第5年收益	220000	287000	93000

接下来介绍如何利用比较值指数的大小来确定最优方案，具体操作步骤如下。

第 1 步 切换到工作表“投资决策分析”中，投资方案的相关方案信息如下图所示。

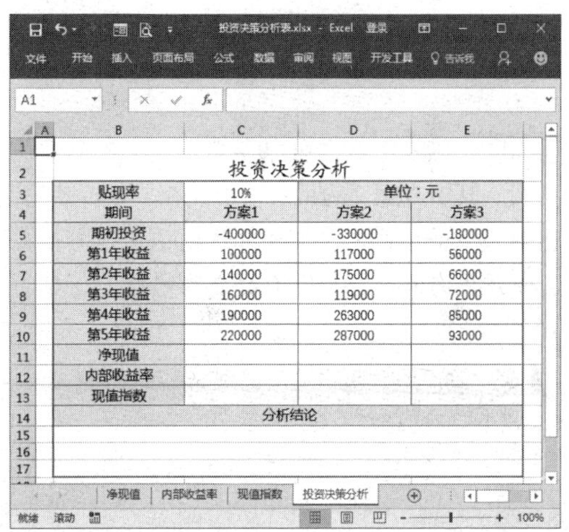

第 2 步 使用净现值指数进行分析。在单元格C11，输入公式“=NPV($C$3,C5:C10)”，即可计算出方案 1 的净现值，如下图所示。

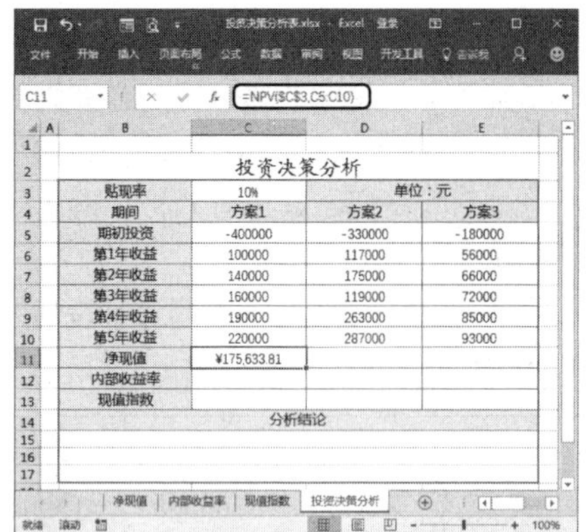

第 3 步 使用快速填充功能将公式复制填充到单元格 D11 和 E11 中，如下图所示。

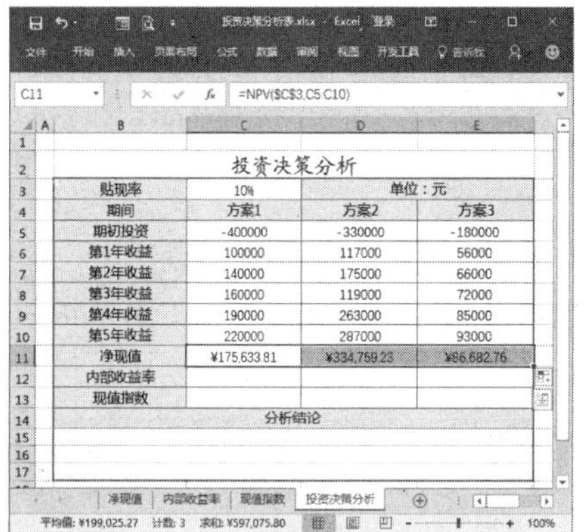

第 4 步 从表中数据可以得知，这 3 种方案均可行，其中方案 2 为最优。由此在“分析结论”区域输入分析内容“使用净现值法进行分析，3 种方案均可行，其中方案 2 为最优”，如下图所示。

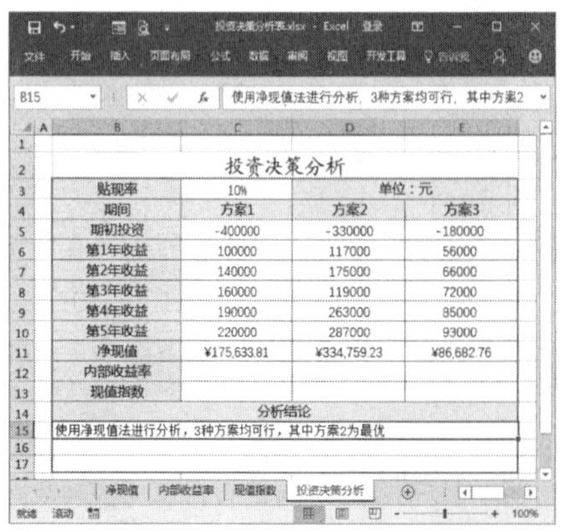

第 5 步 使用内部收益率指标进行分析。选中单元格 C12，输入公式“=IRR(C5:C10,$C$3)”，即可计算出方案 1 的内部收益率，如下图所示。

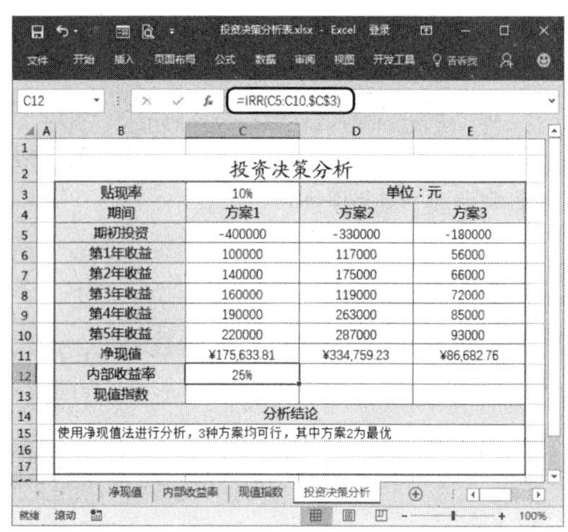

第 6 步 使用快速填充功能将单元格 C12 中的公式复制到单元格 D12 和 E12 中，如下图所示。

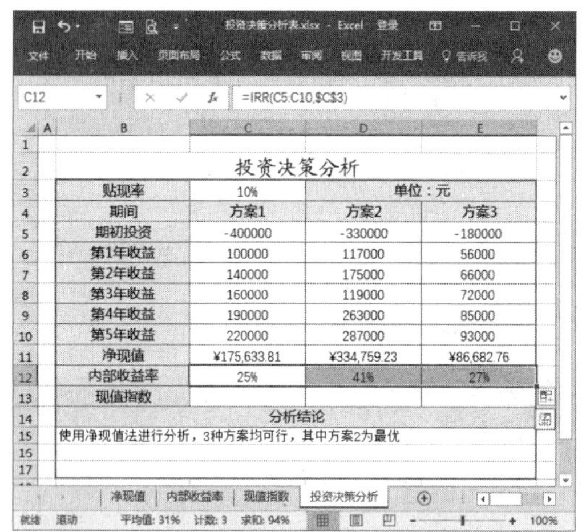

第 7 步 从内部收益率数据可以得知，这 3 种方案均大于“贴现率”。由此在“分析结论”区域输入分析内容“使用内部收益率进行分析，3 种方案均大于贴现率 10%，方案可行，其中方案 2 最优”，如下图所示。

投资决策分析

贴现率	10%	单位：元	
期间	方案1	方案2	方案3
期初投资	-400000	-330000	-180000
第1年收益	100000	117000	56000
第2年收益	140000	175000	66000
第3年收益	160000	119000	72000
第4年收益	190000	263000	85000
第5年收益	220000	287000	93000
净现值	¥175,633.81	¥334,759.23	¥86,682.76
内部收益率	25%	41%	27%
现值指数			

分析结论

使用净现值法进行分析，3种方案均可行，其中方案2为最优

使用内部收益率进行分析，3种方案均大于贴现率10%，方案可行，其中方案2最优

第 8 步 使用现值指数指标进行分析。选中单元格 C13，输入公式“=NPV($C$3, C6:C10)/-C5”，即可显示出计算结果，如下图所示。

投资决策分析

贴现率	10%	单位：元	
期间	方案1	方案2	方案3
期初投资	-400000	-330000	-180000
第1年收益	100000	117000	56000
第2年收益	140000	175000	66000
第3年收益	160000	119000	72000
第4年收益	190000	263000	85000
第5年收益	220000	287000	93000
净现值	¥175,633.81	¥334,759.23	¥86,682.76
内部收益率	25%	41%	27%
现值指数	1.48		

分析结论

使用净现值法进行分析，3种方案均可行，其中方案2为最优

使用内部收益率进行分析，3种方案均大于贴现率10%，方案可行，其中方案2最优

第 9 步 使用快速填充功能将公式复制到单元格 D13 和 E13 中，如下图所示。

投资决策分析

贴现率	10%	单位：元	
期间	方案1	方案2	方案3
期初投资	-400000	-330000	-180000
第1年收益	100000	117000	56000
第2年收益	140000	175000	66000
第3年收益	160000	119000	72000
第4年收益	190000	263000	85000
第5年收益	220000	287000	93000
净现值	¥175,633.81	¥334,759.23	¥86,682.76
内部收益率	25%	41%	27%
现值指数	1.48	2.12	1.53

分析结论

使用净现值法进行分析，3种方案均可行，其中方案2为最优

使用内部收益率进行分析，3种方案均大于贴现率10%，方案可行，其中方案2最优

第 10 步 从现值指数数据可以得知，这 3 种方案的“现值指数”均大于 1，由此在“分析结论”区域输入分析内容“使用现值指数进行分析，3 种方案的现值指数均大于 1，方案可行，其中方案 2 最优”，如下图所示。

投资决策分析

贴现率	10%	单位：元	
期间	方案1	方案2	方案3
期初投资	-400000	-330000	-180000
第1年收益	100000	117000	56000
第2年收益	140000	175000	66000
第3年收益	160000	119000	72000
第4年收益	190000	263000	85000
第5年收益	220000	287000	93000
净现值	¥175,633.81	¥334,759.23	¥86,682.76
内部收益率	25%	41%	27%
现值指数	1.48	2.12	1.53

分析结论

使用净现值法进行分析，3种方案均可行，其中方案2为最优

使用内部收益率进行分析，3种方案均大于贴现率10%，方案可行，其中方案2最优

使用现值指数进行分析，3种方案的现值指数均大于1，方案可行，其中方案2最优

15.2 经营数据处理与分析

案例背景

经营数据处理与分析为经营决策提供依据，是企业经营管理最重要的环节之一。经营分析主要包括经营业绩分析、经营风险度量、未来盈利能力预测等。

本节介绍如何对企业的经营数据进行处理分析，包括制订经营利润规划、敏感性分析、综

合分析、市场占有率与期望利润预测等，制作完成后的效果如下图所示，实例最终效果见“光盘\结果文件\第15章\损益平衡分析表.xlsx”文件。

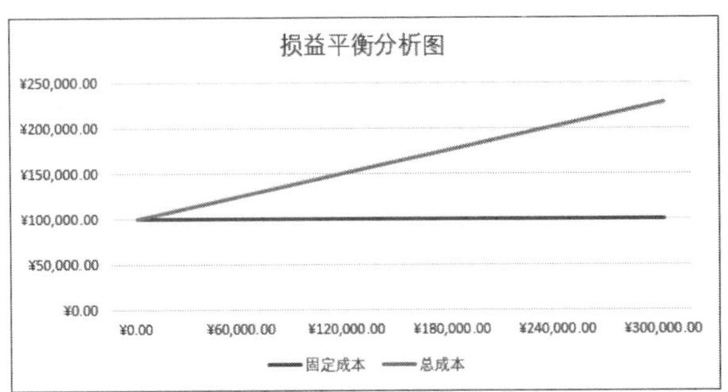

销售收入	固定成本	变动成本	总成本	营业利润	营业利润率
¥175,000.00	¥100,000.00	¥75,000.00	¥175,000.00	¥0.00	
¥121,739.13	¥100,000.00	¥52,173.91	¥152,173.91	¥-30,434.78	-25.00%
¥129,629.63	¥100,000.00	¥55,555.56	¥155,555.56	¥-25,925.93	-20.00%
¥138,613.86	¥100,000.00	¥59,405.94	¥159,405.94	¥-20,792.08	-15.00%
¥148,936.17	¥100,000.00	¥63,829.79	¥163,829.79	¥-14,893.62	-10.00%
¥160,919.54	¥100,000.00	¥68,965.52	¥168,965.52	¥-8,045.98	-5.00%
¥175,000.00	¥100,000.00	¥75,000.00	¥175,000.00	¥0.00	0.00%
¥191,780.82	¥100,000.00	¥82,191.78	¥182,191.78	¥9,589.04	5.00%
¥212,121.21	¥100,000.00	¥90,909.09	¥190,909.09	¥21,212.12	10.00%
¥237,288.14	¥100,000.00	¥101,694.92	¥201,694.92	¥35,593.22	15.00%
¥269,230.77	100,000.00	¥115,384.62	¥215,384.62	¥53,846.15	20.00%

方案	固定成本	单位变动成本
方案1	180000	120
方案2	120000	160

销售量	方案1总成本	方案2总成本	成本差
1000	300000	280000	20000
1100	312000	296000	16000
1200	324000	312000	12000
1300	336000	328000	8000
1400	348000	344000	4000
1500	360000	360000	0
1600	372000	376000	-4000
1700	384000	392000	-8000
1800	396000	408000	-12000

光盘文件	素材文件	光盘\素材文件\第15章\损益平衡分析表.xlsx、经营杠杆分析表.xlsx
	结果文件	光盘\结果文件\第15章\损益平衡分析表.xlsx、经营杠杆分析表.xlsx
	教学视频	光盘\视频文件\第15章\15.2经营数据处理与分析.mp4

15.2.1　Excel中处理经营数据的工具

通常情况下，对企业经营数据主要是从3个方面进行分析。

（1）对影响利润的若干因素进行多因素分析。

（2）进行目标利润分析。

在一定的利润目标要求下，如何综合调整有关的影响因素，以求出能达到和实现这个目标水平的具体数值。

（3）进行利润杠杆分析。

在上述3个方面的分析过程中，常用的分析方法是假设分析，常用的分析工具是单变量求解和模拟运算表工具。

1. 单变量求解

单变量求解是一种典型的逆运算的方法，也就是根据结果求解导致该结果的原因。单变量求解解决假定一个公式要取得某一结果值，其中变量的引用单元格应取值为多少的问题。

2. 模拟运算表

另一个假设分析工具就是模拟运算表，模拟运算表分为单变量模拟运算表和双变量模拟运算表两种。使用模拟运算表可以同时求解一个运算过程中所有可能的变化值，并将不同的计算结果显示在相应的单元格中。

15.2.2 制定经营利润规划

企业经营的目标是获取最大利润，而利润是售价、成本和数量等3个因素相互作用的结果。因此制定经营利润规划的一种主要方法，就是利用本、量、利分析进行经营利润的损益平衡规划。

本实例介绍在Excel中绘制损益平衡图来分析企业的经营利润。在绘制损益平衡图之前，首先，要根据本、量、利之间的关系，以及固定成本和变动成本的相关数据，计算出边际贡献和盈亏平衡点的销售量；其次，要预测在不同的销售收入水平下相应的成本和利润的数值。

本、量、利关系表中的各项目计算公式如下：

边际贡献=销售收入−变动成本

营业利润=边际贡献−固定成本

边际贡献率=边际贡献/销售收入

变动成本率=变动成本/销售收入

损益平衡点销售额=固定成本/边际贡献率

第 1 步 打开“光盘 \ 素材文件 \ 第 15 章 \ 损益平衡分析表”文件，切换到工作表“本、量、利关系”中，企业的经营状况如下图所示。

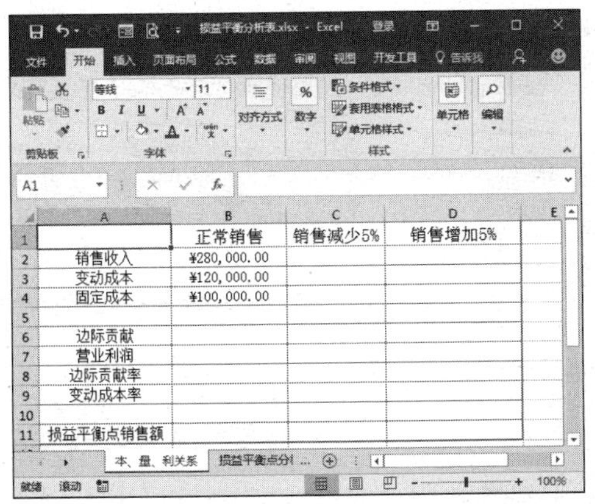

第 2 步 计算“边际贡献”。在单元格 B6 中输入公式“=B2-B3”，即可计算出边际贡献，如下图所示。

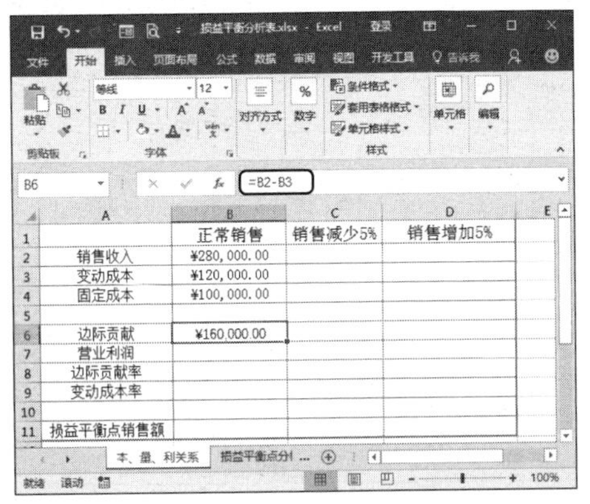

第 3 步 计算“营业利润”。在单元格 B7 中输入公式“=B6-B4”，即可计算出营业利润，如下图所示。

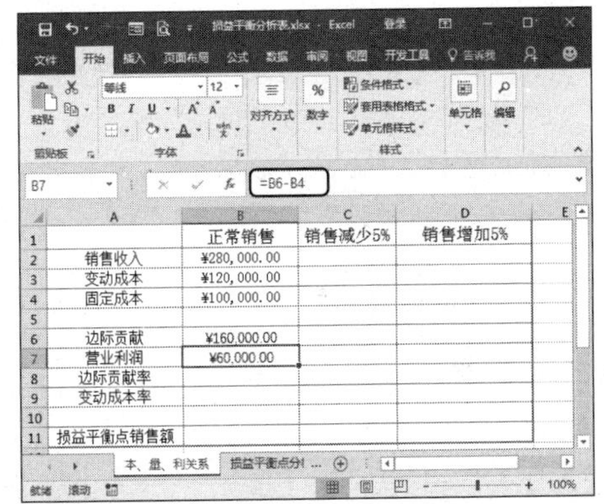

第 4 步 在单元格 B8 中输入公式“=B6/B2”，即可计算出“边际贡献率”，如下图所示。

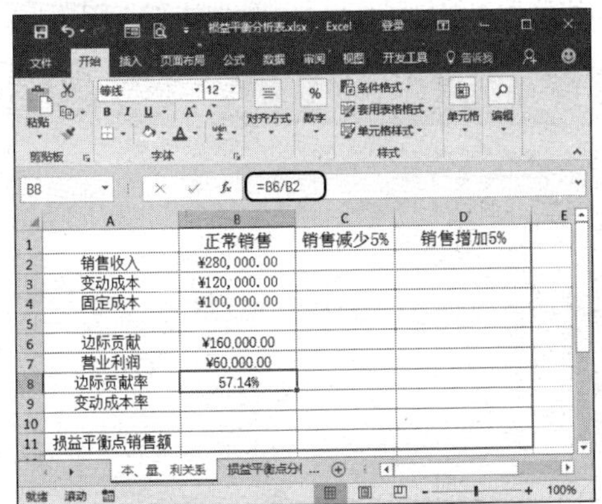

第 5 步 在单元格 B9 中输入公式"=B3/B2",即可计算出"变动成本率",如下图所示。

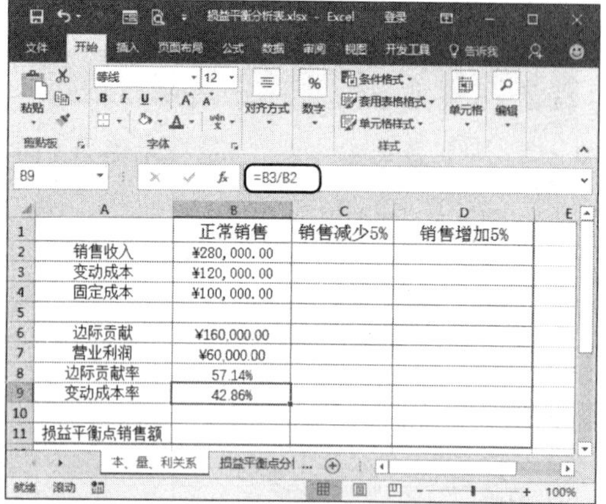

第 6 步 计算"损益平衡点销售额"。选中单元格 B11,输入公式"=B4/B8",即可显示出计算结果,如下图所示。

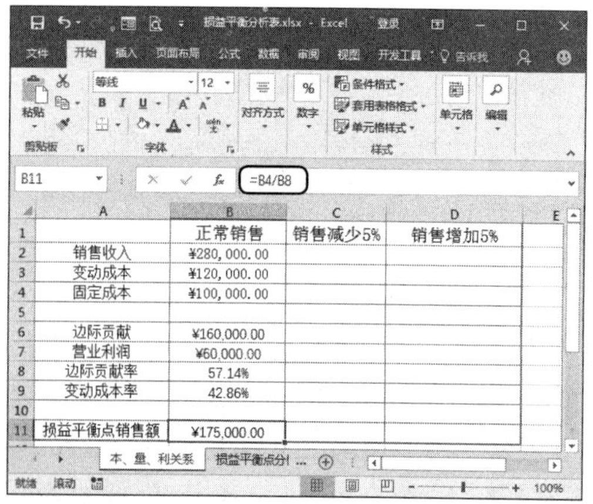

第 7 步 切换到工作表"损益平衡点分析"中,损益分析各项目名称以及销售收入如下图所示。

第 8 步 计算"固定成本"。在单元格 B2 中输入公式"= 本、量、利关系 !$B$4",如下图所示。

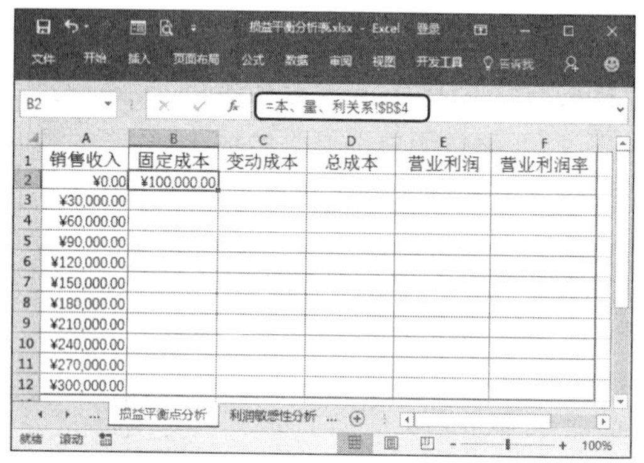

第 9 步 计算"变动成本"。在单元格 C2 中输入公式"= 本、量、利关系 !$B$9*A2",如下图所示。

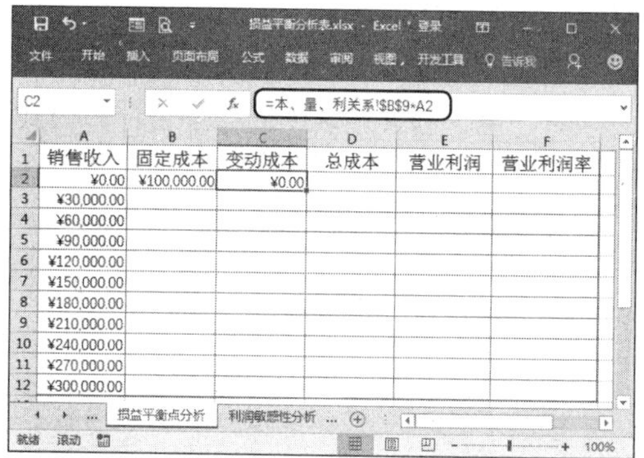

第 10 步 计算"总成本"。在单元格 D2 中输入公式"=B2+C2",即可计算出总成本,如下图所示。

第 11 步 选中单元格区域 B2:D2,将公式向

下填充至单元格区域 B3:D12 中，得到的结果如下图所示。

销售收入	固定成本	变动成本	总成本	营业利润	营业利润率
¥0.00	¥100,000.00	¥0.00	¥100,000.00		
¥30,000.00	¥100,000.00	¥12,857.14	¥112,857.14		
¥60,000.00	¥100,000.00	¥25,714.29	¥125,714.29		
¥90,000.00	¥100,000.00	¥38,571.43	¥138,571.43		
¥120,000.00	¥100,000.00	¥51,428.57	¥151,428.57		
¥150,000.00	¥100,000.00	¥64,285.71	¥164,285.71		
¥180,000.00	¥100,000.00	¥77,142.86	¥177,142.86		
¥210,000.00	¥100,000.00	¥90,000.00	¥190,000.00		
¥240,000.00	¥100,000.00	¥102,857.14	¥202,857.14		
¥270,000.00	¥100,000.00	¥115,714.29	¥215,714.29		
¥300,000.00	¥100,000.00	¥128,571.43	¥228,571.43		

第 12 步 计算“营业利润”。选中单元格 E2，输入公式“=A2-D2”，并向下填充公式至单元格 E12 中，如下图所示。

销售收入	固定成本	变动成本	总成本	营业利润	营业利润率
¥0.00	¥100,000.00	¥0.00	¥100,000.00	¥-100,000.00	
¥30,000.00	¥100,000.00	¥12,857.14	¥112,857.14	¥-82,857.14	
¥60,000.00	¥100,000.00	¥25,714.29	¥125,714.29	¥-65,714.29	
¥90,000.00	¥100,000.00	¥38,571.43	¥138,571.43	¥-48,571.43	
¥120,000.00	¥100,000.00	¥51,428.57	¥151,428.57	¥-31,428.57	
¥150,000.00	¥100,000.00	¥64,285.71	¥164,285.71	¥-14,285.71	
¥180,000.00	¥100,000.00	¥77,142.86	¥177,142.86	¥2,857.14	
¥210,000.00	¥100,000.00	¥90,000.00	¥190,000.00	¥20,000.00	
¥240,000.00	¥100,000.00	¥102,857.14	¥202,857.14	¥37,142.86	
¥270,000.00	¥100,000.00	¥115,714.29	¥215,714.29	¥54,285.71	
¥300,000.00	¥100,000.00	¥128,571.43	¥228,571.43	¥71,428.57	

第 13 步 计算“营业利润率”。在单元格 F3 中输入公式“=E3/A3”，并向下填充公式至单元格 F12 中，如下图所示。

销售收入	固定成本	变动成本	总成本	营业利润	营业利润率
¥0.00	¥100,000.00	¥0.00	¥100,000.00	¥-100,000.00	
¥30,000.00	¥100,000.00	¥12,857.14	¥112,857.14	¥-82,857.14	-276.19%
¥60,000.00	¥100,000.00	¥25,714.29	¥125,714.29	¥-65,714.29	-109.52%
¥90,000.00	¥100,000.00	¥38,571.43	¥138,571.43	¥-48,571.43	-53.97%
¥120,000.00	¥100,000.00	¥51,428.57	¥151,428.57	¥-31,428.57	-26.19%
¥150,000.00	¥100,000.00	¥64,285.71	¥164,285.71	¥-14,285.71	-9.52%
¥180,000.00	¥100,000.00	¥77,142.86	¥177,142.86	¥2,857.14	1.59%
¥210,000.00	¥100,000.00	¥90,000.00	¥190,000.00	¥20,000.00	9.52%
¥240,000.00	¥100,000.00	¥102,857.14	¥202,857.14	¥37,142.86	15.48%
¥270,000.00	¥100,000.00	¥115,714.29	¥215,714.29	¥54,285.71	20.11%
¥300,000.00	¥100,000.00	¥128,571.43	¥228,571.43	¥71,42[illegible]7	23.81%

第 14 步 按住【Ctrl】键的同时依次选中单元格区域 A1:B12 和单元格区域 D1:D12，插入一个折线图，如下图所示。

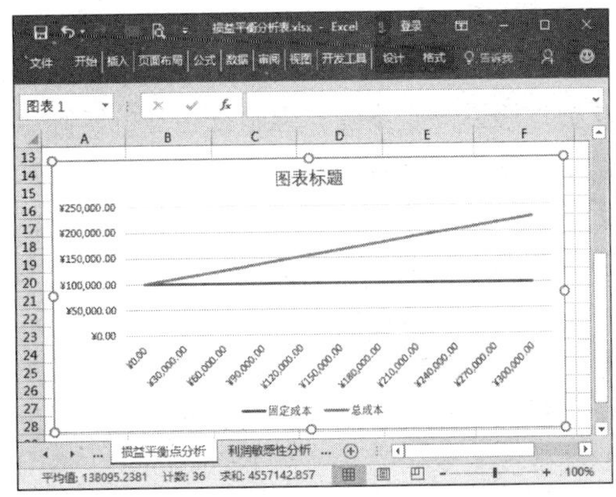

第 15 步 为图表添加图表标题并美化图表，效果如下图所示。

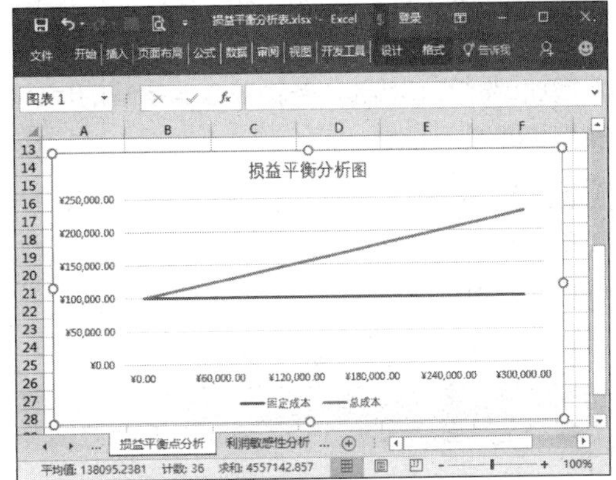

从损益平衡表中可以看出：损益平衡表就是销售收入线与总成本线的交点。也就是说，企业在进行经营利润分析的同时，应确保固定成本控制在平衡点对应的纵坐标以下、销售收入控制在平衡点对应的纵坐标以上，这样企业才能获利。

15.2.3 利润敏感性分析

从广义上讲，敏感性分析是研究一个系统在周围条件发生变化时，系统输出的结果发生相应变化的程度。具体来说，敏感性分析指求出一个最优解之后，当模型的一个或者多个参数发生变化时，最优解是否发生变化，或者发生变化的程度为多少。总之，在敏感性分析中模型参数是允许变化的。

在损益平衡分析中，除销量外的其余参数均假设固定不变。但是在企业的实际经营中，由于市场价格处于随时变化之中，加上企业的技术条件也可能发生变化，因此效益平衡分析模型中的其余参数也可能发生变化。企业决策者希望知道每一个参数具体的影响程度有多大，以便做出正确的决策。

接下来分析当损益平衡模型中的几个主要参数发生变化时，损益平衡点的变化情况如何。

● 销售收入变化时的敏感性分析

销售收入的变化包括销售收入的增加和销售收入的减少两种情况。现在假设销售收入增加5%和减少5%，各相关数据求解的具体操作步骤如下。

第 1 步 切换到工作表“本、量、利关系”中，在单元格 C2 中输入公式“=B2*(1-5%)”，即可计算出销售额减少 5% 时的销售收入，如下图所示。

第 2 步 在单元格 D2 中输入公式“=B2*(1+5%)”，即可计算出销售额增加 5% 时的销售收入，如下图所示。

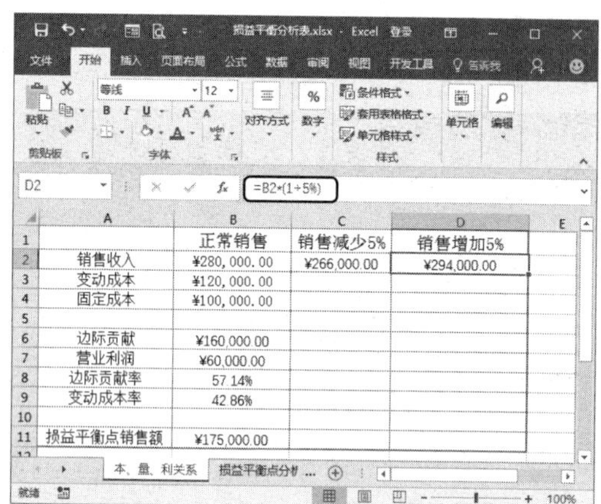

第 3 步 依次将单元格 B3、B4、B6、B7、B8、B9 和 B11 中的公式向右填充至单元格 D3、D4、D6、D7、D8、D9 和 D11 中，即可计算出销售额减少 5% 和销售额增加 5% 的成本、利润以及损益平衡点销售额等信息，如下图所示。

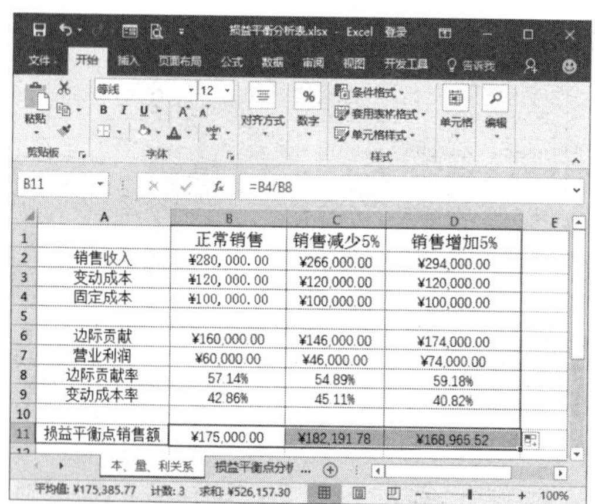

● 营业利润变动时的敏感性分析

企业决策者有时需要知道在某一利润率水平下，对应的销售收入应该为多少。这时需要对营业利润率的变动情况进行敏感性分析。销售收入与营业利润率之间的关系为：

$$销售收入 = \frac{固定成本}{1 - 变动成本率 - 利润率}$$

下面进行营业利润率变动时的敏感性分析，具体操作步骤如下。

第 1 步 切换到工作表"利润敏感性分析"中，将工作表"损益平衡点分析"中的数据复制到该工作表中，如下图所示。

第 2 步 重新定义"营业利润率"的值。❶选中单元格 F2，输入"-25%"，选中单元格区域 F3:F12，单击【编辑】组中的【填充】按钮 填充；❷从弹出的下拉列表中选择【序列】选项，如下图所示。

第 3 步 ❶弹出【序列】对话框，在【步长值】文本框中输入"0.05"，其他设置保持不变；❷单击【确定】按钮 确定，如下图所示。

第 4 步 即可得到变化的营业利润率，如下图所示。

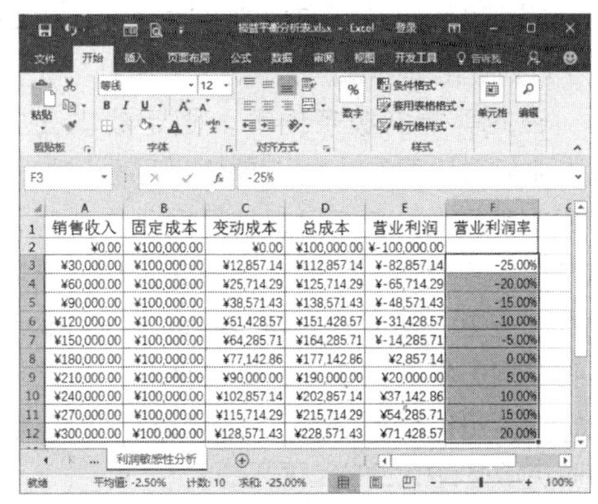

第 5 步 计算不同营业利润率下的"销售收入"。选中单元格 A2，输入公式"=B2/(1-本、量、利关系 !$B$9-利润敏感性分析 !F2)"，并将公式快速填充至单元格区域 A3:A12 中，如下图所示。

由此可以看出，不同营业利润率下，企业所应达到的销售收入值会发生改变，相应的变动成本、总成本等都随之变化。

15.2.4 经营杠杆分析

企业经营的任何单一分析指标，都不能全面地反映和评价企业的经营状况以及经营的效果。只有对各种指标进行综合分析，才能对企业的经营状况做出系统全面而合理的判断。

企业经营分析中的一个重要方面就是进行企业利润杠杆分析，包括经营杠杆分析、财务杠杆分析和综合杠杆分析等。

在企业的生产经营活动中，由于固定性的生产成本的存在，而使企业的利润变化率大于产销变化率的经济现象称为经营杠杆。

在同等营业额条件下，固定成本在总成本中所占比重较大时，单位产品分摊的固定成本额便大，若产品销售量发生变动时，单位产品分摊的固定成本会随之变动，最后导致利润更大幅度的变动。这说明经营杠杆具有“双刃剑”的作用：即企业利用经营杠杆，有时可以获取一定的经营杠杆利益，但有时也承担着相应的经营风险。

本实例假设某公司有两个投资方案，它们的固定成本与单位的变动成本的原始数据如下图所示。现结合经营杠杆分析法，试确定销售量为多少时两个方案才能达到损益平衡点，也就是成本上无区别。

方案	固定成本	单位变动成本
方案1	180000	120
方案2	120000	160

在做经营杠杆分析时主要是进行成本比较，具体操作步骤如下。

第 1 步 打开“光盘\素材文件\第 15 章\经营杠杆分析表.xlsx”文件，切换到工作表 Sheet 1 中，在工作表中可以看到两个投资方案的基本数据以及经营杠杆分析的各项目信息，如下图所示。

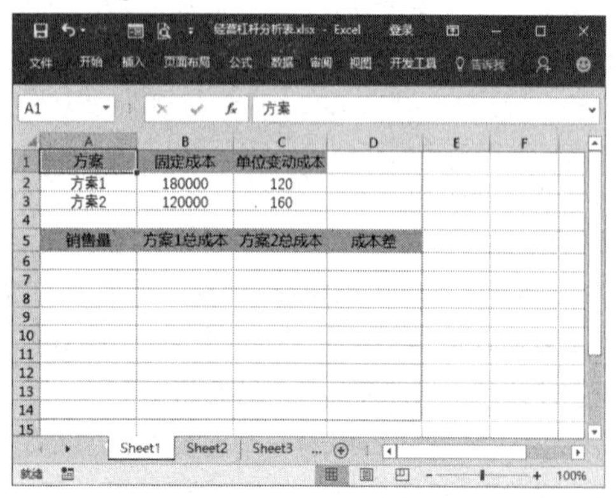

第 2 步 使用等差序列在“销售量”列输入步长值为“100”的一组等差数据，如下图所示。

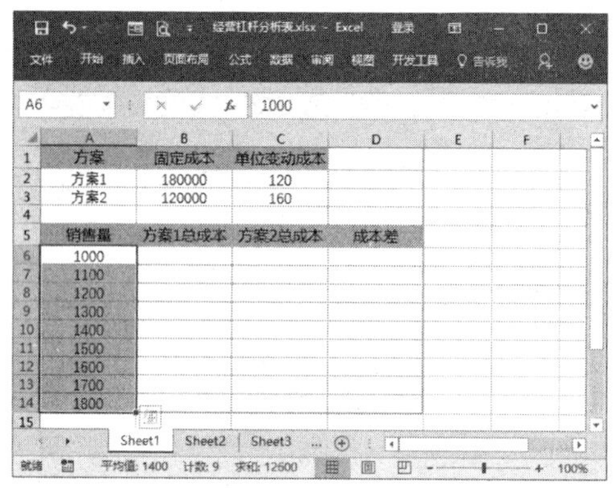

第 3 步 根据销售量计算总成本。在单元格 B6 中输入公式“=$B$2+$C$2*A6”，即可计算出销售量为 1000 时方案 1 的总成本，如下图所示。

第 4 步 在单元格 C6 中输入公式“=$B$3+$C$3*A6”，即可计算出销售量为 1000 时方案 2 的总成本，如下图所示。

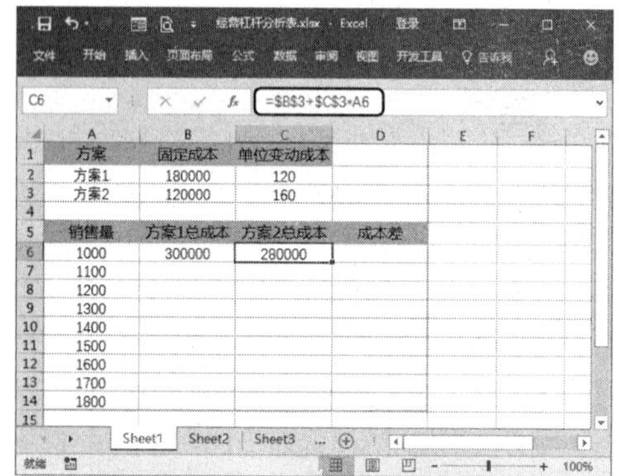

第 5 步 将单元格区域 B6:C6 中的公式向下填充至单元格区域 B7:C14 中，如下图所示。

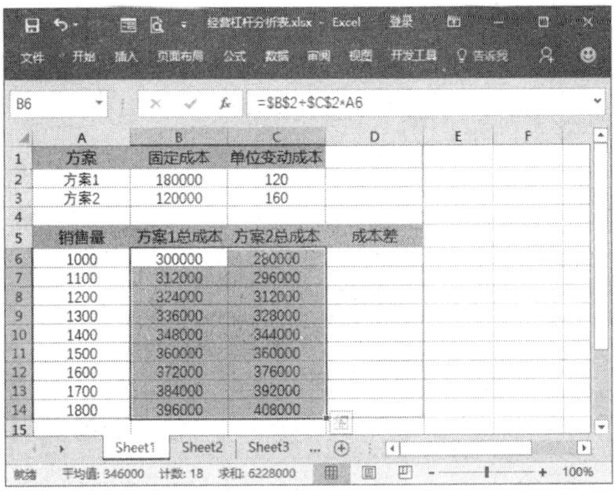

	A	B	C	D
1	方案	固定成本	单位变动成本	
2	方案1	180000	120	
3	方案2	120000	160	
4				
5	销售量	方案1总成本	方案2总成本	成本差
6	1000	300000	280000	
7	1100	312000	296000	
8	1200	324000	312000	
9	1300	336000	328000	
10	1400	348000	344000	
11	1500	360000	360000	
12	1600	372000	376000	
13	1700	384000	392000	
14	1800	396000	408000	

第 6 步 计算“成本差”。在单元格 D6 中输入公式“=B6-C6”，然后将公式向下填充至单元格 D14 中，如下图所示。

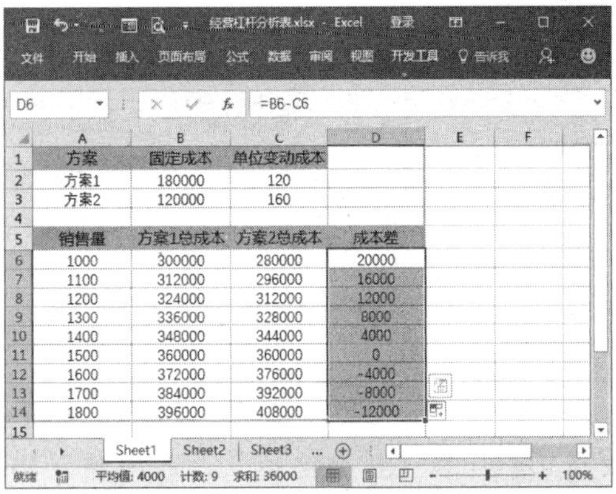

	A	B	C	D
1	方案	固定成本	单位变动成本	
2	方案1	180000	120	
3	方案2	120000	160	
4				
5	销售量	方案1总成本	方案2总成本	成本差
6	1000	300000	280000	20000
7	1100	312000	296000	16000
8	1200	324000	312000	12000
9	1300	336000	328000	8000
10	1400	348000	344000	4000
11	1500	360000	360000	0
12	1600	372000	376000	-4000
13	1700	384000	392000	-8000
14	1800	396000	408000	-12000

由此可以看出，当销售量为1500时，两个方案的成本差为0，也就是两个方案平衡点的销售量为1500。因此如果企业决策者预测的销售量小于1500，可以选择方案2；如果企业决策者预测的销售量大于1500，则可以选择方案1；如果预测的销售量为1500，说明两个方案无差异，均可选用。

大神支招

通过前面知识的学习，相信读者已经掌握了Excel 2016中经济数据的处理与分析等相关操作。下面结合本章内容，介绍一些工作中的实用经验与技巧。

01 计算某投资项目年金终值

视频文件：光盘\视频文件\第15章\01.mp4

年金终值是返回某一项投资的未来值。

FV函数的函数功能：基于固定利率及等额分期付款方式，返回某项投资的未来值。

语法：FV(rate,nper,pmt,pv,type)

参数含义：rate表示各期利率；nper表示总投资期，即该项投资的付款期总数；pmt表示各期应支付的金额；pv表示现值，即从该项投资开始时已经入账的款项，或一系列未来付款的当前值的累积和，也称为本金；type表示数字0或者1，用以指定各期的付款时间是在期初还是期末。

本实例假设某企业投资某一项目，年利率为20%，5年付款总期数为60，各期应付金额为400元，计算5年后的年金终值，具体操作步骤如下。

第 1 步 打开“光盘\素材文件\第 15 章\计算某投资项目年金终值.xlsx”文件，各项目信息如下图所示。

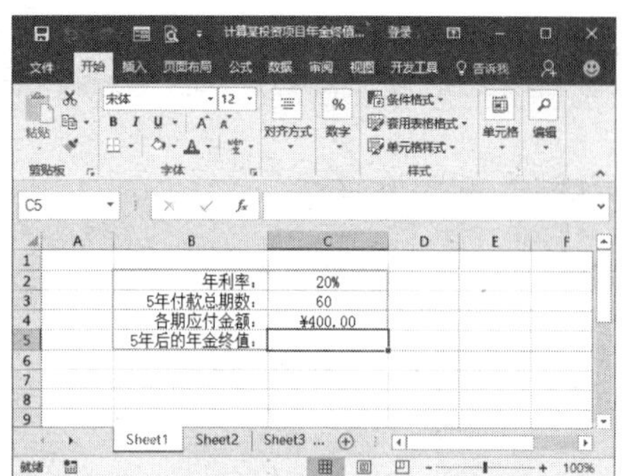

第 2 步 计算“年金终值”。选中单元格 C5，单击编辑栏中的【插入函数】按钮 *fx*，如下图所示。

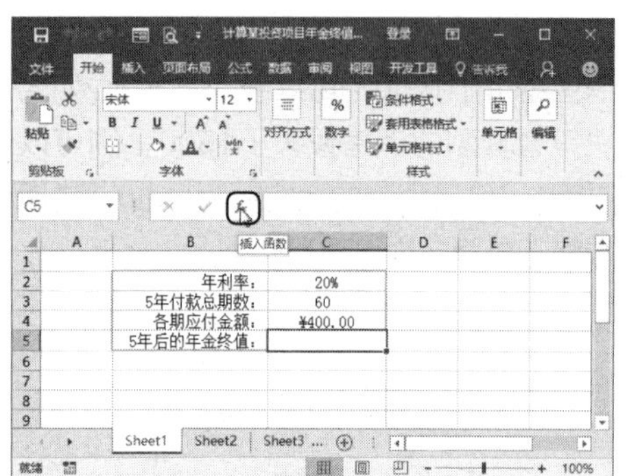

第 3 步 ❶ 弹出【插入函数】对话框，在【或选择类别】下拉列表中选择【财务】选项；❷ 在【选择函数】列表框中选择【FV】选项；❸ 单击【确定】按钮 确定，如下图所示。

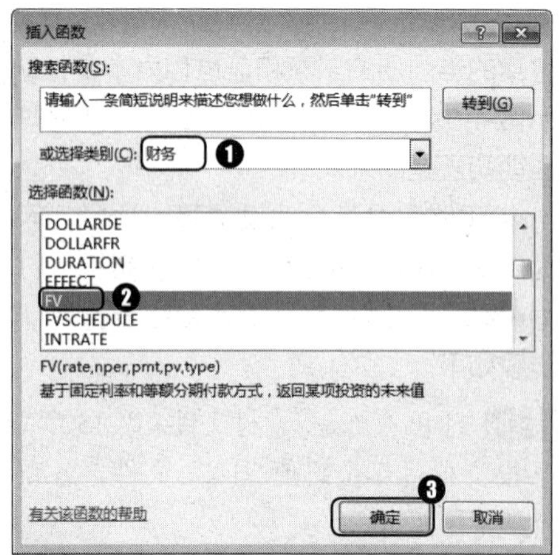

第 4 步 ❶ 弹出【函数参数】对话框，在【Rate】文本框中输入“C2/12”，在【Nper】文本框中输入“C3”，在【Pmt】文本框中输入“C4”；❷ 单击【确定】按钮 确定，如下图所示。

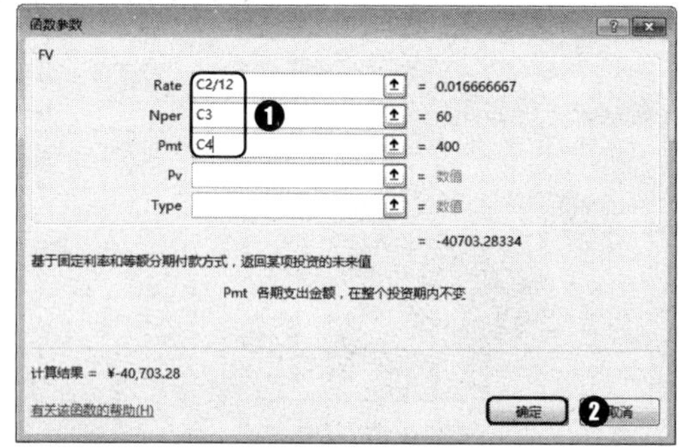

第 5 步 即可计算出 5 年后的年金终值，如下图所示。

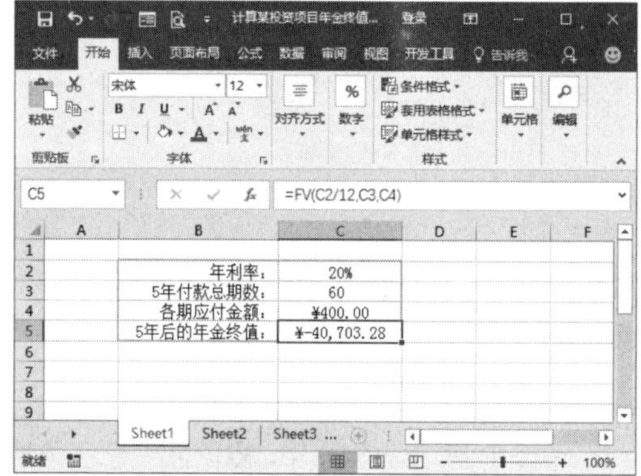

02 贷款分期偿还假设分析

视频文件：光盘\视频文件\第15章\02.mp4

在实际工作中，企业向银行或者其他金融单位借入一定资金购买固定资产或者长期性占用流动资产，需要在一定期限内偿还所借的贷款。在还贷过程中，贷款年限、年利率、贷款本金和偿还期限等都是企业管理人员最关心的内容，企业可以根据自身的情况，选择最佳的还贷方案。

假设企业需要贷款700 000元，借款期限为8年，企业可以承受的每月还款金额最大值为9500元，试计算企业应选择的贷款利率，具体操作步骤如下。

第 1 步 打开“光盘 \ 素材文件 \ 第 15 章 \ 贷款分期偿还分析表 .xlsx”文件，贷款分期偿还分析各项目如下图所示。

贷款额	还款年限	贷款利率	每月还款额
¥ 700,000.00	8	4.0%	
		4.5%	
		5.0%	
		5.5%	
		6.0%	
		6.5%	
		7.0%	
		7.5%	
		8.0%	
		8.5%	

第 2 步 计算“每月还款额”。选中单元格 D2，输入公式“=PMT(C2/12,B2*12,-A2)”，即可计算出贷款利率为 4.0% 时的每月还款额，如下图所示。

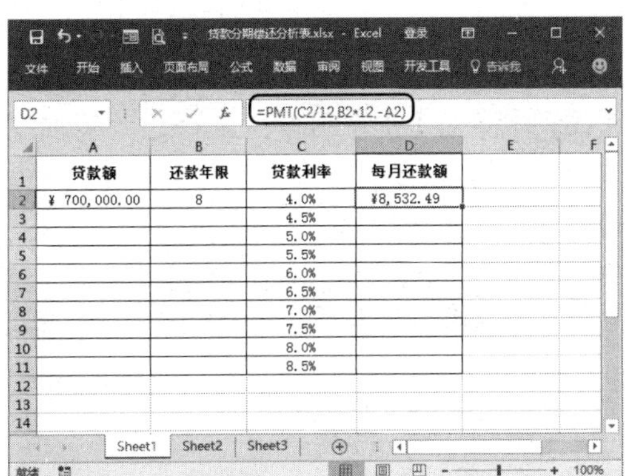

贷款额	还款年限	贷款利率	每月还款额
¥ 700,000.00	8	4.0%	¥8,532.49
		4.5%	
		5.0%	
		5.5%	
		6.0%	
		6.5%	
		7.0%	
		7.5%	
		8.0%	
		8.5%	

第 3 步 选中单元格区域 C2:D11，打开【模拟运算表】对话框，在【输入引用列的单元格】文本框中输入“$C$2”，如下图所示。

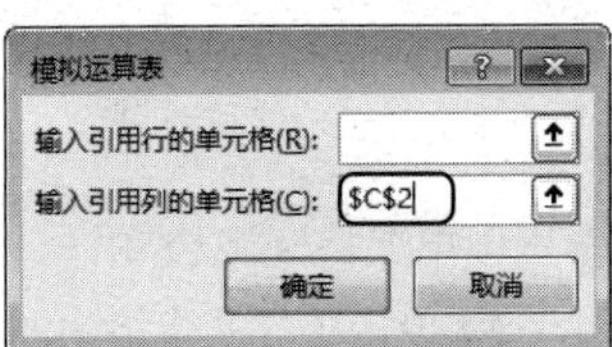

第 4 步 单击【确定】按钮 确定 ，此时即可看到不同贷款利率下对每月还款额的影响，如下图所示。

贷款额	还款年限	贷款利率	每月还款额
¥ 700,000.00	8	4.0%	¥8,532.49
		4.5%	¥8,696.26
		5.0%	¥8,861.94
		5.5%	¥9,029.53
		6.0%	¥9,199.00
		6.5%	¥9,370.36
		7.0%	¥9,543.60
		7.5%	¥9,718.71
		8.0%	¥9,895.68
		8.5%	¥10,074.49

第 5 步 ❶ 选中单元格区域 D2:D11；❷ 切换到【开始】选项卡中，单击【样式】组中的【条件格式】按钮 条件格式 ；❸ 从弹出的下拉列表中选择【突出显示单元格规则】➤【小于】选项，如下图所示。

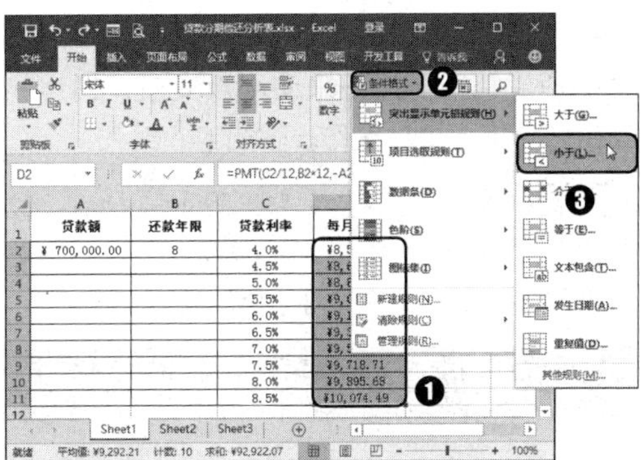

第 6 步 ❶ 弹出【小于】对话框，在【为小于以下值的单元格设置格式】文本框中输入“9500”；❷ 在【设置为】下拉列表中选择【绿填充色深绿色文本】选项，如下图所示。

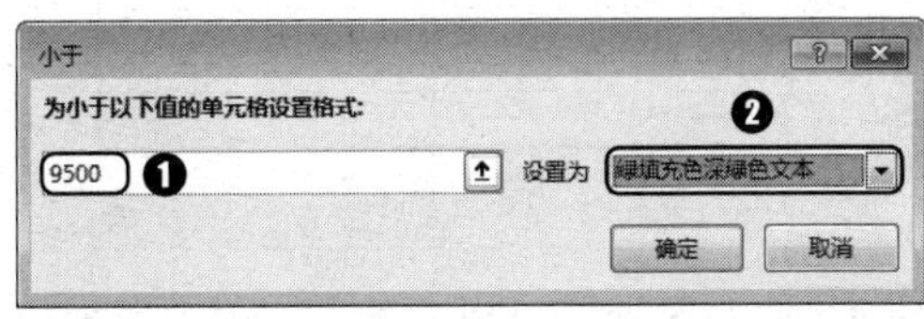

第 7 步 单击【确定】按钮 确定 返回工作表中，即可看到满足条件的数值显示效果，即企业可以接受的每月还款额，如下图所示。

03 贷款分期偿还双变量分析

视频文件：光盘\视频文件\第15章\03.mp4

假设企业需要贷款700 000元，借款期限为8年、10年以及12年，企业可以承受的每月还款金额最大值为9500元，试计算企业应选择的贷款利率。接下来使用双变量模拟运算表进行分析，具体操作步骤如下。

第 1 步 打开“光盘\素材文件\第 15 章\贷款分期偿还双变量分析表.xlsx”文件，贷款分期偿还分析各项目如下图所示。

第 2 步 计算“每月还款额”。选中单元格 B5，输入公式“=PMT(C2/12,B2*12,-A2)”，计算出贷款年限为 8 年，贷款利率为 4.0% 的每月还款额，如下图所示。

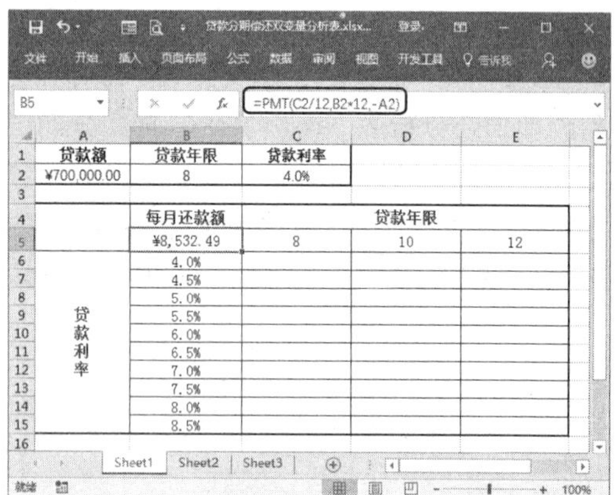

第 3 步 选中单元格区域 B2:E12，打开【模拟运算表】对话框，在【输入引用行的单元格】文本框中输入“$B$2”，在【输入引用列的单元格】文本框中输入“$C$2”，如下图所示。

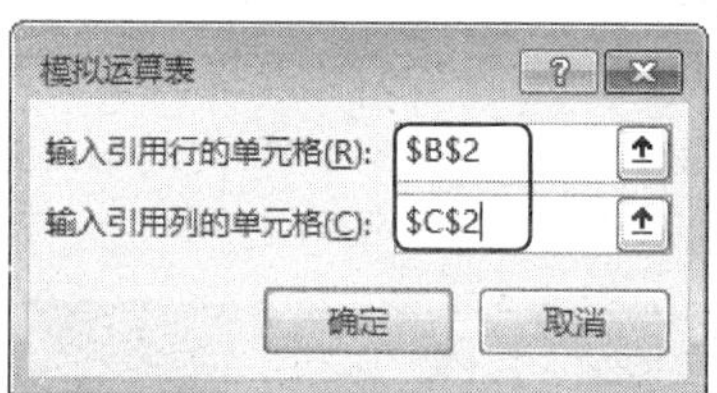

第 4 步 单击【确定】按钮 确定 ，返回工作表中，即可看到双变量模拟运算结果，如下图所示。

第 5 步 ❶选中单元格区域 C6:E15，切换到【开始】选项卡；❷单击【样式】组中的【条件格式】按钮 条件格式 ；❸从弹出的下拉列表中选择【突出显示单元格规则】➤【大于】选项，

如下图所示。

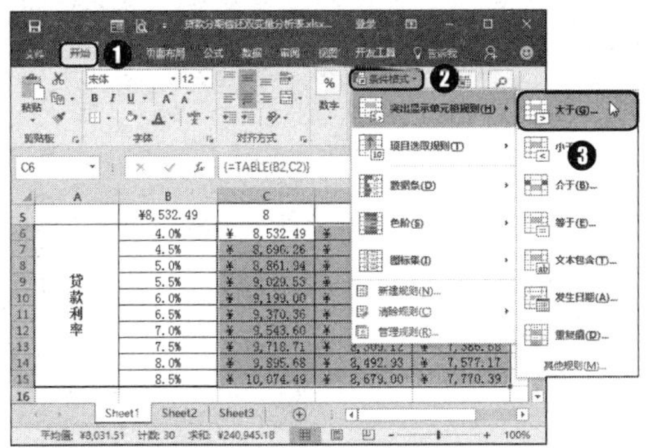

第 6 步 ❶ 弹出【大于】对话框，在【为大于以下值的单元格设置格式】文本框中输入“9500”；❷ 在【设置为】下拉列表中选择【自定义格式】选项，如下图所示。

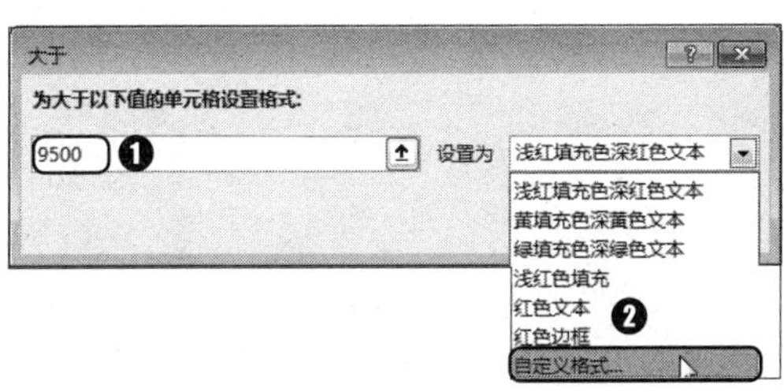

第 7 步 ❶ 弹出【设置单元格格式】对话框，切换到【字体】选项卡；❷ 在【字形】列表框中选择【加粗倾斜】选项；❸ 在【颜色】下拉列表中选择【红色】选项，如下图所示。

第 8 步 依次单击【确定】按钮 确定 ，返回工作表中，即可看到每月还款额高于 9500 元的情况突出显示，如下图所示。

第 16 章

进销存数据的处理与分析

本章导读

本章将对Excel在进销存管理中的应用进行介绍，主要介绍采购、销售和库存统计方面常用的表格的处理与分析。

知识要点

- ❖ 排序和筛选
- ❖ 移动平均
- ❖ 环比分析
- ❖ 同比分析
- ❖ 高级筛选
- ❖ 条件格式设置

16.1 采购数据分析

案例背景

通过采购报表来进行采购分析与成本预算，不仅可以非常直观地显示每笔采购货物的交货付款情况，使采购数据分析、库存管理变得更简单清晰，并且也让采购流程变得更加规范。

本例将介绍采购数据的管理与分析，制作完成后的效果如下图所示。实例最终效果见“光盘\结果文件\第16章\采购统计表.xlsx”文件。

光盘文件	素材文件	光盘\素材文件\第16章\采购统计表.xlsx
	结果文件	光盘\结果文件\第16章\采购统计表.xlsx
	教学视频	光盘\视频文件\第16章\16.1采购数据分析.mp4

16.1.1 分析采购数据

采购部门对采购数据进行分析，例如对其进行排序或筛选，具体操作步骤如下。

第 1 步 ❶ 打开“光盘\素材文件\第 16 章\采购统计表.xlsx”文件，选中单元格 B2；❷ 切换到【数据】选项卡；❸ 单击【排序和筛选】组中的【升序】按钮，如下图所示。

第 2 步 即可将采购数据按照“产品名称”进行升序排列，如下图所示。

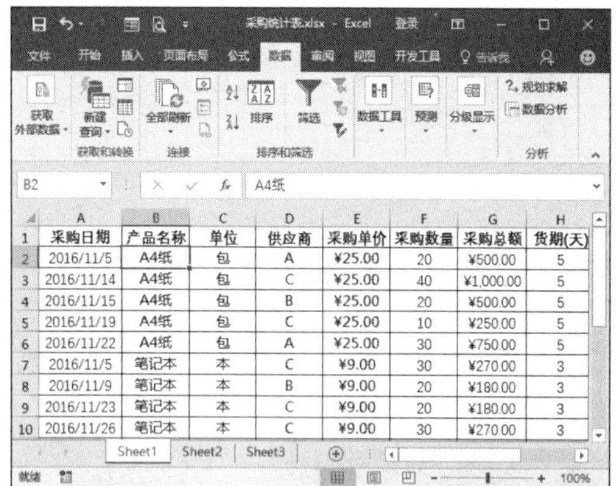

第 3 步 在表格下方输入需要筛选的条件，如下图所示。

第 4 步 将鼠标定位在数据区域任意单元格中，单击【排序和筛选】组中的【高级】按钮，如下图所示。

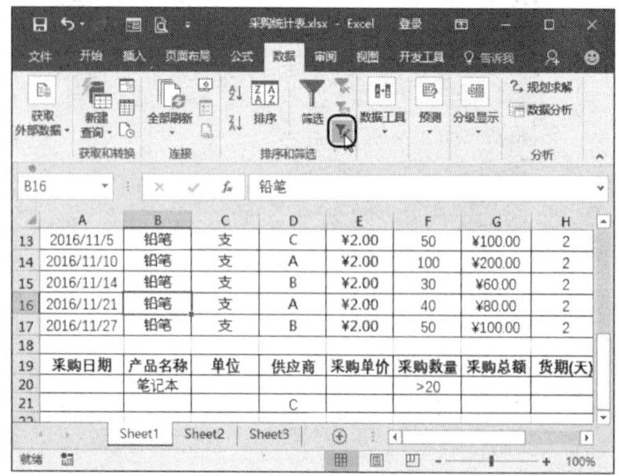

第 5 步 ❶弹出【高级筛选】对话框，在【方式】组合框中选中【将筛选结果复制到其他位置】单选钮；❷单击【复制到】文本框右侧的【折叠】按钮，如下图所示。

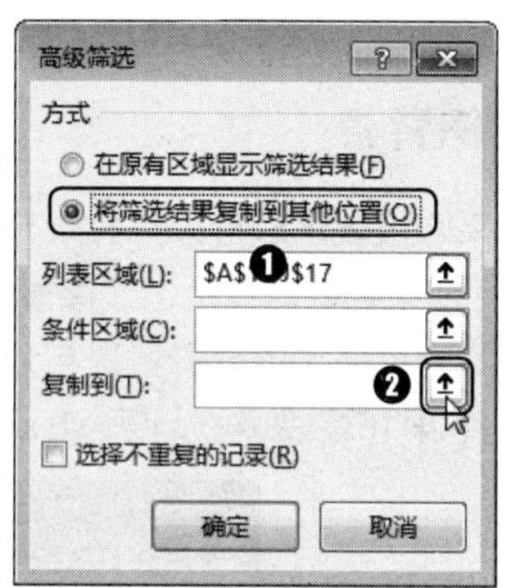

第 6 步 ❶弹出【高级筛选 - 复制到】对话框，在工作表中选择单元格 A23；❷单击【展开】按钮，如下图所示。

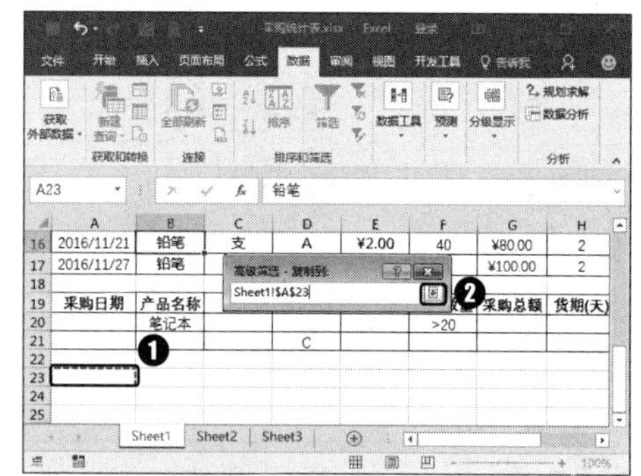

第 7 步 返回【高级筛选】对话框，单击【条件区域】文本框右侧的【折叠】按钮，如下图所示。

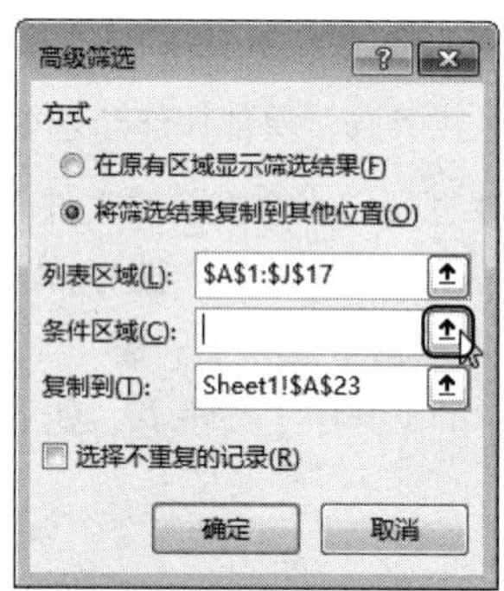

第 8 步 ❶弹出【高级筛选 - 条件区域】对话框，在工作表中选择筛选条件单元格区域；

❷ 单击【展开】按钮，如下图所示。

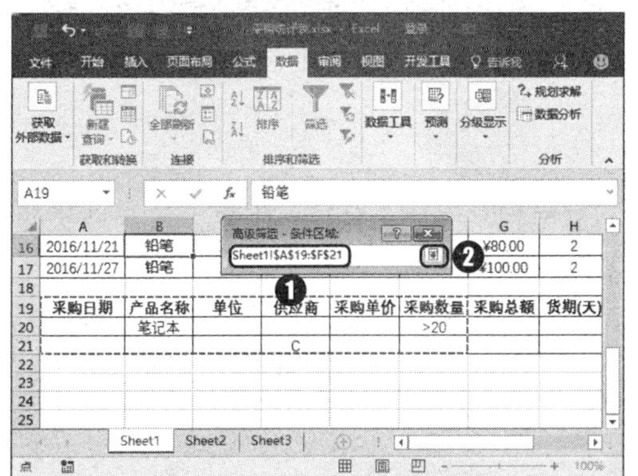

第 9 步 返回【高级筛选】对话框，单击【确定】按钮 确定 ，如下图所示。

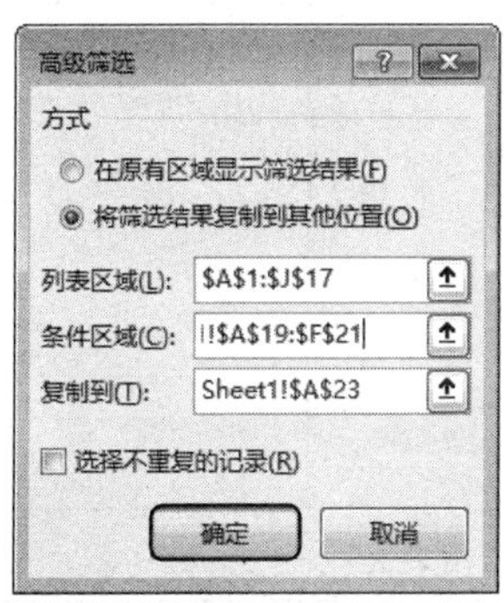

第 10 步 返回工作表，即可查看筛选后的结果，如下图所示。

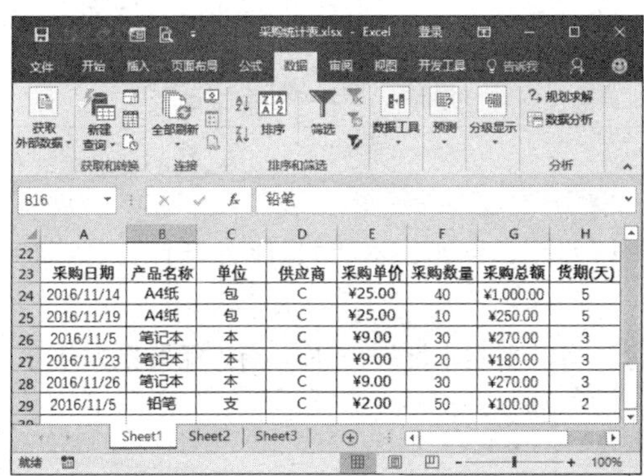

16.1.2 查询采购次数最多的商品

在分析采购数据时，对经常采购的商品可以适当调整采购策略，降低成本，在烦琐的数据中如何快速找到采购次数最多的商品，具体操作步骤如下。

第 1 步 在单元格 A31 中输入“采购次数最多的商品”并对单元格区域 A31:B31 进行格式设置，如下图所示。

第 2 步 选中单元格 B31，输入公式“=INDEX(B2:B17,MODE(MATCH(B2:B17, B2:B17,0)))”，即可计算出采购次数最多的商品，如下图所示。

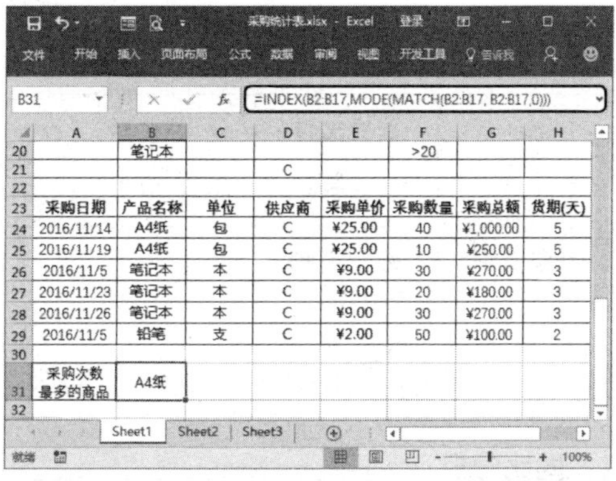

温馨提示

公式“=INDEX(B2:B17,MODE(MATCH(B2:B17,B2:B17,0)))”，先使用MATCH函数获取“产品名称”第一次在单元格区域B2:B17中出现的位置，然后使用MODE函数获取这些位置的众数，最后使用INDEX函数从单元格区域B2:B17中根据众数指定的位置引用产品名称。

16.2 销售数据的统计分析

 案例背景

用户可以对统计到的销售数据进行趋势分析，主要包括同比、环比、发展速度与增长速度、移动平均等。

本例将介绍如何使用Excel对销售数据进行整合，应用各种销售报表对销售数据进行规范，从而非常有效地管理和分析销售数据，制作完成后的效果如下图所示。实例最终效果见“光盘\结果文件\第16章\销售统计分析表.xlsx”文件。

	A	B	C	D
1	月份	销售额	环比发展速度	增长速度
2	2015年12月	88935		
3	2016年1月	110730	124.51	24.51
4	2016年2月	84590	76.39	-23.61
5	2016年3月	94870	112.15	12.15
6	2016年4月	91400	96.34	-3.66
7	2016年5月	92455	101.15	1.15
8	2016年6月	85935	92.95	-7.05
9	2016年7月	89375	104	4
10	2016年8月	91605	102.5	2.5
11	2016年9月	84970	92.76	-7.24
12	2016年10月	88000	103.57	3.57
13	2016年11月	90230	102.53	2.53
14	2016年12月	94635	104.88	4.88
15	平均发展速度		100.5186063	0.518606302

光盘文件	素材文件	光盘\素材文件\第16章\销售统计分析表.xlsx
	结果文件	光盘\结果文件\第16章\销售统计分析表.xlsx
	教学视频	光盘\视频文件\第16章\16.2销售数据的统计分析.mp4

16.2.1 销售增长分析

1. 同比分析

同比是指本期分析数据与去年同期分析数据进行对比。例如，本期1月比去年1月，本期6月比去年6月等。

同比发展速度主要是为了消除季节变动的影响，用以说明本期发展水平与去年同期发展水平对比而达到的相对发展速度。

同比发展速度的公式为：

同比发展速度=（本期发展水平－去年同期水平）/去年同期水平×100%

计算同比增速的具体操作步骤如下。

第1步 打开“光盘\素材文件\第16章\销售统计分析表.xlsx”文件，切换到工作表“同比分析”中，如下图所示。

第 2 步 计算同比增速。选中单元格 B2，输入公式“=ROUND(('2016 年销售统计 '!B2 -'2015 年销售统计 '!B2)/'2015 年销售统计 '!B2*100,2)”，即可计算出 2016 年 1 月产品的同比增长速度，如下图所示。

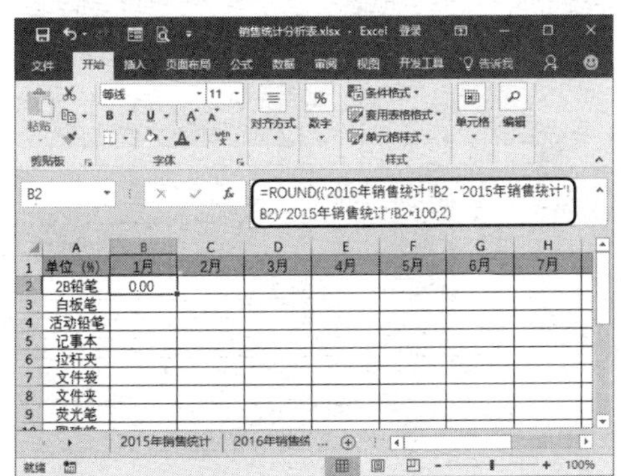

第 3 步 计算各产品的同比增速。选中单元格 B2，使用快速填充功能不带格式地向下填充至单元格 B12 中，如下图所示。

第 4 步 计算各月产品同比增速。选中单元格区域 B2:B12，拖动鼠标，向右填充至单元格区域 C2:M12 中，如下图所示。

至此，企业2016年各月各产品的同比增速就计算出来了。

2. 环比分析

环比是相邻周期的数据进行对比。例如，2016年1月与2016年2月相比较，叫环比。

环比发展速度计算公式：

环比发展速度=（本期发展水平－上期发展水平）/上期发展水平 × 100%

该公式反映本期比上期增长了多少。环比发展速度，一般是指报告本期水平与前一时期水平之比，表明现象逐期的发展速度。

本实例计算2016年该企业各月相对于上月数据的环比增速，具体操作步骤如下。

第 1 步 切换到工作表“环比分析”，环比分析表如下图所示。

第 2 步 计算 1 月环比增速。选中单元格 B2，输入公式“=ROUND(('2016 年销售统计 '!B2 -'2015 年销售统计 '!M2)/'2015 年销售统计 '!M2*100,2)”，按【Enter】键即可看到 2016 年 1 月相对于 2015 年 12 月的环比增速，如下图所示。

第 3 步 选中单元格 B2，使用快速填充功能将单元格 B2 中的公式不带格式地向下填充至单元格 B12，如下图所示。

第 4 步 选中单元格 C2，输入公式“=ROUND(('2016 年销售统计 '!C2-'2016 年销售统计 '!B2)/'2016 年销售统计 '!B2*100,2)”，即可计算出 2016 年 2 月相对于 1 月的环比增速，如下图所示。

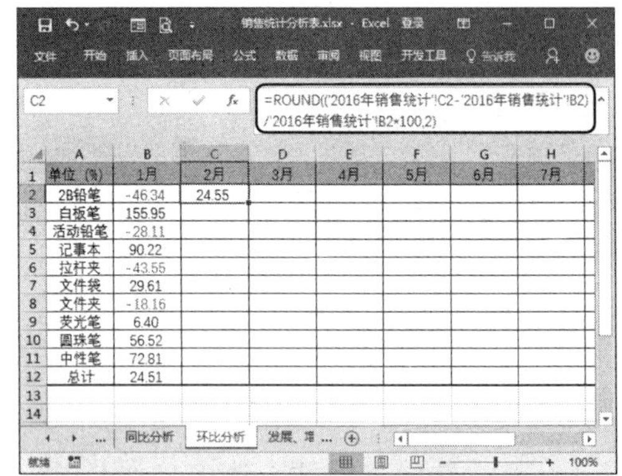

第 5 步 使用快速填充功能，将单元格 C2 中的公式不带格式地向下填充至单元格 C12，如下图所示。

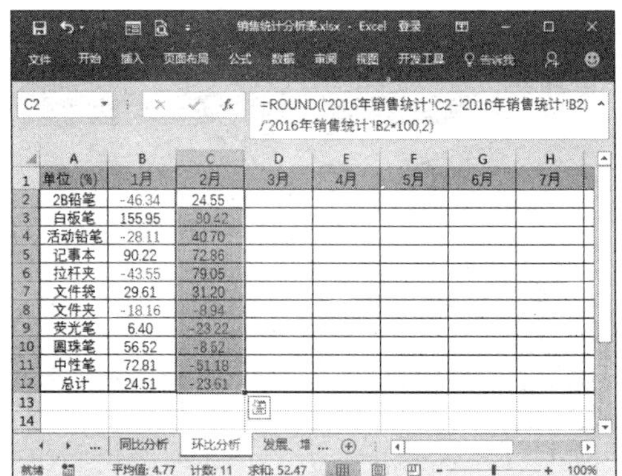

第 6 步 选中单元格区域 C2:C12，使用快速填充功能，将公式不带格式地向右填充至单元格区域 D2:M12 中，如下图所示。

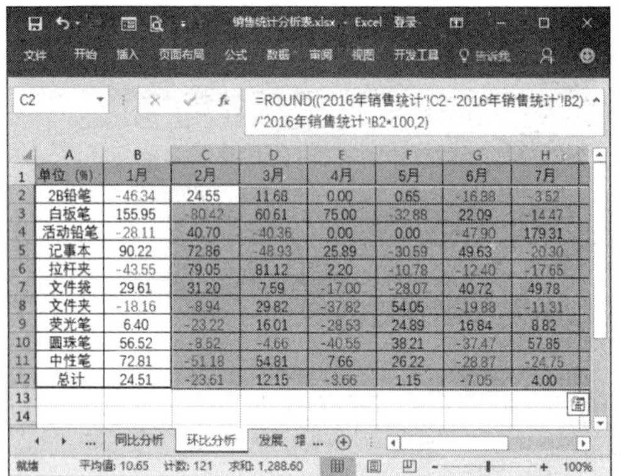

至此，企业2016年各月各产品相对于上月的环比增速就计算出来了。

3. 计算发展速度与增长速度

计算出企业2016年的同比和环比增速之后，用户可以进一步计算发展速度和增长速度。

● 发展速度

发展速度，反映社会现象在时间上的变动程度的相对数。发展速度和增长速度都是人们在日常社会经济工作中经常用来表示某一时期内某动态指标发展变化状况的动态相对数。

发展速度=报告期水平/基期水平×100%

当发展速度大于100%时，说明发展水平呈上升状态；当发展速度小于100%时，说明发展水平呈下降状态。在计算时，如果报告期水平很大，而基期水平很小时，也可以使用倍数或番数来表示；如果报告期水平很小，而基期水平很大时，可以使用千分数或万分数来表示。发展速度分为环比发展速度和定基发展速度。环比发展速度也称逐期发展速度，是报告期水平与前一期水平之比，说明报告期水平相对于前一期水平的发展程度；定基发展速度则是报告期水平与某一固定时期水平（通常为最初水平或者特定时期水平）之比，说明报告期水平在整个观察期内总的发展变化程度。

接下来计算企业2016年的环比发展速度，为了简化操作，只计算各月销售金额合计的发展速度，不计算各产品的发展速度，具体操作步骤如下。

第 1 步 切换到工作表“发展、增长速度”中，企业销售额、发展、增长速度如下图所示。

第 2 步 根据工作表“2015 年销售统计”和“2016 年销售统计”中统计的数据添加各月份销售额，如下图所示。

第 3 步 计算环比发展速度。选中单元格 C3，输入公式“=ROUND(B3/B2*100,2)”，输入完毕后按【Enter】键即可计算出 2016 年 1 月的环比发展速度，如下图所示。

第 4 步 将单元格 C3 中的公式不带格式地向下快速填充至单元格 C14 中，即可计算出 2016 年各月的环比发展速度，如下图所示。

● 平均发展速度

平均发展速度是反映现象逐期发展的平均速度。

由于平均发展速度是一定时期内各期环比发展速度的序时平均数，各时期对比的基础不同，所以不能采用一般序时平均数的计算方法。目前计算平均发展速度通常采用几何平均法。采用这一方法的原理是：一定时期内现象发展的总速度等于各期环比发展速度的连乘积。根据平均数的计算原理，就应当按连乘法，即几何平均数公式计算各指标值的平均数。

平均发展速度的计算公式如下：

$$b = \sqrt[n]{b_1 \times b_2 \times \cdots\cdots \times b_n}$$

其中*b*表示平均发展速度，*n*表示环比发展速度的时期数。

平均发展速度可能大于100%，说明现象的发展水平呈上升趋势；平均发展速度也可能小于100%，说明现象的发展水平呈下降趋势。

计算平均发展速度可以使用Excel 2016的POWER函数功能。

POWER函数的函数功能是返回给定数字的乘幂。

语法：POWER(number,power)

number为底数，可以为任意实数；power为指数，底数按该指数次幂乘方。

说明：在Excel中可以用“^”运算符代替POWER函数来表示对底数乘方的幂次，例如5^2。

POWER函数的简单应用如下表所示。

公式	含义	结果
=POWER(3,2)	3的平方	9
=POWER(8,5/4)	8的5/4次方	13.45434

选中单元格C15，输入公式“=POWER(C3*C4*C5*C6*C7*C8*C9*C10*C11*C12*C13* C14,1/12)”，即可计算出2016年的平均发展速度，如下图所示。

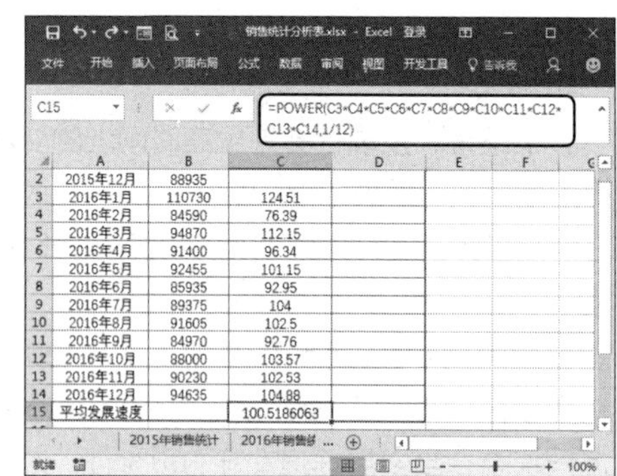

由于2016年的平均发展速度大于100%，因此2016年产品的平均发展速度呈上升趋势。

● 增长速度

增长速度是人们在日常社会经济工作中经常用来表示某一时期内某动态指标发展变化状况的动态相对数。增长速度是表明社会现象增长程度的相对指标，它是报告期的增长量与基期发展水平之比。把对比的两个时期的发展水平抽象成为一个比例数，来表示某一事物在这段对比时期内发展变化的方向和程度，分析研究事物发展变化规律。

增长速度是说明事物增长快慢程度的动态相对数。它是报告期比基期的增长量与基期水平之比，表示报告期水平比基期水平增长了百分之几或多少倍。

增长速度可以是正数，也可以是负数。正数表示增长，负数表示降低。增长速度由于采用的基期不同，可分为环比增长速度和定基增长速度。

环比增速是报告期比前一期的增长量与前一期水平之比，表明报告期比前一期水平增长了百分之几或多少倍。

定基增速是报告期比固定基期的增长量，与固定基期水平之比，表明报告期水平比固定基期水平增长了的百分之几或多少倍。

增长速度的计算公式如下：

增长速度=增长量/基期水平=（报告期水

平 – 基期水平）/基期水平

增长速度=发展速度 – 100%

计算增长速度的具体操作步骤如下。

第 1 步 选中单元格 D3，输入公式“=C3-100”，即可计算出 2016 年 1 月的增长速度，如下图所示。

D3 =C3-100

	A	B	C	D
1	月份	销售额	环比发展速度	增长速度
2	2015年12月	88935		
3	2016年1月	110730	124.51	24.51
4	2016年2月	84590	76.39	
5	2016年3月	94870	112.15	
6	2016年4月	91400	96.34	
7	2016年5月	92455	101.15	
8	2016年6月	85935	92.95	
9	2016年7月	89375	104	
10	2016年8月	91605	102.5	
11	2016年9月	84970	92.76	
12	2016年10月	88000	103.57	
13	2016年11月	90230	102.53	
14	2016年12月	94635	104.88	
15	平均发展速度		100.5186063	

第 2 步 将单元格 D3 中的公式不带格式地向下填充至单元格 D14 中，即可计算出 2016 年各月的增长速度，如下图所示。

D3 =C3-100

	A	B	C	D
1	月份	销售额	环比发展速度	增长速度
2	2015年12月	88935		
3	2016年1月	110730	124.51	24.51
4	2016年2月	84590	76.39	-23.61
5	2016年3月	94870	112.15	12.15
6	2016年4月	91400	96.34	-3.66
7	2016年5月	92455	101.15	1.15
8	2016年6月	85935	92.95	-7.05
9	2016年7月	89375	104	4
10	2016年8月	91605	102.5	2.5
11	2016年9月	84970	92.76	-7.24
12	2016年10月	88000	103.57	3.57
13	2016年11月	90230	102.53	2.53
14	2016年12月	94635	104.88	4.88
15	平均发展速度		100.5186063	

● 平均增长速度

平均增长速度是反映某种现象在一个较长时期中逐期递增的平均速度。

平均增长速度也叫平均递增速度，它和平均发展速度统称为平均速度。平均速度是各个时期环比速度（即报告期水平与前一期水平对比计算的速度）的平均数，说明社会经济现象在较长时期内速度变化的平均程度。

计算平均增长速度有两种方法：一种是习惯上经常使用的“水平法”，又称几何平均法，是以间隔期最后一年的水平同基期水平对比来计算平均每年增长（或下降）速度；另一种是“累计法”，又称代数平均法或方程法，是以间隔期内各年水平的总和同基期水平对比来计算平均每年增长（或下降）速度。在一般正常情况下，两种方法计算的平均每年增长速度比较接近，但在经济发展不平衡、出现大起大落时，两种方法计算的结果差别较大。

平均增长速度的计算公式为：

平均增长速度（%）=平均发展速度 – 1（或100%）

平均增长速度如果为正值，表明现象在一定发展阶段内逐期平均递增的程度；负值表示现象逐期平均递减的程度。因此，平均速度的计算首先是平均发展速度的计算。

选中单元格D15，输入公式“=C15-100”，输入完毕按【Enter】键，即可计算出2016年的平均增长速度，如下图所示。

D15 =C15-100

	A	B	C	D
1	月份	销售额	环比发展速度	增长速度
2	2015年12月	88935		
3	2016年1月	110730	124.51	24.51
4	2016年2月	84590	76.39	-23.61
5	2016年3月	94870	112.15	12.15
6	2016年4月	91400	96.34	-3.66
7	2016年5月	92455	101.15	1.15
8	2016年6月	85935	92.95	-7.05
9	2016年7月	89375	104	4
10	2016年8月	91605	102.5	2.5
11	2016年9月	84970	92.76	-7.24
12	2016年10月	88000	103.57	3.57
13	2016年11月	90230	102.53	2.53
14	2016年12月	94635	104.88	4.88
15	平均发展速度		100.5186063	0.518606302

16.2.2 用移动平均过滤波动

移动平均法是用一组最近的实际数据值来预测未来一期或几期内公司产品的需求量、公司产能等的一种常用方法。移动平均法适用于即期预测。当产品需求既不快速增长也不快速下降，且不存在季节性因素时，移动平均法能有效地消除预测中的随机波动，是非常有用的。移动平均法依据的是预测时使用的各元素的权重变化。

移动平均法是一种简单平滑预测技术，它的基本思想是：根据时间序列资料，逐项推移，依次计算包含一定项数的序时平均值，以反映长期趋势的方法。因此，当时间序列的数值由于受周期变动和随机波动的影响，起伏较大，不易显示出事件的发展趋势时，使用移动平均法可以消除这些因素的影响，显示出事件的发展方向与趋势（即趋势线），然后依趋势线分析预测序列的长期趋势。

1. 计算移动平均

移动平均数列项数=原数列项数－移动平均项数＋1

移动平均后的数列会比原数列项数少，移动时采用的项数越多，所得到的移动平均数列的项数就越少。

例如，原数列项数为12（12个月的数据），移动平均项数为3，则得到的移动平均数列的项数为12－3＋1=10项。

移动平均法会使数列丢失部分数据信息，移动平均项数越多，丢失的信息量就越多，因此移动平均项数不宜过长。

接下来计算2016年销售数据的各月移动平均，假设移动平均项数为3，具体操作步骤如下。

第1步 切换到工作表“2016年移动平均”中，可以看到2016年各月数据信息如下图所示。

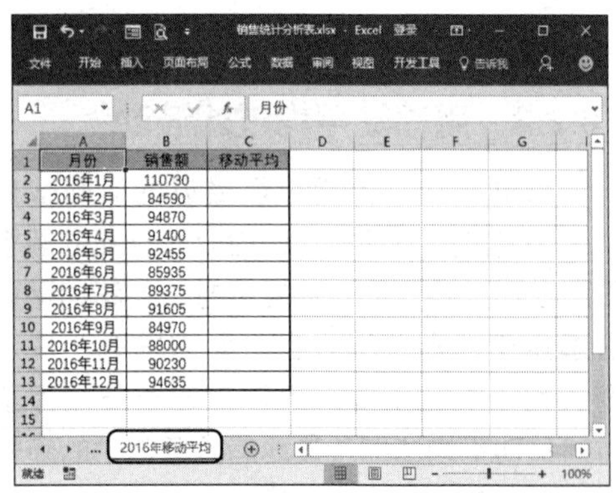

月份	销售额	移动平均
2016年1月	110730	
2016年2月	84590	
2016年3月	94870	
2016年4月	91400	
2016年5月	92455	
2016年6月	85935	
2016年7月	89375	
2016年8月	91605	
2016年9月	84970	
2016年10月	88000	
2016年11月	90230	
2016年12月	94635	

第2步 由于采用3项平均，1月和2月不足3项数据，因此只能从单元格C4开始计算。选中单元格C4，输入公式“=AVERAGE(B2:B4)”，即可计算出2016年3月的移动平均值，如下图所示。

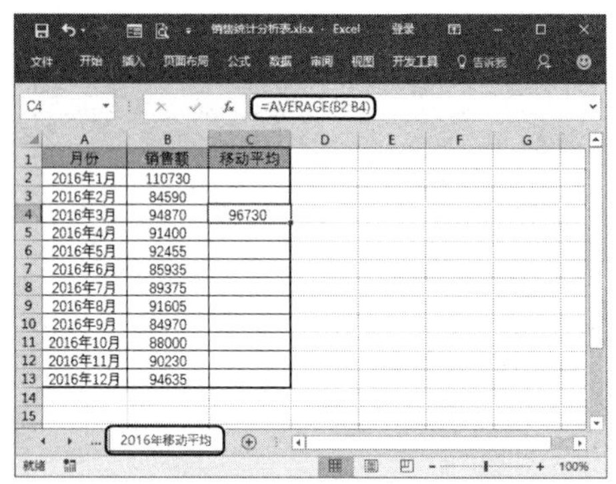

月份	销售额	移动平均
2016年1月	110730	
2016年2月	84590	
2016年3月	94870	96730
2016年4月	91400	
2016年5月	92455	
2016年6月	85935	
2016年7月	89375	
2016年8月	91605	
2016年9月	84970	
2016年10月	88000	
2016年11月	90230	
2016年12月	94635	

第3步 使用快速填充功能将公式不带格式地向下填充至单元格C13中，然后将单元格区域C4:C13中的数据设置为小数位数为2的数值形式，如下图所示。

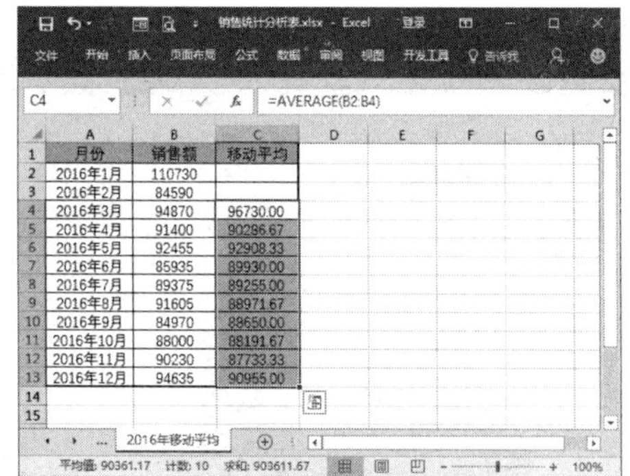

月份	销售额	移动平均
2016年1月	110730	
2016年2月	84590	
2016年3月	94870	96730.00
2016年4月	91400	90286.67
2016年5月	92455	92908.33
2016年6月	85935	89930.00
2016年7月	89375	89255.00
2016年8月	91605	88971.67
2016年9月	84970	89650.00
2016年10月	88000	88191.67
2016年11月	90230	87733.33
2016年12月	94635	90955.00

至此，2016年各月的销售移动平均值就计算出来了。

2. 销售数据移动平均数

在实际分析中，经常需要计算不同周期的移动平均值，如每次都要先计算从哪里开始容易出错，Excel 2016提供了移动平均功能，使计算简单快捷化。

接下来使用Excel 2016的移动平均功能计算2015—2016年（24个月）销售数据的移动平均数，由于收集的为24个月的月份数据，因此分3项（季度）、6项（半年）和12项（一年）这3个周期进行计算，具体操作步骤如下。

第 1 步 切换到工作表“2015—2016 年移动平均”中，2015—2016 年 24 个月的销售数据如下图所示。

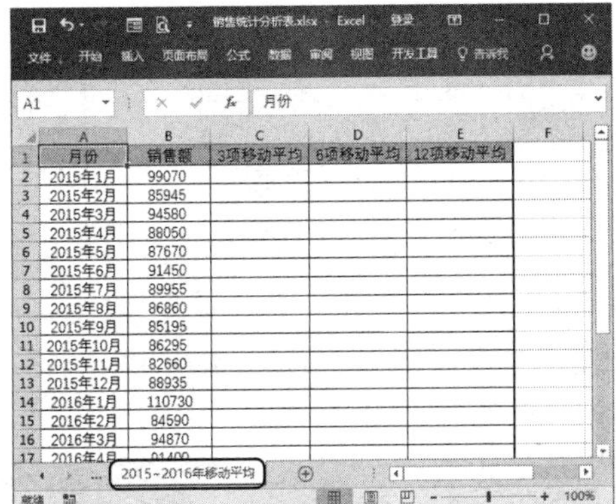

第 2 步 ❶切换到【数据】选项卡中；❷单击【分析】组中的【数据分析】按钮 数据分析，如下图所示。

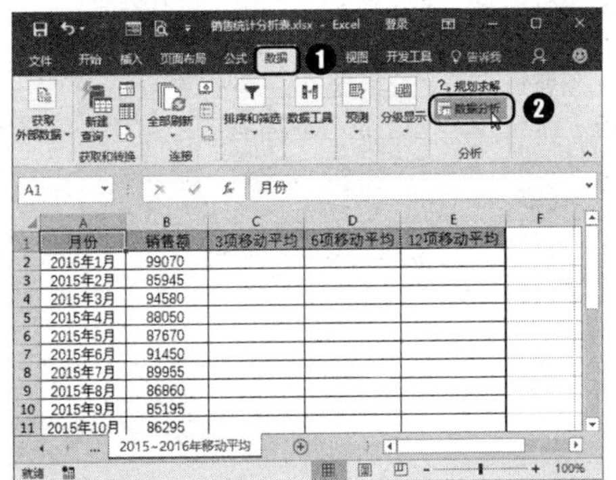

第 3 步 ❶弹出【数据分析】对话框，在【分析工具】列表框中选择【移动平均】选项；❷单击【确定】按钮 确定，如下图所示。

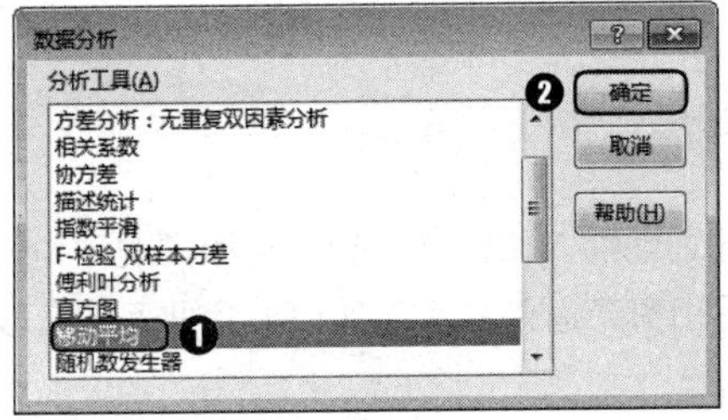

第 4 步 弹出【移动平均】对话框，在【输入】组合框中单击【输入区域】文本框右侧的【折叠】按钮，如下图所示。

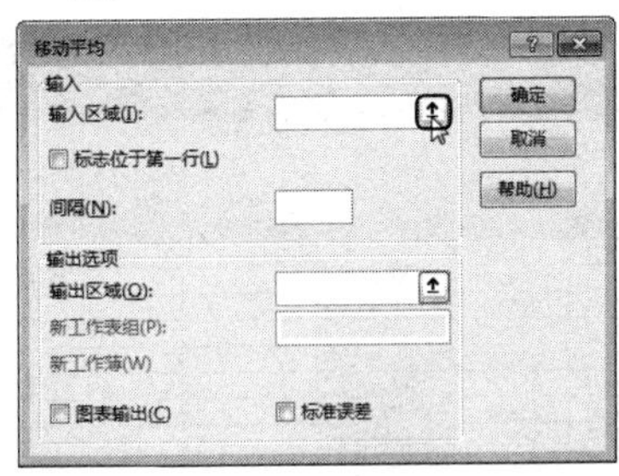

第 5 步 将【移动平均】对话框折叠起来，在工作表“2015—2016 年移动平均”中选中单元格区域 B1:B25，单击【展开】按钮，如下图所示。

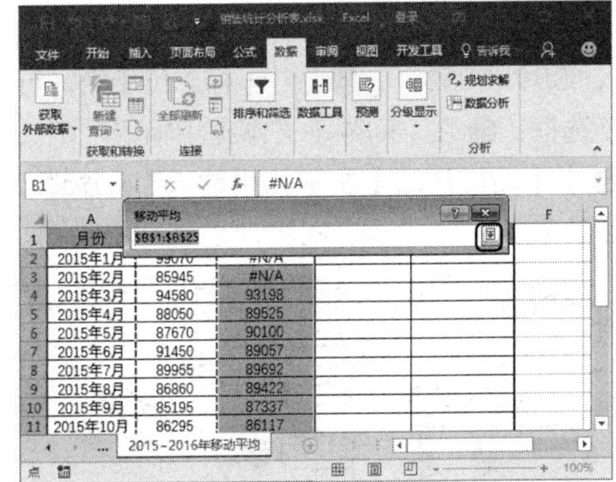

第 6 步 ❶展开【移动平均】对话框，即可在【输入区域】文本框中显示出所选区域“$B$1:$B$25”，选中【标志位于第一行】复选框；❷在【间隔】文本框中输入移动平均项数“3”；❸在【输出选项】组合框中的【输出区域】文本框中输入“$C$2”，如下图所示。

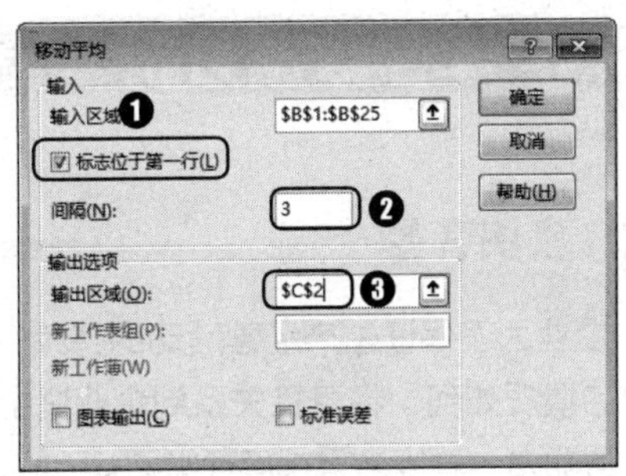

第 7 步 单击【确定】按钮 确定 ，返回工作表中，即可看到 3 项移动平均的计算结果，如下图所示。

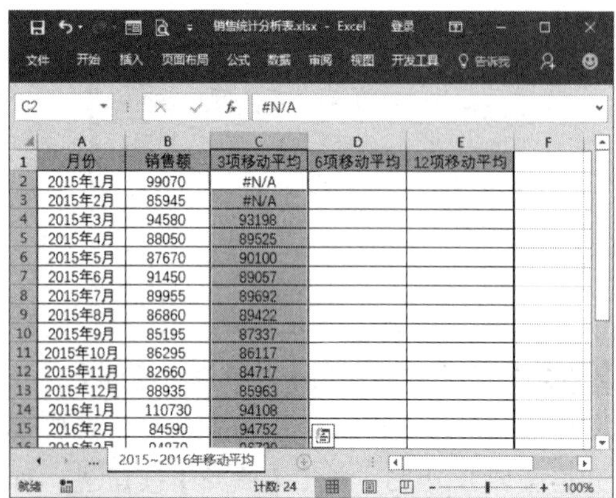

	A	B	C	D	E
1	月份	销售额	3项移动平均	6项移动平均	12项移动平均
2	2015年1月	99070	#N/A		
3	2015年2月	85945	#N/A		
4	2015年3月	94580	93198		
5	2015年4月	88050	89525		
6	2015年5月	87670	90100		
7	2015年6月	91450	89057		
8	2015年7月	89955	89692		
9	2015年8月	86860	89422		
10	2015年9月	85195	87337		
11	2015年10月	86295	86117		
12	2015年11月	82660	84717		
13	2015年12月	88935	85963		
14	2016年1月	110730	94108		
15	2016年2月	84590	94752		

第 8 步 计算 6 项移动平均。❶ 再次打开【移动平均】对话框，在【输入区域】文本框中输入“$B$1:$B$25”；❷ 选中【标志位于第一行】复选框；❸ 在【间隔】文本框中输入“6”；❹ 在【输出区域】文本框中输入“$D$2”，如下图所示。

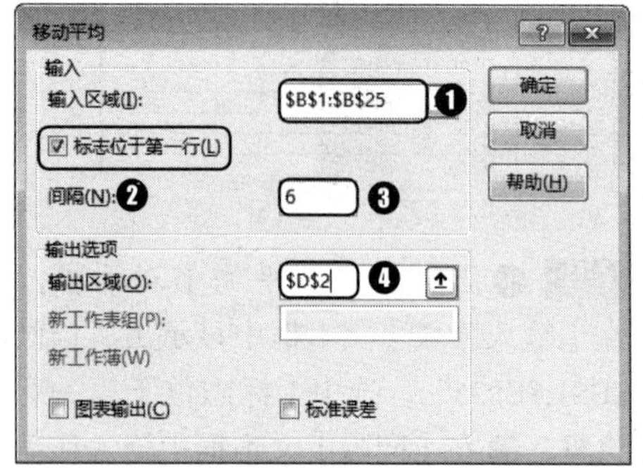

第 9 步 单击【确定】按钮 确定 ，即可看到 6 项移动平均的计算结果，如下图所示。

	A	B	C	D	E
1	月份	销售额	3项移动平均	6项移动平均	12项移动平均
2	2015年1月	99070	#N/A	#N/A	
3	2015年2月	85945	#N/A	#N/A	
4	2015年3月	94580	93198	#N/A	
5	2015年4月	88050	89525	#N/A	
6	2015年5月	87670	90100	#N/A	
7	2015年6月	91450	89057	91128	
8	2015年7月	89955	89692	89608	
9	2015年8月	86860	89422	89761	
10	2015年9月	85195	87337	88197	
11	2015年10月	86295	86117	87904	
12	2015年11月	82660	84717	87069	
13	2015年12月	88935	85963	86650	
14	2016年1月	110730	94108	90113	
15	2016年2月	84590	94752	89734	

第 10 步 按照相同的方法计算出 12 项移动平均的计算结果，效果如下图所示。

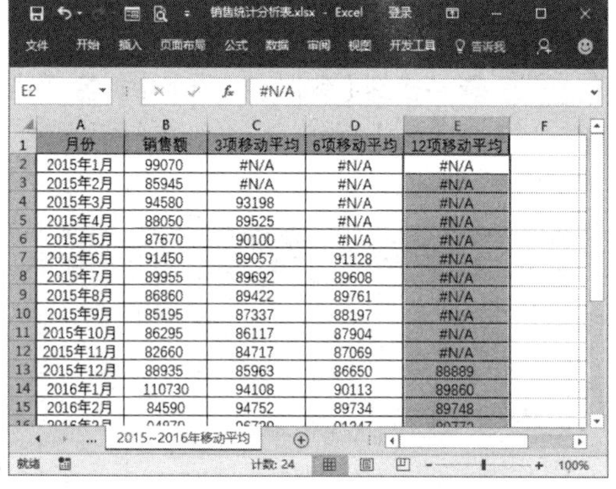

	A	B	C	D	E
1	月份	销售额	3项移动平均	6项移动平均	12项移动平均
2	2015年1月	99070	#N/A	#N/A	#N/A
3	2015年2月	85945	#N/A	#N/A	#N/A
4	2015年3月	94580	93198	#N/A	#N/A
5	2015年4月	88050	89525	#N/A	#N/A
6	2015年5月	87670	90100	#N/A	#N/A
7	2015年6月	91450	89057	91128	#N/A
8	2015年7月	89955	89692	89608	#N/A
9	2015年8月	86860	89422	89761	#N/A
10	2015年9月	85195	87337	88197	#N/A
11	2015年10月	86295	86117	87904	#N/A
12	2015年11月	82660	84717	87069	#N/A
13	2015年12月	88935	85963	86650	88889
14	2016年1月	110730	94108	90113	89860
15	2016年2月	84590	94752	89734	89748

16.3 库存数据分析

案例背景

企业为了保证生产经营活动的持续性，需要有计划地购入和销售存货。一般情况下，库存管理的情况如何，将直接关系到企业资金的占用水平和资产运作效率，所以，企业若想有较高的运营能力，就应当重视库存管理。

本例将介绍如何控制库存量以及设置采购提醒，制作完成后的效果如下图所示。实例最终效果见“光盘\结果文件\第16章\库存统计表.xlsx”文件。

月份	1									
商品型号	入库			出库			结存			是否进货
	数量	单价	金额	数量	单价	金额	数量	单价	金额	
AB013021	200	¥150.00	¥30,000.00	180	¥200.00	¥36,000.00	20	¥150.00	¥3,000.00	需要进货
AB013022	200	¥290.00	¥58,000.00	190	¥200.00	¥38,000.00	10	¥290.00	¥2,900.00	需要进货
AB013023	300	¥100.00	¥30,000.00	250	¥150.00	¥37,500.00	50	¥100.00	¥5,000.00	需要进货
AB013024	300	¥200.00	¥60,000.00	250	¥210.00	¥52,500.00	50	¥200.00	¥10,000.00	需要进货
AB013025	200	¥230.00	¥46,000.00	150	¥250.00	¥37,500.00	50	¥230.00	¥11,500.00	需要进货
AB013026	300	¥187.00	¥56,100.00	280	¥240.00	¥67,200.00	20	¥187.00	¥3,740.00	需要进货
AB013027	500	¥236.00	¥118,000.00	320	¥280.00	¥89,600.00	180	¥236.00	¥42,480.00	不需要进货
AB013028	300	¥123.00	¥36,900.00	230	¥170.00	¥39,100.00	70	¥123.00	¥8,610.00	需要进货
AB013029	400	¥245.00	¥98,000.00	320	¥300.00	¥96,000.00	80	¥245.00	¥19,600.00	需要进货
AB013030	200	¥232.00	¥46,400.00	100	¥280.00	¥28,000.00	100	¥232.00	¥23,200.00	不需要进货
AB013031	300	¥134.00	¥40,200.00	120	¥180.00	¥21,600.00	180	¥134.00	¥24,120.00	不需要进货
AB013032	250	¥230.00	¥57,500.00	180	¥300.00	¥54,000.00	70	¥230.00	¥16,100.00	需要进货
AB013033	450	¥253.00	¥113,850.00	190	¥300.00	¥57,000.00	260	¥253.00	¥65,780.00	不需要进货
AB013034	300	¥158.00	¥47,400.00	200	¥200.00	¥40,000.00	100	¥158.00	¥15,800.00	不需要进货
AB013035	330	¥109.00	¥35,970.00	110	¥200.00	¥22,000.00	220	¥109.00	¥23,980.00	不需要进货
AB013036	250	¥198.00	¥49,500.00	170	¥230.00	¥39,100.00	80	¥198.00	¥15,840.00	需要进货
AB013037	300	¥365.00	¥109,500.00	180	¥400.00	¥72,000.00	120	¥365.00	¥43,800.00	不需要进货
AB013038	400	¥234.00	¥93,600.00	340	¥250.00	¥85,000.00	60	¥234.00	¥14,040.00	需要进货
AB013039	210	¥224.00	¥47,040.00	200	¥320.00	¥64,000.00	10	¥224.00	¥2,240.00	需要进货
AB013040	300	¥123.00	¥36,900.00	180	¥190.00	¥34,200.00	120	¥123.00	¥14,760.00	不需要进货
AB013041	300	¥144.00	¥43,200.00	240	¥210.00	¥50,400.00	60	¥144.00	¥8,640.00	需要进货

光盘文件	素材文件	光盘\素材文件\第16章\库存统计表.xlsx
	结果文件	光盘\结果文件\第16章\库存统计表.xlsx
	教学视频	光盘\视频文件\第16章\16.3库存数据分析.mp4

16.3.1 控制库存量

为了不影响企业正常运营，同时又不会造成产品的大量积压，需要对库存量进行控制，从而使库存保持在合理的范围内，库存量控制的具体操作步骤如下。

第 1 步 ❶打开“光盘\素材文件\第 16 章\库存统计表.xlsx”文件，选中单元格区域 H4:H24，单击【开始】选项卡中【样式】组中的【条件格式】按钮 条件格式；❷从弹出的下拉列表中选择【新建规则】选项，如下图所示。

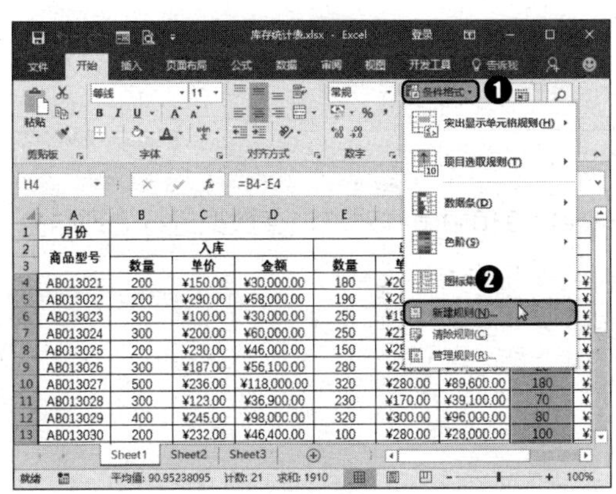

第 2 步 弹出【新建样式规则】对话框，在【基于各自值设置所有单元格的格式】组合框中的【格式样式】下拉列表中选择【图标集】选项，如下图所示。

第 3 步 ❶在【图标样式】下拉列表中选择【三色旗】选项；❷设置各图标的数值范围。设置数值大于等于 150 时标记绿色旗，数值小于 150 并且大于等于 100 时标记黄色旗，数值小于 100 时标记红色旗，如下图所示。

第 4 步 单击【确定】按钮 确定 返回工作表中，即可看到当库存量小于 100 时，即显示为红色旗帜设置效果如下图所示。

月份										
商品型号	入库			出库			结存			是否进货
	数量	单价	金额	数量	单价	金额	数量	单价	金额	
AB013021	200	¥150.00	¥30,000.00	180	¥200.00	¥36,000.00	20	¥150.00	¥3,000.00	
AB013022	200	¥290.00	¥58,000.00	190	¥200.00	¥38,000.00	10	¥290.00	¥2,900.00	
AB013023	300	¥100.00	¥30,000.00	250	¥150.00	¥37,500.00	50	¥100.00	¥5,000.00	
AB013024	300	¥200.00	¥60,000.00	250	¥210.00	¥52,500.00	50	¥200.00	¥10,000.00	
AB013025	200	¥230.00	¥46,000.00	150	¥250.00	¥37,500.00	50	¥230.00	¥11,500.00	
AB013026	300	¥187.00	¥56,100.00	280	¥240.00	¥67,200.00	20	¥187.00	¥3,740.00	
AB013027	500	¥236.00	¥118,000.00	320	¥280.00	¥89,600.00	180	¥236.00	¥42,480.00	
AB013028	300	¥123.00	¥36,900.00	230	¥170.00	¥39,100.00	70	¥123.00	¥8,610.00	
AB013029	400	¥245.00	¥98,000.00	320	¥300.00	¥96,000.00	80	¥245.00	¥19,600.00	
AB013030	200	¥232.00	¥46,400.00	100	¥280.00	¥28,000.00	100	¥232.00	¥23,200.00	
AB013031	300	¥134.00	¥40,200.00	120	¥180.00	¥21,600.00	180	¥134.00	¥24,120.00	
AB013032	250	¥230.00	¥57,500.00	180	¥300.00	¥54,000.00	70	¥230.00	¥16,100.00	
AB013033	450	¥253.00	¥113,850.00	190	¥300.00	¥57,000.00	260	¥253.00	¥65,780.00	
AB013034	300	¥158.00	¥47,400.00	200	¥200.00	¥40,000.00	100	¥158.00	¥15,800.00	
AB013035	330	¥109.00	¥35,970.00	110	¥200.00	¥22,000.00	220	¥109.00	¥23,980.00	
AB013036	250	¥198.00	¥49,500.00	170	¥230.00	¥39,100.00	80	¥198.00	¥15,840.00	
AB013037	300	¥365.00	¥109,500.00	180	¥400.00	¥72,000.00	120	¥365.00	¥43,800.00	
AB013038	400	¥234.00	¥93,600.00	340	¥250.00	¥85,000.00	60	¥234.00	¥14,040.00	
AB013039	210	¥224.00	¥47,040.00	200	¥320.00	¥64,000.00	10	¥224.00	¥2,240.00	
AB013040	300	¥123.00	¥36,900.00	180	¥190.00	¥34,200.00	120	¥123.00	¥14,760.00	
AB013041	300	¥144.00	¥43,200.00	240	¥210.00	¥50,400.00	60	¥144.00	¥8,640.00	

16.3.2 设置采购提醒

为了避免商品的积压或空仓，用户可以创建采购提醒，判断商品是否需要进货，然后采购部门根据此结果进行采购，具体操作步骤如下。

第 1 步 选中单元格 K4，输入公式“=IF(H4<100,"需要进货","不需要进货")”，如下图所示。

第 2 步 向下填充公式至单元格 K24，即可查看各产品是否需要进货，如下图所示。

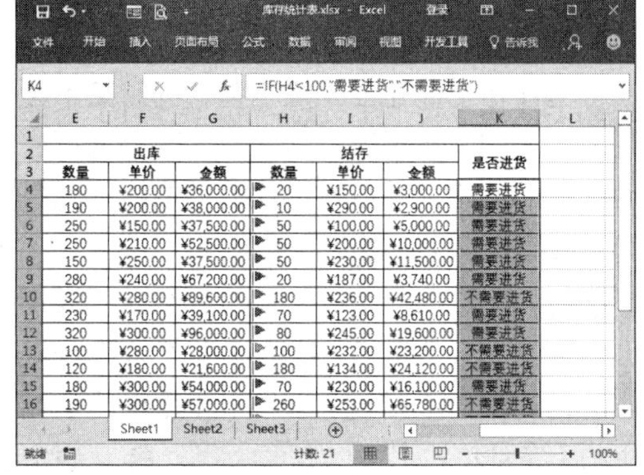

大神支招

通过前面知识的学习，相信读者已经掌握了Excel 2016中怎样对进销存数据进行处理与分析。下面结合本章内容，介绍一些工作中的实用经验与技巧。

01 如何对销售人员业绩进行百分比排名

视频文件：光盘\视频文件\第16章\01.mp4

在日常工作中，公司对销售人员进行考核，最直接的方式是对他们的销售业绩进行排名。单纯的排名可以通过RANK函数来实现，也可以通过数据分析工具来快速实现排名。此外，还可以通过百分比排名来直观地反映业绩水平。

百分比排名可以反映数据在整体中所处的地位。例如，某员工在156人中排名37，并不是很直观，但如果说该员工销售业绩高于76.7%的销售人员，就可以直观地了解到该员工销售业绩非常好。

接下来介绍怎样对销售人员业绩进行百分比排名，具体操作步骤如下。

第 1 步 ❶打开“光盘\素材文件\第 16 章\对销售人员业绩进行百分比排名.xlsx”文件，切换到【数据】选项卡；❷单击【分析】组中的【数据分析】按钮 数据分析 ，如下图所示。

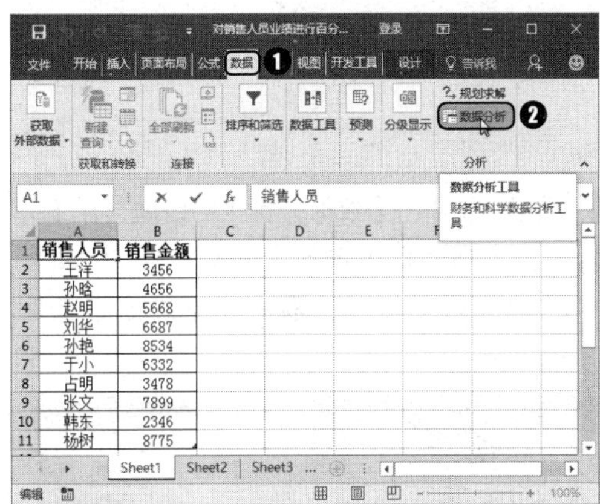

第 2 步 ❶弹出【数据分析】对话框，在【分析工具】列表框中选择【排位和百分比排位】选项；❷单击【确定】按钮 确定 ，如下图所示。

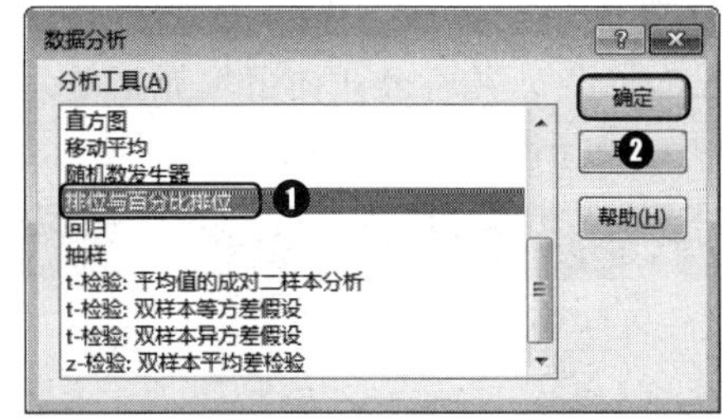

第 3 步 ❶弹出【排位与百分比排位】对话框，在【输入】组合框中的【输入区域】文本框中输入“$B$1:$B$11”；❷在【分组方式】组合框中默认选择【列】单选钮；❸选中【标志位于第一行】复选框；❹在【输出选项】组合框中选中【输出区域】单选钮，并在其右侧的文本框中输入“$E$1”，如下图所示。

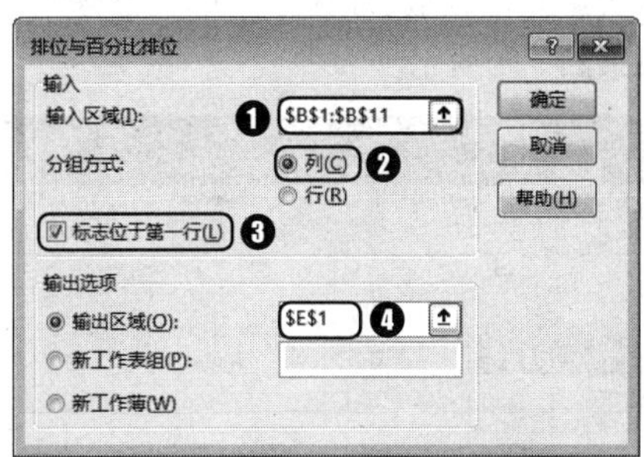

第 4 步 单击【确定】按钮 确定 ，返回工作表中，即可看到生成的百分比排名，如下图所示。

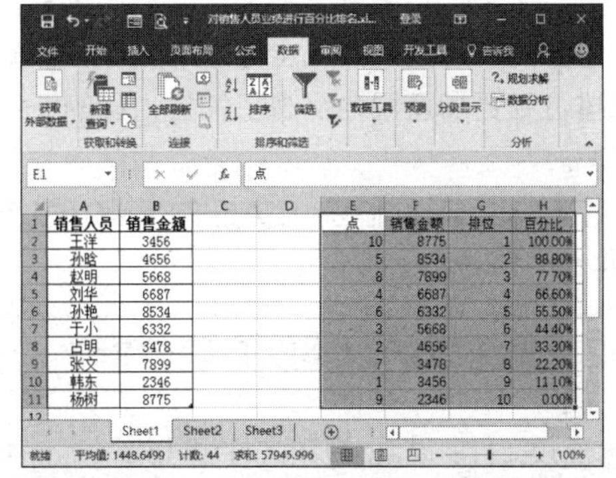

温馨提示

此分析不能输出销售人员的姓名，但是可以输出销售人员行的位置。

第 5 步 在单元格 D2 中输入公式“=INDEX(A:A,E2+1)”，并将公式向下填充至单元格 D11 中，如下图所示。

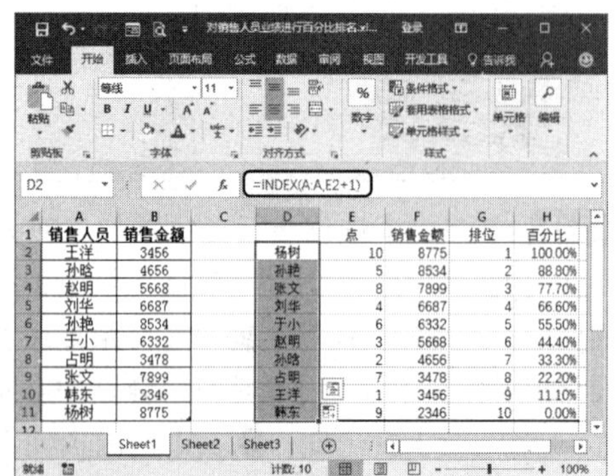

第 6 步 在单元格 D1 中输入“销售员”，并且设置单元格区域 D1:H11 的单元格格式，最终效果如下图所示。

	A	B	C	D	E	F	G	H
1	销售人员	销售金额		销售员	点	销售金额	排位	百分比
2	王洋	3456		杨树	10	8775	1	100.00%
3	孙晗	4656		孙艳	5	8534	2	88.80%
4	赵明	5668		张文	8	7899	3	77.70%
5	刘华	6687		刘华	4	6687	4	66.60%
6	孙艳	8534		于小	6	6332	5	55.50%
7	于小	6332		赵明	3	5668	6	44.40%
8	占明	3478		孙晗	2	4656	7	33.30%
9	张文	7899		占明	7	3478	8	22.20%
10	韩东	2346		王洋	1	3456	9	11.10%
11	杨树	8775		韩东	9	2346	10	0.00%

从上图即可看到销售人员百分比排名，排位说明了销售人员在全体中的名次，百分比排位则更加直观地反映了销售人员的业绩状况。

A的百分比排名=比A低的人数/(总人数−1)×100%。

02 销售额的双因素方差分析

视频文件：光盘\视频文件\第16章\02.mp4

在商业分析中，对于一个结果所产生影响的因素往往不止一个。如果需要研究两个因素对一个结果产生的影响，可以使用【数据分析】工具中的双因素方差分析。双因素方差分析又分为可重复的双因素方差分析和无重复的双因素方差分析。无重复双因素方差分析不能分解出双因素的交互作用，而可重复的双因素方差分析除了可以检验双因素对分析结果的影响之外，还可以进一步分析双因素的交互效应对分析结果影响是否显著。

分析销售区域以及销售时期双因素对销售数据的影响的具体操作步骤如下。

第 1 步 ❶打开“光盘\素材文件\第 16 章\销售额的双因素方差分析.xlsx”文件，切换到【数据】选项卡；❷单击【分析】组中的【数据分析】按钮 数据分析 ，如下图所示。

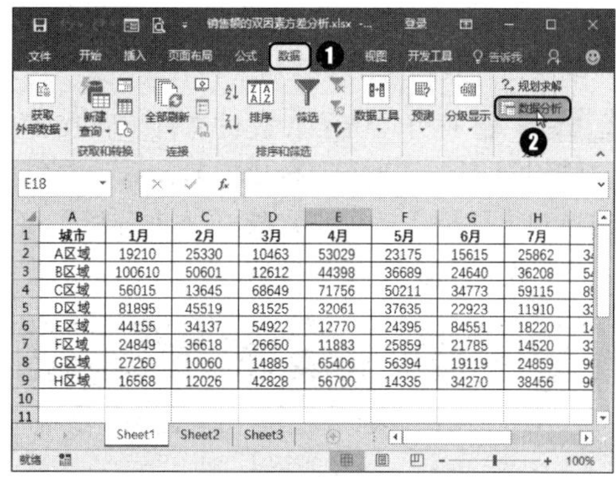

第 2 步 ❶弹出【数据分析】对话框，在【分析工具】列表框中选择【方差分析：无重复双因素分析】选项；❷单击【确定】按钮 确定 ，如下图所示。

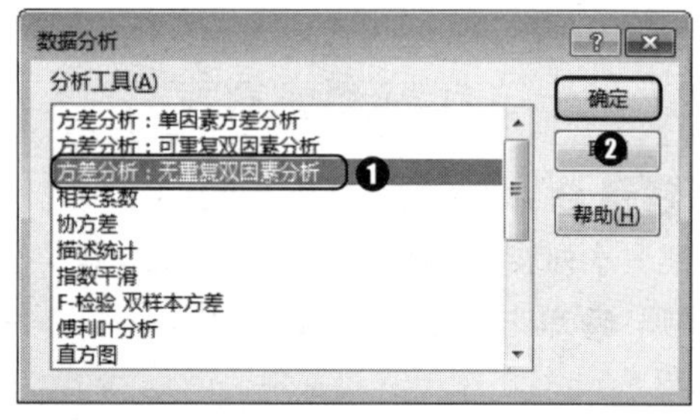

第 3 步 ❶弹出【方差分析：无重复双因素分析】对话框，在【输入】组合框中的【输入

区域】文本框中输入“$A$1:$M$9”；❷ 选中【标志】复选框；❸ 在【α】文本框中输入“0.05”；❹ 在【输出选项】组合框中选中【新工作表组】单选按钮，如下图所示。

第 4 步 单击【确定】按钮 确定 ，返回工作表中，即可在工作表“Sheet1”之前插入一个工作表“Sheet4”，数据分析结果如下图所示。

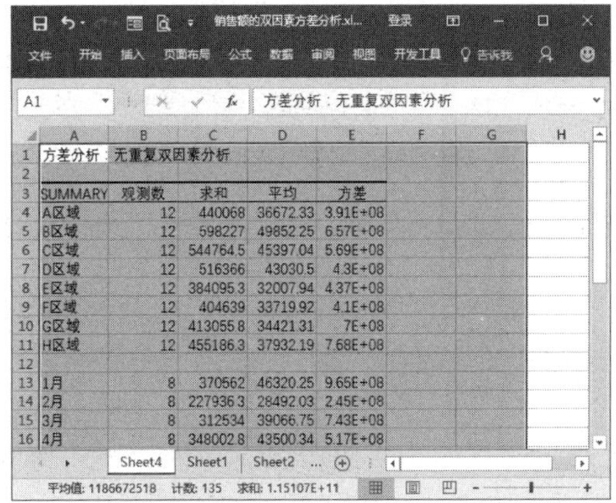

03 对产品销售进行预测分析

视频文件：光盘\视频文件\第16章\03.mp4

移动平均预测方法是一种比较简单的预测方法。这种方法随着时间的推移，依次选取连续的多项数据求取平均值，每移动一个时间周期就增加一个新近数据，去掉一个远期数据，得到一个新的平均数。由于它逐期向前移动，所以称为平均移动法。

由于平均移动可以让数据更平滑，消除周期变动和不规则变动的影响，使得长期趋势得以显示，因而可以用以预测。

假设已知某企业近一年的销售数据，要以三个月为计算周期，使用移动平均的方法来预测下一个月的销售额，具体操作步骤如下。

第 1 步 打开“光盘\素材文件\第 16 章\对产品销售进行预测分析 .xlsx”文件，选中单元格 C4，输入公式“=AVERAGE(B2:B4)”，如下图所示。

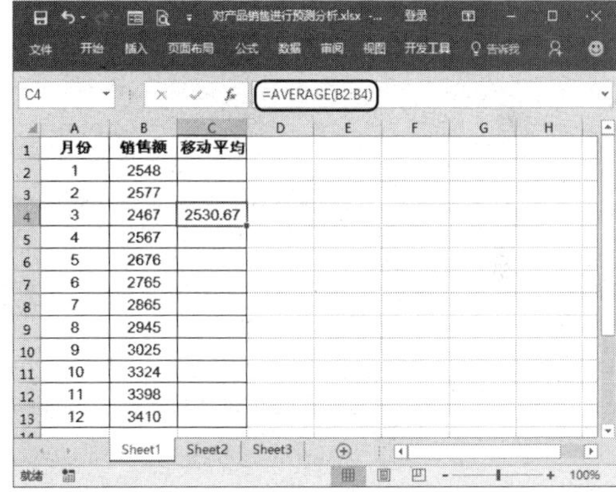

第 2 步 选中单元格 C4，向下填充公式至单元格 C13 中，如下图所示。

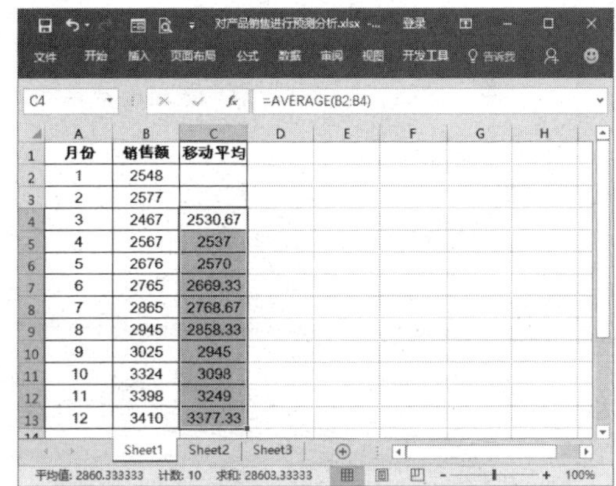

此时，C列所得数据即为这组销售额以三个月为周期的移动平均值，其中C13中的移动平均值为下一个月的销售额预测值。

第 17 章
财务管理决策数据的处理与分析

本章导读

Excel在财务管理中发挥着重大的作用，使用Excel强大的处理功能可以更好地分析财务数据，从而使财务人员准确地做出财务决策，使财务管理更加科学化。

知识要点

- ❖ 筛选数据
- ❖ 分类汇总
- ❖ 保护工作表
- ❖ 保护工作簿

17.1 薪酬管理

案例背景

薪酬管理是指员工向企业提供所需要的劳动，从而获得不同形式的劳动报酬，劳动报酬包括经济性薪酬和非经济性薪酬。

本例将介绍经济性薪酬的处理方法，制作完成后的效果如下图所示。实例最终效果见“光盘\结果文件\第17章\员工薪酬统计表.xlsx”文件。

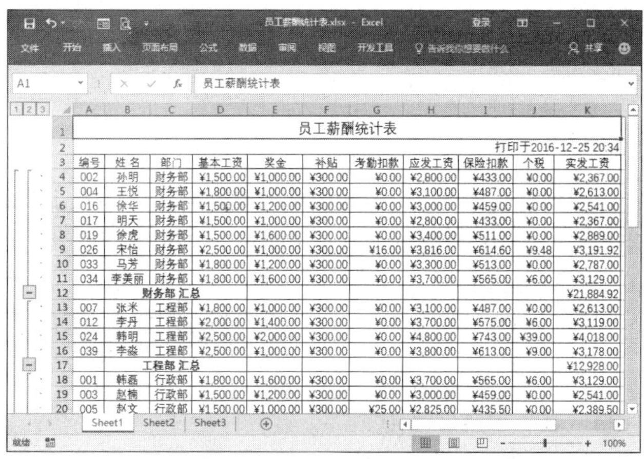

员工薪酬统计表

打印于2016-12-25 20:34

编号	姓名	部门	基本工资	奖金	补贴	考勤扣款	应发工资	保险扣款	个税	实发工资
002	孙明	财务部	¥1,500.00	¥1,000.00	¥300.00	¥0.00	¥2,800.00	¥433.00	¥0.00	¥2,367.00
004	王悦	财务部	¥1,800.00	¥1,000.00	¥300.00	¥0.00	¥3,100.00	¥487.00	¥0.00	¥2,613.00
016	徐华	财务部	¥1,500.00	¥1,200.00	¥300.00	¥0.00	¥3,000.00	¥459.00	¥0.00	¥2,541.00
017	明天	财务部	¥1,500.00	¥1,000.00	¥300.00	¥0.00	¥2,800.00	¥433.00	¥0.00	¥2,367.00
019	徐虎	财务部	¥1,500.00	¥1,600.00	¥300.00	¥0.00	¥3,400.00	¥511.00	¥0.00	¥2,889.00
026	宋怡	财务部	¥2,500.00	¥1,000.00	¥300.00	¥16.00	¥3,816.00	¥614.60	¥9.48	¥3,191.92
033	马芳	财务部	¥1,800.00	¥1,200.00	¥300.00	¥0.00	¥3,300.00	¥513.00	¥0.00	¥2,787.00
034	李美丽	财务部	¥1,800.00	¥1,600.00	¥300.00	¥0.00	¥3,700.00	¥565.00	¥6.00	¥3,129.00
	财务部 汇总									¥21,884.92
007	张米	工程部	¥1,800.00	¥1,000.00	¥300.00	¥0.00	¥3,100.00	¥487.00	¥0.00	¥2,613.00
012	李丹	工程部	¥2,000.00	¥1,400.00	¥300.00	¥0.00	¥3,700.00	¥575.00	¥6.00	¥3,119.00
024	韩明	工程部	¥2,500.00	¥2,000.00	¥300.00	¥0.00	¥4,800.00	¥743.00	¥39.00	¥4,018.00
039	李淼	工程部	¥2,500.00	¥1,000.00	¥300.00	¥0.00	¥3,800.00	¥613.00	¥9.00	¥3,178.00
	工程部 汇总									¥12,928.00
001	韩磊	行政部	¥1,800.00	¥1,600.00	¥300.00	¥0.00	¥3,700.00	¥565.00	¥6.00	¥3,129.00
003	赵楠	行政部	¥1,500.00	¥1,200.00	¥300.00	¥0.00	¥3,000.00	¥459.00	¥0.00	¥2,541.00
005	赵文	行政部	¥1,500.00	¥1,000.00	¥300.00	¥25.00	¥2,825.00	¥435.50	¥0.00	¥2,389.50

光盘文件	素材文件	光盘\素材文件\第17章\员工薪酬统计表.xlsx
	结果文件	光盘\结果文件\第17章\员工薪酬统计表.xlsx
	教学视频	光盘\视频文件\第17章\17.1薪酬管理.mp4

17.1.1 为薪酬表添加打印时间

薪酬统计表打印时为了增加表格的时效性，可以为薪酬表添加打印时间，具体操作步骤如下。

第 1 步 打开“光盘\素材文件\第 17 章\员工薪酬统计表.xlsx”文件，在标题栏上方插入一行，选中单元格区域 A2:K2，将其合并并右对齐，如下图所示。

员工薪酬统计表

基本工资	奖金	补贴	考勤扣款	应发工资	保险扣款	个税	实发工资
¥1,800.00	¥1,600.00	¥300.00	¥0.00	¥3,700.00	¥565.00	¥6.00	¥3,129.00
¥1,500.00	¥1,000.00	¥300.00	¥0.00	¥2,800.00	¥433.00	¥0.00	¥2,367.00
¥1,500.00	¥1,200.00	¥300.00	¥0.00	¥3,000.00	¥459.00	¥0.00	¥2,541.00
¥1,800.00	¥1,000.00	¥300.00	¥0.00	¥3,100.00	¥487.00	¥0.00	¥2,613.00
¥1,500.00	¥1,000.00	¥300.00	¥25.00	¥2,825.00	¥435.50	¥0.00	¥2,389.50
¥1,800.00	¥1,000.00	¥300.00	¥10.00	¥3,110.00	¥488.00	¥0.00	¥2,622.00
¥1,800.00	¥1,000.00	¥300.00	¥0.00	¥3,100.00	¥487.00	¥0.00	¥2,613.00
¥1,800.00	¥1,400.00	¥300.00	¥0.00	¥3,500.00	¥539.00	¥0.00	¥2,961.00
¥1,600.00	¥1,400.00	¥300.00	¥0.00	¥3,300.00	¥503.00	¥0.00	¥2,797.00
¥1,500.00	¥1,400.00	¥300.00	¥16.00	¥3,216.00	¥486.60	¥0.00	¥2,729.40
¥2,000.00	¥1,400.00	¥300.00	¥0.00	¥3,700.00	¥575.00	¥6.00	¥3,119.00
¥2,000.00	¥1,400.00	¥300.00	¥0.00	¥3,700.00	¥575.00	¥6.00	¥3,119.00

第 2 步 选中单元格 A2，输入公式“="打印于 "&TEXT(NOW(),"yyyy-m-d h:m")”，即可为工作表添加打印时间，如下图所示。

17.1.2 筛选薪酬表中的数据

员工的薪酬是企业的一大支出，企业可以通过Excel的【筛选】功能查看员工薪酬情况，具体操作步骤如下。

第 1 步 ❶ 选中单元格区域 A3:K43，切换到【数据】选项卡；❷ 单击【排序和筛选】组中的【筛选】按钮，如下图所示。

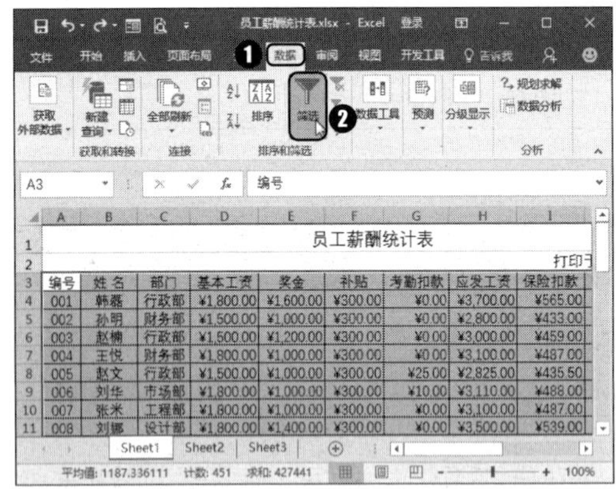

第 2 步 ❶ 进入筛选状态，单击【部门】右侧的下箭头按钮；❷ 在弹出的下拉列表中撤选【（全选）】复选框，然后选中【财务部】复选框，如下图所示。

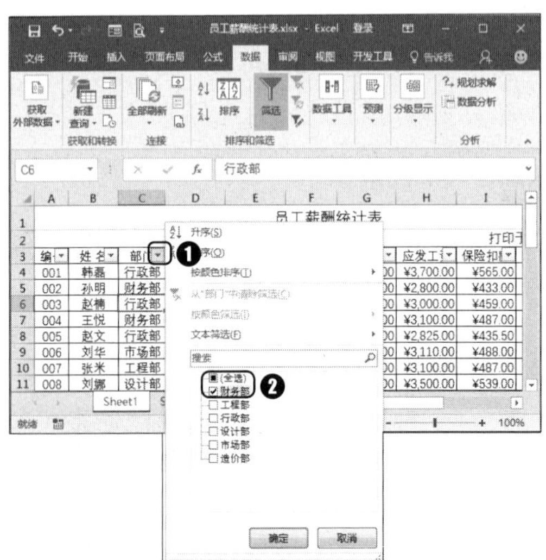

第 3 步 单击【确定】按钮 确定 ，即可筛选出“财务部”所有员工的薪酬信息，如下图所示。

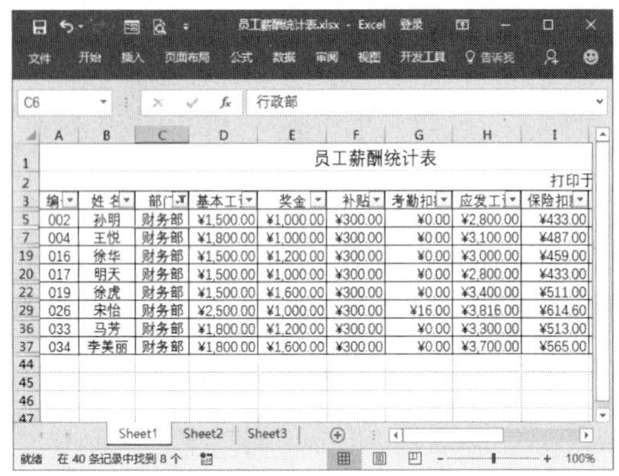

17.1.3 分析各部门薪酬数据

对各个部门薪酬的分析可以帮助财务人员详细分析薪酬结构，还可以比较各部门之间薪酬的差距。接下来介绍怎样使用【分类汇总】功能分析各部门的薪酬，具体操作步骤如下。

第 1 步 再次单击【排序和筛选】组中的【筛选】按钮，取消筛选状态，如下图所示。

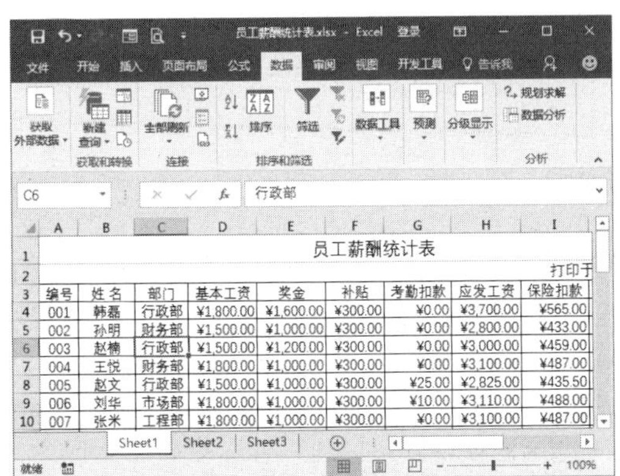

第 2 步 ❶将光标定位在“部门”列中的任意单元格中；❷单击【排序和筛选】组中的【升序】按钮，如下图所示。

第 3 步 选中单元格区域 A3:K43，单击【分组显示】组中的【分类汇总】按钮，如下图所示。

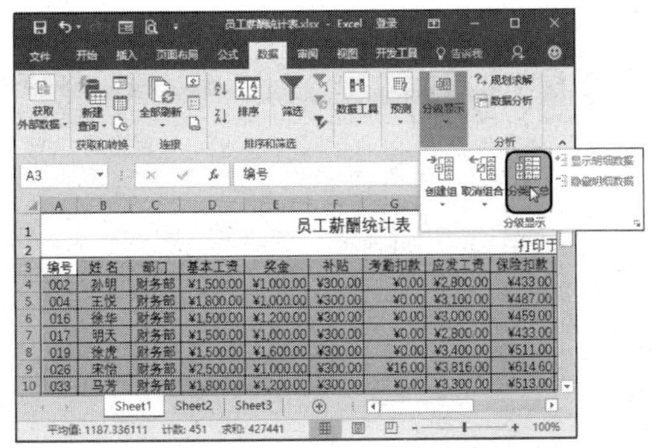

第 4 步 ❶弹出【分类汇总】对话框，在【分类汇总】下拉列表中选择【部门】选项，保持其他设置不变；❷单击【确定】按钮，如下图所示。

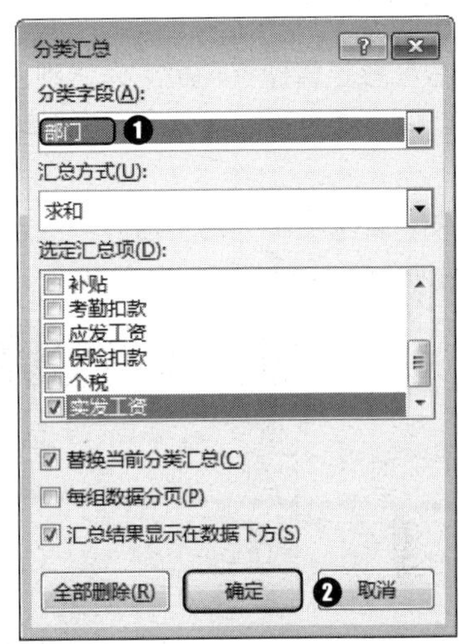

第 5 步 返回工作表，即可查看对部门分类汇总的结果，如下图所示。

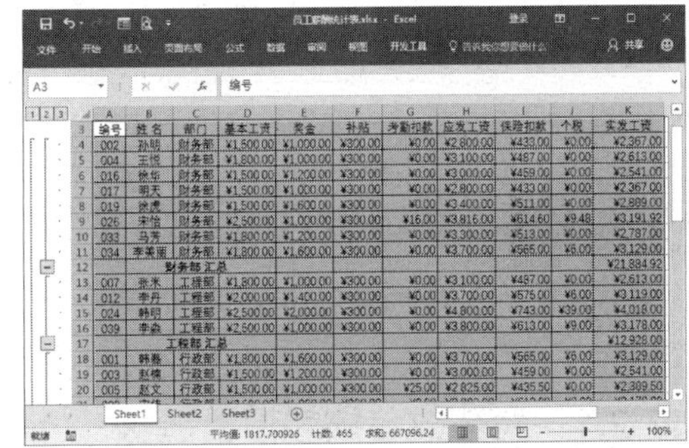

17.2 绩效管理

案例背景

绩效考核是管理者和员工为达到目标共同参与的考核过程。绩效管理的目标是提升个人和组织的绩效。绩效管理强调个人目标和组织目标的一致性，使个人和组织共同发展，从而实现共赢。

本例将介绍怎样为员工绩效考核划分等级以及数据的安全管理，制作完成后的效果如下图所示。实例最终效果见“光盘\结果文件\第17章\员工绩效考核统计表.xlsx”文件。

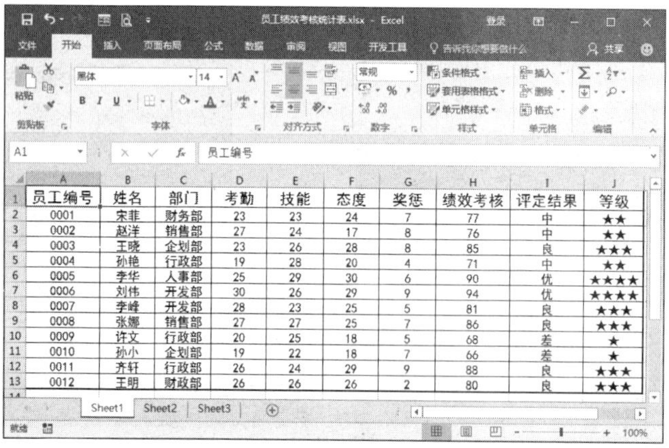

员工编号	姓名	部门	考勤	技能	态度	奖惩	绩效考核	评定结果	等级
0001	宋菲	财务部	23	23	24	7	77	中	★★
0002	赵洋	销售部	27	24	17	8	76	中	★★
0003	王晓	企划部	23	26	28	8	85	良	★★★
0004	孙艳	行政部	19	28	20	4	71	中	★★
0005	李华	人事部	25	29	30	6	90	优	★★★★
0006	刘伟	开发部	30	26	29	9	94	优	★★★★
0007	李峰	开发部	28	23	25	5	81	良	★★★
0008	张娜	销售部	27	27	25	7	86	良	★★★
0009	许文	行政部	20	25	18	5	68	差	★
0010	孙小	企划部	19	22	18	7	66	差	★
0011	齐轩	行政部	26	24	29	9	88	良	★★★
0012	王明	财政部	26	26	26	2	80	良	★★★

光盘文件	素材文件	光盘\素材文件\第17章\员工绩效考核统计表.xlsx
	结果文件	光盘\结果文件\第17章\员工绩效考核统计表.xlsx
	教学视频	光盘\视频文件\第17章\17.2绩效管理.mp4

17.2.1 为绩效考核表设置等级

对员工绩效考核成绩进行统计之后，为了直观地表现考核结果，可以使用星级来形象地为绩效考核结果进行展示，具体操作步骤如下。

第1步 打开“光盘\素材文件\第17章\员工绩效考核统计表.xlsx”文件，选中单元格J2，输入公式“=IF(H2>=90,"★★★★",IF(H2>=80,"★★★",IF(H2>=70,"★★","★")))”，即可计算出选中员工的等级，如下图所示。

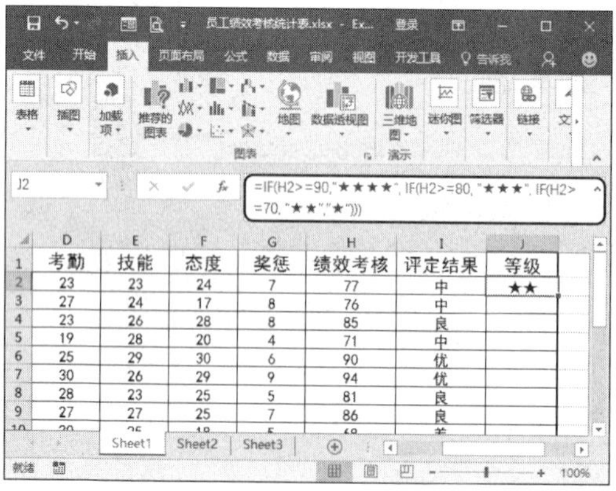

	D 考勤	E 技能	F 态度	G 奖惩	H 绩效考核	I 评定结果	J 等级
2	23	23	24	7	77	中	★★
3	27	24	17	8	76	中	
4	23	26	28	8	85	良	
5	19	28	20	4	71	中	
6	25	29	30	6	90	优	
7	30	26	29	9	94	优	
8	28	23	25	5	81	良	
9	27	27	25	7	86	良	

第 2 步 向下填充公式，即可得到所有员工的等级结果，如下图所示。

17.2.2 为绩效考核设置修改密码

在日常工作中，有的工作表中的数据需要高度保密，不允许其他人员查看；有的工作表中的数据可以查看但是不允许修改。Excel提供了多种保护工作表内容的方法，用户可以选择合适的方法来保护工作表，具体操作步骤如下。

第 1 步 ❶切换到【审阅】选项卡；❷单击【更改】组中的【保护工作表】按钮 保护工作表，如下图所示。

第 2 步 ❶弹出【保护工作表】对话框，在【取消工作表保护时使用的密码】文本框中输入“123”；❷单击【确定】按钮 确定，如下图所示。

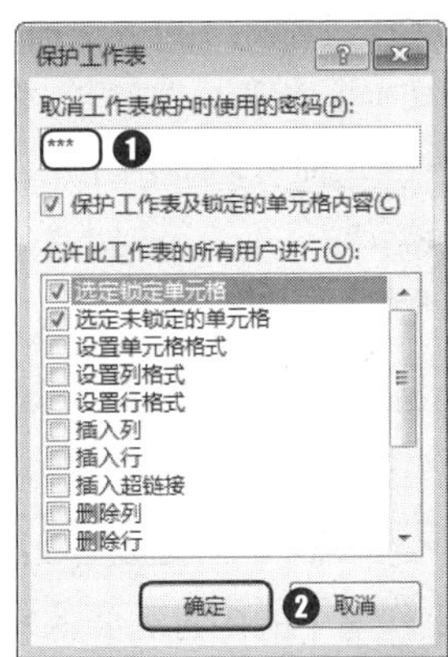

第 3 步 ❶弹出【确认密码】对话框，在【重新输入密码】文本框中再次输入密码“123”；❷单击【确定】按钮 确定，如下图所示。

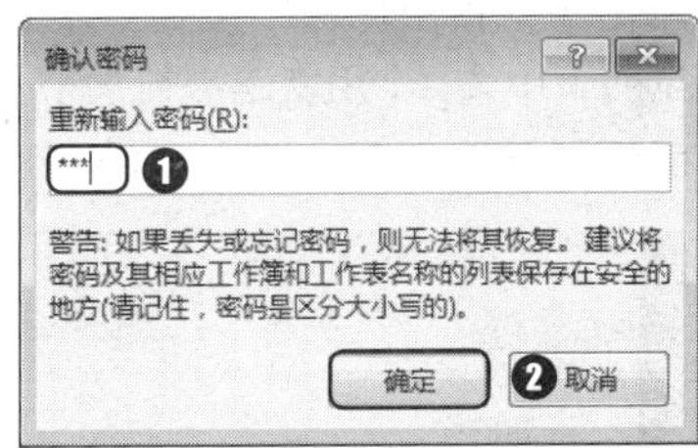

第 4 步 修改工作表中任意数据，即可弹出【Microsoft Excel】提示对话框，提示用户无法修改，如下图所示。

第 5 步 如果要撤销工作表保护，在【更改】组中单击【撤销工作表保护】按钮 撤消工作表保护，如下图所示。

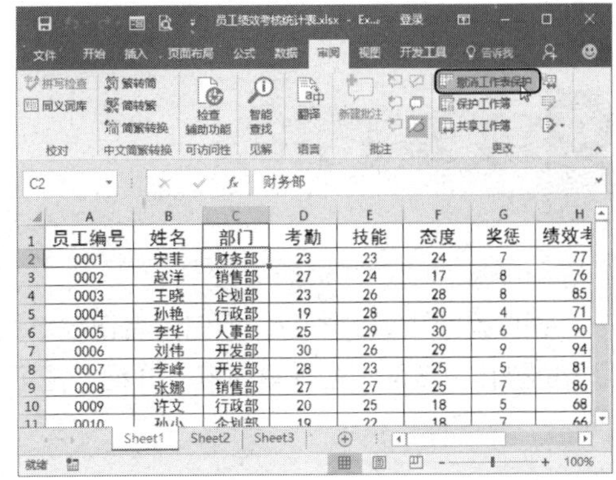

第 6 步 ❶弹出【撤销工作表保护】对话框，在【密码】文本框中输入“123”；❷单击【确定】按钮 确定 即可，如下图所示。

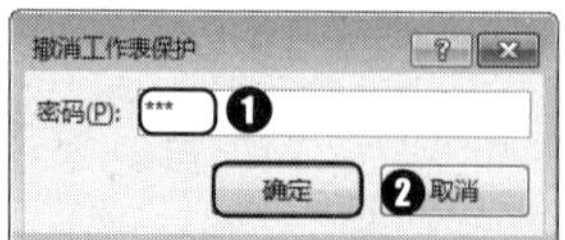

17.2.3 为绩效考核设置打开密码

如果工作簿中的内容需要保密，可以为其设置密码，只有被授权密码的用户才能打开该工作簿，具体操作步骤如下。

第 1 步 ❶单击【文件】按钮 文件 ，在【信息】界面中单击【保护工作簿】按钮 ；❷从弹出的下拉列表中选择【用密码进行加密】选项，如下图所示。

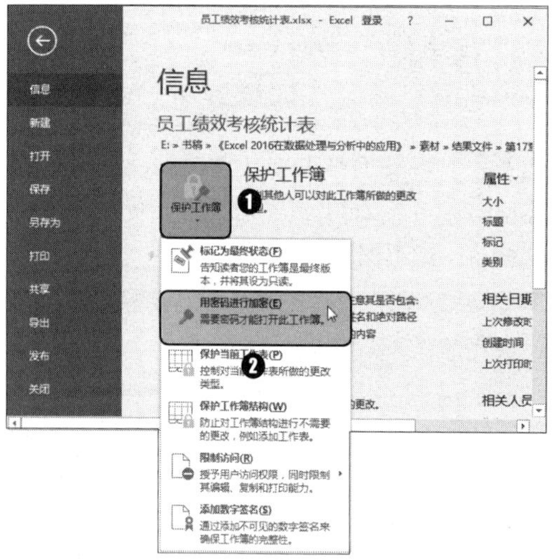

第 2 步 ❶弹出【加密文档】对话框，在【密码】文本框中输入“111”；❷单击【确定】按钮 确定 ，如下图所示。

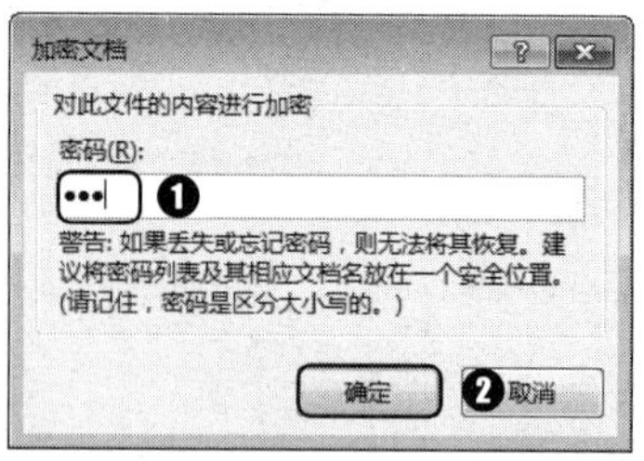

第 3 步 ❶弹出【确认密码】对话框，在【重新输入密码】文本框中再次输入密码“111”；❷单击【确定】按钮 确定 ，如下图所示。

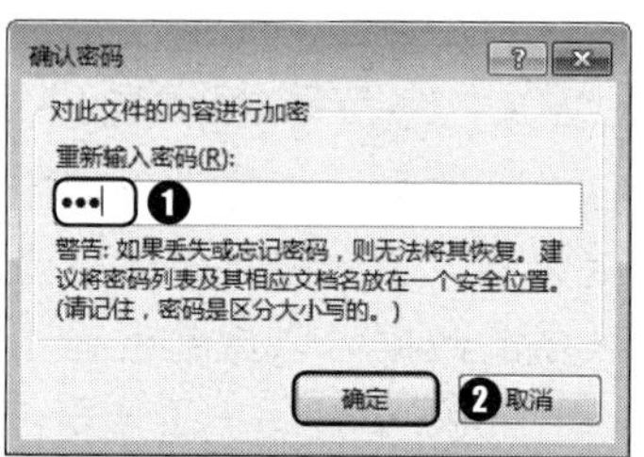

第 4 步 保存并关闭工作簿，重新打开时，会弹出【密码】对话框，如下图所示。

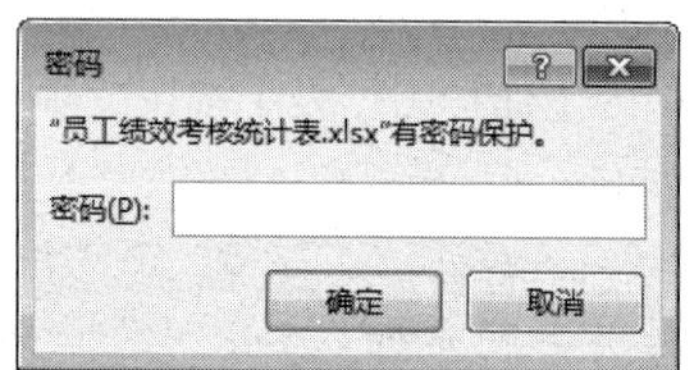

用户需要输入正确的密码才能打开工作簿。

大神支招

通过前面知识的学习，相信读者已经掌握了Excel 2016中怎样对财务管理数据进行处理与分析的操作。下面结合本章内容，介绍一些工作中的实用经验与技巧。

01　如何使用描述分析工资信息

视频文件：光盘\视频文件\第17章\01.mp4

用户可以使用描述分析对其进行分析，例如最高最低工资、平均工资、工资中位数、偏斜度以及峰度等，具体操作步骤如下。

第 1 步 打开“光盘 \ 素材文件 \ 第 17 章 \ 使用描述分析工资信息 .xlsx”文件，切换到【数据】选项卡中，单击【数据分析】按钮 数据分析，如下图所示。

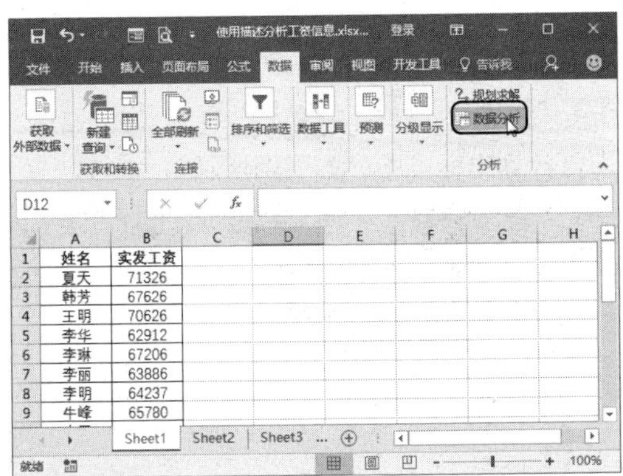

第 2 步 ❶弹出【数据分析】对话框，在【分析工具】列表框中选择【描述统计】选项；❷单击【确定】按钮 确定，如下图所示。

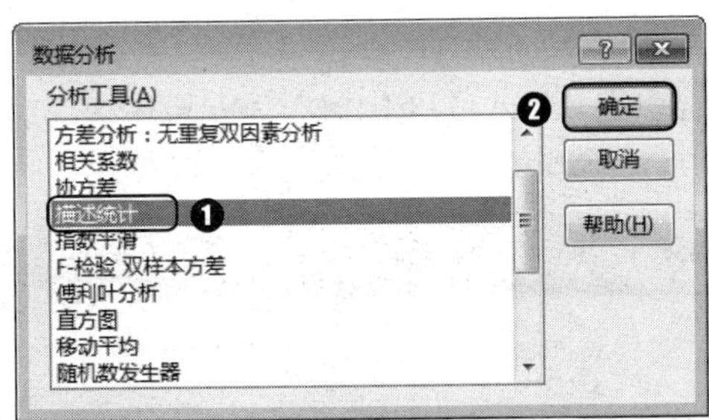

第 3 步 ❶弹出【描述统计】对话框，在【输入】组合框中的【输入区域】文本框输入单元格区域“$B$1:$B$24”；❷选中【标志位于第一行】复选框；❸在【输出选项】组合框中选中【输出区域】单选钮，在右侧的文本框中输入“$D$2”；❹选中【汇总统计】复选框，如下图所示。

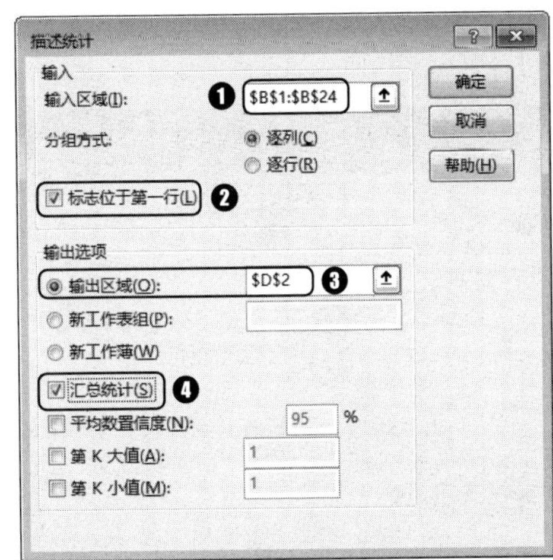

第 4 步 单击【确定】按钮 确定，返回数据透视表中，即可看到对员工工资的描述分析各指标数，如下图所示。

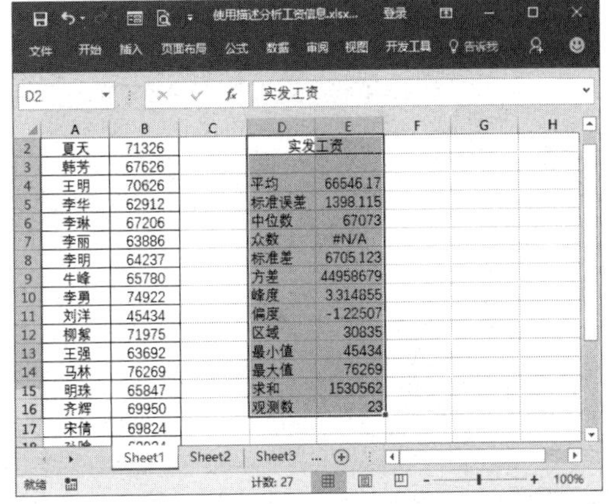

02　如何使用公式进行描述分析

视频文件：光盘\视频文件\第17章\02.mp4

描述分析是数据分析常用的方法，在Excel中，可以使用【数据分析】工具库中的相关工具进行描述分析，用户也可以使用公式进行描述分析。

输入以“0”开头的连续编号的具体操作如下。

第 1 步 打开“光盘 \ 素材文件 \ 第 17 章 \ 使用公式进行描述分析 .xlsx”文件，选中单元格 E1，输入公式“=AVERAGE(B2:B24)”，即可计算出平均值，如下图所示。

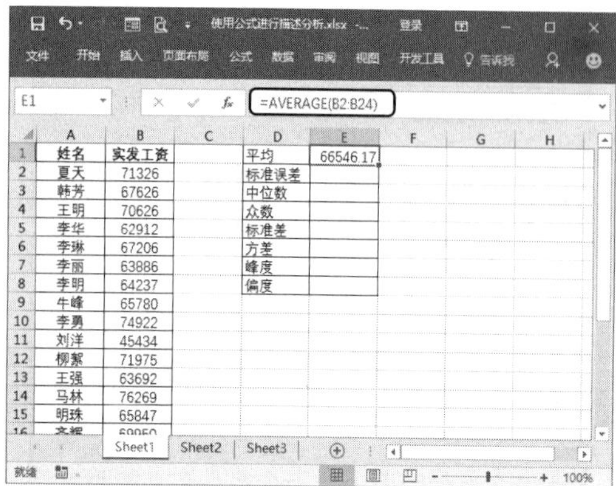

第2步 在单元格 E2 中输入“=STDEV(B2:B24)/SQRT(COUNT(B2:B24))”，即可计算出标准误差，如下图所示。

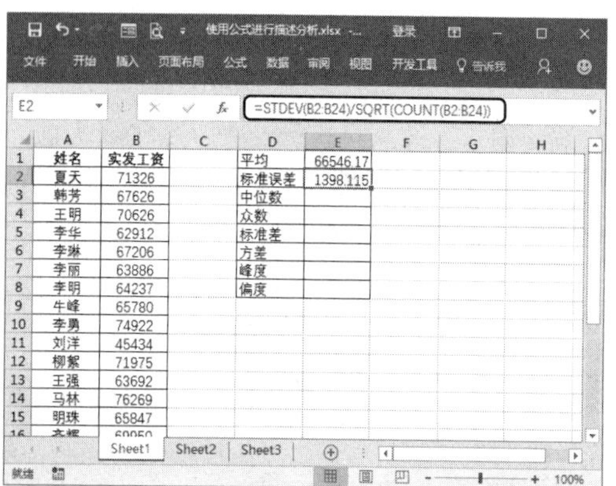

第3步 在单元格 E3 中输入“=MEDIAN(B2:B24)”，即可计算出中位数，如下图所示。

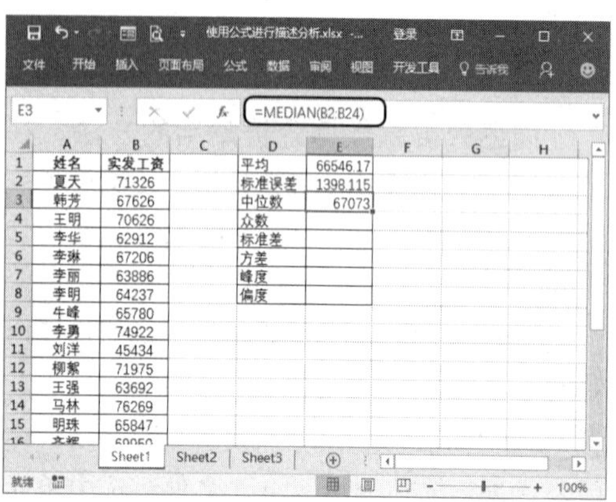

第4步 在单元格 E4 中输入“=MODE(B2:B24)”，即可计算出众数，如下图所示。

第5步 在单元格 E5 中输入“=STDEV(B2:B24)”，即可计算出标准差，如下图所示。

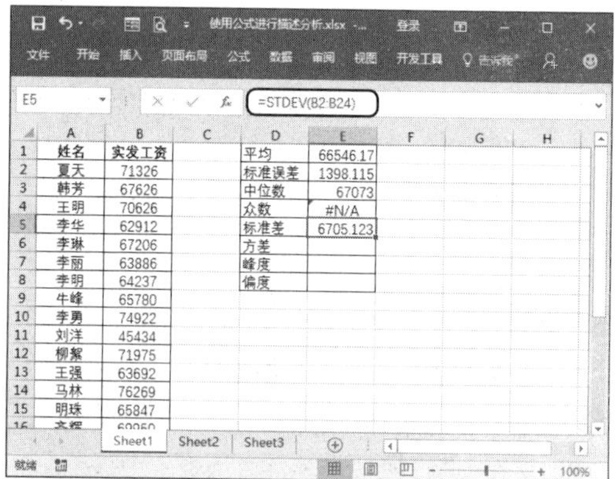

第6步 在单元格 E6 中输入“=VAR(B2:B24)”，即可计算出方差，如下图所示。

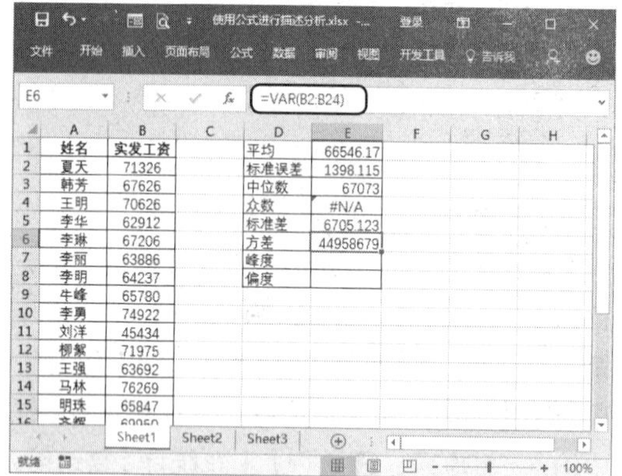

第 7 步 在单元格 E7 中输入“=KURT(B2:B24)”，即可计算出峰度，如下图所示。

	A	B	C	D	E
1	姓名	实发工资		平均	66546.17
2	夏天	71326		标准误差	1398.115
3	韩芳	67626		中位数	67073
4	王明	70626		众数	#N/A
5	李华	62912		标准差	6705.123
6	李琳	67206		方差	44958679
7	李丽	63886		峰度	3.314855
8	李明	64237		偏度	
9	牛峰	65780			
10	李勇	74922			
11	刘洋	45434			
12	柳絮	71975			
13	王强	63692			
14	马林	76269			
15	明珠	65847			

第 8 步 在单元格 E8 中输入“=SKEW(B2:B24)”，即可计算出偏度，如下图所示。

	A	B	C	D	E
1	姓名	实发工资		平均	66546.17
2	夏天	71326		标准误差	1398.115
3	韩芳	67626		中位数	67073
4	王明	70626		众数	#N/A
5	李华	62912		标准差	6705.123
6	李琳	67206		方差	44958679
7	李丽	63886		峰度	3.314855
8	李明	64237		偏度	-1.22507
9	牛峰	65780			
10	李勇	74922			
11	刘洋	45434			
12	柳絮	71975			
13	王强	63692			
14	马林	76269			
15	明珠	65847			

03 如何快速制作工资条

视频文件：光盘\视频文件\第17章\03.mp4

假设有6条员工工资记录，快速制作工资条的具体操作步骤如下。

第 1 步 打开“光盘\素材文件\第 17 章\快速制作工资条.xlsx”文件，在单元格区域 L2:L7 中依次填写 1~6，然后在单元格区域 L8:L13 中再次填写 1~6，如下图所示。

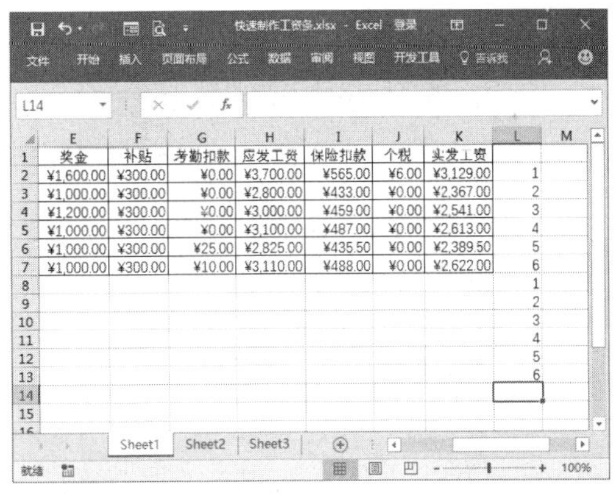

	E	F	G	H	I	J	K	L
1	奖金	补贴	考勤扣款	应发工资	保险扣款	个税	实发工资	
2	¥1,600.00	¥300.00	¥0.00	¥3,700.00	¥565.00	¥6.00	¥3,129.00	1
3	¥1,000.00	¥300.00	¥0.00	¥2,800.00	¥433.00	¥0.00	¥2,367.00	2
4	¥1,200.00	¥300.00	¥0.00	¥3,000.00	¥459.00	¥0.00	¥2,541.00	3
5	¥1,000.00	¥300.00	¥0.00	¥3,100.00	¥487.00	¥0.00	¥2,613.00	4
6	¥1,000.00	¥300.00	¥25.00	¥2,825.00	¥435.50	¥0.00	¥2,389.50	5
7	¥1,000.00	¥300.00	¥10.00	¥3,110.00	¥488.00	¥0.00	¥2,622.00	6
8								1
9								2
10								3
11								4
12								5
13								6

第 2 步 对 L 列进行升序排序，效果如下图所示。

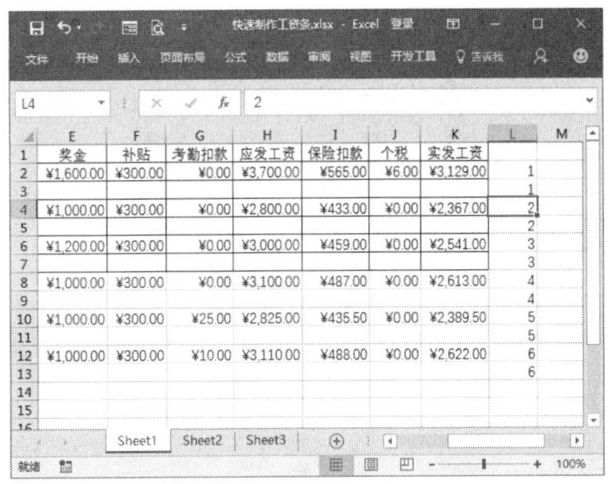

	E	F	G	H	I	J	K	L
1	奖金	补贴	考勤扣款	应发工资	保险扣款	个税	实发工资	
2	¥1,600.00	¥300.00	¥0.00	¥3,700.00	¥565.00	¥6.00	¥3,129.00	1
3								1
4	¥1,000.00	¥300.00	¥0.00	¥2,800.00	¥433.00	¥0.00	¥2,367.00	2
5								2
6	¥1,200.00	¥300.00	¥0.00	¥3,000.00	¥459.00	¥0.00	¥2,541.00	3
7								3
8	¥1,000.00	¥300.00	¥0.00	¥3,100.00	¥487.00	¥0.00	¥2,613.00	4
9								4
10	¥1,000.00	¥300.00	¥25.00	¥2,825.00	¥435.50	¥0.00	¥2,389.50	5
11								5
12	¥1,000.00	¥300.00	¥10.00	¥3,110.00	¥488.00	¥0.00	¥2,622.00	6
13								6

第 3 步 选中单元格区域 A3:K11，按【F5】键打开【定位】对话框，单击【定位条件】按钮 定位条件(S)... ，如下图所示。

第 4 步 ❶弹出【定位条件】对话框，选中【空值】单选钮；❷单击【确定】按钮 确定 ，

如下图所示。

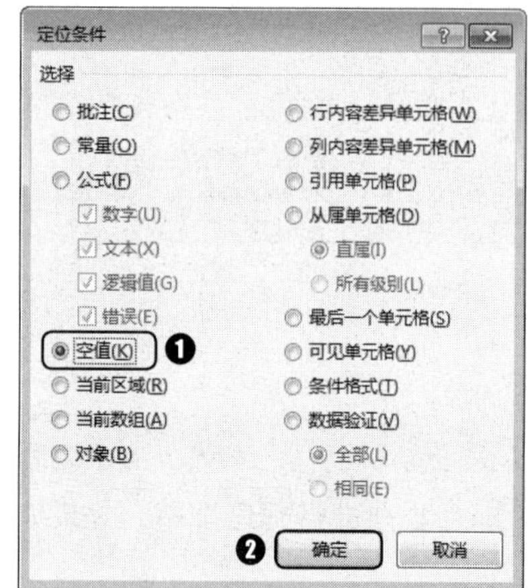

第 5 步 即可选中所有空白单元格，输入公式“=A1”，然后按【Ctrl+Enter】组合键，即可复制标题列，得到工资条，如下图所示。

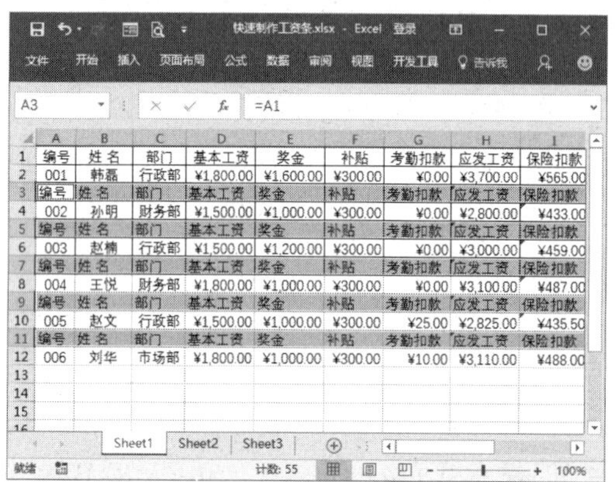

	A	B	C	D	E	F	G	H	I
1	编号	姓 名	部门	基本工资	奖金	补贴	考勤扣款	应发工资	保险扣款
2	001	韩磊	行政部	¥1,800.00	¥1,600.00	¥300.00	¥0.00	¥3,700.00	¥565.00
3	编号	姓 名	部门	基本工资	奖金	补贴	考勤扣款	应发工资	保险扣款
4	002	孙明	财务部	¥1,500.00	¥1,000.00	¥300.00	¥0.00	¥2,800.00	¥433.00
5	编号	姓 名	部门	基本工资	奖金	补贴	考勤扣款	应发工资	保险扣款
6	003	赵楠	行政部	¥1,500.00	¥1,200.00	¥300.00	¥0.00	¥3,000.00	¥459.00
7	编号	姓 名	部门	基本工资	奖金	补贴	考勤扣款	应发工资	保险扣款
8	004	王悦	财务部	¥1,800.00	¥1,000.00	¥300.00	¥0.00	¥3,100.00	¥487.00
9	编号	姓 名	部门	基本工资	奖金	补贴	考勤扣款	应发工资	保险扣款
10	005	赵文	行政部	¥1,500.00	¥1,000.00	¥300.00	¥25.00	¥2,825.00	¥435.50
11	编号	姓 名	部门	基本工资	奖金	补贴	考勤扣款	应发工资	保险扣款
12	006	刘华	市场部	¥1,800.00	¥1,000.00	¥300.00	¥10.00	¥3,110.00	¥488.00

第 18 章 商务决策数据的处理与分析

本章导读

商务数据的主要来源包括企业内部数据，例如，财务、营销、生产运行等；外部数据，例如，行业统计、商业协会统计、金融统计、政府数据、非政府组织统计、国际组织统计等；专门统计，例如，为特定目标的调查数据。

知识要点

- ❖ 创建最优化目标变量模型
- ❖ 创建随机变量模型
- ❖ 创建无限方案模型
- ❖ 生成随机样本

18.1 创建与分析模型

案例背景

在处理较为复杂的商务决策问题时，首先需要对该决策问题进行分析并创建相应的商务决策模型，以便为求解提供依据和目标。

本节介绍如何创建不同类型的商务决策模型，制作完成后的效果如下图所示。实例最终效果见“光盘\结果文件\第18章\模型.xlsx”文件。

模型.xlsx - Excel

B22　=IF(C18<D18,C13,D13)

	A	B	C	D	E
1	需要配件总数	1800			
2	次品率	5%			
3	获取方式	项目	金额		
4	购买方式	单价	20		
5		总成本	36000		
6	自产方式	生产费用	15000		
7		单位生产成本	15		
8		单位修理成本	10		
9		总成本	27900		
10					
11					
12	损益矩阵				
13	概率	次品率	购买	自产	最小值
14			36000	27900	
15	0.25	2%	36000	27360	27360
16	0.4	5%	36000	27900	27900
17	0.35	8%	36000	28440	28440
18	期望成本极小化准则下的最小值		36000	27954	27954
19	乐观准则下的最小值		36000	27360	27360
20		最优方案			
21	乐观准则	自产			
22	期望成本最小准则	自产			

无限方案模型　随机变量模型

光盘文件	素材文件	光盘\素材文件\第18章\模型.xlsx
	结果文件	光盘\结果文件\第18章\模型.xlsx
	教学视频	光盘\视频文件\第18章\18.1创建与分析模型.mp4

18.1.1 创建最优化目标变量模型

如果决策问题的各个备选方案可以通过一个决策变量的不同值来表示，那么决策变量与目标变量之间便存在一种一一对应的关系。因此，目标变量与决策变量之间就形成了某种函数关系，通常被称为“目标函数”。目标变量最优化决策模型正是建立在这种函数关系上的数学模型，目标变量最优化问题也是求解目标函数极值的问题。求解这类问题时，可以使用灵敏度分析求出各个备选方案下目标函数的函数值。

下面以一个实例来介绍目标变量最优化决策模型的建立以及求解的过程。

假设某公司生产某件产品，每月的需求量为1800件。该公司每次的生产成本为50元，一件产品的月库存成本为1元，每次生产的数量为110~120件，试确定每次生产数量为多少时总成本可达到最小。

此问题属于一维决策变量的最优决策问题。解决该问题的具体步骤如下。

第 1 步 打开“光盘\素材文件\第 18 章\模型.xlsx”文件，切换到工作表“最优化目标变量模型”中，输入月需求量等信息，如下图所示。

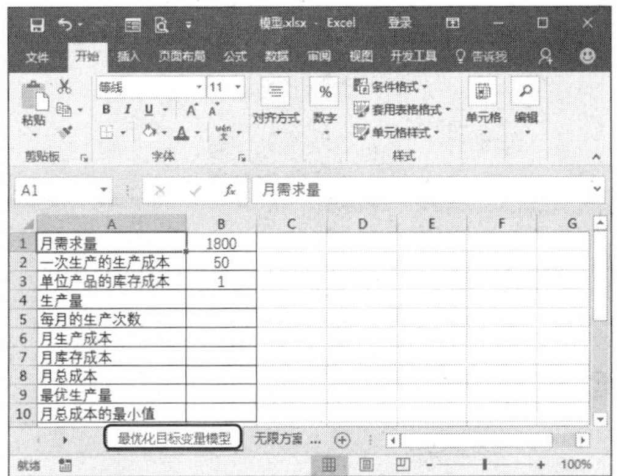

第 2 步 输入“生产量”。每次生产的数量为110 ~ 120 件，因此可以在单元格 B4 中输入“116”，如下图所示。

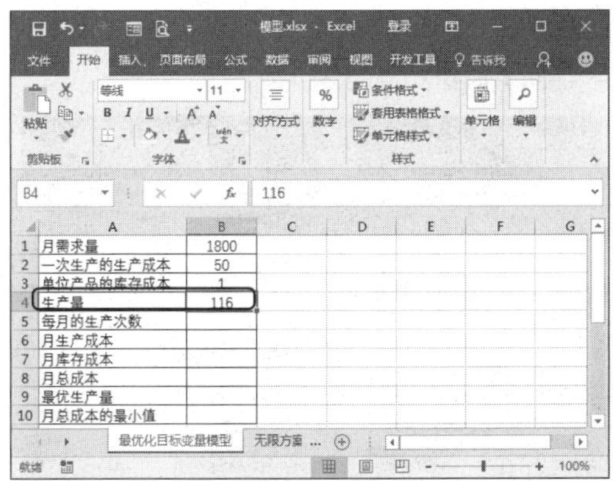

第 3 步 计算“每月的生产次数”。由于月生产次数=月需求量 / 生产量，在单元格 B5 中输入公式“=B1/B4”，即可得到计算结果，如下图所示。

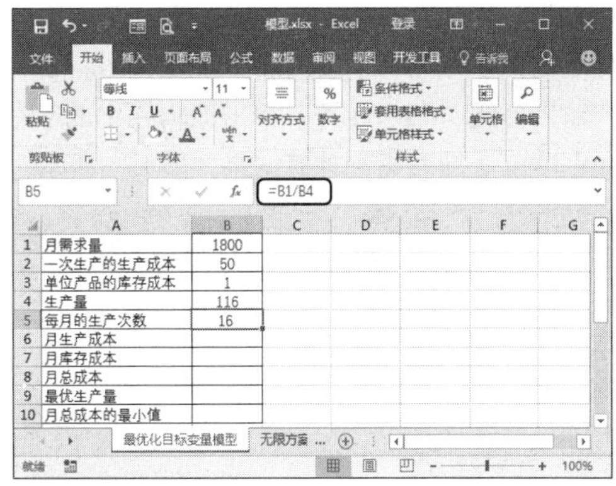

第 4 步 计算“月生产成本”。由于月生产成本=月生产次数 × 一次生产的生产成本，因此在单元格 B6 中输入公式“=B5*B2”，即可得到计算结果，如下图所示。

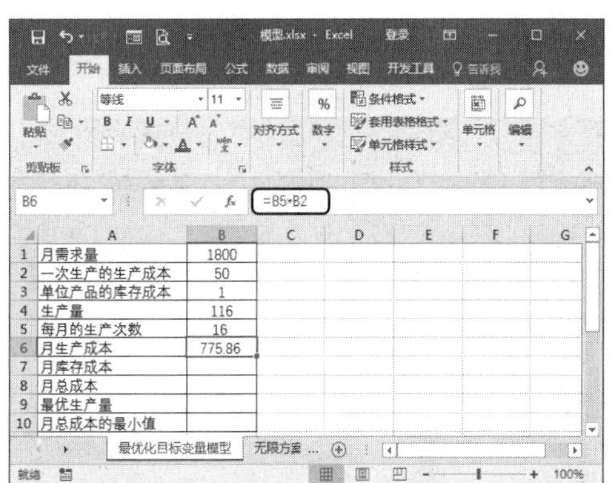

第 5 步 计算“月库存成本”。由于月库存成本=单位产品的库存成本 × 月需求量 /2，因此在单元格 B7 中输入公式“=B1*B3/2”，即可得到计算结果，如下图所示。

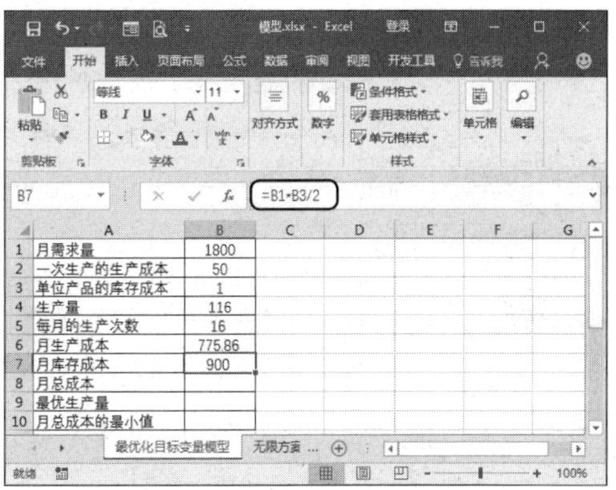

第 6 步 计算“月总成本”。由于月总成本=月生产成本+月库存成本，因此在单元格 B8 中输入公式“=B6+B7”，单击编辑栏中的【输入】按钮，即可得到计算结果，如下图所示。

第 7 步 建立一维灵敏度分析模型。输入已知数据与求解项目，如下图所示。

第 8 步 在单元格 E1 中输入公式“=B8”，如下图所示。

第 9 步 进行一维灵敏度分析。❶选中单元格区域 D1:E12，切换到【数据】选项卡中；❷单击【数据工具】组中的【模拟分析】按钮；❸从弹出的下拉列表中选择【模拟运算表】选项，如下图所示。

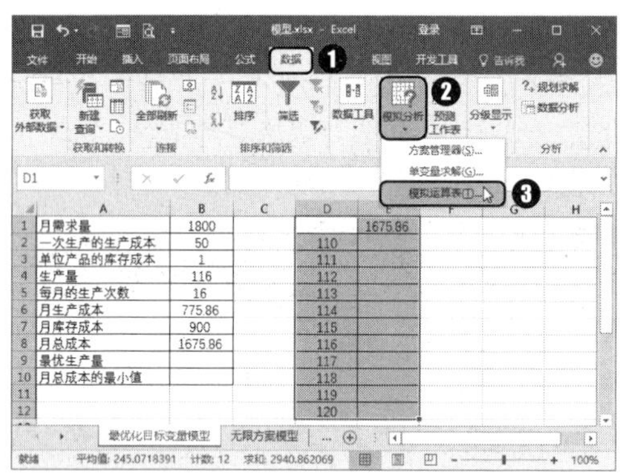

第 10 步 ❶弹出【模拟运算表】对话框，在【输入引用列的单元格】文本框中输入“$B$4”；❷单击【确定】按钮，如下图所示。

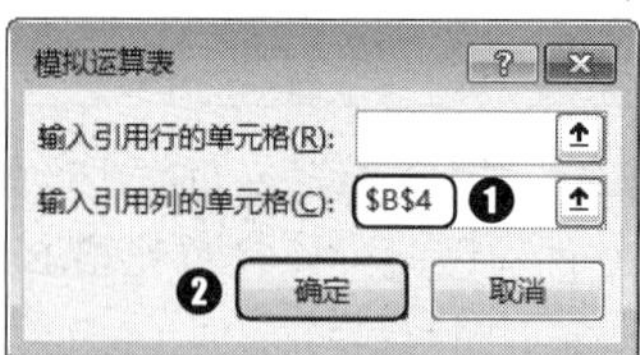

第 11 步 返回工作表，即可求出模拟计算结果，如下图所示。

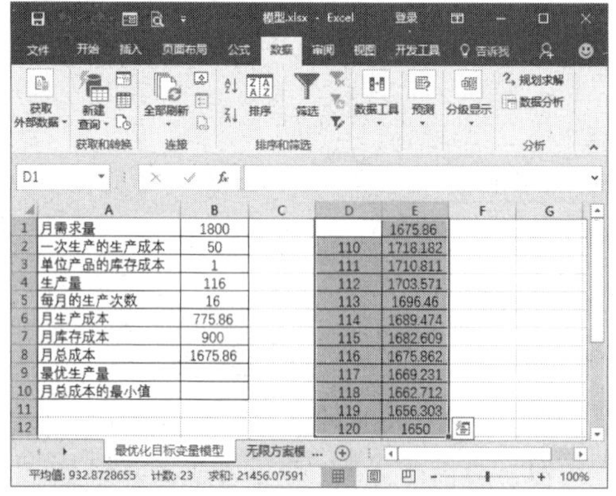

第 12 步 计算“月总成本的最小值”。在单元格 B10 中输入公式“=MIN(E1:E12)”，如下图所示。

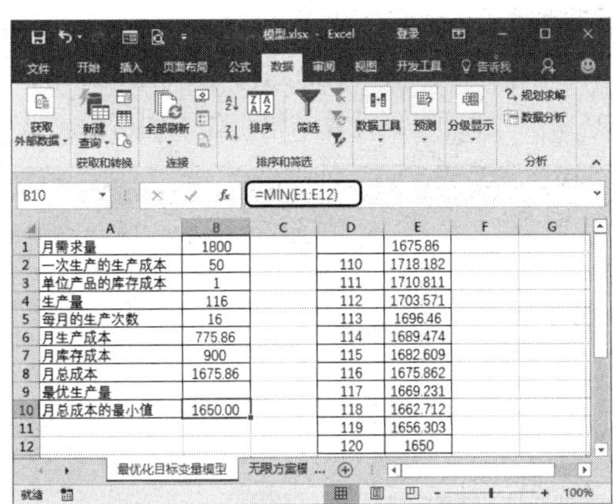

第 13 步 确定“最优生产量”。在单元格 B9 中输入公式“=INDEX(D2:D12,MATCH(B10, E2:E12, 0))”，即可得到计算结果，此公式表示首先在单元格区域 E2:E12 中精确查找与单元格 B10 相同的数值，然后引用单元格区域 D2:D12 中该数值对应的生产量，如下图所示。

B9 =INDEX(D2:D12,MATCH(B10,E2:E12,0))

	A	B	C	D	E
1	月需求量	1800			1675.86
2	一次生产的生产成本	50		110	1718.182
3	单位产品的库存成本	1		111	1710.811
4	生产量	116		112	1703.571
5	每月的生产次数	16		113	1696.46
6	月生产成本	775.86		114	1689.474
7	月库存成本	900		115	1682.609
8	月总成本	1675.86		116	1675.862
9	最优生产量	120		117	1669.231
10	月总成本的最小值	1650.00		118	1662.712
11				119	1656.303
12				120	1650

18.1.2 创建无限方案模型

有些商务决策问题各个备选方案的值是连续的。也就是说，该目标函数是一个连续函数。求解连续目标函数极值的方法与求解离散目标函数类似。因此，无限方案决策模型的建立以及求解过程也就较为简单了。

求解该类问题的步骤为：先创建目标函数的求解模型，再利用模拟运算工具求解决策变量与目标变量的关系表，最后利用函数确定无限方案的最值。

假设某企业每月某产品的需求量为1600件，该企业向生产商定购该产品的订货成本为50元/次，每件产品的月库存成本为3元，其采购的单位成本为2元。已知该企业的回报率为15%，企业每次都是在库存量为0时进货。试确定总成本最小时的最优订货量（订货量可以为小数）。

此问题是一个无限方案决策问题，因为订货量可以为小数，也就是说订货量这个决策变量不是离散的，而是一个连续的。企业总成本是目标变量。创建无限方案的决策模型以及求解过程的具体操作步骤如下。

第 1 步 切换到工作表“无限方案模型”中，输入已知数据和求解项目，如下图所示。

第 2 步 计算“月订货成本”。首先设定订货量，这里设为 200，然后在单元格 B7 中输入公式“=B1*B2/B6”，即可计算出月订货成本，如下图所示。

第 3 步 计算"月库存成本"。在单元格 B8 中输入公式"=B3*B6/2"，即可得到计算结果，如下图所示。

第 4 步 计算"月机会成本"。在单元格 B9 中输入公式"=B4*B5*B6/2"，输入完毕单击编辑栏中的【输入】按钮，即可得到计算结果，如下图所示。

第 5 步 计算"月总成本"。在单元格 B10 中输入公式"=SUM(B7:B9)"，即可得到计算结果，如下图所示。

第 6 步 计算"最优订货量"。在单元格 B11 中输入公式"=SQRT(2*B1*B2/(B3+B4*B5))"，即可得到计算结果，如下图所示。

第 7 步 计算"最小月总成本"。在单元格 B12 中输入公式"=SQRT(2*B2*(B3+B4*B5)*B1)"，即可得到计算结果，如下图所示。

此时即可求解出该企业总成本最小时的最优订货量。在求解"最优订货量"和"最小月总成本"时，也可以利用创建有限方案模型的方法进行求解，两种方法求解的结果相差甚小。

18.1.3 创建随机变量模型

通常在商务问题决策中会遇到许多不确定的决策问题，即决策变量为随机变量，这样的问题称为概率型决策问题。

由于随机变量的各种取值的发生与否

不受决策者控制，因此人们将随机变量的各个取值称为“自然状态”。概率型决策是指决策者对于拥有多个自然状态的决策问题在未来发生的概率已知的情况下进行的决策活动。在对各个自然状态发生的概率了解的前提下，可以在统计意义上确定最优行动方案的概念。所谓统计意义下的最优行动方案，就是指使目标期望值达到最大或者最小的备选行动方案。需要注意的是，使目标期望值达到最大或者最小的行动方案，只有在大量重复的决策问题中才具有最优意义，否则该说法是不成立的。

假设某企业生产一种产品现需要某配件1800个，可以通过生产和购买两种方式获得该配件。如果购买，配件的单价为20元；如果生产，单位生产成本为15元。每次的生产费用为15000元，每次生产出现的次品率有以下几种可能：2%、5%、8%。并且这些次品率出现的概率为0.25、0.40、0.35。如果每件次品被检查出来后要花费10元来修理，试确定企业决策者在采用乐观准则和期望成本极小化准则的情况下，应该选择哪一种方式获得配件，具体操作步骤如下。

第1步 切换到工作表“随机变量模型”中，在决策模型中输入已知条件和求解项目（这里假设次品率为5%），如下图所示。

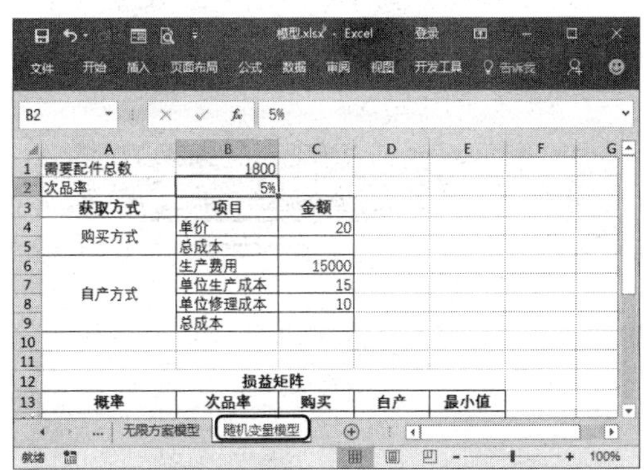

第2步 计算“购买方式”下的“总成本”。在单元格C5中输入公式“=B1*C4”，即可得到计算结果，如下图所示。

第3步 计算“自产方式”下的“总成本”。在单元格C9中输入公式“=B1*C7+B1*B2*C8”，即可得到计算结果，如下图所示。

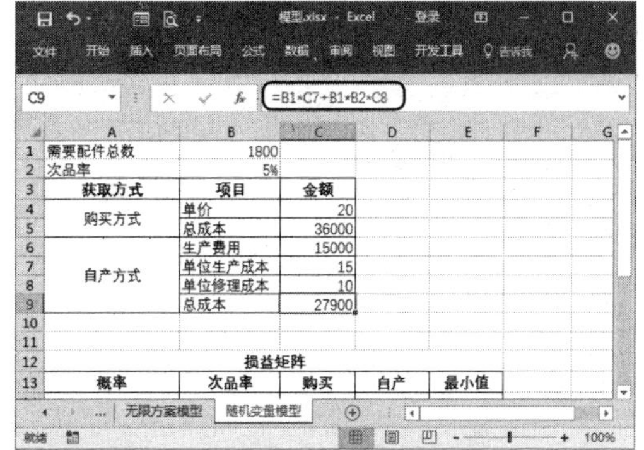

第4步 在损益矩阵模型中输入已知数据，如下图所示。

损益矩阵				
概率	次品率	购买	自产	最小值
0.25	2%			
0.4	5%			
0.35	8%			
期望成本极小化准则下的最小值				
乐观准则下的最小值				
	最优方案			
乐观准则				
期望成本最小准则				

第5步 在单元格C14中输入公式“=C5”，即可得到计算结果，如下图所示。

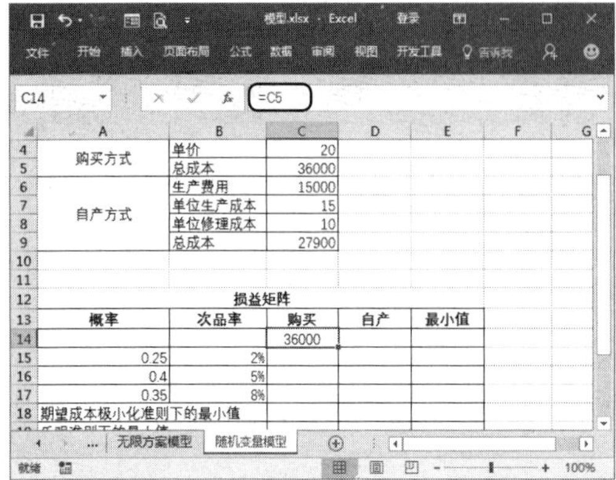

第 6 步 在单元格 D14 中输入公式"=C9"，即可得到计算结果。

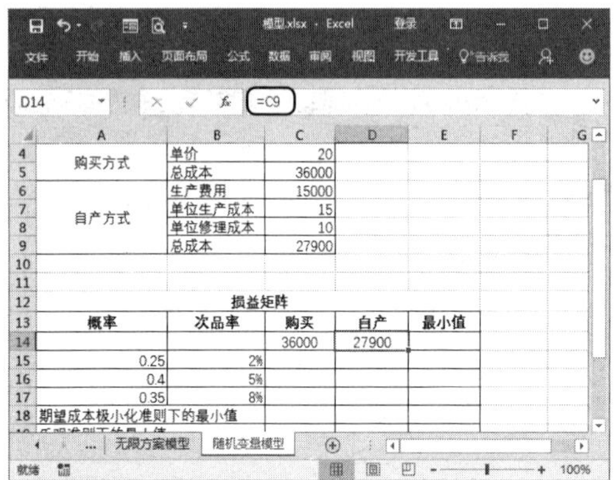

第 7 步 ❶ 选中单元格区域 B14:D17；❷ 打开【模拟运算表】对话框，在【输入引用列的单元格】文本框中输入"$B$2"，如下图所示。

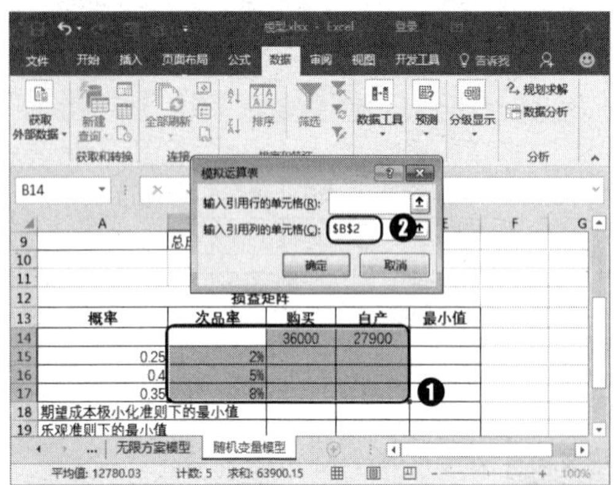

第 8 步 单击【确定】按钮 确定 ，返回工作表中，即可看到计算结果，如下图所示。

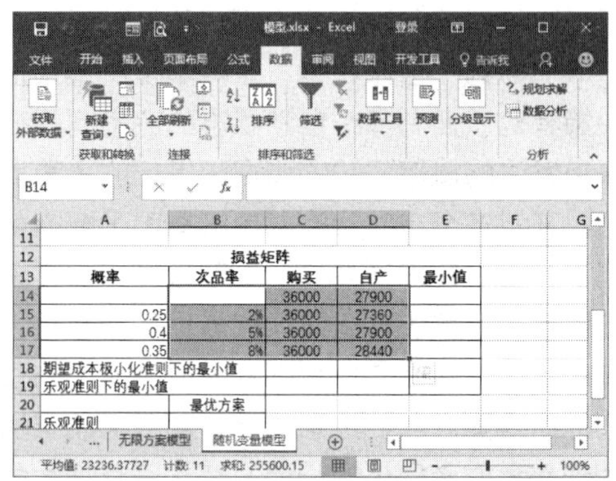

第 9 步 确定两种获取方式的"最小值"。在单元格 E15 中输入公式"=MIN(C15:D15)"，并向下填充公式至单元格 E17，即可得到计算结果，如下图所示。

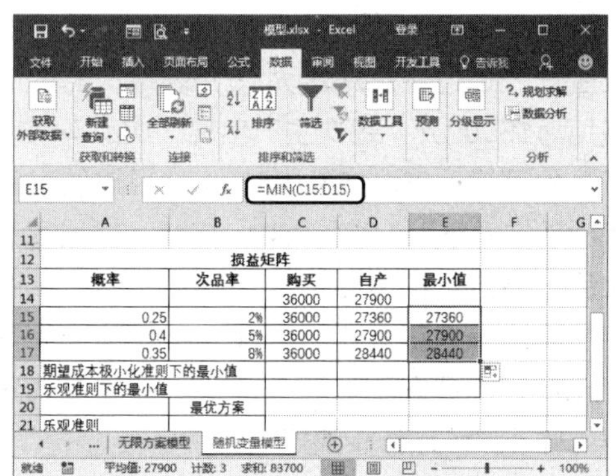

第 10 步 计算"期望成本极小化准则下的最小值"。在单元格 C18 中输入公式"=SUMPRODUCT ($A$15:$A$17, C15:C17)"，然后将公式向右填充至单元格 E18，计算结果如下图所示。

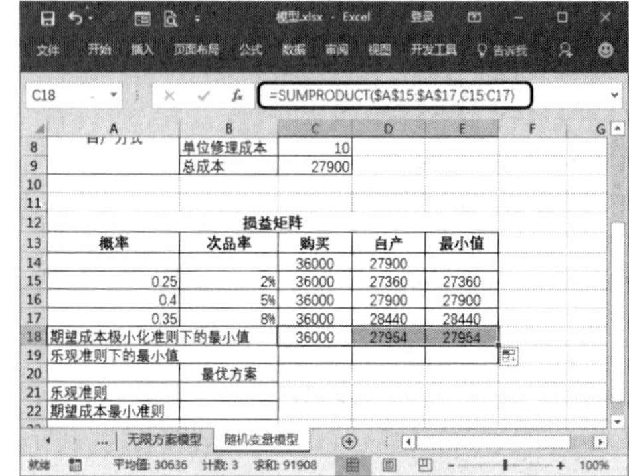

第 11 步 确定“乐观准则下的最小值”。在单元格 C19 中输入公式“=MIN(C15:C17)”，然后将公式向下填充至单元格 E19，即可得到计算结果，如下图所示。

第 12 步 确定乐观准则下的最优方案。在单元格 B21 中输入公式“=INDEX (C13:D13, MATCH(E19, C19:D19,0))”，即可得到计算结果，该公式表示在单元格区域 C19:D19 中查找与所需最小值相同所对应的方式，如下图所示。

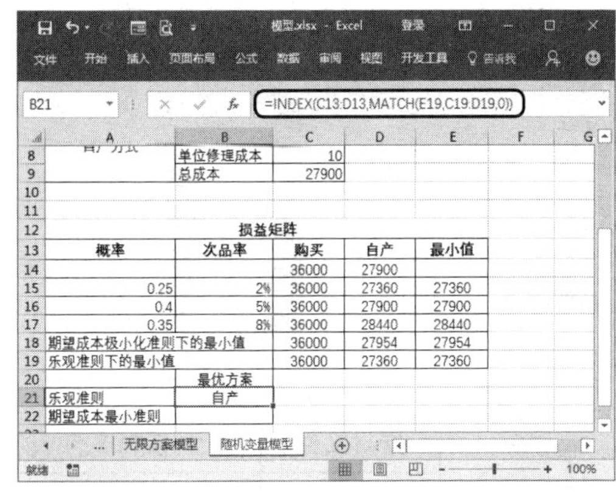

第 13 步 确定期望成本最小化准则下的最优方案。在单元格 B22 中输入公式“=IF (C18<D18,C13, D13)”，输入完毕单击编辑栏中的【输入】按钮，最终的决策模型如下图所示。

18.2 随机模拟技术

 案例背景

随机模拟技术是一种描述性的研究方法，在一个合适的管理模型中通过对多次实验数据的观测并加以统计分析，从而确定决策问题中各种决策变量或者其他参数中的随机因素对目标函数值的影响，然后确定某个备选方案下目标函数的统计特征，这样便可以帮助决策人员判断该方案是否可以接受。

本例将介绍怎样生成随机样本以及分析检验样本，制作完成后的效果如下图所示。实例最终效果见“光盘\结果文件\第18章\随机样本.xlsx”文件。

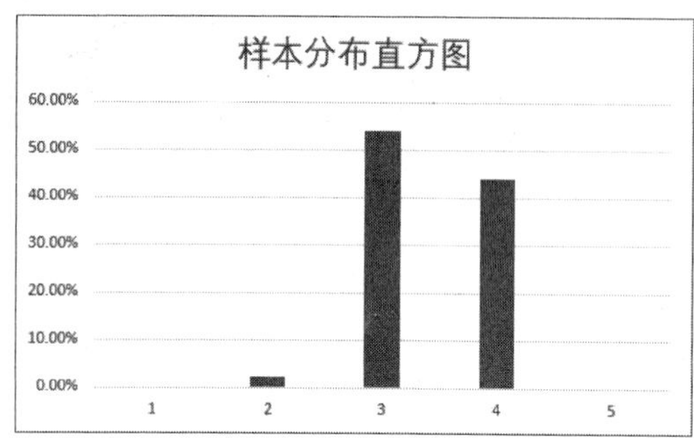

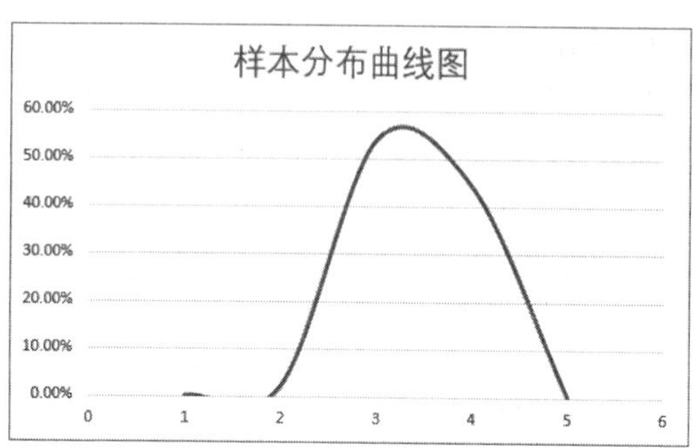

光盘文件	素材文件	光盘\素材文件\第18章\随机样本.xlsx
	结果文件	光盘\结果文件\第18章\随机样本.xlsx
	教学视频	光盘\视频文件\第18章\18.2随机模拟技术.mp4

18.2.1 生成随机样本

生成服从特定概率分布的随机变量观测值的方法主要有利用【随即发生器】分析工具和RAND函数。

接下来主要介绍怎样使用【随机发生器】功能生成随机样本，具体操作步骤如下。

第1步 新建一个工作簿并将其重命名为“随机样本.xlsx”，切换到【数据】选项卡中，单击【分析】组中的【数据分析】按钮 数据分析，如下图所示。

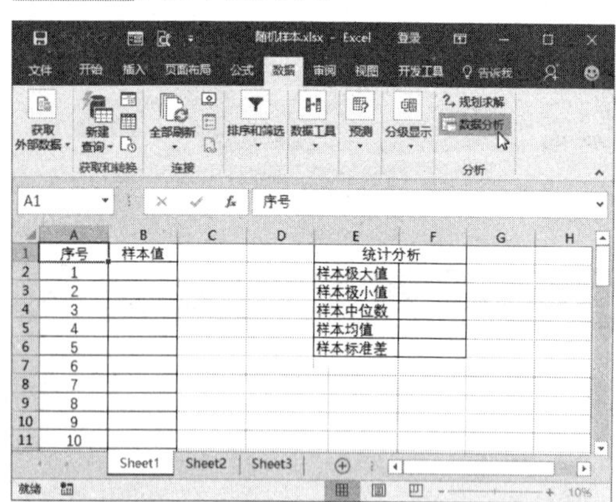

第2步 ❶弹出【数据分析】对话框，在【分析工具】列表框中选择【随机数发生器】选项；❷单击【确定】按钮 确定 ，如下图所示。

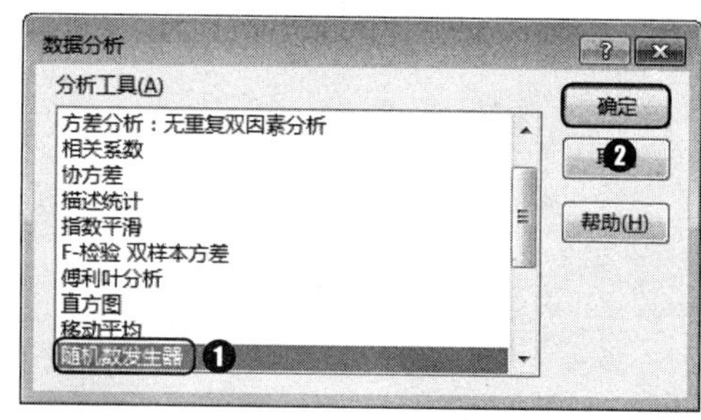

第3步 ❶弹出【随机数发生器】对话框，在【变量个数】文本框中输入“1”，在【随机数个数】文本框中输入“50”；❷在【分布】下拉列表中选择【正态】选项；❸在【参数】组合框中的【平均值】文本框中输入“2”，在【标准偏差】文本框中输入“0.6”；❹然后在【输出选项】组合框中选中【输出区域】单选钮，在右侧的【输出区域】文本框中输入“$B$2”，如下图所示。

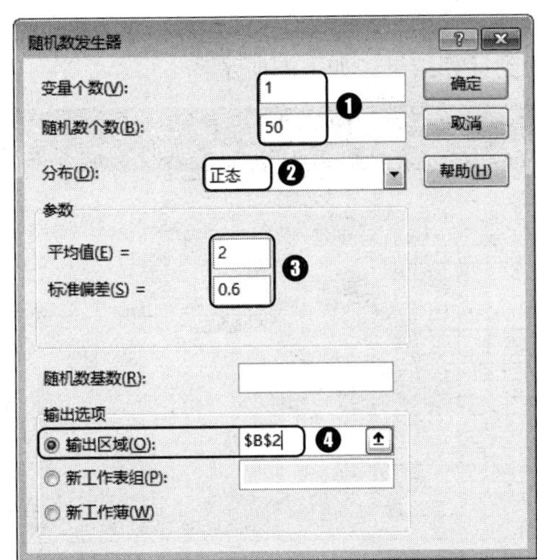

第 4 步 单击【确定】按钮 确定 返回工作表，即可看到在单元格区域 B2:B51 中显示出随机数，如下图所示。

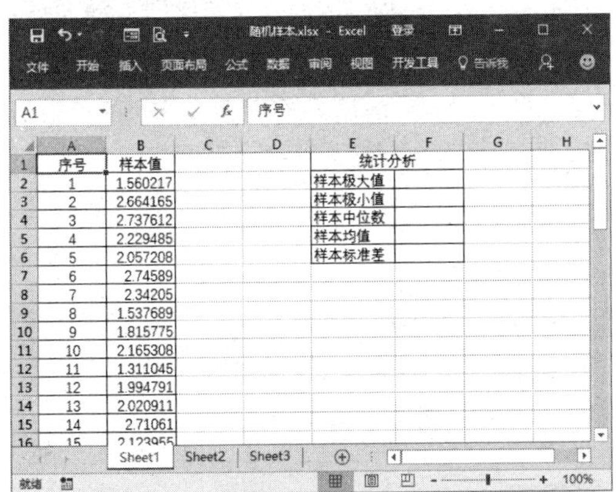

18.2.2 分析及检验样本

在对样本进行分析时，必须要对样本进行统计分析，并确定生成的样本是否符合某种概率分布。

1. 确定样本分布

在对目标变量样本数据进行统计分析时，除了要求得到各个样本的数据外，还要根据样本数据确定相应数据的分布情况，并以此作为绘制样本分布直方图的基础。

下面介绍如何确定样本数据的分布，并进行统计分析和绘制分布直方图，具体的操作步骤如下。

第 1 步 复制生成的 50 个随机样本观测值，然后选中单元格 C1，右击，从弹出的快捷菜单中选择【选择性粘贴】➢【值】命令，即可复制 50 个随机样本值，如下图所示。

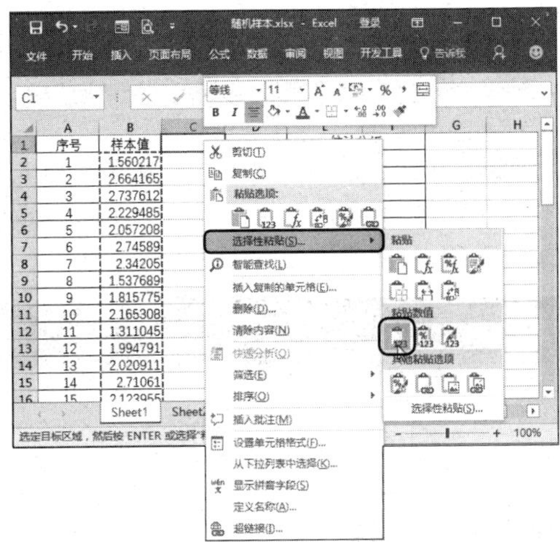

第 2 步 即可将 50 个随机样本的值复制到单元格区域 C1:C50 中，如下图所示。

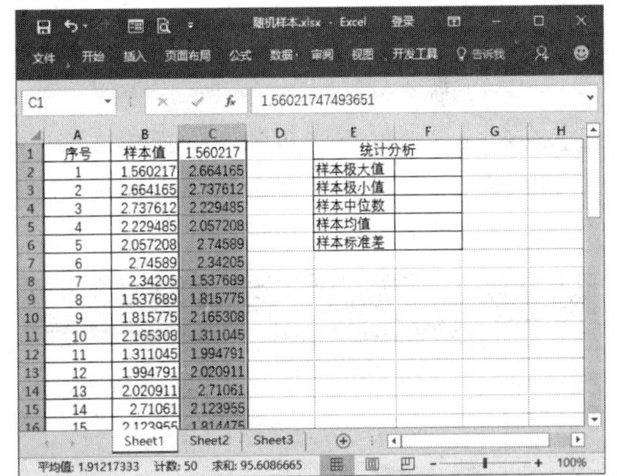

第 3 步 计算“样本极大值”。在单元格 F2 中输入公式“=MAX(C1:C50)”，即可得到计算结果，如下图所示。

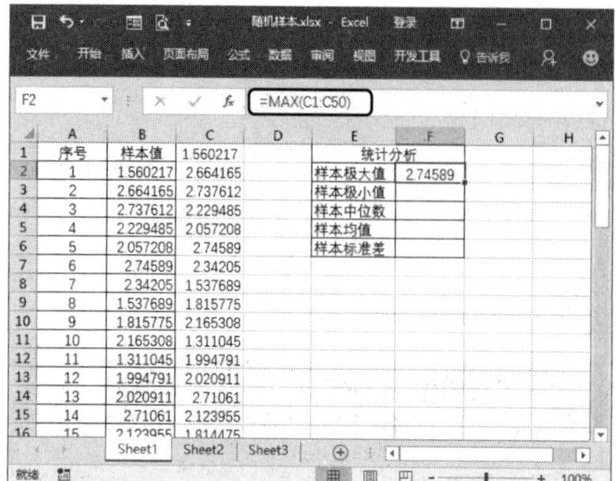

第 4 步 计算“样本极小值”。在单元格 F3 中输入公式“=MIN(C1:C50)”，即可得到计算结果，如下图所示。

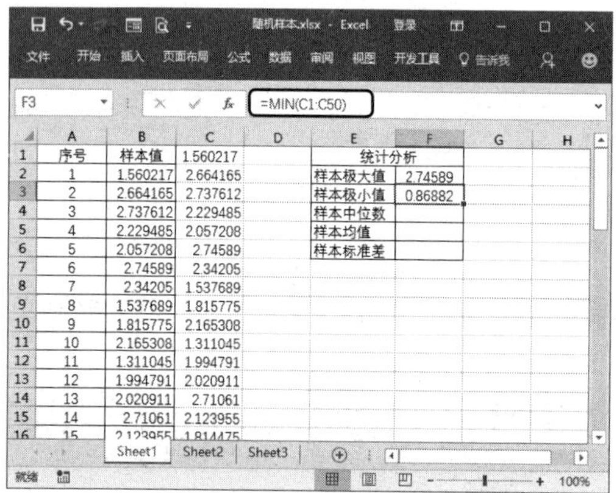

第 5 步 计算“样本中位数”。在单元格 F4 中输入公式“=MEDIAN($C$1:$C$50)”，即可得到计算结果，如下图所示。

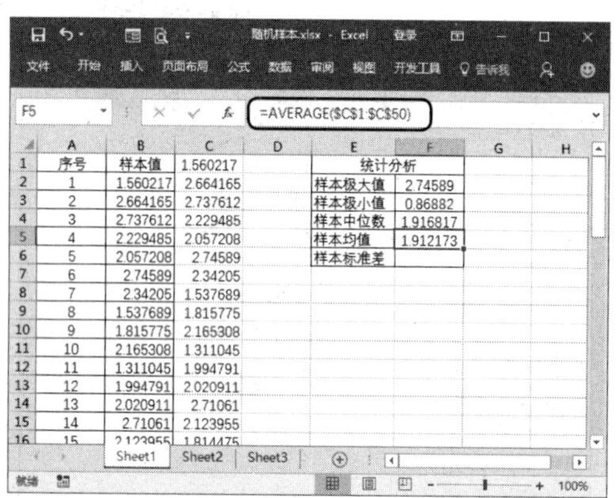

第 6 步 计算“样本均值”。在单元格 F5 中输入公式“=AVERAGE($C$1:$C$50)”，即可得到计算结果，如下图所示。

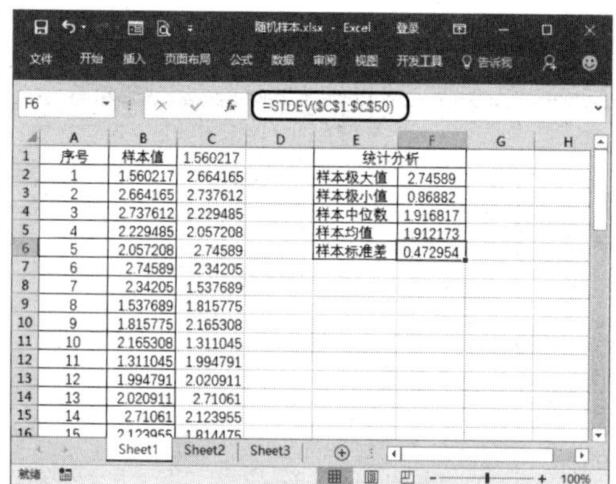

第 7 步 计算“样本标准差”。在单元格 F6 中输入“=STDEV($C$1:$C$50)”，计算结果如下图所示。

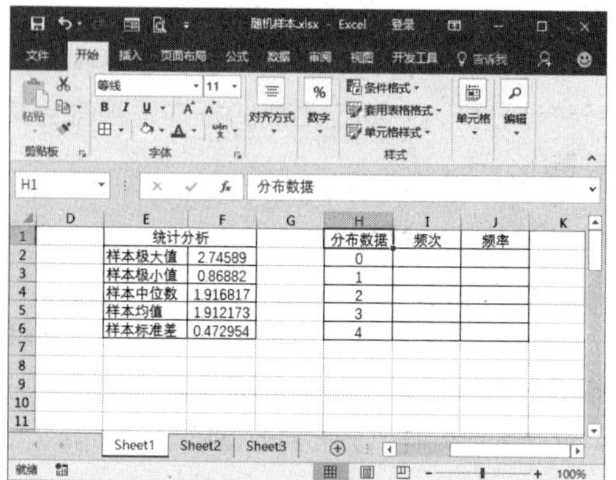

第 8 步 创建确定数据分布模型。在单元格区域 H1:J6 中输入数据分布模型，如下图所示。

第 9 步 计算样本数据的“频次”。选中单元格区域 I2:I6，输入公式“=FREQUENCY(C1:C50,H2:H6)”，按【Ctrl + Shift + Enter】组合键即可求得相应区间内的频次，如下图所示。

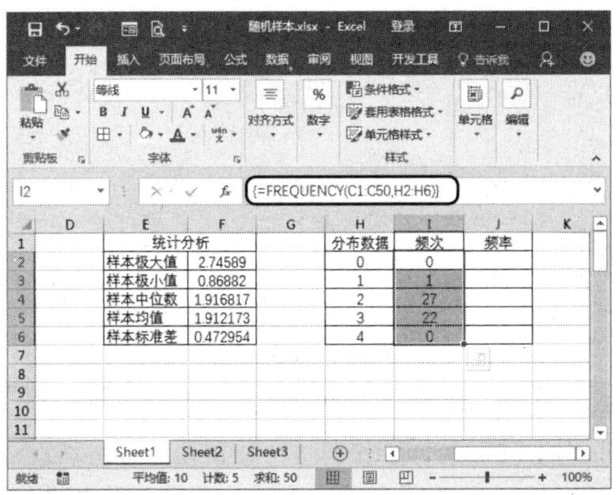

第 10 步 计算样本的“频率”。在单元格 J2 中输入公式“=I2/SUM($I$2:$I$6)”，然后将公式向下填充至单元格 J6，即可求得结果，如下图所示。

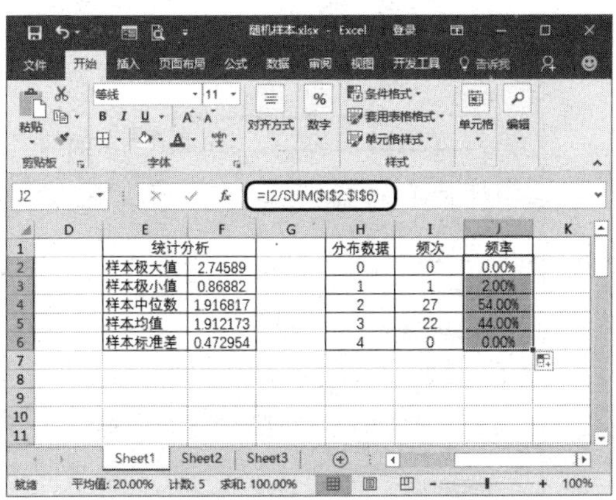

2. 检验样本

介绍了生成服从特定概率观测值的方法之后，接下来需要对这些观测值进行验证，验证生成的数据是否真的能服从指定的概率分布。

验证的方法就是将样本直方图与相应的概率分布理论的概率图做比较，从而验证采用的随机变量观测值生成方法是否正确。

首先在工作表中插入样本分布直方图，然后再插入一个样本分布曲线图，最后通过两者比较得出分析结论，具体操作步骤如下。

第 1 步 创建样本直方图。选中单元格区域 J1:J6，在工作表中插入一个簇状柱形图，调整其大小和位置，效果如下图所示。

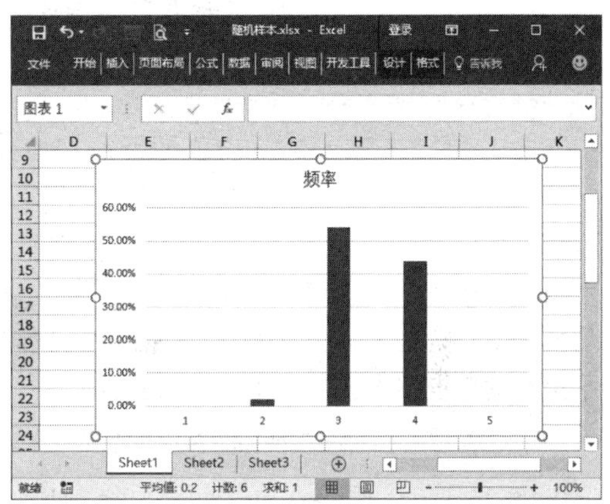

第 2 步 选中图表标题，将其修改为“样本分布直方图”，设置字体格式，如下图所示。

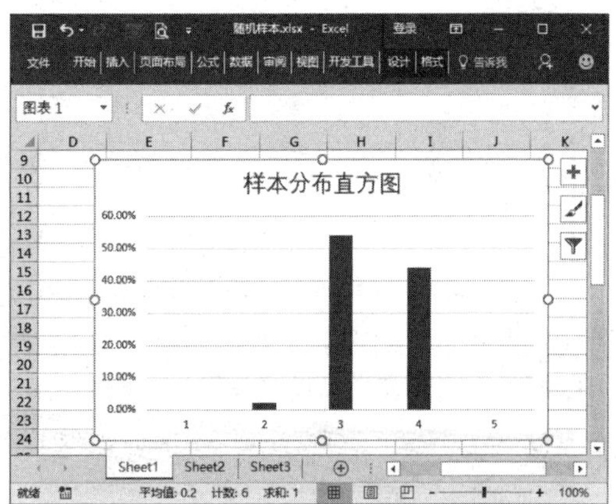

第 3 步 复制图表，然后选中复制的图表，右击，从弹出的快捷菜单中选择【更改图表类型】菜单项，如下图所示。

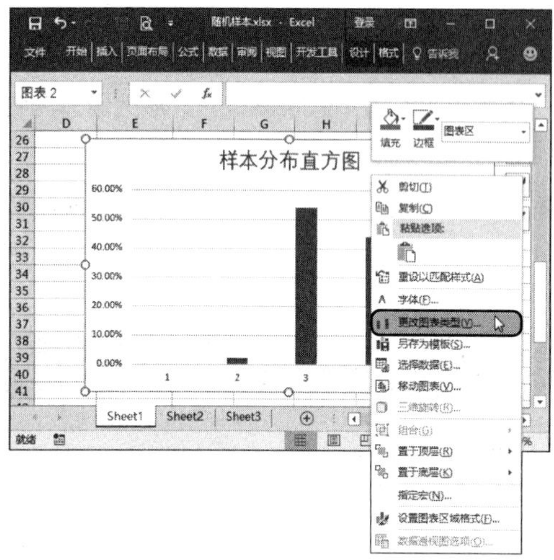

第 4 步 ❶弹出【更改图表类型】对话框，切换到【XY（散点图）】选项卡；❷选择【带平滑线的散点图】选项，如下图所示。

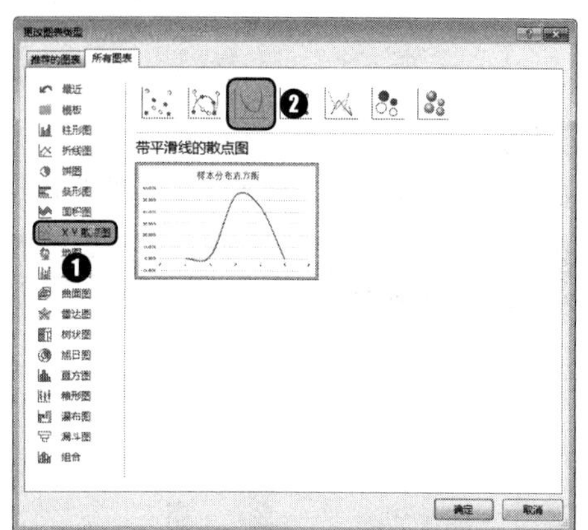

第 5 步 单击【确定】按钮 确定 ，返回图表中，即可看到图表类型设置效果，如下图所示。

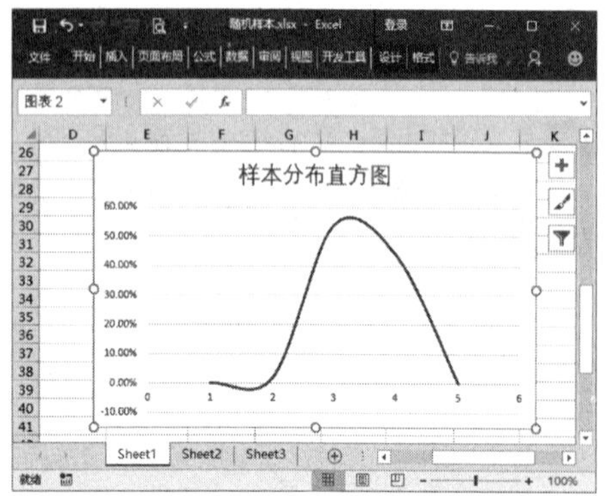

第 6 步 将图表标题修改为“样本分布曲线图”，如下图所示。

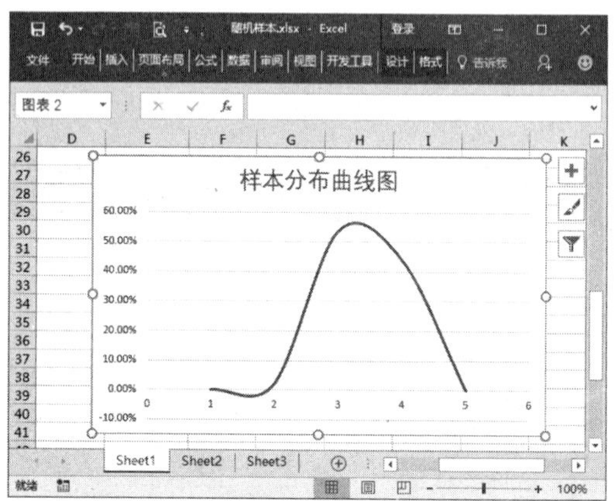

第 7 步 双击样本分布曲线图的垂直（值）轴，打开【设置坐标轴格式】任务窗格，切换到【坐标轴选项】选项卡中，在【边界】组合框中的【最小值】文本框中输入“0”，如下图所示。

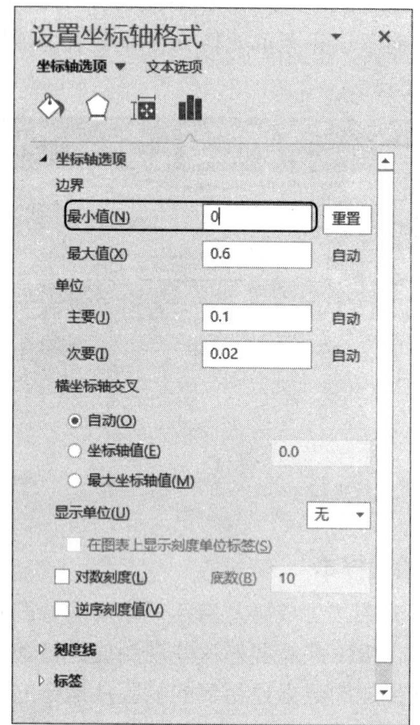

第 8 步 单击【关闭】按钮 × ，返回图表中，即可看到图表设置效果，如下图所示。

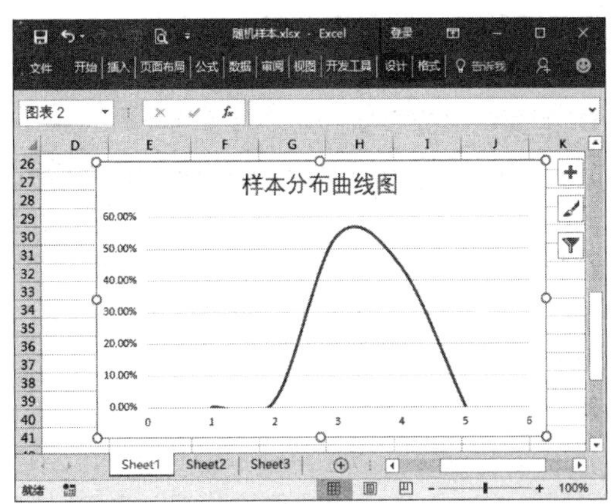

根据求得的数据生成样本分布曲线图，如图所示。可以看出：该样本分布曲线是满足给定均值和标准差的正态分布曲线，因此可以判定所生成的观测值集合是满足给定均值和标准差的正态分布的一个样本。

大神支招

通过前面知识的学习，相信读者已经掌握了商务决策数据的处理与分析。下面结合本章内容，介绍一些工作中的实用经验与技巧。

01 如何使用模拟运算表进行假设分析

视频文件：光盘\视频文件\第18章\01.mp4

根据国家税务机关提供的个人所得税文件，个税税率的扣除情况如下表所示。

起征点：3500

应纳税所得额	税率	速算扣除数
0	3%	0
1500	10%	105
4500	20%	555
9000	25%	1005
35000	30%	2755
55000	35%	5505
80000	45%	13505

建立个税计算模型，对多个不同档次的收入人群的个税状况进行假设分析的具体操作步骤如下。

第1步 打开“光盘\素材文件\第18章\使用模拟运算表进行假设分析.xlsx”文件，选中单元格B2，输入公式“=ROUND(MAX((A2-3500)*{3;10;20;25; 30;35;45}%-{0;105;555;1005;2755;5505;13505},0),2)”，即可计算出个人所得税，如下图所示。

第 2 步 选中单元格区域 A2:B12，打开【模拟运算表】对话框，在【输入引用列的单元格】文本框中输入“$A$2”，如下图所示。

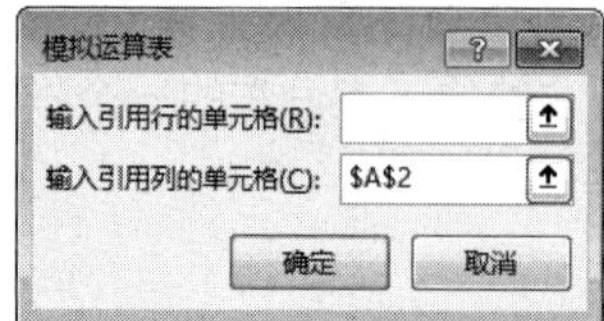

第 3 步 单击【确定】按钮 确定 ，使用模拟运算表假设分析个税的效果如下图所示。

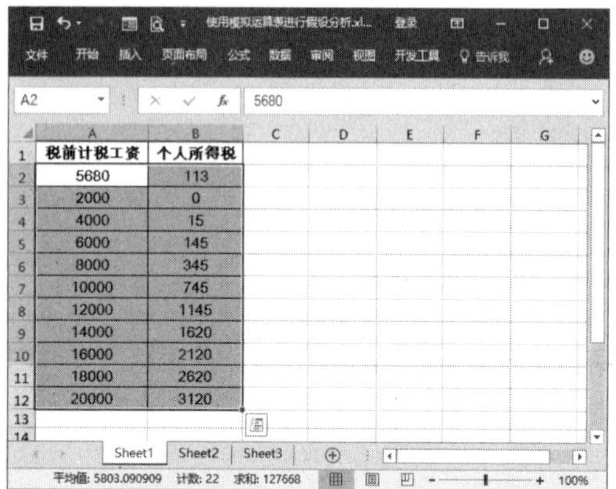

税前计税工资	个人所得税
5680	113
2000	0
4000	15
6000	145
8000	345
10000	745
12000	1145
14000	1620
16000	2120
18000	2620
20000	3120

02　了解模拟运算表与普通公式的异同

模拟运算表与普通公式的异同之处主要表现在以下几个方面。

● 公式的创建与修改

模拟运算表所创建的运算方式与多单元格联合数组公式相似，一次性创建，不需要对公式进行填充复制。

模拟运算表中的数组公式不能直接进行修改，但是可以通过修改首行或首列中的“运算公式”来实现。

● 公式的参数引用

使用一般的公式运算时，在输入公式时，需要考虑公式的复制对参数单元格引用的影响，需要注意行列参数的绝对引用或相对引用。而使用数据表时，在输入公式时只需保证所引用的参数必须包含“变量”所指向的单元格，而不需要考虑单元格地址的相对绝对引用问题。

● 运算结果的复制

复制普通公式所在单元格到其他单元格，会默认保留其中的公式内容。而模拟运算表所生成的公式，再复制到其他单元格区域，目标单元格中只保留原有的数值结果，而不再含有公式。

● 公式的自动重算

在【Excel选项】对话框中可以设置公式的运算方式，包括自动重算和手动重算。而模拟运算表中的公式运算可以与一般公式隔离开来单独处理，如下图所示。

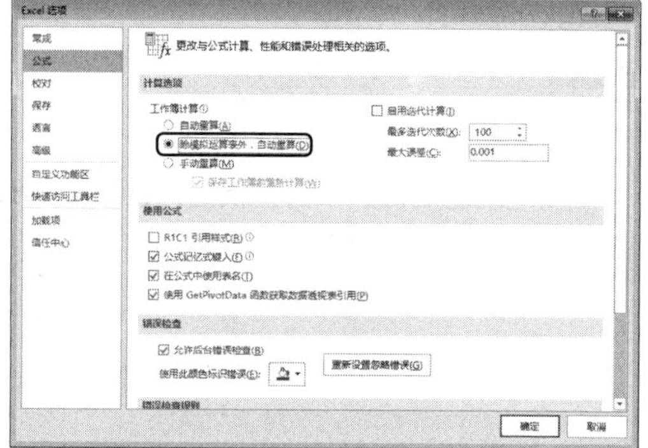

03　业绩的成对二样本方差分析

视频文件：光盘\视频文件\第18章\03.mp4

在商业分析中，经常遇到比较两种方法、两种产品的优劣与差异，常在相同的条件下作对比实验，得到一批成对的观察值，然后分析数据得出判断，这种方法叫作逐对比较法。

假设对某公司人员进行薪酬制度改革前后的业绩进行对比分析，具体操作步骤如下。

第 1 步 打开“光盘 \ 素材文件 \ 第 18 章 \ 业绩的成对二样本方差分析 .xlsx”文件，打开【数据分析】对话框，如下图所示。

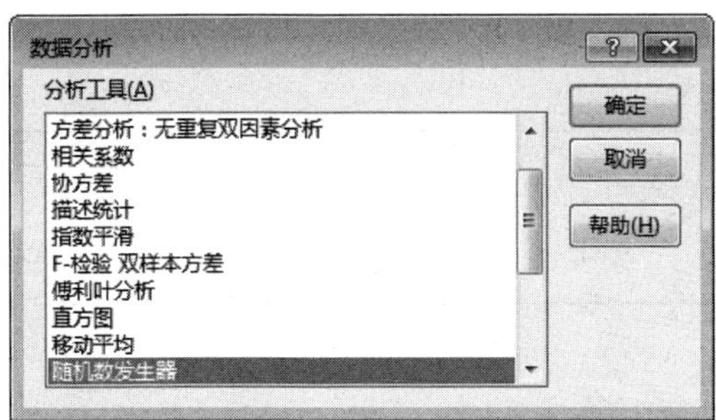

第 2 步 ❶ 在【数据分析】对话框中的【分析工具】列表框中选择【t- 检验：平均值的成对二样本分析】选项；❷ 单击【确定】按钮 确定 ，如下图所示。

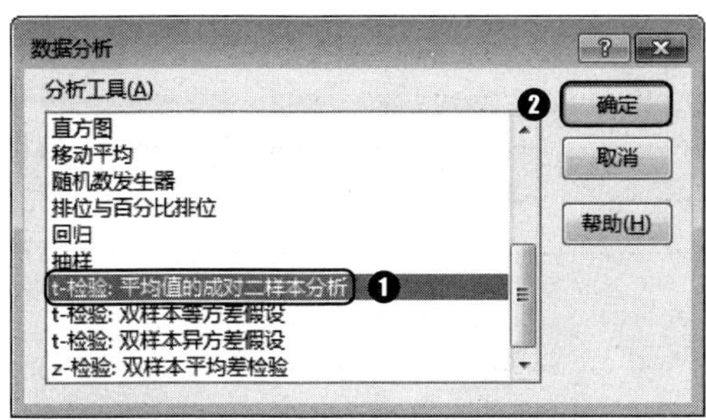

第 3 步 ❶ 弹出【t- 检验：平均值的成对二样本分析】对话框，在【输入】组合框中的【变量 1 的区域】文本框中输入“$B$1:$B$21”，在【变量 2 的区域】文本框中输入“$C$1:$C$21”；❷ 在【假设平均差】文本框中输入“0”；❸ 选中【标志】复选框，在【α】文本框中输入“0.05”；❹ 在【输出选项】组合框中选中【输出区域】单选按钮，然后在右侧的文本框中输入“$E$1”，如下图所示。

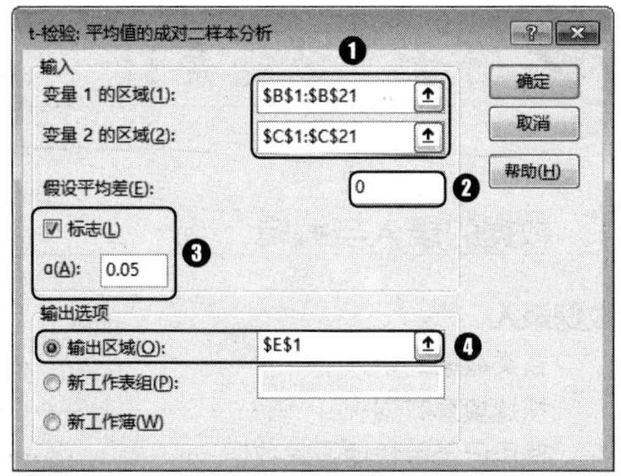

第 4 步 单击【确定】按钮 确定 ，即可得到分析结果，如下图所示。

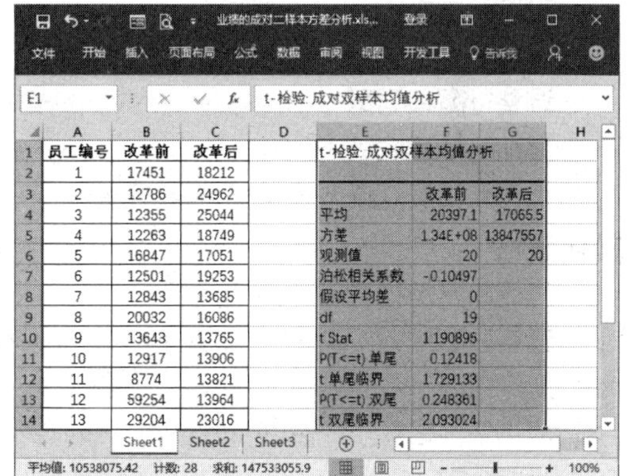

	A	B	C	D	E	F	G
1	员工编号	改革前	改革后		t-检验: 成对双样本均值分析		
2	1	17451	18212				
3	2	12786	24962			改革前	改革后
4	3	12355	25044		平均	20397.1	17065.5
5	4	12263	18749		方差	1.34E+08	13847557
6	5	16847	17051		观测值	20	20
7	6	12501	19253		泊松相关系数	-0.10497	
8	7	12843	13685		假设平均差	0	
9	8	20032	16086		df	19	
10	9	13643	13765		t Stat	1.190895	
11	10	12917	13906		P(T<=t) 单尾	0.12418	
12	11	8774	13821		t 单尾临界	1.729133	
13	12	59254	13964		P(T<=t) 双尾	0.248361	
14	13	29204	23016		t 双尾临界	2.093024	

从图中可以看出，t统计量的值t Stat为1.190895，t单尾临界的临界值为1.729133。P(T<=t) 单尾的概率值为0.124218，大于置信水平0.05。说明改革后并没有取得好的效果，需要重新调整改革方式和方向。

附录 功能索引

1. 数据的录入与编辑

2. 数据计算

3. 数据分析

3. 使用图表和数据透视表/图分析